dsPIC30F® 电机与电源系列数字信号控制器原理与应用

何礼高 编著

北京航空航天大学出版社

内容简介

本书详细介绍了 dsPIC30F 电机与电源系列数字信号控制器（DSC）的结构原理及开发应用。全书共分 26 章，从各功能模块原理的详述到开发环境的使用，从应用项目的举例到器件外围设备编程的介绍，全面、系统地叙述了 Microchip 公司的 dsPIC30F 电机控制与电源变换系列数字信号控制器的原理与应用。

本书可作为大学本科高年级学生和研究生"数字信号处理器原理与应用"课程的选用教材，同时也是一本工程技术人员迅速掌握 dsPIC30F 系列 DSC、进行有关电机控制和电源变换的数字控制技术开发的实用参考书。

图书在版编目(CIP)数据

dsPIC30F® 电机与电源系列数字信号控制器原理与应用/
何礼高编著．—北京：北京航空航天大学出版社，2007.4
ISBN 978-7-81077-817-6

Ⅰ．d… Ⅱ．何… Ⅲ．①数字信号－信号处理②数字信号－微处理器 Ⅳ．TN911.72 TP332

中国版本图书馆 CIP 数据核字(2007)第 032844 号

© 2007，北京航空航天大学出版社，版权所有。
未经本书出版者书面许可，任何单位和个人不得以任何形式或手段复制或传播本书内容。侵权必究。

dsPIC30F® 电机与电源系列
数字信号控制器原理与应用
何礼高　编著
责任编辑　杨　波　史海文
*
北京航空航天大学出版社出版发行
北京市海淀区学院路 37 号(100083)　发行部电话：010-82317024　传真：010-82328026
http://www.buaapress.com.cn　E-mail:bhpress@263.net
涿州市新华印刷有限公司印装　各地书店经销
*
开本：787 mm×960 mm　1/16　印张：38.25　字数：857 千字
2007 年 4 月第 1 版　2007 年 4 月第 1 次印刷
ISBN 978-7-81077-817-6　定价：56.00 元

版 权 声 明

本书引用以下资料已得到其版权所有者 Microchip Technology Inc.（美国微芯科技公司）的授权。

Chinese Version：
［1］DS70046C_CN
［2］DS51284C_CN

English Version：
［1］DS70046B
［2］DS70082D
［3］DS70119C
［4］DS70149A
［5］DS70135B
［6］DS70141B
［7］DS70118D
［8］DS70030E
［9］DS00901A
［10］DS00908A
［11］DS00957A
［12］DS00984A
［13］DS93003A
［14］DS51558A
［15］DS51317D

再版上述资料须经过其版权所有者 Microchip Technology Inc. 的许可。
所有权保留。未得到该公司的书面许可，不得再版或复制。

商 标 声 明

以下图案是 Microchip Technology Inc. 在美国及其他国家的注册商标：

以下是 Microchip Technology Inc. 的注册商标（状态：®）：
Accuron, AmpLab, dsPIC, ENVOY, FilterLab, KEELOQ, KEELOQ Logo, Microchip Logo, Microchip Name and Logo, microID, Migratable Memory, MPLAB, MXDEV, MXLAB, PIC, PICmicro, PICMASTER, PICSTART, PowerSmart, PRO MATE, rfPIC, SEEVAL, SmartSensor, SmartShunt, *The Embedded Control Solutions Company*, TrueGauge

以下是 Microchip Technology Inc. 的商标（状态：TM）：
Analog-for-the-Digital Age, Application Maestro, dsPICDEM, dsPICDEM.net, dsPICworks, ECAN, ECONOMONITOR, FanSense, FlexROM, *fuzzy*LAB, ICEPIC, ICSP or In-Circuit Serial Programming, Linear Active Thermistor, MPASM, MPLAB Certified Logo, MPLIB, MPLINK, MPSIM, Now Design It, PICDEM, PICDEM.net, PICkit, PICLAB, PICtail, PowerCal, PowerInfo, PowerMate, PowerTool, QuickASIC, Real ICE, rfLAB, rfPICDEM, Select Mode, Smart Serial, SmartTeal, The Emerging World Standard, Total Endurance, UNI/O, WiperLock, Zena

以下是 Microchip Technology Inc. 的服务标记（状态：SM）：
SQTP

以下商标的版权归各自公司所有：
PICC, PICC Lite, PICC-18, CWPIC, EWPIC, ooPIC, OOPIC

前 言

数字化控制是当今电机控制和电源变换技术发展的主流,是电力电子技术与运动控制学科的一项重要技术,而高速数字信号处理器(DSP)现已成为这项技术的核心。

美国微芯科技公司(Microchip Technology Inc.)的嵌入式系列单片机以其品种多,针对性强,低价实用,高速低耗,抗干扰性好,易学易用以及灵活的在线串行编程功能,给开发者和用户带来了极大的方便和效益,成为全球最有影响的嵌入式单片机之一。现在,Microchip 公司凭借其在嵌入式微处理器开发方面的成功经验,面对众多原有的 PIC 系列单片机用户,推出了以高性能 16 位单片机为核心,内嵌 DSP 引擎的 dsPIC 数字信号控制器(Digital Signal Controllers,简称 DSC),不仅继续保持了功能强大的外围设备和快速中断处理能力,而且融合了先进的可管理高速计算活动的数字信号处理器功能。因为其体系结构基本沿用了 PIC 系列单片机,指令系统也是在原有基础上升级,使广大的 PIC 单片机用户能很容易地将原有的相关软件代码移植到新的 dsPIC 系统中加以利用,节省了用户大量的资源,加快了开发进度。dsPIC 数字信号控制器丰富的外围部件、先进的 DSP 引擎、完善的中断功能、大容量的内部 Flash 程序存储器和数据存储器以及 2.5~5.5 V 的宽工作电压范围和低廉的价格,一问世即引起各方广泛的关注。尤其以前用过 PIC 系列单片机的用户,不必再花较大的精力去重新学习一种新的体系结构和指令系统,很方便地就可以将原来在 PIC 单片机基础上的工作积累一下即提升到 DSP 的水平上来。对竞争日益激烈、快节奏的今天来说,这一点显得尤为重要。dsPIC 数字信号控制器的运行速度高达 30 MIPS，具有最大达 144 KB 的闪存、完备的电机控制及电源变换用的 PWM 模块，适用于各类电机的实时控制和电源变换器的数字控制。

本书详细介绍了 dsPIC30F 电机控制与电源变换系列 DSC 的结构原理，讨论了体系结构中各功能模块的编程应用，列举了用于电机控制和电源应用中的实例及部分程序清单。全书共分 26 章，第 2、3 章简述 dsPIC30F 的概貌和 CPU 的体系结构，第 4~19 章详述各功能模块原理及使用方法，第 20~22 章介绍系统综合特性、指令系统和开发环境的使用，第 23~26 章分别列举了单相异步电动机变频控制、三相异步电动机矢量控制、无刷直流电机控制及逆变电源数字控制的应用实例。编写力求准确、详细、完整，尽量使读者能在开发过程中"一册解决"，不必左找右翻，为一个数据或某个参数寻寻觅觅从这本跳到那本。

Microchip 公司为本书的编写提供了 ICD2 在线调试器、dsPICDEM2 开发板和 MPLAB C30 编译器，并授权使用相关技术资料。在此对 Microchip 公司及大学计划部的 Carol Popovich 女士、微芯科技咨询（上海）有限公司的 Victor Wang 先生等表示衷心的感谢！书中涉及 Microchip 的名称以及有关 dsPIC 技术的一些专有名词均为 Microchip Technology Inc. 在美国和其他国家或地区的注册商标，由 Microchip Technology Inc. 版权所有。

南京航空航天大学自动化学院的有关领导和电气工程系部分教师为本书的编写提供了帮助和便利。何真博士、郁丰博士分别校译了部分书稿，绘制了书中部分图表。研究生陈扬飞、张伯泽、陈鑫兵分别绘制了书中部分图表。在此一并表示感谢。

感谢赵修科教授对本书选题及编写工作的关心、鼓励。

时间仓促、水平有限，书中错误不当恐难避免，恳请读者批评指正。

作　者
2007 年 2 月 8 日于南航智能楼

目 录

第1章 绪 论
1.1 电机控制和电源变换技术的发展 …… 1
1.2 微处理器在电机调速和电源变换技术中的应用 …… 3
1.3 用于电机和电源数字控制系统的 DSP 的特点 …… 5

第2章 dsPIC30F 电机控制及电源变换系列 DSC 的主要性能
2.1 基本性能特征 …… 9
2.2 芯片类型与引脚功能 …… 11
  2.2.1 dsPIC30F 电机控制和电源变换系列芯片概况 …… 11
  2.2.2 dsPIC30F 电机控制和电源变换系列芯片的引脚功能 …… 12
2.3 器件绝对极限参数值 …… 16
2.4 dsPIC30F 器件型号表示方法 …… 17
2.5 dsPIC30F 电机控制和电源变换系列 DSC 器件外形封装 …… 17

第3章 dsPIC30F 系列 DSC 的 CPU 结构
3.1 编程模型 …… 22
  3.1.1 软件堆栈指针 …… 24
  3.1.2 CPU 寄存器 …… 28
3.2 算术逻辑单元 …… 33
3.3 指令流 …… 34
3.4 除法支持 …… 37
3.5 DSP 引擎 …… 38
  3.5.1 乘法器 …… 39
  3.5.2 数据累加器和加法/减法器 …… 42
  3.5.3 四舍五入逻辑 …… 44
  3.5.4 数据空间写饱和 …… 44
  3.5.5 桶形移位器 …… 45
  3.5.6 DSP 引擎陷阱事件 …… 45
3.6 循环结构 …… 46
  3.6.1 REPEAT 循环结构 …… 46
  3.6.2 DO 循环结构 …… 47
3.7 dsPIC30F CPU 内核寄存器映射 …… 51

第4章 存储器结构
4.1 程序计数器 …… 54
4.2 从程序存储器存取数据 …… 54
  4.2.1 表指令综述 …… 56
  4.2.2 表地址的生成 …… 57
  4.2.3 程序存储器低位字访问 …… 57
  4.2.4 程序存储器高位字访问 …… 57
  4.2.5 程序存储器中的数据存储 …… 58
4.3 来自数据空间的程序空间可视性 …… 58
  4.3.1 PSV 的配置 …… 58
  4.3.2 X 和 Y 数据空间的 PSV 映射 …… 59

4.3.3 PSV 时序 …… 59
4.3.4 在 REPEAT 循环中使用 PSV …… 60
4.3.5 PSV 和指令停顿 …… 60
4.4 写程序存储器 …… 60
4.5 数据存储器 …… 60
  4.5.1 数据存储器空间 …… 62
  4.5.2 数据对齐方式 …… 63
4.6 Near 数据存储器 …… 63

第 5 章 地址发生器

5.1 数据空间地址发生器单元 …… 65
  5.1.1 X 地址发生器单元 …… 65
  5.1.2 Y 地址发生器单元 …… 65
  5.1.3 地址发生器单元和 DSP 指令 …… 65
5.2 指令寻址模式 …… 66
  5.2.1 文件寄存器指令 …… 66
  5.2.2 MCU 乘法指令 …… 67
  5.2.3 MOVE 和累加器指令 …… 67
  5.2.4 MAC 指令 …… 68
  5.2.5 其他指令 …… 69
5.3 指令停止 …… 69
  5.3.1 地址寄存器相依性 …… 69
  5.3.2 先写后读相依性规则 …… 70
  5.3.3 指令停止周期 …… 71
5.4 模寻址 …… 72
  5.4.1 模起始和结束地址选择 …… 72
  5.4.2 模起始地址 …… 73
  5.4.3 模结束地址 …… 73
  5.4.4 模地址计算 …… 73
  5.4.5 与模寻址 SFR 相关的数据依赖关系 …… 74
  5.4.6 W 地址寄存器的选择 …… 75
  5.4.7 模寻址的适用性 …… 76
  5.4.8 递增模缓冲区的模寻址的初始化 …… 76
  5.4.9 递减模缓冲区的模寻址的初始化 …… 77
5.5 位反转寻址 …… 78
  5.5.1 位反转寻址简介 …… 78
  5.5.2 位反转寻址操作 …… 79
  5.5.3 模寻址和位反转寻址 …… 80
  5.5.4 与 XBREV 相关的数据相依性 …… 80
  5.5.5 位反转修改量 …… 80
  5.5.6 位反转寻址代码示例 …… 81
  5.5.7 控制寄存器说明 …… 82

第 6 章 中 断

6.1 中断向量与优先级 …… 86
  6.1.1 中断向量表 …… 86
  6.1.2 备用向量表 …… 87
  6.1.3 复位顺序 …… 87
  6.1.4 CPU 优先级状态 …… 88
  6.1.5 中断优先级 …… 88
6.2 不可屏蔽陷阱 …… 91
  6.2.1 软陷阱 …… 91
  6.2.2 硬陷阱 …… 92
  6.2.3 禁止中断指令 …… 93
  6.2.4 中断操作 …… 94
  6.2.5 从休眠和空闲模式唤醒 …… 95
  6.2.6 A/D 转换器外部转换请求 …… 95
  6.2.7 外部中断支持 …… 96
6.3 中断处理时序 …… 96
  6.3.1 单周期指令的中断延迟 …… 96
  6.3.2 双周期指令的中断延迟 …… 97
  6.3.3 从中断返回 …… 98
  6.3.4 中断延迟的特殊条件 …… 98
6.4 中断控制和状态寄存器 …… 98

6.5 中断设置流程 ·················· 121
   6.5.1 初始化 ······················ 121
   6.5.2 中断服务程序 ··············· 121
   6.5.3 陷阱服务程序 ··············· 122
   6.5.4 中断禁止 ····················· 122

第 7 章 闪存程序存储器

7.1 表指令操作 ······················ 123
   7.1.1 使用读表指令 ··············· 124
   7.1.2 使用写表指令 ··············· 125
7.2 控制寄存器 ······················ 126
   7.2.1 NVMCON 寄存器 ·········· 127
   7.2.2 NVM 地址寄存器 ··········· 128
   7.2.3 NVMKEY 寄存器 ··········· 129
7.3 运行时自编程 ··················· 130
   7.3.1 RTSP 工作原理 ············ 130
   7.3.2 闪存编程操作 ··············· 131
   7.3.3 写入器件配置寄存器 ······ 135

第 8 章 电可擦除数据只读存储器

8.1 数据 EEPROM 编程简介 ······ 137
8.2 EEPROM 编程算法 ············ 138
   8.2.1 EEPROM 单字编程算法 ··· 138
   8.2.2 EEPROM 行编程算法······ 138
8.3 数据 EEPROM 存储器字写入
   ·································· 139
   8.3.1 擦除数据 EEPROM 存储器的 1 个字
   ·································· 139
   8.3.2 写数据 EEPROM 存储器中的 1 个字
   ·································· 140
8.4 写数据 EEPROM 存储器中的 1 行
   ·································· 141
   8.4.1 擦除数据 EEPROM 的 1 行 ······ 141
   8.4.2 写数据 EEPROM 存储器的 1 行

·································· 142
8.5 读数据 EEPROM 存储器 ······ 143

第 9 章 输入/输出端口

9.1 I/O 端口控制寄存器 ············ 144
   9.1.1 TRIS 寄存器 ················ 145
   9.1.2 PORT 寄存器 ··············· 145
   9.1.3 LAT 寄存器 ················· 145
9.2 外设复用 ························· 150
9.3 端口描述 ························· 152
9.4 电平变化通知引脚 ·············· 152
   9.4.1 CN 控制寄存器 ············ 153
   9.4.2 CN 的配置和操作 ········· 154
   9.4.3 休眠和空闲模式下的 CN 工作
   ·································· 155

第 10 章 定时器

10.1 定时器的类型 ·················· 156
   10.1.1 A 类型定时器 ············· 157
   10.1.2 B 类型定时器 ············· 157
   10.1.3 C 类型定时器 ············· 158
10.2 控制寄存器 ···················· 159
10.3 工作模式 ······················· 162
   10.3.1 定时器模式 ················ 162
   10.3.2 使用外部时钟输入的同步计数器模式 ··· 164
   10.3.3 使用外部时钟输入的 A 类型定时器异步计数器模式 ······· 165
   10.3.4 使用快速外部时钟源的定时器工作原理 ·········· 166
   10.3.5 门控时间累加模式 ······· 166
10.4 定时器预分频器 ··············· 168
10.5 定时器中断 ···················· 168
10.6 读/写 16 位定时器模块寄存器

10.6.1 写 16 位定时器 …………… 169
10.6.2 读 16 位定时器 …………… 169
10.7 低功耗 32 kHz 晶振输入 …… 169
10.8 32 位定时器配置 …………… 170
10.9 32 位定时器的工作模式 …… 171
10.9.1 定时器模式 …………… 171
10.9.2 同步计数器模式 ……… 172
10.9.3 异步计数器模式 ……… 173
10.9.4 门控时间累加模式 …… 173
10.10 读/写 32 位定时器 ………… 174
10.11 低功耗状态下的定时器工作
……………………………………… 174
10.11.1 休眠模式下的定时器工作 … 174
10.11.2 空闲模式下的定时器工作 … 175
10.11.3 Timer1 中断唤醒器件应用示例
……………………………………… 175
10.12 使用定时器模块的外设 …… 176
10.12.1 输入捕捉/输出比较的时基
……………………………………… 176
10.12.2 A/D 特殊事件触发信号 …… 176
10.12.3 定时器作为外部中断引脚 … 176
10.12.4 I/O 引脚控制 …………… 176

第 11 章 输入捕捉

11.1 输入捕捉寄存器 …………… 178
11.2 定时器选择 ………………… 179
11.3 输入捕捉事件模式 ………… 180
11.3.1 简单捕捉事件 …………… 180
11.3.2 预分频器捕捉事件 ……… 181
11.3.3 边沿检测模式 …………… 182
11.4 捕捉缓冲器的操作 ………… 183
11.4.1 输入捕捉缓冲器非空 …… 184
11.4.2 输入捕捉溢出 …………… 184
11.5 输入捕捉中断 ……………… 184
11.6 UART 自动波特率支持 …… 185
11.7 低功耗状态下的输入捕捉工作
……………………………………… 185
11.7.1 休眠模式下的输入捕捉工作
……………………………………… 185
11.7.2 空闲模式下的输入捕捉工作
……………………………………… 185
11.7.3 器件从休眠/空闲中唤醒 …… 186
11.8 I/O 引脚控制 ……………… 186
11.9 与输入捕捉模块相关的特殊功能寄存器表 …………………… 186

第 12 章 输出比较

12.1 输出比较寄存器 …………… 189
12.2 工作模式 …………………… 190
12.2.1 单比较匹配模式 ………… 190
12.2.2 双比较匹配模式 ………… 194
12.2.3 脉宽调制模式 …………… 200
12.3 低功耗状态下的输出比较工作
……………………………………… 205
12.3.1 休眠模式下的输出比较工作
……………………………………… 205
12.3.2 空闲模式下的输出比较工作
……………………………………… 205
12.4 I/O 引脚控制 ……………… 206

第 13 章 正交编码器接口

13.1 控制和状态寄存器 ………… 209
13.2 可编程数字噪声滤波器 …… 214
13.3 正交解码器 ………………… 216
13.3.1 超前/滞后测试说明 ……… 217
13.3.2 计数方向状态 …………… 218
13.3.3 编码器计数方向 ………… 218

13.3.4 正交速率 ……………… 218
13.4 16 位向上/向下位置计数器 ……………… 218
　13.4.1 位置计数器的使用 ……… 219
　13.4.2 使用 MAXCNT 复位位置计数器 ……………… 219
　13.4.3 使用索引复位位置计数器 …… 220
13.5 QEI 用作备用 16 位定时器/计数器 ……………… 223
　13.5.1 向上/向下定时器的工作 … 223
　13.5.2 定时器外部时钟 ………… 223
　13.5.3 定时器门控操作 ………… 224
13.6 正交编码器接口中断 ………… 224
13.7 I/O 引脚控制 ………………… 224
13.8 低功耗模式下的 QEI 工作 …… 225
　13.8.1 器件进入休眠模式 ……… 225
　13.8.2 器件进入空闲模式 ……… 225
13.9 复位的影响 …………………… 226
13.10 正交编码器使用中应注意的问题 ……………… 226

第 14 章 电机控制脉宽调制模块

14.1 多种 MCPWM 模块 …………… 227
14.2 控制寄存器 …………………… 229
14.3 PWM 时基 …………………… 238
　14.3.1 自由运行模式 …………… 239
　14.3.2 单事件模式 ……………… 240
　14.3.3 向上/向下计数模式 …… 240
　14.3.4 PWM 时基预分频器 …… 240
　14.3.5 PWM 时基后分频器 …… 240
　14.3.6 PWM 时基中断 ………… 240
　14.3.7 PWM 周期 ……………… 241
14.4 PWM 占空比比较单元 ……… 242
　14.4.1 PWM 占空比精度 ……… 242
　14.4.2 边沿对齐的 PWM ……… 244
　14.4.3 单事件 PWM 工作 …… 244
　14.4.4 中心对齐的 PWM ……… 245
　14.4.5 占空比寄存器缓冲 …… 246
14.5 互补 PWM 输出模式 ………… 247
14.6 死区时间控制 ………………… 248
　14.6.1 死区时间发生器 ……… 248
　14.6.2 死区时间分配 ………… 249
　14.6.3 死区时间范围 ………… 250
　14.6.4 死区时间失真 ………… 250
14.7 独立 PWM 输出模式 ………… 251
14.8 PWM 输出改写 ……………… 251
　14.8.1 互补输出模式的改写控制 … 252
　14.8.2 改写同步 ……………… 252
　14.8.3 输出改写示例 ………… 252
14.9 PWM 输出和极性控制 ……… 254
　14.9.1 输出极性控制 ………… 254
　14.9.2 PWM 输出引脚复位状态 … 254
14.10 PWM 故障引脚 ……………… 254
　14.10.1 故障引脚使能位 …… 255
　14.10.2 故障状态 …………… 255
　14.10.3 故障输入模式 ……… 255
　14.10.4 故障引脚优先级 …… 256
　14.10.5 故障引脚软件控制 … 256
　14.10.6 故障时序示例 ……… 257
14.11 PWM 更新锁定 ……………… 258
14.12 PWM 特殊事件触发器 ……… 258
　14.12.1 特殊事件触发器使能 … 259
　14.12.2 特殊事件触发器后分频器 … 259
14.13 器件低功耗模式下的工作 … 259
　14.13.1 休眠模式下的 PWM 工作 … 259
　14.13.2 空闲模式下的 PWM 工作 … 260
14.14 用于器件仿真的特殊功能 … 260
14.15 与 PWM 模块有关的寄存器映射

表 ………………………………… 260

第 15 章 串行外设接口

15.1 dsPIC30F 的 SPI 模块 ………… 263
15.2 状态和控制寄存器 ……………… 264
15.3 工作模式 ………………………… 267
   15.3.1 8 位与 16 位工作模式 …… 267
   15.3.2 主控模式和从动模式 …… 268
   15.3.3 SPI 错误处理 …………… 274
   15.3.4 SPI 仅启用接收功能时的工作原理
       …………………………… 274
   15.3.5 帧 SPI 模式 ……………… 274
15.4 SPI 主控模式时钟频率 ………… 278
15.5 低功耗模式下的工作 …………… 279
   15.5.1 休眠模式 ………………… 279
   15.5.2 空闲模式 ………………… 280
15.6 与 SPI 模块相关的特殊功能寄存器 ………………………………… 280

第 16 章 I²C 通信模块

16.1 dsPIC30F 的 I²C 模块 ………… 282
16.2 I²C 总线特性 …………………… 283
   16.2.1 总线协议 ………………… 284
   16.2.2 报文协议 ………………… 285
16.3 控制和状态寄存器 ……………… 286
16.4 使能 I²C 操作 ………………… 292
   16.4.1 使能 I²C I/O …………… 292
   16.4.2 I²C 中断 ………………… 292
   16.4.3 当作为总线主器件工作时设置波特率 ……………………… 293
16.5 作为主器件在单主机环境下通信 ………………………………… 294
   16.5.1 产生启动总线事件 ……… 295
   16.5.2 发送数据到从器件 ……… 296
   16.5.3 接收来自从器件的数据 … 298
   16.5.4 应答产生 ………………… 299
   16.5.5 产生停止总线事件 ……… 300
   16.5.6 产生重复启动总线事件 … 301
   16.5.7 建立完整的主器件报文 … 302
16.6 作为主器件在多主机环境下通信 ………………………………… 302
   16.6.1 多主机工作 ……………… 303
   16.6.2 主器件时钟同步 ………… 303
   16.6.3 总线仲裁与总线冲突 …… 304
   16.6.4 检测总线冲突和重新发送报文 ……………………………… 304
   16.6.5 启动条件期间的总线冲突 … 304
   16.6.6 重复启动条件期间的总线冲突 ……………………………… 305
   16.6.7 报文位发送期间的总线冲突 … 305
   16.6.8 停止条件期间的总线冲突 … 305
16.7 作为从器件通信 ………………… 305
   16.7.1 采样接收的数据 ………… 306
   16.7.2 检测启动和停止条件 …… 306
   16.7.3 检测地址 ………………… 306
   16.7.4 接收来自主器件的数据 … 311
   16.7.5 发送数据到主器件 ……… 313
16.8 I²C 总线的连接注意事项 ……… 314
16.9 在 PWRSAV 指令执行期间的模块操作 …………………………… 315
   16.9.1 器件进入休眠模式 ……… 315
   16.9.2 器件进入空闲模式 ……… 315
16.10 复位的影响 …………………… 316
16.11 I²C 器件的地址格式 ………… 316
16.12 I²C 总线通信中的若干问题 ………………………………… 316

第 17 章 通用异步收发器模块

17.1 控制寄存器 ……………………… 319

17.2 UART 波特率发生器 ……… 322
17.3 UART 配置 ……………… 325
   17.3.1 使能 UART ……………… 325
   17.3.2 禁止 UART ……………… 325
   17.3.3 备用 UART I/O 引脚 …… 325
17.4 UART 发送器 ……………… 326
   17.4.1 发送缓冲器 ……………… 327
   17.4.2 发送中断 ………………… 327
   17.4.3 设置 UART 发送 ………… 328
   17.4.4 中止字符的发送 ………… 329
17.5 UART 接收器 ……………… 329
   17.5.1 接收缓冲器 ……………… 330
   17.5.2 接收器错误处理 ………… 330
   17.5.3 接收中断 ………………… 331
   17.5.4 设置 UART 接收 ………… 331
17.6 使用 UART 进行 9 位通信 … 332
   17.6.1 ADDEN 控制位 …………… 333
   17.6.2 设置 9 位发送 …………… 333
   17.6.3 设置使用地址检测模式的 9 位接收 …………… 333
17.7 接收中止字符 ……………… 334
17.8 初始化 ……………………… 334
17.9 UART 的其他特性 ………… 336
   17.9.1 环回模式下的 UART …… 336
   17.9.2 自动波特率支持 ………… 336
17.10 UART 在 CPU 休眠和空闲模式下的工作 ………………… 337
17.11 与 UART 模块相关的寄存器 … 337
17.12 UART 通信设计中可能出现的问题及解决方法 ………… 337

第 18 章 CAN 总线模块

18.1 dsPIC30F 集成的 CAN 模块组成的总线网络 ……………… 339
18.2 CAN 模块特点 …………… 339
18.3 CAN 模块的控制寄存器 … 340
   18.3.1 CAN 控制和状态寄存器 … 348
   18.3.2 CAN 发送缓冲寄存器 …… 349
   18.3.3 CAN 接收缓冲寄存器 …… 352
   18.3.4 报文接收过滤器 ………… 355
   18.3.5 接收过滤器屏蔽寄存器 … 356
   18.3.6 CAN 波特率寄存器 ……… 357
   18.3.7 CAN 模块错误计数寄存器 … 359
   18.3.8 CAN 中断寄存器 ………… 359
18.4 CAN 模块的实现 ………… 362
18.5 CAN 模块工作模式 ……… 370
   18.5.1 正常工作模式 …………… 370
   18.5.2 禁止模式 ………………… 370
   18.5.3 环回模式 ………………… 371
   18.5.4 监听模式 ………………… 371
   18.5.5 配置模式 ………………… 372
   18.5.6 监听所有报文模式 ……… 372
18.6 报文接收 ………………… 372
   18.6.1 接收缓冲器 ……………… 372
   18.6.2 报文接收过滤器 ………… 375
   18.6.3 接收器溢出 ……………… 376
   18.6.4 复位的影响 ……………… 378
   18.6.5 接收错误 ………………… 378
   18.6.6 接收中断 ………………… 379
18.7 发 送 ……………………… 381
   18.7.1 实时通信和发送报文缓冲 … 381
   18.7.2 发送报文缓冲器 ………… 382
   18.7.3 发送报文优先级 ………… 382
   18.7.4 报文发送 ………………… 383

18.7.5	发送报文中止 …………… 383	19.6	参考电压源的选择 ………… 410
18.7.6	发送边界条件 …………… 385	19.7	A/D 转换时钟的选择 ……… 410
18.7.7	复位的影响 ……………… 387	19.8	采样模拟输入的选择 ……… 411
18.7.8	发送错误 ………………… 387	19.8.1	配置模拟端口引脚 ……… 411
18.7.9	发送中断 ………………… 389	19.8.2	通道 0 输入选择 ………… 411
18.8	错误检测 ………………………… 389	19.8.3	通道 1、2 和 3 输入选择 … 412
18.8.1	错误状态 ………………… 390	19.9	模块使能 ……………………… 413
18.8.2	错误模式和错误计数器 … 390	19.10	采样/转换过程的说明 ……… 413
18.8.3	错误标志寄存器 ………… 391	19.10.1	采样/保持通道的数量 …… 413
18.9	CAN 波特率 …………………… 391	19.10.2	同时采样使能 …………… 413
18.9.1	位时序 …………………… 392	19.11	如何开始采样 ………………… 414
18.9.2	预分频器设置 …………… 392	19.11.1	手 工 …………………… 414
18.9.3	传播段 …………………… 393	19.11.2	自 动 …………………… 415
18.9.4	相位段 …………………… 393	19.12	如何停止采样和开始转换 … 415
18.9.5	采样点 …………………… 394	19.12.1	手 工 …………………… 416
18.9.6	同 步 …………………… 394	19.12.2	对转换触发计时 ………… 417
18.9.7	时间段编程 ……………… 395	19.12.3	事件触发转换开始 ……… 421
18.10	中 断 …………………………… 395	19.13	采样/转换工作的控制 ……… 425
18.10.1	中断确认 ………………… 396	19.13.1	监视采样/转换状态 ……… 425
18.10.2	ICODE 位 ……………… 396	19.13.2	产生 A/D 中断 ………… 425
18.11	时间标记 ……………………… 397	19.13.3	中止采样 ………………… 425
18.12	CAN 模块 I/O ………………… 397	19.13.4	中止转换 ………………… 425
18.13	CPU 低功耗模式下的工作 … 397	19.14	如何将转换结果写入缓冲器的说明 …………………………… 426
18.13.1	休眠模式下的工作 ……… 397	19.14.1	每次中断前的转换次数 … 426
18.13.2	CPU 空闲模式下的 CAN 模块工作 …………………… 399	19.14.2	缓冲器大小造成的限制 … 426
		19.14.3	缓冲器填充模式 ………… 426
第 19 章 10 位 A/D 转换器		19.14.4	缓冲器填充状态 ………… 426
19.1	dsPIC30F 的 10 位 A/D 转换器的结构 ………………………… 400	19.15	转换过程示例 ………………… 427
		19.15.1	单个通道的多次采样和转换示例 …………………………… 427
19.2	控制寄存器 …………………… 402	19.15.2	扫描所有模拟输入时的 A/D 转换示例 …………………… 428
19.3	A/D 转换结果缓冲器 ………… 402		
19.4	A/D 转换术语和转换过程 … 407	19.15.3	在扫描其他 4 个输入时频繁采样 3
19.5	A/D 模块配置 ………………… 409		

　　　　　个输入示例 …………………… 429
　19.15.4　使用双 8 字缓冲器示例 …… 431
　19.15.5　使用交替多路开关 A、多路开关 B
　　　　　输入选择示例 ………………… 431
　19.15.6　使用同时采样对 8 个输入进行采样
　　　　　的示例 ………………………… 434
　19.15.7　使用顺序采样对 8 个输入进行采样
　　　　　的示例 ………………………… 435
19.16　A/D 采样要求 …………………………… 437
19.17　读取 A/D 转换结果缓冲器 … 437
19.18　传递函数 ……………………… 438
19.19　A/D 转换的精度/误差 ………… 439
19.20　连接注意事项 …………………… 439
19.21　初始化 …………………………… 440
19.22　在休眠和空闲模式下工作 …… 441
　19.22.1　不使用 RC A/D 时钟的 CPU 休眠模
　　　　　式 ……………………………… 441
　19.22.2　使用 RC A/D 时钟的 CPU 休眠模式
　　　　　………………………………… 441
　19.22.3　CPU 空闲模式下的 A/D 工作
　　　　　………………………………… 441
19.23　复位的影响 …………………… 442
19.24　与 10 位 A/D 转换器相关的特殊
　　　　功能寄存器 ………………… 442
19.25　关于 A/D 转换器系统性能的优
　　　　化 …………………………… 442

第 20 章　系统综合特性

20.1　振荡器系统及其工作原理 … 444
　20.1.1　振荡器系统功能综述 ……… 445
　20.1.2　CPU 时钟机制 ……………… 446
　20.1.3　振荡器配置 ………………… 447
　20.1.4　振荡器控制寄存器 ………… 449
　20.1.5　主振荡器 …………………… 451
　20.1.6　晶体振荡器/陶瓷谐振器 …… 452
　20.1.7　为晶振、时钟模式、C_1、C_2 和 R_S 确定
　　　　　最佳的值 ……………………… 454
　20.1.8　外部时钟输入 ………………… 456
　20.1.9　外部 RC 振荡器 ……………… 456
　20.1.10　锁相环 ……………………… 458
　20.1.11　低功耗 32 kHz 晶体振荡器…… 459
　20.1.12　振荡器起振定时器 ………… 460
　20.1.13　内部快速 RC 振荡器 ……… 460
　20.1.14　内部低功耗 RC 振荡器 …… 460
　20.1.15　故障保护时钟监视器 ……… 461
　20.1.16　可编程振荡器后分频器 …… 462
　20.1.17　时钟切换工作原理 ………… 463
　20.1.18　振荡器电路出现的非正常现象及处
　　　　　理措施 ………………………… 466
20.2　复位模块 ……………………… 467
　20.2.1　复位控制寄存器 …………… 468
　20.2.2　复位时的时钟源选择 ……… 469
　20.2.3　上电复位 …………………… 470
　20.2.4　外部复位 …………………… 471
　20.2.5　软件复位指令 ……………… 472
　20.2.6　看门狗超时复位 …………… 472
　20.2.7　欠压复位 …………………… 472
　20.2.8　使用 RCON 状态位 ………… 474
　20.2.9　器件复位时间 ……………… 474
　20.2.10　器件起振时间曲线 ………… 476
　20.2.11　特殊功能寄存器复位状态 … 478
　20.2.12　复位模块使用中要注意的问题
　　　　　………………………………… 478
20.3　看门狗定时器和低功耗模式 … 479
　20.3.1　低功耗模式 ………………… 479
　20.3.2　休眠模式 …………………… 479
　20.3.3　空闲模式 …………………… 482
　20.3.4　低功耗指令与中断同时发生

………… 483
20.3.5 看门狗定时器 ………… 483
20.3.6 看门狗定时器和低功耗模式使用中的问题 ………… 486
20.4 低压检测模块 ………… 486
20.4.1 LVD 控制位和跳变点的选择 ………… 487
20.4.2 LVD 工作原理 ………… 489
20.4.3 LVD 模块使用中的有关问题 ………… 490
20.5 器件配置寄存器 ………… 490
20.5.1 器件配置寄存器 ………… 491
20.5.2 配置位描述 ………… 495
20.5.3 器件标识寄存器 ………… 496

第 21 章 指令系统

21.1 dsPIC30F 指令的分类 ………… 497
21.2 dsPIC30F 指令的操作数 ………… 497
21.3 指令长度和执行周期 ………… 498
21.4 dsPIC30F 指令简述 ………… 499

第 22 章 开发环境与工具

22.1 MPLAB IDE 集成开发环境软件 ………… 510
22.1.1 dsPIC 语言套件 ………… 512
22.1.2 第 3 方 C 编译器 ………… 512
22.2 仿真器与在线调试器 ………… 512
22.2.1 MPLAB SIM 软件模拟器 ………… 512
22.2.2 MPLAB ICE 4000 在线仿真器 ………… 513
22.2.3 MPLAB ICD 2 在线调试器 ………… 514
22.2.4 PRO MATE II 通用器件编程器 ………… 515
22.3 应用程序库 ………… 515
22.3.1 数学库 ………… 515
22.3.2 DSP 算法库 ………… 515
22.3.3 DSP 滤波器设计软件实用程序 ………… 516
22.3.4 外设驱动程序库 ………… 516
22.3.5 CAN 库 ………… 517
22.3.6 实时操作系统 ………… 517
22.3.7 OSEK 操作系统 ………… 518
22.3.8 TCP/IP 协议栈 ………… 518
22.3.9 V0.22/V0.22bis 和 V0.32 规范 ………… 519
22.4 dsPIC30F 硬件开发板 ………… 519
22.4.1 dsPICDEM MC1 电机控制开发板及配套组件 ………… 519
22.4.2 dsPICDEM 2.0 开发板 ………… 520
22.5 使用 MPLAB IDE 实现嵌入式系统设计的一般步骤 ………… 521
22.5.1 创建文件 ………… 522
22.5.2 使用项目向导 ………… 523
22.5.3 使用项目窗口 ………… 526
22.5.4 设置编译选项 ………… 526
22.5.5 编译项目 ………… 528
22.5.6 编译错误疑难解答 ………… 530
22.5.7 使用 MPLAB SIM 软件模拟器进行调试 ………… 531
22.5.8 生成映射文件 ………… 534
22.5.9 汇编代码的调试 ………… 535
22.5.10 用户系统在线调试接口设计 ………… 537

第 23 章 dsPIC30F 用于单相交流电机调速控制

23.1 交流感应电机的 V/F 控制 ………… 539
23.2 单相交流感应电机的启动和运行 ………… 540
23.3 单相感应电机变频调速的逆变器功率主电路 ………… 541
23.4 dsPIC30F2010 组成的控制电路

23.5　3 桥臂两相 SPWM 控制策略及编程 ……………………………… 543
　23.5.1　SPWM 调制 …………… 544
　23.5.2　产生正弦波的查表方法 … 547
　23.5.3　ADC 采样和 PWM 输出设置 ……………………………… 550

第 24 章　dsPIC30F 用于交流电机矢量控制

24.1　感应电机矢量控制的实现步骤 ……………………………… 554
24.2　坐标变换的实现 …………… 555
　24.2.1　CLARKE 变换 …………… 555
　24.2.2　PARK 变换 ……………… 555
　24.2.3　PARK 反变换 …………… 556
　24.2.4　CLARKE 反变换 ………… 556
24.3　磁通观察器 ………………… 557
24.4　PI 控制 ……………………… 558
24.5　空间矢量调制 ……………… 559
24.6　源程序说明 ………………… 560
　24.6.1　变量定义和定标 ………… 560
　24.6.2　UserParms.h ……………… 561
　24.6.3　ACIM.c …………………… 561
　24.6.4　InitCurModel.c …………… 562
　24.6.5　CalcRef.s ………………… 562
　24.6.6　CalcVel.s ………………… 562
　24.6.7　ClarkePark.s ……………… 562
　24.6.8　CurModel.s ……………… 563
　24.6.9　FdWeak.s ………………… 563
　24.6.10　InvPark.s ………………… 563
　24.6.11　MeasCur.s ……………… 564
　24.6.12　OpenLoop.s …………… 564
　24.6.13　PI.s ……………………… 564
　24.6.14　ReadADC0.s …………… 564
　24.6.15　SVGen.s ………………… 564
　24.6.16　Trig.s …………………… 564

第 25 章　dsPIC30F 在无刷直流电机控制方面的应用

25.1　电机的运行与 PWM 调速控制 ……………………………… 567
25.2　开环控制 …………………… 570
25.3　闭环控制 …………………… 574

第 26 章　dsPIC30F 在电源变换器中的应用

26.1　组合式三相/单相可编程数字逆变电源 ……………………… 583
26.2　电流 SPWM 倍频调制方式及数字实现 ……………………… 584
26.3　电压/电流双环数字 PI 控制 ………………………………… 586
26.4　控制程序设计 ……………… 587

参考文献 ……………………………… 590

第 1 章

绪 论

1.1 电机控制和电源变换技术的发展

自从 1831 年法拉第发现电磁感应现象以来,电机就与人类文明的进步紧密结合在一起。这里的"电机"不仅是通常所指的电动机和发电机,还包括能改变电能电压的变压器及改变电能频率、电流、相位的变换器等装置,也就是现在称为"电源变换"的设备。一项技术在不同的时代有着不同的内涵。19 世纪中叶先后诞生的直流电机和交流电机,最初只是为人们提供一种稳定的动力,而调速及力矩的控制则用皮带轮和齿轮来完成,所以那时的电机控制只是解决它的起动与停止,大部分的控制用简单的触点开关电器即能解决。随着世界工业革命的进程,大工业生产的生产方式、产量和质量都发生了根本性的变化,小作坊式的生产形式已不能满足实际需要,因此对电机的控制提出了新的要求。例如,炼钢厂的反转轧机,电动机在工作中不但要求快速地起动和制动,而且要求能频繁地改变运行方向,这时电机运行中的起动转矩和制动转矩以及动态响应成为控制的主要焦点。又例如,载人电梯,为了人的舒适性,它的起动加速和停止减速应遵循一定的运行规律,所以拖动电机的运行过程中必须按照某种曲线迅速调整速度。这时,如果简单地控制电机的起动与停止,则是无法满足要求的。再譬如,在造纸、印染、塑料、冶金等行业常用卷绕设备的电气传动,一般都采用张力控制技术来实现生产工艺中的平衡卷绕,请看图 1-1。

为了保证加工质量,必须维持材料在传送中有一定的均衡张力;但工艺过程中,放料滚筒的外径不断缩小,而收料卷筒的外径却在不断增大,因此分别带动放料滚筒和收料卷筒的 2 个电动机必须按一定的规律调节速度,1 个需要随料筒直径的减小适时地加快,另 1 个需要随料筒直径的增大适时地减慢,否则难以保证材料在传送过程中的均衡张力,影响产品加工质量,甚至出现材料

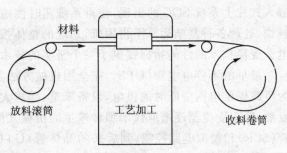

图 1-1 卷绕设备的电气传动

断裂。由此可见，生产实践中对电机控制的要求有时非常复杂。

正是由于工业生产的不断进步和发展，电机控制从最初简单的起动控制发展到现在包括功率电子器件、模拟与数字电子技术、高频电源变换技术、微型计算机、自动控制理论、现代调速等多门学科的电力电子技术与运动控制学科的综合控制，在自动生产线、网络制造、信息产业、运输、包装、储存、销售、测试、航空、航天、国防等领域发挥着重要的作用。

20世纪70年代以前，直流电机因具有优越的调速性能，而在需要调速传动的场合都被采用；但传统直流电机采用电刷机械方法换向，存在机械摩擦，需要经常维护，并且运行中产生火花、噪声和无线电干扰，使它的应用受到极大的限制，因此，当时的电气传动中，大部分采用的是交流感应电动机。虽然那时交流调速也有多种方案，但囿于当时的技术水平，始终无法达到直流调速的性能。到了20世纪70年代初，席卷全球的石油危机迫使人们不得不投入大量人力和物力，对在电气传动中占主导地位的交流电机传动系统进行高效节能的变频调速研究。经过多年努力，终于使交流调速系统的性能可以达到与直流调速系统相媲美的程度。由于交流变频调速用于风机、水泵的传动能收到节电20%的效果，而风机、水泵的装机容量几乎占工业电气传动总容量的一半，因此从20世纪80年代起，交流变频调速在世界范围内得到迅速的推广和应用。与此同时，在电力电子技术和计算机技术发展的推动下，传统的有刷直流电机也在技术上有了大的突破，以功率电子开关器件实现换向的无刷直流电机获得成功，并在仪器仪表、医疗机械、家用电器和信息产品中得到推广应用。

电机控制从最初简单的电力拖动，发展到后来能够调速的电气传动，又从后来的电气传动发展到现在的运动控制，控制对象不但包括传统的直流电机、交流感应电机和交流同步电机，还包括直线电机、步进电机、开关磁阻电机、双凸极电机、超声电机和其他的新型电机；控制内容不但包括常规的起动、调速，还包括电磁转矩、位置控制及动态响应性能等。运动控制将电网、整流器、逆变器、电动机、生产机械和控制系统作为1个整体综合考虑，与以前那种电源是电源，变频器是变频器，电机是电机，每1项都作为1个独立的装置来考虑相比，这样更能发挥整体优势，获得最佳的控制效果。要在系统控制中实现这种整体优势，没有计算机技术的介入显然是难以实现的。正是由于以微处理器为核心的全数字控制技术的不断发展，尤其是DSP嵌入式片上系统SOC的出现，使得系统实时性地完成电机控制和电源变换中的运算速度越来越快，处理各种复杂运算不再困难，系统的整体控制性能越来越好，为进一步提高电机控制和电源变换技术的性能指标提供了一个坚实的技术平台。

最早的不停电电源(UPS)，完全用机械方法实现，利用惯性飞轮存储的动能带动发电机，为负载提供电网中断时的供电，设备笨重，噪声大，效率低，切换时间长。随着电力电子技术的发展，静止变流器逐渐取代了那种笨重的机械式的电源变换装置。静止变流器从开始的晶闸管(SCR)和模拟电路控制，到后来的晶体管(GTR)和数字电路控制，一直发展到现在的场控功率开关(IGBT)和以嵌入式微处理器为核心的全数字化控制，所经历的发展历程与电机控制几乎同步。这类的电源变换装置，现在除了UPS外，还有飞机上的变速恒频电源、太阳能光伏发电和风力发电的并网功率变换器、高频逆变焊机、电力有源滤波器和高压直流输电中的各类变换器等。

数字化控制是当今电机控制和电源变换技术发展的主流,是电力电子技术与运动控制学科中的一项重要技术,而 DSP 现已成为这项技术的核心。

1.2 微处理器在电机调速和电源变换技术中的应用

电机控制和电源变换技术从最初的模拟控制,到以 MCU(单片机)为主的模数混合控制,再到全数字控制的演变,始终与计算机技术的发展紧密相关。早在 20 世纪 70 年代,当微处理器技术刚开始出现不久,国外工业电气传动即开始引入到电机控制技术中。那时,微处理器的品种有限,运算速度慢,在硬件资源上比较匮乏,用其构成电机控制系统需要辅以大量的外围数字逻辑电路芯片和模拟电路芯片,不但结构复杂,体积较大,抗干扰性能也非常差,系统的控制性能难以提高,可靠性也存在问题。这个时期微处理器代表性的产品主要有:Intel 公司的 8080 系列,Freescale 公司的 MC6800 系列等。

国内在电机控制中采用微处理器始于 20 世纪 80 年代初。当时市场上流行一种基于 Zlog 公司 Z80 系列微处理器芯片组成的单板计算机,最具代表性的是 TP-801。因其价格低廉,所以应用较广,自然为当时正在兴起的电机数字控制系统所采用。

TP-801 单板机实际上只是一个具有简单计算机雏形的教学实验工具,所有部件组合在 1 块印刷电路板上,以 LED 数码管和一组按键作为人机话界面,运行指令周期为 $4\ \mu s$,基本内存只有 4 KB。图 1-2 是 TP-801 单板计算机的原理框图。由图可见,系统中配置了计数器(CTC)、8 位并行 I/O 口(PIO)、程序存储器(PROM)、数据存储器(RAM)及显示键盘等,没有串行通信口(SCI)和模拟/数字转换(A/D)电路。如果需要,则必须外部扩展。然而就是这款最初级的简易计算机,成为当时国内电气传动界对电机进行数字控制的主要技术平台,国内很多高校及科研院所的电气传动数字化控制研究都是从 TP-801 起步的。

对于现代应用科学技术的发展,市场和实际需求是最大的推动力。随着电机应用领域的扩大和延深,对电机控制的要求越来越高,完成电机控制的运算也越来越复杂。而快速、实时性的要求不但对电机控制而言,对其他很多数字控制场合同样需要,显然 TP-801 这样的初级计算机难以满足要求。20 世纪 70 年代后期到 80 年代中期,国外一些公司陆续推出在一个电路芯片中集成了类似 TP-801 单板机全部部件的单片计算机,包括中央处理器(CPU)、程序存储器(EPROM)、随机数据存储器(RAM)、定时/计数器、输入/输出接口等,综合性能和运算速度大大超过 TP-801,并在内部集成了 A/D、D/A 转换电路和多种通信接口,缩小了数控系统的体积,降低了硬件成本,提高了系统的可靠性,这使其立即在全世界得到广泛的推广和应用,显示出强大的生命力。从那时起,单片机应用技术迅速渗透到了工农业生产、交通运输、家用电器、办公、军事、医疗、航空航天等领域。电机的数字化控制也由此进入了第 2 个阶

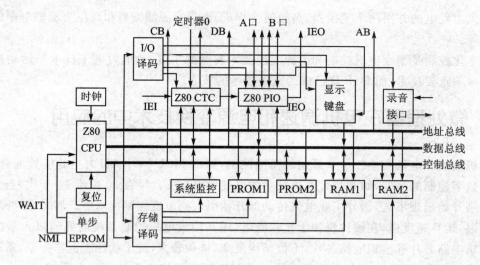

图 1-2 TP-801 单板计算机

段——单片机时代。

当时最具代表性的单片机是美国 Intel 公司的 MCS 系列,大约每 3~4 年推出 1 个新品种,表 1-1 列举了 Intel 公司单片机的发展进程。

表 1-1 Intel 单片机的发展

时间/年	型号系列	典型芯片	CPU 位数	中断源	指令周期/μs
1976	MCS-48	8048	8	2	2.5
1980	MCS-51	8051	8	5	1
1984	MCS-96	8096、8098	16	8	0.25
1987	MCS-96	80C196	16	8	0.125

从 20 世纪 80 年代中期开始,由于电力电子功率开关器件的发展和单片机技术的应用,交流感应电机控制难、调速性能差等问题的解决取得了突破性的进展,数字控制的交流变频调速器得到迅速推广,特别是在风机、水泵这类量大面广的应用中收到非常好的节电效果。与此同时,其他类型的电机和一些电源变换装置,也都开始采用基于单片机技术的数字控制,使系统的控制性能和可靠性得到提高,制造成本降低,从而推动了电机控制技术的发展。

电机数字化控制的实现使系统的信息处理能力大幅度提高,控制策略能够做到优化,控制思想中可以融入许多现代控制理论,如神经网络控制、模糊控制、解耦控制、滑模变结构控制、自适应控制等,难以实现的复杂控制如感应电机矢量控制中的坐标变换运算、无速度传感器参数辨识、直流无刷电机的无位置传感器控制以及逆变电源的并联控制等,采用基于单片机技术的数字控制后都取得了成功;但现代运动控制系统对电机控制的高性能要求使得控制算法越来越复杂,需要实时处理的信息越来越多,因此控制器的运算量也越来越大,这就对单片机的运算速度提出了挑战。显然,随着控制算法复杂程度的不断提高,电机数字控制系统的处理能力只有从单片微处理器(CPU)的性能水平提升到 DSP 的性能水平,才能满足高性能电机数字控制的要求。DSP 在硬件设计上针对复杂计算采取了一些独特的设计,以求使运算速度加快。首先在循环方面,DSP 一般有若干无条件自动程序循环操作控制指令,这使其能简便而迅速完成 n 次循环,不必如 CPU 那样需要以多指令程序跳转结构实现循环。另外 DSP 与 CPU 在原理结构方面也有所不同,DSP 往往采用哈佛(Harvard)结构,而传统的 CPU 多为冯·诺依曼(von Neumann)结构。冯·诺依曼结构将程序与数据统一编址,不区分存储器的程序空间和数据空间;哈佛结构则将程序空间与数据空间分开编址,处理数据空间运算与数据传输的同时可以并行地从程序空间读取下 1 条指令。DSP 的乘法器都是用硬件逻辑实现的,可以在 1 个指令周期内完成。DSP 在电机控制中的应用使调速系统具有快速的运算、判断及信息处理的功能,对一些信息处理的延迟接近模拟电路的延迟时间,一些新的变换方法、新的控制策略和现代自动控制理论得以在调速系统中成功应用,系统的动态响应和控制精度等性能得到极大提升,由此标志现代电机控制技术进入一个全数字化的高性能、智能化的新阶段。

1.3 用于电机和电源数字控制系统的 DSP 的特点

据统计,现在工业用电量的 2/3 为电机所消耗,城镇生活用电中电机所占比率达 1/4。由此可见,用数字控制技术改进电机控制性能,提高其运行效率,对能源日益紧缺的今天有着重大的意义,同样也蕴藏着巨大的商机。国际一些知名半导体制造厂商纷纷瞄准这一市场,相继推出了面向电机控制系统的 DSP 芯片,如 TI、ADI、Motorola 和 Microchip 公司等。各大公司推出的面向电机控制的专用 DSP 芯片,不但具备 DSP 的结构特点,如哈佛结构或改善的哈佛结构、流水技术(Pipeline)、硬件乘法器和乘加指令 MAC、独立的直接存储器访问(DMA)总线及其控制器、数据地址发生器(DAG)等,还将单片机(MCU)的控制功能融合到一起,内部集成了适用于电机控制的丰富的外围电路,如多通道 A/D 转换器、三相或单相可编程 PWM 发生器、定时计数器电路、异步通信电路、CAN 总线收发器等。这种 DSP 芯片,既拥有 16 位单片机的高性能控制功能,又具有 DSP 的计算能力和数据吞吐能力。用其设计电机数字控制系统,能方便地组成一个高性能的嵌入式的最佳单芯片解决方案,缩短设计开发周期,降低开发成本,节省电路板空间。

表 1-2 列举了上述厂商开发的几款用于电机控制的 DSP 代表性产品的主要性能参数。值得一提的是,后起之秀 Microchip 公司,以其在嵌入式微处理器开发方面的成功经验,面对众多原有的 PIC 系列单片机用户,推出了以 PIC 16 位单片机为核心,内嵌 DSP 引擎的 dsPIC 数字信号控制器。这种数字信号控制器不仅继续保持了功能强大的外围设备和快速中断处理能力,又融合了先进的可管理高速计算活动的数字信号处理器功能。因为其体系结构基本沿

用了 PIC 系列单片机,指令系统也是在原有基础上升级,所以使广大的 PIC 单片机用户能很容易地将原有的相关软件代码移植到新的 dsPIC 系统中加以利用,节省了用户大量的资源,加快了开发进度。因为 dsPIC 数字信号控制器具有丰富的外围部件、先进的 DSP 引擎、完善的中断功能、大容量的内部 Flash 程序存储器和数据存储器以及 2.5~5.5 V 的宽工作电压范围和低廉的价格,所以其一问世,即引起各方广泛的关注。尤其以前用过 PIC 系列单片机的用户,不必再花较大的精力去重新学习一种新的体系结构和指令系统,就可以很方便地将原来在 PIC 单片机基础上的工作积累一下提升到 DSP 的水平上来。对竞争日益激烈、快节奏的今天来说,这一点显得尤为重要。

表 1-2 几款用于电机控制的 DSP 主要性能参数

品牌型号 性能	TI TMS320LF24XX	ADI ADMC331	Freescale DSP56F803	Microchip dsPIC30F5015
运算速度/MIPS	40	26	40	30
ROM	32K×16(Flash)	2K×24	36K×16(Flash)	66K×16(Flash)
SRAM	2K×16	2K×24	2K×16	2K×16
EEPROM				1K
A/D	16 路 10 位	7 路 12 位	2 路 12 位	16 路 10 位
捕捉输入	3			4
比较输出	3			4
马达 PWM 输出	8	6	6	8
定时器	2	1	2	5
正交编码输入	1		1	1
SPI	1	2	1	2
SCI	1		1	
I²C				1
CAN				1
工作电压/V	3.3	5	3.3	2.5~5.5
封装	144PGE	80TQFP	100LQFB	64PTQFP

近年来,电机控制技术的理论及实践都获得了很大的进展,如交流异步电机、交流永磁电机的磁场定向解耦控制(矢量控制),交流感应电机无速度传感器调速控制,各类伺服系统中的电机高精度控制,高压大容量电机调速控制,电力系统的谐波治理及无功补偿器、高压直流输配电中的各种电力变换器,新能源利用技术中风力发电、太阳能发电、燃料电池发电广泛使用的逆变电源等,无一不是采用 DSP 技术而取得高性能和实现实用化的。数字信号处理(控制)

器在电机数字控制系统中已显示出越来越大的优势。

电机控制专用 DSP 一般具有以下特点：

① 采用开发厂商原来的某个定点 DSP 为内核，在此基础上改进电路结构，提高了时钟频率，指令系统与该系列定点 DSP 兼容。

② 增加了微控制器（MCU）的外围电路功能，具有多路快速的 A/D 转换电路、定时/计数器电路、输入信号捕捉电路、完善的中断控制体系及看门狗抗干扰电路。

③ 芯片内设计了电机专用的输入/输出接口和特殊的逻辑部件，如供位置和速度检测用的正交编码输入接口（QEI）、可编程电机驱动用调制脉冲序列信号的 PWM 输出通道、上下桥臂死区时间产生电路等。

④ 内部集成了闪存（Flash）程序存储器、静态随机数据存储器（RAM）、电可擦除数据存储器（EEPROM）。

⑤ 具有多种对外通信接口，如 SPI、SCI、CAN、I^2C 等，另外还设有与开发装置连接的边界扫描 JTAG 测试接口或 ICSP 在线编程接口。

第 2 章

dsPIC30F 电机控制及电源变换系列 DSC 的主要性能

Microchip 公司推出的 dsPIC 数字信号控制器(DSC)既拥有 16 位闪存单片机功能强大的外围设备和快速中断处理能力的高性能,又兼具数字信号处理器(DSP)的计算能力和数据吞吐能力,融合了可管理高速计算活动的数字信号处理器功能,指令执行速度可达 30 MIPS,配备自编程闪存,并能在工业级温度和扩展级温度范围内工作。Microchip 增强型快闪自编程功能因能支持 dsPIC 片内 Flash 存储器的远程升级,器件被终端用户采用后仍然可以改变代码,所以增强了系统的灵活性,缩短了开发周期。

dsPIC30F 指令字是 24 位的,加强了对 DSP 功能的支持。dsPIC30F 的 DSP 引擎具有 1 个高速的 17 位×17 位的硬件乘法器、1 个 40 位的 ALU、2 个 40 位的饱和累加器(saturating accumulator)以及 1 个 40 位的桶式移位器。指令系统针对这些部件增加了 DSP 操作指令。dsPIC 芯片大多数指令是单周期的,采用单级指令预取机制,即在可利用的最大执行时间前的 1 个周期访问指令。

dsPIC30F 芯片的数据空间分为 X 和 Y 2 个存储器区域,可以作为 32K 字(word)或 64 KB 进行寻址。每个存储器区域都有自己独立的地址产生单元(AGU)。单片机类的指令只能通过 X 存储器的 AGU 单元进行操作,把整个存储器作为一个线性的数据空间进行寻址。DSP 类指令的乘法累加器(MAC)可通过 X 和 Y 的 AGU 对 2 个区域内指定的单元同时进行数据读操作。

dsPIC30F 芯片具有多达 62 个向量的中断向量表,包括 8 个处理器异常和软件陷阱、用户可选择优先级的定时器、输入捕捉、A/D 转换、通信操作、输出比较、PWM 故障以及外部中断等,每个中断或异常源都有唯一的向量。

dsPIC30F 面对电机控制,目前共推出了 8 款封装或配置不同的芯片:最小的是 28 引脚 SOIC 及 SPDIP 封装的 dsPIC30F2010、dsPIC30F3010 和 dsPIC30F4012;最大的是 80 引脚 TQFP 封装的 dsPIC30F6010;中间有 40 引脚或 44 引脚 PDIP、TQFP 及 QFN 封装的 dsPIC30F3011、dsPIC30F4011,64 引脚 TQFP 封装的 dsPIC30F5015 和 dsPIC30F5016 等,以满足不同用户的灵活选择。

卓越的性能及合理的配置使这 8 款数字信号控制器能够满足各类电机控制和电源变换装置的需要,为设计不同精确度、不同转速范围、不同控制策略的电机控制及各类数字电源设备提供了理想的低成本解决方案。

Microchip 公司和第 3 方已推出支持所有 dsPIC30F 数字信号控制器的开发系统,包括 MPLAB C30 C 编译器、MPLAB SIM 30 软件仿真器及 MPLAB ICE 4000 在线仿真器。原有的 MPLAB 集成开发环境(IDE)及廉价的 MPLAB ICD 2 在线调试器也支持所有 dsPIC30F 数字信号控制器的开发。

Microchip 公司还为 dsPIC 数字信号控制器的开发、应用配备了一些应用库,如单精度和双精度数学库,DSP 算法库,电机控制参考设计、RTOS、TCP/IP 库,软件调制解调器(Modem)库等。

2.1 基本性能特征

1. 高性能改进的 RISC CPU

- 改进的哈佛结构。
- 优化的 C 编译器指令系统,灵活的寻址方式。
- 84 条指令:大多数指令为单字/单指令周期。
- 24 位宽指令,16 位宽数据地址。
- 4M×24 位程序存储器地址空间。
- 64 KB 数据存储器地址空间。
- 12～144 KB 片内 Flash 程序存储器。
- 0.5～8 KB 片内 RAM。
- 1～4 KB 片内 EEPROM。
- 16 位×16 位工作寄存器阵列。
- 3 个地址产生单元,允许:双数据读取,DSP 操作累加器回写。
- 灵活的寻址模式:直接、间接、模块和位反转模式。
- 2 个 40 位带可选饱和逻辑的累加器。
- 17 位×17 位单周期硬件小数/整数乘法器。
- 单周期乘-加(MAC)操作。
- 40 阶桶式移位寄存器。
- 最高到 30 MIPS 的运算速度:DC～40 MHz 外部时钟输入;4～10 MHz 晶振输入带有 PLL 倍频(4x,8x,16x)。
- 最多达 45 个中断源,5 个外部中断:每个中断源有 7 个用户可选的优先级;中断响应延迟时间为 5 个周期;4 个不可屏蔽陷阱源。

- 多达 62 个向量的中断向量表：54 个中断向量；8 个微处理器异常和软件陷阱向量。

2. 外围特性

- 最多 54 个可编程数字 I/O 引脚。
- 最多 24 个引脚的唤醒/电平变化中断。
- I/O 口驱动(拉/灌)电流 25 mA。
- 最多有 5 个外部中断源。
- 定时器模块带有可编程预分频功能：最多 5 个 16 位定时/计数器，可配对成 32 位定时器模式。
- 16 位输入捕捉功能，最多 8 个通道：每个捕捉的 FIFO 缓冲区有 4 级深度。
- 16 位比较/PWM 输出功能，最多 8 个通道：双比较模式可用；16 位无毛刺 PWM 模式。
- 3 线 SPI 模块(支持 4 个帧模式)。
- I^2C 模块支持多主/从模式和 7 位/10 位寻址。
- 可寻址 UART 模块支持：地址位中断；起始位唤醒；4 级深度的收发 FIFO 缓冲。
- CAN2.0 总线模块。

3. 电机控制 PWM 模块特点

- 最多 8 通道 PWM 输出：互补或独立输出模式；边缘和中心对齐模式。
- 4 个占空比周期发生器。
- PWM 时基 4 种工作模式。
- 可编程输出极性。
- 互补模式下死区时间控制。
- 人工输出控制。
- 触发 A/D 转换。

4. 编码器接口模块特点

- A 相、B 相和索引脉冲输入。
- 16 位上下位置计数器。
- 计数方向状态。
- 位置测量(×2 和×4)模式。
- 输入端可编程数字噪声滤波器。
- 轮流 16 位定时/计数器模式。
- 位置计数器翻转/下溢中断。

5. 捕捉输入模块特点

- 捕捉 16 位定时器值：捕捉每 1 个、每 4 个或每 16 个上升沿；捕捉每个下降沿；捕捉每个上升沿和下降沿。

- 30 MIPS 时分辨率为 33 ns。
- 定时器 2 或定时器 3 时基选择。
- 空闲期间捕捉。
- 捕捉输入事件中断。

6. 模拟特性

- 10 位 A/D 转换：500 ksps 转换速率(10 位 AD)；16 个输入通道；睡眠和空闲模式下可继续工作。
- 可编程低电压检测(PLVD)。
- 可编程掉电复位。

7. 微处理器特点

- 增强的 Flash 程序存储器：工业温度范围内最少擦写频率 10 000 次，典型值 100 000 次。
- 数据 EEPROM 存储器：工业温度范围内最少擦写频率 100 000 次，典型值 1 000 000 次。
- 软件控制下可自编程。
- 上电复位(POR)、上电定时器(PWRT)、晶振起振定时器(OST)。
- 灵活的看门狗定时器(WDT)和片上低功耗 RC 振荡器。
- 时钟失败安全监控器。
- 监测时钟失败并切换到片上低功耗 RC 振荡器。
- 可编程内部代码保护。
- 在线串行 3 线式(不含电源和地)烧写(ICSP)。
- 可选的电源管理模块：睡眠、空闲和轮流时钟模式。

8. CMOS 技术

- 低功耗、高速 Flash 技术。
- 宽工作电压范围(2.5~5.5 V)。
- 工业级(−40~85 ℃)和扩展级(−40~125 ℃)温度范围。
- 低功耗。

2.2 芯片类型与引脚功能

2.2.1 dsPIC30F 电机控制和电源变换系列芯片概况

Microchip 公司目前共有 8 款用于电机控制和电源变换的 dsPIC30F 芯片，这 8 款芯片的基本配置见表 2-1。

表 2-1 dsPIC30F 电机控制和电源变换系列

配置\芯片	引脚	Flash ROM /KB	RAM /KB	EEPROM /KB	定时器	输入捕捉	输出比较 PWM	电机控制 PWM	A/D 10-bit 1 Msps	编码接口 QEI	串行通信口 UART	串行 SPI 接口	I²C 接口	CAN 总线接口
2010	28	12	512	1024	3	4	2	6路	6路	有	1	1	1	无
3010	28	24	1024	1024	5	4	2	6路	6路	有	1	1	1	无
4012	28	48	2048	1024	5	4	2	6路	6路	有	1	1	1	1
3011	40/44	24	1024	1024	5	4	4	6路	9路	有	2	1	1	无
4011	40/44	48	2048	1024	5	4	4	6路	9路	有	2	1	1	1
5015	64	66	2048	1024	5	4	4	8路	16路	有	1	1	1	1
5016	80	66	2048	1024	5	4	4	8路	16路	有	1	2	1	1
6010	80	144	8192	4096	5	8	8	8路	16路	有	2	2	1	2

2.2.2 dsPIC30F 电机控制和电源变换系列芯片的引脚功能

表 2-2 描述了芯片各引脚的功能及用途。

表 2-2 dsPIC30F 电机控制和电源变换系列芯片引脚说明

引脚名称	引脚类型	缓冲器类型	说明	具体器件配置
AN0~15	I	Analog	模拟输入通道，AN0 和 AN1 还分别用于器件编程数据和时钟输入	2010/3010/4012：0~5 3011/4011：0~8 5015/50160/6010：0~15
AVDD	P	P	模拟电路模块的正电源	全系列
AVSS	P	P	模拟电路模块的参考地	全系列
CLK1 CLK0	I O	ST/CMOS —	外部时钟源输入，总是与 OSC1 引脚功能相关联。晶振输出，在晶体振荡器模式连接到晶振或谐振器，在 RC 和 EC 模式下可选功能作为 CLKO，总是与 OSC2 引脚功能相关联	全系列
CN0~23	I	ST	电平变化通知输入，可软件编程所有引脚内部弱上拉	5015/50160/6010：0~21 3011/4011：0~7+17、18 2010/3010/4012：0~7

续表 2-2

引脚名称	引脚类型	缓冲器类型	说明	具体器件配置
COFS	I/O	ST	数据转换接口帧同步引脚	仅传感器及通用系列，电机和电源控制系列无此引脚功能
CSCK	I/O	ST	数据转换接口串行时钟输入/输出引脚	
CSDI	I	ST	数据转换接口串行数据输入引脚	
CSDO	O	ST	数据转换接口串行数据输出引脚	
C1RX	I	ST	CAN1 总线接收引脚	2010/3010/3011：无
C1TX	O	—	CAN1 总线发送引脚	4011/4012/5015/5016：CAN1
C2RX	I	ST	CAN2 总线接收引脚	6010：CAN1、CAN2
C2TX	O	—	CAN2 总线发送引脚	
EMUD	I/O	ST	在线调试主通道数据输入/输出引脚（默认）	全系列
EMUC	I/O	ST	在线调试主通道时钟输入/输出引脚（默认）	
EMUD1	I/O	ST	在线调试备用通道 1 数据输入/输出引脚	
EMUC1	I/O	ST	在线调试备用通道 1 时钟输入/输出引脚	
EMUD2	I/O	ST	在线调试备用通道 2 数据输入/输出引脚	
EMUC2	I/O	ST	在线调试备用通道 2 时钟输入/输出引脚	
EMUD3	I/O	ST	在线调试备用通道 3 数据输入/输出引脚	
EMUC3	I/O	ST	在线调试备用通道 3 时钟输入/输出引脚	
IC1~8	I	ST	捕捉输入引脚 1~8	5016/6010：1~8，其余：1~4
INDX	I	ST	正交编码器索引脉冲输入	全系列
QEA	I	ST	QEI 模式下正交编码器 A 相输入，定时器模式下辅助定时器外部时钟输入或门控输入	
QEB	I	ST	QEI 模式下正交编码器 B 相输入，定时器模式下辅助定时器向上/向下选择输入	
UPDN	O	CMOS	位置向上/向下计数器方向状态	
INT0	I	ST	外部中断 0	
INT1	I	ST	外部中断 1	2010/3010/3011/4011 及 4012：0~2
INT2	I	ST	外部中断 2	5015/50160/6010：0~4
INT3	I	ST	外部中断 3	
INT4	I	ST	外部中断 4	
LVDIN	I	Analog	低压检测参考电压输入脚	全系列

续表 2-2

引脚名称	引脚类型	缓冲器类型	说 明	具体器件配置
FLTA	I	ST	PWM 故障输入 A	
FLTB	I	ST	PWM 故障输入 B	
PWM1L	O	—	PWM 1 低输出	
PWM1H	O	—	PWM 1 高输出	
PWM2L	O	—	PWM 2 低输出	5015/5016/6010：PWM1～4
PWM2H	O	—	PWM 2 高输出	其余：PWM1～3
PWM3L	O	—	PWM 3 低输出	
PWM3H	O	—	PWM 3 高输出	
PWM4L	O	—	PWM 4 低输出	
PWM4H	O	—	PWM 4 高输出	
MCLR	I/P	ST	主要清零(复位)输入，或编程电压输入，该引脚对器件是低有效复位	全系列
OCFA	I	ST	比较故障 A 输入(对于比较 1、2、3 和 4 通道)	6010：OCFA/B+8 路
OCFB	I	ST	比较故障 B 输入(对于比较 5、6、7 和 8 通道)	5015/5016/3011/4011：OCFA+OC1～4
OC1～8	O	—	比较输出通道 1～8	2010/3010/4012：OCFA+OC1～2
OSC1	I	ST/CMOS	晶振输入。另外当配置在 RC 模式时的施密特 CMOS 缓冲器的输入	全系列
OSC2	I/O	—	晶体振荡器输出。在晶体振荡器模式连接到晶振或谐振器，在 RC 和 EC 模式下可选功能作为 CLKO	
PGD	I/O	ST	在线串行编程数据输入/输出引脚	全系列
PGC	I	ST	在线串行编程时钟输入引脚	
RA9～10	I/O	ST	端口 A，双向 I/O 口	仅 5016/6010 有，其余无
RA14～15	I/O	ST		
RB0～15	I/O	ST	端口 B，双向 I/O 口	2010/3010/4012：0～5 3011/4011：0～8 5015/5016/6010：0～15
RC1	I/O	ST		5016/6010：1、3 及 13～15
RC3	I/O	ST	端口 C，双向 I/O 口	2010/3010/3011/4011/4012/5015 仅
RC13～15	I/O	ST		13～15

续表 2-2

引脚名称	引脚类型	缓冲器类型	说明	具体器件配置
RD0~15	I/O	ST	端口 D,双向 I/O 口	2010/3010/4012：0~1 3011/4011：0~3 5015：0~11 5016/6010：0~15
RE0~9	I/O	ST	端口 E,双向 I/O 口	2010/3010/4012：0~1 3011/4011：0~5、8 5015：0~7 5016/6010：0~9
RF0~8	I/O	ST	端口 F,双向 I/O 口	2010/3010/4010：2~3 3011/4011/5015：0~6 5016/6010：0~8
RG0~3 RG6~9	I/O I/O	ST ST	端口 G,双向 I/O 口	2010/3010/3011/4010/4011：无 5016/6010：0~3,6~9 5015：2~3,6~9
SCK1	I/O	ST	SPI1 串行同步时钟输入/输出	
SDI1	I	ST	SPI1 数据输入	
SDO1	O	—	SPI1 数据输出	
SS1	I	ST	SPI1 从动同步	2010/3010/3011 和 4011/4012 只有 SPI1,5015/5016/6010 具有 SPI1 和 SPI2
SCK2	I/O	ST	SPI2 串行同步时钟输入/输出	
SDI2	I	ST	SPI2 数据输入	
SDO2	O	—	SPI2 数据输出	
SS2	I	ST	SPI2 从动同步	
SCL	I/O	ST	I²C 串行同步时钟输入/输出	全系列
SDA	I/O	ST	I²C 串行同步时钟输入/输出	
SOSCO	O	—	32 kHz 低功耗晶体振荡器输出	全系列
SOSCI	I	ST/CMOS	32 kHz 低功耗晶体振荡器输入,另外当配置在 RC 模式时的施密特 CMOS 缓冲器的输入	
T1CK	I	ST	定时器 1 外部时钟输入	
T2CK	I	ST	定时器 2 外部时钟输入	2010/3010/3011/4011/4012：T1~2
T3CK	I	ST	定时器 3 外部时钟输入	5016：T1~2、T4
T4CK	I	ST	定时器 4 外部时钟输入	6010：T1~5
T5CK	I	ST	定时器 5 外部时钟输入	

续表 2-2

引脚名称	引脚类型	缓冲器类型	说明	具体器件配置
U1RX	I	ST	UART1 接收	
U1TX	O	—	UART1 发送	
U1ARX	I	ST	UART1 备用接收	2010/3010/4012/5015/5016：UART1
U1ATX	O	—	UART1 备用发送	3011/4011/6010：UART1+UART2
U2RX	I	ST	UART2 接收	
U2TX	O	—	UART2 发送	
V_{DD}	P	—	逻辑及 I/O 脚正电源	全系列
V_{SS}	P	—	逻辑及 I/O 脚参考地	全系列
VREF+	I	Analog	模拟参考电压（高）输入	全系列
VREF−	I	Analog	模拟参考电压（低）输入	全系列

注：CMOS 表示兼容 CMOS 输入/输出；Analog 表示模拟输入；ST 表示 CMOS 电平施密特触发器输入；O 表示输出；I 表示输入；P 表示电源。

具体器件相应功能引脚的排列和编号参见 2.5 节。

2.3 器件绝对极限参数值

下面列出了 dsPIC30F 系列的绝对极限参数值。持续工作在这些绝对极限参数值条件下，可能影响器件的可靠性。如果运行条件超出下面列出的极限参数值，则可能造成器件永久性损坏。

工作环境温度：   −40～+125 ℃
储存温度：   −65～+150 ℃
相对 V_{SS} 任意引脚上的电压（除了 V_{DD} 和 $\overline{MCLR}$）：−0.3～(V_{DD}+0.3 V)
相对 V_{SS} 的 V_{DD} 引脚电压：   −0.3～+5.5 V
相对 V_{SS} 的 $\overline{MCLR}$ 引脚电压[①]： 0～+13.25 V
总功率损耗[②]：   1.0 W
V_{SS} 引脚最大电流输出：   300 mA
V_{DD} 引脚最大电流输入：   250 mA
输入箝位电流 I_{IK}(V_I<0 或 V_I>V_{DD})： ±20 mA
输出箝位电流 I_{OK}(V_O<0 或 V_O>V_{DD})： ±20 mA
任一 I/O 引脚最大输出拉电流：   25 mA
任一 I/O 引脚最大输出灌电流：   25 mA

所有端口(总)最大拉电流: 200 mA
所有端口(总)最大灌电流: 200 mA

注意:

① 功率损耗按如下公式计算

$$P_{dis} = V_{DD}\left\{I_{DD} - \sum I_{OH}\right\} + \sum\{(V_{DD} - V_{OH})I_{OH}\} + \sum(V_{OI}I_{OL}) \qquad (2-1)$$

② 如果$\overline{MCLR}$引脚上的尖峰电压低于V_{SS},感应电流超过 80 mA,则可引起锁存器锁存。因此,当把一个"低"电平加至$\overline{MCLR}$引脚上时,应加上一个 50~100 Ω 的串联电阻,而不是将这个引脚直接连接于V_{SS}。

2.4 dsPIC30F 器件型号表示方法

图 2-1 所示为 dsPIC30F 器件型号表示方法。

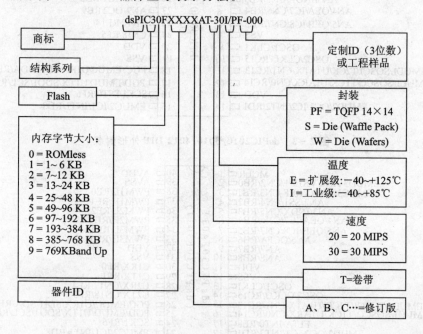

图 2-1 dsPIC30F 器件型号表示方法

2.5 dsPIC30F 电机控制和电源变换系列 DSC 器件外形封装

图 2-2 所示为 dsPIC2010/3010/4012 DIP 外形封装。
图 2-3 所示为 dsPIC3011/4011 DIP 外形封装。

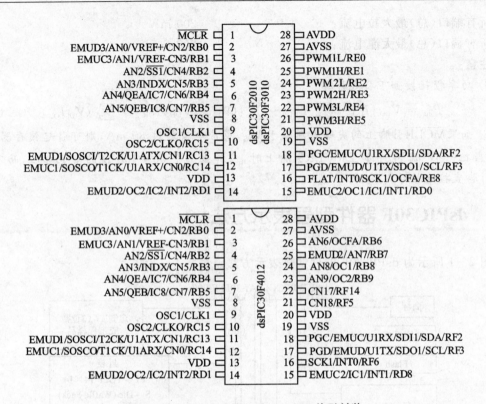

图 2-2 dsPIC2010/3010/4012 DIP 外形封装

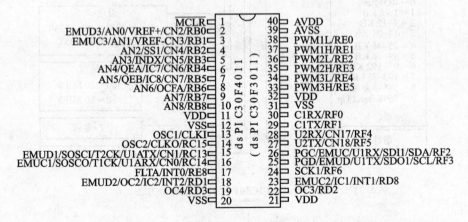

注：dsPIC3011 的引脚 29、30 无 CAN 总线功能。

图 2-3 dsPIC3011/4011 DIP 外形封装

图 2-4 所示为 dsPIC30F2010/3010/3011/4011/4012 QFN 外形封装。

图 2-5 所示为 dsPIC30F4011/3011/5015/5016/6010 TQFP 封装。

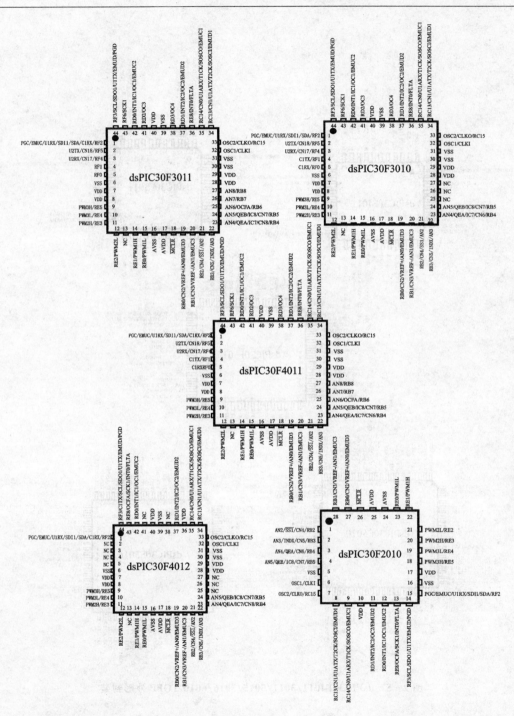

图 2-4　dsPIC30F2010/3010/3011/4011/4012 QFN 外形封装

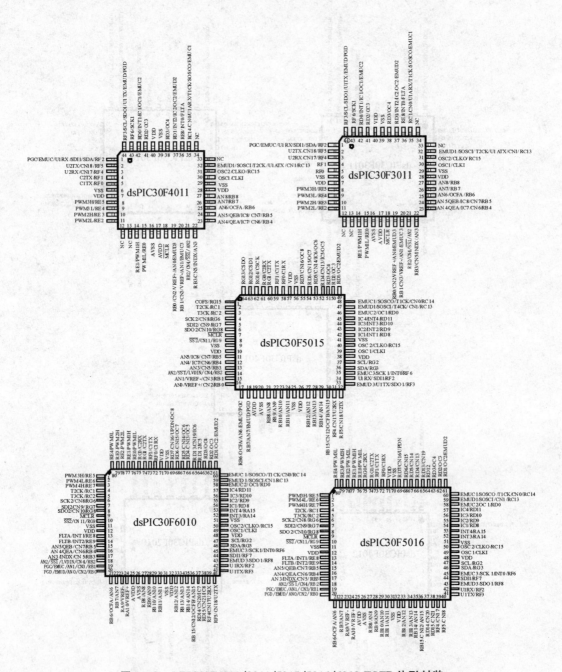

图 2-5　dsPIC30F4011/3011/5015/5016/6010 TQFP 外形封装

第 3 章

dsPIC30F 系列 DSC 的 CPU 结构

dsPIC30F CPU 模块采用 16 位数据改良的哈佛架构,并带有包含对 DSP 有力支持的增强型指令集。CPU 拥有 24 位指令字,指令字带有长度可变的操作码字段。程序计数器(PC)总共为 24 位宽,其中最高位(bit23)仅表指令操作时寻址可用,其他情况下为零,所以用户程序存储器实际可寻址空间为 4M×24 位。用户程序存储器寻址时 PC 的最低位(bit0)总保持零,以使之与数据空间寻址相兼容。单周期指令预取机制用来帮助维持吞吐量并提供可预测的执行。除了改变程序流的指令、双字移(MOV.D)指令和表指令以外,所有指令都在单个周期内执行。使用 DO 和 REPEAT 指令支持无开销的程序循环结构,这 2 个指令在任何时候都可被中断。

dsPIC30F 器件的编程模型中共有 16 个 16 位工作寄存器,每个工作寄存器都可以作为数据、地址或地址偏移寄存器。第 16 个工作寄存器(.W15)作为软件堆栈的指针,用于中断和调用。

dsPIC30F 指令集有两类指令:MCU 指令和 DSP 指令。这两类指令无缝地集成到结构中并从同 1 个执行单元执行。指令集包括多种寻址模式,指令的设置可使 C 编译器的效率达到最优。数据空间可以作为 32K 字或 64 KB 寻址,并被分成 2 块,称为 X 和 Y 数据存储器,每个存储器块有各自独立的地址发生单元(Address Generation Unit,简称 AGU)。MCU 指令只通过 X 存储器的 AGU 进行操作,将整个存储器映射空间作为 1 个线性数据空间访问。某些 DSP 指令则通过 X 和 Y 的 AGU 进行操作,将数据地址空间分成 2 个部分,以支持双操作数读操作。X 和 Y 数据空间的界限完全由具体器件决定,用户不能更改。每个数据字由 2 字节组成,而且大多数指令可以按字或字节寻址。

有两种访问存储在程序存储器中数据的方法:

① 可以选择将数据存储器空间的高 32 KB 映射到用户程序空间的任何 16K 字程序空间页,这种操作模式称为程序空间可视性(PSV)。由 8 位程序空间可视性页寄存器(Program SpaceVisibility Page,简称 PSVPAG)定义,可使任何指令都能像访问数据空间一样访问程序空间;但这需要增加一个额外的周期。此外,当 PSV 使能时,只有 24 位程序字的低 16 位可以用这种方式被访问。

② 在程序空间里,通过表读或写指令,利用任一工作寄存器,可以线性间接访问 32K 字数

据表页。表读和写指令可以用来访问 1 个指令字的所有 24 位。

X 和 Y 寻址空间都支持无开销循环缓冲器(模寻址)。模寻址省去了 DSP 算法的软件边界检查开销。此外,X AGU 的循环寻址可以与任何 MCU 指令一起使用。

X AGU 还支持位反转寻址,大大简化了基 2(radix-2)FFT 算法对输入或输出数据的重新排序。要详细了解 modulo 和位偏移地址存储器,见第 4 章。

CPU 支持固有(无操作数)寻址模式、相对寻址模式、立即数寻址模式、存储器直接寻址模式、寄存器直接寻址模式和寄存器间接寻址模式。根据其功能要求,每条指令与 1 个预定义的寻址模式组相关。每条指令最多支持 6 种寻址模式。

对于大多数指令,在每个指令周期,dsPIC30F 能执行 1 次数据(或程序数据)存储器读操作、1 次工作寄存器(数据)读操作、1 次数据存储器写操作和 1 次程序(指令)存储器读操作,因此可以支持 3 个操作数的指令,使 A+B=C 操作能在单周期内执行。

DSP 引擎具备 1 个高速 17 位×17 位乘法器、1 个 40 位 ALU、2 个 40 位饱和累加器和 1 个 40 位双向桶形移位寄存器。该桶形移位寄存器在单个周期内至多可将 1 个 40 位的值右移 15 位或左移 16 位。DSP 指令可以无缝地与所有其他指令一起操作,其设计可实现最佳的实时性能。MAC 指令和其他相关指令可以同时从存储器中取出 2 个数据操作数而将 2 个 W 寄存器相乘,这些指令这时可把数据空间拆分为 2 块,但所有其他指令则使之保持线性。这是通过为每个地址空间指定某些工作寄存器,以透明和灵活的方式实现的。

内核不支持多级指令流水,但是,采用单级指令预取机制,可以在执行指令的前 1 个周期预取指或部分译指,从而预留最大的可执行时间。大部分指令在 1 个周期内执行,某些例外,见 3.3 节介绍。

dsPIC30F 具有向量异常(exception)机制,带有多达 8 个不可屏蔽陷阱(其中 4 个保留)和 54 个中断源,可以为每个中断源分配 7 个优先级之一(优先级 1 最低,优先级 7 最高)。各个中断的优先,是根据用户结合预定的正常顺序而分配的 1~7 之间的优先权来实现的,这些陷阱有固定的优先权,等级为 8~15。

3.1 编程模型

图 3-1 所示为 dsPIC30F 的编程模型,其编程模型中的所有寄存器都是存储器映射的,并且可以由指令直接控制。这包含了 16 个 16 位的工作寄存器阵列(W0~15),2 个 40 位 DSP 累加器 ACCA 和 ACCB,23 位程序计数器 PC,ALU 和 DSP 引擎状态寄存器 SR,堆栈指针极限值寄存器 SPLIM,表存储器页地址寄存器 TBLPAG,程序空间可视性页地址寄存器 PSVPAG,REPEAT 循环计数寄存器 RCOUNT,DO 循环计数寄存器 DCOUNT,DO 循环起始地址寄存器 DOSTART,DO 循环结束地址寄存器 DOEND,包含 DSP 引擎和 DO 循环控制位的内核控制寄存器 CORCON。

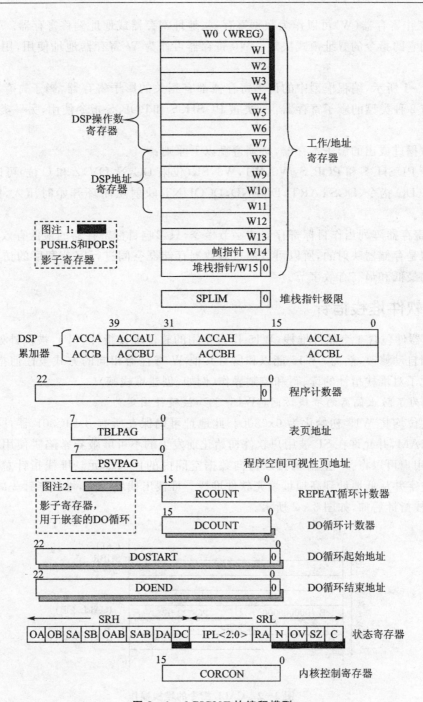

图 3-1 dsPIC30F 的编程模型

16 个工作寄存器(W)可以作为数据寄存器、地址寄存器或地址偏移寄存器。W 寄存器的功能由访问它的指令的寻址模式决定。W0 寄存器可作为 W 寄存器地址使用,用于文件寄存器的寻址。

如图 3-1 所示,编程模型中的许多寄存器都有相关的影子寄存器,影子寄存器都不能直接访问。有 2 种类型的影子寄存器:一类被 PUSH.S 和 POP.S 指令使用,另一类被 DO 指令使用。

传输数据进或出的影子寄存器,必须遵循以下原则:
- 对于 PUSH.S 和 POP.S,W0,W1,W3,SR(仅限 DC,N,OV,Z 和 C 位)可以被传递。
- 对于 DO 指令,DOSTART,DOEND,DCOUNT 映射从闭环开始时压入,闭环结束时弹出。

把 W 寄存器阵列当作目标寄存器的字节指令,只影响目标寄存器的最低有效字节。因为工作寄存器是存储器映射的,所以可以通过对数据存储器空间进行字节宽度的访问来控制工作寄存器的最低和最高有效字节。

3.1.1 软件堆栈指针

dsPIC 器件包含 1 个软件堆栈,W15 作为专用的软件堆栈指针(SP),被例外处理、子程序调用和返回自动修改;然而,W15 能以和所有其他 W 寄存器相同的方式被任何指令所引用。这样就简化了对堆栈指针的读、写和控制操作(例如,创建堆栈帧)。

注意:为了防止偏离的堆栈访问,W15<0>被硬件固定为 0。

所有复位均将 W15 初始化为 0x0800。此地址可确保在所有 dsPIC30F 器件中,SP 将指向有效的 RAM,并允许在 SP 被用户软件初始化前发生的不可屏蔽异常陷阱使用堆栈。在初始化期间,用户可以将 SP 重新编程以指向数据空间内的任何单元。堆栈指针总是指向第 1 个可用的空字并从低地址到高地址填充软件堆栈。堆栈出栈(读)时,堆栈指针先减;堆栈进栈(写)时,堆栈指针后加,如图 3-2 所示。

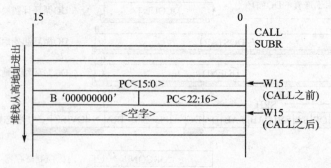

图 3-2 CALL 指令的堆栈操作

当 PC 压入堆栈时,PC<15:0>被压入第 1 个可用的堆栈字,然后 PC<22:16>被压入第 2 个可用的堆栈单元。对于任何 CALL 指令执行期间的 PC 进栈,进栈前 PC 的 MSB 是以零扩展的,如图 3-2 所示。例外处理期间,PC 的 MSB 与 CPU 状态寄存器 SR 的低 8 位相连。这样就使 SRL 的内容在中断处理期间能被自动保存。

1. 软件堆栈示例

使用 PUSH 和 POP 指令可控制软件堆栈。PUSH 和 POP 指令相当于将 W15 用作目标指针的 MOV 指令。例如,要把 W0 的内容压入堆栈,可通过:

PUSH W0

此语法相当于:

MOV W0,[W15++]

要把栈顶的内容返回 W0,可通过:

POP W0

此语法相当于:

MOV [--W15],W0

图 3-3～图 3-6 给出了如何使用软件堆栈的示例。图 3-3 所示为器件初始化时的软件堆栈。W15 已经初始化为 0x0800。此外,此示例假设 0x5A5A 和 0x3636 这 2 个值已被分别写入 W0 和 W1。图 3-4 中堆栈第 1 次进栈,W0 中包含的值被复制到堆栈中。W15 自动更新以指向下一个可用的堆栈单元(0x0802)。在图 3-5 中,W1 的内容被压入堆栈。图 3-6 中,堆栈出栈并且栈顶值(先前从 W1 压入)被写入 W3。

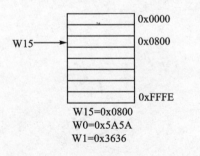

图 3-3 器件复位时的堆栈指针

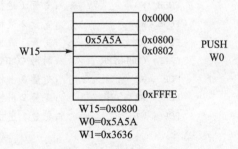

图 3-4 第 1 次执行 PUSH 指令后的堆栈指针

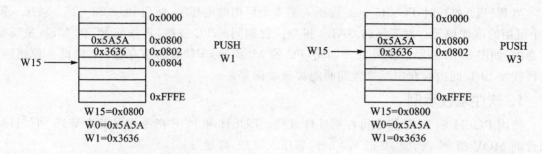

图 3-5　第 2 次执行 PUSH 指令后的堆栈指针　　图 3-6　执行 1 条 POP 指令后的堆栈指针

2. W14 软件堆栈帧指针

帧是堆栈中用户定义的存储器段,供单个子程序使用。W14 是特殊工作寄存器,因为通过使用 LNK(link,含义为"连接")和 ULNK(unlink,含义为"不连接")指令可以把它用作堆栈帧指针。当不用作帧指针时,W14 可被指令当作普通的工作寄存器使用。

堆栈帧指针是用户在存储空间中定义的一部分空间,用于软件堆栈,为函数或帧中用到的临时变量分配存储空间。W14 寄存器是默认的堆栈帧指针,系统复位初始化时指向 0x0000h 单元。如果堆栈帧指针没有被用到,则 W14 可以像其他普通工作寄存器一样被使用。

指令 LNK 和 ULNK 提供了帧堆栈功能。LNK 指令用来产生帧堆栈,它在调用程序时修改 SP 指向的值。这样在程序调用时这些堆栈可以被用来存放临时变量。在程序调用执行完成后,ULNK 指令取消 LNK 建立的帧堆栈。LNK 和 ULNK 必须一起使用以避免堆栈溢出。

下面是帧堆栈例子。

```
TASKA:
        ⋮
        PUSH    W0              ;变量1进栈
        PUSH    W1              ;变量2进栈
        PUSH    W2              ;变量3进栈
        CALL    COMPUTER        ;调用 COMPUTER 函数
        POP     W3              ;变量3出栈
        POP     W2              ;变量2出栈
        POP     W1              ;变量1出栈
        ⋮
COMPUTER:
        LNK     #4              ;堆栈指针为临时变量分配 4 KB 的空间
        ⋮
        ULNK                    ;释放堆栈帧分配的存储单元
        RETURN                  ;返回 TASKA
```

上例的堆栈刚开始时的存储空间分配情况见图 3-7。在调用 COMPUTER 之后的栈指针情况见图 3-8。

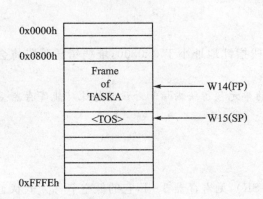

图 3-7 堆栈开始时的存储空间

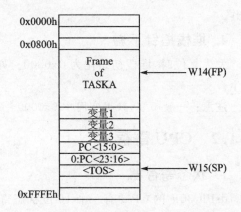

图 3-8 调用 COMPUTER 之后的栈指针情况

LNK 执行后的指针情况见图 3-9。

3. 堆栈指针上溢

有一个与堆栈指针相关的堆栈极限寄存器 SPLIM,复位时为 0x0000。SPLIM 是一个 16 位寄存器,但是 SPLIM<0> 被固定为 0,因为所有的堆栈操作必须字对齐。

直到一个字写入 SPLIM 后才使能堆栈上溢检查,在此之后,只能通过器件复位禁止堆栈上溢检查。所有将 W15 用作源寄存器或目标寄存器而产生的有效地址,将与 SPLIM 中的值作比较。如果堆栈指针(W15)的内容比 SPLIM 寄存器的内容大 2,并且执行了进栈操作,将不会产生堆栈错误陷阱(Stack Error Trap)。堆栈错误陷阱将在随后的进栈操作时产生,例如:如果想要在堆栈指针递增超出 RAM 中的地址 0x2000 时,引起堆栈错误陷阱,可将 SPLIM 初始化为 0x1FFE。

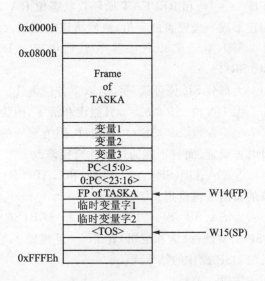

图 3-9 LNK 执行后的指针情况

注意:堆栈错误陷阱可以由任何使用 W15 寄存器的内容以产生有效地址(EA)的指令来引起,所以,如果 W15 的内容比 SPLIM 寄存器的内容大 2,并且执行了一条 CALL 指令或发生了中断,那么将产生堆栈错误陷阱。

如果已经使能了堆栈上溢检查,则当 W15 有效地址计算越过了数据空间末(0xFFFF)时,也将产生堆栈错误陷阱。

注意：对堆栈指针极限寄存器 SPLIM 的写操作后面不应紧跟一个使用 W15 的间接读操作。

4. 堆栈指针下溢

发生复位时，堆栈初始化为 0x0800。如果堆栈指针地址小于 0x0800，堆栈错误陷阱将会产生。

注意：一般而言，数据空间中 0x0000~07FF 的单元预留给内核和外设的特殊功能寄存器。

3.1.2 CPU 寄存器

1. 状态寄存器

dsPIC30F 的 CPU 有一个 16 位状态寄存器(SR)，见寄存器 3-1，它的低字节称为低状态寄存器(lower statusregister，简称为 SRL)，高字节称为 SRH，参见图 3-1。

SRL 包含了所有的 MCU ALU 操作状态标志(包括 Z 位)以及 CPU 中断优先级状态位 IPL<2：0>和 REPEAT 循环效状态位 RA(SR<4>)。例外处理期间，SRL 与 PC 的 MSB 相连形成一个完整的字值，然后将该字值压入堆栈。

SRH 包含 DSP 加法器/减法器状态位、DO 循环有效位 DA(SR<9>)和辅助进位标志位 DC(SR<8>)。

大部分 SR 位可读/写，但以下各位例外：

① DA 位(SR<8>)，只能读和清零，因为意外的设置它可能引起误操作。

② RA 位(SR<4>)，只能读，因为意外的设置它可能引起误操作，RA 仅在进入循环的入口时被设置，而且不能通过软件直接修改。

③ OA、OB(SR<15：14>)和 OAB(SR<11>)位，这些位是只读位，而且只能被 DSP 引擎的溢出逻辑设定。

④ SA、SB(SR<13：12>)和 SAB(SR<10>)位，这些位只能读和清零，而且只能被 DSP 引擎硬件(饱和逻辑)置 1。一旦被置 1，它们就保持置位状态直到被用户清零，与任何随后的 DSP 操作的结果无关。

注意：

① 清除 SAB 位将同时清除 SA 和 SB 位。

② 一个会影响 SR 任一位的操作的目的地址是内存映射状态寄存器(SR)时，所有位的数据写操作被禁止。

③ Z 状态位：使用进位/借位输入的指令(如 ADDC,CPB,SUBB 和 SUBBR)只能使 Z 清位(为一个非 0 的结果)，不能对其置位；从而以没有进位/借位输入的指令开始的一个多倍精度指令序列，将自动地把零测试的系列结果进行逻辑"与"。为了在该序列末使 Z 标志位保持

置位,所有结果必须是 0,所有其他指令对 Z 位既可以清位,也可以置位。

寄存器 3-1 SR

R-0	R-0	R/C-0	R/C-0	R-0	R/C-0	R-0	R/W-0
OA	OB	SA	SB	OAB	SAB	DA	DC

bit 15　　　　　　　　　　　高字节　　　　　　　　　　　bit 8

R/W-0	R/W-0	R/W-0	R-0	R/W-0	R/W-0	R/W-0	R/W-0
IPL<2>	IPL<1>	IPL<0>	RA	N	OV	Z	C

bit 7　　　　　　　　　　　低字节　　　　　　　　　　　bit 0

注:-0 表示上电复位时清零;R 表示可读位;W 表示可写位;C 表示软件可清零。

bit 15 OA　累加器 A 上溢状态位。
　　1　累加器 A 上溢。
　　0　累加器 A 未上溢。
bit 14 OB　累加器 B 上溢状态位。
　　1　累加器 B 上溢。
　　0　累加器 B 未上溢。
bit 13 SA　累加器 A 饱和"粘着"状态位。
　　1　累加器 A 饱和或在某时已经饱和。
　　0　累加器 A 未饱和。
　　注意:此位可读或被清零(不能置位)。
bit 12 SB　累加器 B 饱和"粘着"状态位。
　　1　累加器 B 饱和或在某时已经饱和。
　　0　累加器 B 未饱和。
　　注意:此位可读或被清零(不能置位)。
bit 11 OAB　OA‖OB 组合的累加器上溢状态位。
　　1　累加器 A 或 B 已经上溢。
　　0　累加器 A 和 B 都未上溢。
bit 10 SAB　SA‖SB 组合的累加器"粘着"状态位。
　　1　累加器 A 或 B 饱和或在过去某时已经饱和。
　　0　累加器 A 和 B 都未饱和。
　　注意:此位可读或被清零(不能置位),清零此位的同时将清零 SA 和 SB。
bit 9 DA　DO 循环有效位。
　　1　正在进行 DO 循环。
　　0　未进行 DO 循环。

bit 8 DC MCU ALU 半进位/借位标志位。

    1 结果的字节第 4 低位或字第 8 低位发生了向高位的进位。

    0 结果的字节第 4 低位或字第 8 低位未发生向高位的进位。

bit 7～5 IPL<2:0> CPU 中断优先级级别状态位。

    111 CPU 中断优先级级别是 7(15)。禁止用户中断。

    110 CPU 中断优先级级别是 6(14)。

    101 CPU 中断优先级级别是 5(13)。

    100 CPU 中断优先级级别是 4(12)。

    011 CPU 中断优先级级别是 3(11)。

    010 CPU 中断优先级级别是 2(10)。

    001 CPU 中断优先级级别是 1(9)。

    000 CPU 中断优先级级别是 0(8)。

注意：

① IPL<2:0>位与 IPL<3>位(CORCON<3>)相连以形成 CPU 中断优先级级别。如果 IPL<3>=1，那么括号中的值表示 IPL。当 IPL<3>=1 时，禁止用户中断。

② 当 NSTDIS=1(INTCON1<15>)时，IPL<2:0>状态位为只读。

bit 4 RA REPEAT 循环有效位。

    1 正在进行 REPEAT 循环。

    0 未进行 REPEAT 循环。

bit 3 N MCU ALU 负标志位。

    1 结果为负。

    0 结果为非(零或正)。

bit 2 OV MCU ALU 溢出标志位。

此位用于带符号的算术运算(二进制补码)。它表明数量级的溢出，这样导致了符号位改变状态。

    1 带符号的算术运算中发生溢出(本次运算)。

    0 未发生溢出。

bit 1 Z MCU ALU 零标志位。

    1 影响 Z 位的运算，在过去某时将该位置 1。

    0 影响 Z 位的最近 1 次运算，已经将该位清零(也就是说，1 个非零结果)。

bit 0 C MCU ALU 进位/借位标志位。

    1 结果的最高有效位发生了进位。

    0 结果的最高有效位未发生进位。

2. 内核控制寄存器

内核控制寄存器(CORCON)包含控制 DSP 乘法器和 DO 循环硬件操作的位。CORCON 寄存器还包含 IPL3 状态位,其与 IPL<2：0>（SR<7：5>）相连,形成 CPU 中断优先级（见寄存器 3-2)。

寄存器 3-2 CORCON

U-0	U-0	U-0	R/W-0	R/W-0	R-0	R-0	R-0
—	—	—	US	EDT	DL<2>	DL<1>	DL<0>
bit 15				高字节			bit 8

R/W-0	R/W-0	R/W-1	R/W-0	R/C-0	R/W-0	R/W-0	R/W-0
SATA	SATB	SATDW	ACCSAT	IPL3	PSV	RND	IF
bit 7			低字节				bit 0

注：-0 表示正电复位时清零；U 表示未用位,读作 0；W 表示可写位；R 表示可读位；C 表示软件可清零。

CORCON 中 bit 15~0 可定义如下：

bit 15~13 未用　读作 0。

bit 12 US　DSP 乘法无符号/带符号控制位。
　　1　DSP 引擎乘法无符号。
　　0　DSP 引擎乘法带符号。

bit 11 EDT　DO 循环提前终止控制位。
　　1　在当前循环的迭代结束时终止执行 DO 循环。
　　0　无影响。
　　注意：此位总是读作 0。

bit 10~8 DL<2：0>　DO 循环嵌套级状态位。
　　111　7 个 DO 循环有效。
　　⋮
　　001　1 个 DO 循环有效。
　　000　0 个 DO 循环有效。

bit 7 SATA　ACCA 饱和使能位。
　　1　使能累加器 A 饱和。
　　0　禁止累加器 A 饱和。

bit 6 SATB　ACCB 饱和使能位。
　　1　使能累加器 B 饱和。
　　0　禁止累加器 B 饱和。

bit 5 SATDW 来自 DSP 引擎的数据空间写操作饱和使能位。
    1 使能数据空间写操作饱和。
    0 禁止数据空间写操作饱和。
bit 4 ACCSAT 累加器饱和模式选择位。
    1 最大值为 9.31,饱和(超级饱和)。
    0 最大值为 1.31,饱和(正常饱和)。
bit 3 IPL3 CPU 中断优先级状态位 3。
    1 CPU 中断优先级高于 7。
    0 CPU 中断优先级等于或低于 7。
    注意:IPL3 位与 IPL<2:0>位(SR<7:5>)相连形成 CPU 中断优先级。
bit 2 PSV 数据空间中的程序空间可视性使能位。
    1 程序空间在数据空间中可视。
    0 程序空间在数据空间中不可视。
bit 1 RND 舍入模式选择位。
    1 使能带偏置的(传统)舍入。
    0 使能非偏置(收敛)舍入。
bit 0 IF 整数或小数乘法器模式选择位。
    1 使能 DSP 乘法运算器的整数模式。
    0 使能 DSP 乘法运算器的小数模式。

3. dsPIC30F CPU 其他控制寄存器

以下所列的寄存器与 dsPIC30F CPU 内核有关,在本书的其他章节会对它们进行更详细的描述。

(1) 表页寄存器(TBLPAG)

表页寄存器(TBLPAG)用于在读表和写表操作过程中保存程序存储器地址的高 8 位。表指令用于传输程序存储空间和数据存储空间之间的数据。详细信息请参阅第 4 章。

(2) 程序计数器(PC)

程序计数器(PC)是 23 位宽,位 0 总是清 0 的,因此,PC 能寻址达到 4M 指令字。

(3) 程序空间可视性页寄存器(PSVPAG)

程序空间可视性允许用户将程序存储空间的 32 KB 区域映射到数据地址空间的高 32 KB。此特性允许通过在数据存储器上操作的 dsPIC30F 指令对常数数据进行透明访问。PSVPAG 寄存器选择映射到数据地址空间的程序存储空间的 32 KB 区域。更多有关 PSVPAG 寄存器的信息请参阅第 4 章。

(4) 模控制寄存器(MODCON)

MODCON 寄存器用于使能并配置模寻址(循环缓冲)。更多有关模寻址的详细信息请参阅第 4 章。

(5) X 模起始地址寄存器和 X 模结束地址寄存器(XMODSRT,XMODEND)

XMODSRT 和 XMODEND 寄存器保持 X 数据存储地址空间中分别执行模(循环)缓冲的起始和结束地址。更多有关模寻址的详细信息请参阅第 4 章。

(6) Y 模起始地址寄存器和 Y 模结束地址寄存器(YMODSRT,YMODEND)

YMODSRT 和 YMODEND 寄存器保持 Y 数据存储地址空间中分别执行模(循环)缓冲的起始和结束地址。更多有关模寻址的详细信息请参阅第 4 章。

(7) X 模位反转寄存器(XBREV)

XBREV 寄存器用于设置位反转寻址的缓冲区大小。更多有关位反转寻址的详细信息请参阅第 4 章。

(8) 禁止中断计数寄存器(DISICNT)

DISI 指令使用 DISICNT 寄存器将优先级为 1~6 的中断在指定的几个周期内禁止。更多的信息请参阅第 6 章。

3.2 算术逻辑单元

dsPIC30F 算术逻辑单元(ALU)为 16 位宽,能进行加、减、单位移位和逻辑运算。除非特别指明,算术运算一般是以二进制补码形式进行的。根据不同的操作,ALU 可能会影响 SR 寄存器中的进位标志位(C)、全零标志位(Z)、负标志位(N)、溢出标志位(OV)和辅助进位标志位(DC)的值。在减法操作中,C 和 DC 位分别作为借位和辅助借位位。

根据所使用的指令模式,ALU 可以执行 8 位或 16 位操作。根据指令的寻址模式,ALU 操作的数据可以来自 W 寄存器阵列或数据存储器。同样,ALU 的输出数据可以被写入 W 寄存器阵列或数据存储单元。

注意:

① 字节操作使用 16 位 ALU,并可以产生再加 8 位的结果。但是,如果要保持和 PICmicro 器件的向后兼容性,所有字节操作的 ALU 结果必须被回写为 1 个字节(即不修改 MSByte),且只根据结果 LSByte 的状态更新 SR 寄存器。

② 字节模式中执行的所有寄存器指令只会影响 W 寄存器的 LSByte。可以使用访问 W 寄存器的存储器映射内容的文件寄存器指令修改任何 W 寄存器的 MSByte。

③ 字节到字的转变 dsPIC30F 有 2 条指令有助于混合 8 位和 16 位 ALU 操作。符号扩展(SE)指令获取 W 寄存器或数据存储器的 1 个字节值并创建存储在 W 寄存器中的符号扩展字值。零扩展(ZE)指令清零 W 寄存器或数据存储器中字值的 8 MSb 并将结果放在目标 W 寄存器中。

3.3 指令流

dsPIC30F 架构中的大部分指令占用程序存储器的 1 个字并在单个周期内执行。指令预取指机制方便了单周期（1 T_{CY}）执行，但是，某些指令需要执行 2 或 3 个指令周期；因此，dsPIC® 架构中有 7 种不同类型的指令流。

1. 单字单周期指令流

执行这些指令需要 1 个指令周期。大部分指令是单字单周期指令，如图 3-10 所示。

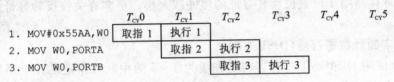

图 3-10 单字单周期指令流

2. 1 个指令字，2 个或 3 个指令周期的程序流变化

这些指令包括相对调用、转移指令以及跳过指令。当指令改变 PC 时（而非使它加计数），程序存储器预取指数据必须被丢弃。这使指令执行需要 2 个有效周期，如图 3-11 所示。有一些改变程序流需要 3 个周期的指令，如 RETURN,RETFIE 和 RETLW 指令，以及需跳过 2 个指令字的指令，如图 3-12 和图 3-13 所示。

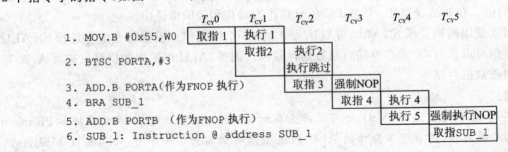

图 3-11 单字双周期指令流

3. 1 个指令字，2 个指令周期

在这些指令中，没有同时进行预取指。这一类型的指令只有 MOV.D 指令（装入和存储双字）。完成这些指令需要 2 个周期，如图 3-14 所示。

4. 读表/写表指令

这些指令会暂停取指以在程序存储器中插入 1 个读或写周期。如图 3-15 所示，表操作期间所取的指令将保存 1 个周期，并在紧随表操作之后的周期执行。

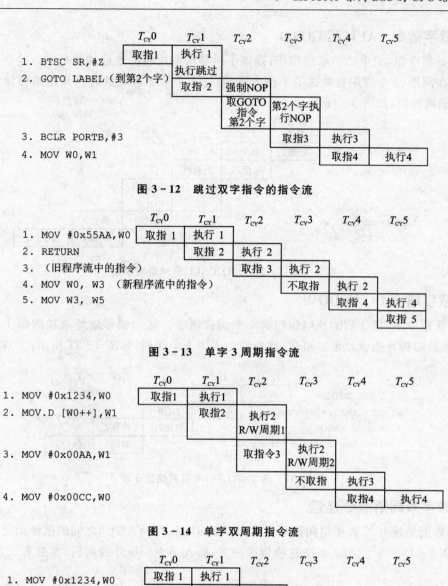

图 3-12 跳过双字指令的指令流

图 3-13 单字 3 周期指令流

图 3-14 单字双周期指令流

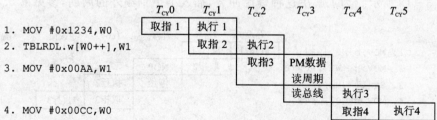

图 3-15 单字双周期表操作指令流

5. 双字指令 CALL 和 GOTO

在这些指令里,指令后的取指操作,提供了跳转或调用目的地址的剩余位。这些指令的执行需要 2 个周期,1 个周期获取这 2 个指令字(通过 1 个第 2 次取数时的高速路径使能),而另 1 个周期刷新管道,如图 3-16 所示。

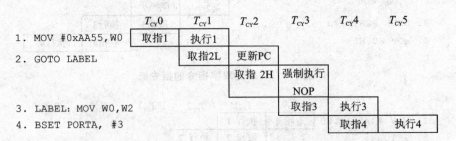

图 3-16 双字 GOTO,CALL 双周期指令流

6. 双字指令 DO 和 DOW

在这些指令中,指令后的预取指包含 1 个偏移地址。这个偏移地址被加到第 1 个指令地址,产生最后的循环指令地址。可见,这些指令需要 2 个周期,如图 3-17 所示。

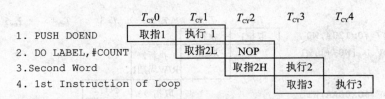

图 3-17 双字 DO,DOW 双周期指令流

7. 单字双周期指令延迟

由于数据地址对 X 数据空间读写操作(X RAGU 和 X WAGU)之间的依赖而使这些指令延迟,如图 3-18 所示。为了解决这种资源冲突,插入了 1 个额外的周期,参见第 5.3.1 节。

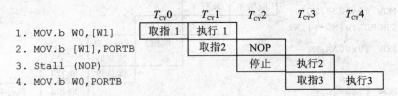

图 3-18 单字双周期指令延迟指令流

3.4 除法支持

以单指令迭代除法的形式,dsPIC 器件可以进行 16/16 有符号小数除法操作,以及 32/16 有符号和无符号整数除法操作。dsPIC30F 支持以下类型的除法操作:
- DIVF　16/16 有符号的小数除法。
- DIV.SD　32/16 有符号除法。
- DIV.UD　32/16 无符号除法。
- DIV.SW　16/16 有符号除法。
- DIV.UW　16/16 无符号除法。

16/16 除法和 32/16 除法相似(同样的迭代次数),但是在第 1 次迭代时被除数被零扩展或者符号扩展。

所有除法指令的商数都保存在 W0 中,而余数放在 W1 中。DIV 和 DIVF 能把任意 W 寄存器指定为 16 位的被除数和除数。其他所有除法都能指定任意 W 寄存器为 16 位除数,但是 32 位被除数必须是放在相邻的 W 寄存器对,比如 W1:W0,W3:W2 等。

不恢复除法算法需要 1 个周期来进行 1 次被除数初始移位(只有整数除法如此),除数每位需要 1 个周期,和 1 个余数/商数修正周期。这个修正周期是迭代循环的最后 1 个周期,即使不需要获得余数,也必须执行这个周期;因为它也可能会调整商数。结果是,DIVF 将也会产生 1 个有效的余数,但它在小数运算里几乎没用。

除法指令必须在 1 个 REPEAT 循环里执行完成。任何其他执行形式(例如,1 个不连续的除法指令序列)都不会正确运行,因为指令流(instruction flow)依赖于 RCOUNT。由于除法指令不会自动设置 RCOUNT 的值,因此必须明确地在 REPEAT 指令里指定它的值,如表 3-1 所示(REPEAT 将执行{操作数+1}次目标指令)。REPEAT 循环计数必须被设置为 18 个 DIV/DIVF 指令重复,所以一个完整的除法操作需要 19 个周期。

注意:除法指令流可以被中断,然而,用户需要适当地保护现场。

表 3-1　除法指令

指　令	功　能
DIVF	带符号小数除法:Wm/Wn→W0;Rem→W1
DIV.SD	带符号除法:(Wm+1:Wm)/Wn→W0;Rem→W1
DIV.SW(or DIV.S)	带符号除法:Wm/Wn→W0;Rem→W1
DIV.UD	无符号除法:(Wm+1:Wm)/Wn→W0;Rem→W1
DIV.UW(or DIV.U)	无符号除法:Wm/Wn→W0;Rem→W1

3.5 DSP 引擎

DSP 引擎是 1 个硬件模块,他从 W 寄存器阵列装入数据,但它有自己专门的结果寄存器。DSP 引擎由与 MCU ALU 相同的指令译码器驱动。此外,W 寄存器阵列中还产生所有操作数有效地址(EA)。虽然 MCU ALU 和 DSP 引擎资源都可以通过指令集中的所有指令共享,但是 DSP 不能与 MCU 指令流同时操作。

DSP 引擎由以下组件组成:
- 高速 17 位×17 位乘法器。
- 桶形移位寄存器。
- 40 位加法器/减法器。
- 2 个目标累加寄存器。
- 带可选模式的舍入逻辑。
- 带可选模式的饱和逻辑。

DSP 引擎的数据输入来自以下资源:
① 直接来自双源操作数 DSP 指令的 W 阵列(寄存器 W4、W5、W6 或 W7)。通过 X 和 Y 存储器数据总线预取 W4、W5、W6 和 W7 寄存器的数据值。
② 来自所有其他 DSP 指令的 X 存储器数据总线。

从 DSP 引擎输出的数据被写入以下目标之一:
(1) 由执行的 DSP 指令定义的目标累加器。
(2) 到数据存储器地址空间中任何单元的 X 存储器数据总线。

DSP 引擎能够执行固有的"累加器到累加器"的操作,而无需额外数据。MCU 移位和乘法指令使用 DSP 引擎硬件获得结果。在这些操作中使用 X 存储器数据总线进行数据读写。图 3-19 所示为 DSP 引擎的框图。

DSP 引擎还有执行累加器到累加器的操作能力,而不需要附加数据。这些指令是 ADD,SUB 和 NEG。

通过 CPU 内核配置寄存器(CORCON)中不同的位,DSP 引擎有如下选择:
- 小数或整数 DSP 乘法(IF)。
- 有符号或无符号 DSP 乘法(US)。
- 传统的或收敛的舍入(RND)。
- ACCA 的自动饱和开/关(SATA)。
- ACCB 的自动饱和开/关(SATB)。
- 写入数据内存的自动饱和开/关(SATDW)。
- 累加器饱和模式选择(ACCSAT)。

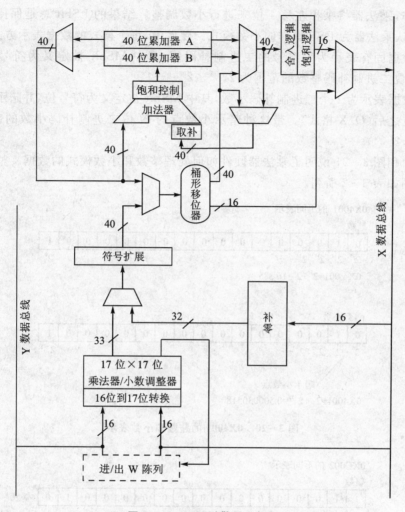

图 3-19 DSP 引擎原理框图

注意：详细的代码示例和与本节相关的指令语法，请参阅第 21 章。

3.5.1 乘法器

dsPIC30F 具备一个由 MCU ALU 和 DSP 引擎共享的 17 位×17 位的乘法器。此乘法器可以进行有符号或无符号的运算，而且支持 1.31 小数（Q.31）或 32 位整数结果。此乘法器取 16 位输入数据并将其转换为 17 位数据。进入乘法器的有符号操作数将进行符号扩展。无符号的输入操作数将进行零扩展。17 位转换逻辑对于用户是透明的，并允许乘法器支持有符号和无符号混合/无符号的乘法运算。IF 控制位（CORCON<0>）确定表 3-3 所列指令的整数/小数操作。IF 位不会影响表 3-4 所列的 MCU 指令，因为这些 MCU 总是进行整数操作。

对于小数操作,乘法器将乘积左移 1 位来进行小数调整。结果的 LSbit 总是保持清零。在器件复位时,默认乘法器为 DSP 操作的小数模式。硬件中,每个模式的数据表示方式如下:

> 整数数据固有表示为带符号的二进制补码值,其中 MSbit 被定义为符号位。一般来说,N 位二进制补码整数的范围为 $2^{N-1} \sim 2^{N-1}-1$。

> 小数数据表示为 1 个二进制补码小数,其中 MSbit 被定义为符号位,并暗示小数点就在符号位之后(Q.X 格式)。带这种暗示小数点的 N 位二进制补码小数的范围为 $-1.0 \sim (1-2^{1-N})$。

图 3-20 和图 3-21 说明了乘法器硬件如何处理整数和小数模式的数据。整数和小数模式的数据范围如表 3-2 所列。

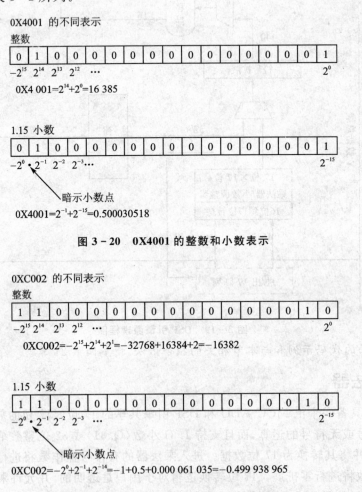

图 3-20 0X4001 的整数和小数表示

图 3-21 0XC002 的整数和小数表示

表 3-2 dsPIC30F 数据范围

寄存器大小/位	整数范围	小数范围	小数精度
16	$-32\,768 \sim 32\,767$	$-1.0 \sim (1.0-2^{-15})$(Q.15 格式)	3.052×10^{-5}
32	$-2\,147\,483\,648 \sim 2\,147\,483\,647$	$-1.0 \sim (1.0-2^{-31})$(Q.31 格式)	4.657×10^{-10}
40	$-549\,755\,813\,888 \sim 549\,755\,813\,887$	$-256 \sim (256.0-2^{-31})$(带 8 保护位的 Q.31 格式)	4.657×10^{-10}

1. DSP 乘法指令

表 3-3 总结了使用乘法器的 DSP 指令。

表 3-3 使用乘法器的 DSP 指令

DSP 指令	描 述	代数等式
MAC	两数相乘后与累加器相加,其值置入累加器 或 一数平方后与累加器相加,其值置入累加器	$a=a+bc$ $a=a+b^2$
MSC	从累加器中减去两数乘积,其值置入累加器	$a=a-bc$
MPY	乘,其值置入累加器	$a=bc$
MPY.N	乘并将结果取负后的值置入累加器	$a=-bc$
BD	偏欧式距离(Partial Euclidean Distance)	$a=(b-c)^2$
EDAC	将偏欧式距离与累加器相加,其值置入累加器	$a=a+(b-c)^2$

注:使用乘法器的 DSP 指令可以小数(1.15)或整数模式进行操作。

US 控制位(CORCON<12>)决定 DSP 乘法指令是有符号的(默认)还是无符号的。US 位不会影响 MCU 乘法指令,MCU 有专门处理有符号或无符号运算的指令。如果 US 位被置位,表 3-3 中显示的指令输入操作数被认为是无符号的值,它总是零扩展到乘法器值的第 17 位。

2. MCU 乘法指令

使用同一个乘法器支持 MCU 乘法指令。MCU 乘法指令包括 16 位有符号、无符号和混合符号整数的乘法,如表 3-4 所列。所有 MUL 指令执行的乘法运算都产生整数结果。MUL 指令可被引导使用字节或字大小的操作数。字节输入操作数将产生 16 位结果,而字输入操作数将产生 32 位结果到 W 阵列中的指定寄存器。

表 3-4 使用乘法器的 MCU 指令

MCU 指令	描 述
MUL/MUL.UU	将 2 个无符号的整数相乘
MUL.SS	2 个有符号的整数相乘
MUL.SU/MUL.US	将 1 个有符号的整数和 1 个无符号的整数相乘

注:① 使用乘法器的 MCU 指令只可在整数模式下操作。
② MCU 乘法运算的结果为 32 位长并存储在 1 对 W 寄存器中。

3.5.2 数据累加器和加法/减法器

共有 2 个 40 位数据累加器 ACCA 和 ACCB,它们是表 3-3 所列 DSP 指令的结果寄存器。每个累加器经存储器映射到以下 3 个寄存器,其中"x"表示特定的累加器:

ACCxL   ACCx<15:0>;

ACCxH   ACCx<31:16>;

ACCxU   ACCx<39:32>。

对于使用累加器的小数操作,小数点位于 bit 31 的右侧,存储在每个累加器中的小数值范围为 $-256 \sim (256-2)$;对于使用累加器的整数操作,小数点位于 bit0 的右侧,可存储在每个累加器中的整数值范围为 $(-549\,755\,813\,888) \sim (549\,755\,813\,887)$。

数据累加器有一个 40 位的加法器/减法器,它带有乘积结果的自动符号扩展逻辑(如果带符号)。它可以选择 2 个累加器(A 或 B)之一作为它的预累加源和后累加目标。对于 ADD 累加器和 LAC 指令,将被累加或装入的数据可选择通过桶形移位器在累加之前进行调整。

40 位加法器/减法器可选择将操作数输入中的 1 个取反以改变结果的符号(不改变操作数)。负数在乘法和减法(MSC)或乘法和取反操作(MPY.N)中使用。40 位加法器/减法器额外带有 1 个饱和控制区块,使能时,可用于控制累加器数据饱和度。

累加器状态位提供了 6 个状态寄存器位以支持饱和控制和溢出控制。它们位于 CPU 状态寄存器 SR 中,如表 3-5 所列。

表 3-5 累加器饱和状态位和溢出状态位

状态位	位置	描述
OA	SR<15>	累加器 A 溢出到保护位(ACCA<39:32>)
OB	SR<14>	累加器 B 溢出到保护位(ACCA<39:32>)
SA	SR<13>	ACCA 已饱和(bit31 溢出并饱和,或 ACCA 溢出到保护位并饱和(bit39 溢出并饱和)
SB	SR<12>	ACCB 已饱和(bit31 溢出并饱和,或 ACCB 溢出到保护位并饱和(bit39 溢出并饱和)
OAB	SR<11>	OA 和 OB 逻辑"或"操作
SAB	SR<10>	SA 和 SB 逻辑"或"操作。清零 SAB 的同时将清零 SA 和 SB

OA 和 OB 位是只读的,且每当数据通过累加器加/减法逻辑时就被修改。置位时,它们表示最近的操作溢出到累加器保护位(32~39 位)。此类型的溢出并不是灾难性的,保护位保存累加器数据。OAB 状态位是 OA 和 OB 的逻辑"或"结果值。OA 和 OB 位在置位时可以选择让其产生算法错误陷阱。通过置位相应的溢出陷阱标志使能位 OVATE:OVB(INTCON1<10:9>)可以使能此陷阱。陷阱事件使用户可在需要时马上采取纠正行动。每当数据通过累加器饱和逻辑时,SA 和 SB 位被置位。一旦被置位,这些位就保持置位状态,直到被用户清零。SAB 状态位表示 SA 和 SB 的逻辑"或"值。当 SAB 被清零时,SA 和 SB 位也将清零。被

置位时,这些位表示累加器已经溢出其最大范围(32位饱和为 bit 31 或 40 位饱和为 bit 39)且将饱和(如果饱和逻辑被使能)。当饱和逻辑没有使能时,SA 和 SB 位表示发生了灾难性的溢出(累加器符号已被破坏)。如果 COVTE (INTCON1<8>)位被置位,在饱和逻辑被禁止时 SA 和 SB 位将产生算法错误陷阱。

注意:
① 更多有关算法警告陷阱的信息请参阅第6章。
② 用户切记,根据累加器饱和逻辑是否使能,SA、SB 和 SAB 状态位可能具有不同的含义。累加器饱和模式通过 CORCON 寄存器控制。

1. 饱和模式及溢出模式

器件支持3种饱和模式及溢出模式:

(1) 累加器39位饱和

在此模式中,饱和逻辑将最大+9.31值(0x7FFFFFFFFF)或最大-9.31(0x8000000000)装入目标累加器。SA 或 SB 位被置位并保持置位,直到被用户清零。此饱和度模式对于扩展累加器的动态范围很有用处。要配置此饱和模式,必须置位 ACCSAT(CORCON<4>)位。此外,SATA 和/或 SATB(CORCON<7 和/或 6>)位必须置位以使能累加器饱和逻辑。

(2) 累加器31位饱和

在此模式中,饱和逻辑将最大+1.31(0x007FFFFFFF)或最大-1.31(0xFF80000000)装入目标累加器。SA 或 SB 位被置位并保持置位,直到被用户清零。当此饱和度模式有效时,除了对累加器值进行符号扩展以外,不使用保护位 32~39;因此,SR 中的 OA、OB 或 OAB 位不会置位。要配置此溢出和饱和模式,必须清零 ACCSAT(CORCON<4>)位。此外,SATA 和/或 SATB(CORCON<7 和/或 6>)位必须置位以使能累加器饱和逻辑。

(3) 累加器灾难性溢出

如果 SATA 和/或 SATB (CORCON<7 和/或 6>)位没有置位,则累加器不会执行饱和操作,且允许累加器溢出到 bit 39(破坏它的符号)。如果 COVTE 位(INTCON1<8>)被置位,灾难性的溢出会导致算法错误陷阱。注意,只有执行1条 DSP 指令,并因此通过40位 DSP ALU 修改了2个累加器中的1个,才可进行累加器饱和和溢出检测。当通过 MCU 类别指令将累加器作为存储器映射寄存器进行访问时,饱和和溢出检测不会发生。此外,表 3-5 中的累加器状态位将不会被修改,但是 MCU 状态位(Z,N,C,OV 和 DC)将根据访问累加器的 MCU 指令进行修改。

注意:有关算法错误陷阱的更多信息,请参阅第6章。

2. 累加器"回写"

MAC 和 MSC 指令可选择将累加器的舍入值写入数据空间存储器,当然,这是在该累加器不作为当前操作的目标单元的情况下。通过 X 总线对组合的 X 和 Y 地址空间执行此写操作。在某些 FFT 和 LMS 算法中,累加器的回写特性是很有好处的。

累加器回写硬件支持以下寻址模式:

(1) W13,寄存器直接寻址

非目标累加器的舍入内容以 1.15 小数结果写入 W13。

(2) [W13]+=2,带后加的寄存器间接寻址

非目标累加器的舍入内容以 1.15 小数结果写入 W13 指向的地址空间,然后 W13 加 2。

3.5.3 四舍五入逻辑

舍入逻辑在累加器写(存储)过程中可以执行传统的(偏置)或收敛的(无偏置)舍入功能。舍入模式由 RND(CORCON<1>)位的状态决定。它会产生 1 个 16 位的 1.15 数据值,该值被送到数据空间写饱和逻辑;如果此指令不指明舍入,就会存储 1 个截断的 1.15 数据值。图 3-22 所示为 2 种舍入模式。传统舍入使用累加器的 bit 15,对它进行零扩展并将扩展值加到 MSWord(16~31 位)(保护位和溢出位除外)。如果累加器的 LSWord 在 0x8000~FFFF(包括 0x8000),则 MSWord 加 1;如果累加器的 LSWord 在 0x0000~7FFF,则 MSWord 不变。此算法的结果对于一系列随机舍入操作,值将稍稍偏大。

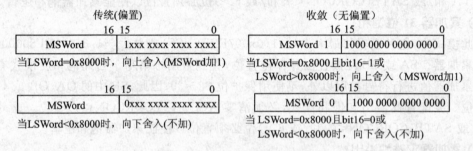

图 3-22 传统和收敛舍入模式

除非 LSWord 等于 0x8000,否则收敛的(或不偏置)舍入操作方式与传统舍入操作方式相同。在这种情况下,要对 MSWord 的 LSbit(累加器的 bit16)进行检测。如果它为 1,则 MSWord 加 1;如果它为 0,则 MSWord 不变。假设 bit16 本身是随机的,此机制将消除任何可能累加的舍入偏置。

SAC 和 SAC.R 指令通过 X 总线将目标累加器中的内容以截断的(SAC)或舍入的(SAC.R)方式存入数据存储器(受饱和度影响,参见第 3.5.4 节)。

要注意的是,对于 MAC 类指令,累加器回写路径总是根据舍入操作而定的。

3.5.4 数据空间写饱和

除了加法器/减法器饱和,对数据空间进行写操作也会饱和,但不会影响源累加器的内容。此特性可使在中间计算阶段,在不牺牲累加器动态范围的情况下对数据进行限制。置 SAT-

DW 控制位(CORCON<5>)将使能数据空间写饱和逻辑。在器件复位时,数据空间写饱和逻辑是默认为使能的。数据空间写饱和特性与 SAC 和 SAC.R 指令共同工作。执行这些指令时从不修改累加器中保存的值。硬件通过以下步骤得到饱和的写结果:
- 读出的数据根据指令中指定的算法移位值进行调整。
- 经过调整的数据被舍入(仅对 SAC.R 而言)。
- 被调整/舍入的值根据保护位的值饱和为 16 位结果。对于数据值大于 0x007FFF 的情况,写入存储器的数据饱和为最大+1.15,即 0x7FFF;对于输入数据小于 0xFF8000 的情况,写入存储器的数据饱和为最大-1.15,即 0x8000。

3.5.5 桶形移位器

桶形移位寄存器在单个周期内最多可算术右移 16 位或左移 16 位。DSP 指令或 MCU 指令可使用桶形移位器进行多位移位。移位器需要 1 个带符号的二进制值确定移位操作的幅度(位数)和方向:
- 正值则将操作数右移。
- 负值则将操作数左移。
- 值为 0 则不改变操作数。

桶形移位器为 40 位宽以适应累加器的宽度,为 DSP 移位操作提供了 40 位输出结果,而为 MCU 移位操作提供 16 位结果。

表 3-6 中提供了使用桶形移位器的所有指令。

表 3-6 使用 DSP 引擎桶形移位器的指令

指令	描述	指令	描述
ASR	数据存储器单元的算术多位右移	SAC	存储带可选移位的 DSP 累加器
LSR	数据存储器单元的逻辑多位右移	SFTAC	移位 DSP 累加器
SL	数据存储器单元的多位左移		

3.5.6 DSP 引擎陷阱事件

通过中断控制寄存器(INTCON1)可选择产生各种算术错误陷阱,用于处理 DSP 引擎中的异常事件,如下所示:
- 使用 OVATE(INTCON1<10>)使能 ACCA 溢出陷阱。
- 使用 OVBTE(INTCON1<9>)使能 ACCB 溢出陷阱。
- 使用 COVTE(INTCON1<8>)使能灾难性的 ACCA 和/或 ACCB 溢出陷阱。

当用户使用 SFTAC 指令尝试移位 1 个超过最大允许范围(+/-16 位)的值时,也会产生算术错误陷阱,无法禁止此陷阱源。指令可执行完毕,但移位的结果不会被写入目标累加器。

有关 INTCON1 寄存器中的位和算术错误陷阱的更多信息,请参阅第 6 章。

3.6 循环结构

dsPIC30F 支持 REPEAT 和 DO 指令结构,以提供无条件自动程序循环控制。REPEAT 指令用于实现单指令程序循环。DO 指令用于实现多指令程序循环。这 2 个指令都使用 CPU 状态寄存器 SR 中的控制位来临时修改 CPU 操作。

3.6.1 REPEAT 循环结构

REPEAT 指令会使紧随其后的 1 条指令重复一定次数。可以使用指令中的立即数或某个 W 寄存器中的值来指定重复的次数。W 寄存器选项可使循环计数为一软件变量。REPEAT 循环中的指令至少执行 1 次。REPEAT 循环中的迭代次数是 14 位立即数值+1 或 Wn+1。

下面列出了 2 种 REPEAT 指令的语法形式:

```
REPEAT #lit14          ;RCOUNT <-- lit14
(有效目标指令)
       或
REPEAT Wn              ;RCOUNT <-- Wn
(有效目标指令)
```

1. REPEAT 操作

REPEAT 操作的循环计数保存在 14 位 RCOUNT 寄存器中,该寄存器是存储器映射的。RCOUNT 由 REPEAT 指令初始化。如果 RCOUNT 为非零值,REPEAT 指令将 REPEAT 有效状态位或 RA(SR<4>)状态位置 1。

RA 是 1 个只读位,不能用软件修改。对于大于 0 的 REPEAT 循环计数值,PC 不会递增。在 RCOUNT=0 前,PC 递增被禁止。关于 REPEAT 循环的指令流程示例,请参见图 3-23。

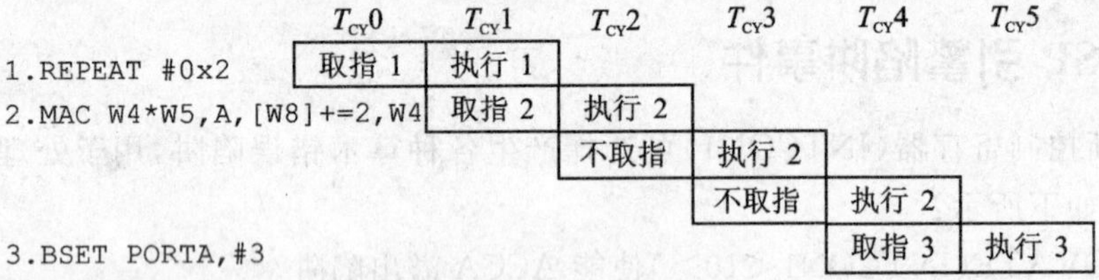

	$T_{CY}0$	$T_{CY}1$	$T_{CY}2$	$T_{CY}3$	$T_{CY}4$	$T_{CY}5$
1.REPEAT #0x2	取指 1	执行 1				
2.MAC W4*W5,A,[W8]+=2,W4		取指 2	执行 2			
			不取指	执行 2		
				不取指	执行 2	
3.BSET PORTA,#3					取指 3	执行 3
PC(指令结束时)	PC	PC+2	PC+2	PC+2	PC+4	PC+6
RCOUNT(指令结束时)	x	2	1	0	0	0
RA(指令结束时)	0	1	1	0	0	0

图 3-23 REPEAT 循环指令流程

对于等于 0 的循环计数值，REPEAT 的作用相当于 NOP，并且 RA(SR<4>)位不置位。REPEAT 循环在开始前本质上是被禁止的，这样可以在预取后续指令时(即在正常的执行流程中)让目标指令只执行 1 次。

注意：紧随 REPEAT 指令之后的指令(即目标指令)总是至少执行 1 次。此指令的执行次数总是会比 14 位立即数或 W 寄存器操作数的指定值多 1 次。

2. 中断 REPEAT 循环

REPEAT 指令循环可以在任何时候被中断。

在异常处理期间，RA 状态保留在堆栈中以便让用户在(任何数量的)嵌套中断中执行更多的 REPEAT 循环。SRL 存入堆栈后，RA 状态位被清零以便从 ISR 内部恢复正常执行流程。

使用 RETFIE 从 ISR 返回 REPEAT 循环不需要任何特殊处理。中断会在 RETFIE 的第 3 个周期预取要重复的指令。当 SRL 寄存器被弹出堆栈时，堆栈的 RA 位将会恢复。此时如果它置位，那么中断的 REPEAT 循环将会恢复。

若要使 REPEAT 的循环提前终止，可通过用软件将 RCOUNT 寄存器清零，在 ISR 中比正常情况提前终止中断的 REPEAT 循环。

注意：

① 如果 REPEAT 循环被中断且正在处理 ISR，用户必须在 ISR 内部执行另 1 个 REPEAT 指令前先将 RCOUNT(REPEAT 计数寄存器)存入堆栈。

② 如果在 ISR 内部使用 REPEAT，用户必须在执行 RETFIE 前先将 RCOUNT 的值出栈。

③ 如果重复的指令(REPEAT 循环中的目标指令)正使用 PSV 访问 PS 中的数据，从异常处理程序中返回后第 1 次执行该指令将需要 2 个指令周期。类似于循环中的第 1 次迭代，时序限制将不允许第 1 条指令在单个指令周期中访问位于 PS 中的数据。

3. REPEAT 指令的限制

除了以下指令外，其他指令均可紧随 REPEAT 之后：
- 程序流控制指令(任何转移、比较和跳过、子程序调用或返回等指令)。
- 另 1 个 REPEAT 或 DO 指令。
- DISI,ULNK,LNK,PWRSAV 或 RESET。
- MOV.D 指令。

注意：某些指令和/或指令寻址模式可以在 REPEAT 循环中执行，但是其循环基本没有意义。

3.6.2 DO 循环结构

DO 指令能将一组跟在其后的指令执行指定次数而无需软件开销，到结束地址(包括该地址)的指令集都会被重复执行。DO 指令的重复计数值可由指令中声明的一个 14 位立即数或

W 寄存器的内容指定。下面列出了 2 种 DO 指令的语法形式：

```
        DO ♯ lit14,LOOP_END       ;DCOUNT <-- lit14
        指令 1
        指令 2
           ⋮
LOOP_END：指令 n


        DO Wn,LOOP_END            ;DCOUNT <-- Wn<13:0>
        指令 1
        指令 2
           ⋮
LOOP_END：指令 n
```

DO 循环结构提供了以下功能：
➢ 可以使用一个 W 寄存器来指定循环次数。这使得循环次数可在运行时指定。
➢ 不需要顺序执行指令（即可以使用转移或子程序调用等）。
➢ 循环结束地址不一定要大于起始地址。

1. DO 循环寄存器及其工作原理

DO 循环执行的迭代次数是 14 位立即数值＋1 或 Wn＋1。如果使用 W 寄存器指定迭代的次数，则 W 寄存器的 2 个 MSb 不用于指定循环计数。DO 循环的操作类似于 C 编程语言中的"do-while"结构，因为循环中的指令总是至少会执行 1 次。

dsPIC30F 有 3 个和 DO 循环相关的寄存器，即 DOSTART、DOEND 和 DCOUNT。这些寄存器都是存储器映射并在 DO 指令执行时由硬件自动装入。DOSTART 保存 DO 循环的起始地址，DOEND 则保存 DO 循环的结束地址，DCOUNT 寄存器保存循环要执行的迭代次数，DOSTART 和 DOEND 是保存 PC 值的 22 位寄存器。这些寄存器的 MSb 和 LSb 固定为 0，更多信息请参阅图 3-1。因为 PC<0> 总是被强制设为 0，所以 LSb 不保存在这些寄存器中。

DA 状态位（SR<9>）表明单个 DO 循环（或嵌套 DO 循环）正在进行中。当执行了 DO 指令时，DA 位会置位使能 PC 地址和 DOEND 寄存器在随后每个指令周期的比较。当 PC 与 DOEND 中的值匹配时，DCOUNT 会递减。如果 DCOUNT 寄存器非零，PC 中会装入 DOSTART 寄存器所包含的地址，以便开始另 1 个 DO 循环迭代。

当 DCOUNT＝0 时，DO 循环会终止。如果没有其他嵌套的 DO 循环在进行中，则 DA 位也会被清零。

注意：DO 循环结构中的指令组总是会至少执行 1 次。DO 循环的执行次数总是会比立即数或 W 寄存器操作数的指定值多 1 次。

2. DO 循环嵌套

DOSTART,DOEND 和 DCOUNT 寄存器都有一个与之相关的影子寄存器。这样，DO

循环硬件就能支持1层自动嵌套。用户可以访问 DOSTART、DOEND 和 DCOUNT 寄存器，而且在需要时，这些寄存器可以被手工允许更多的嵌套。

DO 级别位 DL<2：0>（CORCON<10：8>）表示当前执行的 DO 循环的嵌套级别。当第 1 个 DO 指令执行后，DL<2：0>被设为 B001，以表明正在进行 1 级 DO 循环，DA(SR<9>)也会置位；当另 1 个 DO 指令在第 1 个 DO 循环中被执行时，在被新的循环值更新前，DOSTART、DOEND 和 DCOUNT 寄存器被传输到影子寄存器中，DL<2：0>位被置为 B010，表明第 2 个嵌套的 DO 循环正在进行，DA(SR<9>)也会保持置位。

如果在应用中不需要超过 1 级的 DO 循环嵌套，就没什么需要特别注意之处；如果用户需要 1 级以上的 DO 循环嵌套，可以通过在执行下一个 DO 循环前手工保存 DOSTART、DOEND 和 DCOUNT 寄存器来实现。只要 DL<2：0> 为 B010 或更大的值，就应该保存这些寄存器。

当 DO 循环终止且 DL<2：0>＝B010 时，DOSTART、DOEND 和 DCOUNT 寄存器会自动从其影子寄存器中恢复。

注意：DL<2：0>（CORCON<10：8>）位被组合（经过逻辑"或"）以形成 DA(SR<9>)位的值。如果正在执行嵌套的 DO 循环，则仅当与最外层循环关联的循环计数满时，DA 位才会被清零。

3. 中断 DO 循环

DO 循环可以在任何时候被中断。如果在 ISR 中有另 1 个 DO 循环要执行，用户必须检查 DL<2：0>状态位并按需要保存 DOSTART、DOEND 和 DCOUNT 寄存器。

如果用户能确保在以下情况下只有 1 级 DO 循环会被执行，则无需进行特别处理：
➢ 后台和任何 ISR 处理程序中（如果使能了中断嵌套）。
➢ 后台或任何 ISR（如果禁止了中断嵌套）。

或者，可有最多 2 个（嵌套的）DO 循环在后台执行，或在任何：
➢ 一个 ISR 处理程序（如果使能了中断嵌套）。
➢ ISR（如果禁止了中断嵌套）中。

这里假设在任何陷阱处理程序中都不使用 DO 循环。

使用 RETFIE 指令从 ISR 返回 DO 循环不需要任何特殊处理。

4. 提前终止 DO 循环

有 2 种方法可以在正常情况以前终止 DO 循环：

① EDT(CORCON<11>)位可以让用户在 DO 循环完成所有循环前终止 DO 循环。在 EDT 位写入 1 将强制循环完成正在进行的迭代，然后终止。如果 EDT 在循环的倒数第 2 条或最后 1 条指令执行期间置位，会再进行 1 次循环迭代。EDT 会始终读作 0，对其清零没有影响。当 EDT 位置位后，用户可选择跳出 DO 循环。

② 或者，代码可以在任何点跳出循环，但是除了最后一个指令不能是流控制指令(转移、比较和跳过、子程序调用或返回等)外。虽然 DA 位会使能 DO 循环硬件，但是除非在预取指时遇到了倒数第 2 个指令的地址，否则它不起作用。不提倡使用此方法终止 DO 循环。

注意：
① DL<2：0>(CORCON<10：8>)位被组合(经过逻辑"或")以形成 DA(SR<9>)位的值。如果正在执行嵌套的 DO 循环，仅当与最外层循环关联的循环计数满时，DA 位才会被清零。

② 因为硬件会继续检查 DOEND 地址，所以不提倡不使用 EDT 来退出 DO 循环。

5. DO 循环限制

(1) DO 循环的各项限制

① 选择循环中的最后指令。
② 循环长度(离第 1 个指令的偏移量)。
③ 读取 DOEND 寄存器。

所有的 DO 循环必须包含至少 2 条指令，因为循环终止测试是在倒数第 2 条指令中执行的。对于单指令循环，应该使用 REPEAT。紧接在 DO 指令或对 DOEND SFR 进行数据寄存器写操作后，用户软件无法用指令读取特殊功能寄存器 DOEND。

注意：
在 DO 循环最后 1 条指令前 2 个指令执行的指令不应该修改以下任一项：
① IPL(SR<7：5>)位管理的 CPU 优先级。
② IEC0、IEC1 和 IEC2 寄存器管理的外设中断使能位。
③ IPC0~11 寄存器管理的外设中断优先级位。
如果不遵守上述限制，DO 循环的执行可能会不正确。

(2) DO 循环中执行的最后一条指令也有一定的限制

DO 循环中最后一条指令不能是：
① 流程控制指令(例如，任何转移、比较并跳过、GOTO、CALL、RCALL 或 TRAP)。
② RETURN、RETFIE 和 RETLW 作为 DO 循环的最后一条指令可以正常工作，但必须由用户返回到循环中以完成循环。
③ 另一个 REPEAT 或 DO 指令。
④ REPEAT 循环的目标指令。由此限制推出倒数第 2 条指令也不能是 REPEAT。
⑤ 任何在程序空间占据 2 个字的指令。
⑥ DISI 指令。

(3) DO 循环对循环长度的限制

循环长度是指 DO 循环中最后 1 条指令相对于第 1 条指令的有符号偏移。将循环中第 1 条指令的地址与循环长度相加，就会得到循环中最后 1 条指令的地址。有些循环长度值应该被避免。

① 循环长度＝－2

执行会从循环的第 1 条指令开始（即从[PC]）并一直进行,直到预取了循环的结束地址（在此例中为[PC－4]）。因为这是 DO 指令的第 1 个字,所以它会再次执行 DO 指令,重新初始化 DCOUNT 并预取[PC]。在预取循环的结束地址[PC－4]之前,这个过程就会永远进行下去。这个 n 值有可能会造成无限循环(受到看门狗定时器复位的影响)。

```
end_loop: DO #33, end_loop    ;DO 是双字指令,执行至 end_loop 加上偏移地址
          NOP                 ;[PC]重又指向 DO 循环第 1 个指令字
          ADD W2,W3,W4        ;造成无限循环
```

② 循环长度＝－1

执行会从循环的第 1 条指令开始（即从[PC]）并一直进行,直到预取了循环的结束地址（[PC－2]）。因为循环的结束地址是 DO 指令的第 2 个字,它将作为 NOP 执行,但是仍然会预取[PC],然后此循环会再次执行。只要循环的结束地址[PC－2]被预取指,循环就不会终止,此过程会一直进行。如果 DCOUNT 寄存器的值变为零并且后续的减操作导致借位,则循环将会终止;但是,在这种情况下,循环外的第 1 条指令又将是第 1 条循环指令。

```
          DO #33,end_loop     ;DO 是双字指令,执行至 end_loop 加上偏移地址
end_loop: NOP                 ;end_loop 地址实际是 DO 第 2 个字当作 NOP 执行
          ADD W2,W3,W4        ;加上偏移地址仍预取 DO 循环第 1 个指令字
```

③ 循环长度＝0

执行会从循环的第 1 条指令开始（即从[PC]）并一直进行,直到预取了循环的结束地址（[PC]）。如果循环要继续,则此预取指将导致 DO 循环硬件将 DOEND 地址([PC])装入 PC,供下 1 次取指(仍将是[PC])。在循环的第 1 次真正的迭代后,循环的第 1 条指令将会反复执行,直到循环计数下溢,循环终止。当发生此情况时,循环外的第 1 条指令将是[PC]后的那条指令。

```
          DO #33,end_loop     ;DO 是双字指令,执行至 end_loop 加上偏移地址
          NOP                 ;循环计数下溢时循环终止
end_loop: ADD W2,W3,W4        ;循环外的第 1 条指令将是[PC]后的那条指令
```

3.7　dsPIC30F CPU 内核寄存器映射

表 3-7 表示的是 dsPIC30F CPU 内核的相关寄存器的映射。

表 3-7 CPU 内核寄存器映射

寄存器名称	地址	bit 15	bit 14	bit 13	bit 12	bit 11	bit 10	bit 9	bit 8	bit 7	bit 6	bit 5	bit 4	bit 3	bit 2	bit 1	bit 0	复位
W0	0000								W0 (WREG)									0000 0000 0000 0000
W1	0002								W1									0000 0000 0000 0000
W2	0004								W2									0000 0000 0000 0000
W3	0006								W3									0000 0000 0000 0000
W4	0008								W4									0000 0000 0000 0000
W5	000A								W5									0000 0000 0000 0000
W6	000C								W6									0000 0000 0000 0000
W7	000E								W7									0000 0000 0000 0000
W8	0010								W8									0000 0000 0000 0000
W9	0012								W9									0000 0000 0000 0000
W10	0014								W10									0000 0000 0000 0000
W11	0016								W11									0000 0000 0000 0000
W12	0018								W12									0000 0000 0000 0000
W13	001A								W13									0000 0000 0000 0000
W14	001C								W14									0000 0000 0000 0000
W15	001E								W15									0000 0000 0000 0000
SPLIM	0020								SPLIM									0000 0000 0000 0000
ACCAL	0022								ACCAL									0000 0000 0000 0000
ACCAH	0024								ACCAH									0000 0000 0000 0000
ACCAU	0026							ACCA<39> 的符号扩展						ACCAU				0000 0000 0000 0000
ACCBL	0028								ACCBL									0000 0000 0000 0000
ACCBH	002A								ACCBH									0000 0000 0000 0000
ACCBU	002C							ACCB<39> 的符号扩展						ACCBU				0000 0000 0000 0000

续表 3-7

寄存器名称	地址	bit 15	bit 14	bit 13	bit 12	bit 11	bit 10	bit 9	bit 8	bit 7	bit 6	bit 5	bit 4	bit 3	bit 2	bit 1	bit 0	复位
PCL	002E	PCL															0	0000 0000 0000 0000
PCH	0030	—	—	—	—	—	—	—	—	PCH								0000 0000 0000 0000
TBLPAG	0032	—	—	—	—	—	—	—	—	TBLPAG								0000 0000 0000 0000
PSVPAG	0034	—	—	—	—	—	—	—	—	PSVPAG								0000 0000 0000 0000
RCOUNT	0036	RCOUNT																xxxx xxxx xxxx xxxx
DCOUNT	0038	DCOUNT																xxxx xxxx xxxx xxxx
DOSTARTL	003A	DOSTARTL															0	xxxx xxxx xxxx xxx0
DOSTARTH	003C	—	—	—	—	—	—	—	—	—	—	—	—	DOSTARTH				0000 0000 00xx xxxx
DOENDL	003E	DOENDL															0	xxxx xxxx xxxx xxx0
DOENDH	0040	—	—	—	—	—	—	—	—	—	—	—	—	DOSTARTH				0000 0000 00xx xxxx
SR	0042	OA	OB	SA	SB	OAB	SAB	DA	DC	IPL2	IPL1	IPL0	RA	N	OV	Z	C	0000 0000 0000 0000
CORCON	0044	—	—	—	US	EDT	DL2	DL<1:0>		SATA	SATB	SATDW	ACCSAT	IPL3	PSV	RND	IF	0000 0000 0000 0000
MODCON	0046	XMODEN	YMODEN	—	—	BWM<3:0>				YWM<3:0>				XWM<3:0>				0000 0000 0000 0000
XMODSRT	0048	XMODSRT<15:0>															0	xxxx xxxx xxxx xxx0
XMODEND	004A	XMODEND<15:0>															1	xxxx xxxx xxxx xxx1
YMODSRT	004C	YMODSRT<15:0>															0	xxxx xxxx xxxx xxx0
YMODEND	004E	YMODEND<15:0>															1	xxxx xxxx xxxx xxx1
XBREV	0050	BREN	XBREV<14:0>															0000 0000 0000 0000
DISICNT	0052	—	—	DISICNT<13:0>														0000 0000 0000 0000
保留	0054–007E	—	—	—	—	—	—	—	—	—	—	—	—	—	—	—	—	

第 4 章

存储器结构

dsPIC30F 器件有 4M×24 位程序存储器地址空间,如图 4-1 所示。访问程序空间有以下 3 种可用的方法:
- 通过 23 位 PC。
- 通过读表(TBLRD)和写表(TBLWT)指令。
- 通过把程序存储器的 32 KB 段映射到数据存储器地址空间。

程序存储器映射空间被划分为用户程序空间和用户配置空间。用户程序空间包含复位向量、中断向量表、程序存储器和数据 EEPROM 存储器。用户配置空间包含用于设置器件选项的非易失性配置位和器件 ID 单元。

4.1 程序计数器

PC 以 2 为增量且 LSb 置为 0,以使之与数据空间寻址相兼容。用 PC<22:1>在 4M 程序存储器空间中对连续指令字寻址。每个指令字为 24 位宽。程序存储器地址的 LSb(PC<0>)保留为字节选择位,用于从使用程序空间可视性或表指令的数据空间访问程序存储器。对于通过 PC 取指的情况,不需要该字节选择位,所以,此时 PC<0>总是置为 0。

取指示例如图 4-2 所示。注意 PC<22:1>加 1 相当于 PC<22:0>加 2。

4.2 从程序存储器存取数据

可以使用 2 种方法在程序存储器和数据存储器空间之间传送数据,即通过特殊的表指令或通过把 32 KB 程序空间页重新映射到数据空间的上半部分。TBLRDL 和 TBLWTL 指令提供了读或写程序空间内任何地址的 LSWord 的直接方法(无需通过数据空间),很适合某些应用。TBLRDH 和 TBLWTH 指令是可以把 1 个程序字的高 8 位作为数据存取的唯一方法。

4 存储器结构

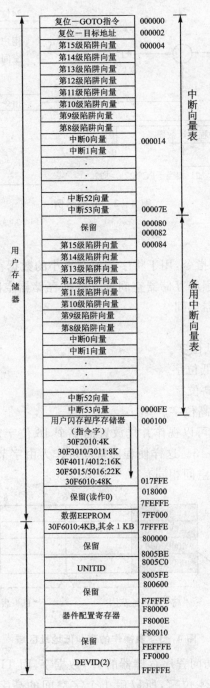

图 4-1 程序存储器地址映射

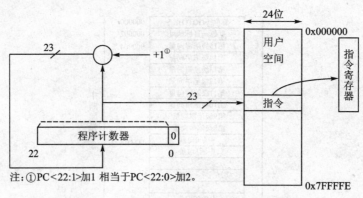

图 4-2 取指示例

4.2.1 表指令综述

dsPIC30F 提供了一组表指令,用于将字节或字大小的数据在程序空间和数据空间之间传送。读表指令用于把数据从程序存储器空间读入数据存储器空间;写表指令可以把数据从数据存储器空间写入程序存储器空间。

表指令共有 4 条:

(1) TBLRDL　读表的低位字。
(2) TBLWTL　写表的低位字。
(3) TBLRDH　读表的高位字。
(4) TBLWTH　写表的高位字。

对于表指令,程序存储器可以视作并排放置的 2 个 16 位字宽的地址空间,每个地址空间都有相同的地址范围,见图 4-3。这样使程序空间可作为由字节或对齐的字寻址的 16 位宽、64 KB 的页被访问(即与数据空间相同)。

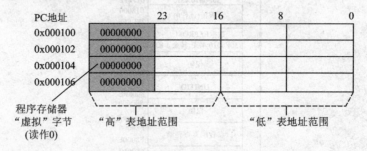

图 4-3 表操作的高和低地址区域

TBLRDL 和 TBLWTL 访问程序存储器的 LS 数据字,而 TBLRDH 和 TBLWTH 访问高位字。由于程序存储器只有 24 位宽,所以后 1 个字空间的高字节不存在(虽然它是可寻址的),称之为"虚拟"字节。

注意：有关使用表指令的详细代码示例请参阅第 7 章。

4.2.2 表地址的生成

对于所有表指令，W 寄存器地址值与 8 位数据表页寄存器 TBLPAG 相连，形成一个 23 位有效的程序空间地址加上 1 字节选择位，如图 4-4 所示。由于 W 寄存器提供了 15 位的程序空间地址，所以程序存储器中的数据表页的大小为 32K 字。

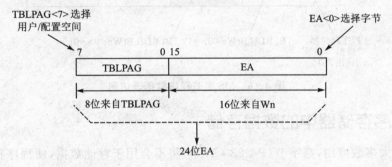

图 4-4 表操作的地址生成

4.2.3 程序存储器低位字访问

TBLRDL 和 TBLWTL 指令用于访问程序存储器数据的低 16 位。对于以字宽为单位的表访问，W 寄存器地址的 LSb 被忽略。对于以字节宽为单位的访问，W 寄存器地址的 LSb 决定读哪一个字节。图 4-5 演示了用 TBLRDL 和 TBLWTL 指令访问的程序存储器数据区域。

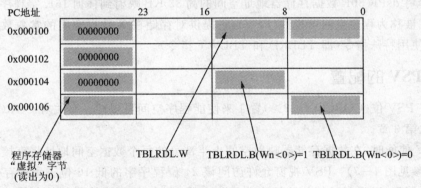

图 4-5 LSWord 程序数据表访问

4.2.4 程序存储器高位字访问

TBLRDH 和 TBLWTH 指令用于访问程序存储器数据的高 8 位。为了正交性，这些指令也支持字或字节访问模式，但是程序存储器数据的高字节将总是返回 0，如图 4-6 所示。

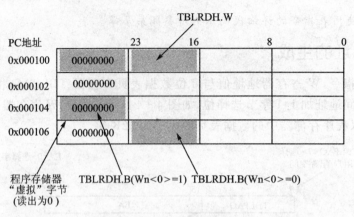

图 4-6 MS 字节程序数据表访问

4.2.5 程序存储器中的数据存储

假设对于大多数应用,高字节(P<23:16>)将不会用于存储数据,使程序存储器有16位宽供数据存储。建议将程序数据的最高字节编程为 NOP 或作为非法操作码值,以防止器件意外执行所存储的数据。TBLRDH 和 TBLWTH 指令主要用于阵列编程/校验和那些要求压缩数据存储的应用。

4.3 来自数据空间的程序空间可视性

可选择将 dsPIC30F 数据存储器地址空间的高 32 KB 映射到任何 16K 字程序空间页。这种操作模式被称为程序空间可视性(PSV),它提供对存储在 X 数据空间的常数数据的透明访问,而无需使用特殊指令(即 TBLRD 和 TBLWT 指令)。

4.3.1 PSV 的配置

通过将 PSV 位(CORCON<2>)置 1 来使能程序空间可视性。有关对 CORCON 寄存器的描述参见第 3 章。

当 PSV 使能时,在数据存储器映射空间上半部分的每个数据空间地址将直接映射到一个程序地址(参见图 4-7)。PSV 视窗允许访问该 24 位程序字的低 16 位。程序存储器数据的高 8 位应该编程,以强制对其的访问为非法指令或 NOP,从而维持器件的鲁棒(Robutness)。请注意表指令是读每个程序存储器字的高 8 位的唯一方法。

图 4-8 显示了如何生成 PSV 地址。PSV 地址的 15 个 LSb 由包含有效地址的 W 寄存器提供。W 寄存器的 MSb 不用于形成该地址,而是用于指定是从程序空间执行 PSV 访问还是从数据存储器空间执行正常的访问。如果使用的 W 寄存器有效地址大于或等于 0x8000,则

使能 PSV 时,数据访问会从程序存储器空间进行;当 W 寄存器的有效地址小于 0x8000 时,所有访问将从数据存储器空间进行。

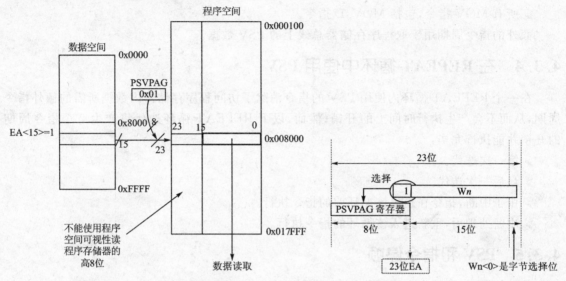

图 4-7　程序空间可视性操作　　　　图 4-8　程序空间可视性地址的生成

余下的地址位由 PSVPAG 寄存器(PSVPAG<7:0>)提供,如图 4-8 所示。PSVPAG 位与 W 寄存器中保存有效地址的 15 个 LSb 相连形成 1 个 23 位的程序存储器地址。PSV 只能用来访问程序存储器空间中的值。必须用表指令来访问用户配置空间中的值。W 寄存器值的 LSb 用作字节选择位,该位允许使用 PSV 的指令以字节或字模式运行。

4.3.2　X 和 Y 数据空间的 PSV 映射

因为 dsPIC30F 系列中的大多数器件的 Y 数据空间在数据空间上半部分以外,所以 PSV 区域将映射到 X 数据空间。X 映射和 Y 映射将影响在算法中如何使用 PSV。

例如,可以使用 PSV 映射空间存储有限冲激响应(Finite Impulse Response,简称 FIR)滤波器算法的系数数据。FIR 滤波器将包含原先滤波器输入数据的数据缓冲器中各个值与包含常数滤波器系数的数据缓冲器中的值相乘。通过在 REPEAT 循环内使用 MAC 指令执行 FIR 算法,MAC 指令的每次迭代预取一个原先输入的值和一个将在下一次迭代中相乘的系数值。预取的值中的一个必须位于 X 数据存储器空间,而另一个必须位于 Y 数据存储器空间。

为了满足 FIR 滤波器算法的 PSV 映射要求,用户必须将原先输入的数据放在 Y 存储器空间中,而将滤波器系数放在 X 存储器空间中。

4.3.3　PSV 时序

下列指令只需要 1 个额外周期即可执行完毕,其他使用 PSV 的指令则需 2 个额外的指令周期才能执行完毕：
> 带数据预取操作数的 MAC 类指令。
> 所有 MOV 指令，包括 MOV.D 指令。

额外的指令周期用于取程序存储器总线上的 PSV 数据。

4.3.4 在 REPEAT 循环中使用 PSV

在一个 REPEAT 循环内使用 PSV 的指令消除了访问程序存储器内数据所需的额外指令周期，从而不会产生执行时间上的开销；然而，以下 REPEAT 循环迭代将产生 2 个指令周期的开销才能执行完毕：
> 第一次迭代。
> 最后一次迭代。
> 由于中断，指令在退出该循环前的指令执行。
> 中断处理后，重新进入该循环的指令执行。

4.3.5 PSV 和指令停顿

关于使用 PSV 的指令停顿的信息，请参阅第 3 章。

4.4 写程序存储器

dsPIC30F 系列器件包含的内部程序闪存存储器用于执行用户代码。用户可用 2 种方法对该存储器编程：
> 运行时自编程（Run-Time Self Programming，简称 RTSP）。
> 在线串行编程（In-Circuit Serial Programming™，简称 ICSP™）。

通过执行 TBLWT 指令来实现 RTSP，通过使用 SPI 接口和集成的引导加载程序软件来实现 ICSP。更多有关 RTSP 的详细信息，请参阅第 7 章。

4.5 数据存储器

dsPIC30F 数据宽度为 16 位。所有内部寄存器和数据空间存储器都是以 16 位宽度组织的。dsPIC30F 的具有 2 个数据空间。可以单独访问数据空间（对于某些 DSP 指令）或将其作为一个 64 KB 线性地址范围一起访问（对于 MCU 指令）。使用 2 个地址发生单元（Address GenerationUnits，简称 AGU）和独立的地址路径访问数据空间。图 4-9 所示为数据空间存储器映射示例。

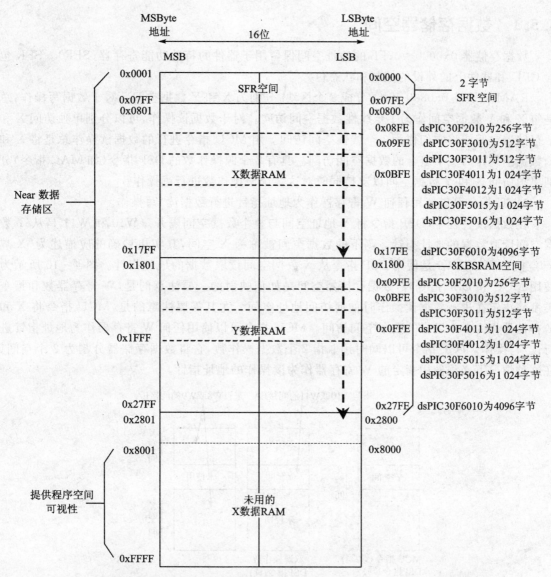

① X和Y数据空间的划分视具体器件而定。
② Near 数据存储器可以通过在操作码中编码为13位地址文件寄存器直接访问。Near 数据存储区域至少与所有的SFR空间和一部分X存储空间重叠。Near数据存储器空间根据器件的不同也可能包括所有的X存储空间和部分或所有的Y存储空间。
③ 可以通过W寄存器间接访问或使用 MOV 指令直接访问所有的数据存储器。
④ 数据存储器映射的上半部分可以被映射到程序存储器空间的一个段以提供程序空间可视性。

图 4 - 9　数据存储器映射示例

4.5.1 数据存储器空间

数据存储器 0x0000～07FF 的地址空间保留用于器件的特殊功能寄存器（SFR）。SFR 包含 CPU 和器件上的外设的控制和状态位。

RAM 从地址 0x0800 开始，分成 2 个区块，分别为 X 和 Y 数据空间。对于数据写操作，总是将 X 和 Y 数据空间作为 1 个线性数据空间访问。对于数据读操作，可以分别单独访问 X 和 Y 存储器空间或将它们作为 1 个线性空间访问。用 MCU 指令进行的数据读操作总是将 X 和 Y 数据空间作为 1 个组合的数据空间访问。具有 2 个源操作数的 DSP 指令（如 MAC 指令）分别单独访问 X 和 Y 数据空间以支持同时对这 2 个源操作数进行读操作。

MCU 指令可以使用任何 W 寄存器作为地址指针进行数据读/写操作。

在数据读过程中，DSP 指令将 Y 地址空间与整个数据空间隔开。W10 和 W11 是从 Y 数据空间读取数据的地址指针。剩下的数据空间被称为 X 空间，其实更精确的应描述为"X 减 Y"空间。W8 和 W9 是使用 DSP 指令从 X 数据空间读取数据的地址指针。图 4-10 所示为使用 MCU 和 DSP 指令时，数据存储器空间是如何映射的。要注意的是，W 寄存器数和指令类型将决定在进行数据读操作时如何访问地址空间。尤其需要注意的是，MCU 指令将 X 和 Y 存储器作为 1 个组合的数据空间访问。MCU 指令可以使用任何 W 寄存器作为地址指针进行读/写操作。DSP 指令可以同时预取指 2 个数据操作数，它将数据存储器分割为 2 个空间。在这种情况下必须使用指定的 W 寄存器作为读操作的地址指针。

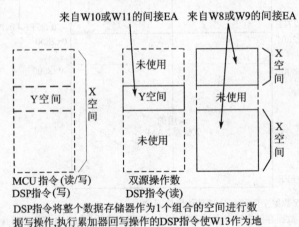

DSP 指令将整个数据存储器作为 1 个组合的空间进行数据写操作，执行累加器回写操作的 DSP 指令使 W13 作为地址指针写入组合的数据空间。

图 4-10 MCU 和 DSP 指令的数据空间

某些 DSP 指令能够将不作为该指令目标的累加器存储到数据存储器，此功能叫做累加器回写。累加器回写操作必须使用 W13 作为地址指针，用来指向组合数据存储器空间。对于 DSP 类指令，所有存储器进行读操作时，W8 和 W9 均应指向实现的 X 存储器空间。如果 W8

或 W9 指向 Y 存储器空间,将返回为零;如果 W8 或 W9 指向未用的存储器地址,会产生 1 个地址错误陷阱。

对于 DSP 指令,所有存储器进行读操作时,W10 和 W11 均应指向实现的 Y 存储器空间。如果 W10 或 W11 指向实现的 X 存储器空间,将返回为全零;如果 W10 或 W11 指向未用的存储器地址,会产生 1 个地址错误陷阱。有关地址错误陷阱的其他信息,请参阅第 6 章。

注意:数据存储器映射以及 X 和 Y 数据空间的划分视具体器件而定。请参看图 4-9 所示的数据存储器映射示例中 X 数据 RAM 区和 Y 数据 RAM 区中的具体地址分配。

4.5.2 数据对齐方式

ISA 支持对通过 X 存储器 AGU 访问数据的所有 MCU 指令进行的字和字节操作。在字操作中,16 位数据地址的 LSb 被忽略。字数据是以小尾数(Little Edian)格式对齐的,在这种对齐方式下,LSByte 放在偶数地址(LSB=0),而 MSByte 放在奇数地址(LSB=1)。对于字节操作,用数据地址的 LSB 来选择所访问的字节。寻址的字节放在内部数据总线的低 8 位。数据对齐方式请参见图 4-11。

根据所执行的是字节还是字访问,将自动调整所有有效地址计算,例如,对地址指针进行后加计数的字操作将使地址加 2。

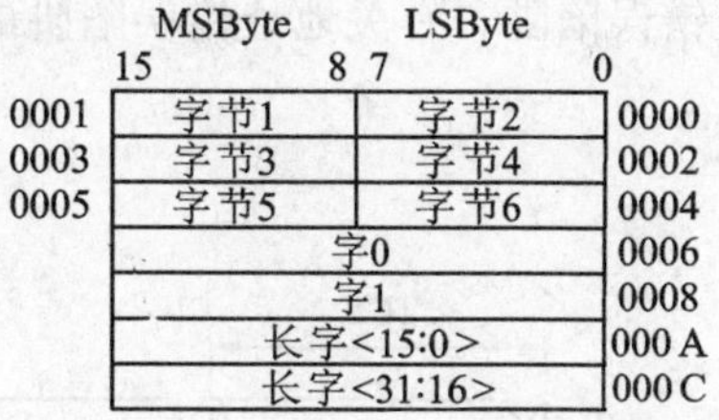

注意:所有字访问必须与偶数地址(LSB=0)对齐。不支持偏离的字数据取指,因此在字节和字混合操作时或对现有 PICmicro 代码进行转换时必须小心。试图进行偏离的字读/写操作时,会产生地址错误陷阱。此时,偏离的读操作会完成,但偏离的写操作不被执行。随后会对陷阱进行处理,使系统能在执行错误地址之前检查机器状态。

MSByte		LSByte	
15	8	7 0	
0001	字节1	字节2	0000
0003	字节3	字节4	0002
0005	字节5	字节6	0004
	字0		0006
	字1		0008
	长字<15:0>		000A
	长字<31:16>		000C

图 4-11 数据对齐

4.6 Near 数据存储器

一个 8 KB 的地址空间(称为 Near 数据存储器)在数据存储空间的 0x0000~0x1FFF 被保留。可通过所有文件寄存器指令中的 13 位绝对地址字段直接对 Near 数据存储器寻址。

Near 数据区域中所包含的存储器区域由各个不同的 dsPIC30F 器件所实现的数据存储器数量决定。Near 数据存储区域至少将包含所有 SFR 和某些 X 数据存储器。对于具备较小数据存储空间的器件,Near 数据区域可能包括所有 X 存储空间和部分或全部的 Y 存储空间。更多细节请参阅图 4-9 所示的数据空间存储器映射图。

注意:可以使用 MOV 指令直接寻址整个 64K 数据空间。Microchip 公司的 dsPIC30F 程序员参考手册(*dsPIC30F Programmer's Reference Manual-DS70030*)中对此有更详细的说明。

第 5 章

地址发生器

dsPIC30F 包含 2 个独立的地址发生器单位,即一个 X AGU 和一个 Y AGU,用于产生数据存储器地址;地址发生器 X AGU 进而分为两部分,即 X RAGU（读 AGU）和 X WAGU（写 AGU），X RAGU 和 X WAGU 支持字节,并分别支持 MCU 和 DSP 指令。Y AGU 只支持 DSP MAC 指令的字数据读操作,X AGU 和 Y AGU 都可以产生任何 64 KB 范围内的有效地址(Effective Address,简称 EA);但是,对物理存储器范围以外的 EA 进行数据读操作会返回全零,对物理存储器范围以外的 EA 进行数据写操作无效,如图 5-1 所示。此外,还会产生地址错误陷阱。有关地址错误陷阱的更多信息,请参阅第 6 章。

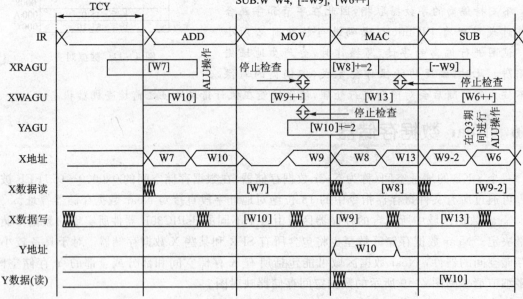

图 5-1 数据空间访问

X AGU 和 Y AGU 都支持 2 种形式的数据选址,即线性寻址和模(循环)寻址,另外 X WAGU 支持位反转寻址。

线性和模寻址模式可用于数据空间或程序空间,位反转寻址只能用于数据空间地址。

5.1 数据空间地址发生器单元

5.1.1 X 地址发生器单元

X AGU 可以被所有指令使用并支持所有寻址模式。X AGU 由一个读 AGU(X RAGU)和一个写 AGU(X WAGU)组成,它们可以在指令周期的不同阶段,各自独立地在不同的读/写总线上进行操作。所有将 X 和 Y 数据空间看作 1 个组合的数据空间的指令均将 X 读数据总线作为返回数据路径。X 数据总线也是双操作数读指令(DSP 类指令)的 X 地址空间数据路径。对于所有指令来说,X 写数据总线是写入组合的 X 和 Y 数据空间的唯一路径。

X RAGU 在上一个指令周期里使用刚刚预取的指令中的信息开始计算其有效地址。在指令周期开始时,X RAGU EA 即出现在地址总线上。

X WAGU 在指令周期开始时开始计算其有效地址。在指令的写操作阶段,EA 出现在地址总线上。

X RAGU 和 X WAGU 都支持模寻址,只有 X WAGU 支持位反转寻址。

5.1.2 Y 地址发生器单元

Y 数据存储空间有一个 AGU,支持从 Y 数据存储空间进行数据读操作,从不使用 Y 存储器总线进行数据写操作。Y AGU 和 Y 存储器总线的功能是支持 DSP 类指令,同时进行数据读操作。

Y AGU 时序与 X RAGU 时序的相同之处表现在:上一个指令周期里使用预取的指令中的信息开始计算它的有效地址。在指令周期开始时,EA 即出现在地址总线上。

对于使用 Y AGU 的 DSP 指令,Y AGU 支持模寻址和后修改寻址模式。

注意:Y AGU 不支持数据写操作,所有数据通过 X WAGU 写入组合的 X 和 Y 数据空间。只有在双源操作数 DSP 指令的数据读过程中使用 Y AGU。

5.1.3 地址发生器单元和 DSP 指令

DSP 指令将 Y AGU 和 Y 存储器数据路径与 X RAGU 一起使用,从而提供 2 条可同时对数据进行读操作的路径。例如,MAC 指令可以同时预取指 2 个操作数用于下一条乘法运算。

DSP 指令指定 2 个 W 寄存器指针(W8 和 W9),总是通过 X RAGU 进行操作并寻址 X 数据空间(不寻址 Y 数据空间),另外指定 2 个 W 寄存器指针(W10 和 W11),总是通过 Y AGU 进行操作并寻址 Y 数据空间(不寻址 X 数据空间)。任何由 DSP 类指令执行的数据写操作都发生在组合的 X 和 Y 数据空间中,并且该写操作通过 X 总线实现,因此,可以对任何地址执行写操作而不管 EA 指向的地址。

Y AGU 只支持与 DSP 指令相关的后修改寻址模式。更多有关寻址模式的信息,Microchip 公司的 dsPIC30F 程序员参考手册(*dsPIC30F Programmer's Reference Manual - DS70030*)中有详细的说明。Y AGU 也支持自动循环缓冲区的模寻址。当 X AGU 被视为组合线性空间的一部分时,所有其他(MCU)指令可以通过 X AGU 访问 Y 数据地址空间。

5.2 指令寻址模式

表 5-1 所列的寻址模式形成了一种寻址模式的基础,这种寻址模式被优化以支持各种指令的具体特性。MAC 类指令提供的寻址模式与其他指令类型提供的有些不同。

一些寻址模式的联合,可能会在指令执行时导致 1 个周期的延迟,或会不允许运行,请参看第 4 章 4.3 节。

表 5-1 基本寻址模式支持

寻址模式	描述
文件寄存器直接寻址	明确指定文件寄存器的地址
寄存器直接寻址	直接访问寄存器的内容
寄存器间接寻址	Wn 的内容形成有效地址
后修改寄存器间接寻址	Wn 的内容形成有效地址,Wn 后由一常数值修改(增或减)
预修改寄存器间接寻址	Wn 先由一常数值修改(增或减)再形成有效地址
带寄存器偏移的寄存器间接寻址	Wn 与 Wb 的和形成有效地址
带偏移字的寄存器间接寻址	Wn 与 1 个字的和形成有效地址

注:这里的寄存器是指 16 个 Wn 工作寄存器,而文件寄存器指器件内的通用寄存器和特殊功能寄存器。

5.2.1 文件寄存器指令

大多数文件寄存器指令使用 13 位地址字段(f)来直接寻址数据存储器的前 8 192 字节。大多数文件寄存器指令用工作寄存器 W0,它在这些指令里表示为 WREG。典型的目的地址是同一个文件寄存器或者 WREG(MUL 指令除外),将结果写入一个寄存器或寄存器对。MOV 指令可使用一个 16 位的地址字段。

5.2.2 MCU 乘法指令

使用同一个乘法器支持 MCU 乘法指令。MCU 乘法指令包括 16 位有符号、无符号和混合符号整数的乘法,如表 5-2 所列。所有 MUL 指令执行的乘法运算都产生整数结果。MUL 指令可被引导使用字节或字大小的操作数。字节输入操作数将产生 16 位结果,而字输入操作数将产生 32 位结果到 W 阵列中的指定寄存器。

表 5-2 使用乘法器的 MCU 指令

MCU 指令	描 述
MCU/MUL.UU	将 2 个无符号的整数相乘
MUL.SS	2 个有符号的整数相乘
MUL.SU/MUL.US	将 1 个有符号的整数和 1 个无符号的整数相乘

注:① 使用乘法器的 MCU 指令只可在整数模式下操作。
② MCU 乘法运算的结果为 32 位长并存储在一对 W 寄存器中。

MCU 乘法指令支持下列寻址模式:
➤ 寄存器直接寻址。
➤ 寄存器间接寻址。
➤ 后修改寄存器间接寻址。
➤ 预修改寄存器间接寻址。
➤ 5 位或 10 位字偏移寻址。

注意: 不是所有的指令都支持上述所有寻址模式。具体指令可能支持这些寻址模式中的不同部分。

5.2.3 MOVE 和累加器指令

移动指令和 DSP 累加器类指令提供的寻址方法比其他指令灵活得多。除了大多数 MCU 指令支持的寻址模式外,MOVE 指令和累加器指令也支持用寄存器偏移量寻址模式的寄存器间接寻址,也称为寄存器变址模式。

注意: 对于移动指令,指令里指定的寻址模式可随着源地址和目的地址(EA)而改变,然而,4 位 Wb(寄存器偏移量)字段由源地址和目的地址共享(但一般只被 1 个使用)。

总之,移动指令和累加器指令支持下列寻址模式:
➤ 寄存器直接寻址。
➤ 寄存器间接寻址。
➤ 后修改寄存器间接寻址。
➤ 预修改寄存器间接寻址。

➤ 带寄存器偏移的寄存器间接寻址(变址)。
➤ 带字偏移的寄存器间接寻址。
➤ 8 位字偏移寻址。
➤ 16 位字偏移寻址。

注意：不是所有的指令都支持上述所有寻址模式。具体指令可能支持这些寻址模式中的不同部分。

5.2.4 MAC 指令

双源操作数的 DSP 指令（CLR，ED，EDAC，MAC，MPY，MPY.N，MOVSAC 和 MSC），也被称为 MAC 指令，利用寻址模式的精简设置，用户可通过寄存器间接平台，高效地操纵数据指针。

双源操作数预取寄存器必须是集合{W8，W9，W10，W11}的成员。对于数据读操作，W8 和 W9 总是被定向到 X RAGU，而 W10 和 W11 总是被定向到 Y AGU；因此有效地址（修改前或修改后）的产生，对 W8 和 W9 而言一定是 X 数据空间里的有效地址，对 W10 和 W11 而言一定是 Y 数据空间里的有效地址。

注意：用寄存器偏移量的寄存器间接寻址只能用于 W9（在 X 空间）和 W11 中（在 Y 空间）。

总之，MAC 指令支持下列寻址模式：
➤ 寄存器间接寻址。
➤ 修改寄存器间接寻址。
➤ 修改寄存器间接寻址。
➤ 修改寄存器间接寻址。
➤ 带寄存器偏移量的寄存器间接寻址(变址)。

注意：其中 2.4.6 指的是后修改指令的地址偏移量。

表 5-3 总结了使用乘法器的 DSP 指令。

US 控制位（CORCON<12>）决定 DSP 乘法指令是有符号的（默认）还是无符号的。US 位不会影响 MCU 乘法指令，MCU 有专门处理有符号或无符号运算的指令。如果 US 位被置位，表 5-3 中显示的指令输入操作数被认为是无符号的值，它总是零扩展到乘法器值的第 17 位。

由于 IF 位在 CORCON 寄存器中，所以，只影响到 MAC 类 DSP 指令的结果。所有其他的乘法运算假定为整数操作。如果用户以小数执行 MAC 操作而没有清除 IF 位，为了得到正确的结果，其乘法结果必须准确地由用户程序左移。

表 5-3 用乘法器的 DSP 指令

DSP 指令	描述	代数等式
MAC	两数相乘后与累加器相加,其值入累加器或一数平方后与累加器相加,其值入累加器	$a=a+bc$ $a=a+b^2$
MSC	从累加器中减去两数乘积,其值入累加器	$a=a-bc$
MPY	乘,其值置入累加器	$a=bc$
MPY.N	乘并将结果取负后的值入累加器	$a=-bc$
ED	偏欧式距离(Partial Euclidean Distance)	$a=(b-c)^2$
EDAC	将偏欧式距离与累加器相加,其值入累加器	$a=a+(b-c)^2$

注:使用乘法器的 DSP 指令可以小数(1.15)或整数模式进行操作。

5.2.5 其他指令

除了上面概述的各种寻址模式外,一些指令使用不同大小的直接量常数,例如,BRA(分支)指令用 16 位的有符号字来直接指定分支目的地址,而 DISI 指令使用 1 个 14 位无符号字段。在一些指令里,如 ADD ACC,操作数的源或者结果由操作码本身隐含;而某些操作,如 NOP,则没有任何操作数。

5.3 指令停止

5.3.1 地址寄存器相依性

dsPIC30F 架构支持大部分 MCU 指令的数据空间读取(源)和数据空间写入(目标)操作。AGU 进行的有效地址(EA)计算和后续数据空间读或写,每个都需要 1 个指令周期来完成。如图 5-2 所示,此时序导致每个指令的数据空间读写操作部分重叠。因为此重叠,所以,"先

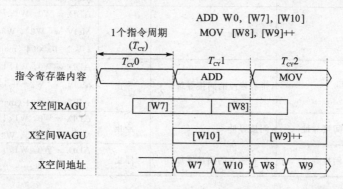

图 5-2 数据空间访问时序

写后读"(Read-After-Write,简称 RAW)数据相依性可能会在指令边界处发生。RAW 数据相依性在运行时由 dsPIC30F CPU 检测并处理。

5.3.2 先写后读相依性规则

如果 W 寄存器在当前指令中被用作写操作目标,并且预取的指令读取的也是同一个 W 寄存器,则适用下列规则:
- 如果对目标的写入(当前指令)不修改 Wn 的内容,则不发生停止。
- 如果对源的读取(预取的指令)不使用 Wn 计算 EA,也不会发生停止。

在每个指令周期中,dsPIC30F 硬件会自动检查以确定是否将发生 RAW 数据相依性。如果不满足上述条件,CPU 会在执行预取的指令前自动增加 1 个指令周期的延时。指令停止可以在下一条(预取的)指令要使用写入的数据前,使目标 W 寄存器有足够的时间执行写入。

先写后读相依性总结见表 5-4。

表 5-4 先写后读相依性总结

使用 Wn 的目标寻址模式	使用 Wn 的源寻址模式	状态	示例(Wn=W2)
直接寻址	直接寻址	允许	ADD.w W0, W1, W2 MOV.w W2, W3
直接寻址	间接寻址	停止	ADD.w W0, W1, W2 MOV.w [W2], W3
直接寻址	带有修改的间接寻址	停止	ADD.w W0, W1, W2 MOV.w [W2++], W3
间接寻址	直接寻址	允许	ADD.w W0, W1, [W2] MOV.w W2, W3
间接寻址	间接寻址	允许	ADD.w W0, W1, [W2] MOV.w [W2], W3
间接寻址	带有修改的间接寻址	允许	ADD.w W0, W1, [W2] MOV.w [W2++], W3
带有修改的间接寻址	直接寻址	允许	ADD.w W0, W1, [W2++] MOV.w W2, W3
间接寻址	间接寻址	停止	ADD.w W0, W1, [W2] MOV.w [W2], W3 ; W2=0x0004 (mapped W2)
间接寻址	带有修改的间接寻址	停止	ADD.w W0, W1, [W2] MOV.w [W2++], W3 ; W2=0x0004 (mapped W2)
带有修改的间接寻址	间接寻址	停止	ADD.w W0, W1, [W2++] MOV.w [W2], W3
带有修改的间接寻址	带有修改的间接寻址	停止	ADD.w W0, W1, [W2++] MOV.w [W2++], W3

5.3.3 指令停止周期

指令停止本质上是附加在指令读阶段前的 1 个指令周期的等待时间,以便让前面的写操作先完成再发生下一个读操作。为了达到中断延迟的目的,应该注意停止周期与检测到它的指令后的那个指令是相关的(即停止周期总是在指令执行周期之前)。

如果检测到了 RAW 数据相依性,dsPIC30F 将开始指令停止周期。在指令停止期间,会发生下列事件:
- 正在进行的(上一条指令的)写操作可以正常完成。
- 在指令停止周期结束前不会寻址数据空间。
- 在指令停止周期结束前禁止 PC 递增。
- 指令停止周期结束前禁止再次取指。

1. 指令停止周期和中断

当会造成指令停止的 2 个相邻指令与中断事件同时发生时,可能会产生以下 2 个结果之一:

(1) 中断可能会在第 1 个指令执行时发生。在这种情况下,允许第 1 条指令完成,而第 2 个指令则将在 ISR 完成后执行。这样,因为异常过程为第 1 条指令提供了完成写阶段的时间,所以停止周期将在第 2 条指令中被消除。

(2) 中断可能会在第 2 条指令执行时发生。在这种情况下,允许第 2 条指令和附加的停止周期在 ISR 前执行。这样,与第 2 条指令关联的停止周期会正常执行,但是,停止周期实际上会被嵌入到异常过程时序内。如果 1 个正常的双周期指令被中断,则异常过程将会继续。

2. 指令停止周期和流程更改指令

CALL 和 RCALL 指令使用 W15 写入堆栈,并且如果下一条指令读取的源使用 W15,则可能会因此在下一条指令前强制执行指令停止。

RETFIE 和 RETURN 指令永远不能在下一条指令前强制执行指令停止,因为这些指令都只能执行读操作;但是,用户应该注意 RETLW 指令能强制执行停止,因为它会在最后一个周期写入 W 寄存器。

因为 GOTO 和转移指令不执行写操作,所以永远不能强制执行指令停止。

3. 指令停止以及 DO 和 REPEAT 循环

除了增加指令停止周期外,RAW 数据相依性不会影响 DO 或 REPEAT 循环的工作。REPEAT 循环中预取的指令在循环完成或发生异常前不会改变。虽然寄存器相关性检查会跨指令边界进行,但是在 REPEAT 循环中 dsPIC30F 实际上会比较同一个指令的源和目标地址。DO 循环的最后一条指令会预取循环起始地址处的指令或下一条指令(循环外),指令停止的决定是由循环的最后一条指令和预取指令的内容做出的。

4. 指令停止和程序空间可视性

当通过使能程序空间可视性(PSV)(CORCON<2>)位将程序空间(PS)映射到数据空间,并且 X 空间 EA 处于可见程序空间范围时,读或写周期会被重新定向到程序空间中的地址。从程序空间访问数据最多需要花费 3 个指令周期。

PSV 地址空间的指令操作与任何其他指令一样,会受到 RAW 数据相关性和后续指令停止的影响。考虑以下代码段:

```
ADD W0,[W1],[W2++]      ;PSV = 1, W1 = 0x8000, PSVPAG = 0xAA
MOV [W2],[W3]
```

此指令序列将需要 5 个指令周期来执行。增加的 2 个指令周期用于通过 W1 执行 PSV 访问。此外,为了解决 W2 造成的 RAW 数据相关性,插入了 1 个指令停止周期。

5.4 模寻址

模寻址(又称循环寻址)提供了一种使用硬件自动支持循环数据缓冲区的方法。目的是在执行许多 DSP 算法中典型的紧密循环代码时,不需要用软件执行数据地址边界检查。

除 W15 以外,任何 W 寄存器都可以被选择作为指向模缓冲区的指针。模寻址的硬件在所选 W 寄存器保存的地址上执行边界检查,并在需要时自动调整指向缓冲区边界的指针值。

dsPIC30F 模寻址可以在数据或程序空间操作(因为两种空间的数据指针机制的本质是相同的)。每个 X(也提供指向程序空间的指针)和 Y 数据空间中都有一个被支持的循环缓冲区。

模数据缓冲区长度最大可以为 32K 字,模缓冲逻辑电路支持使用字或字节作为数据单位的缓冲区;但是,模逻辑电路只在字地址边界执行地址边界检查,所以字节模缓冲区长度必须为偶数。此外,不能使用 Y AGU 实现字节大小的模缓冲,这是因为不支持通过 Y 存储器数据总线进行字节访问。

5.4.1 模起始和结束地址选择

有 4 个地址寄存器可用于指定模缓冲区的起始和结束地址:
- XMODSRT X AGU 模起始地址寄存器。
- XMODEND X AGU 模结束地址寄存器。
- YMODSRT Y AGU 模起始地址寄存器。
- YMODEND Y AGU 模结束地址寄存器。

模缓冲区的起始地址必须在偶字节地址边界上,XMODSRT 和 YMODSRT 寄存器的 LSB 固定设为 0 以确保模起始地址正确。模缓冲区的结束地址必须在奇字节地址边界上。

XMODSRT 和 YMODSRT 寄存器的 LSB 固定设为 1 以确保模结束地址正确。

每个模缓冲区选择的起始和结束地址都受一定限制,这取决于实现的缓冲是递增还是递减。对于递增缓冲区,W 寄存器指针在缓冲区地址范围内递增,当递增缓冲区达到结束地址时,W 寄存器指针复位并指向缓冲区起始地址;对于递减缓冲区,W 寄存器指针在缓冲区地址范围内递减,当递减缓冲区达到起始地址时,W 寄存器指针复位并指向缓冲区结束地址。

5.4.2 模起始地址

数据缓冲区起始地址是任意的,但是对于递增模缓冲区,该起始地址必须在 1 个 2 的零次方边界内。递减模缓冲区的模起始地址可以是任何值,并使用所选缓冲区的结束地址和缓冲区长度来计算,例如,如果选择递增缓冲区的缓冲区长度为 50 字(100 字节),则缓冲区起始字节地址的最低有效位必须包含 7 个零;因此,有效起始地址可能为 $0xNN00$ 和 $0xNN80$,其中"N"为任何十六进制值。

5.4.3 模结束地址

数据缓冲区结束地址可以为任意值,但对于递减缓冲区,该结束地址必须在一个含有 1 的边界内。递增模缓冲区的模结束地址可以是任何值,并使用所选缓冲区的起始地址和缓冲区长度来计算,例如,如果选择缓冲大小(模值)为 50 字(100 字节),则递减模缓冲区的缓冲结束字节地址的最低有效位必须包含 7 个 1;因此,有效结束地址可能为 $0xNNFF$ 和 $0xNN7F$,其中"N"为任何十六进制值。

注意:

① 用户必须确定应用所需要的是递增还是递减模缓冲区。根据实现的模缓冲区是递增还是递减,会受一定的地址限制。

② 如果所需的模缓冲区长度为 2 的偶数次幂,则可以选择满足递增和递减缓冲区要求的模起始和结束地址。

5.4.4 模地址计算

递增模缓冲区的结束地址必须根据所选的起始地址和缓冲区长度以字节为单位计算,可以用式(5-1)来计算结束地址。

递增缓冲区的模结束地址:

$$结束地址 = 起始地址 + 缓冲长度 - 1 \tag{5-1}$$

如式(5-2)所示,递减模缓冲区的起始地址根据所选的结束地址和缓冲长度计算。

递减缓冲区的模起始地址:

$$起始地址 = 结束地址 - 缓冲长度 + 1 \tag{5-2}$$

5.4.5 与模寻址 SFR 相关的数据依赖关系

在对模寻址控制寄存器 MODCON 进行写操作后,不应紧跟一个使用任何 W 寄存器进行的间接读操作,例 5-1 中的代码段将导致不可预料的结果。

例 5-1:错误的 MODCON 初始化

```
MOV #0x8FF4, W0      ;初始化 MODCON
MOV W0, MODCON
MOV [W1], W2         ;产生错误的 EA
```

要避开这种初始化问题,可在紧跟 MODCON 初始化之后的指令中,使用除间接读以外的任何寻址模式,如例 5-2 所示,一个简单的解决办法就是在初始化 MODCON 之后添加一个 NOP。

例 5-2:正确的 MODCON 初始化

```
MOV #0x8FF4, W0      ;初始化 MODCON
MOV W0, MODCON
NOP                  ;See Note below
MOV [W1], W2         ;产生正确的 EA
```

注意:

① 使用 POP 指令将栈顶(TOS)单元的内容弹出到 MODCON,也可以实现写 MODCON。在对 MODCON 执行写操作后,紧跟其后的命令不得为任何执行间接读操作的命令。

② 用户应该注意某些指令隐含了执行间接读操作,即 POP、RETURN、RETFIE、RETLW 和 ULNK。

在写模地址 SFR 后立即执行间接读操作还存在其他情形:

- XMODSRT
- XMODEND
- YMODSRT
- YMODEND

如果已经在 MODCON 中使能了模寻址,那么在写 X(或 Y)模地址 SFR 之后不应该紧跟一个间接读操作,而该间接读使用了指定作为从 X 数据空间(或 Y 数据空间)访问模缓冲区的 W 寄存器。例 5-3 中的代码段显示初始化与 X 数据空间相关的 SFR,将如何导致无法预期的结果。在 Y 空间进行初始化情况也大致相同。

例 5-3:错误的模寻址设置

```
MOV #0x8FF4, W0      ;模寻址使能
MOV W0, MODCON       ;X 数据空间利用 W4 作访问缓冲器
```

```
MOV #0x1200, W4      ;XMODSRT 已初始化
MOV W4, XMODSRT
MOV #0x12FF, W0      ;XMODEND 已初始化
MOV W0, XMODEND
MOV [W4++], W5       ;错误的 EA 产生
```

要避开这个问题,可以在初始化模地址 SFR 之后插入一个 NOP 或执行任何操作,就是不要执行使用 W 寄存器访问该缓冲区的间接读操作,如例 5-4 所示。另一种方法是在初始化模起始和结束地址 SFR 之后对 MODCON 进行模寻址。

例 5-4:正确的模寻址设置

```
MOV #0x8FF4, W0      ;模寻址使能
MOV W0, MODCON       ;X 数据空间利用 W4 作访问缓冲器
MOV #0x1200, W4      ;XMODSRT 已初始化
MOV W4, XMODSRT
MOV #0x12FF, W0      ;XMODEND 已初始化
MOV W0, XMODEND
NOP                  ;看下面"注意"
MOV [W4++], W5       ;正确的 EA 产生
```

注意:此外,也可以执行不使用 W 寄存器访问该缓冲区执行进行间接读操作的其他指令。

5.4.6　W 地址寄存器的选择

模寻址所使用的 X 地址空间指针 W 寄存器(XWM)存储在 MODCON<3:0>中(参见 5.5.7 小节中寄存器 5-1)。XMODSRT、XMODEND 和 XWM 寄存器这几种选择在 X RAGU 和 X WAGU 之间共享。当 XWM 被设置为除 15 之外的任何值且 XMODEN 位置 1 时(MODCON<15>),X 数据空间的模寻址被使能。由于 W15 是专用的软件堆栈的指针,所以不能作为模寻址指针使用。

模寻址所使用的 Y 地址空间指针 W 寄存器(YWM)存储在 MODCON<7:4>中(参见 5.5.7 小节中寄存器 5-1)。当 YWM 被设置为除 15 之外的任何值,且 YMODEN 位置 1 时(MODCON<14>),Y 数据空间的模寻址被使能。

注意:在写 MODCON 寄存器后,不应执行使用 W 寄存器进行间接读操作的指令,否则可能产生不可预料的结果。某些指令中隐含了间接读操作,即 POP、RETURN、RETFIE、RETLW 和 ULNK。

5.4.7 模寻址的适用性

模寻址可以被应用于与所选 W 寄存器相关的有效地址（EA）计算。用户应意识到，地址边界检测功能会为递增缓冲区寻找等于或大于地址上边界的地址，并为递减缓冲区寻找等于或小于地址下边界的地址，这是非常重要的；因此，地址变化可能会因此越过边界，但仍然可以正确调整。请记住，通过模硬件对 W 寄存器指针进行自动调整的过程是单向的，也就是说，当用于递增缓冲区的 W 寄存器指针进行递减运算时，模硬件可能不会正确调整 W 寄存器指针，反之亦然。这一法则的例外情况是缓冲区长度为 2 的偶次幂，且可以选择起始和结束地址以同时满足递增和递减的模缓冲区边界要求。

新的 EA 可能超过模缓冲区边界最多 1 个缓冲区长度，但仍可以成功地纠正。记住何时使用寄存器索引（[Wb+Wn]）和立即数偏移（[Wn+lit10]）寻址模式是非常重要的。用户应切记寄存器索引和立即数偏移寻址模式不会改变保存在 W 寄存器中的值，只有带预修改和后修改的间接寻址模式（[Wn++]，[Wn--]，[++Wn]，[--Wn]）才会改变 W 寄存器的地址值。

5.4.8 递增模缓冲区的模寻址的初始化

以下步骤描述了递增循环缓冲区的设置步骤。不管是用 X AGU 还是 Y AGU，这些步骤都大体相同。

① 确定缓冲区长度在 16 位数据字之内。将这个值乘以 2，得到以字节为单位的缓冲区长度。

② 根据所需要的缓冲区长度选择位于二进制 0 边界的缓冲区起始地址。记住以字为单位的缓冲区长度必须乘以 2，才能得到字节地址范围，例如，长度为 100 字（200 字节）的缓冲区可以使用 0xXX00 作为起始地址。

③ 使用在步骤①中选择的缓冲区长度和在步骤②中选择的缓冲区起始地址计算缓冲区结束地址。使用公式（5-1）计算缓冲区结束地址。

④ 将步骤②中选择的缓冲区起始地址装入 XMODSRT（YMODSRT）寄存器。

⑤ 将步骤③中计算的缓冲区结束地址装入 XMODEND（YMODEND）寄存器。

⑥ 写入 MODCON 寄存器中的 XWM<3：0>（YWM<3：0>）位，选择将用于访问循环缓冲区的 W 寄存器。

⑦ 将 MODCON 寄存器中的 XMODEN（YMODEN）位置 1，使能循环缓冲区。

⑧ 将指向缓冲区的地址装入所选的 W 寄存器。

⑨ 当执行带预/后递增的间接访问时，W 寄存器地址会在缓冲结束时自动调整（参见图 5-3）。

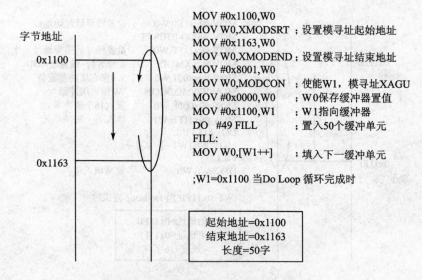

图 5-3 递增缓冲区模寻址操作示例

5.4.9 递减模缓冲区的模寻址的初始化

以下步骤描述了递减循环缓冲区的设置步骤。不管用 X AGU 还是用 Y AGU，这些步骤都大体相同。

① 确定缓冲区长度在 16 位数据字之内。将这个值乘以 2，得到以字节为单位的缓冲区长度。

② 根据所需要的缓冲区长度，选择位于二进制 1 边界的缓冲区结束地址。记住以字为单位的缓冲区长度必须乘以 2，才能得到字节地址范围，例如，长度为 128 字(256 字节)的缓冲区可以使用 0xXXFF 作为结束地址。

③ 使用在步骤①中选择的缓冲区长度和第②步中选择的缓冲区结束地址计算缓冲区起始地址。使用公式(5-2)计算缓冲区起始地址。

④ 将步骤③中选择的缓冲区起始地址装入 XMODSRT(YMODSRT)寄存器。

⑤ 将步骤②中选择的缓冲区结束地址装入 XMODEND(YMODEND)寄存器。

⑥ 写入 MODCON 寄存器中的 XWM<3：0>(YWM<3：0>)位，选择将用于访问循环缓冲区的 W 寄存器。

⑦ 将 MODCON 寄存器中的 XMODEN(YMODEN)位置 1 以使能循环缓冲区。

⑧ 将指向缓冲区的地址装入所选的 W 寄存器。

⑨ 当执行带预/后递减的间接访问时，W 寄存器地址会在缓冲结束时自动调整(参见图 5-4)。

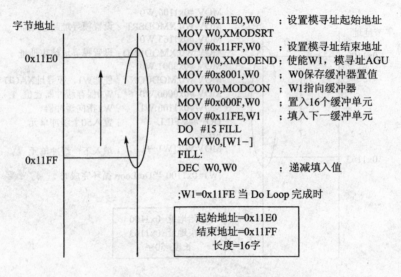

图 5-4 递减缓冲区模寻址操作示例

5.5 位反转寻址

5.5.1 位反转寻址简介

位反转寻址简化了基-2（radix-2）FFT算法进行的数据重新排序。只通过 X WAGU 支持位反转寻址。如图5-5所示，通过交换中心点周围的位单元中的二进制值可以有效地创建地址指针"镜像"，从而完成位反转寻址。表5-5所列为4位地址字段的位反转序列示例。

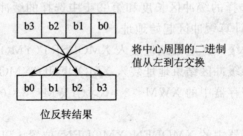

图 5-5 位反转寻址示例

表 5-5 位反转地址序列示例(16 个位)

正常地址					位反转地址				
A3	A2	A1	A0	十进制	A3	A2	A1	A0	十进制
0	0	0	0	0	0	0	0	0	0
0	0	0	1	1	1	0	0	0	8
0	0	1	0	2	0	1	0	0	4
0	0	1	1	3	1	1	0	0	12
0	1	0	0	4	0	0	1	0	2
0	1	0	1	5	1	0	1	0	10
0	1	1	0	6	0	1	1	0	6
0	1	1	1	7	1	1	1	0	14
1	0	0	0	8	0	0	0	1	1
1	0	0	1	9	1	0	0	1	9
1	0	1	0	10	0	1	0	1	5
1	0	1	1	11	1	1	0	1	13
1	1	0	0	12	0	0	1	1	3
1	1	0	1	13	1	0	1	1	11
1	1	1	0	14	0	1	1	1	7
1	1	1	1	15	1	1	1	1	15

5.5.2 位反转寻址操作

只有 X WAGU 支持位反转寻址。该寻址由特殊功能寄存器 MODCON 和 XBREV 控制位反转寻址的使能方式如下：
- 使用 BWM 控制位(MODCON<11∶8>)将位反转寻址分配给一个 W 寄存器。
- 通过置位 BREN 控制位(XBREV<15>)使能位反转寻址。
- 通过 XB 控制位(XBREV<14∶0>)置位 X AGU 位反转修改器。

当位反转寻址被使能时，只有在使用带预增或后增间接寻址模式的寄存器时([Wn++]，[++Wn])，位反转寻址硬件才产生位反转地址。此外，生成的位反转地址只供字模式指令使用。所有其他寻址模式指令或字节模式指令均不能使用位反转地址(将生成正常地址)。

注意：在写 MODCON 寄存器后不能执行使用 W 寄存器进行间接读操作的指令。这会产生不可预料的结果。某些指令中隐含了间接读操作，即 POP、RETURN、RETFIE、RETLW 和 ULNK。

5.5.3 模寻址和位反转寻址

可以使用同一个 W 寄存器同时使能模寻址和位反转寻址，但位反转寻址操作使能时，总是具有较高的数据写操作优先级。例如，以下的设置条件将同一 W 寄存器分配给模寻址和位反转寻址：

> 使能 X 模寻址(XMODEN=1)。
> 使能位反转寻址(BREN=1)。
> 将 W1 分配给模寻址(XWM<3：0>=0001)。
> 将 W1 分配给位反转寻址(XWM<3：0>=0001)。

对于用 W1 作为指针的数据读操作，将发生模地址边界检查。对于用 W1 作为目标指针的数据写操作，位反转硬件将为数据重新排序纠正 W1。

5.5.4 与 XBREV 相关的数据相依性

如果已经通过置位 BREN(XBREV<15>)位使能了位反转寻址，那么在写入了 XBREV 寄存器之后，不能紧跟一个使用 W 寄存器的间接读操作，而该 W 寄存器被指定为位反转地址指针。

5.5.5 位反转修改量

装入 XBREV 寄存器的值是一个常数，它间接定义了位反转数据缓冲区的大小。表 5-6 是常用位反转缓冲区使用的 XB 修改量的汇总。

位反转硬件通过执行 W 内容和 XB 修改常数的"逆进位"来修改 W 寄存器地址。逆进位加法是从左到右将位相加，而不是从右到左。如果在一个位的位置发生了进位，则进位位被加到其右侧的下一个位。例 5-5 演示了将 0x0008 作为 XB 修改量的逆进位加法和 W 寄存器的结果值。注意 XB 修改器将一个位位置向左移，产生字地址值。

表 5-6 位反转地址修改量

缓冲区大小/字	XB 位反转寻址修改量	缓冲区大小/字	XB 位反转寻址修改量
32768	0x4000	128	0x0040
16384	0x2000	64	0x0020
8192	0x1000	32	0x0010
4096	0x0800	16	0x0008
2048	0x0400	8	0x0004
1024	0x0200	4	0x0002
512	0x0100	2	0x0001
256	0x0080		

注：只有上述位反转修改量会产生有效的位反转地址序列。

例 5-5：XB 地址计算

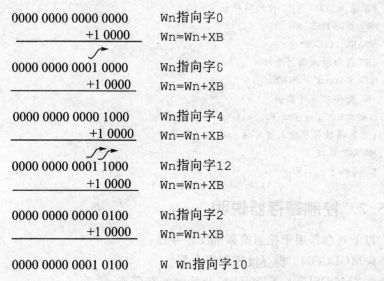

当 XB<14：0>=0x0008 时，位反转缓冲区大小为 16 字。W 寄存器的 1~4 位将处于位反转地址修正状态，但 5~15 位（轴心点之外）将不会被位反转硬件修改。由于位反转硬件只在字地址上工作，所以不会更改 bit 0。XB 修改器控制位反转地址修改的轴心点，点以外的位不会进行位反转地址修正。16 字缓冲区的位反转地址修改如图 5-6 所示。

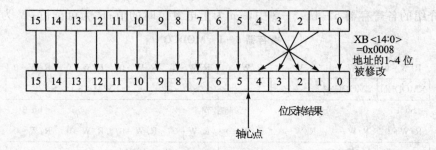

图 5-6　16 字缓冲区的位反转地址修改

5.5.6　位反转寻址代码示例

以下代码示例读取了 16 个数据字并将这些数据字按照位反转顺序写入新单元。W0 是读地址指针，而 W1 是写地址指针，用于位反转修改。

```
;为16个数据字设置XB位反转缓冲,位反转寻址使能
MOV #0x8008,W0
```

```
MOV W0,XBREV
;配置 MODCON 用 W1 位反转寻址
MOV #0x01FF,W0
MOV W0,MODCON
;W0 指向输入数据缓冲
MOV #Input_Buf,W0
;W1 指向位反转数据
MOV #Bit_Rev_Buf,W1
;重复将数据从输入缓冲转入到位反转缓冲
REPEAT #15
MOV [W0++],[W1++]
```

5.5.7 控制寄存器说明

以下寄存器用于控制模和位反转寻址:
- MODCON 模寻址控制寄存器。
- XMODSRT X AGU 模起始地址寄存器。
- XMODEND X AGU 模结束地址寄存器。
- YMODSRT Y AGU 模起始地址寄存器。
- YMODEND Y AGU 模结束地址寄存器。
- XBREV X AGU 位反转寻址控制寄存器。

以下介绍的各寄存器 5-1~5-3 中,-n 为上电复位时的值;R 为可读位;W 为可写位。

寄存器 5-1 MODCON

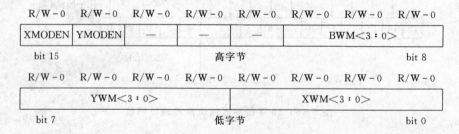

bit 15 XMODEN X RAGU 和 X WAGU 模寻址使能位。
 1 X AGU 模寻址使能。
 0 X AGU 模寻址禁止。
bit 14 YMODEN Y AGU 模寻址使能位。
 1 Y AGU 模寻址使能。
 0 Y AGU 模寻址禁止。

bit 13~12 未用　读作 0。

bit 11~8 BWM<3：0>　用于位反转寻址的 X WAGU 寄存器选择位。

　　1111　禁止位反转寻址。

　　1110　选择 W14 用于位反转寻址。

　　1101　选择 W13 用于位反转寻址。

　　⋮

　　0000　选择 W0 用于位反转寻址。

bit 7~4 YWM<3：0>　用于模寻址的 Y AGU W 寄存器选择位。

　　1111　禁止模寻址。

　　1010　选择 W10 用于模寻址。

　　1011　选择 W11 用于模寻址。

注意：YWM<3：0>控制位的其他设置均被保留,不要使用。

bit 3~0 XWM<3：0>　用于模寻址的 X RAGU 和 X WAGU W 寄存器选择位。

　　1111　禁止模寻址。

　　1110　选择 W14 用于模寻址。

　　⋮

　　0000　选择 W0 用于模寻址。

注意：在写 MODCON 寄存器后,不能执行使用 W 寄存器进行间接读操作的指令,否则可能产生不可预料的结果。某些指令中隐含了间接读操作,即 POP、RETURN、RETFIE、RETLW 和 ULNK。

寄存器 5-2　XMODSRT

bit 15~1 XS<15：1>　X RAGU 和 X WAGU 模寻址起始地址位。

bit 0 未用　读作 0。

寄存器 5-3　XMODEND

R/W-0	R/W-0	R/W-0	R/W-0	R/W-0	R/W-0	R/W-0	R/W-0
			XE<15:8>				
bit 15			高字节				bit 8
R/W-0	R/W-0	R/W-0	R/W-0	R/W-0	R/W-0	R/W-0	R-1
			XE<7:1>				1
bit 7			低字节				bit 0

bit 15～1　XE<15:1>　X RAGU 和 X WAGU 模寻址结束地址位。
bit 0 未用　读作 1。

寄存器 5-4　YMODSRT

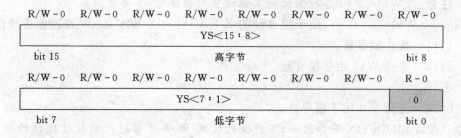

bit 15～1　YS<15:1>　Y AGU 模寻址起始地址位。
bit 0 未用　读作 0。

寄存器 5-5　YMODEND

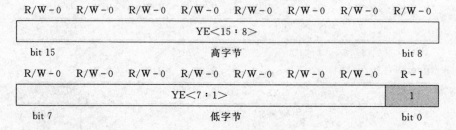

bit 15～1　YE<15:1>　Y AGU 模寻址结束地址位。
bit 0 未用　读作 1。

寄存器 5-6　XBREV

R/W-0	R/W-0	R/W-0	R/W-0	R/W-0	R/W-0	R/W-0	R/W-0
BREN	\multicolumn{7}{c}{XB<14∶8>}

bit 15　　　　　　　　　　　高字节　　　　　　　　　　　bit 8

R/W-0	R/W-0	R/W-0	R/W-0	R/W-0	R/W-0	R/W-0	R/W-0
\multicolumn{7}{c}{XB<7∶1>}	0

bit 7　　　　　　　　　　　低字节　　　　　　　　　　　bit 0

bit 15　BREN　位反转寻址(X AGU)使能位。

　　1　位反转寻址使能。

　　0　位反转寻址禁止。

bit 14～1　XB<14∶0>　　X AGU 位反转修改器位。

　　0x4000　32 768 字缓冲。　　　　　0x0040　128 字缓冲。
　　0x2000　16 384 字缓冲。　　　　　0x0020　64 字缓冲。
　　0x1000　8192 字缓冲。　　　　　　0x0010　32 字缓冲。
　　0x0800　4096 字缓冲。　　　　　　0x0008　16 字缓冲。
　　0x0400　2048 字缓冲。　　　　　　0x0004　8 字缓冲。
　　0x0200　1024 字缓冲。　　　　　　0x0002　4 字缓冲。
　　0x0100　512 字缓冲。　　　　　　 0x0001　2 字缓冲。
　　0x0080　256 字缓冲。

bit 未用　读作 0。

第 6 章

中　断

dsPIC30F 中断控制器模块将大量外设中断请求信号减少到 1 个导致 dsPIC30F CPU 中断的中断请求信号,其具有以下特性:
- 多达 8 个处理器异常和软件陷阱。
- 7 个用户可选择的优先级。
- 具有多达 62 个向量的中断向量表(Interrupt Vector Table,简称 IVT)。
- 每个中断或异常源都有唯一的向量。
- 指定的用户优先级中的固定优先级。
- 用于支持调试的备用中断向量表(Alternate Interrupt Vector Table,简称 AIVT)。
- 固定的中断入口和返回延时。

6.1　中断向量与优先级

6.1.1　中断向量表

中断向量表(IVT)如图 6-1 所示。IVT 位于程序存储器中,起始单元地址是 0x000004。IVT 包含 62 个向量,这些向量由 8 个不可屏蔽陷阱向量和最多 54 个中断源组成。一般来说,每个中断源都有自己的向量,每个中断向量都包含 24 位宽的地址。编程到每个中断向量单元的值是有关中断服务程序(ISR)的起始地址。陷阱向量定义见表 6-1。

表 6-1　陷阱向量定义

向量编号	IVT 地址	AIVT 地址	陷阱源	向量编号	IVT 地址	AIVT 地址	陷阱源
0	0x000004	0x000084	保留	4	0x00000C	0x00008C	算术错误
1	0x000006	0x000086	振荡器故障	5	0x00000E	0x00008E	保留
2	0x000008	0x000088	地址错误	6	0x000010	0x000090	保留
3	0x00000A	0x00008A	堆栈错误	7	0x000012	0x000092	保留

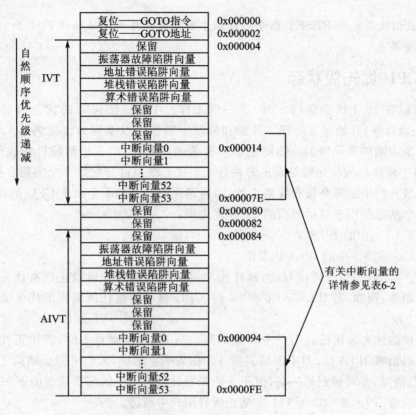

图 6-1 中断向量表

6.1.2 备用向量表

如图 6-1 所示,备用中断向量表(AIVT)位于 IVT 之后。ALTIVT 控制(INTCON2 <15>)提供对 AIVT 的访问。如果 ALTIVT 位置 1,所有中断和异常处理将使用备用向量而不是默认向量。备用向量与默认向量的结构相同。

AIVT 支持仿真和调试功能,它提供了一种不需要将中断向量再编程就可以在应用和支持环境之间切换的方法。此特性也支持运行时在不同应用之间切换以便评估各种软件算法。如果不需要 AIVT,应该用和在 IVT 中使用的相同地址编程 AIVT。

6.1.3 复位顺序

由于复位处理中不包含中断控制器,所以器件复位并不是真的异常情况。dsPIC30F 器件清零其寄存器,作为对迫使 PC 为零的复位的响应,然后处理器开始在地址为 0x000000 的单元处执行程序。用户在复位地址上编程 GOTO 指令,会使程序执行重新定位到相应的起始程序。

注意：应该使用包含 RESET 指令的默认中断处理程序的地址编程 IVT 和 AIVT 中的所有未用的向量单元。

6.1.4　CPU 优先级状态

CPU 可以在 16 个优先级（0～15）之一内工作。中断或陷阱源的优先级必须大于当前 CPU 的优先级以便,开始异常处理。外设和外部中断源可以编程为优先级 0～7,而 CPU 优先级 8～15 是为陷阱源保留的。陷阱是不可屏蔽的中断源,用于检测硬件和软件问题(参见 6.2 节)。每个陷阱源的优先级是固定的并且 1 个优先级只可分配给 1 个陷阱。要注意的是,编程为优先级 0 的中断源是被有效禁止的,因为其优先级永远不会大于 CPU 的优先级。

以下 2 个状态位用于显示当前的 CPU 优先级：
➢ SR<7：5>中的 IPL<2：0>状态位。
➢ CORCON<3>中的 IPL3 状态位。

IPL<2：0>状态位是可读写的,这样用户可以修改这些位以禁止所有优先级低于给定优先级的中断源,例如,当 IPL<2：0>＝3 时,CPU 就不会被任何编程的优先级为 0、1、2 或 3 的中断源中断。

陷阱事件的优先级比任何用户中断源都高。当 IPL3 位被置 1 时,表示正在处理陷阱事件。用户可以清零 IPL3 位,但不能将其置 1。在某些应用中,人们可能会倾向于在发生陷阱时将 IPL3 位清零,并跳转到另一条,但不是原先导致陷阱发生的那条指令的下一条。

可通过设置 IPL<2：0>＝111 来禁止所有用户中断源。

注意：当中断嵌套被禁止时,IPL<2：0>位变成只读位。更多信息请参阅 6.2.4 小节。

6.1.5　中断优先级

可以为每个外设中断源分配 7 个优先级之一。每个单独中断的用户可分配中断优先级控制位位于 IPCx 寄存器中每个半字节的 3 位最低有效位中。每个半字节的 bit 3 不使用并读作 0。这些位定义了分配给特定中断的优先级。可用的优先级从 1 级开始为最低优先级,7 级为最高优先级。如果与中断源有关的 IPC 位被全部清零,则中断源被有效禁止。

由于特定的优先级会被分配给 1 个以上的中断请求源,所以在给定的用户分配级别内提供了一种解决优先级冲突的方法。根据每个中断源在 IVT 中的位置,它们都有一个自然顺序优先级。表 6-2 所列为每个中断源在 IVT 中的位置。中断向量的编号越低,自然优先级越高；而向量的编号越高,自然优先级越低。任何待处理的中断源的总优先级都首先由该中断源在 IPCx 寄存器中用户分配的优先级决定,然后由 IVT 中的自然顺序优先级决定。

表 6-2 中断向量定义

向量编号	IVT 地址	AIVT 地址	中断源
8	0x000014	0x000094	INT0——外部中断 0
9	0x000016	0x000096	IC1——输入捕捉 1
10	0x000018	0x000098	OC1——输出比较 1
11	0x00001A	0x00009A	T1——Timer 1
12	0x00001C	0x00009C	IC2——输入捕捉 2
13	0x00001E	0x00009E	OC2——输出比较 2
14	0x000020	0x0000A0	T2——Timer 2
15	0x000022	0x0000A2	T3——Timer 3
16	0x000024	0x0000A4	SPI1
17	0x000026	0x0000A6	U1RX——UART1 接收器
18	0x000028	0x0000A8	U1TX——UART1 发送器
19	0x00002A	0x0000AA	ADC——ADC 转换完成
20	0x00002C	0x0000AC	NVM——NVM 写完成
21	0x00002E	0x0000AE	I^2C 从操作——报文检测
22	0x000030	0x0000B0	I^2C 主操作——报文事件完成
23	0x000032	0x0000B2	电平变化通知中断
24	0x000034	0x0000B4	INT1——外部中断 1
25	0x000036	0x0000B6	IC7——输入捕捉 7
26	0x000038	0x0000B8	IC8——输入捕捉 8
27	0x00003A	0x0000BA	OC3——输出比较 3
28	0x00003C	0x0000BC	OC4——输出比较 4
29	0x00003E	0x0000BE	T4——Timer 4
30	0x000040	0x0000C0	T5——Timer 5
31	0x000042	0x0000C2	INT2——外部中断 2
32	0x000044	0x0000C4	U2RX——UART2 接收器
33	0x000046	0x0000C6	U2TX——UART2 发送器
34	0x000048	0x0000C8	SPI2
35	0x00004A	0x0000CA	CAN1
36	0x00004C	0x0000CC	IC3——输入捕捉 3
37	0x00004E	0x0000CE	IC4——输入捕捉 4

续表 6-2

向量编号	IVT 地址	AIVT 地址	中断源
38	0x000050	0x0000D0	IC5——输入捕捉 5
39	0x000052	0x0000D2	IC6——输入捕捉 6
40	0x000054	0x0000D4	OC5——输出比较 5
41	0x000056	0x0000D6	OC6——输出比较 6
42	0x000058	0x0000D8	OC7——输出比较 7
43	0x00005A	0x0000DA	OC8——输出比较 8
44	0x00005C	0x0000DC	INT3——外部中断 3
45	0x00005E	0x0000DE	INT4——外部中断 4
46	0x000060	0x0000E0	CAN2
47	0x000062	0x0000E2	PWM——PWM 周期匹配
48	0x000064	0x0000E4	QEI——位置计数器比较
49	0x000066	0x0000E6	DCI——编解码器传输完成
50	0x000068	0x0000E8	LVD——低压检测
51	0x00006A	0x0000EA	FLTA——MCPWM 故障 A
52	0x00006C	0x0000EC	FLTB——MCPWM 故障 B
53~61	0x00006E~ 0x00007E	0x00006E~ 0x00007E	保留

自然顺序优先级只用于解决具有相同用户分配优先级的同时,待处理的中断之间的冲突。一旦优先级冲突被解决,异常处理过程就开始了,CPU 只可以被具有较高用户分配优先级的中断源中断。具有相同的用户分配优先级但具有较高的自然顺序优先级的中断,在异常处理过程开始后成为待处理的中断,它将保持待处理状态,直到当前的异常处理过程结束。

用户可为每个中断源分配 7 个优先级之一,意味着用户可以给低自然顺序优先级的中断分配非常高的总优先级,例如,可以给 PLVD(可编程低压检测)分配优先级 7 并给 INT0(外部中断 0)分配优先级 1,这样就给了它一个很低的有效优先级。

注意:

① 自然顺序优先级最高的中断源具有优先权。中断源的中断向量表 IVT 地址决定自然顺序优先级。IVT 地址越小的中断源,自然顺序优先级越高。

② IVT 中的外设和中断源随特定 dsPIC30F 器件会有所不同。本书中所列的中断源为 dsPIC30F 器件中所有中断源的综合列表。依据器件功能模块配置的不同,中断源数量也不同,功能模块配置情况请参阅第 2 章的表 2-2 所列的 dsPIC30F 电机控制和电源变换系列芯片引脚说明。

6.2 不可屏蔽陷阱

可以将陷阱看作不可屏蔽的可嵌套中断,它遵循固定的优先级结构。陷阱旨在为用户提供一种方法以改正在调试和应用中工作时的错误操作。如果用户不想对陷阱错误条件事件采取纠正行动,那么必须在陷阱向量中装入将在器件复位的软件程序地址;否则,陷阱向量将编程为纠正陷阱条件的服务程序地址。

dsPIC30F 有 4 个不可屏蔽陷阱源:
- 振荡器故障陷阱。
- 堆栈错误陷阱。
- 地址错误陷阱。
- 算术错误陷阱。

注意:很多陷阱条件只有在发生的时候才能检测到,因此,引起陷阱的指令可在异常处理开始之前完成,用户必须改正会引起陷阱的指令行为。

每个陷阱源具有固定的优先级,如同它在 IVT 中的位置。振荡器故障陷阱具有最高的优先级,而算术错误陷阱具有最低的优先级(参见图 6-1)。

此外,陷阱源分为两类:硬陷阱和软陷阱。

6.2.1 软陷阱

算术错误陷阱(优先级 11)和堆栈错误陷阱(优先级 12)都属于软陷阱源。软陷阱可以视为不可屏蔽中断源,它们的优先级如其在 IVT 中的位置并保持不变。软陷阱的处理过程与中断类似,在异常处理之前需要 2 个周期进行采样和响应,因此,在软陷阱被响应之前可以执行一些额外指令。

1. 堆栈错误陷阱

发生复位时,堆栈初始化为 0x0800。只要堆栈指针地址小于 0x0800,就会产生堆栈错误陷阱。有一个与堆栈指针相关的堆栈极限寄存器(SPLIM),在复位时不初始化。在对 SPLIM 进行字写操作之前,堆栈溢出检测不被使能。所有将 W15 用作源或目标指针而产生的有效地址(EA)将与 SPLIM 中的值作比较。如果 EA 大于 SPLIM 寄存器中的内容,将产生堆栈错误陷阱。此外,如果 EA 计算值超过了数据空间的结束地址(0xFFFF),也会产生堆栈错误陷阱。

可以在软件中查询 STKERR 状态位(INTCON1<2>)以检测堆栈错误。要避免再次进入陷阱服务程序,必须在用 RETFIE 指令从陷阱返回之前用软件清零 STKERR 状态标志位。

2. 算术错误陷阱

以下事件中的任何一件都会导致算术错误陷阱产生:

- 累加器 A 溢出。
- 累加器 B 溢出。
- 灾难性累加器溢出。
- 除以 0。
- 移位累加器(SFTAC)运算超过+/-16 位。

INTCON1 寄存器中有 3 个使能位,可使能 3 种类型的累加器溢出陷阱:OVATE 控制位(INTCON1<10>)用于使能累加器 A 溢出事件的陷阱,OVBTE 控制位(INTCON1<9>)用于使能累加器 B 溢出事件的陷阱,COVTE 控制位(INTCON1<8>)用于使能任何一个累加器灾难性溢出的陷阱。

累加器 A 或累加器 B 溢出事件定义为从 bit 31 进位。要注意的是,如果使能了累加器的 31 位饱和模式,就不会发生累加器溢出。灾难性累加器溢出定义为从任何一个累加器的 bit 39 进位。如果使能了累加器饱和(31 位或 39 位),就不会发生灾难性溢出。

不能禁止被 0 除陷阱。在执行除法指令的 REPEAT 循环的第一个迭代中执行被 0 除检测。

不能禁止累加器移位陷阱。SFTAC 指令可被用于将累加器移位一个立即数的值或某个 W 寄存器中的值。如果移位值超过+/-16 位,将产生算术陷阱。此时仍会执行 SFTAC 指令,但移位结果不会被写入目标累加器。

通过查询 MATHERR 状态位(INTCON1<4>)可在软件中检测到算术错误陷阱。要避免反复进入陷阱服务程序,就必须在用 RETFIE 指令从陷阱返回之前用软件清零 MATHERR 状态标志位。在 MATHERR 状态位被清零之前,所有会引起陷阱的条件都必须被清除。如果陷阱是由于累加器溢出而产生的,则 OA 和 OB 状态位(SR<15:14>)必须清零。OA 和 OB 状态位是只读的,因此用户必须在软件中溢出的累加器上执行无效操作(比如加 0),从而使得硬件能够清零 OA 或 OB 状态位。

6.2.2 硬陷阱

硬陷阱仅包括优先级 13~15 的异常例程。地址错误(优先级 13)和振荡器错误(优先级 14)陷阱都属于这一类。

和软陷阱一样,硬陷阱也可以被看作不可屏蔽的中断源。硬陷阱和软陷阱之间的区别在于,引起陷阱的指令执行完之后,硬陷阱会强制 CPU 停止代码执行。在陷阱被响应和处理之前,正常程序执行流程不会恢复。

1. 陷阱优先级和硬陷阱冲突

如果在处理任何一个优先级较低的陷阱时发生优先级较高的陷阱,低优先级陷阱的处理会暂时停止,而高优先级陷阱将被响应并处理。在高优先级陷阱处理完成之前,低优先级陷阱将保持待处理状态。

每个发生的硬陷阱均必须先被响应,才可继续执行任何代码。如果在优先级较高的陷阱待处理、响应或处理过程中产生了较低优先级的陷阱,就会产生硬陷阱冲突。产生冲突的原因是在对较高优先级的陷阱处理完成之前,不能响应较低优先级的陷阱。

器件会自动在硬陷阱冲突条件下复位。在发生复位时,TRAPR 状态位(RCON<15>)被置 1,这样就可以用软件检测到冲突条件。

2. 振荡器故障陷阱

以下任何一个原因都将产生振荡器故障陷阱事件:
- 故障保护时钟监视器(Fail-Safe Clock Monitor,简称 FSCM)被使能并检测到系统丢失时钟源。
- 在使用 PLL 的正常工作期间检测到 PLL 失锁。
- FSCM 被使能且 PLL 在上电复位(POR)时锁定失败。

通过查询 OSCFAIL 状态位(INTCON1<1>)或 CF 状态位(OSCCON<3>),可以用软件检测振荡器故障陷阱事件。要避免重复进入陷阱服务程序,就必须在用 RETFIE 指令从陷阱返回之前用软件清零 OSCFAIL 状态标志位。

更多有关 FSCM 的信息请参阅第 20 章 20.1 节和 20.5 节。

3. 地址错误陷阱

以下说明会导致地址错误陷阱产生的工作情形:

① 试图取不对齐的数据字。当一条指令执行了一个有效地址的 LSb 置 1 的字访问时产生此条件。dsPIC30F CPU 要求所有字访问与一个偶地址边界对齐。

② 一个位操作指令使用有效地址的 LSb 置 1 的间接寻址模式。

③ 试图从未用的数据地址空间获取数据。

④ 执行 BRA #literal 指令或 GOTO #literal 指令,其中 literal 是未用的程序存储器地址。

⑤ 修改 PC 使其指向未用的程序存储器地址后执行指令。通过将值装入堆栈和执行 RETURN 指令可修改 PC。

只要发生地址错误陷阱,数据空间写操作就会被禁止,这样数据就不会遭到破坏。

通过查询 ADDRERR 状态位(INTCON1<3>)可用软件检测到地址错误。要避免重复进入陷阱服务程序,必须在用 RETFIE 指令从陷阱返回之前用软件清零 ADDRERR 状态标志位。

注意:在 MAC 类指令中,数据空间被分成 X 和 Y 空间。在这些指令中,未用的 X 空间包括所有 Y 空间,而未用的 Y 空间包括所有 X 空间。

6.2.3 禁止中断指令

DISI(禁止中断)指令能够将中断禁止长达 16384 个指令周期。当必须执行时间很紧的代码段时,此指令很有用处。

DISI 指令只禁止优先级为 1~6 的中断。即使 DISI 指令有效,优先级为 7 的中断和所有陷阱事件仍然可以中断 CPU。

DISI 指令和 DISICNT 寄存器配合工作。当 DISICNT 寄存器非零时,优先级为 1~6 的中断则被禁止。DISICNT 寄存器在每个后续的指令周期上递减。当 DISICNT 寄存器倒计数到 0 时,优先级为 1~6 的中断被再次允许。DISI 指令指定的值包括所有由于 PSV 访问、指令停止等所花费的周期。

DISICNT 寄存器是可读/写的。用户可通过清零 DISICNT 寄存器来提前终止上一个 DISI 指令的影响,可以通过写入或增加 DISICNT 来延长中断被禁止的时间。

要注意的是,如果 DISICNT 寄存器是零,则直接写一个非零值到寄存器不能禁止中断,必须首先使用 DISI 指令禁止中断。一旦 DISI 指令被执行且 DISICNT 值成为非零值,即可通过修改 DISICNT 的内容来延长中断禁止时间。

只要由于执行 DISI 指令造成中断被禁止,DISI 状态位(INTCON2<14>)就被置 1。

注意:
① 建议不要使用软件修改 DISICNT 寄存器。
② 如果未分配给 CPU 优先级 7 的中断源,则可用 DISI 指令快速禁止所有用户中断源。

6.2.4　中断操作

在每个指令周期都对所有中断事件标志进行采样。IFSx 寄存器中的标志位等于 1 表示有等待处理的中断请求(Interrupt Request,简称 IRQ)。如果中断使能(IECx)寄存器中相应的位被置 1,则 IRQ 将会导致中断产生。在对 IRQ 采样后余下的指令周期,将评估所有待处理的中断请求的优先级。

当 CPU 响应 IRQ 时,指令不会被中止。当在采样 IRQ 时,正在执行的指令执行完毕,才会执行 ISR。

当 IPL<2:0> 状态位(SR<7:5>)表明有 1 个待处理的 IRQ,其用户分配的优先级大于当前处理器的优先级,则处理器将收到中断请求,然后处理器将以下信息保存到软件堆栈中:

- 当前的 PC 值。
- 处理器状态寄存器(SRL)低字节。
- IPL3 状态位(CORCON<3>)。

这 3 个保存在堆栈上的值使返回 PC 地址值、MCU 状态位和当前处理器优先级能够自动保存。在以上信息被保存在堆栈上之后,CPU 将待处理的中断优先级写入 IPL<2:0> 位的位置。这样将禁止所有优先级小于或等于它的中断,直到使用 RETFIE 指令终止中断服务程序(ISR)。中断事件的堆栈操作如图 6-2 所示。

1. 从中断返回

RETFIE(从中断返回)指令将使 PC 返回地址、IPL3 状态位和 SRL 寄存器出栈,以将处理器恢复为中断序列以前的状态和优先级。

2. 中断嵌套

在默认情况下中断是可嵌套的。任何正在被处理的 ISR 都可以被另一个具有更高用户分配优先级的中断源中断。可以选择通过置位 NSTDIS 控制位(INTCON1<15>)禁

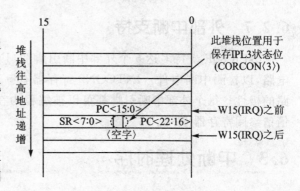

图 6-2 中断事件的堆栈操作

止中断嵌套。当 NSTDIS 控制位被置 1 时,所有处理中的中断将通过设置 IPL<2:0>=111 强制 CPU 的优先级为 7。这将有效屏蔽其他所有中断源,直到执行 RETFIE 指令。当中断嵌套被禁止时,用户分配的中断优先级无效,除非是为了解决同时产生的待处理中断之间的冲突。

当禁止中断嵌套时,IPL<2:0>位变成只读。这将防止用户软件将 IPL<2:0>设置为 1 个较低的值,从而防止其有效地重新使能中断嵌套。

6.2.5 从休眠和空闲模式唤醒

任何使用 IECx 寄存器中相应的控制位分别允许的中断源,都可以将处理器从休眠或空闲模式唤醒。当中断源的中断状态标志位被置 1,且中断源通过 IEC 控制寄存器中相应的位被使能时,唤醒信号被发送到 dsPIC30F CPU。当器件从休眠或空闲模式唤醒时,会发生以下 2 种行为之一:

① 如果该中断源的中断优先级大于当前 CPU 的优先级,处理器将处理该中断并转移到该中断源的 ISR。

② 如果中断源的用户分配中断优先级小于或等于当前 CPU 的优先级,处理器将继续执行,即开始执行先前将 CPU 置入休眠或空闲模式的 PWRSAV 指令后紧跟的那条指令。

注意: 分配为 CPU 优先级 0 的用户中断源不能将 CPU 从休眠或空闲模式唤醒,因为中断源实际上是被禁止的。要使用中断作为唤醒源,中断的 CPU 优先级别必须被分配为 CPU 优先级 1 或更高。

6.2.6 A/D 转换器外部转换请求

INT0 外部中断请求引脚与 A/D 转换器共享,作为外部转换请求信号引脚。INT0 中断源有可编程的边沿极性,它也可用于 A/D 转换器外部转换请求功能。

6.2.7 外部中断支持

dsPIC30F 支持多达 5 个外部中断引脚源(INT0~4)。每个外部中断引脚都有边沿检测电路,以检测中断事件。INTCON2 寄存器有 5 个控制位(INT0EP~4EP),选择边沿检测电路的极性。每个外部中断引脚都可以被编程为在上升沿或下降沿事件中断 CPU。更多的详情请参阅寄存器 6-4。

6.3 中断处理时序

6.3.1 单周期指令的中断延迟

图 6-3 所示为在单周期指令中产生外设中断时的事件序列。中断处理需要 4 个指令周期。每个周期都在图中编号以供参考。

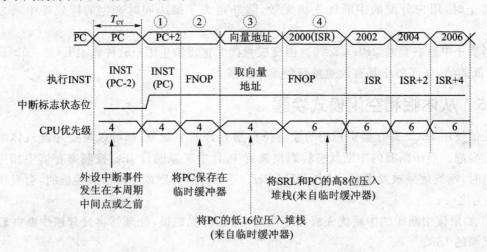

图 6-3 单周期指令中的中断时序

在外设中断发生后的指令周期中,中断标志状态位置 1。在此指令周期中,当前指令完成。在中断事件后的第 2 个指令周期中,PC 和 SRL 寄存器的内容被存入临时缓冲寄存器。中断处理的第 2 个周期被执行为 1 个 NOP,以保持与双周期指令中所进行的序列的一致性(参见 6.3.2 小节)。在第 3 个周期中,PC 被装入中断源的向量表地址并取指 ISR 的起始地址。在第 4 个周期中,PC 被装入 ISR 地址。当 ISR 中的第 1 个指令被取指时,第 4 个周期被执行为 NOP。

6.3.2 双周期指令的中断延迟

双周期指令的中断延迟和单周期指令相同。中断处理的第 1 个和第 2 个周期允许双周期指令完成执行。图 6-4 中的时序图所示为在执行双周期指令之前，指令周期中发生外设中断事件的情况。

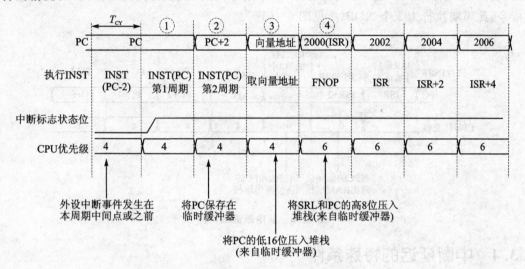

图 6-4 双周期指令中的中断时序

图 6-5 给出了外设中断和双周期指令的第 1 周期同时发生时的时序。在这种情况下，中断处理的完成情况与单周期指令相同（参见 6.3.1 小节）。

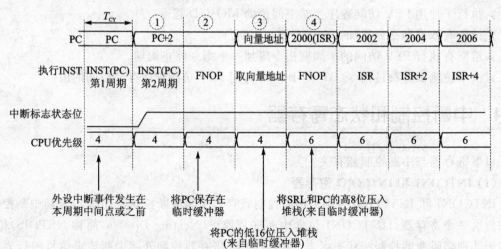

图 6-5 双周期指令的第 1 个周期同时发生的中断时序

6.3.3 从中断返回

"从中断返回"指令 RETFIE,可退出 1 个中断或陷阱程序。

在 RETFIE 指令的第 1 个周期中,PC 的高位和 SRL 寄存器从堆栈弹出;在第 2 个周期中,入栈的 PC 值的低 16 位从堆栈弹出;第 3 个指令周期用于取出由更新的程序计数器寻址的指令,此周期执行为 1 个 NOP(参见图 6-6)。

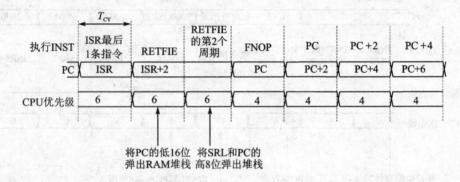

图 6-6 从中断返回时序

6.3.4 中断延迟的特殊条件

当外设中断源待处理时,dsPIC30F 允许完成当前指令。对于单周期或双周期指令,中断延迟是一样的,但是,根据中断发生的时间,某些条件可以让中断延迟增加 1 个周期。如果固定的中断延迟对应用非常关键,则用户应该避免出现这些条件。这些条件如下:

- 执行了使用 PSV 访问程序存储空间值的 MOV.D 指令。
- 给所有双周期指令附加一个指令停止周期。
- 给所有执行 PSV 访问的单周期指令附加一个指令停止周期。
- 一个位测试并跳过指令(BTSC,BTSS)使用 PSV 访问程序存储空间的值。

6.4 中断控制和状态寄存器

以下寄存器与中断控制器有关:

(1) INTCON1 和 INTCON2 寄存器

INTCON1 和 INTCON2 分别为中断控制寄存器 1 和中断控制寄存器 2,全局中断控制功能来自这 2 个寄存器。INTCON1 包含中断嵌套禁止(Nesting Disable,简称 NSTDIS)位,以及用于处理陷阱源的控制和状态标志。INTCON2 寄存器控制外部中断请求信号的行为和备用向量表的使用。

(2) 中断标志状态寄存器 IFSx

所有中断请求标志都保存在 IFSx 寄存器中,其中 x 表示寄存器编号。每个中断源都有 1 个状态位,它们由各自的外设和外部信号置 1 并通过软件清零。

(3) 中断允许控制寄存器 IECx

所有中断允许控制位都保存在 IECx 寄存器中,其中 x 表示寄存器编号。这些控制位分别用于允许来自外设或外部信号的中断。

(4) 中断优先级控制寄存器 IPCx

每个用户中断源都可以分配为 8 个优先级之一。IPC 寄存器用于为每个中断源设置中断优先级。

(5) CPU 状态寄存器 SR

SR 并不是中断控制器硬件中的特定部分,但它包含 IPL<2:0>状态位(SR<7:5>),该位显示当前 CPU 的优先级。用户可以通过写 IPL 位来改变当前 CPU 的优先级。

(6) 内核控制寄存器 CORCON

CORCON 也不是中断控制器硬件的特定部分,但它包含 IPL3 状态位,该位显示当前 CPU 的优先级。由于 IPL3 是只读位,因此陷阱事件就不能被用户软件屏蔽。下面将对每个寄存器进行详细描述。

注意:中断源的总数和类型取决于不同的器件的功能模块配置。请参阅第 2 章的表 2-2 所列的 dsPIC30F 电机控制和电源变换系列芯片引脚说明。

控制寄存器的中断分配

由于分配给 IFSx、IECx 和 IPCx 寄存器的中断源与表 6-2 所列的顺序相同,例如,所示的 INT0(外部中断 0)带有向量编号并且其自然顺序优先级为 0,因此,INT0IF 状态位在 IFS0<0>中。INT0 中断使用 IEC0 寄存器的 bit 0 作为其允许位,同时 IPC0<2:0>位为 INT0 中断分配中断优先级。以下介绍的寄存器 6-1~6-22 中,-0 表示上电复位时清零;-1 表示上电复位时置位;R 表示可读位;W 表示可写位;C 表示软件可清零;U 表示未用位,可读作 0。

寄存器 6-1 SR

R-0	R-0	R/C-0	R/C-0	R-0	R/C-0	R-0	R-0
OA	OB	SA	SB	OAB	SAB	DA	DC

bit 15　　　　　　　　　　高字节　　　　　　　　　　bit 8

R/W-0	R/W-0	R/W-0	R-0	R/W-0	R/W-0	R/W-0	R/W-0
IPL2	IPL1	IPL0	RA	N	OV	Z	C

bit 7　　　　　　　　　　低字节　　　　　　　　　　bit 0

bit 7～5 IPL<2:0>　CPU中断优先级状态位。
　　111　CPU中断优先级为7(15)。禁止用户中断。
　　110　CPU中断优先级为6(14)。
　　101　CPU中断优先级为5(13)。
　　100　CPU中断优先级为4(12)。
　　011　CPU中断优先级为3(11)。
　　010　CPU中断优先级为2(10)。
　　001　CPU中断优先级为1(9)。
　　000　CPU中断优先级为0(8)。

注意：

① IPL<2:0>位与IPL<3>位(CORCON<3>)相连以形成CPU中断优先级。如果IPL<3>=1,那么括号中的值表示IPL。

② 当NSTDIS=1(INTCON1<15>)时,IPL<2:0>状态位为只读位。

寄存器6-2　CORCON

U-0	U-0	U-0	R/W-0	R/W-0	R-0	R-0	R-0
—	—	—	US	EDT	DL2	DL1	DL0
bit 15			高字节				bit 8

R/W-0	R/W-0	R/W-1	R/W-0	R/C-0	R/W-0	R/W-0	R/W-0
SATA	SATB	SATDW	ACCSAT	IPL3	PSV	RND	IF
bit 7			低字节				bit 0

bit 3 IPL3　CPU中断优先级状态位3。
　　1　CPU中断优先级大于7。
　　0　CPU中断优先级小于或等于7。

注意： IPL3位与IPL<2:0>位(SR<7:5>)相连以形成CPU中断优先级。

寄存器6-3　INTCON1

R/W-0	U-0	U-0	U-0	U-0	R/W-0	R/W-0	R/W-0
NSTDIS	—	—	—	—	OVATE	OVBTE	COVTE
bit 15			高字节				bit 8

U-0	U-0	U-0	R/W-0	R/W-0	R/W-0	R/W-0	U-0
—	—	—	MATHERR	ADDRERR	STKERR	OSCFAIL	—
bit 7			低字节				bit 0

bit 15 NSTDIS　中断嵌套禁止位。

  1 禁止中断嵌套。
  0 使能中断嵌套。
bit 14~11 未用 读作 0。
bit 10 OVATE 累加器 A 溢出陷阱使能位。
  1 使能累加器 A 溢出陷阱。
  0 禁止陷阱。
bit 9 OVBTE 累加器 B 溢出陷阱使能位。
  1 使能累加器 B 溢出陷阱。
  0 禁止陷阱。
bit 8 COVTE 灾难性溢出陷阱使能位。
  1 使能累加器 A 或 B 的灾难性溢出时的陷阱。
  0 禁止陷阱。
bit 7~5 未用 读作 0。
bit 4 MATHERR 算术错误状态位。
  1 发生了溢出陷阱。
  0 未发生溢出陷阱。
bit 3 ADDRERR 地址错误陷阱状态位。
  1 发生了地址错误陷阱。
  0 未发生地址错误陷阱。
bit 2 STKERR 堆栈错误陷阱状态位。
  1 发生了堆栈错误陷阱。
  0 未发生堆栈错误陷阱。
bit 1 OSCFAIL 振荡器故障陷阱状态位。
  1 发生了振荡器故障陷阱。
  0 未发生振荡器故障陷阱。
bit 0 未用 读作 0。

寄存器 6-4 INTCON2

R/W-0	R-0	U-0	U-0	U-0	U-0	U-0	U-0
ALTIVT	DISI	—	—	—	—	—	—
bit 15				高字节			bit 8
U-0	U-0	U-0	R/W-0	R/W-0	R/W-0	R/W-0	R/W-0
—	—	—	INT4EP	INT3EP	INT2EP	INT1EP	INT0EP
bit 7				低字节			bit 0

bit 15 ALTIVT 使能备用中断向量表位。
    1 使用备用向量表。
    0 使用标准（默认）向量表。

bit 14 DISI DISI 指令状态位。
    1 DISI 指令有效。
    0 DISI 指令无效。

bit 13～5 未用 读作 0。

bit 4～0 INT4EP～0EP 外部中断#4～#0 边沿检测极性选择位。
    1 负边沿处中断。
    0 正边沿处中断。

寄存器 6-5 IFS0

R/W-0	R/W-0	R/W-0	R/W-0	R/W-0	R/W-0	R/W-0	R/W-0
CNIF	MI2CIF	SI2CIF	NVMIF	ADIF	U1TXIF	U1RXIF	SPI1IF
bit 15			高字节				bit 8
R/W-0	R/W-0	R/W-0	R/W-0	R/W-0	R/W-0	R/W-0	R/W-0
T3IF	T2IF	OC2IF	IC2IF	T1IF	OC1IF	IC1IF	INT0IF
bit 7			低字节				bit 0

bit 15 CNIF 输入变化通知标志状态位。
    1 发生中断请求。
    0 未发生中断请求。

bit 14 MI2CIF I^2C 总线冲突标志状态位。
    1 发生中断请求。
    0 未发生中断请求。

bit 13 SI2CIF I^2C 传输完成中断标志状态位。
    1 发生中断请求。
    0 未发生中断请求。

bit 12 NVMIF 非易失性存储器写完成中断标志状态位。
    1 发生中断请求。
    0 未发生中断请求。

bit 11 ADIF A/D 转换完成中断标志状态位。
    1 发生中断请求。
    0 未发生中断请求。

bit 10 U1TXIF   UART1发送器中断标志状态位。
　　1 发生中断请求。
　　0 未发生中断请求。
bit 9 U1RXIF   UART1接收器中断标志状态位。
　　1 发生中断请求。
　　0 未发生中断请求。
bit 8 SPI1IF   SPI1中断标志状态位。
　　1 发生中断请求。
　　0 未发生中断请求。
bit 7~6 T3IF~2IF   Timer3~2中断标志状态位。
　　1 发生中断请求。
　　0 未发生中断请求。
bit 5 OC2IF   输出比较通道2中断标志状态位。
　　1 发生中断请求。
　　0 未发生中断请求。
bit 4 IC2IF   输入捕捉通道2中断标志状态位。
　　1 发生中断请求。
　　0 未发生中断请求。
bit 3 T1IF   Timer1中断标志状态位。
　　1 发生中断请求。
　　0 未发生中断请求。
bit 2 OC1IF   输出比较通道1中断标志状态位。
　　1 发生中断请求。
　　0 未发生中断请求。
bit 1 IC1IF   输入捕捉通道1中断标志状态位。
　　1 发生中断请求。
　　0 未发生中断请求。
bit 0 INT0IF   外部中断0标志状态位。
　　1 发生中断请求。
　　0 未发生中断请求。

寄存器 6-6 IFS1

R/W-0	R/W-0	R/W-0	R/W-0	R/W-0	R/W-0	R/W-0	R/W-0
IC6IF	IC5IF	IC4IF	IC3IF	C1IF	SPI2IF	U2TXIF	U2RXIF
bit 15				高字节			bit 8

R/W-0	R/W-0	R/W-0	R/W-0	R/W-0	R/W-0	R/W-0	R/W-0
INT2IF	T5IF	T4IF	OC4IF	OC3IF	IC8IF	IC7IF	INT1IF
bit 7				低字节			bit 0

bit 15～12 IC6IF～3IF　输入捕捉通道 6～3 中断标志状态位。
　　1　发生中断请求。
　　0　未发生中断请求。

bit 11 C1IF　CAN1（组合的）中断标志状态位。
　　1　发生中断请求。
　　0　未发生中断请求。

bit 10 SPI2IF　SPI2 中断标志状态位。
　　1　发生中断请求。
　　0　未发生中断请求。

bit 9 U2TXIF　UART2 发送器中断标志状态位。
　　1　发生中断请求。
　　0　未发生中断请求。

bit 8 U2RXIF　UART2 接收器中断标志状态位。
　　1　发生中断请求。
　　0　未发生中断请求。

bit 7 INT2IF　外部中断 2 标志状态位。
　　1　发生中断请求。
　　0　未发生中断请求。

bit 6～5 T5IF～4IF　Timer5～4 中断标志状态位。
　　1　发生中断请求。
　　0　未发生中断请求。

bit 4～3 OC4IF～3IF　输出比较通道 4～3 中断标志状态位。
　　1　发生中断请求。
　　0　未发生中断请求。

bit 2～1 IC8IF～7IF　输入捕捉通道 8～7 中断标志状态位。
　　1　发生中断请求。

    0 未发生中断请求。
bit 0 INT1IF 外部中断 1 标志状态位。
    1 发生中断请求。
    0 未发生中断请求。

寄存器 6-7 IFS2

U-0	U-0	U-0	R/W-0	R/W-0	R/W-0	R/W-0	R/W-0
—	—	—	FLTBIF	FLTAIF	LVDIF	DCIIF	QEIIF

bit 15　　　　　　　　　　高字节　　　　　　　　　　bit 8

R/W-0	R/W-0	R/W-0	R/W-0	R/W-0	R/W-0	R/W-0	R/W-0
PWMIF	C2IF	INT4IF	INT3IF	OC8IF	OC7IF	OC6IF	OC5IF

bit 7　　　　　　　　　　低字节　　　　　　　　　　bit 0

bit 15~13 未用 读作 0。
bit 12 FLTBIF 故障 B 输入中断标志状态位。
    1 发生中断请求。
    0 未发生中断请求。
bit 11 FLTAIF 故障 A 输入中断标志状态位。
    1 发生中断请求。
    0 未发生中断请求。
bit 10 LVDIF 可编程的低电压检测中断标志状态位。
    1 发生中断请求。
    0 未发生中断请求。
bit 9 DCIIF 数据转换器接口中断标志状态位。
    1 发生中断请求。
    0 未发生中断请求。
bit 8 QEIIF 正交编码器接口中断标志状态位。
    1 发生中断请求。
    0 未发生中断请求。
bit 7 PWMIF 电机控制脉宽调制中断标志状态位。
    1 发生中断请求。
    0 未发生中断请求。
bit 6 C2IF CAN2（组合的）中断标志状态位。
    1 发生中断请求。
    0 未发生中断请求。

bit 5~4 INT4IF~3IF 外部中断 4~3 标志状态位。
    1 发生中断请求。
    0 未发生中断请求。
bit 3 OC8IF 输出比较通道 8 中断标志状态位。
    1 发生中断请求。
    0 未发生中断请求。
bit 2 OC7IF 输出比较通道 7 中断标志状态位。
    1 发生中断请求。
    0 未发生中断请求。
bit 1~0 OC6IF~5IF 输出比较通道 6~5 中断标志状态位。
    1 发生中断请求。
    0 未发生中断请求。

寄存器 6-8 IEC0

R/W-0	R/W-0	R/W-0	R/W-0	R/W-0	R/W-0	R/W-0	R/W-0
CNIE	MI2CIE	SI2CIE	NVMIE	ADIE	U1TXIE	U1RXIE	SPI1IE
bit 15			高字节				bit 8
R/W-0	R/W-0	R/W-0	R/W-0	R/W-0	R/W-0	R/W-0	R/W-0
T3IE	T2IE	OC2IE	IC2IE	T1IE	OC1IE	IC1IE	INT0IE
bit 7			低字节				bit 0

bit 15 CNIE 输入变化通知中断允许位。
    1 允许中断请求。
    0 不允许中断请求。
bit 14 MI2CIE I^2C 总线冲突中断允许位。
    1 允许中断请求。
    0 不允许中断请求。
bit 13 SI2CIE I^2C 传输结束中断允许位。
    1 允许中断请求。
    0 不允许中断请求。
bit 12 NVMIE 非易失性存储器写完成中断允许位。
    1 允许中断请求。
    0 不允许中断请求。
bit 11 ADIE A/D 转换完成中断允许位。
    1 允许中断请求。

　　　　0　不允许中断请求。
bit 10 U1TXIE　UART1 发送器中断允许位。
　　　　1　允许中断请求。
　　　　0　不允许中断请求。
bit 9 U1RXIE　UART1 发送器中断允许位。
　　　　1　允许中断请求。
　　　　0　不允许中断请求。
bit 8 SPI1IE　SPI1 中断允许位。
　　　　1　允许中断请求。
　　　　0　不允许中断请求。
bit 7~6 T3IE~2IE　Timer3~2 中断允许位。
　　　　1　允许中断请求。
　　　　0　不允许中断请求。
bit 5 OC2IE　输出比较通道 2 中断允许位。
　　　　1　允许中断请求。
　　　　0　不允许中断请求。
bit 4 IC2IE　输出比较通道 2 中断允许位。
　　　　1　允许中断请求。
　　　　0　不允许中断请求。
bit 3 T1IE　Timer1 中断允许位。
　　　　1　允许中断请求。
　　　　0　不允许中断请求。
bit 2 OC1IE　输出比较通道 1 中断允许位。
　　　　1　允许中断请求。
　　　　0　不允许中断请求。
bit 1 IC1IE　输入捕捉通道 1 中断允许位。
　　　　1　允许中断请求。
　　　　0　不允许中断请求。
bit 0 INT0IE　外部中断 0 允许位。
　　　　1　允许中断请求。
　　　　0　不允许中断请求。

寄存器 6-9 IEC1

R/W-0	R/W-0	R/W-0	R/W-0	R/W-0	R/W-0	R/W-0	R/W-0
IC6IE	IC5IE	IC4IE	IC3IE	C1IE	SPI2IE	U2TXIE	U2RXIE

bit 15　　　　　　　　　　高字节　　　　　　　　　　bit 8

R/W-0	R/W-0	R/W-0	R/W-0	R/W-0	R/W-0	R/W-0	R/W-0
INT2IE	T5IE	T4IE	OC4IE	OC3IE	IC8IE	IC7IE	INT1IE

bit 7　　　　　　　　　　低字节　　　　　　　　　　bit 0

bit 15~12 IC6IE~3IE　输入捕捉通道 6~3 中断允许位。

　　1　允许中断请求。

　　0　不允许中断请求。

bit 11 C1IE　CAN1(组合的)中断允许位。

　　1　允许中断请求。

　　0　不允许中断请求。

bit 10 SPI2IE　SPI2 中断允许位。

　　1　允许中断请求。

　　0　不允许中断请求。

bit 9 U2TXIE　UART2 发送器中断允许位。

　　1　允许中断请求。

　　0　不允许中断请求。

bit 8 U2RXIE　UART2 发送器中断允许位。

　　1　允许中断请求。

　　0　不允许中断请求。

bit 7 INT2IE　外部中断 2 允许位。

　　1　允许中断请求。

　　0　不允许中断请求。

bit 6~5 T5IE~4IE　Timer5~4 中断允许位。

　　1　允许中断请求。

　　0　不允许中断请求。

bit 4~3 OC4IE~3IE　输出比较通道 4~3 中断允许位。

　　1　允许中断请求。

　　0　不允许中断请求。

bit 2~1 IC8IE~7IE　输入捕捉通道 8~7 中断允许位。

　　1　允许中断请求。

0　不允许中断请求。
bit 0 INT1IE　外部中断1允许位。
　　1　允许中断请求。
　　0　不允许中断请求。

寄存器 6 - 10 　IEC2

U-0	U-0	U-0	R/W-0	R/W-0	R/W-0	R/W-0	R/W-0
—	—	—	FLTBIE	FLTAIE	LVDIE	DCIIE	QEIIE

bit 15　　　　　　　　　　高字节　　　　　　　　　bit 8

R/W-0	R/W-0	R/W-0	R/W-0	R/W-0	R/W-0	R/W-0	R/W-0
PWMIE	C2IE	INT4IE	INT3IE	OC8IE	OC7IE	OC6IE	OC5IE

bit 7　　　　　　　　　　低字节　　　　　　　　　bit 0

bit 15～13 未用　读作0。
bit 12 FLTBIE　故障B输入中断允许位。
　　1　允许中断请求。
　　0　不允许中断请求。
bit 11 FLTAIE　故障A中断允许位。
　　1　允许中断请求。
　　0　不允许中断请求。
bit 10 LVDIE　可编程低压检测中断允许位。
　　1　允许中断请求。
　　0　不允许中断请求。
bit 9 DCIIE　数据转换器接口中断允许位。
　　1　允许中断请求。
　　0　不允许中断请求。
bit 8 QEIIE　正交编码器接口中断允许位。
　　1　允许中断请求。
　　0　不允许中断请求。
bit 7 PWMIE　电机控制脉宽调制中断允许位。
　　1　允许中断请求。
　　0　不允许中断请求。
bit 6 C2IE　CAN2（组合的）中断允许位。
　　1　允许中断请求。
　　0　不允许中断请求。

bit 5～4 INT4IE～3IE 外部中断 4～3 允许位。

  1 允许中断请求。

  0 不允许中断请求。

bit 3～2 OC8IE～7IE 输出比较通道 8～7 中断允许位。

  1 允许中断请求。

  0 不允许中断请求。

bit 1～0 OC6IE～5IE 输出比较通道 6～5 中断允许位。

  1 允许中断请求。

  0 不允许中断请求。

寄存器 6-11   IPC0

U-0	R/W-1	R/W-0	R/W-0	U-0	R/W-1	R/W-0	R/W-0
—	T1IP2	T1IP1	T1IP0	—	OC1IP2	OC1IP1	OC1IP0
bit 15			高字节				bit 8
U-0	R/W-1	R/W-0	R/W-0	U-0	R/W-1	R/W-0	R/W-0
—	IC1IP2	IC1IP1	IC1IP0	—	INT0IP2	INT0IP1	INT0IP0
bit 7			低字节				bit 0

bit 15 未用 读作 0。

bit 14～12 T1IP<2:0> Timer1 中断优先级位。

  111 中断优先级为 7(最高优先级中断)。

  ⋮

  001 中断优先级为 1。

  000 中断源被禁止。

bit 11 未用 读作 0。

bit 10～8 OC1IP<2:0> 输出比较通道 1 中断优先级位。

  111 中断优先级为 7(最高优先级中断)。

  ⋮

  001 中断优先级为 1。

  000 中断源被禁止。

bit 7 未用 读作 0。

bit 6～4 IC1IP<2:0> 输入捕捉通道 1 中断优先级位。

  111 中断优先级为 7(最高优先级中断)。

  ⋮

  001 中断优先级为 1。

000 中断源被禁止。

bit 3 未用 读作0。

bit 2~0 INT0IP<2：0> 外部中断0优先级位。

　　111 中断优先级为7(最高优先级中断)。
　　 ⋮
　　001 中断优先级为1。
　　000 中断源被禁止。

寄存器6-12　IPC1

U-0	R/W-1	R/W-0	R/W-0	U-0	R/W-1	R/W-0	R/W-0
—	T3IP2	T3IP1	T3IP0	—	T2IP2	T2IP1	T2IP0
bit 15				高字节			bit 8

U-0	R/W-1	R/W-0	R/W-0	U-0	R/W-1	R/W-0	R/W-0
—	OC2IP2	OC2IP1	OC2IP0	—	IC2IP2	IC2IP1	IC2IP0
bit 7				低字节			bit 0

bit 15 未用 读作0。

bit 14~12 T3IP<2：0> Timer3中断优先级位。

　　111 中断优先级为7(最高优先级中断)。
　　 ⋮
　　001 中断优先级为1。
　　000 中断源被禁止。

bit 11 未用 读作0。

bit 10~8 T2IP<2：0> Timer2中断优先级位。

　　111 中断优先级为7(最高优先级中断)。
　　 ⋮
　　001 中断优先级为1。
　　000 中断源被禁止。

bit 7 未用 读作0。

bit 6~4 OC2IP<2：0> 输出比较通道2中断优先级位。

　　111 中断优先级为7(最高优先级中断)。
　　 ⋮
　　001 中断优先级为1。
　　000 中断源被禁止。

bit 3 未用 读作0。

bit 2~0 IC2IP<2:0>　　输入捕捉通道 2 中断优先级位。

　　　111　中断优先级为 7(最高优先级中断)。

　　　　⋮

　　　001　中断优先级为 1。

　　　000　中断源被禁止。

寄存器 6-13　IPC2

U-0	R/W-1	R/W-0	R/W-0	U-0	R/W-1	R/W-0	R/W-0
—	ADIP2	ADIP1	ADIP0	—	U1TXIP2	U1TXIP1	U1TXIP0
bit 15			高字节				bit 8

U-0	R/W-1	R/W-0	R/W-0	U-0	R/W-1	R/W-0	R/W-0
—	U1RXIP2	U1RXIP1	U1RXIP0	—	SPI1IP2	SPI1IP1	SPI1IP0
bit 7			低字节				bit 0

bit 15　未用　　读作 0。

bit 14~12　ADIP<2:0>　　A/D 转换完成中断优先级位。

　　　111　中断优先级为 7(最高优先级中断)。

　　　　⋮

　　　001　中断优先级为 1。

　　　000　中断源被禁止。

bit 11　未用　　读作 0。

bit 10~8　U1TXIP<2:0>　　UART1 发送器中断优先级位。

　　　111　中断优先级为 7(最高优先级中断)。

　　　　⋮

　　　001　中断优先级为 1。

　　　000　中断源被禁止。

bit 7　未用　　读作 0。

bit 6~4　U1RXIP<2:0>　　UART1 接收器中断优先级位。

　　　111　中断优先级为 7(最高优先级中断)。

　　　　⋮

　　　001　中断优先级为 1。

　　　000　中断源被禁止。

bit 3　未用　　读作 0。

bit 2~0　SPI1IP<2:0>　　SPI1 中断优先级位。

　　　111　中断优先级为 7(最高优先级中断)。

001　　中断优先级为1。

　　000　　中断源被禁止。

寄存器 6-14　IPC3

U-0	R/W-1	R/W-0	R/W-0	U-0	R/W-1	R/W-0	R/W-0
—	CNIP2	CNIP1	CNIP0	—	MI2CIP2	MI2CIP1	MI2CIP0
bit 15				高字节			bit 8
U-0	R/W-1	R/W-0	R/W-0	U-0	R/W-1	R/W-0	R/W-0
—	SI2CIP2	SI2CIP1	SI2CIP0	—	NVMIP2	NVMIP1	NVMIP0
bit 7				低字节			bit 0

bit 15 未用　读作0。

bit 14~12 CNIP<2:0>　输入变化通知中断优先级位。

　　111　　中断优先级为7(最高优先级中断)。

　　⋮

　　001　　中断优先级为1。

　　000　　中断源被禁止。

bit 11 未用　读作0。

bit 10~8 MI2CIP<2:0>　I^2C 总线冲突中断优先级位。

　　111　　中断优先级为7(最高优先级中断)。

　　⋮

　　001　　中断优先级为1。

　　000　　中断源被禁止。

bit 7 未用　读作0。

bit 6~4 SI2CIP<2:0>　I^2C 传输完成中断优先级位。

　　111　　中断优先级为7(最高优先级中断)。

　　⋮

　　001　　中断优先级为1。

　　000　　中断源被禁止。

bit 3 未用　读作0。

bit 2~0 NVMIP<2:0>　非易失性存储器写中断优先级位。

　　111　　中断优先级为7(最高优先级中断)。

　　⋮

　　001　　中断优先级为1。

000 中断源被禁止。

寄存器 6-15 IPC4

U-0	R/W-1	R/W-0	R/W-0	U-0	R/W-1	R/W-0	R/W-0
—	OC3IP2	OC3IP1	OC3IP0	—	IC8IP2	IC8IP1	IC8IP0

bit 15　　　　　　　　　高字节　　　　　　　　　bit 8

U-0	R/W-1	R/W-0	R/W-0	U-0	R/W-1	R/W-0	R/W-0
—	IC7IP2	IC7IP1	IC7IP0	—	INT1IP2	INT1IP1	INT1IP0

bit 7　　　　　　　　　低字节　　　　　　　　　bit 0

bit 15 未用　读作 0。

bit 14～12 OC3IP<2：0>　输出比较通道 3 中断优先级位。

　　111　中断优先级为 7(最高优先级中断)。
　　⋮
　　001　中断优先级为 1。
　　000　中断源被禁止。

bit 11 未用　读作 0。

bit 10～8 IC8IP<2：0>　输入捕捉通道 8 中断优先级位。

　　111　中断优先级为 7(最高优先级中断)。
　　⋮
　　001　中断优先级为 1。
　　000　中断源被禁止。

bit 7 未用　读作 0。

bit 6～4 IC7IP<2：0>　输入捕捉通道 7 中断优先级位。

　　111　中断优先级为 7(最高优先级中断)。
　　⋮
　　001　中断优先级为 1。
　　000　中断源被禁止。

bit 3 未用　读作 0。

bit 2～0 INT1IP<2：0>　外部中断 1 优先级位。

　　111　中断优先级为 7(最高优先级中断)。
　　⋮
　　001　中断优先级为 1。
　　000　中断源被禁止。

寄存器 6-16 IPC5

U-0	R/W-1	R/W-0	R/W-0	U-0	R/W-1	R/W-0	R/W-0
—	INT2IP2	INT2IP1	INT2IP0	—	T5IP2	T5IP1	T5IP0

bit 15   高字节   bit 8

U-0	R/W-1	R/W-0	R/W-0	U-0	R/W-1	R/W-0	R/W-0
—	T4IP2	T4IP1	T4IP0	—	OC4IP2	OC4IP1	OC4IP0

bit 7   低字节   bit 0

bit 15 未用 读作 0。

bit 14~12 INT2IP<2:0> 外部中断 2 优先级位。
  111 中断优先级为 7(最高优先级中断)。
  ⋮
  001 中断优先级为 1。
  000 中断源被禁止。

bit 11 未用 读作 0。

bit 10~8 T5IP<2:0> Timer5 中断优先级位。
  111 中断优先级为 7(最高优先级中断)。
  ⋮
  001 中断优先级为 1。
  000 中断源被禁止。

bit 7 未用 读作 0。

bit 6~4 T4IP<2:0> Timer4 中断优先级位。
  111 中断优先级为 7(最高优先级中断)。
  ⋮
  001 中断优先级为 1。
  000 中断源被禁止。

bit 3 未用 读作 0。

bit 2~0 OC4IP<2:0> 输出比较通道 4 中断优先级位。
  111 中断优先级为 7(最高优先级中断)。
  ⋮
  001 中断优先级为 1。
  000 中断源被禁止。

寄存器 6-17 IPC6

U-0	R/W-1	R/W-0	R/W-0	U-0	R/W-1	R/W-0	R/W-0
—	C1IP2	C1IP1	C1IP0	—	SPI2IP2	SPI2IP1	SPI2IP0
bit 15			高字节				bit 8
U-0	R/W-1	R/W-0	R/W-0	U-0	R/W-1	R/W-0	R/W-0
—	U2TXIP2	U2TXIP1	U2TXIP0	—	U2RXIP2	U2RXIP1	U2RXIP0
bit 7			低字节				bit 0

bit 15 未用　读作0。

bit 14~12 C1IP<2:0>　CAN1(组合的)中断优先级位。

　　111　中断优先级为7(最高优先级中断)。

　　⋮

　　001　中断优先级为1。

　　000　中断源被禁止。

bit 11 未用　读作0。

bit 10~8 SPI2IP<2:0>　SPI2 中断优先级位。

　　111　中断优先级为7(最高优先级中断)。

　　⋮

　　001　中断优先级为1。

　　000　中断源被禁止。

bit 7 未用　读作0。

bit 6~4 U2TXIP<2:0>　UART2 发送器中断优先级位。

　　111　中断优先级为7(最高优先级中断)。

　　⋮

　　001　中断优先级为1。

　　000　中断源被禁止。

bit 3 未用　读作0。

bit 2~0 U2RXIP<2:0>　UART2 接收器中断优先级位。

　　111　中断优先级为7(最高优先级中断)。

　　⋮

　　001　中断优先级为1。

　　000　中断源被禁止。

寄存器 6-18 IPC7

U-0	R/W-1	R/W-0	R/W-0	U-0	R/W-1	R/W-0	R/W-0
—	IC6IP2	IC6IP1	IC6IP0	—	IC5IP2	IC5IP1	IC5IP0

bit 15　　　　　　　　　　高字节　　　　　　　　　　bit 8

U-0	R/W-1	R/W-0	R/W-0	U-0	R/W-1	R/W-0	R/W-0
—	IC4IP2	IC4IP1	IC4IP0	—	IC3IP2	IC3IP1	IC3IP0

bit 7　　　　　　　　　　低字节　　　　　　　　　　bit 0

bit 15 未用　读作 0。

bit 14~12 IC6IP<2:0>　输入捕捉通道 6 中断优先级位。

　　111　中断优先级为 7(最高优先级中断)。

　　⋮

　　001　中断优先级为 1。

　　000　中断源被禁止。

bit 11 未用　读作 0。

bit 10~8 IC5IP<2:0>　输入捕捉通道 5 中断优先级位。

　　111　中断优先级为 7(最高优先级中断)。

　　⋮

　　001　中断优先级为 1。

　　000　中断源被禁止。

bit 7 未用　读作 0。

bit 6~4 IC4IP<2:0>　输入捕捉通道 4 中断优先级位。

　　111　中断优先级为 7(最高优先级中断)。

　　⋮

　　001　中断优先级为 1。

　　000　中断源被禁止。

bit 3 未用　读作 0。

bit 2~0 IC3IP<2:0>　输入捕捉通道 3 中断优先级位。

　　111　中断优先级为 7(最高优先级中断)。

　　⋮

　　001　中断优先级为 1。

　　000　中断源被禁止。

寄存器 6 – 19　IPC8

U – 0	R/W – 1	R/W – 0	R/W – 0	U – 0	R/W – 1	R/W – 0	R/W – 0
—	OC8IP2	OC8IP1	OC8IP0	—	OC7IP2	OC7IP1	OC7IP0

bit 15　　　　　　　　　　高字节　　　　　　　　　　bit 8

U – 0	R/W – 1	R/W – 0	R/W – 0	U – 0	R/W – 1	R/W – 0	R/W – 0
—	OC6IP2	OC6IP1	OC6IP0	—	OC5IP2	OC5IP1	OC5IP0

bit 7　　　　　　　　　　低字节　　　　　　　　　　bit 0

bit 15　未用　读作 0。

bit 14～12　OC8IP<2：0>　输出比较通道 8 中断优先级位。

　　111　中断优先级为 7(最高优先级中断)。
　　⋮
　　001　中断优先级为 1。
　　000　中断源被禁止。

bit 11　未用　读作 0。

bit 10～8　OC7IP<2：0>　输出比较通道 7 中断优先级位。

　　111　中断优先级为 7(最高优先级中断)。
　　⋮
　　001　中断优先级为 1。
　　000　中断源被禁止。

bit 7　未用　读作 0。

bit 6～4　OC6IP<2：0>　输出比较通道 6 中断优先级位。

　　111　中断优先级为 7(最高优先级中断)。
　　⋮
　　001　中断优先级为 1。
　　000　中断源被禁止。

bit 3　未用　读作 0。

bit 2～0　OC5IP<2：0>　输出比较通道 5 中断优先级位。

　　111　中断优先级为 7(最高优先级中断)。
　　⋮
　　001　中断优先级为 1。
　　000　中断源被禁止。

寄存器 6-20 IPC9

U-0	R/W-1	R/W-0	R/W-0	U-0	R/W-1	R/W-0	R/W-0
—	PWMIP2	PWMIP1	PWMIP0	—	C2IP2	C2IP1	C2IP0

bit 15　　　　　　　　　　高字节　　　　　　　　　　bit 8

U-0	R/W-1	R/W-0	R/W-0	U-0	R/W-1	R/W-0	R/W-0
—	INT4IP2	INT4IP1	INT4IP0	—	INT3IP2	INT3IP1	INT3IP0

bit 7　　　　　　　　　　低字节　　　　　　　　　　bit 0

bit 15 未用　读作 0。

bit 14～12 PWMIP<2:0>　电机控制脉宽调制中断优先级位。

　　111　中断优先级为 7(最高优先级中断)。

　　⋮

　　001　中断优先级为 1。

　　000　中断源被禁止。

bit 11 未用　读作 0。

bit 10～8 C2IP<2:0>　CAN2(组合的)中断优先级位。

　　111　中断优先级为 7(最高优先级中断)。

　　⋮

　　001　中断优先级为 1。

　　000　中断源被禁止。

bit 7 未用　读作 0。

bit 6～4 INT4IP<2:0>　外部中断 4 优先级位。

　　111　中断优先级为 7(最高优先级中断)。

　　⋮

　　001　中断优先级为 1。

　　000　中断源被禁止。

bit 3 未用　读作 0。

bit 2～0 INT3IP<2:0>　外部中断 3 优先级位。

　　111　中断优先级为 7(最高优先级中断)。

　　⋮

　　001　中断优先级为 1。

　　000　中断源被禁止。

寄存器 6-21 IPC10

U-0	R/W-1	R/W-0	R/W-0	U-0	R/W-1	R/W-0	R/W-0
—	FLTAIP2	FLTAIP1	FLTAIP0	—	LVDIP2	LVDIP1	LVDIP0

bit 15　　　　　　　　　　高字节　　　　　　　　　　bit 8

U-0	R/W-1	R/W-0	R/W-0	U-0	R/W-1	R/W-0	R/W-0
—	DCIIP2	DCIIP1	DCIIP0	—	QEIIP2	QEIIP1	QEIIP0

bit 7　　　　　　　　　　低字节　　　　　　　　　　bit 0

bit 15 未用　读作0。

bit 14~12 FLTAIP<2：0>　故障A输入中断优先级位。

　　111　中断优先级为7(最高优先级中断)。
　　⋮
　　001　中断优先级为1。
　　000　中断源被禁止。

bit 11 未用　读作0。

bit 10~8 LVDIP<2：0>　可编程低压检测中断优先级位。

　　111　中断优先级为7(最高优先级中断)。
　　⋮
　　001　中断优先级为1。
　　000　中断源被禁止。

bit 7 未用　读作0。

bit 6~4 DCIIP<2：0>　数据转换器接口中断优先级位。

　　111　中断优先级为7(最高优先级中断)。
　　⋮
　　001　中断优先级为1。
　　000　中断源被禁止。

bit 3 未用　读作0。

bit 2~0 QEIIP<2：0>　正交编码器接口中断优先级位。

　　111　中断优先级为7(最高优先级中断)。
　　⋮
　　001　中断优先级为1。
　　000　中断源被禁止。

寄存器 6-22　IPC11

U-0	U-1	U-0	U-0	U-0	U-0	U-0	U-0
—	—	—	—	—	—	—	—

bit 15　　　　　　　　　　　高字节　　　　　　　　　　bit 8

U-0	U-1	U-0	U-0	U-0	R/W-1	R/W-0	R/W-0
—	—	—	—	—	FLTBIP2	FLTBIP1	FLTBIP0

bit 7　　　　　　　　　　　低字节　　　　　　　　　　bit 0

bit 15~3　未用　读作 0。
bit 2~0　FLTBIP<2：0>　故障 B 输入中断优先级位。
　　111　中断优先级为 7(最高优先级中断)。
　　︙
　　001　中断优先级为 1。
　　000　中断源被禁止。

6.5　中断设置流程

6.5.1　初始化

以下步骤说明了如何配置中断源：
① 如果不需要中断嵌套，将 NSTDIS 控制位置 1(INTCON1<15>)。
② 通过写相应的 IPCx 控制寄存器中的控制位来选择中断源的用户分配优先级，优先级取决于特定的应用和中断源类型。如果不需要多个优先级，则所有允许的中断源的 IPCx 寄存器控制位均可以编程为同一个非零值。
③ 在相关的 IFSx 状态寄存器中清零与外设相关的中断标志状态位。
④ 通过在相应的 IECx 控制寄存器中置 1 与中断源相关的中断允许控制位以使能中断源。
注意：在器件复位时，IPC 寄存器被初始化，所有用户中断源被分配为优先级 4。

6.5.2　中断服务程序

初始化 IVT 和以正确向量地址表示 ISR 的方法，取决于编程语言(即 C 语言或汇编语言)和用于开发此应用程序的语言开发工具套件。一般情况下，用户必须清零 ISR 中处理的中断的中断源在相应 IFSx 寄存器中的中断标志，否则，在退出中断服务程序后会立即再次进入 ISR。如果 ISR 用汇编语言编码，则必须用 RETFIE 指令终止它，以便使保存的 PC 值、SRL

值和老的 CPU 优先级出栈。

6.5.3 陷阱服务程序

必须清零 INTCON1 寄存器中的相关陷阱状态标志以避免反复进入 TSR，陷阱服务程序（TSR）的编码方式类似于 ISR。

6.5.4 中断禁止

可以使用以下流程禁止所有用户中断：
① 使用 PUSH 指令将当前 SR 值压入软件堆栈。
② 将值 0xE0 和 SRL 进行"或"操作强制 CPU 的优先级别为 7。
若要允许用户中断，可使用 POP 指令恢复先前的 SR 值。
注意：只有优先级小于或等于 7 的用户中断才可以被禁止，陷阱源（级别 8～15）不能被禁止。

DISI 指令提供了一种方便的方法，可以将优先级别 1～6 的中断禁止一段固定的时间。DISI 指令不能禁止陷阱或优先级为 7 的中断源，但是，如果用户应用中没有允许优先级为 7 的中断源，可以使用 DISI 指令作为一种禁止所有中断源的简便方法。

第 7 章

闪存程序存储器

本章介绍闪存(Flash)程序存储器的编程技术。dsPIC30F 系列器件内部包含了用于执行用户代码的程序闪存存储器。用户可以使用以下 2 种方法对此存储器编程：
- 运行时自编程(Run-Time Self Programming，简称 RTSP)。
- 在线串行编程(In-Circuit Serial Programming™，简称 ICSP™)。

RTSP 是由用户软件执行的；ICSP 是通过与器件的串行数据连接进行的，并且编程速度比 RTSP 快得多。本章将介绍 RTSP 技术。ICSP 协议的描述请参见 Microchip 公司网站发布的在线串行编程文档(May 2003 DS30277D)"In-Circuit Serial Programming™"。

7.1 表指令操作

表指令操作提供了一种在 dsPIC30F 器件的程序存储器空间和数据存储器空间之间传输数据的方法。由于在闪存程序存储器和数据 EEPROM 的编程中需要使用表指令，因此在这里概述了表指令。有 4 种基本表指令：
- TBLRDL 读表低位。
- TBLRDH 读表高位。
- TBLWTL 写表低位。
- TBLWTH 写表高位。

TBLRDL 和 TBLWTL 指令用于读/写程序存储器空间的<15：0>位。TBLRDL 和 TBLWTL 能以字模式或字节模式访问程序存储器。

TBLRDH 和 TBLWTH 指令用于读/写程序存储器空间的<23：16>位。TBLRDH 和 TBLWTH 能以字模式或字节模式访问程序存储器。因为程序存储器只有 24 位宽，所以 TBLRDH 和 TBLWTH 指令能寻址程序存储器中并不存在的高位字节地址。这个字节称为虚拟字节。读取虚拟字节总是会返回 0x00，而对其写则不起作用。

请始终记住，可以将 24 位程序存储器当作 2 个并列的、共享同一个地址范围的 16 位空间，因此，TBLRDL 和 TBLWTL 指令可访问低程序存储器空间(PM<15：0>)，TBLRDH 和 TBLWTH 指令访问高程序存储器空间(PM<31：16>)，读取/写入 PM<31：24>可以访问虚拟(未用的)字节。当在字节模式下使用任何的表指令时,表地址的 LSb 将被用作字节选择位。LSb 决定将访问高位或低位程序存储器空间的哪个字节。

图 7-1 显示了使用表指令寻址程序存储器的方法。24 位程序存储器地址由 TBLPAG 寄存器的<7:0>位以及表指令指定的 W 寄存器中的有效地址(EA)组成。图 7-1 中给出了 24 位程序计数器以供参考。EA 的高 23 位用于选择程序存储器单元。对于字节模式的表指令,W 寄存器 EA 的 LSb 用于选择 16 位程序存储器字中要寻址的字节:1 选择<15:8>位,0 选择<7:0>位。

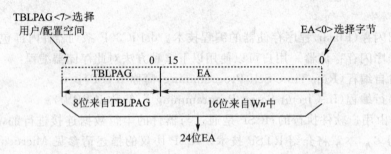

图 7-1 表指令的寻址

W 寄存器 EA 的 LSb 在字模式下的表指令中会被忽略。

除了指定程序存储器地址外,表指令还指定作为要写入的程序存储器数据源或要读取的程序存储器目标的 W 寄存器(或指向存储器单元的 W 寄存器指针)。对于字节模式的写表操作,源工作寄存器的<15:8>位会被忽略。

7.1.1 使用读表指令

读表需要 2 个步骤:首先,使用 TBLPAG 寄存器和一个 W 寄存器建立一个地址指针;其次,就可以读取地址单元的程序存储器内容。

1. 字模式读取

以下代码示例说明了如何使用字模式下的表指令读程序存储器中的一个字。

```
;设置到程序空间的地址指针
MOV #tblpage(PROG_ADDR),W0    ;获得表页值
MOV W0,TBLPAG                  ;装入 TBLPAG 寄存器
MOV #tblpage(PROG_ADDR),W0    ;获得表页值
;读程序存储器区
TBLRDH [W0],W3                 ;读高字节到 W3
TBLRDL [W0],W4                 ;读低字节到 W4
```

2. 字节模式读取

```
;设置到程序空间的地址指针
MOV #tblpage(PROG_ADDR),W0      ;获得表页值
MOV W0,TBLPAG                   ;装入 TBLPAG 寄存器
MOV #tblpage(PROG_ADDR),W0      ;获得表页值
;读程序存储器区
TBLRDH.B [W0],W3                ;读高字节<23:16>位到 W3
TBLRDL.B [W0++],W4              ;读低字节<7:0>位到 W4,[W0]+1 指向中间字节
TBLRDL.B [W0++],W5              ;读中间字节<15:8>位到 W5
```

在上面的代码示例中，在读取低字节时的后加操作符会导致工作寄存器中的地址加 1。这会将 EA<0> 置位为 1，以访问第 3 个读指令中的中间字节。最后的后加操作将 W0 设置回一个偶数地址，指向下一个程序存储器单元。

注意：Microchip 的 dsPIC30F 汇编器提供了伪指令：tblpage（表页）和 tbloffset（表偏移）。这些伪指令会为表指令从程序存储器地址值中选择适当的 TBLPAG 和 W 寄存器值。

7.1.2 使用写表指令

写表指令的影响取决于器件程序存储器地址空间使用的存储技术类型。程序存储器地址空间可以包含易失性或非易失性程序存储器、非易失性数据存储器以及外部总线接口（External Bus Interface，简称 EBI），例如，如果写表指令在 EBI 地址区域内执行，则写入的数据将放在 EBI 数据线上。

1. 写表保持锁存器（Holding Latche）

写表指令不会直接写非易失性程序和数据存储器，相反，写表指令会装入存储写入数据的保持锁存器。保持锁存器不是存储器映射的，并且只能使用写表指令访问。当所有的保持锁存器都被装入后，通过执行一个特殊的指令序列，即可开始实际存储器编程操作。

保持锁存器的数量将决定能够编程的最大存储区大小，并且它会随着非易失性存储器类型和器件的不同而变化，例如，对于某个特定的器件，保持锁存器的数量可能会因为程序存储器、数据 EEPROM 存储器和器件配置寄存器的不同而不同。

一般来说，程序存储器会分段为行和板（panel），每个板都具有一组写表保持锁存器。这可以允许 1 次编程多个存储器板，从而缩短器件的总编程时间。对于每个存储器板，一般都有足够的保持锁存器用于 1 次编程 1 行存储区。存储器逻辑电路会根据写表指令使用的地址值自动判断要装入哪一组写锁存器。

2. 字模式写入

可使用以下序列以字模式写入一个程序存储器锁存单元。

```
;设置到程序空间的地址指针
MOV #tblpage(PROG_ADDR),W0    ;获得表页值
MOV W0,TBLPAG                 ;装入 TBLPAG 寄存器
MOV #tblpage(PROG_ADDR),W0    ;获得表页值
;送写入数据到 W 寄存器
MOV #PROG_LOW_WORD,W2
MOV #PROG_HI_BYTE,W3
;完成写表装入锁存器
TBLWTL W2,[W0]
TBLWTH W3,[W0++]
```

在此示例中,W3 的高字节部分无关紧要,因为此数据将会被写入到虚拟字节单元中的第 2 个 TBLWTH 指令后,W0 被后加 2 以准备写入下一个程序存储器单元。

3. 字节模式写入

要以字节模式写入一个程序存储器锁存单元,可以使用以下代码序列:

```
;设置到程序空间的地址指针
MOV #tblpage(PROG_ADDR),W0      ;获得表页值
MOV W0,TBLPAG                   ;装入 TBLPAG 寄存器
MOV #tbloffset(PROG_ADDR),W0    ;装入高位字地址
;数据装入工作寄存器
MOV #LOW_BYTE,W2
MOV #MID_BYTE,W3
MOV #HIGH_BYTE,W4
;写数据到锁存器
TBLWTH.B W4,[W0]          ;写高字节
TBLWTL.B W2,[W0++]        ;写低字节
TBLWTL.B W3,[W0++]        ;写中间字节
```

在上面的代码示例中,在写入低字节时的后加操作会导致 W0 中的地址加 1。这会将 EA<0>置为 1,以访问第 3 个写指令中的中间字节。最后的后加将 W0 设置回一个偶数地址,以指向下一个程序存储器单元。

7.2 控制寄存器

闪存和数据 EEPROM 编程操作是使用以下非易失性存储器(Non-Volatile Memory,简称 NVM)控制寄存器控制的:

➢ NVMCON 非易失性存储器控制寄存器。

> NVMKEY　非易失性存储器密钥寄存器(Key Register)。
> NVMADR　非易失性存储器地址寄存器。

7.2.1　NVMCON 寄存器

NVMCON 寄存器是闪存和 EEPROM 编程/擦除操作的主控制寄存器。此寄存器选择闪存或 EEPROM 存储器，确定执行的将是擦除还是编程操作，并用于开始编程或擦除周期。寄存器 7-1 所示为 NVMCON 寄存器。NVMCON 的低字节用于配置将执行的 NVM 操作类型。为了方便起见，表 7-1 给出了各种编程和擦除操作的 NVMCON 设置值。

寄存器 7-1　NVMCON

R/S-0	R/W-0	R/W-0	U-0	U-0	U-0	U-0	U-0
WR	WREN	WRERR	—	—	—	—	—
bit 15			高字节				bit 8

R/W-0	R/W-0	R/W-0	R/W-0	R/W-0	R/W-0	R/W-0	R/W-0
PROGOP7	PROGOP6	PROGOP5	PROGOP4	PROGOP3	PROGOP2	PROGOP1	PROGOP0
bit 7			低字节				bit 0

注：-0 表示上电复位时清零；R 表示可读位；W 表示可写位；S 表示软件可置位；U 表示未用位，读作 0。

bit 15 WR　写(编程或擦除)控制位。
　　1　开始数据 EEPROM 或程序闪存擦除或写周期。(只可用软件将 WR 位置 1，但不能清零。)
　　0　写周期完成。
bit 14 WREN　写(擦除或编程)使能位。
　　1　使能擦除或编程操作。
　　0　不允许任何操作(器件在写/擦除操作完成时将此位清零)。
bit 13 WRERR　闪存错误标志位。
　　1　写操作提前终止(由于编程操作期间的任何 MCLR 或 WDT 复位)。
　　0　写操作成功完成。
bit 12~8　保留　用户代码应该在这些单元中写入 0。
bit 7~0 PROGOP<7：0>　编程操作命令字节位擦除操作。
　　0x41　从程序闪存中的 1 个板擦除 1 行(32 个指令字)。
　　0x44　从数据闪存擦除 1 个数据字。
　　0x45　从数据闪存擦除 1 行(16 个数据字)。
　　编程操作：
　　0x01　将 1 行(32 指令字)编程入闪存程序存储器。

0x04　将1个数据字编入数据EEPROM。
0x05　将1行(16个数据字)编程入数据EEPROM。
0x08　将1个数据字编程入器件配置寄存器。

表7-1　NVMCON寄存器值

RTSP编程和擦除操作的NVMCON寄存器值			
存储器类型	操作	数据大小	NVMCON值
闪存PM	擦除	1个行(32个指令字)	0x4041
	编程	1个行(32个指令字)	0x4001
数据EEPROM	擦除	1个数据字	0x4044
		16个数据字	0x4045
	编程	1个数据字	0x4004
		16个数据字	0x4005
配置寄存器	写①	1个配置寄存器	0x4008

注：① 可以不执行擦除周期而向器件配置寄存器写入新值。

7.2.2　NVM地址寄存器

有2个NVM地址寄存器：NVMADRU和NVMADR。将这2个寄存器连在一起可构成编程操作所选行或字的24位有效地址(EA)。NVMADRU寄存器用于保存EA的高8位，NVMADR寄存器见寄存器7-2，则用于保存EA的低16位。

寄存器7-2　NVMADR

R/W-x	R/W-x	R/W-x	R/W-x	R/W-x	R/W-x	R/W-x	R/W-x
NVMADR15	NVMADR14	NVMADR13	NVMADR12	NVMADR11	NVMADR10	NVMADR9	NVMADR8
bit 15			高字节				bit 8
R/W-x	R/W-x	R/W-x	R/W-x	R/W-x	R/W-x	R/W-x	R/W-x
NVMADR7	NVMADR6	NVMADR5	NVMADR4	NVMADR3	NVMADR2	NVMADR1	NVMADR0
bit 7			低字节				bit 0

注：-x表示未知；R表示可读位；W表示可写位。

bit 15~0　NVMADR<15：0>　NV存储器写地址位。

在程序或数据闪存存储器中选择要编程或擦除的单元用户，可以读/写此寄存器。此寄存器保持上一次执行的写表指令的EA<15：0>地址，直到用户写入。

注意：NVMADRU寄存器功能与NVMADR寄存器类似，它保存要编程或擦除的单元的地址高8位。TBLPAG寄存器的值在写表指令执行期间自动装入NVMADRU寄存器。

一对寄存器 NVMADRU：NVMADR 会捕捉上一次执行的写表指令的 EA<23：0>，并选择闪存或 EEPROM 存储器的行进行写入/擦除。图 7-2 显示了用于编程和擦除操作的程序存储器 EA 组成方式。

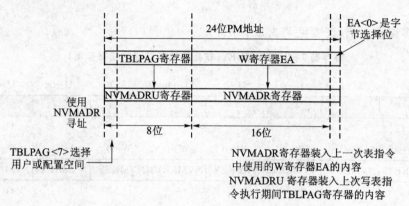

图 7-2 TBLPAG 和 NVM 地址寄存器的 NVM 寻址

虽然 NVMADRU 和 NVMADR 寄存器会由写表指令自动装入，用户还是可以在编程操作开始前直接修改其内容。在擦除操作前需要先写入这些寄存器，因为任何擦除操作都不需要写表指令。

7.2.3 NVMKEY 寄存器

NVMKEY 是一个只写寄存器，用于防止闪存或 EEPROM 存储器的误写/误擦除，见寄存器 7-3。要开始编程或擦除序列，必须严格按照下列步骤执行：

① 将 0x55 写入 NVMKEY。
② 将 0xAA 写入 NVMKEY。
③ 执行 2 个 NOP 指令。

在此序列后，就可以在 1 个指令周期中写入 NVMCON 寄存器。在多数情况下，用户只需要将 NVMCON 寄存器中的 WR 位置 1，就可以开始编程或擦除周期。在解锁序列中应该禁止中断。下面的代码示例说明了解锁序列是如何执行的：

```
PUSH SR                  ;如果中断已使能,则关中断
MOV #0x00E0,W0
IOR SR
MOV #0x55,W0
MOV #0xAA,W0
MOV W0,NVMKEY
MOV W0,NVMKEY            ;NOP 不是必需的
```

```
BSET NVMCON,#WR          ;开始编程/擦除周期
NOP
NOP
POP SR                   ;重开中断
```

如需更多编程示例,请参见 7.3.2 小节。

寄存器 7-3 NVMKEY(非易失性存储器密钥寄存器)

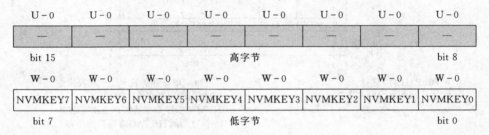

注:-0 表示上电复位时清零;U 表示未用位,读作 0;W 表示可写位。

bit 15~8 未用　读作 0。

bit 7~0 NVMKEY<7:0>　密钥寄存器(只写)位。

7.3 运行时自编程

RTSP 允许用户代码修改闪存程序存储器的内容。RTSP 是使用 TBLRD(读表)、TBLWT(写表)指令和 NVM 控制寄存器实现的。通过 RTSP,用户可以一次在程序存储器中擦除 32 条指令(96 字节),也可以在程序存储器中一次写入 4 条指令(12 字节)。

7.3.1 RTSP 工作原理

dsPIC30F 闪存程序存储器是由行和板构成的,每行由 32 条指令(96 字节)组成,板的大小取决于具体的 dsPIC30F 器件(请参阅第 4 章的图 4-1 所示的程序存储器地址映射)。通常,每个板由 128 行组成(4K×24 条指令)。RTSP 可以让用户每次擦除 1 行(32 条指令)以及一次编程 32 条指令。

程序存储器的每个板包括能够保存 32 条编程数据指令的写锁存器,这些锁存器不是存储器映射的,用户访问写锁存器的惟一方法是使用写表指令。在实际编程操作前,必须先用写表指令将待写数据装入板写锁存器。待编程入板的数据通常是按以下顺序装入写锁存的:指令 0,指令 1,依此类推。装入的指令字必须来自 4 个地址边界中的"偶数"组合(例如不允许装入指令 3、4、5 和 6)。换一种说法,此要求需要 4 个指令的起始程序存储器地址必须有 3 个 LSb 等于 0。所有的 32 位写锁存器必须在编程操作期间写入,以确保覆盖保存在锁存器中的旧

数据。

RTSP 编程的基本步骤是先建立一个表指针,然后执行一系列 TBLWT 指令,以装入写锁存器。编程是通过将 NVMCON 寄存器的特殊位置 1 进行的,需要将 32 条 TBLWTL 和 32 条 TBLWTH 指令装入 4 条指令。如果需要对多个不连续的程序存储器区进行编程,则应该为每个区域和下一个要写入的一组写锁存器修改表指针。

因为只能写入表锁存器,因此所有对闪存程序存储器的写表操作都需要 2 个指令周期。实际的编程操作是从使用 NVMCON 寄存器开始的。

7.3.2 闪存编程操作

在 RTSP 模式中对内部闪存程序存储器进行编程或擦除必须使用编程/擦除操作。编程或擦除操作由器件自动计时,持续时间的标称值为 2 ms。将 WR 位(NVMCON<15>)置 1 将开始操作,当操作完成时 WR 位会自动清零。

CPU 将停止(等待)直到编程操作完成。在此期间,CPU 不会执行任何指令,也不会响应中断。

如果在编程周期中发生了任何中断,则它们将等待到该周期结束后再进行处理。

1. 闪存程序存储器编程算法

用户可以按行(32 个指令字)擦除和编程闪存程序存储器。一般过程如下:

① 读一行程序闪存(32 个指令字)并以数据"镜像"方式保存到数据 RAM 中。必须从一个偶数 32 字程序存储器地址边界读取 RAM 镜像。

② 用新的程序存储器数据更新 RAM 数据镜像。

③ 擦除程序闪存行:

➢ 设置 NVMCON 寄存器以擦除闪存程序存储器中的一行。

➢ 将要擦除的行地址写入 NVMADRU 和 NVMADR 寄存器。

➢ 禁止中断。

➢ 将密钥序列写入 NVMKEY 以使能擦除。

➢ 将 WR 位置 1。这将开始擦除周期。

➢ 在擦除周期中 CPU 会停止。

➢ 当擦除周期结束时 WR 位会清零。

➢ 重新允许中断。

④ 将 RAM 中的 32 个指令字写入闪存程序存储器写锁存器。

⑤ 将 32 个指令字编入程序闪存:

➢ 设置 NVMCON 以对一行闪存程序存储区编程。

➢ 禁止中断。

➢ 将密钥序列写入 NVMKEY 以使能编程周期。

- 将 WR 位置 1。这将开始编程周期。
- 在编程周期中 CPU 会停止。
- 当编程周期结束时 WR 位会被硬件清零。
- 重新允许中断。

⑥ 如有必要，重复步骤①～⑥，以对所需容量的闪存程序存储器编程。

用户应切记：使用 RTSP 修改的最小程序存储容量为 32 个指令字单元，因此，在开始擦除周期前，应在通用 RAM 中储存这些单元的镜像，这是很重要的。在任何编程前，必须对任何先前写过的单元执行 1 个擦除周期。

2. 擦除程序存储区的 1 行

以下为一个可用于擦除程序存储区 1 行（32 指令）的代码序列，NVMCON 寄存器配置为擦除程序存储区的 1 行，NVMADRU 和 NVMADR 寄存器装入了待擦除行的地址。程序存储器必须在偶数行边界擦除，因此，当在 1 行被擦除时，写入 NVMADR 寄存器的值的 6 个 LSb 不起作用。

擦除操作是通过在 WR 控制位（NVMCON<15>）置 1 前，从写一个特殊解锁或密钥序列到 NVMKEY 寄存器开始的，必须严格按以下顺序执行此解锁序列，且不可中断，因此，在写此序列前，必须禁止中断。

要让 CPU 恢复工作，应在代码处插入 2 个 NOP 指令，最后可允许中断（如果需要）。

```
;设置 NVMCON 寄存器为擦除 Flash 程序存储器的 1 行
    MOV #0x4041,W0
    MOV W0,NVMCON
;设置被擦除行的地址指针
    MOV #tblpage(PROG_ADDR),W0
    MOV W0,NVMADRU
    MOV #tbloffset(PROG_ADDR),W0
    MOV W0,NVMADR
;如果中断被允许则关中断
    PUSH SR
    MOV #0x00E0,W0
    IOR SR
;写密钥序列
    MOV #0x55,W0
    MOV W0, NVMKEY
    MOV #0xAA, W0
    MOV W0, NVMKEY
;开始擦除操作
    BSET NVMCON, #WR
```

```
;擦除周期后插入2个空指令(必需的)
NOP
NOP
;d 如果需要则重开中断
POP SR
```

注意：当擦除程序存储区的 1 行时，用户直接将待擦除地址的高 8 位写入 NVMADRU 和 NVMADR 寄存器。NVMADRU 和 NVMADR 寄存器的内容共同构成了待擦除程序存储区行的完整地址，NVMADRU 和 NVMADR 寄存器指定所有闪存擦除和编程操作的地址；但是，对于闪存程序存储器操作，用户并不一定要直接写入这 2 个寄存器，这是因为用于写程序存储器的写表指令会自动将 TBLPAG 寄存器的内容和写表地址传输到 NVMADRU 和 NVMADR 寄存器。可以修改上面的代码示例来执行一个无效写表操作，以捕捉程序存储器擦除地址。

3. 装入写锁存器

以下为一个可用于向写锁存器装入 768 位（32 指令字）的指令序列，需要将 32 条 TBLWTL 指令和 32 条 TBLWTH 指令装入由表指针选定的写锁存器。

TBLPAG 寄存器中装入了程序存储器地址的 8 个 MSb。对于闪存编程操作，用户不需要写 NVMADRU：NVMADR 寄存器对。当执行每个写表指令时，程序存储器地址的 24 位会自动捕捉到 NVMADRU：NVMADR 寄存器对。程序存储器必须在一个偶数 32 指令字地址边界编程，而 NVMADR 寄存器中捕捉到的值 6 个 LSb 在编程操作期间并不使用。

32 指令字行不一定要顺序写入，写表地址的 6 个 LSb 决定要写入的锁存器，但是，在每个编程周期应将所有的 32 个指令字写入以覆盖旧数据。

注意：下列代码示例是后续示例中所提到的"Load_Write_Latch"代码。

```
;设立指针到第 1 个被写程序存储器单元
MOV #tblpage(PROG_ADDR),W0
MOV W0,TBLPAG
MOV #tbloffset(PROG_ADDR),W0
;完成写表指令写锁存器，
;在 TBLWTH 指令指向下一条指令位置时，W0 加 1
MOV #LOW_WORD_0,W2
MOV #HIGH_BYTE_0,W3
TBLWTL W2,[W0]
TBLWTH W3,[W0++]              ;第 1 个程序字
MOV #LOW_WORD_1,W2
MOV #HIGH_BYTE_1,W3
TBLWTL W2,[W0]
```

```
TBLWTH W3,[W0 ++]              ;第 2 个程序字
MOV  #LOW_WORD_2,W2
MOV  #HIGH_BYTE_2,W3
TBLWTL W2,[W0]
TBLWTH W3,[W0 ++]              ;第 3 个程序字
MOV  #LOW_WORD_3,W2
MOV  #HIGH_BYTE_3,W3
TBLWTL W2,[W0]
TBLWTH W3,[W0 ++]              ;第 4 个程序字
   ⋮
MOV  #LOW_WORD_31,W2
MOV  #HIGH_BYTE_31,W3
TBLWTL W2,[W0]
TBLWTH W3,[W0 ++]              ;第 32 个程序字
```

4. 单行编程示例

以下为单行编程示例:

```
;设置 NVMCON 寄存器为程序存储器的多字写
MOV  #0x4001,W0
MOV  W0,NVMCON
;编程整行下面代码段将要重复 8 次(32 条指令)
;4 个程序存储器装入写锁存器
CALL Load_Write_Latch①
;禁止中断(如果已开通)
PUSH SR
MOV  #0x00E0,W0
IOR SR
;写密钥序列
MOV  #0x55,W0
MOV  W0,NVMKEY
MOV  #0xAA,W0
MOV  W0,NVMKEY
;开始编程序列
BSET NVMCON,#WR
;编程进行后插入 2 个空指令
NOP
NOP
;重开中断(如有需要)
POP SR
```

注①：参见本小节装入写锁存器部分。

7.3.3 写入器件配置寄存器

可以使用 RTSP 写器件配置寄存器。RTSP 允许不首先执行擦除周期而分别重写每个配置寄存器。写入配置寄存器时必须小心，因为它们控制着关键的器件工作参数，如系统时钟源、PLL 倍频比例和 WDT 使能等。

编程一个器件配置寄存器的步骤与闪存程序存储器的编程步骤类似，不同之处在于此时只需要 TBLWTL 指令，这是因为在各器件配置寄存器中未使用高 8 位。此外，必须置位写表地址的第 23 位，以访问配置寄存器。有关器件配置寄存器的完整描述，请参见第 20 章中 20.5 节。

1. 配置寄存器的写入算法

一般过程如下：
① 使用 TBLWTL 指令将新配置值写入写表锁存器。
② 配置 NVMCON(NVMCON＝0x4008)以允许写入配置寄存器。
③ 如果已经允许了中断，请将其禁止。
④ 将密钥序列写入 NVMKEY。
⑤ 通过将 WR(NVMCON<15>)置 1 来开始写序列。
⑥ 当写入完成后将恢复 CPU 执行。
⑦ 如有必要，重新允许中断。

2. 写配置寄存器的代码示例

下列代码序列可用于修改器件配置寄存器：

```
;设立被写位置的指针
MOV #tblpage(CONFIG_ADDR),W0
MOV W0,TBLPAG
MOV #tbloffset(CONFIG_ADDR),W0
;获得新数据写到配置寄存器
MOV #ConfigValue,W1
;执行写表配置值装入写表锁存器
TBLWTL W1,[W0]
;配置 NVMCON 为写入配置寄存器
MOV #0x4008,W0
MOV W0,NVMCON
;禁止中断(如果已开通)
PUSH SR
MOV #0x00E0,W0
IOR SR
```

```
;写密钥序列
MOV #0x55,W0
MOV W0,NVMKEY
MOV #0xAA,W0
MOV W0,NVMKEY
;启动编程序列
BSET NVMCON,#WR
;编程进行后插入2个空操作
NOP
NOP
;重开中断(如果需要)
POP SR
```

第 8 章

电可擦除数据只读存储器

本章介绍电可擦除数据只读存储器 EEPROM 的编程技术。数据 EEPROM 能够映射到程序存储器空间。EEPROM 由一个 16 位宽的存储器构成,存储器大小最大可达 2K 字(4 KB)。EEPROM 的存储容量取决于具体器件,电机与电源控制系列 DSC 中除 dsPIC30F6010 拥有 2K 字(4 KB)外,其余型号的拥有 1K 字(2 KB)EEPROM。

用于数据 EEPROM 的编程技术与用于闪存程序存储器的 RTSP 编程技术类似。闪存和数据 EEPROM 的编程操作的主要区别在于,在每个编程/擦除周期所能够编程或擦除的数据量不同。

关于 EEPROM 存储器的表指令操作和控制寄存器的使用基本与 Flash 程序存储器相同,请参照第 7 章的有关内容。

8.1 数据 EEPROM 编程简介

与程序存储器类似,EEPROM 存储块(block)是通过读表和写表操作访问的。因为 EEPROM 存储器只有 16 位宽,所以其操作不需要使用 TBLWTH 和 TBLRDH 指令。数据 EEPROM 的编程和擦除步骤与闪存程序存储器类似,区别在于数据 EEPROM 为快速数据存取进行了优化。在数据 EEPROM 上可以执行以下编程操作:

- 擦除 1 个字。
- 擦除 1 行(16 个字)。
- 编程 1 个字。
- 编程 1 行(16 个字)。

在正常操作中(整个 V_{DD} 工作范围),数据 EEPROM 可读/写。与闪存程序存储器不同,在 EEPROM 编程或擦除操作时,正常程序执行不会停止。

EEPROM 擦除和编程操作是通过 NVMCON 和 NVMKEY 寄存器执行的。编程软件负责等待操作完成,软件可以使用以下 3 种方法之一检测 EEPROM 擦除或编程操作的完成时间:

- 用软件查询 WR 位(NVMCON<15>)。当操作完成时,WR 位会被清零。

> 用软件查询 NVMIF 位(IFS0<12>)。当操作完成时，NVMIF 位会被置 1。
> 允许 NVM 中断。当操作完成时，CPU 会被中断。ISR 可以处理更多的编程操作。

注意：当编程或擦除操作执行过程中，如果用户试图读取 EEPROM，会得到不可预料的结果。

8.2 EEPROM 编程算法

8.2.1 EEPROM 单字编程算法

编程过程如下：
① 擦除 1 个 EEPROM 字：
> 设置 NVMCON 寄存器以擦除 1 个 EEPROM 字。
> 将要擦除的字的地址写入 TBLPAG 和 NVMADR 寄存器。
> 将 NVMIF 状态位清零并允许 NVM 中断(可选)。
> 将密钥序列写入 NVMKEY。
> 将 WR 位置 1。这将开始擦除周期。
> 查询 WR 位或等待 NVM 中断。

② 将数据字写入数据 EEPROM 写锁存器。

③ 将数据字编程入 EEPROM：
> 设置 NVMCON 寄存器以编程 1 个 EEPROM 字。
> 将 NVMIF 状态位清零并允许 NVM 中断(可选)。
> 将密钥序列写入 NVMKEY。
> 将 WR 位置 1。这将开始编程周期。
> 查询 WR 位或等待 NVM 中断。

8.2.2 EEPROM 行编程算法

如果需要将多个字编程入 EEPROM，每次擦除并编程 16 个字(1 行)会比较快。向 EEPROM 编程 16 个字的过程如下：

① 读一行数据 EEPROM(16 个字)并以数据"镜像"方式保存到数据 RAM 中。要修改的 EEPROM 部分必须处于偶数 16 字地址边界内。

② 使用新数据更新数据镜像。

③ 擦除 EEPROM 行：
> 设置 NVMCON 寄存器以擦除 EEPROM 的 1 行。
> 将 NVMIF 状态位清零并允许 NVM 中断(可选)。

- 将密钥序列写入 NVMKEY。
- 将 WR 位置 1。这将开始擦除周期。
- 查询 WR 位或等待 NVM 中断。

④ 将 16 个数据字写入数据 EEPROM 写锁存器。

⑤ 将 1 行数据编程到数据 EEPROM：
- 设置 NVMCON 寄存器以编程 EEPROM 的 1 行。
- 将 NVMIF 状态位清零并允许 NVM 中断(可选)。
- 将密钥序列写入 NVMKEY。
- 将 WR 位置 1。这将开始编程周期。
- 查询 WR 位或等待 NVM 中断。

8.3 数据 EEPROM 存储器字写入

8.3.1 擦除数据 EEPROM 存储器的 1 个字

TBLPAG 和 NVMADR 寄存器中必须装入要擦除的数据 EEPROM 的地址。因为只访问 EEPROM 的 1 个字，NVMADR 的所有 LSb 对擦除操作没有影响，所以必须配置 NVMCON 寄存器以擦除 EEPROM 存储器的 1 个字。

将 WR 控制位置 1(NVMCON<15>)开始擦除。在将 WR 控制位置 1 前，应该在 NVMKEY 寄存器中写入一个特殊的解锁或密钥序列，需严格按以下顺序执行此解锁序列，且不可中断，因此，在写此序列前，必须禁止中断。

```
;设立擦除的 EEPROM 位置的指针
MOV #tblpage(EE_ADDR),W0
MOV W0,TBLPAG
MOV #tbloffset(EE_ADDR),W0
MOV W0,NVMADR
;设置 NVMCON 寄存器以擦除数据 EEPROM 的 1 个字
MOV #0x4044,W0
MOV W0,NVMCON
;当写密钥时禁止中断
PUSH SR
MOV #0x00E0,W0
IOR SR
;写密钥序列
MOV #0x55,W0
```

```
            MOV W0,NVMKEY
            MOV #0xAA,W0
            MOV W0,NVMKEY
            ;开始擦除周期
            BSET NVMCON,#WR
            ;重开中断
            POP SR
```

8.3.2 写数据 EEPROM 存储器中的 1 个字

假设用户已经擦除了要编程的 EEPROM 单元,使用写表指令写 1 个写锁存器。TBLPAG 寄存器中装入了 EEPROM 地址的 8 个 MSb。当执行写表时,EEPROM 地址的 16 个 LSb 会被自动捕捉到 NVMADR 寄存器中。NVMADR 寄存器的所有 LSb 对编程操作没有影响。配置 NVMCON 寄存器以编程数据 EEPROM 的 1 个字。

将 WR 控制位置 1(NVMCON<15>),开始编程操作。在将 WR 控制位置 1 前,应该在 NVMKEY 寄存器中写入一个特殊的解锁或密钥序列,需严格按以下顺序执行此解锁序列,且不可中断,因此,在写此序列前,必须禁止中断。

```
            ;设置指针到数据 EEPROM
            MOV #tblpage(EE_ADDR),W0
            MOV W0,TBLPAG
            MOV #tbloffset(EE_ADDR),W0
            ;写数据值到保持锁存器
            MOV EE_DATA,W1
            TBLWTL W1,[W0]
            ;NVMADR 寄存器从写表指令捕捉到写地址
            ;设置 NVMCON 寄存器编程 1 个字到数据 EEPROM
            MOV #0x4004,W0
            MOV W0,NVMCON
            ;当写密钥时禁止中断
            PUSH SR
            MOV #0x00E0,W0
            IOR SR
            ;写密钥序列
            MOV #0x55,W0
            MOV W0,NVMKEY
            MOV #0xAA,W0
            MOV W0,NVMKEY
            ;开始写周期
```

```
BSET NVMCON,#WR
;重开中断(如果需要)
POP SR
```

8.4 写数据 EEPROM 存储器中的 1 行

8.4.1 擦除数据 EEPROM 的 1 行

配置 NVMCON 寄存器以擦除 EEPROM 存储器的 1 行。TABPAG 和 NVMADR 寄存器必须指向要擦除的行,必须在偶数地址边界擦除数据 EEPROM,因此,NVMADR 寄存器的 5 个 LSb 对擦除的行没有影响。

将 WR 控制位置 1(NVMCON<15>),开始擦除。在将 WR 控制位置 1 前,应该在 NVMKEY 寄存器中写入一个特殊的解锁或密钥序列,需严格按以下顺序执行此解锁序列,且不可中断,因此,在写此序列前,必须禁止中断。

```
;设立到 EEPROM 被擦除行的指针
MOV #tblpage(EE_ADDR),W0
MOV W0,TBLPAG
MOV #tbloffset(EE_ADDR),W0
MOV W0,NVMADR
;配置 NVMCON 寄存器擦除 EEPROM 的 1 行
MOV #0x4045,W0
MOV W0,NVMCON
;当写密钥时禁止中断
PUSH SR
MOV #0x00E0,W0
IOR SR
;写密钥序列
MOV #0x55,W0
MOV W0,NVMKEY
MOV #0xAA,W0
MOV W0,NVMKEY
;启动擦除操作
BSET NVMCON,#WR
;重开中断(如果需要)
POP SR
```

8.4.2 写数据 EEPROM 存储器的 1 行

要写数据 EEPROM 的 1 行，必须在编程序列开始前写入所有的 16 个写锁存器。TBLPAG 寄存器中装入了 EEPROM 地址的 8 个 MSb。当每次执行写表时，EEPROM 地址的 16 个 LSb 会被自动捕捉到 NVMADR 寄存器中。数据 EEPROM 行编程必须在偶数地址边界上发生，因此 NVMADR 的 5 个 LSb 对编程的行没有影响。

将 WR 控制位置 1(NVMCON<15>)，开始编程操作。在将 WR 控制位置 1 前，应该在 NVMKEY 寄存器中写入一个特殊的解锁或密钥序列，需严格按以下顺序执行此解锁序列，且不可中断，因此，在写此序列前，必须禁止中断。

```
;设立到 EEPROM 被编程行的指针
MOV #tblpage(EE_ADDR),W0
MOV W0,TBLPAG
MOV #tbloffset(EE_ADDR),W0
;写数据到编程锁存器
MOV data_ptr,W1        ;用 W1 作数据指针
TBLWTL [W1++],[W0++]   ;写第 1 个数据字
TBLWTL [W1++],[W0++]   ;写第 2 个数据字
TBLWTL [W1++],[W0++]   ;写第 3 个数据字
TBLWTL [W1++],[W0++]   ;写第 4 个数据字
TBLWTL [W1++],[W0++]   ;写第 5 个数据字
TBLWTL [W1++],[W0++]   ;写第 6 个数据字
TBLWTL [W1++],[W0++]   ;写第 7 个数据字
TBLWTL [W1++],[W0++]   ;写第 8 个数据字
TBLWTL [W1++],[W0++]   ;写第 9 个数据字
TBLWTL [W1++],[W0++]   ;写第 10 个数据字
TBLWTL [W1++],[W0++]   ;写第 11 个数据字
TBLWTL [W1++],[W0++]   ;写第 12 个数据字
TBLWTL [W1++],[W0++]   ;写第 13 个数据字
TBLWTL [W1++],[W0++]   ;写第 14 个数据字
TBLWTL [W1++],[W0++]   ;写第 15 个数据字
TBLWTL [W1++],[W0++]   ;写第 16 个数据字
;NVMADR 寄存器捕捉最后表访问地址
;设置 NVMCON 寄存器写数据 EEPROM 的 1 行
MOV #0x4005,W0
MOV W0,NVMCON
;写密钥序列期间禁止中断
PUSH SR
```

```
MOV #0x00E0,W0
IOR SR
;写密钥序列
MOV #0x55,W0
MOV W0,NVMKEY
MOV #0xAA,W0
MOV W0,NVMKEY
;启动编程操作
BSET NVMCON,#WR
;重开中断(如果需要)
POP SR
```

注意：此代码段使用了 16 个写表指令,以使该代码示例更清楚。此代码段也可以通过在一个 REPEAT 循环中使用一个写表指令以得到简化。

当开始编程或擦除周期时应禁止中断,以确保密钥序列的执行不被打断。通过将当前的 CPU 优先级提高到 7,可以禁止中断。本章中的代码示例通过将当前的 SR 寄存器值保存在堆栈中,然后使用 0x00E0 与 SR 进行"或"操作,以强制 IPL<2:0>=111 来禁止中断。如果没有允许优先级为 7 的中断,则可使用 DISI 指令在密钥序列执行时暂时禁止中断。

8.5 读数据 EEPROM 存储器

TBLRD 指令会读取当前编程字地址处的字。此示例使用了 W0 作为数据闪存的指针,结果存入寄存器 W4。

```
;设置到 EEPROM 存储器的指针
MOV #tblpage(EE_ADDR),W0
MOV W0,TBLPAG
MOV #tbloffset(EE_ADDR),W0
;读 EEPROM 数据
TBLRDL [W0],W4
```

注意：另一种方法是可以不使用读表指令读取数据 EEPROM,即数据 EEPROM 映射到了程序存储器空间。使用 PSV 将 EEPROM 区域映射到数据存储器空间,程序空间可视性(PSV)可用于读取程序存储器地址空间中的单元。有关 PSV 的更多信息,可参见第 4 章。

第9章 输入/输出端口

本章介绍 dsPIC30F 系列器件的 I/O 端口信息。器件的所有引脚(除 VDD、VSS、MCLR 和 OSC1/CLKI 以外)均由外设和通用 I/O 端口共用。

通用 I/O 端口可供 dsPIC30F 监视和控制其他器件。大多数 I/O 引脚与备用功能复用,复用将取决于不同器件上的外设功能部件。一般来说,当相应的外设使能时,其对应的引脚将不再作为通用 I/O 引脚使用。

图 9-1 所示为典型 I/O 端口的框图。该框图没有画出 I/O 引脚上可能复用的外设功能。

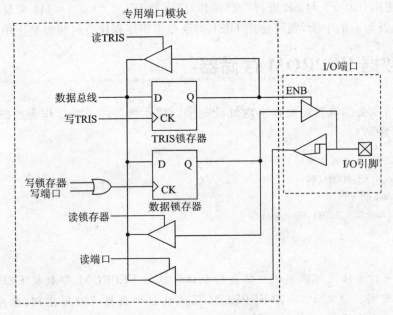

图 9-1 专用端口结构框图

9.1 I/O 端口控制寄存器

所有 I/O 端口都有 3 个与该端口的工作直接相关的寄存器,其中字母 x 表示指定的 I/O

端口号。这 3 个寄存器分别是：
- TRISx：数据方向寄存器。
- PORTx：I/O 端口寄存器。
- LATx：I/O 锁存寄存器。

器件上的每个 I/O 引脚在 TRIS、PORT 和 LAT 寄存器中都分别有一个相关的位。

注意：端口和可用 I/O 引脚的总数将取决于不同的器件。在一个给定的器件中，可能并没有实现端口控制寄存器中的所有位。

dsPIC30F2010/3011/4012 的端口寄存器详细信息请参阅表 9-1，dsPIC30F3010/4011 的端口寄存器详细信息请参阅表 9-2，dsPIC30F5015 的端口寄存器详细信息请参阅表 9-3，dsPIC30F5016/6010 的端口寄存器详细信息请参阅表 9-4。

9.1.1　TRIS 寄存器

TRISx 寄存器控制位决定与该 I/O 端口相关的各个引脚是输入引脚还是输出引脚。若某个 I/O 引脚的 TRIS 位为 1，则该引脚是输入引脚；若某个 I/O 引脚的 TRIS 位为 0，则该引脚被配置为输出引脚。这很好记，因为 1 很像 I(input，输入)，0 很像 O(output，输出)。复位以后，所有端口引脚被定义为输入。

9.1.2　PORT 寄存器

通过 PORTx 寄存器访问 I/O 引脚上的数据。读 PORTx 寄存器是读取 I/O 引脚上的值，而写 PORTx 寄存器是将值写入端口数据锁存器。

很多指令，如 BSET 和 BCLR 指令，都是读-修改-写操作指令；因此，写一个端口就意味着读该端口的引脚电平，修改读到的值，然后再将改好的值写入端口数据锁存器。当与端口相关的一些 I/O 引脚被配置为输入时，在 PORTx 寄存器上使用读-修改-写指令应该特别小心。原因是：如果某个配置为输入的 I/O 引脚在过了一段时间后变成输出引脚，则该 I/O 引脚上将会输出一个不期望的值。产生这种情况的原因是读-修改-写指令读取了输入引脚上的瞬时值，并将该值装入端口数据锁存器。

9.1.3　LAT 寄存器

与 I/O 引脚相关的 LATx 寄存器消除了可能在执行读-修改-写指令过程中发生的问题。读 LATx 寄存器将返回保存在端口输出锁存器中的值，而不是 I/O 引脚上的值。对与某个 I/O 端口相关的 LAT 寄存器进行读-修改-写操作，避免了将输入引脚值写入端口锁存器的可能性。写 LATx 寄存器与写 PORTx 寄存器的结果相同。

PORT 和 LAT 寄存器之间的差异可以归纳如下：
- 写 PORTx 寄存器就是将数据值写入该端口锁存器。

表 9-1 dsPIC30F2010/3011/4012 端口寄存器映射表

寄存器	地址	15	14	13	12	11	10	9	8	7	6	5	4	3	2	1	0	复位状态
TRISB	02C6	—	—	—	—	—	—	—	—	—	—	TRISB5	TRISB4	TRISB3	TRISB2	TRISB1	TRISB0	0000 0000 0011 1111
PORTB	02C8	—	—	—	—	—	—	—	—	—	—	RB5	RB4	RB3	RB2	RB1	RB0	0000 0000 0000 0000
LATB	02CA	—	—	—	—	—	—	—	—	—	—	LATB5	LATB4	LATB3	LATB2	LATB1	LATB0	0000 0000 0000 0000
TRISC	02CC	TRISC15	TRISC14	TRISC13	—	—	—	—	—	—	—	—	—	—	—	—	—	1110 0000 0000 0000
PORTC	02CE	RC15	RC14	RC13	—	—	—	—	—	—	—	—	—	—	—	—	—	0000 0000 0000 0000
LATC	02D0	LATC15	LATC14	LATC13	—	—	—	—	—	—	—	—	—	—	—	—	—	0000 0000 0000 0000
TRISD	02D2	—	—	—	—	—	—	—	—	—	—	—	—	—	—	TRISD1	TRISD0	0000 0000 0000 0011
PORTD	02D4	—	—	—	—	—	—	—	—	—	—	—	—	—	—	RD1	RD0	0000 0000 0000 0000
LATD	02D6	—	—	—	—	—	—	—	—	—	—	—	—	—	—	LATD1	LATD0	0000 0000 0000 0000
TRISE	02D8	—	—	—	—	—	—	—	TRISE8	—	—	TRISE5	TRISE4	TRISE3	TRISE2	TRISE1	TRISE0	0000 0001 0011 1111
PORTE	02DA	—	—	—	—	—	—	—	RE8	—	—	RE5	RE4	RE3	RE2	RE1	RE0	0000 0000 0000 0000
LATE	02DC	—	—	—	—	—	—	—	LATE8	—	—	LATE5	LATE4	LATE3	LATE2	LATE1	LATE0	0000 0000 0000 0000
TRISF	02EE	—	—	—	—	—	—	—	—	—	—	—	—	TRISF3	TRISF2	—	—	0000 0000 0000 1100
PORTF	02E0	—	—	—	—	—	—	—	—	—	—	—	—	RF3	RF2	—	—	0000 0000 0000 0000
LATF	02E2	—	—	—	—	—	—	—	—	—	—	—	—	LATF3	LATF2	—	—	0000 0000 0000 0000

表 9-2 dsPIC30F3010/4011 端口寄存器映射表

寄存器	地址	15	14	13	12	11	10	9	8	7	6	5	4	3	2	1	0	复位状态
TRISB	02C6	—	—	—	—	—	—	—	TRISB8	TRISB7	TRISB6	TRISB5	TRISB4	TRISB3	TRISB2	TRISB1	TRISB0	0000,0001,1111,1111
PORTB	02C8	—	—	—	—	—	—	—	RB8	RB7	RB6	RB5	RB4	RB3	RB2	RB1	RB0	0000,0000,0000,0000
LATB	02CA	—	—	—	—	—	—	—	LATB8	LATB7	LATB6	LATB5	LATB4	LATB3	LATB2	LATB1	LATB0	0000,0000,0000,0000
TRISC	02CC	TRISC15	TRISC14	TRISC13	—	—	—	—	—	—	—	—	—	—	—	—	—	1110,0000,0000,0000
PORTC	02CE	RC15	RC14	RC13	—	—	—	—	—	—	—	—	—	—	—	—	—	0000,0000,0000,0000
LATC	02D0	LATC15	LATC14	LATC13	—	—	—	—	—	—	—	—	—	—	—	—	—	0000,0000,0000,0000
TRISD	02D2	—	—	—	—	—	—	—	—	—	—	—	—	TRISD3	TRISD2	TRISD1	TRISD0	0000,0000,0000,1111
PORTD	02D4	—	—	—	—	—	—	—	—	—	—	—	—	RD3	RD2	RD1	RD0	0000,0000,0000,0000
LATD	02D6	—	—	—	—	—	—	—	—	—	—	—	—	LATD3	LATD2	LATD1	LATD0	0000,0000,0000,0000
TRISE	02D8	—	—	—	—	—	—	—	TRISE8	—	—	TRISE5	TRISE4	TRISE3	TRISE2	TRISE1	TRISE0	0000,0001,0011,1111
PORTE	02DA	—	—	—	—	—	—	—	RE8	—	—	RE5	RE4	RE3	RE2	RE1	RE0	0000,0000,0000,0000
LATE	02DC	—	—	—	—	—	—	—	LATE8	—	—	LATE5	LATE4	LATE3	LATE2	LATE1	LATE0	0000,0000,0000,0000
TRISF	02EE	—	—	—	—	—	—	—	—	—	TRISF6	TRISF5	TRISF4	TRISF3	TRISF2	TRISF1	TRISF0	0000,0000,0111,1111
PORTF	02E0	—	—	—	—	—	—	—	—	—	RF6	RF5	RF4	RF3	RF2	RF1	RF0	0000,0000,0000,0000
LATF	02E2	—	—	—	—	—	—	—	—	—	LATF6	LATF5	LATF4	LATF3	LATF2	LATF1	LATF0	0000,0000,0000,0000

表 9-3 dsPIC30F5015 端口寄存器映射表

寄存器	地址	15	14	13	12	11	10	9	8	7	6	5	4	3	2	1	0	复位状态
TRISA	02C0	—	—	—	—	—	—	—	—	—	—	—	—	—	—	—	—	0000 0000 0000 0000
PORTA	02C2	—	—	—	—	—	—	—	—	—	—	—	—	—	—	—	—	0000 0000 0000 0000
LATA	02C4	—	—	—	—	—	—	—	—	—	—	—	—	—	—	—	—	0000 0000 0000 0000
TRISB	02C6	TRISB15	TRISB14	TRISB13	TRISB12	TRISB11	TRISB10	TRISB9	TRISB8	TRISB7	TRISB6	TRISB5	TRISB4	TRISB3	TRISB2	TRISB1	TRISB0	1111 1111 1111 1111
PORTB	02C8	RB15	RB14	RB13	RB12	RB11	RB10	RB9	RB8	RB7	RB6	RB5	RB4	RB3	RB2	RB1	RB0	0000 0000 0000 0000
LATB	02CA	LATB15	LATB14	LATB13	LATB12	LATB11	LATB10	LATB9	LATB8	LATB7	LATB6	LATB5	LATB4	LATB3	LATB2	LATB1	LATB0	0000 0000 0000 0000
TRISC	02CC	TRISC15	TRISC14	TRISC13	—	—	—	—	—	—	—	—	—	—	—	—	—	1110 0000 0000 0000
PORTC	02CE	RC15	RC14	RC13	—	—	—	—	—	—	—	—	—	—	—	—	—	0000 0000 0000 0000
LATC	02D0	LATC15	LATC14	LATC13	—	—	—	—	—	—	—	—	—	—	—	—	—	0000 0000 0000 0000
TRISD	02D2	—	—	—	—	TRISD11	TRISD10	TRISD9	TRISD8	TRISD7	TRISD6	TRISD5	TRISD4	TRISD3	TRISD2	TRISD1	TRISD0	0000 1111 1111 1111
PORTD	02D4	—	—	—	—	RD11	RD10	RD9	RD8	RD7	RD6	RD5	RD4	RD3	RD2	RD1	RD0	0000 0000 0000 0000
LATD	02D6	—	—	—	—	LATD11	LATD10	LATD9	LATD8	LATD7	LATD6	LATD5	LATD4	LATD3	LATD2	LATD1	LATD0	0000 0000 0000 0000
TRISE	02D8	—	—	—	—	—	—	—	—	TRISE7	TRISE6	TRISE5	TRISE4	TRISE3	TRISE2	TRISE1	TRISE0	0000 0000 1111 1111
PORTE	02DA	—	—	—	—	—	—	—	—	RE7	RE6	RE5	RE4	RE3	RE2	RE1	RE0	0000 0000 0000 0000
LATE	02DC	—	—	—	—	—	—	—	—	LATE7	LATE6	LATE5	LATE4	LATE3	LATE2	LATE1	LATE0	0000 0000 0000 0000
TRISF	02EE	—	—	—	—	—	—	—	—	—	TRISF6	TRISF5	TRISF4	TRISF3	TRISF2	TRISF1	TRISF0	0000 0000 0111 1111
PORTF	02E0	—	—	—	—	—	—	—	—	—	RF6	RF5	RF4	RF3	RF2	RF1	RF0	0000 0000 0000 0000
LATF	02E2	—	—	—	—	—	—	—	—	—	LATF6	LATF5	LATF4	LATF3	LATF2	LATF1	LATF0	0000 0000 0000 0000
TRISG	02E4	—	—	—	—	—	—	TRISG9	TRISG8	TRISG7	—	—	—	TRISG3	TRISG2	—	—	0000 0011 1100 1100
PORTG	02E6	—	—	—	—	—	—	RG9	RG8	RG7	RG6	—	—	RG3	RG2	—	—	0000 0000 0000 0000
LATG	02E8	—	—	—	—	—	—	LATG9	LATG8	LATG7	LATG6	—	—	LATG3	LATG2	—	—	0000 0000 0000 0000

表 9-4　dsPIC30F5016/6010 端口寄存器映射表

寄存器	地址	BIT 15	14	13	12	11	10	9	8	7	6	5	4	3	2	1	0	复位状态
TRISA	02C0	TRISA15	TRISA14	—	—	—	TRISA10	TRISA9	—	—	—	—	—	—	—	—	—	1100.0110.0000.0000
PORTA	02C2	RA15	RA14	—	—	—	RA10	RA9	—	—	—	—	—	—	—	—	—	0000.0000.0000.0000
LATA	02C4	LATA15	LATA14	—	—	—	LATA10	LATA9	—	—	—	—	—	—	—	—	—	0000.0000.0000.0000
TRISB	02C6	TRISB15	TRISB14	TRISB13	TRISB12	TRISB11	TRISB10	TRISB9	TRISB8	TRISB7	TRISB6	TRISB5	TRISB4	TRISB3	TRISB2	TRISB1	TRISB0	1111.1111.1111.1111
PORTB	02C8	RB15	RB14	RB13	RB12	RB11	RB10	RB9	RB8	RB7	RB6	RB5	RB4	RB3	RB2	RB1	RB0	0000.0000.0000.0000
LATB	02CA	LATB15	LATB14	LATB13	LATB12	LATB11	LATB10	LATB9	LATB8	LATB7	LATB6	LATB5	LATB4	LATB3	LATB2	LATB1	LATB0	0000.0000.0000.0000
TRISC	02CC	TRISC15	TRISC14	TRISC13	—	—	—	—	—	—	—	—	—	TRISC3	—	TRISC1	—	1110.0000.0000.1010
PORTC	02CE	RC15	RC14	RC13	—	—	—	—	—	—	—	—	—	RC3	—	RC1	—	0000.0000.0000.0000
LATC	02D0	LATC15	LATC14	LATC13	—	—	—	—	—	—	—	—	—	LATC3	—	LATC1	—	0000.0000.0000.0000
TRISD	02D2	TRISD15	TRISD14	TRISD13	TRISD12	TRISD11	TRISD10	TRISD9	TRISD8	TRISD7	TRISD6	TRISD5	TRISD4	TRISD3	TRISD2	TRISD1	TRISD0	1111.1111.1111.1111
PORTD	02D4	RD15	RD14	RD13	RD12	RD11	RD10	RD9	RD8	RD7	RD6	RD5	RD4	RD3	RD2	RD1	RD0	0000.0000.0000.0000
LATD	02D6	LATD15	LATD14	LATD13	LATD12	LATD11	LATD10	LATD9	LATD8	LATD7	LATD6	LATD5	LATD4	LATD3	LATD2	LATD1	LATD0	0000.0000.0000.0000
TRISE	02D8	—	—	—	—	—	—	TRISE9	TRISE8	TRISE7	TRISE6	TRISE5	TRISE4	TRISE3	TRISE2	TRISE1	TRISE0	0000.0011.1111.1111
PORTE	02DA	—	—	—	—	—	—	RE9	RE8	RE7	RE6	RE5	RE4	RE3	RE2	RE1	RE0	0000.0000.0000.0000
LATE	02DC	—	—	—	—	—	—	LATE9	LATE8	LATE7	LATE6	LATE5	LATE4	LATE3	LATE2	LATE1	LATE0	0000.0000.0000.0000
TRISF	02EE	—	—	—	—	—	—	—	TRISF8	TRISF7	TRISF6	TRISF5	TRISF4	TRISF3	TRISF2	TRISF1	TRISF0	0000.0001.1111.1111
PORTF	02E0	—	—	—	—	—	—	—	RF8	RF7	RF6	RF5	RF4	RF3	RF2	RF1	RF0	0000.0000.0000.0000
LATF	02E2	—	—	—	—	—	—	—	LATF8	LATF7	LATF6	LATF5	LATF4	LATF3	LATF2	LATF1	LATF0	0000.0000.0000.0000
TRISG	02E4	—	—	—	—	—	—	TRISG9	TRISG8	TRISG7	TRISG6	—	—	TRISG3	TRISG2	TRISG1	TRISG0	0000.0011.1100.1111
PORTG	02E6	—	—	—	—	—	—	RG9	RG8	RG7	RG6	—	—	RG3	RG2	RG1	RG0	0000.0000.0000.0000
LATG	02E8	—	—	—	—	—	—	LATG9	LATG8	LATG7	LATG6	—	—	LATG3	LATG2	LATG1	LATG0	0000.0000.0000.0000

- 写 LATx 寄存器就是将数据值写入该端口锁存器。
- 读 PORTx 寄存器就是读取 I/O 引脚上的数据值。
- 读 LATx 寄存器就是读取保存在该端口锁存器中的数据值。

对某个器件无效的任何位以及与其相关的数据和控制寄存器都将被禁止。这意味着对应的 LATx 和 TRISx 寄存器以及该端口引脚将读作 0。

9.2 外设复用

当某个外设使能时，与其相关的引脚将被禁止作为通用 I/O 引脚使用。可以通过输入数据路径读该 I/O 引脚，但该 I/O 端口位的输出驱动器将被禁止。

与另一个外设共用一个引脚的 I/O 端口总是服从于该外设，外设的输出缓冲器数据和控制信号提供给一对多路开关，该多路开关选择是外设还是相关的端口拥有输出数据的所有权以及 I/O 引脚的控制信号。图 9-2 显示了端口如何与其他外设共用，以及与外设连接的相关 I/O 引脚。

注意：为了将 PORTB 引脚用作数字 I/O，ADPCFG 寄存器中的相应位必须置为 1（即使关闭了 A/D 模块也应如此）。

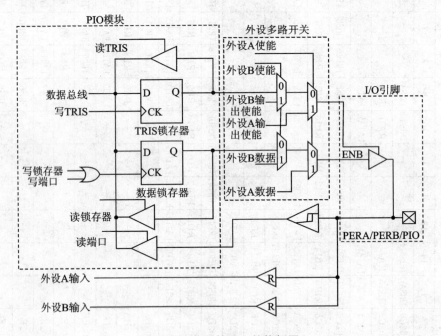

图 9-2 共用的端口结构框图

I/O 与多个外设复用

对于有些 dsPIC30F 器件，尤其是那些带有少量 I/O 引脚数较少的器件，其每个 I/O 引脚可能要复用多种外设功能。图 9-2 所示为 2 个外设与同一个 I/O 引脚复用的示例。

I/O 引脚的名称定义了与该引脚相关的各个功能的优先级。如图 9-2 所示，概念化的 I/O 引脚与 2 个外设复用(外设 A 和外设 B)，并命名为 PERA/PERB/PIO。

已为 I/O 引脚选择了适当的名称，以便用户可以方便地识别分配给该引脚的功能的优先级。对于图 9-2 中的示例，外设 A 对引脚的控制具有最高优先权。若外设 A 和外设 B 同时使能，外设 A 将控制 I/O 引脚。

1. 软件输入引脚控制

分配给某个 I/O 引脚的一些功能可能是那些不控制引脚输出驱动器的输入功能，这类外设的一个示例就是输入捕捉模块。如果使用相应的 TRIS 控制位将与输入捕捉相关的 I/O 引脚配置为输出引脚，用户可以通过其相应的 PORT 寄存器手动影响输入捕捉引脚的状态。这种做法在有些情形下很有用，尤其适用于当没有外部信号连接到输入引脚的情况下进行测试。

参见图 9-2，外设多路开关的结构将决定外设输入引脚是否可以通过使用 PORT 寄存器用软件来控制。若图中所示的概念化的外设在功能上被使能，则会断开 I/O 引脚与端口数据的连接。

一般而言，下列外设允许通过 PORT 寄存器来手动控制其输入引脚：
➢ 外部中断引脚。
➢ 定时器时钟输入引脚。
➢ 输入捕捉引脚。
➢ PWM 故障引脚。

大多数串行通信外设在使能时，将完全控制 I/O 引脚，所以不能通过相应的 PORT 寄存器影响与该外设相关的输入引脚。这些外设列举如下：
➢ SPITM。
➢ I^2CTM。
➢ DCI。
➢ UART。
➢ CAN。

2. 模拟端口引脚的配置

ADPCFG 和 TRIS 寄存器用于控制 A/D 端口引脚的操作。想要作为模拟输入的端口引脚，必须使与其对应的 TRIS 寄存器的位被置 1(输入)。如果 TRIS 的位被清零(输出)，数字输出电平(VOH 或 VOL)将会被转换。

当读 PORT 寄存器的时候,所有配置为模拟输入通道的引脚将会错误地读作零(1个低电平)。配置为数字输入的引脚不会转换模拟输入。定义为数字输入(包括 ANx 脚)的任何引脚上的模拟电平,可能引起输入缓冲器消耗超出芯片规定的电流。

端口方向的改变或在同一端口读操作和写操作,之间需要 1 个指令周期,典型的是 1 个 NOP 指令。

例如:

```
MOV 0xFF00, W0      ;配置 PORTB<15:8>输入
MOV W0, TRISBB      ;和 PORTB<7:0>输出
NOP                 ;延迟 1 个指令周期
BTSS PORTB, #13     ;下一条指令
```

9.3 端口描述

可用的 I/O 端口和外设复用详情的介绍,请参阅第 2 章的表 2-2。

9.4 电平变化通知引脚

电平变化通知(Change Notification,简称 CN)引脚使 dsPIC30F 器件能够向处理器发出中断请求,以响应所选择的输入引脚上的状态变化。可以选择(使能)多达 24 个输入引脚来产生 CN 中断,可用的 CN 输入引脚总数取决于所选的 dsPIC30F 器件。更多详细信息请参阅第 2 章的表 2-2。

图 9-3 显示了 CN 硬件的基本功能。

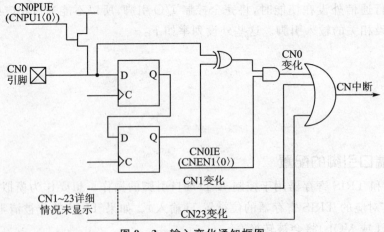

图 9-3 输入变化通知框图

9.4.1 CN 控制寄存器

有 4 个与 CN 模块相关的控制寄存器(见寄存器 9-1~9-4,其中,-0 表示上电复位时清零;R 表示可读位;W 表示可写位;U 表示未用位,读作 0)。CNEN1(输入变化通知中断使能寄存器 1)和 CNEN2(输入变化通知中断使能寄存器 2)寄存器包含 CNxIE 控制位,其中 x 表示 CN 输入引脚的编号。要让某个 CN 输入引脚中断 CPU,必须将其 CNxIE 位置 1。寄存器 CNPU1(输入变化通知上拉使能寄存器 1)和 CNPU2(输入变化通知上拉使能寄存器 2)包含 CNxPUE 控制位。每个 CN 引脚连接着一个弱上拉器件,该器件可以通过 CNxPUE 控制位使能或禁止。弱上拉器件充当连接到该引脚的电流源,并且当连接了按钮或键盘设备时,有了该器件即可不再需要外部电阻。

寄存器 9-1 CNEN1

R/W-0	R/W-0	R/W-0	R/W-0	R/W-0	R/W-0	R/W-0	R/W-0
CN15IE	CN14IE	CN13IE	CN12IE	CN11IE	CN10IE	CN9IE	CN8IE
bit 15			高字节				bit 8
R/W-0	R/W-0	R/W-0	R/W-0	R/W-0	R/W-0	R/W-0	R/W-0
CN7IE	CN6IE	CN5IE	CN4IE	CN3IE	CN2IE	CN1IE	CN0IE
bit 7			低字节				bit 0

bit 15~0 CNxIE 输入变化通知中断使能位。
  1 允许输入电平变化中断。
  0 禁止输入电平变化中断。

寄存器 9-2 CNEN2

R/W-0	R/W-0	R/W-0	R/W-0	R/W-0	R/W-0	R/W-0	R/W-0
—	—	—	—	—	—	—	—
bit 15			高字节				bit 8
R/W-0	R/W-0	R/W-0	R/W-0	R/W-0	R/W-0	R/W-0	R/W-0
CN23IE	CN22IE	CN21IE	CN20IE	CN19IE	CN18IE	CN17IE	CN16IE
bit 7			低字节				bit 0

bit 15~8 未用 读作 0。
bit 7~0 CNxIE 输入变化通知中断使能位。
  1 允许输入电平变化中断。
  0 禁止输入电平变化中断。

寄存器 9-3 CNPU1

R/W-0	R/W-0	R/W-0	R/W-0	R/W-0	R/W-0	R/W-0	R/W-0
CN15PUE	CN14PUE	CN13PUE	CN12PUE	CN11PUE	CN10PUE	CN19PUE	CN8PUE
bit 15			高字节				bit 8
R/W-0	R/W-0	R/W-0	R/W-0	R/W-0	R/W-0	R/W-0	R/W-0
CN7PUE	CN6PUE	CN5PUE	CN4PUE	CN3PUE	CN2PUE	CN1PUE	CN0PUE
bit 7			低字节				bit 0

bit 15~0 CNxPUE 输入变化通知上拉使能位。

    1 使能输入电平变化上拉。

    0 禁止输入电平变化上拉。

寄存器 9-4 CNPU2

U-0	U-0	U-0	U-0	U-0	U-0	U-0	U-0
—	—	—	—	—	—	—	—
bit 15			高字节				bit 8
R/W-0	R/W-0	R/W-0	R/W-0	R/W-0	R/W-0	R/W-0	R/W-0
CN23PUE	CN22PUE	CN21PUE	CN20PUE	CN19PUE	CN18PUE	CN17PUE	CN16PUE
bit 7			低字节				bit 0

bit 15~8 未用 读作 0。

bit 7~0 CNxPUE 输入变化通知上拉使能位。

    1 使能输入电平变化上拉。

    0 禁止输入电平变化上拉。

9.4.2 CN 的配置和操作

CN 引脚配置如下：

① 通过将 TRISx 寄存器中的相关位置 1，确保 CN 引脚配置为数字输入引脚。

② 通过将 CNEN1 和 CNEN2 寄存器中的相应位置 1，允许所选择的 CN 引脚中断。

③ 如果想打开所选择的 CN 引脚的弱上拉器件，请将 CNPU1 和 CNPU2 寄存器中的相应位置 1。

④ 清零中断标志位 CNIF(IFS0<15>)。

⑤ 使用 CNIP<2:0>控制位(IPC3<14:12>)为 CN 中断选择所需的中断优先级。

⑥ 使用 CNIE(IEC0<15>)控制位允许 CN 中断。

当 CN 中断发生时，用户应该读与该 CN 引脚相关的 PORT 寄存器。这样做将清除引脚电平不匹配条件,并设置 CN 逻辑电路,以检测下一次引脚电平变化。可以将当前的端口值与上一次 CN 中断时得到的端口读出值比较,来确定发生过变化的引脚。

9.4.3 休眠和空闲模式下的 CN 工作

CN 模块在休眠或空闲模式下继续工作。如果使能的 CN 引脚中之一改变了状态,CNIF(IFS0<15>)状态位将被置 1。如果置位 CNIE 位(IEC0<15>),器件将从休眠或空闲模式唤醒并恢复工作。

如果为 CN 中断分配的优先级等于或低于当前 CPU 的优先级,器件则会从紧随 SLEEP 或 IDLE 指令后的那条指令继续执行。

如果为 CN 中断分配的优先级高于当前 CPU 的优先级,器件将从 CN 中断向量地址继续执行。

第 10 章

定时器

根据具体器件的不同，dsPIC30F 电机和电源控制系列器件提供了 3～5 个 16 位定时器。这些定时器被指定为 Timer1、Timer2、Timer3 等。

每个定时器模块均为 16 位定时器/计数器，是由下列可读/写寄存器组成的：
- TMRx　16 位定时器计数寄存器。
- PRx　与该定时器相关的 16 位周期寄存器。
- TxCON　与该定时器相关的 16 位控制寄存器。

每个定时器模块还有与中断控制相关的位：
- 中断使能控制位(TxIE)。
- 中断标志状态位(TxIF)。
- 中断优先级控制位(TxIP<2：0>)。

16 位定时器分为 3 种类型，以区分其功能上的差异：
- A 类型时基。
- B 类型时基。
- C 类型时基。

有些 16 位定时器可以组合成为 32 位定时器。

本章不介绍与外设器件相关的专用定时器。例如，其中包括与电机控制 PWM 模块和正交编码器接口(QEI)模块相关的时基，这些专用定时器的有关内容分别在第 13 章和第 14 章中介绍。

10.1　定时器的类型

除了某些例外之处，dsPIC30F 器件上所有可用的 16 位定时器在功能上是相同的。这些 16 位定时器分为 3 种功能类型：A 类型定时器、B 类型定时器和 C 类型定时器。

注意：有关可用的定时器和每个定时器的编号，请参阅第 2 章的表 2-2 所示的 dsPIC30F 电机控制和电源变换系列芯片引脚说明。

10.1.1 A 类型定时器

图 10-1 显示了 A 类型定时器的框图。

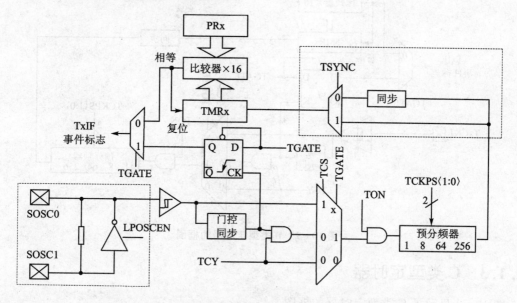

注：有关使能 LP 振荡器的信息，请参阅第 20 章有关振荡器的内容。

图 10-1 A 类型定时器的框图

在大多数 dsPIC30F 器件上，至少有一个 A 类型定时器。对于大多数 dsPIC30F 器件，Timer1 是 A 类型定时器。A 类型定时器与其他类型的定时器相比，有下列独特的功能：

➢ 可以使用器件的低功耗 32 kHz 振荡器作为时钟源工作。
➢ 可以在使用外部时钟源的异步模式下工作。

尤其是，A 类型定时器独特的功能使它可以用作实时时钟（Real-Time Clock，简称 RTC）。

10.1.2 B 类型定时器

图 10-2 显示了 B 类型定时器的框图。

在大多数 dsPIC30F 器件上，如果存在 Timer2 和 Timer4，则它们是 B 类型定时器。与其他类型的定时器相比，B 类型定时器有下列独特的功能：

➢ 可以和 C 类型定时器相连，形成 32 位定时器。B 类型定时器的 TxCON 寄存器具备 T32 控制位，用来使能 32 位定时器功能。
➢ 时钟同步在预分频逻辑后执行。

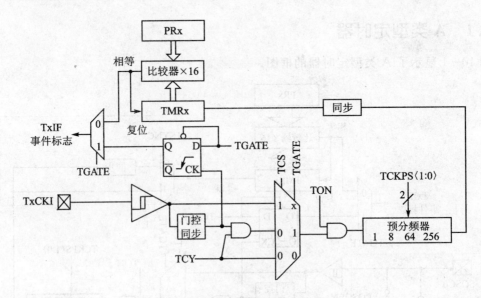

图 10-2 B 类型定时器的框图

10.1.3 C 类型定时器

图 10-3 显示了 C 类型定时器的框图。

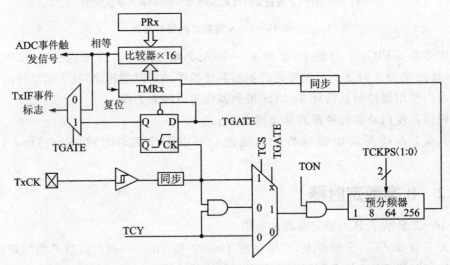

注：在 dsPIC30F 系列中的某些器件上，可能没有 TxCK 引脚。I/O 引脚的详细信息请参阅器件数据手册。在这种情形下，该定时器必须使用系统时钟(FOSC/4)作为其输入时钟，除非它被配置为 32 位工作模式。

图 10-3 C 类型定时器的框图

在大多数 dsPIC30F 器件上，Timer3 和 Timer5 是 C 类型定时器。与其他类型的定时器相比，C 类型定时器有下列独特的功能：
> 可以和 B 类型定时器相连，形成 32 位定时器。
> 在某个给定的器件上，至少有 1 个 C 类型定时器能够触发 A/D 转换。

10.2 控制寄存器

寄存器 10-1～10-3 中，-0 表示上电复位时清零；U 表示未用位，读作 0；R 表示可读位；W 表示可写位。

寄存器 10-1　A 类型时基寄存器

R/W-0	U-0	R/W-0	U-0	U-0	U-0	U-0	U-0
TON	—	TSIDL	—	—	—	—	—
bit 15				高字节			bit 8

U-0	R/W-0	R/W-0	R/W-0	U-0	R/W-0	R/W-0	U-0
—	TGATE	TCKPS1	TCKPS0	—	TSYNC	TCS	—
bit 7				低字节			bit 0

bit 15　TON　定时器开控制位。
　　1　启动定时器。
　　0　停止定时器。

bit 14　未用　读作 0。

bit 13　TSIDL　空闲模式停止位。
　　1　当器件进入空闲模式时，定时器不继续工作。
　　0　在空闲模式定时器继续工作。

bit 12～7　未用　读作 0。

bit 6　TGATE　定时器门控时间累加使能位。
　　1　门控时间累加使能。
　　0　门控时间累加禁止。
　　（当 TGATE=1 时，TCS 必须设置为 0。如果 TCS=1，则该位读作 0）。

bit 5～4　TCKPS<1：0>　定时器输入时钟预分频选择位。
　　11　预分频比是 1：256。
　　10　预分频比是 1：64。
　　01　预分频比是 1：8。
　　00　预分频比是 1：1。

bit 3 未用 读作 0。

bit 2 TSYNC 定时器外部时钟输入同步选择位。

    当 TCS=1 时：

    1 同步外部时钟输入。

    0 不同步外部时钟输入。

    当 TCS=0 时：

    此位被忽略，读作 0，Timer1 使用内部时钟。

bit 1 TCS 定时器时钟源选择位。

    1 来自 TxCK 引脚的外部时钟。

    0 内部时钟（$F_{\text{OSC}}/4$）。

bit 0 未用 读作 0。

寄存器 10-2 B 类型时基寄存器

R/W-0	U-0	R/W-0	U-0	U-0	U-0	U-0	U-0
TON	—	TSIDL	—	—	—	—	—
bit 15				高字节			bit 8

U-0	R/W-0	R/W-0	R/W-0	R/W-0	R/W-0	R/W-0	U-0
—	TGATE	TCKPS1	TCKPS0	T32	—	TSC	—
bit 7				低字节			bit 0

bit 15 TON 定时器开控制位。

    当 T32=1（处于 32 位定时器模式）时：

    1 启动 32 位 TMRx:TMRy 定时器对。

    0 停止 32 位 TMRx:TMRy 定时器对。

    当 T32=0（处于 16 位定时器模式）时：

    1 启动 16 位定时器。

    0 停止 16 位定时器。

bit 14 未用 读作 0。

bit 13 TSIDL 空闲模式停止位。

    1 当器件进入空闲模式时，定时器停止工作。

    0 在空闲模式定时器继续工作。

bit 12～7 未用 读作 0。

bit 6 TGATE 定时器门控时间累加使能位。

    1 定时器门控时间累加使能。

    0 定时器门控时间累加禁止

（当 TGATE=1 时，TCS 必须设置为逻辑 0）

bit 5～4 TCKPS<1:0>　定时器输入时钟预分频选择位。
  11　预分频比是 1:256。
  10　预分频比是 1:64。
  01　预分频比是 1:8。
  00　预分频比是 1:1。

bit 3 T32　32 位定时器模式选择位。
  1　TMRx 和 TMRy 形成 32 位定时器。
  0　TMRx 和 TMRy 为独立的 16 位定时器。

bit 2 未用　读作 0。

bit 1 TCS　定时器时钟源选择位。
  1　来自 TxCK 引脚的外部时钟。
  0　内部时钟(FOSC/4)。

bit 0 未用　读作 0。

寄存器 10-3　C 类型时基寄存器

R/W-0	U-0	R/W-0	U-0	U-0	U-0	U-0	U-0
TON	—	TSIDL	—	—	—	—	—
bit 15				高字节			bit 8

U-0	R/W-0	R/W-0	R/W-0	U-0	U-0	R/W-0	U-0
—	TGATE	TCKPS1	TCKPS0	—	—	TCS	—
bit 7				低字节			bit 0

bit 15 TON　定时器开控制位。
  1　启动 16 位 TMRx。
  0　停止 16 位 TMRx。

bit 14 未用　读作 0。

bit 13 TSIDL　空闲模式停止位。
  1　当器件进入空闲模式时，模块停止工作。
  0　在空闲模式模块继续工作。

bit 12～7 未用　读作 0。

bit 6 TGATE　定时器门控时间累加使能位。
  1　定时器门控时间累加使能。
  0　定时器门控时间累加禁止(如果 TCS=1,则读作 0)。

（当 TGATE=1 时，TCS 必须设置为逻辑 0）

bit 5~4 TCKPS<1:0>　定时器输入时钟预分频选择位。
　　11　预分频比是 1:256。
　　10　预分频比是 1:64。
　　01　预分频比是 1:8。
　　00　预分频比是 1:1。
bit 3~2 未用　读作 0。
bit 1 TCS　定时器时钟源选择位。
　　1　来自 TxCK 引脚的外部时钟。
　　0　内部时钟(FOSC/4)。
bit 0 未用　读作 0。
其他与定时器模块相关的特殊功能寄存器信息请参看表 10-1。

10.3　工作模式

每个定时器模块可以工作在以下几种模式之一：
➢ 作为同步定时器。
➢ 作为同步计数器。
➢ 作为门控定时器。
➢ 作为异步计数器(仅 A 类型时基)。
定时器模式由下列位决定：
➢ TCS(TxCON<1>)　定时器时钟源控制位。
➢ TSYNC(T1CON<2>)　定时器同步控制位(仅 A 类型时基)。
➢ TGATE(TxCON<6>)　定时器门控控制位。
使用 TON 控制位(TxCON<15>)使能或禁止每个定时器模块。
注意：只有 A 类型时基支持外部异步时钟模式。

10.3.1　定时器模式

所有类型的定时器都可以在定时器模式下工作。在定时器模式下，定时器的输入时钟由内部系统时钟(FOSC/4)提供。当使能为该模式时，对于 1:1 的预分频器设置，定时器的计数值在每个指令周期都会加 1，通过清零 TCS 控制位(TxCON<1>)选择定时器模式。同步模式控制位 TSYNC(T1CON<2>)在该模式下不起作用，因为使用了系统时钟源产生定时器时钟。

例 10-1：使用系统时钟的 16 位定时器的初始化代码

表 10-1　与定时器模块相关的特殊功能寄存器

SFR 名称	地址	bit 15	bit 14	bit 13	bit 12	bit 11	bit 10	bit 9	bit 8	bit 7	bit 6	bit 5	bit 4	bit 3	bit 2	bit 1	bit 0	所有复位时的值
TMR1	0100	\multicolumn{16}{Timer1 寄存器}																0000 0000 0000 0000
PR1	0102	Timer1 周期寄存器																1111 1111 1111 1111
T1CON	0104	TON	—	TSIDL	—	—	—	—	—	—	TGATE	TCKPS1	TCKPS0	—	TSYNC	TCS	—	0000 0000 0000 0000
TMR2	0106	Timer2 寄存器																0000 0000 0000 0000
TMR3HLD	0108	Timer3 保持寄存器（仅在 32 位模式下使用）																0000 0000 0000 0000
TMR3	010A	Timer3 寄存器																0000 0000 0000 0000
PR2	010C	Timer2 周期寄存器																1111 1111 1111 1111
PR3	010E	Timer3 周期寄存器																1111 1111 1111 1111
T2CON	0110	TON	—	TSIDL	—	—	—	—	—	—	TGATE	TCKPS1	TCKPS0	T32	—	TCS	—	0000 0000 0000 0000
T3CON	0112	TON	—	TSIDL	—	—	—	—	—	—	TGATE	TCKPS1	TCKPS0	—	—	TCS	—	0000 0000 0000 0000
TMR4	0114	Timer4 寄存器																0000 0000 0000 0000
TMR5HLD	0116	Timer4 保持寄存器（仅在 32 位模式下使用）																0000 0000 0000 0000
TMR5	0118	Timer5 寄存器																0000 0000 0000 0000
PR4	011A	Timer4 周期寄存器																1111 1111 1111 1111
PR5	011C	Timer5 周期寄存器																1111 1111 1111 1111
T4CON	011E	TON	—	TSIDL	—	—	—	—	—	—	TGATE	TCKPS1	TCKPS0	T32	—	TCS	—	0000 0000 0000 0000
T5CON	0120	TON	—	TSIDL	—	—	—	—	—	—	TGATE	TCKPS1	TCKPS0	—	—	TCS	—	0000 0000 0000 0000
IFS0	0084	CNIF	MI2CIF	NVMIF	ADIF	—	—	U1TXIF	U1RXIF	SPI1IF	T3IF	T2IF	OC2IF	IC2IF	T1IF	OC1IF	INT0IF	0000 0000 0000 0000
IFS1	0086	IC6IF	IC5IF	IC4IF	IC3IF	C1IF	—	SPI2IF	U2TXIF	U2RXIF	INT2IF	T5IF	T4IF	OC4IF	OC3IF	IC7IF	IC8IF	0000 0000 0000 0000
IEC0	008C	CNIE	MI2CIE	NVMIE	ADIE	—	—	U1TXIE	U1RXIE	SPI1IE	T3IE	T2IE	OC2IE	IC2IE	T1IE	OC1IE	INT0IE	0000 0000 0000 0000
IEC1	008E	IC6IE	IC5IE	IC4IE	IC3IE	C1IE	—	SPI2IE	U2TXIE	U2RXIE	INT2IE	T5IE	T4IE	OC4IE	OC3IE	IC7IE	IC8IE	0000 0000 0000 0000
IPC0	0094	—	T1IP<2:0>			—	OC1IP<2:0>			—	IC1IP<2:0>			—	INT0IP<2:0>			0100 0100 0100 0100
IPC1	0096	—	T3IP<2:0>			—	T2IP<2:0>			—	OC2IP<2:0>			—	IC2IP<2:0>			0100 0100 0100 0100
IPC5	009E	—	INT2IP<2:0>			—	T5IP<2:0>			—	T4IP<2:0>			—	OC4IP<2:0>			0100 0100 0100 0100

注：阴影为未用位。不同器件的定时器可用寄存器映射范围不同，请参阅第 2 章的表 2-2 中具体器件的配置情况。

```
;下面代码范例允许定时器1中断
;装载定时器1周期寄存器并启动定时器1
;当定时器1周期匹配时中断发生,中断服务程序必须清定时器1中断状态标志
    CLR T1CON              ;停止定时器1和复位控制寄存器
    CLR TMR1               ;清定时器1寄存器的内容
    MOV #0xFFFF, W0        ;装载周期寄存器
    MOV W0, PR1            ;用数 0xFFFF
    BSET IPC0, #T1IP0      ;设置定时器1预期中断优先级
    BCLR IPC0, #T1IP1
    BCLR IPC0, #T1IP2      ;(本例赋予优先级1)
    BCLR IFS0, #T1IF       ;清定时器1中断状态标志
    BSET IEC0, #T1IE       ;允许定时器1中断
    BSET T1CON, #TON       ;用预分频器设置值启动定时器1
;以1:1并设置内部指令周期时钟源
;定时器1中断服务子程序例代码:
__T1Interrupt:
    BCLR IFS0, #T1IF       ;复位定时器1中断标志
;这里放用户代码段
    RETFIE                 ;从中断服务返回
```

10.3.2 使用外部时钟输入的同步计数器模式

当 TCS 控制位(TxCON<1>)置1时,定时器的时钟源由外部提供,所选的定时器在 TxCK 引脚上的输入时钟的每个上升沿进行加1计数。

必须为 A 类型时基使能外部时钟同步。这可通过将 TSYNC 控制位(TxCON<2>)置1来实现。对于 B 类型和 C 类型时基,外部时钟输入总是与系统指令周期时钟 TCY 同步。

当定时器在同步计数器模式下工作时,对外部时钟高电平和低电平有最短时间的要求。通过在1个指令周期内的2个不同时间对外部时钟信号进行采样,可以实现外部时钟源与器件指令时钟的同步。

使用同步的外部时钟源工作的定时器在休眠模式下不工作,因为同步电路在休眠模式下是关闭的。

注意:当在同步计数器模式下使用 Timerx 时,外部输入时钟必须满足一定的高电平和低电平的最短时间要求。

例 10-2:使用外部时钟输入的16位同步计数器模式的初始化代码

```
;下面代码范例将允许定时器1中断
;装载定时器1周期寄存器并用外部时钟和1:8预分频设置启动定时器1
;当定时器1周期匹配时中断发生,中断服务程序必须清定时器1中断状态标志
```

```
    CLR T1CON              ;停止定时器 1 和复位控制寄存器
    CLR TMR1               ;清定时器 1 寄存器的内容
    MOV #0x8CFF,W0         ;装载周期寄存器
    MOV W0,PR1             ;用数值 0x8CFF
    BSET IPC0,#T1IP0       ;设置定时器 1 预期中断优先级
    BCLR IPC0,#T1IP1
    BCLR IPC0,#T1IP2       ;(本例赋予优先级 1)
    BCLR IFS0,#T1IF        ;清定时器 1 中断状态标志
    BSET IEC0,#T1IE        ;允许定时器 1 中断
    MOV #0x8016,W0         ;用预分频器设置值 1:8 和外部时钟源启动定时器 1
    MOV W0,T1CON           ;时钟以同步模式
    ;定时器 1 中断服务子程序例代码:
__T1Interrupt:
    BCLR IFS0,#T1IF ;复位定时器 1 中断标志
    ;这里放用户代码段
    RETFIE                 ;从中断服务返回
```

10.3.3 使用外部时钟输入的 A 类型定时器异步计数器模式

通过使用连接到 TxCK 引脚的外部时钟源,A 类型时基能够在异步计数模式下工作。当 TSYNC 控制位(TxCON<2>)清零时,外部时钟输入不与器件系统时钟源同步。该时基继续进行与内部器件时钟异步的递增计数。

异步工作的时基对于以下应用是有益的:
➢ 时基可以在休眠模式下工作,并能够在发生周期寄存器匹配时产生中断,将唤醒处理器。
➢ 在实时时钟应用中,可以使用低功耗 32 kHz 振荡器作为时基的时钟源。

注意:
① 只有 A 类型时基支持异步计数器模式。
② 当在异步计数器模式下使用 Timerx 时,外部输入时钟必须满足一定的高电平和低电平最短时间要求。
③ 在异步模式下读 Timer1,可能会产生意外的结果。

例 10 - 3:使用外部时钟输入的 16 位异步计数器模式的初始化代码

```
    ;下面代码范例将允许定时器 1 中断
    ;装载定时器 1 周期寄存器并用异步外部时钟和 1:8 预分频设置启动定时器 1
    ;当定时器 1 周期匹配时中断发生,中断服务程序必须清定时器 1 中断状态标志
    CLR T1CON              ;停止定时器 1 和复位控制寄存器.
    CLR TMR1               ;清定时器 1 寄存器的内容
```

```
        MOV #0x7FFF, W0          ;装载周期寄存器
        MOV W0, PR1              ;用数值 0x7FFF
        BSET IPC0, #T1IP0        ;设置定时器1预期中断优先级
        BCLR IPC0, #T1IP1
        BCLR IPC0, #T1IP2        ;(本例赋予优先级1)
        BCLR IFS0, #T1IF         ;清定时器1中断状态标志
        BSET IEC0, #T1IE         ;允许定时器1中断
        MOV #0x8012, W0          ;用预分频器设置值1∶8和外部时钟源启动定时器1
        MOV W0, T1CON            ;时钟以异步模式
;定时器1中断服务子程序例代码：
__T1Interrupt：
        BCLR IFS0, #T1IF         ;复位定时器1中断标志
;这里放用户代码段
        RETFIE                   ;从中断服务返回
```

10.3.4 使用快速外部时钟源的定时器工作原理

在一些应用中，可能希望使用其中1个定时器为来自频率相对较高的外部时钟源的时钟沿计数。在这些情形中，A 类型和 B 类型时基是对外部时钟源计数最合适的选择，因为这些定时器的时钟同步逻辑位于定时器预分频器之后（参见图10-1和图10-2），这样就可能使用更高的外部时钟频率而不违反预分频器所要求的高电平和低电平最短时间。当为 A 类型或B 类型时基选择的定时器预分频器分频比不是1∶1时，外部时钟输入的高电平和低电平最短时间会被选择的预分频比减小。

A 类型时基是独特的，因为它可以在异步时钟模式下工作，从而消除了任何预分频器的时序要求。

注意：在所有情形中，都不能超出外部时钟信号的高电平和低电平最短时间要求。这些最短时间是满足 I/O 引脚的时序要求所必需的。

10.3.5 门控时间累加模式

门控时间累加模式允许内部定时器寄存器根据加在 TxCK 引脚上的高电平时间进行递增计数。在门控时间累加模式下，定时器时钟源来自于内部系统时钟。当 TxCK 引脚为高电平状态时，定时器寄存器将递增计数，直到发生周期匹配或 TxCK 引脚变为低电平状态。引脚状态从高电平到低电平的转变会将 TxIF 中断标志位置1。根据边沿发生的时间，中断标志位在 TxCK 引脚上信号下降沿产生后的1或2个指令周期置1（见图10-4）。

必须将 TGATE 控制位(TxCON<6>)置位以使能门控时间累加模式。必须使能定时器(TON(TxCON<15>)=1)，并且把内部时钟设置为定时器时钟源(TCS (TxCON<1>)=0)。

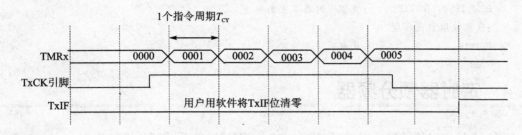

图 10-4 门控定时器模式工作

当加在 TxCK 引脚上的信号出现上升沿时,门控控制电路开始工作;当加在 TxCK 引脚上的信号出现下降沿时,门控控制电路终止工作。当外部门控信号为高电平时,对应的定时器将进行递增计数。

门控信号的下降沿会终止计数工作,但是不会复位定时器。如果想让定时器在门控输入信号的下 1 个上升沿出现时从零开始计数,用户必须复位该定时器,门控信号的下降沿产生中断。

注意:在门控时间累加模式下,当发生定时器周期匹配时,定时器不会中断 CPU。

定时器计数的精度与定时器时钟周期直接相关。对于预分频比为 1∶1 的定时器预分频器,定时器时钟周期为 1 个指令周期。对于预分频比为 1∶256 的定时器预分频器,定时器时钟周期为 256 个指令周期。可将定时器时钟精度与门控信号的脉冲宽度相联。

例 10-4:16 位门控时间累加模式的初始化代码

```
;下面代码范例将允许定时器 2 中断
;装载定时器 2 周期寄存器并用内部时钟和外部门控信号启动定时器 2
;在门控信号的下降沿定时器 2 中断发生
;中断服务程序必须清定时器 2 中断状态标志
CLR T2CON              ;停止定时器 2 和复位控制寄存器
CLR TMR2               ;清定时器 2 寄存器的内容
MOV #0xFFFF, W0        ;用数值 0xFFFF 装载周期寄存器
MOV W0, PR2
BSET IPC1, #T2IP0      ;设置定时器 2 预期中断优先级
BCLR IPC1, #T2IP1
BCLR IPC1, #T2IP2      ;(本例赋予优先级 1)
BCLR IFS0, #T2IF       ;清定时器 2 中断状态标志
BSET IEC0, #T2IE       ;允许定时器 2 中断
BSET T2CON, #TGATE     ;设立定时器 2 门控时间累加模式
BSET T2CON, #TON       ;Start Timer2
;定时器 2 中断服务子程序例代码:
__T2Interrupt:
```

```
    BCLR IFS0,＃T2IF       ;复位定时器2中断标志
    ;这里放用户代码段
    RETFIE                  ;从中断服务返回
```

10.4 定时器预分频器

所有16位定时器的输入时钟(FOSC/4 或外部时钟)的预分频比选项为 1∶1、1∶8、1∶64 和 1∶256。使用 TCKPS<1∶0>控制位(TxCON<5∶4>)选择时钟的预分频比。当发生以下情况中的任何一种时,预分频器计数器清零:
- 写 TMRx 寄存器。
- TON(TxCON<15>)清零。
- 任何器件复位。

注意:写 TxCON 时,TMRx 寄存器不会清零。

10.5 定时器中断

根据工作模式的不同,16位定时器可以在发生周期匹配或外部门控信号的下降沿出现时产生中断。

当下列条件之一为真时,TxIF 位置1:
- 定时器的计数值与对应的周期寄存器匹配,而且该定时器模块不工作在门控时间累加模式。
- 当定时器工作在门控时间累加模式下时,检测到门控信号的下降沿。

TxIF 位必须用软件清零。

通过对应的定时器中断使能位 TxIE,可以将定时器使能为中断源。此外,为了使该定时器成为中断源,必须对中断优先级位(TxIP<2∶0>)写入非零值。更多详细信息,请参阅第6章。

图 10-5 表示了定时器周期匹配时的中断时序。

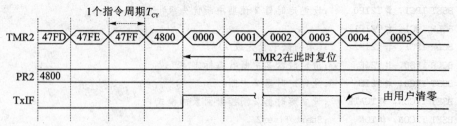

图 10-5 定时器周期匹配时的中断时序

注意：当周期寄存器装载了 0x0000 且定时器被使能时，会发生特殊情形。在这种配置下，将不会产生定时器中断。

10.6 读/写 16 位定时器模块寄存器

16 位定时器模块寄存器的读/写：
- 可以字节(8 位)或字(16 位)为单位写定时器模块的所有 SFR。
- 定时器模块的所有 SFR 只能作为 1 个字(16 位)读取。

10.6.1 写 16 位定时器

当定时器模块工作时，可以对该定时器及其对应的周期寄存器进行写操作。在执行字节写操作时用户应该意识到以下情况：

① 如果定时器正在递增计数，此时对定时器的低字节进行写操作，那么该定时器的高字节不受影响。如果将 0xFF 写入该定时器的低字节，则在此次写操作之后的下一个定时器计数时钟将使低字节计满返回到 0x00，并对定时器的高字节产生一个进位。

② 如果定时器正在递增计数，此时对定时器的高字节进行写操作，那么该定时器的低字节不受影响。如果当此次写操作发生时定时器的低字节为 0xFF，那么在下一个定时器计数时钟将从定时器低字节产生进位，并且该进位会使定时器的高字节加 1。

当通过一条指令将字或字节写入 TMRx 寄存器时，TMRx 寄存器的递增计数被屏蔽且在该指令周期内都不会发生递增计数。

在实时计时应用中，应该避免对使用异步时钟源的定时器进行写操作。更多的详细信息请参阅 10.3.1 小节。

10.6.2 读 16 位定时器

对定时器及其相关 SFR 的所有读操作必须以字为单位读取(16 位)，字节读取没有作用(将返回 0)。

当该模块工作时，可以对定时器及其对应的周期寄存器进行读操作。读 TMRx 寄存器不会阻止定时器在同一个指令周期进行递增计数。

10.7 低功耗 32 kHz 晶振输入

在各种不同的器件中，A 类型定时器模块均可使用低功耗 32 kHz 晶振用于实时时钟(RTC)应用。

- 当 LP 振荡器使能且该定时器被配置为使用外部时钟源时，LP 振荡器成为该定时器的时钟源。
- 通过将 OSCCON 寄存器中的 LPOSCEN 控制位置 1，可以使能 LP 振荡器。
- 32 kHz 晶振连接到 SOSCO/SOSCI 器件引脚。

更多详细信息，请参阅第 20 章的振荡器部分。

10.8　32 位定时器配置

B 类型和 C 类型 16 位定时器模块可以组合形成 32 位定时器模块。C 类型时基成为组成的定时器的 MSWord，而 B 类型时基是 LSWord。

当配置为 32 位工作时，B 类型时基的控制位控制 32 位定时器的工作。C 类型时基的 TxCON 寄存器中的控制位不起作用。组合的 32 位定时器使用 C 类型时基的中断使能、中断标志和中断优先级控制位进行中断控制。

在 32 位定时器工作中，不使用 B 类型时基的中断控制和状态位。

注意：关于可以组合的特定的 B 类型和 C 类型时基的信息，请参阅第 2 章表 2-2 中具体器件的功能模块配置。

以下的配置设置是假设 Timer3 是 C 类型时基，而 Timer2 是 B 类型时基：
- TON(T2CON<15>)=1。
- T32(T2CON<3>)=1。
- TCKPS<1:0>(T2CON<5:4>)用于为 Timer2 设置预分频器模式（B 类型时基）。
- TMR3：TMR2 寄存器对包含定时器模块的 32 位值；TMR3（C 类型时基）寄存器是该 32 位定时器值的最高有效字，而 TMR2（B 类型时基）寄存器是该 32 位定时器值的最低有效字。
- PR3：PR2 寄存器对包含 32 位周期值，该值用于与 TMR3：TMR2 定时器值作比较。
- T3IE(IEC0<7>)用于允许该配置的 32 位定时器中断。
- T3IF(IFS0<7>)用作该定时器中断的状态标志。
- T3IP<2:0>(IPC1<14:12>)为该 32 位定时器设置中断优先级。
- T3CON<15:0>是无关位。

图 10-6 中所示为使用 Timer2 和 Timer3 的 32 位定时器模块示例的框图。

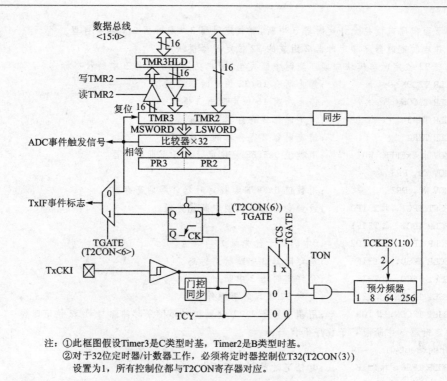

图 10-6　B 类型和 C 类型定时器对的框图

10.9　32 位定时器的工作模式

10.9.1　定时器模式

例 10-5 展示了如何在定时器模式下配置 32 位定时器。此例假设 Timer2 是 B 类型时基，而 Timer3 是 C 类型时基。对于 32 位定时器工作模式，必须将 T2CON 寄存器（B 类型时基）中的 T32 控制位置 1。当 Timer2 和 Timer3 被配置为 32 位定时器时，T3CON 控制位被忽略。只需要 T2CON 控制位用于设置和控制。32 位定时器模块使用 Timer2 时钟和门控输入，但是产生中断会将 T3IF 标志位置 1。Timer2 和 Timer3 分别是 32 位定时器的 LSWord 和 MSWord。来自 TMR2 的溢出（进位）使 TMR3 进行递增计数。32 位定时器进行递增计数，直到与由 PR2 和 PR3 组合形成的 32 位周期寄存器中预先装入的值相匹配，然后计满回零并继续计数。要使 32 位定时器能计数到最大值，把值 0xFFFFFFFF 装入 PR3:PR2。若允许中断，中断将在周期匹配时产生。

例 10-5：使用指令周期作为输入时钟的 32 位定时器的初始化代码

```
;下面代码范例将允许定时器 3 中断,装载定时器 3:定时器 2 周期寄存器
;并启动定时器 3 和定时器 2 组成的 32 位定时器模块
;当 32 位定时器模块周期匹配时中断发生,用户必须清定时器 3 中断状态标志
    CLR T2CON           ;停止所有 16/32 位定时器 2 操作
    CLR T3CON           ;停止所有 16 位定时器 3 操作
    CLR TMR3            ;清定时器 3 寄存器的内容
    CLR TMR2            ;清定时器 2 寄存器的内容
    MOV #0xFFFF, W0     ;用数值 0xFFFF 装载定时器 3 周期寄存器
    MOV W0, PR3
    MOV W0, PR2         ;用数值 0xFFFF 装载定时器 2 周期寄存器
    BSET IPC1, #T3IP0   ;设置定时器 3 预期中断优先级
    BCLR IPC1, #T3IP1
    BCLR IPC1, #T3IP2   ;(本例赋予优先级 1)
    BCLR IFS0, #T3IF    ;清定时器 3 中断状态标志
    BSET IEC0, #T3IE    ;允许定时器 3 中断
    BSET T2CON, #T32    ;允许 32 位定时器操作
    BSET T2CON, #TON    ;用预分频器 1:1 设置和内部指令时钟源启动 32 位定时器
;定时器 3 中断服务子程序例代码:
__T3Interrupt:
    BCLR IFS0, #T3IF    ;复位定时器 3 中断标志
;用户代码放这里.
    RETFIE              ;从中断服务返回
```

10.9.2 同步计数器模式

在同步计数器模式下,32 位定时器与 16 位定时器的工作方式类似。例 10-6 展示了如何在同步计数器模式下配置 32 位定时器。此示例假设 Timer2 是 B 类型时基,而 Timer3 是 C 类型时基。

例 10-6:使用外部时钟输入的 32 位同步计数器模式的初始化代码

```
;下面代码范例将允许定时器 3 中断,装载定时器 3:定时器 2 周期寄存器
;并启动定时器 3 和定时器 2 组成的 32 位定时器模块
;当 32 位定时器模块周期匹配时中断发生,用户必须清定时器 3 中断状态标志
    CLR T2CON           ;停止所有 16/32 位定时器 2 操作
    CLR T3CON           ;停止所有 16 位定时器 3 操作
    CLR TMR3            ;清定时器 3 寄存器的内容
    CLR TMR2            ;清定时器 2 寄存器的内容
    MOV #0xFFFF, W0     ;用数值 0xFFFF 装载定时器 3 周期寄存器
    MOV W0, PR3
    MOV W0, PR2         ;用数值 0xFFFF 装载定时器 2 周期寄存器
```

```
    BSET IPC1，#T3IP0        ;设置定时器3预期中断优先级
    BCLR IPC1，#T3IP1
    BCLR IPC1，#T3IP2        ;(本例赋予优先级1)
    BCLR IFS0，#T3IF         ;清定时器3中断状态标志
    BSET IEC0，#T3IE         ;允许定时器3中断
    MOV #0x801A，W0          ;使能32位定时器操作
    MOV W0，T2CON            ;并以1:8预分频器设置和外部时钟启动32位定时器
;定时器3中断服务子程序例代码:
__T3Interrupt:
    BCLR IFS0，#T3IF         ;复位定时器3中断标志
;用户代码放这里
    RETFIE                   ;从中断服务返回
```

10.9.3 异步计数器模式

由于B类型和C类型时基不支持异步外部时钟模式,所以,不支持任何32位异步计数器模式。

10.9.4 门控时间累加模式

在门控时间累加模式下,32位定时器与16位定时器工作方式类似。例10-7展示了如何在门控时间累加模式下配置32位定时器。此例假设Timer2是B类型时基,而Timer3是C类型时基。

例10-7：32位门控时间累加模式的初始化代码

```
;下面代码范例将允许定时器3中断,装载定时器3:定时器2周期寄存器
;并启动定时器3和定时器2组成的32位定时器模块
;当32位定时器模块周期匹配时定时器将仅翻转并继续计数
;而在T2CK的门控信号下降沿发生中断
;用户软件里必须清定时器3中断状态标志
    CLR T2CON                ;停止所有16/32位定时器2操作
    CLR T3CON                ;停止所有16位定时器3操作
    CLR TMR3                 ;清定时器3寄存器的内容
    CLR TMR2                 ;清定时器2寄存器的内容
    MOV #0xFFFF，W0          ;用数值0xFFFF装载定时器3周期寄存器
    MOV W0，PR3
    MOV W0，PR2              ;用数值0xFFFF装载定时器2周期寄存器
    BSET IPC1，#T3IP0        ;设置定时器3预期中断优先级
    BCLR IPC1，#T3IP1
    BCLR IPC1，#T3IP2        ;(本例赋予优先级1)
    BCLR IFS0，#T3IF         ;清定时器3中断状态标志
```

```
    BSET IEC0, #T3IE          ;允许定时器 3 中断
    MOV #0x804C, W0           ;使能 32 位定时器操作
    MOV W0, T2CON             ;并以门控时间累加模式启动 32 位定时器
;定时器 3 中断服务子程序例代码：
__T3Interrupt：
    BCLR IFS0, #T3IF          ;复位定时器 3 中断标志
    ;用户代码放这里
    RETFIE                    ;从中断服务返回
```

10.10 读/写 32 位定时器

为了使 32 位读/写操作在 32 位定时器的 LSWord 和 MSWord 之间同步，使用了额外的控制逻辑电路和保持寄存器（参见图 10-6）。每个 C 类型时基却有一个称为 TMRxHLD 的寄存器，当读/写该定时器寄存器对时使用它。只有其对应的定时器被配置为 32 位工作时，才会使用 TMRxHLD 寄存器。

假设 TMR3：TMR2 形成一个 32 位定时器对，用户应该首先从 TMR2 寄存器读取定时器值的 LSWord。读 LSWord 将会自动把 TMR3 的内容传送给 TMR3HLD 寄存器，然后用户可以读 TMR3HLD，以得到定时器值的 MSWord。下面的示例展示了此过程：

例 10-8：读 32 位定时器

```
;下面代码段读由定时器 3：定时器 2 寄存器对形成的 32 位定时器
;到寄存器 W1(MS Word)和 W0(LS Word)
    MOV TMR2, W0              ;传送 LSW 到 W0
    MOV TMR3HLD, W1           ;从保持寄存器传送 MSW 到 W1
```

要将值写入 TMR3：TMR2 寄存器对，用户应该首先将 MSWord 写入 TMR3HLD 寄存器。当定时器值的 LSWord 被写入 TMR2 时，TMR3HLD 的内容将会自动传送到 TMR3 寄存器。

10.11 低功耗状态下的定时器工作

10.11.1 休眠模式下的定时器工作

当器件进入休眠模式后，会禁止系统时钟。如果定时器模块使用内部时钟源（FOSC/4）运行，则该定时器也会被禁止。

可以使用定时器模块将器件从休眠模式唤醒，但是只有 Timer1 可以把器件从休眠模式唤醒。这是因为 Timer1 允许 TMR1 寄存器对外部的异步的时钟源进行递增计数。当 TMR1

寄存器与 PR1 寄存器的值相等时；如果已经使用 T1IE 控制位允许了 Timer1 中断，器件将从休眠模式唤醒。

A 类型定时器与其他定时器模块不同，因为它能使用外部时钟源异步工作。由于这个差别，A 类型时基模块可以在休眠模式下继续工作。要在休眠模式下工作，A 类型时基必须同时作如下配置：

➢ Timer1 模块使能，TON＝1(T1CON<15>)。
➢ 选择外部时钟源作为 Timer1 时钟源，TCS＝1(T1CON<1>＝1)。
➢ TSYNC 位(T1CON<2>)设置为逻辑 0(异步计数器模式使能)。

注意：只有 Timer1 模块才支持异步计数器工作模式。

当满足了上述所有条件后，当器件处于休眠模式时，Timer1 将继续计数并检测周期匹配。当定时器和周期寄存器发生匹配时，TxIF 位将被置 1 并可以产生中断，从而选择将器件从休眠模式唤醒。更多详细信息，请参阅第 20 章中的看门狗定时器和低功耗模式。

10.11.2　空闲模式下的定时器工作

当器件进入空闲模式时，系统时钟源保持工作，但 CPU 停止执行代码。定时器模块可以选择在空闲模式下继续工作。

TSIDL 位(TxCON<13>)选择在空闲模式下定时器模块是停止还是继续正常工作。如果 TSIDL＝0，在空闲模式下该模块将继续工作；如果 TSIDL＝1，在空闲模式下该模块将停止工作。

10.11.3　Timer1 中断唤醒器件应用示例

应用示例如图 10－7 所示，其中 Timer1(A 类型时基)由 32.768 kHz 的外部振荡器驱动。32.768 kHz 外部振荡器通常用于需要实时时钟的应用场合，但是在需要低功耗的应用场合也

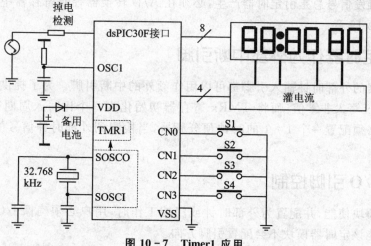

图 10－7　Timer1 应用

可以使用。Timer1 振荡器可将器件置于休眠状态而定时器仍将继续递增计数。当 Timer1 溢出时，中断会唤醒器件，从而更新相应的寄存器。

在此例中，32.768 kHz 的晶振被用作实时时钟的时基。如果时钟需要每隔 1 s 被更新 1 次，那么就必须将 1 个值装入周期寄存器 PR1，使它与 Timer1 以需要的速率匹配。每隔 1 s 就发生 Timer1 匹配事件的情形中，应该将值 0x8000 装入 PR1 寄存器。

注意：为了使实时时钟准确工作，永远不要对 TMR1 寄存器进行写操作。因为 Timer1 时钟源与系统时钟异步，对 TMR1 寄存器的写操作会破坏实时计数器的值，从而导致计时不准。

10.12 使用定时器模块的外设

10.12.1 输入捕捉/输出比较的时基

输入捕捉和输出比较外设可以选择 2 个定时器模块之一作为其时基，更多详细信息请参阅第 11 章和第 12 章。

10.12.2 A/D 特殊事件触发信号

在各个不同的器件上，在 16 位和 32 位模式下，当发生周期匹配时，C 类型时基都能够产生特殊 A/D 转换触发信号。该定时器模块为 A/D 采样逻辑电路提供了转换启动信号。

➤ 如果 T32＝0，当 16 位定时器寄存器（TMRx）与各自相应的 16 位周期寄存器（PRx）之间发生匹配时，会产生 A/D 特殊事件触发信号。

➤ 如果 T32＝1，当 32 位定时器寄存器（TMRx：TMRy）与对应的 32 位组合的周期寄存器（PRx：PRy）之间发生匹配时，会产生 A/D 特殊事件触发信号。

特殊事件触发信号总是由定时器产生，必须在 A/D 转换器控制寄存器中选择触发源，更多信息请参阅第 19 章。

10.12.3 定时器作为外部中断引脚

每个定时器的外部时钟输入引脚都可以用作额外的中断引脚。为了提供中断，对定时器周期寄存器 PRx 写入非零值，而将 TMRx 寄存器初始化为一个比写入周期寄存器的值小 1 的值。定时器必须配置一个 1∶1 的时钟预分频器，当检测到外部时钟信号的下一个上升沿时，将产生中断。

10.12.4 I/O 引脚控制

当定时器模块使能，并配置为外部时钟或门控工作时，用户必须确保 I/O 引脚方向被配置为输入。使能该定时器模块不会配置引脚方向。

第 11 章

输入捕捉

本章介绍输入捕捉模块及其相关的工作模式。输入捕捉模块用于在输入引脚上有事件发生时,捕捉来自 2 个可选时基之一的定时器值。输入捕捉功能在需要进行频率(时间周期)和脉冲测量的应用中是相当有用的。图 11-1 展示了输入捕捉模块的简化框图。

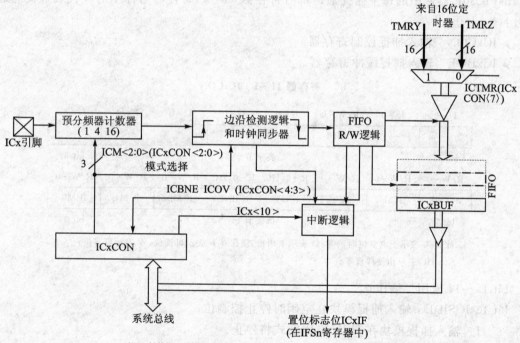

图 11-1 输入捕捉框图

关于某特定器件可用通道数量的信息请参阅第 2 章的表 2-2 中所示的有关具体器件配置。所有输入捕捉通道在功能上都是相同的。在本章中,引脚名称或寄存器名称中的 x 表示特定的输入捕捉通道。输入捕捉模块有多种工作模式,可通过 ICxCON 寄存器来选择。这些工作模式包括：
- 在 ICx 引脚输入电平的下降沿捕捉定时器值。
- 在 ICx 引脚输入电平的上升沿捕捉定时器值。
- 在 ICx 引脚输入电平的第 4 个上升沿捕捉定时器值。
- 在 ICx 引脚输入电平的第 16 个上升沿捕捉定时器值。
- 在 ICx 引脚输入电平的每个上升沿和下降沿捕捉定时器值。

输入捕捉模块有 4 级 FIFO 缓冲器。用户可以选择产生 CPU 中断所需要的捕捉事件数量。

11.1 输入捕捉寄存器

dsPIC30F 器件中的每个捕捉通道都有寄存器 11-1，寄存器名称中的 x 代表捕捉通道的编号：
- ICxCON　输入捕捉控制寄存器。
- ICxBUF　输入捕捉缓冲寄存器。

寄存器 11-1　ICxCON

U-0	U-0	R/W-0	U-0	U-0	U-0	U-0	U-0
—	—	ICSIDL	—	—	—	—	—
bit 15				高字节			bit 8

R/W-0	R/W-0	R/W-0	R-0,HC	R-0,HC	R/W-0	R/W-0	R/W-0
ICTMR	ICI1	ICI0	ICOV	ICBNE	ICM2	ICM1	ICM0
bit 7				低字节			bit 0

注：-0 表示上电复位时清零；U 表示未用位，读作 0；R 表示可读位；W 表示可写位；
HC 表示由硬件清零。

bit 15～14 未用　读作 0。

bit 13 ICSIDL　输入捕捉模块在空闲时停止控制位。
　　1　输入捕捉模块在 CPU 空闲模式将停止。
　　0　输入捕捉模块在 CPU 空闲模式将继续工作。

bit 12～8 未用　读作 0。

bit 7 ICTMR　输入捕捉定时器选择位。
　　1　捕捉事件时捕捉 TMR2 的内容。
　　0　捕捉事件时捕捉 TMR3 的内容。

注意：可供选择的定时器可能会和上述不同。具体信息请参阅第 2 章的表 2-2 中所列的有关器件配置情况或具体器件数据手册。

bit 6～5 ICI<1：0> 　每次中断的捕捉次数选择位。
  11　　每 4 次捕捉事件中断 1 次。
  10　　每 3 次捕捉事件中断 1 次。
  11　　每 2 次捕捉事件中断 1 次。
  10　　每 1 次捕捉事件中断 1 次。

bit 4 ICOV　　输入捕捉溢出状态标志（只读）位。
  1　　发生了输入捕捉溢出。
  0　　未发生输入捕捉溢出。

bit 3 ICBNE　　输入捕捉缓冲器空状态（只读）位。
  1　　输入捕捉缓冲器非空，至少可以再读 1 次捕捉值。
  0　　输入捕捉缓冲器为空。

bit 2～0 ICM<2：0> 　输入捕捉模式选择位。
  111　　当器件处于休眠或空闲模式时，输入捕捉仅用做中断引脚功能。
  （只检测上升沿，所有其他控制位都不适用。）
  110　　未使用（模块禁止）。
  101　　捕捉模式，每 16 个上升沿捕捉 1 次。
  100　　捕捉模式，每 4 个上升沿捕捉 1 次。
  011　　捕捉模式，每 1 个上升沿捕捉 1 次。
  010　　捕捉模式，每 1 个下降沿捕捉 1 次。
  001　　捕捉模式，每个边沿（上升沿和下降沿）捕捉 1 次。
  （ICI<1：0>不控制该模式下的中断产生。）
  000　　输入捕捉模块关闭。

11.2　定时器选择

每个 dsPIC30F 器件可能有 1 个或多个输入捕捉通道，每个通道都可以选择 2 个 16 位定时器之一作为时基。关于可以被选用的具体定时器，请参阅第 2 章的表 2-2 中所列的有关具体器件配置。

可以通过 ICTMR 控制位（ICxCON<7>）来实现定时器源的选择。定时器可以被设置为使用内部时钟源（FOSC/4）或使用在 TxCK 引脚上外接的同步外部时钟源。

11.3 输入捕捉事件模式

当ICx引脚上有事件发生时,输入捕捉模块捕捉所选的时基寄存器的16位值。可以被捕捉的事件分为下列3类:

① 简单捕捉事件模式:
- 在ICx引脚输入电平的下降沿捕捉定时器值。
- 在ICx引脚输入电平的上升沿捕捉定时器值。

② 每个边沿(上升和下降)都捕捉定时器值。

③ 预分频捕捉事件模式:
- 在ICx引脚输入电平的第4个上升沿捕捉定时器值。
- 在ICx引脚输入电平的第16个上升沿捕捉定时器值。

通过设置相应的输入捕捉模式位ICM<2:0>(ICxCON<2:0>)可以配置上述输入捕捉模式。

11.3.1 简单捕捉事件

捕捉模块能够根据ICx引脚上输入信号的边沿选择(捕捉模式定义的上升沿或下降沿)捕捉定时器计数值(TMR2或TMR3),这些模式可以通过分别设置ICM<2:0>(ICxCON<2:0>)位为010或011来指定。在这些模式下,不使用预分频计数器。简单捕捉事件的简化时序图参见图11-2和图11-3。

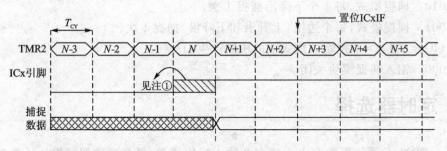

注:① 在该区域发生的捕捉信号边沿将会导致捕捉缓冲器记录1或2个从捕捉信号边沿开始的定时器计数值。

图11-2 时基预分频比1:1的简单捕捉事件时序图

输入捕捉逻辑电路是根据内部相位时钟检测和同步捕捉引脚信号的上升或下降沿。如果出现上升/下降沿,捕捉模块逻辑将会把当前时基值写入捕捉缓冲器并发信号给中断产生逻辑。当发生的捕捉事件的数量与ICI<1:0>控制位指定的数量匹配时,相应的捕捉通道中断标志位 ICxIF 将会在捕捉缓冲器写事件之后 2 个指令周期置 1。

如果捕捉时基在每个指令周期都加 1,则捕捉到的计数值将会是 ICx 引脚有事件发生后 1 或 2 个指令周期出现的值。这个延时是随 ICx 沿事件而变化的,而实际上 ICx 沿事件与指令周期时钟和输入捕捉逻辑电路延时相关。如果到捕捉时基的输入时钟被预分频,那么捕捉的值的延时将被消除,详情见图 11-2 和图 11-3。

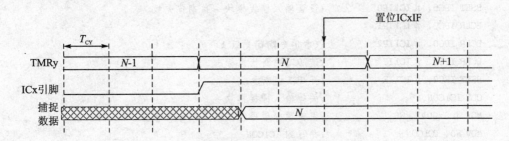

图 11-3 简单捕捉事件时序图(时基预分频比＝1∶4)

输入捕捉引脚有最小高低电平时间规范,一般为 $0.5T_{CY}+20$ ns(无预分频器)或 10 ns(有预分频器)。

11.3.2 预分频器捕捉事件

捕捉模块有 2 个预分频捕捉模式,预分频模式分别由设置 ICM<2∶0>(ICxCON<2∶0>)位为 100 或为 101 来选择。在这些模式下,捕捉模块每计数引脚的 4 或 16 个上升沿才发生一次捕捉事件。

捕捉预分频计数器在每个捕捉引脚的有效的上升沿上增加,引脚上的上升沿有效地作为计数器的时钟。当预分频计数器等于 4 或 16 个计数(取决于所选择的模式)时,计数器将输出一个有效的捕捉事件信号,随后将该信号与指令周期时钟同步。该同步了的捕捉事件信号将触发一个捕捉缓冲写事件,同时向中断产生逻辑电路发出信号。各个捕捉通道中断状态标志为 ICxIF,在捕捉缓冲写事件后的 2 个指令周期后被置 1。

如果捕捉时基在每个指令周期加 1,则捕捉到的计数值将是同步捕捉事件发生后 1 或 2 个指令周期出现的值。

由于从一个预分频设置切换到另一个会产生一个中断,而且,预分频计数器将不会被清零;所以,第 1 个捕捉可能会从一个非零预分频比开始。例 11-1 显示了建议在不同的预分频比设置之间切换的方法。

预分频器计数器在如下情况下被清零:
➢ 捕捉通道被关闭(即 ICM<2∶0>=000)。
➢ 任何器件复位。

预分频器计数器在如下情况下不被清零：用户从一个活动的捕捉模式切换到另一个模式。

例 11-1：预分频的捕捉代码示例

```
;下面示例代码将设置输入捕捉模块一以每 2 次事件,在每第 4 个上升沿中断,
;并选择定时器 2 作时基,这一示例代码清除 ICxCON 以避免意外中断
    BSET IPC0, #IC1IP0          ;设置输入捕捉模块一预期优先级
    BCLR IPC0, #IC1IP1
    BCLR IPC0, #IC1IP2          ;(本例分配优先级 1)
    BCLR IFS0, #IC1IF           ;清 IC1 中断状态标志
    BSET IEC0, #IC1IE           ;开 IC1 中断
    CLR IC1CON                  ;关掉输入捕捉模块一
    MOV #0x00A2, W0             ;用新预分频器模式装入工作寄存器
    MOV W0, IC1CON              ;并写到 IC1CON
    MOV #IC1BUF, W0             ;建立捕捉数据取数指针
    MOV #TEMP_BUFF, W1          ;建立数据存储指针
;假定 TEMP_BUFF 已经定义
;下面代码说明当 W0 包含捕捉缓冲器地址时如何读捕捉缓冲器
;输入捕捉一中断服务程序示例代码:
__IC1Interrupt:
    BCLR IFS0, #IC1IF           ;复位相应中断标志
    MOV [W0++], [W1++]          ;读和保存完成的第 1 次捕捉记录
    MOV [W0], [W1]              ;读和保存完成的第 2 次捕捉记录
;这里尚需用户代码
    RETFIE                      ;从中断服务程序返回
```

注意：建议用户在切换到新的模式之前,关闭捕捉模块(即将 OCM<2：0>(ICxCON<2：0>)清零)。如果用户切换到一个新的捕捉模式,预分频计数器不会清零。由此可见,由于预分频计数器的值为非零,有可能(在模式切换时)产生第一个捕捉事件及其相关的中断。

11.3.3 边沿检测模式

捕捉模块可以在 ICx 引脚上输入信号的每个上升和下降沿捕捉一个时基计数值。边沿检测模式通过设置 ICM<2：0>(ICxCON<2：0>)位为 001 来选择。在该模式下,没有使用捕捉预分频计数器,简化的时序图请参考图 11-4。

当输入捕捉模块被配置成边沿检测模式时,该模块将：
- 在每个上升沿或下降沿将输入捕捉中断标志置 1(ICxIF)。
- 没有在这种模式中使用捕捉时中断模式位 ICI<1：0> (ICxCON<6：5>)。每个捕捉事件都将产生中断。

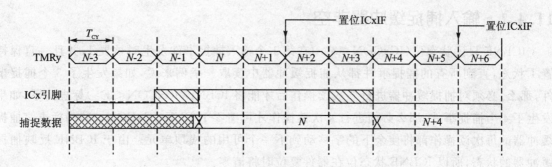

图 11-4 边沿检测模式时序图

> 不置位捕捉溢出位 ICOV(ICxCON<4>)。

和简单捕捉事件模式一样,输入捕捉逻辑电路是根据内部相位时钟检测和同步捕捉引脚信号的上升和下降沿。如果发生上升或下降沿,捕捉模块逻辑电路将当前的时基值写到捕捉缓冲区,然后向中断产生逻辑电路发出信号。相应的捕捉通道中断状态标志 ICxIF 在捕捉缓冲写事件后的 2 个指令周期后被置 1。

捕捉定时器计数值为在 ICx 引脚上的边沿发生后的 1 或 2 个 T_{CY}(指令周期)的值(参见图 11-4)。

11.4 捕捉缓冲器的操作

每个捕捉通道有一个与之相关的 4 级深的 FIFO 缓冲器。因为 ICxBUF 寄存器是存储器映射的,所以它是用户可见的缓冲寄存器。

当输入捕捉模块复位时,ICM<2:0>=000(ICxCON<2:0>),输入捕捉逻辑电路将:
> 清零溢出条件标志,(即清零 ICxOV(ICxCON<4>)。
> 复位捕捉缓冲为空状态,(即清零 ICBNE<3>)。

在下列条件下读 FIFO 缓冲器将导致不确定的结果:
> 在输入捕捉模块先被禁用,一段时间以后重新被使能时。
> 在 FIFO 缓冲为空的时候对 FIFO 缓冲器执行读操作时。
> 在器件复位后。

下面 2 个状态标志提供 FIFO 缓冲器的状态。
> ICBNE(ICxCON<3>) 输入捕捉缓冲器非空。
> ICOV(ICxCON<4>) 输入捕捉溢出。

11.4.1 输入捕捉缓冲器非空

ICBNE 只读状态位(ICxCON<3>)在第 1 个输入捕捉事件发生时被置 1,并且一直保持置 1 状态,直到所有的捕捉事件都从捕捉缓冲器中读取。举例来说,如果发生了 3 个捕捉事件,那么,必须对捕捉缓冲器进行 3 次读操作后才能将 ICBNE(ICxCON<3>)标志清零;如果发生了 4 个捕捉事件,那么必须进行 4 次读操作才可清零 ICBNE(ICxCON<3>)标志。捕捉缓冲器的每次读操作都将使余下的字移动到下一个可用的栈顶单元。由于 ICBNE 反映捕捉缓冲器的状态,所以 ICBNE 状态位在器件复位时将清零。

11.4.2 输入捕捉溢出

当捕捉缓冲器溢出时,ICOV 只读状态位(ICxCON<4>)将被置 1。在缓冲器被 4 个捕捉缓冲事件充满,而在读缓冲器之前发生第 5 个捕捉事件的情况下,将产生溢出条件,ICOV(ICxCON<4>)位将被设置成逻辑 1,而且不产生相应的捕捉事件中断。另外,第 5 个捕捉事件将不被记录,而且之后所有的捕捉事件将不会改变当前的缓冲器内容。

为了清除溢出条件,捕捉缓冲器必须被读取 4 次。在第 4 次读取时,ICOV(ICxCON<4>)状态标志将被清零,捕捉通道将恢复正常的工作。

清除溢出条件可以通过下面的方法来实现:
- 设置 ICM<2:0>(ICxCON<2:0>)=000。
- 读捕捉缓冲器,直到 ICBNE(ICxCON<3>)=0。
- 任何器件复位。

ICOV 和中断模式

输入捕捉模块还可以配置为外部中断引脚功能。要配置为这种模式,ICI<1:0>(ICxCON<6:5>)位必须被设置为 00。中断的产生与缓冲器的读操作无关。

11.5 输入捕捉中断

输入捕捉模块能根据选定的捕捉事件的次数来产生中断,捕捉事件定义为将时基值写入捕捉缓冲器中。这种设置通过控制位 ICI<1:0>(ICxCON<6:5>)来配置。

除非在 ICI<1:0>=00 的情况下,否则在缓冲器溢出条件清除前将不产生任何中断(参见 11.4.2 小节)。当捕捉缓冲器通过复位条件或读操作被清空时,中断计数将会复位。这使中断计数得以与 FIFO 入口状态重新同步。

中断控制位

每个输入捕捉通道都有中断标志状态位（ICxIF）、中断允许位（ICxIE）和中断优先级控制位（ICxIP<2：0>）。关于外设中断更多的信息，请参见第6章。

11.6 UART 自动波特率支持

当 UART 配置为自动波特率工作模式且 ABAUD=1（UxMODE<5>）时，输入捕捉模块可以被 UART 模块使用。当 ABAUD 控制位置1时，UART 的 RX 引脚在内部被连接到指定的输入捕捉模块的输入端，和捕捉模块相关的 I/O 引脚将被断开。波特率可以通过在接收到 NULL 字符时测量起始位的宽度来确定。要注意的是，要利用自动波特率功能，捕捉模块必须设置为边沿检测模式（在每个上升或下降沿捕捉）。分配给每个 UART 的输入捕捉模块取决于所选择的不同的 dsPIC30F 器件，请参阅第2章的表2-2中所列的有关具体器件的配置。

11.7 低功耗状态下的输入捕捉工作

11.7.1 休眠模式下的输入捕捉工作

当器件进入休眠模式后，系统时钟被禁止。在休眠模式下，输入捕捉模块只能当作外部中断源，该模式通过设置控制位 ICM<2：0>=111 来使能。在该模式下，捕捉引脚的上升沿将使设备从休眠状态中唤醒。如果对应模块中断位被使能，同时模块的优先级达到要求，将产生中断。当捕捉模块被配置为除 ICM<2：0>=111 外的模式且 dsPIC30F 确实进入了休眠模式时，外部引脚的任何上升或下降沿都不会产生一个从休眠模式唤醒的条件。

11.7.2 空闲模式下的输入捕捉工作

当器件进入空闲模式时，系统时钟源保持工作，但 CPU 停止执行代码。OCSIDL 位（OCxCON<13>）选择在空闲模式下捕捉模块是停止还是继续工作。

如果 ICSIDL=0（ICxCON<13>），则该模块在空闲模式将继续工作。此时输入捕捉模块具备完整功能，包括 4：1 和 16：1 捕捉预分频比的设置，它们通过控制位 ICM<2：0>（ICxCON<2：0>）来定义。这些模式要求在空闲模式下所选择的定时器是使能的。

如果输入捕捉配置为 ICM<2：0>=111 的模式，则输入捕捉引脚将仅仅作为外部中断引脚。在该模式下,捕捉引脚上的上升沿将导致器件从空闲模式唤醒,捕捉时基不一定要使能。如果相应的模块中断允许位被置位并且用户指定的优先级高于当前 CPU 的优先级,则将产生中断。

如果 ICSIDL=1(ICxCON<13>),则模块在空闲模式将停止工作。模块在空闲模式停止工作时将执行和在休眠模式中一样的功能(参见 11.7.1 小节)。

11.7.3 器件从休眠/空闲中唤醒

当输入捕捉模块配置为 ICM<2:0>=111,同时各通道的中断允许位被置 1,ICxIE=1 时,捕捉引脚上的上升沿会将器件从休眠中唤醒(参见 11.7 节)。

器件在空闲或休眠模式下,输入捕捉事件将使器件唤醒或产生中断(如果中断被允许)。

当捕捉事件发生时,如果下列事件为真,则输入捕捉模块将从休眠或空闲模式中唤醒,而与定时器被使能无关:

➢ 输入捕捉模式位,ICM<2:0>=111(ICxCON<2:0>),且中断允许位(ICxIE)置位。

如果下列事件为真,同样的唤醒特性将中断 CPU:

➢ 相应的中断被允许(ICxIE=1)且具有所需要的优先级。

该唤醒特性对于增加额外的外部引脚中断很有用。当在这个模式下使用输入捕捉模块时,下面的情况为真:

➢ 在该模式下,未使用捕捉预分频计数器。

➢ ICI<1:0>(ICxCON<6:5>)位不适用。

11.8　I/O 引脚控制

当使能捕捉模块时,用户必须通过将相关的 TRIS 位置 1,以保证 I/O 引脚的方向被配置为输入。

当捕捉模块使能后,引脚方向不能设置,而且其他和该输入引脚复用的外设也必须禁止。

11.9　与输入捕捉模块相关的特殊功能寄存器表

表 11-1 列出了输入捕捉模块的有关存储器映射。

表 11-1 输入捕捉模块的存储器映射示例

SFR 名称	地址	bit 15	bit 14	bit 13	bit 12	bit 11	bit 10	bit 9	bit 8	bit 7	bit 6	bit 5	bit 4	bit 3	bit 2	bit 1	bit 0	复位状态
IFS0	0084	CNIF	MI2CIF	SI2CIF	NVMIF	ADIF	U1TXIF	U1RXIF	SPI1IF	T3IF	T2IF	OC2IF	IC2IF	T1IF	OC1IF	IC1IF	INT0IF	0000 0000 0000 0000
IFS1	0086	IC6IF	IC5IF	IC4IF	IC3IF	C1IF	SPI2IF	U2TXIF	U2RXIF	INT2IF	T5IF	T4IF	OC4IF	OC3IF	OC1IF	IC7IF	INT1IF	0000 0000 0000 0000
IEC0	008C	CNIE	MI2CIE	SI2CIE	IR12	ADIE	U1TXIE	U1RXIE	SPI1IE	T3IE	T2IE	OC2IE	IC2IE	T1IE	OC1IE	IC1IE	INT0IE	0000 0000 0000 0000
IEC1	008E	IC6IE	IC5IE	IC4IE	IC3IE	C1IE	SPI2IE	U2TXIE	U2RXIE	INT2IE	T5IE	T4IE	OC4IE	OC3IE	OC1IE	IC7IE	INT1IE	0000 0000 0000 0000
IPC0	0094	—	T1IP<2:0>			—	OC1IP<2:0>			—	IC1IP<2:0>			—	INT0IP<2:0>			0100 0100 0100 0100
IPC1	0096	—	T3IP<2:0>			—	T2IP<2:0>			—	OC2IP<2:0>			—	IC2IP<2:0>			0100 0100 0100 0100
IPC4	009C	—	OC3IP<2:0>			—	IC8IP<2:0>			—	IC7IP<2:0>			—	INT1IP<2:0>			0100 0100 0100 0100
IPC7	00A2	—	OC6IP<2:0>			—	IC5IP<2:0>			—	IC4IP<2:0>			—	IC3IP<2:0>			0100 0100 0100 0100
IC1BUF	0140	输入 1 捕捉寄存器																uuuu uuuu uuuu uuuu
IC1CON	0142	—	—	ICSIDL	—	—	—	—	—	—	ICTMR	ICI<1:0>		ICOV	ICBNE	ICM<2:0>			0000 0000 0000 0000
IC2BUF	0144	输入 2 捕捉寄存器																uuuu uuuu uuuu uuuu
IC2CON	0146	—	—	ICSIDL	—	—	—	—	—	—	ICTMR	ICI<1:0>		ICOV	ICBNE	ICM<2:0>			0000 0000 0000 0000
IC3BUF	0148	输入 3 捕捉寄存器																uuuu uuuu uuuu uuuu
IC3CON	014A	—	—	ICSIDL	—	—	—	—	—	—	ICTMR	ICI<1:0>		ICOV	ICBNE	ICM<2:0>			0000 0000 0000 0000
IC4BUF	014C	输入 4 捕捉寄存器																uuuu uuuu uuuu uuuu
IC4CON	014E	—	—	ICSIDL	—	—	—	—	—	—	ICTMR	ICI<1:0>		ICOV	ICBNE	ICM<2:0>			0000 0000 0000 0000
IC5BUF	0150	输入 5 捕捉寄存器																uuuu uuuu uuuu uuuu
IC5CON	0152	—	—	ICSIDL	—	—	—	—	—	—	ICTMR	ICI<1:0>		ICOV	ICBNE	ICM<2:0>			0000 0000 0000 0000
IC6BUF	0154	输入 6 捕捉寄存器																uuuu uuuu uuuu uuuu
IC6CON	0156	—	—	ICSIDL	—	—	—	—	—	—	ICTMR	ICI<1:0>		ICOV	ICBNE	ICM<2:0>			0000 0000 0000 0000
IC7BUF	0158	输入 7 捕捉寄存器																uuuu uuuu uuuu uuuu
IC7CON	015A	—	—	ICSIDL	—	—	—	—	—	—	ICTMR	ICI<1:0>		ICOV	ICBNE	ICM<2:0>			0000 0000 0000 0000
IC8BUF	015C	输入 8 捕捉寄存器																uuuu uuuu uuuu uuuu
IC8CON	015E	—	—	ICSIDL	—	—	—	—	—	—	ICTMR	ICI<1:0>		ICOV	ICBNE	ICM<2:0>			0000 0000 0000 0000

注: ① 关于特定的存储器映射细节参阅具体器件的数据手册。
② 复位状态栏的 u 表示未初始化。

第 12 章

输出比较

本章介绍输出比较模块的功能与使用。输出比较模块框图如图 12-1 所示。输出比较模块有把所选时基值与 1 个或 2 个比较寄存器的值(取决于所选的工作模式)作比较的功能。此外,它在比较匹配事件发生时能产生单个输出脉冲或一连串输出脉冲。如同大多数 dsPIC 外设一样,它在匹配事件发生时也能产生中断。

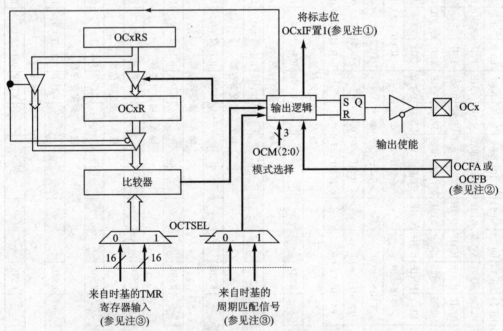

注:① 此处显示的 x 引用与各自输出比较通道 1~8 相关的寄存器。
② OCFA 引脚控制 OC1~4 通道,OCFB 控制 OC5~8 通道。
③ 每个输出比较通道可以使用 2 个可选时基之一,想要了解与该模块相关的时基,请参阅具体的器件数据手册。

图 12-1 输出比较模块框图

dsPIC30F 器件可有至多 8 个输出比较通道,以符号 OC1、OC2 和 OC3 等表示。关于某个特定器件上可用的通道数,请参阅第 2 章的表 2-2 中所示的有关具体器件的配置情况。所有输出比较通道在功能上是相同的。在本章中,引脚、寄存器或位名称中的 x 表示特定的输出比较通道。

每个输出比较通道可以使用 2 个可选时基之一,使用 OCTSEL 位(OCxCON<3>)选择时基。有关可以与各个编号的输出比较通道一同使用的特定定时器的信息,请参阅第 2 章的表 2-2 中所列的有关具体器件配置情况。

12.1 输出比较寄存器

每个输出比较通道均有下列寄存器:
- OCxCON 输出比较通道的控制寄存器。
- OCxR 输出比较通道的数据寄存器。
- OCxRS 输出比较通道的辅助数据寄存器。

8 个比较通道的控制寄存器被命名为 OC1CON~8CON。所有 8 个控制寄存器的位定义均相同,表示为公共寄存器 12-1 定义,OCxCON 中的 x 表示输出比较通道的编号。

寄存器 12-1 OCxCON

U-0	U-0	R/W-0	U-0	U-0	U-0	U-0	U-0
—	—	OCSIDL	—	—	—	—	—
bit 15				高字节			bit 8

U-0	U-0	U-0	R-0, HC	R/W-0	R/W-0	R/W-0	R/W-0
—	—	—	OCFLT	OCTSEL	OCM2	OCM1	OCM0
bit 7				低字节			bit 0

注:-0 表示上电复位时清零;U 表示未用位,读作 0;R 表示可读位;W 表示可写位;
    HC 表示由硬件清零。

bit 15~14 未用 读作 0。
bit 13 OCSIDL 在空闲模式下停止输出比较控制位。
  1 输出比较 x 将在 CPU 空闲模式下停止。
  0 输出比较 x 将在 CPU 空闲模式下继续工作。
bit 12~5 未用 读作 0。
bit 4 OCFLT PWM 错误条件状态位。
  1 产生了 PWM 错误条件(仅可在硬件中清零)。
  0 未产生 PWM 错误条件。

(仅当 OCM<2：0>＝111 时，才使用该位。)

bit 3 OCTSEL 　输出比较定时器选择位。
  1　Timer 3 是比较 x 的时钟源。
  0　Timer 2 是比较 x 的时钟源。
  注意：要了解输出比较模块可用的特定时基，请参阅第 2 章的表 2-2 中所列的有关具体器件配置情况。

bit 2～0 OCM<2：0>　输出比较模式选择位。
  111　OCx 处于 PWM 模式，错误引脚使能。
  110　OCx 处于 PWM 模式，错误引脚禁止。
  101　初始化 OCx 引脚为低电平，在 OCx 引脚上产生连续的输出脉冲。
  100　初始化 OCx 引脚为低电平，在 OCx 引脚上产生单个输出脉冲。
  011　比较匹配事件使 OCx 引脚的电平交替翻转。
  010　初始化 OCx 引脚为高电平，比较匹配事件强制 OCx 引脚为低电平。
  001　初始化 OCx 引脚为低电平，比较匹配事件强制 OCx 引脚为高电平。
  000　输出比较通道禁止。

12.2　工作模式

每个输出比较模块均有以下工作模式：
- 单比较匹配模式。
- 双比较匹配模式产生。
  - ——单个输出脉冲；
  - ——连续输出脉冲。
- 简单脉宽调制模式。
  - ——带有故障保护输入；
  - ——不带故障保护输入。

注意：
① 建议用户在切换到新的模式之前，关闭输出比较模块(即将 OCM<2：0>(OCxCON<2：0>)清零)。

② 在本章中，对与所选的定时器源相关的任何 SFR 的引用，均用 y 下标表示。例如，PRy 是所选定时器源的周期寄存器，而 TyCON 是所选定时器源的定时器控制寄存器。

12.2.1　单比较匹配模式

当控制位 OCM<2：0>(OCxCON<2：0>)设置为 001、010 或 011 时，所选的输出比较

通道被分别配置为 3 种单输出比较匹配模式之一。

在单比较模式下,把一个值装入 OCxR 寄存器,并将该值与所选的递增计数器寄存器 TMRy 的值作比较。当比较匹配事件发生时,将产生下列事件之一:

- 当 OCx 引脚的初始状态为低电平时,比较匹配事件强制该引脚为高电平。在单比较匹配事件发生时,产生中断。
- 当 OCx 引脚的初始状态为高电平时,比较匹配事件强制该引脚为低电平。在单比较匹配事件发生时,产生中断。
- 比较匹配事件使 OCx 引脚电平交替翻转。翻转事件是连续的,且每次翻转事件都会产生一次中断。

1. 比较模式输出驱动为高电平

要将输出比较模块配置为这种模式,请设置控制位 OCM<2:0>=001,还应该使能比较时基。一旦使能了此比较模式,输出引脚 OCx 将初始化驱动为低电平,并保持该低电平直到 TMRy 和 OCxR 寄存器之间发生匹配。参见图 12-2,注意下列一些关键时序:

- 在比较时基与 OCxR 寄存器发生比较匹配后的下一个指令时钟,OCx 引脚驱动为高电平。该 OCx 引脚将保持高电平,直到改变模式或该模块被禁止。
- 比较时基将计数到相关的周期寄存器中包含的值后,在下一个指令时钟复位为 0x0000。
- 在 OCx 引脚驱动为高电平后再过 2 个指令时钟,相应通道的中断标志位 OCxIF 被置 1。

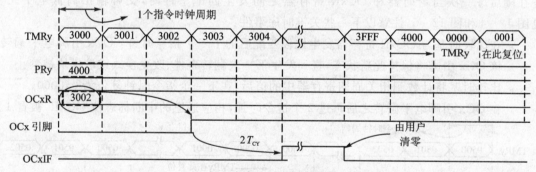

注:x 为输出比较通道的编号;y 为时基的编号。

图 12-2 在比较匹配事件发生时设置 OCx 为高电平的单比较模式

2. 比较模式输出驱动为低电平

要将输出比较模块配置为这种模式,请设置控制位 OCM<2:0>=010,还必须使能比较时基。一旦使能了此比较模式,输出引脚 OCx 将初始化驱动为高电平,并保持该高电平直到定时器和 OCxR 寄存器之间发生匹配。参见图 12-3,注意以下关键时序事件:

- 在比较时基与 OCxR 寄存器发生比较匹配后的下一个指令时钟,OCx 引脚驱动为低电平。该 OCx 引脚将保持低电平,直到改变模式或该模块被禁止。
- 比较时基将计数到相关的周期寄存器中包含的值后,在下一个指令时钟复位为 0x0000。
- 在 OCx 引脚驱动为低电平后再过 2 个指令时钟,相应通道的中断标志位 OCxIF 被置 1。

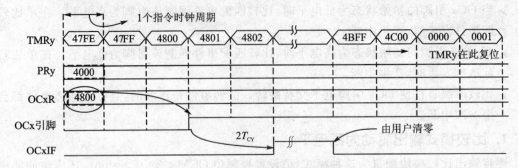

图 12-3 在比较匹配事件发生时强制 OCx 为低电平(单比较模式)

3. 单比较模式电平交替翻转输出

要将输出比较模块配置为这种模式,请设置控制位 OCM<2∶0>=011。此外,必须选择并使能 Timer 2 或 Timer 3。一旦使能了此比较模式,输出引脚 OCx 将初始化驱动为低电平,并在随后每一次当定时器和 OCxR 寄存器之间发生匹配事件时,交替输出高低电平。参见图 12-4 和图 12-5,注意以下一些关键时序事件:
- 在比较时基与 OCxR 寄存器发生比较匹配后的下一个指令时钟,OCx 引脚电平翻转。该 OCx 引脚将保持此新状态,直到发生下一次翻转事件、改变模式或该模块被禁止。
- 比较时基将计数到相关周期寄存器中的值后,在下一个指令时钟复位为 0x0000。
- 在 OCx 引脚电平翻转之后再过 2 个指令时钟,相应通道的中断标志位 OCxIF 被置 1。

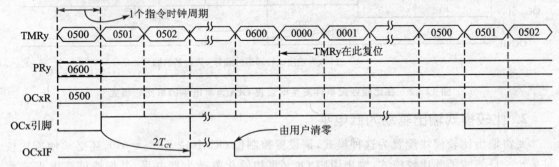

图 12-4 在比较匹配事件发生时输出电平翻转的单比较模式

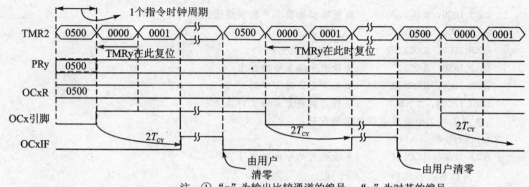

图 12-5 在比较匹配事件发生时输出翻转

注意:器件复位时,内部 OCx 引脚输出逻辑被设置为逻辑 0,但是,在交替翻转模式下,OCx 引脚的工作状态可以通过用户软件设置。例 12-1 所示为在交替翻转工作模式下,定义所需的初始化 OCx 引脚状态的代码示例。

例 12-1:比较模式电平交替翻转模式引脚状态设置

```
;下面示例代码举例说明如何定义
;交替翻转模式输出比较操作的 OC1 引脚初始状态
;交替翻转模式用 OC1 引脚初始状态设置为低
MOV 0x0001, W0          ;装入设置值到 W0
MOV W0, OC1CON          ;使能模块,OC1 引脚低,交替高
BSET OC1CON, #1         ;设置模块为交替模式,初始引脚状态低
;用 OC1 引脚初始状态设置高交替模式
MOV 0x0002, W0          ;装入设置值到 W0
MOV W0, OC1CON          ;使能模块,OC1 引脚高,交替低
BSET OC1CON, #0         ;设置模块为交替模式,初始引脚状态高
```

例 12-2 给出了单比较模式电平交替翻转事件的配置和中断服务程序的代码示例。

例 12-2:比较模式电平交替翻转设置和中断服务程序

```
;下面示例代码将设置输出比较 1 模块电平交替翻转事件中断
;和选定时器 2 作比较时基时钟源,假定定时器 2 里的周期寄存器 2 已正确地配置
;这里定时器 2 将被激活
CLR OC1CON              ;关闭输出比较模块
MOV #0x0003, W0         ;用新的比较模式装入工作寄存器并写入到 OC1CON
MOV W0, OC1CON
MOV #0x0500, W0         ;用 0x0500 初始化比较 1 寄存器
MOV W0, OC1R
```

```
    BSET IPC0, #OC1IP0        ;设置输出比较1中断预期优先级
    BCLR IPC0, #OC1IP1
    BCLR IPC0, #OC1IP2        ;(本例指定优先级1)
    BCLR IFS0, #OC1IF         ;清输出比较1中断标志
    BSET IEC0, #OC1IE         ;使能输出比较1中断
    BSET T2CON, #TON          ;以假定的设置启动定时器2
;输出比较1中断服务程序示例代码:
__OC1Interrupt:
    BCLR IFS0, #OC1IF         ;复位相应的中断标志
    ;这里尚需用户代码
    RETFIE                    ;从中断服务程序返回
```

12.2.2 双比较匹配模式

当控制位 OCM<2:0>=100 或 101(OCxCON<2:0>)时,所选的输出比较通道被配置为如下 2 种双比较匹配模式之一:

➤ 单输出脉冲模式。
➤ 连续输出脉冲模式。

在双比较模式下,该模块在处理比较匹配事件时使用 OCxR 和 OCxRS 寄存器。将 OCxR 寄存器的值与递增计数器 TMRy 的计数值作比较,并且在比较匹配事件发生时,在 OCx 引脚上产生脉冲的前(上升)沿,然后 OCxRS 寄存器与同一个递增计数器 TMRy 的计数值作比较,并且在比较匹配事件发生时,在 OCx 引脚上产生脉冲的后(下降)沿。

1. 单输出脉冲(双比较模式)

要将输出比较模块配置为单输出脉冲模式,请设置控制位 OCM<2:0>=100。另外,必须选择并使能比较时基。一旦使能了此模式,输出引脚 OCx 将驱动为低电平,并保持该低电平直到时基和 OCxR 寄存器之间发生匹配。参见图 12-6 和图 12-7,注意以下一些关键时序事件:

➤ 在比较时基与 OCxR 寄存器发生比较匹配后的下一个指令时钟,OCx 引脚驱动为高电平。OCx 引脚将保持为高电平,直到时基和 OCxRS 寄存器之间发生下一次匹配事件。此时,该引脚将驱动为低电平,该 OCx 引脚将保持低电平,直到改变模式或该模块被禁止。
➤ 比较时基将计数到相关的周期寄存器中包含的值后,在下一个指令时钟复位为 0x0000。
➤ 如果比较时基周期寄存器包含的值小于 OCxRS 寄存器包含的值,那么就不会产生脉冲的下降沿,OCx 引脚将保持高电平直到 OCxRS≤PRy、模式改变或复位条件产生。
➤ 在 OCx 引脚被驱动为低电平后(单脉冲的下降沿),再过 2 个指令时钟,相应通道的中断标志位 OCxIF 被置 1。

图12-6给出了通用双比较模式产生输出单个脉冲的过程。图12-7给出了另一个时序示例,图中,OCxRS>PRy。在此示例中,不产生脉冲下降沿,因为比较时基在计数达到0x4100前就复位了。

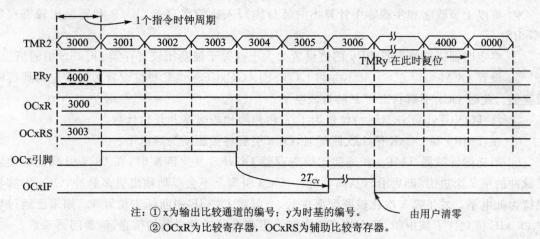

图12-6 双比较模式

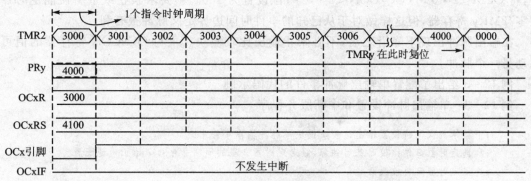

图12-7 单输出脉冲的双比较模式

2. 设置产生单脉冲输出

当控制位OCM<2:0>(OCxCON<2:0>)设置为100时,所选的输出比较通道将OCx引脚初始化为低电平并产生单输出脉冲。

要产生单输出脉冲,需要遵循以下步骤(这些步骤假设定时器源起初是关闭的,但这并不是对模块工作的要求):

① 确定指令时钟周期时间。将定时器源的外部时钟频率(如果使用了)和定时器预分频

② 计算相对于 TMRy 起始值(0x0000)的到达输出脉冲上升沿的时间。

③ 根据所需的脉冲宽度和脉冲上升沿时间计算到达脉冲下降沿的时间。

④ 将以上步骤②和步骤③中计算出的值分别写入比较寄存器 OCxR 和辅助比较寄存器 OCxRS。

⑤ 将定时器周期寄存器 PRy 的值设置为大于或等于辅助比较寄存器 OCxRS 中的值。

⑥ 设置 OCM<2:0>=100,并将 OCTSEL(OCxCON<3>)位设置为所需定时器源的对应值。此时 OCx 引脚状态被驱动为低电平。

⑦ 将 TON(TyCON<15>)位置为 1,它将使能比较时基并开始计数。

⑧ 在 TMRy 和 OCxR 第 1 次匹配时,OCx 引脚将被驱动为高电平。

⑨ 当递增计数器 TMRy 和辅助比较寄存器 OCxRS 发生匹配时,在 OCx 引脚上驱动输出脉冲的第 2 个边沿(即后沿)(从高到低)。OCx 引脚上不会驱动输出更多脉冲,OCx 引脚将保持为低电平。发生第 2 次比较匹配事件后,会导致 OCxIF 中断标志位置 1。如果已通过置位 OCxIE 位允许了该中断,那么将产生中断。更多有关外设中断的信息,请参阅第 6 章。

⑩ 如果需要再次启动单脉冲输出,则要更改定时器和比较寄存器的设置,然后进行写操作,将 OCM<2:0> (OCxCON<2:0>)位设置为 100。不要求禁止或重新使能定时器并清零 TMRy 寄存器,但这样做对于从已知的事件时间边界定义脉冲很有利。

在输出脉冲出现下降沿之后,不必禁止输出比较模块。重写 OCxCON 寄存器的值可以启动另一个脉冲。

例 12-3 给出了配置单输出脉冲事件的代码示例。

例 12-3:单输出脉冲设置和中断服务程序

```
              ;下面示例代码将设置输出比较 1 模块单脉冲输出事件中断
              ;和选定时器 2 作比较时基时钟源,假定定时器 2 里的周期寄存器 2 已正确地配置
              ;这里定时器 2 将被激活
CLR OC1CON            ;关闭输出比较 1 模块
MOV #0x0004, W0       ;用新的比较模式装入工作寄存器并写入到 OC1CON
MOV W0, OC1CON
MOV #0x3000, W0       ;用 0x3000 初始化比较 1 寄存器
MOV W0, OC1R
MOV #0x3003, W0       ;用 0x3003 初始化比较 1 辅助寄存器
MOV W0, OC1RS
BSET IPC0, #OC1IP0    ;设置输出比较 1 中断预期优先级
BCLR IPC0, #OC1IP1
BCLR IPC0, #OC1IP2    ;(本例指定优先级 1)
BCLR IFS0, #OC1IF     ;清输出比较中断标志
```

```
        BSET IEC0, #OC1IE       ;使能输出比较1中断
        BSET T2CON, #TON        ;以假定的设置启动定时器2
        ;输出比较1中断服务程序示例代码:
__OC1Interrupt:
        BCLR IFS0, #OC1IF       ;复位相应中断标志
        ;这里尚需用户代码
        RETFIE                  ;从中断服务程序返回
```

3. 双比较模式产生单输出脉冲的特殊情况

应该了解,根据 OCxR、OCxRS 和 PRy 值的关系,输出比较模式还有一些对应的独特条件。表 12-1 说明了这些特殊条件和这些条件所导致的模块的工作情况。

表 12-1 双比较模式产生单输出脉冲的特殊情况

SFR 逻辑关系	特殊条件	工作原理	OCx 引脚的输出
PRy≥OCxRS 且 OCxRS>OCxR	OCxR=0 初始化 TMRy=0	在 TMRy 从 0x0000 到 PRy 的第 1 次迭代中,OCx 引脚保持为低电平,不产生脉冲。在 TMRy 复位到零后(周期匹配时),OCx 引脚由于与 OCxR 匹配驱动为高电平,在下一次 TMRy 与 OCxRS 匹配时,OCx 引脚驱动为低电平并保持该低电平。第 2 次比较匹配导致 OCxIF 位置 1。还有 2 种初始条件可供参考: (1) 初始化 TMRy=0 并设置 OCxR≥1 (2) 初始化 MRy=PRy(PRy>0)并设置 OCxR=0	根据设置的情况,脉冲将以 PRy 寄存器中的值延时
PRy≥OCxR 且 OCxR≥OCxRS	OCxR=1 且 PRy≥1	TMRy 计数到 OCxR 且比较事件发生时(即 MRy=OCxR 时),OCx 引脚被驱动为高电平状态。此时,TMRy 继续计数并最后在周期匹配时(即 PRy=TMRy)复位,然后定时器从 0x0000 重新开始计数,直到 OCxRS 中的值且比较匹配事件发生(即 MRy=OCxRS),此时 OCx 引脚被驱动为低电平状态。第 2 次比较匹配导致 OCxIF 位置 1	脉冲
OCxRS>PRy 且 PRy≥OCxR	无	在 OCx 引脚只产生上升沿,OCxIF 将不会置 1	上升沿/转变为高电平
OCxR=OCxRS= PRy=0x0000	无	在定时器和周期寄存器的值匹配后延迟了 2 个指令时钟周期,才在 OCx 引脚产生输出脉冲。第 2 次比较匹配将导致 OCxIF 位置 1	延迟的脉冲
OCxR>PRy	无	不支持此模式,定时器在匹配条件发生之前复位	保持为低电平

注:① 这里考虑到的所有情形,都假设 TMRy 寄存器初始化为 0x0000。
② OCxR 表示比较寄存器;OCxRS 表示辅助比较寄存器;TMRy 表示定时器计数器;PRy 表示定时器周期寄存器。

4. 连续输出脉冲(双比较模式)

要将输出比较模块配置为这种模式,请设置控制位 OCM<2：0>=101。此外,还应该选择和使能比较时基。一旦使能了此比较模式,输出引脚 OCx 将驱动为低电平,并保持该低电平,直到比较时基和 OCxR 寄存器之间发生匹配。(参见图 12-8 和第 12.2.2 小节产生连续输出脉冲的设置部分)需要注意的一些关键时序事件如下:

- 在比较时基与 OCxR 寄存器发生比较匹配后的下一个指令时钟,OCx 引脚驱动为高电平,OCx 引脚将保持为高电平,直到发生下一次时基和 OCxRS 寄存器匹配,此时引脚被驱动为低电平。在用户不加干涉的情况下,在 OCx 引脚上会重复产生从低到高边沿和从高到低边沿的脉冲序列。
- OCx 引脚上将产生连续脉冲,直到改变模式或模块被禁止。
- 比较时基将计数到相关周期寄存器中所包含的值,然后在下一个指令时钟复位为 0x0000。
- 如果比较时基周期寄存器值小于 OCxRS 寄存器值,就不会产生下降沿,OCx 引脚将保持为高电平,直到 OCxRS≤PR2、发生模式改变或器件复位。
- 在 OCx 引脚被驱动为低电平后(单脉冲的下降沿),再过 2 个指令时钟,相应通道的中断标志位 OCxIF 置位。

图 12-8 给出了通用双比较模式产生连续输出脉冲的过程。图 12-9 给出了另一个当 OCxRS>PRy 的时序示例,在此示例中,不产生脉冲下降沿,这是由于时基在计数达到 OCxRS 值前就已经复位了。

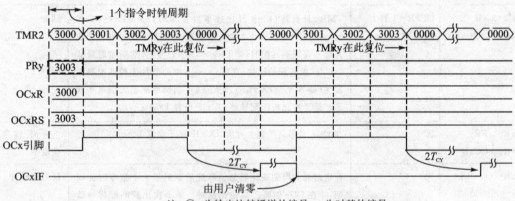

注：① x 为输出比较通道的编号;y 为时基的编号。
② OCxR 为比较寄存器,OCxRS 为辅助比较寄存器。
③ PR2=OCxRS。

图 12-8 通用双比较模式连续输出脉冲

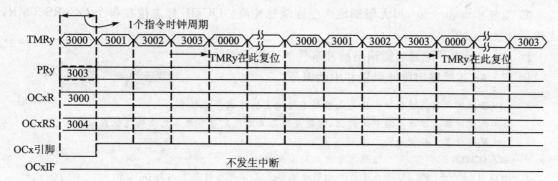

注：① "x"为输出比较通道的编号；"y"为时基的编号。
② OCxR为比较寄存器，OCxRS为辅助比较寄存器。
③ RR2=OCxRS,OCxRS>PRy。

图 12-9 双比较模式连续输出脉冲

5．产生连续输出脉冲的设置

当控制位 OCxM<2：0>（OCxCON<2：0>）设置为 101 时，所选的输出比较通道将 OCx 引脚初始化为低电平，并在每次比较匹配时产生脉冲输出。

用户要配置模块产生连续输出的脉冲流，需要遵循以下步骤（这些步骤假设定时器源在开始时是关闭的，但是模块工作并无此要求）：

① 确定指令时钟周期时间。考虑定时器源的外部时钟频率（如果使用了）和定时器预分频比的设置。

② 计算与 TMRy 起始值（0x0000）相对的到达输出脉冲上升沿的时间。

③ 根据所需的脉冲宽度和到达脉冲上升沿时间计算到达脉冲下降沿时间。

④ 将以上步骤②和步骤③中计算出的值分别写入比较寄存器 OCxR 和辅助比较寄存器 OCxRS。

⑤ 将定时器周期寄存器 PRy 的值设置为大于或等于辅助比较寄存器 OCxRS 中的值。

⑥ 设置 OCM<2：0>＝101，并将 OCTSEL（OCxCON<3>）位设置为所需的定时器源。现在 OCx 引脚状态被驱动为低电平。

⑦ 将 TON（TyCON<15>）位置为 1，使能比较时基。

⑧ 在 TMRy 和 OCxR 第 1 次匹配时，OCx 引脚将被驱动为高电平。

⑨ 当比较时基 TMRy 和辅助比较寄存器 OCxRS 发生匹配时，OCx 引脚驱动输出脉冲的第 2 个边沿（即后沿，从高到低）。

⑩ 第 2 次比较匹配事件会导致 OCxIF 中断标志位置 1。

⑪ 当比较时基和相应的周期寄存器中的值匹配时，TMRy 寄存器复位为 0x0000 并重新开始计数。

⑫ 重复步骤⑧～⑪,可无限制地产生连续脉冲流。OCxIF 标志位在每个 OCxRS-TMRy 比较事件发生时置1。

例12-4给出了配置连续输出脉冲事件的代码示例。

例12-4：连续输出脉冲设置和中断服务

```
;下面示例代码将设置输出比较1模块连续输出脉冲事件中断
;和选定时器2作比较时基时钟源,假定定时器2的周期寄存器2已正确地配置
;这里定时器2将被激活
CLR OC1CON              ;关闭输出比较1模块
MOV #0x0005,W0          ;用新的比较模式装入工作寄存器并写入到OC1CON
MOV W0,OC1CON
MOV #0x3000,W0          ;用 0x3000 初始化比较1寄存器
MOV W0,OC1R
MOV #0x3003,W0          ;用 0x3003 初始化比较1辅助寄存器
MOV W0,OC1RS
BSET IPC0,#OC1IP0       ;设置输出比较1中断预期优先级
BCLR IPC0,#OC1IP1
BCLR IPC0,#OC1IP2       ;(本例指定优先级1)
BCLR IFS0,#OC1IF        ;清输出比较1中断标志
BSET IEC0,#OC1IE        ;使能输出比较1中断
BSET T2CON,#TON         ;以假定的设置启动定时器2
;输出比较1中断服务程序示例代码：
__OC1Interrupt:
    BCLR IFS0,#OC1IF    ;复位相应中断标志
    ;这里尚需用户代码
    RETFIE              ;从中断服务程序返回
```

6. 双比较模式产生连续输出脉冲的特殊情况

根据 OCxR、OCxRS 和 PRy 的关系,输出比较模式可能不能提供预期的结果。表12-2说明了这些特殊条件和这些条件所导致的模块工作情况。

12.2.3 脉宽调制模式

当控制位 OCM<2:0>(OCxCON<2:0>)设置为110或111时,所选的输出比较通道被配置为 PWM(脉宽调制)工作模式。

以下2种 PWM 模式可用：
- 不带故障保护输入的 PWM 模式。
- 带故障保护输入的 PWM 模式。

OCFA 或 OCFB 故障输入引脚用于第2种 PWM 模式。在此模式中,OCFx 引脚上的异

步逻辑级别 0 会导致所选的 PWM 通道关闭(如第 12.2.3 小节中带故障保护输入引脚的 PWM 部分所述)。在 PWM 模式中,OCxR 寄存器是只读从动占空比寄存器,而 OCxRS 是可由用户写入的缓冲寄存器,以更新 PWM 占空比。在每个定时器与周期寄存器匹配事件产生时(PWM 周期结束时),占空比寄存器 OCxR 就被装载 OCxRS 的内容。在每个 PWM 周期边界置位 TyIF 中断标志位。

表 12 - 2 双比较模式产生连续输出脉冲的特殊情况

SFR 逻辑关系	特殊条件	工作原理	OCx 引脚的输出
PRy≥OCxRS 且 OCxRS>OCxR	OCxR=0 初始化 TMRy=0	在 TMRy 从 0x0000 计数到 PRy 的第 1 次迭代中,OCx 引脚保持为低电平,不产生脉冲。在 TMRy 复位到零后(周期匹配时),OCx 引脚变为高电平,在下 1 次 TMRy 与 OCxRS 匹配时,OCx 引脚变为低电平。如果 OCxR = 0 且 Ry = OCxRS,则引脚将在 1 个时钟周期内保持为低电平,然后被驱动为高电平,直到下一次 TMRy 与 OCxRS 匹配。第 2 次比较匹配导致 OCxIF 位置 1。还有 2 种初始条件可供参考: (1) 初始化 TMRy=0 并设置 OCxR≥1 (2) 初始化 MRy=PRy(PRy>0)并设置 OCxR=0	根据设置的情况,输出连续脉冲。而第 1 个脉冲将以 PRy 寄存器中的值延时
PRy≥OCxR 且 OCxR≥OCxRS	OCxR≥1 且 PRy≥1	TMRy 计数到 OCxR 且比较事件发生时(即 MRy = OCxR 时),OCx 引脚被驱动为高电平状态。此时,TMRy 继续计数,并最后在周期匹配时(即 PRy = TMRy)复位;然后定时器从 0x0000 重启并计数到 OCxRS 中的值且比较匹配事件发生时(即 MRy=OCxRS),OCx 引脚被驱动为低电平状态。第 2 次比较匹配导致 OCxIF 位置 1	连续脉冲
OCxRS>PRy 且 PRy≥OCxR	无	在 OCx 引脚上的电平转变只会发生 1 次,直到 OCxRS 寄存器的值变为小于或等于周期寄存器(PRy)的值。在第 2 次电平转换发生时,OCxIF 被置 1	上升沿/转变为高电平
OCxR=OCxRS= PRy=0x0000	无	连续输出脉冲在 OCx 引脚上产生。在定时器和周期寄存器发生匹配后延迟了 2 个指令时钟周期,才产生第 1 个脉冲。第 2 次比较匹配将导致 OCxIF 位置位	第 1 个脉冲被延迟。产生连续脉冲
OCxR>PRy	无	不支持此模式,定时器在匹配条件发生之前就已经复位了	保持为低电平

注:① 这里考虑到的所有情形,都假设 TMRy 寄存器初始化为 0x0000。
② OCxR 表示比较寄存器;OCxRS 表示辅助比较寄存器;TMRy 表示定时器计数器;PRy 表示定时器周期寄存器。

当将输出比较模块配置为 PWM 操作时,需遵循以下步骤:
① 通过写入所选定时器的周期寄存器(PRy)设置 PWM 周期。
② 通过写入 OCxRS 寄存器设置 PWM 占空比。

③ 使用初始占空比写入 OCxR 寄存器。

④ 如果需要的话,为定时器和输出比较模块允许中断。要使用 PWM 错误引脚,需要输出比较中断。

⑤ 通过写输出比较模式位 OCM<2∶0>(OCxCON<2∶0>)将输出比较模块配置为 2 种 PWM 工作模式之一。

⑥ 设置 TMRy 预分频比,并通过设置 TON(TxCON<15>)=1 使能时基。

注意:OCxR 寄存器应该在输出比较模块第 1 次使能之前被初始化。当模块在 PWM 模式工作时,OCxR 寄存器成为只读占空比寄存器。OCxR 寄存器中保存的值成为第 1 个 PWM 周期的占空比。直到发生时基周期匹配,才将占空比缓冲寄存器 OCxRS 的内容传送到 OCxR。

图 12-10 所示为 PWM 输出波形示例。

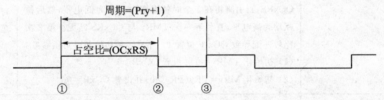

注:①定时器被清零且新的占空比值由 OCxRS 装入 OCxR。
②定时器值等于 OCxR 寄存器中的值,OCx 引脚驱动为低电平。
③定时器溢出,OCxRS 中的值被装入 OCxR,OCx 引脚驱动为高电平,TyIF 中断标志位置 1。

图 12-10 PWM 输出波形

1. 带故障保护输入引脚的 PWM

当输出比较模式位 OCM<2∶0>(OCxCON<2∶0>)置为 111 时,所选的输出比较通道被配置为 PWM 工作模式。12.2.3 小节描述的所有功能,以及输入故障保护功能均在此模式下适用。

故障保护通过 OCFA 和 OCFB 引脚提供。OCFA 引脚与输出比较通道 1~4 相关联,而 OCFB 引脚与输出比较通道 5~8 相关联。

如果在 OCFA/OCFB 引脚上检测到了逻辑 0,则所选的 PWM 输出引脚将被置于高阻态。用户可以选择在 PWM 引脚上提供上拉或下拉电阻,以便在产生故障条件时提供需要的电平状态。PWM 输出立即关闭且 PWM 引脚不连接到器件时钟源,此状态将一直保持到外部故障条件消除,重新通过写入相关的模式位 OCM<2∶0>(OCxCON<2∶0>)使能 PWM 模式为止。

故障条件会导致相应的中断标志 OCxIF 位置 1,且在允许中断时产生中断。当检测到故障条件时,OCFLT 位(OCxCON<4>)被置为高电平(逻辑 1)。此位是只读位,而且只有在外部故障条件被清除,且通过写相关的模式位 OCM<2∶0>(OCxCON<2∶0>)使能 PWM 模式时才能被清零。

注意：如果使能了外部故障引脚，则当器件处于休眠或空闲模式时，这些引脚将继续控制 OCx 输出引脚。

2. PWM 周期

PWM 周期可通过写入 PRy（定时器周期寄存器）来指定。PWM 周期可以使用以下公式计算：

$$\text{PWM 周期} = [(\text{PRy 值}) + 1]T_{\text{CY}}(\text{TMRy 预分频比}) \qquad (12-1)$$

$$\text{PWM 频率} = 1/[\text{PWM 周期}]$$

注意：若 PRy 值为 N，则会产生 $N+1$ 个时基计数周期的 PWM 周期，例如，将 7 写入 PRy 寄存器，会产生由 8 个时基周期组成的周期。

3. PWM 占空比

PWM 占空比是通过写入 OCxRS 寄存器指定的，在任何时间都可以写入 OCxRS 寄存器，但是 PRy 和 TMRy 发生匹配（即周期完成）前占空比值不会被锁存到 OCxR。这可以为 PWM 占空比提供双重缓冲，这对于 PWM 的无故障操作是极其重要的。在 PWM 模式中，OCxR 是只读寄存器。

以下是 PWM 占空比的部分重要边界参数：

- 如果占空比寄存器 OCxR 装入了 0x0000，则 OCx 引脚将保持低电平（占空比为 0%）。
- 如果 OCxR＞PRy（定时器周期寄存器），则引脚将保持高电平（占空比为 100%）。
- 如果 OCxR＝PRy，则 OCx 引脚在 1 个时基计数周期内为低电平，而在其余所有的计数周期内均为高电平。

PWM 模式时序的详细信息参见图 12-11。表 12-3 和表 12-4 分别显示了工作在 10MIP $F_{\text{OSC}}=40$ MHz 和 30MIP $F_{\text{OSC}}=120$ MHz 下器件的 PWM 频率和精度示例。

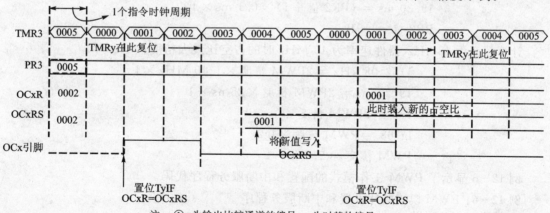

注：① x 为输出比较通道的编号；y 为时基的编号。
② OCxR 为比较寄存器，OCxRS 为辅助比较寄存器。

图 12-11 PWM 输出时序

表 12-3　10MIP 时的 PWM 频率和精度示例

PWM 频率/Hz	19	153	305	2.44	9.77	78.1	313
定时器预分频比	8	1	1	1	1	1	1
周期寄存器值	0xFFFF	0xFFFF	0x7FFF	0x0FFF	0x03FF	0x007F	0x001F
精度/位	16	16	15	12	10	7	5

表 12-4　30MIP 时的 PWM 频率和精度示例

PWM 频率/Hz	57	458	916	7.32	29.3	234	938
定时器预分频比	8	1	1	1	1	1	1
周期寄存器值	0xFFFF	0xFFFF	0x7FFF	0x0FFF	0x03FF	0x007F	0x001F
精度/位	16	16	15	12	10	7	5

计算最大 PWM 精度(单位：位)：

$$\text{最大 PWM 精度} = \frac{\lg \dfrac{F_{OSC}}{F_{PWM}}}{\lg 2} \tag{12-2}$$

例 12-5：PWM 周期和占空比计算

所需 PWM 频率为 52.08 kHz，$F_{OSC}=10$ MHz，4 倍频 PLL(40 MHz 器件时钟速率)($T_{CY}=4/F_{OSC}$))

Timer2 预分频比设置：1∶1

$$1/52.08 \text{ kHz} = (\text{PR2 值} + 1) T_{CY}(\text{Timer2 预分频比})$$
$$19.20 \text{ ms} = (\text{PR2 值} + 1) \times 0.1 \text{ ms} \times 1$$
$$\text{PR2 值} = 191$$

计算频率为 48 kHz、器件速率为 40 MHz 时的占空比最大精度：

$$1/52.08 \text{ kHz} = 2^{\text{PWM 精度}} \times 1/40 \text{ MHz} \times 1$$
$$19.20 \text{ ms} = 2^{\text{PWM 精度}} \times 25 \text{ ns} \times 1$$
$$768 = 2^{\text{PWM 精度}}$$
$$\lg 768 = \text{PWM 精度} \times \lg 2$$
$$\text{PWM 精度} = 9.5 \text{ 位}$$

例 12-6 显示了 PWM 工作模式的配置和中断服务程序代码。

例 12-6：PWM 模式脉冲设置和中断服务程序

```
;下面示例代码将设置输出比较 1 模块带故障保护输入引脚的 PWM 模式
;50% 占空比和 52.08 kHz 的 PWM 频率(Fosc = 40 MHz)
```

```
;选定时器 2 作 PWM 时基时钟源,并开通定时器 2 中断
    CLR OC1CON              ;关闭输出比较 1 模块
    MOV #0x0060,W0          ;初始化占空比 0x0060
    MOV W0,OC1RS            ;写占空比缓冲寄存器
    MOV W0,OC1R             ;写 OC1R 初始占空比值
    MOV #0x0006,W0          ;新的比较模式装入工作寄存器并写到 OC1CON
    MOV W0,OC1CON
    MOV #0x00BF W0          ;以 0x00BF 初始化 PR2
    MOV W0,PR2 ;
    BSET IPC0,#T2IP0        ;设置定时器 2 预期中断优先级
    BCLR IPC0,#T2IP1
    BCLR IPC0,#T2IP2        ;(本例设定为优先级 1)
    BCLR IFS0,#T2IIF        ;清定时器 2 中断标志
    BSET IEC0,#T2IIE        ;使能定时器 2 中断
    BSET T2CON,#TON         ;以假定的设置启动定时器 2
;定时器 2 中断服务程序示例代码:
__T2Interrupt:
    BCLR IFS0,#T2IIF        ;复位相应的中断标志
    ;这里尚须用户代码
    RETFIE                  ;从中断服务程序返回
```

12.3 低功耗状态下的输出比较工作

12.3.1 休眠模式下的输出比较工作

当器件进入休眠模式后,系统时钟会被禁止。在休眠模式下,输出比较通道将把引脚驱动为与进入休眠模式前相同的激活状态,然后模块在这种状态下停止工作。

例如,如果引脚为高电平,那么在进入休眠状态之后引脚仍然为高电平;如果引脚为低电平,那么在进入休眠状态之后引脚仍然为低电平。在这两种情况下,当器件被唤醒时,输出比较模块都将恢复工作。

12.3.2 空闲模式下的输出比较工作

当器件进入空闲模式时,系统时钟源保持工作且 CPU 停止执行代码。OCSIDL(OCxCON<13>)位选择在空闲模式下捕捉模块是停止还是继续工作:

➤ 如果 OCSIDL=1,则模块在空闲模式将停止工作。当模块在空闲模式中停止(OCxSIDL=1)时,其中执行的程序与休眠模式相同。

➤ 如果 OCSIDL＝0,则只有时基被设置在空闲模式工作时,模块才会在空闲模式下继续工作。

➤ 如果 OCSIDL 位是逻辑 0,输出比较通道将在 CPU 空闲模式下工作。此外,必须将相应的 TxSIDL 位设为逻辑 0 以使能时基。

注意：如果使能了外部故障引脚,则当器件处于空闲或休眠模式时,这些引脚将继续控制相关的 OCx 输出引脚。

12.4　I/O 引脚控制

当使能了输出比较模块时,I/O 引脚方向由比较模块控制。当比较模块被禁止时,它会将 I/O 引脚控制归还给相应的引脚 LAT 和 TRIS 控制位。

当使能了具有故障保护输入模式的 PWM 时,必须通过将相应的 TRIS SFR 位置 1 以将 OCFx 故障引脚配置为输入。使能此特殊 PWM 模式并不会将 OCFx 故障引脚配置为输入（见表 12-5 和表 12-6）。

表 12-5　与输出比较模块 1～8 相关的引脚表

引脚名称	引脚类型	缓冲器类型	说　明
OC1	O	—	输出比较/PWM 通道 1
OC2	O	—	输出比较/PWM 通道 2
OC3	O	—	输出比较/PWM 通道 3
OC4	O	—	输出比较/PWM 通道 4
OC5	O	—	输出比较/PWM 通道 5
OC6	O	—	输出比较/PWM 通道 6
OC7	O	—	输出比较/PWM 通道 7
OC8	O	—	输出比较/PWM 通道 8
OCFA	I	ST	PWM 故障保护输入 A（通道 1～4）
OCFB	I	ST	PWM 故障保护输入 B（通道 5～8）

注：当相关定时器源的 TSIDL 位(TxCON<13>)置 1 时,即使 OCSIDL 位没有置 1,输出比较引脚也会出现停止工作。执行 PWRSAV 指令时,实际上是定时器进入了空闲模式。所选时基配置为 32 位模式时,不能使用输出比较模块,应该将 T32 位(TxCON<3>)清零才能使用。

表 12-6 与输出比较模块相关的寄存器映射示例

SFR 名称	地址	bit 15	bit 14	bit 13	bit 12	bit 11	bit 10	bit 9	bit 8	bit 7	bit 6	bit 5	bit 4	bit 3	bit 2	bit 1	bit 0	复位状态
TMR2	0106								Timer2 寄存器									0000 0000 0000 0000
TMR3	010A								Timer3 寄存器									0000 0000 0000 0000
PR2	010C								周期寄存器 2									1111 1111 1111 1111
PR3	010E								周期寄存器 3									1111 1111 1111 1111
T2CON	0110	TON	—	TSIDL	—	—	—	—	—	—	TGATE	TCKPS1	TCKPS0	—	—	TCS	—	0000 0000 0000 0000
T3CON	0112	TON	—	TSIDL	—	—	—	—	—	—	TGATE	TCKPS1	TCKPS0	T32	—	TCS	—	0000 0000 0000 0000
OC1RS	0180								输出比较 1 辅助寄存器									uuuu uuuu uuuu uuuu
OC1R	0182								输出比较 1 寄存器									uuuu uuuu uuuu uuuu
OC1CON	0184	—	—	OCSIDL	—	—	—	—	—	—	—	OCFLT	OCTSEL	OCM<2:0>			—	0000 0000 0000 0000
OC2RS	0186								输出比较 2 辅助寄存器									uuuu uuuu uuuu uuuu
OC2R	0188								输出比较 2 寄存器									uuuu uuuu uuuu uuuu
OC2CON	018A	—	—	OCSIDL	—	—	—	—	—	—	—	OCFLT	OCTSEL	OCM<2:0>			—	0000 0000 0000 0000
OC3RS	018C								输出比较 3 辅助寄存器									uuuu uuuu uuuu uuuu
OC3R	018E								输出比较 3 寄存器									uuuu uuuu uuuu uuuu
OC3CON	0190	—	—	OCSIDL	—	—	—	—	—	—	—	OCFLT	OCTSEL	OCM<2:0>			—	0000 0000 0000 0000
OC4RS	0192								输出比较 4 辅助寄存器									uuuu uuuu uuuu uuuu
OC4R	0194								输出比较 4 寄存器									uuuu uuuu uuuu uuuu
OC4CON	0196	—	—	OCSIDL	—	—	—	—	—	—	—	OCFLT	OCTSEL	OCM<2:0>			—	0000 0000 0000 0000
OC5RS	0198								输出比较 5 辅助寄存器									uuuu uuuu uuuu uuuu
OC5R	019A								输出比较 5 寄存器									uuuu uuuu uuuu uuuu
OC5CON	019C	—	—	OCSIDL	—	—	—	—	—	—	—	OCFLT	OCTSEL	OCM<2:0>			—	0000 0000 0000 0000
OC6RS	019E								输出比较 6 辅助寄存器									uuuu uuuu uuuu uuuu

第 13 章

正交编码器接口

本章介绍正交编码器接口(QEI)。正交编码器(又名增量式编码器或光电式编码器),用于检测旋转运动系统的位置和速度。正交编码器可以对多种电机控制应用实现闭环控制,诸如开关磁阻(SR)电机和交流感应电机(ACInduction Motor,简称 ACIM)。

典型的增量式编码器包括一个放置在电机传动轴上的开槽的轮子和一个用于检测该轮上槽口的发射器/检测器模块。通常有 3 个输出,分别为相位 A、相位 B 和索引(INDEX),所提供的信息可被解码,用以提供有关电机轴的运动信息,包括距离和方向。

两个通道,相位 A(QEA)和相位 B(QEB)间的关系是惟一的。如果相位 A 超前相位 B,那么电机的旋转方向被认为是正向的;如果相位 A 落后相位 B,那么电机的旋转方向则被认为是反向的。第 3 个通道称为索引脉冲,每转 1 圈产生 1 个脉冲,作为基准,用来确定绝对位置。这 3 个信号的相关时序图参见图 13-1。

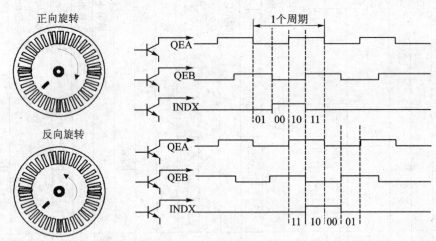

图 13-1 正交编码器接口信号

编码器产生的正交信号可以有 4 种各不相同的状态,这些状态在图 13-1 中用 1 个计数周期表示。

请注意,当旋转的方向改变时,这些状态的顺序与此相反。

正交解码器捕捉相位信号和索引脉冲,并将信息转换为位置脉冲的数字计数值。通常,当传动轴向某个方向旋转时,该计数值将递增计数;而当传动轴向另一方向旋转时,则递减计数。

正交编码器接口模块提供了与增量式编码器的接口。QEI 由对相位 A 和相位 B 信号进行解码的正交解码器逻辑以及用于累计计数值的向上/向下计数器组成。输入端上的数字毛刺滤波器对输入信号进行滤波。图 13-2 为 QEI 模块的简化框图。

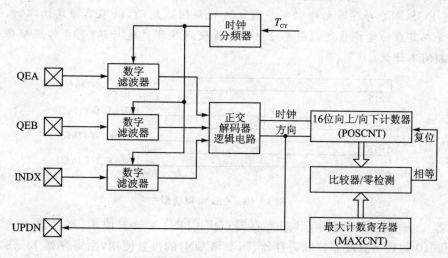

图 13-2 正交编码器接口模块的简化框图

QEI 模块包括:
- 3 个输入引脚,即 2 个相位信号和 1 个索引脉冲。
- 输入端上的可编程数字噪声滤波器。
- 提供计数器脉冲和计数方向的正交解码器。
- 16 位向上/向下位置计数器。
- 计数方向状态。
- X2 和 X4 计数分辨率。
- 2 种位置计数器复位模式。
- 通用 16 位定时器/计数器模式。
- 由 QEI 或计数器事件产生的中断。

13.1 控制和状态寄存器

QEI 模块有 4 个用户可访问的寄存器,这些寄存器可以字节或字模式进行访问。图 13-3 中示出了这些寄存器,如下所述:

➢ 控制/状态寄存器(QEICON) 该寄存器允许对 QEI 操作和表示模块状态的状态标志进行控制。
➢ 数字滤波器控制寄存器(DFLTCON) 该寄存器允许对数字输入滤波器进行控制。
➢ 位置计数寄存器(POSCNT) 该单元允许读/写 16 位位置计数器。
➢ 最大计数寄存器(MAXCNT) MAXCNT 寄存器用于保持某个值,在某些操作中,该值将与 POSCNT 寄存器的值进行比较。

注意:POSCNT 寄存器允许以字节模式进行访问。然而,以字节模式读取时,该寄存器的值可能会在随后的读操作过程中部分更新。请使用字模式进行读/写操作或确保计数器在字节操作期间不计数。

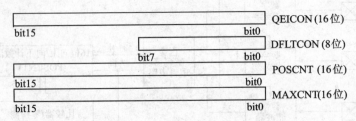

图 13-3 QEI 编程模型

寄存器 13-1 定义了控制/状态寄存器(QEICON)的设置使用,寄存器 13-2 定义了 dsPIC30F6010 的数字滤波器控制寄存器(DFLTCON)的设置使用,而寄存器 13-3 则定义了除 dsPIC30F6010 之外的所有 dsPIC30F 器件的数字滤波器控制寄存器(DFLTCON)的设置使用。其中,-0 表示上电复位时清零;U 表示未用位,读作 0;R 表示可读位;W 表示可写位。

寄存器 13-1 QEICON

R/W-0	U-0	R/W-0	R-0	R/W-0	R/W-0	R/W-0	R/W-0
CNTERR	—	QEISIDL	INDEX	UPDN	QEIM2	QEIM1	QEIM0
bit 15			高字节				bit 8

R/W-0	R/W-0	R/W-0	R/W-0	R/W-0	R/W-0	R/W-0	R/W-0
SWPAB	PCDOUT	TQGATE	TQCKPS1	TQCKPS0	POSRES	TQCS	UDSRC
bit 7			低字节				bit 0

bit 15 CNTERR 计数错误状态标志位。
   1 发生了位置计数错误。
   0 未发生位置计数错误。
   (仅当 QEIM<2:0>=110 或 100 时,CNTERR 标志位适用。)
bit 14 未用位 读作 0。
bit 13 QEISIDL 空闲模式停止位。

1　当器件进入空闲模式时,模块不再继续工作。
　　0　在空闲模式下,模块继续工作。
bit 12 INDEX　索引引脚状态位(只读)。
　　1　索引引脚为高电平。
　　0　索引引脚为低电平。
bit 11 UPDN　位置计数器方向状态位。
　　1　位置计数器方向为正(+)。
　　0　位置计数器方向为负(-)。
　　(当 QEIM<2：0>=1XX 时,为只读位)。
　　(当 QEIM<2：0>=001 时,为可读/写位)。
bit 10～8 QEIM<2：0>　正交编码器接口模式选择位。
　　111　正交编码器接口使能(x4 模式),通过与(MAXCNT)匹配将位置计数器复位。
　　110　正交编码器接口使能(x4 模式),通过索引脉冲将位置计数器复位。
　　101　正交编码器接口使能(x2 模式),通过与(MAXCNT)匹配将位置计数器复位。
　　100　正交编码器接口使能(x2 模式),通过索引脉冲将位置计数器复位。
　　011　未使用(模块禁止)。
　　010　未使用(模块禁止)。
　　001　启动 16 位定时器。
　　000　正交编码器接口/定时器关闭。
bit 7 SWPAB　相位 A 和相位 B 输入交换选择位。
　　1　相位 A 和相位 B 输入已交换。
　　0　相位 A 和相位 B 输入未交换。
bit 6 PCDOUT　位置计数器方向状态输出使能位。
　　1　位置计数器方向状态输出使能(I/O 引脚的状态由 QEI 逻辑控制)。
　　0　位置计数器方向状态输出禁止(正常的 I/O 引脚操作)。
bit 5 TQGATE　定时器门控时间累加使能位。
　　1　定时器门控时间累加使能。
　　0　定时器门控时间累加禁止。
bit 4～3 TQCKPS<1：0>　定时器输入时钟预分频比选择位。
　　11=预分频比是 1：256。
　　10=预分频比是 1：64。
　　01=预分频比是 1：8。
　　00=预分频比是 1：1。
　　(预分频器仅用于 16 位定时器模式。)

bit 2 POSRES 位置计数器复位使能位。
    1 索引脉冲可使位置计数器复位。
    0 索引脉冲不能使位置计数器复位。
    (仅当 QEIM<2：0>＝100 或 110 时，该位适用。)

bit 1 TQCS 定时器时钟源选择位。
    1 来自 QEA 引脚(上升沿)的外部时钟。
    0 内部时钟(TCY)。

bit 0 UDSRC 位置计数器方向选择控制位。
    1 QEB 引脚状态定义位置计数器方向。
    0 控制/状态位 UPDN(QEICON<11>)定义定时器计数器(POSCNT)方向。

注意：当配置为 QEI 模式时，此控制位是"无关位"。

寄存器 13－2　dsPIC30F6010 的 DFLTCON

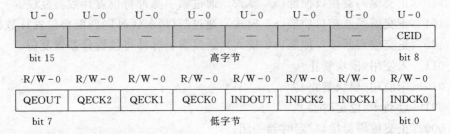

bit 15～9 未用位　读作 0。

bit 8 CEID 计数错误中断禁止位。
    1 禁止位置计数错误中断。
    0 使能位置计数错误中断。

bit 7 QEOUT QEA/QEB 数字滤波器输出使能位。
    1 数字滤波器输出使能。
    0 数字滤波器输出禁止(正常的引脚操作)。

bit 6～4 QECK<2：0> QEA/QEB 数字滤波器时钟分频选择位。
    111 时钟分频比为 1：256。
    110 时钟分频比为 1：128。
    101 时钟分频比为 1：64。
    100 时钟分频比为 1：32。
    011 时钟分频比为 1：16。
    010 时钟分频比为 1：4。
    001 时钟分频比为 1：2。

000　时钟分频比为 1∶1。

bit 3 INDOUT　索引通道数字滤波器输出使能位。

　　1　数字滤波器输出使能。

　　0　数字滤波器输出禁止（正常的引脚操作）。

bit 2～0 INDCK<2∶0>　索引通道数字滤波器时钟分频选择位。

　　111　时钟分频比为 1∶256。
　　110　时钟分频比为 1∶128。
　　101　时钟分频比为 1∶64。
　　100　时钟分频比为 1∶32。
　　011　时钟分频比为 1∶16。
　　010　时钟分频比为 1∶4。
　　001　时钟分频比为 1∶2。
　　000　时钟分频比为 1∶1。

寄存器 13-3　除 dsPIC30F6010 之外的所有 dsPIC30F 器件的 DFLTCON

U-0	U-0	U-0	U-0	U-0	R/W-0	R/W-0	R/W-0
—	—	—	—	—	IMV1	IMV0	CEID
bit 15				高字节			bit 8

R/W-0	R/W-0	R/W-0	R/W-0	U-0	U-0	U-0	U-0
QEOUT	QECK2	QECK1	QECK0	—	—	—	—
bit 7			低字节				bit 0

bit 15～11　未用位　读作 0。

bit 10～9 IMV<1∶0>　索引匹配值（当接收到索引脉冲时，POSCNT 寄存器将被复位，这些位允许用户指定 QEA 和 QEB 输入引脚在这个时候的状态。）

　　在 4X 正交计数模式下：

　　IMV1　索引脉冲匹配所要求的相位 B 输入信号的状态。
　　IMV0　索引脉冲匹配所要求的相位 A 输入信号的状态。

　　在 2X 正交计数模式下：

　　IMV1　索引状态匹配选择相位输入信号（0 表示相位 A，1 表示相位 B）。
　　IMV0　索引脉冲匹配要求的所选相位输入信号的状态。

bit 8 CEID　计数错误中断禁止。

　　1　禁止计数错误中断。
　　0　使能计数错误中断。

bit 7 QEOUT　QEA/QEB/INDX 引脚数字滤波器输出使能。

  1　数字滤波器输出使能。
  0　数字滤波器输出禁止(正常的引脚操作)。
bit 6~4　QECK<2:0>　QEA/QEB/INDX 数字滤波器时钟分频选择位。
  111　时钟分频比为1∶256。
  110　时钟分频比为1∶128。
  101　时钟分频比为1∶64。
  100　时钟分频比为1∶32。
  011　时钟分频比为1∶16。
  010　时钟分频比为1∶4。
  001　时钟分频比为1∶2。
  000　时钟分频比为1∶1。
bit 3~0　未用位　读作0。

  注意：选用不同的 dsPIC30F 器件，DFLTCON 寄存器中可用的控制位可能会有所不同。详细信息请参阅寄存器 13-2 和寄存器 13-3。

  与 QEI 相关的特殊功能寄存器见表 13-1。

13.2　可编程数字噪声滤波器

  数字噪声滤波器部件用于滤除输入索引脉冲和正交信号中的噪声。施密特触发器输入和有 3 个时钟周期延迟的滤波器组合使用，用于滤除低电平噪声和通常在易产生噪声的应用(如电机系统应用)中出现的幅度大而短时间持续的尖脉冲噪声。

  该滤波器可以确保在 3 个连续的滤波器周期内都获得同 1 个稳定值之后，才允许经过滤波的输出信号发生变化。

  滤波器时钟的速率决定滤波器的低通带。滤波器时钟越慢，通带滤除的频率越低。滤波器时钟由器件的 FCY 时钟经过可编程分频器分频后得到。

  将 QEOUT 位(DFLTCON<7>)置 1，则使能通道 QEA 和 QEB 的滤波器。QECK<2:0>的位(DFLTCON<6:4>)用于指定通道 QEA 和 QEB 所使用的滤波器时钟分频器。将 INDOUT 位(DFLTCON<3>)置 1，将使能索引通道的滤波器。INDCK<2:0>的位(DFLTCON<2:0>)用来指定索引通道所使用的滤波器时钟分频器。复位时，所有通道的滤波器被禁止。

  有些器件对于 QEx 输入数字滤波器和 INDX 输入数字滤波器没有单独的控制位。对于这些器件，QEOUT 和 QECK<2:0>控制位设置 QEA/QEB 和 INDX 引脚的数字滤波器特性。更多信息，请参见寄存器 13-2 和寄存器 13-3。

表 13-1 与 QEI 相关的特殊功能寄存器

名称	bit 15	bit 14	bit 13	bit 12	bit 11	bit 10	bit 9	bit 8	bit 7	bit 6	bit 5	bit 4	bit 3	bit 2	bit 1	bit 0	所有复位时的值
QEICON	CNTERR	未使用	QEISIDL	INDX	UPDN	QEIM2	QEIM1	QEIM0	SWPAB	PCDOUT	TQGATE	TQCKPS1	TQCKPS0	POSRES	TQCS	UDSRC	0000 0000 0000 0000
DFLTCON	—	—	—	—	—	—	—	—	QEOUT	QECK2	QECK1	QECK0	INDOUT	INDXK2	INDXK1	INDXK0	0000 0000 0000 0000
POSCNT	位置计数寄存器																1111 1111 1111 1111
MAXCNT	最大计数寄存器																0000 0000 0000 0000
ADPCFG	PCFG15	PCFG14	PCFG13	PCFG12	PCFG11	PCFG10	PCFG9	PCFG8	PCFG7	PCFG6	PCFG5	PCFG4	PCFG3	PCFG2	PCFG1	PCFG0	0000 0000 0000 0000
INTCON1	NSTDIS	—	—	—	—	OVATE	OVBTE	COVTE	—	—	—	MATHERR	ADDRERR	STKERR	OSCFAIL	—	0000 0000 0000 0000
INTCON2	ALTIVT	—	—	—	—	—	—	—	—	—	—	INT4EP	INT3EP	INT2EP	INT1EP	INT0EP	0000 0000 0000 0000
IFS2	—	—	FLTBIF	FLTAIF	—	LVDIF	DCIIF	PWMIF	C2IF	C1IF	INT4IF	INT3IF	OC8IF	OC7IF	OC6IF	OC5IF	0000 0000 0000 0000
IEC2	—	—	FLTBIE	FLTAIE	—	LVDIE	DCIIE	PWMIE	C2IE	C1IE	INT4IE	INT3IE	OC8IE	OC7IE	OC6IE	OC5IE	0000 0000 0000 0000
IPC10	—	FLTAIP<2:0>			—	LVDIP<2:0>			—	DCIIP<2:0>			—	QEIIP<2:0>			0100 0100 0100 0100

注：① 所用 dsPIC30F 器件不同，DFLTCON 寄存器中可用的控制位也可能会有所不同。详细信息请参阅寄存器 13-2 和寄存器 13-3。
② 在很多器件上，QEI 引脚与模拟输入引脚复用，必须确保使用 ADPCFG 控制寄存器将 QEI 引脚配置为数字引脚。

图 13-4 所示为数字噪声滤波器的简化框图,图 13-5 所示为信号通过滤波器传播(滤波器时钟分频比为 1∶1)。

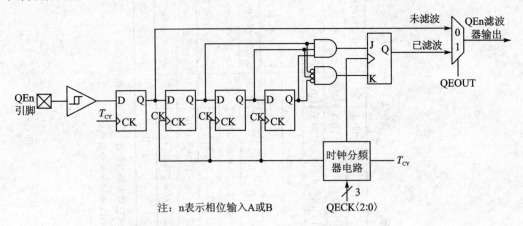

图 13-4 简化的数字噪声滤波器框图

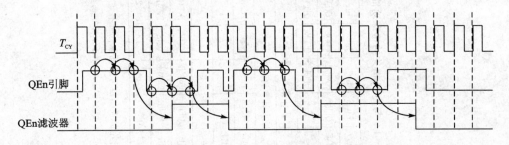

图 13-5 滤波器时钟分频比为 1∶1 时信号通过滤波器传播

13.3 正交解码器

当 QEIM2=1(QEICON<10>)时,选择位置测量模式。

当 QEIM1=1(QEICON<9>)时,选择"x4"测量模式,且 QEI 逻辑在相位 A 和相位 B 输入信号的上升沿和下降沿都使位置计数器计数。

"x4"测量模式可以为确定编码器位置提供更高精度的数据(更多位置计数)。

图 13-6 表示 x4 模式的正交解码器信号。

当 QEIM1=0 时,选择 x2 测量模式,且 QEI 逻辑仅根据相位 A 的输入的上升沿和下降沿来确定位置计数器递增计数的速率。相位 A 信号的每个上升沿和下降沿都会使位置计数器进行递增或递减计数。相位 B 信号仍用于确定计数器的方向,与 x4 测量模式中完全一样。图 13-7 表示 x2 模式的正交解码器信号。

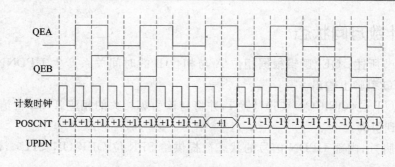

图 13-6　x4 模式的正交解码器信号

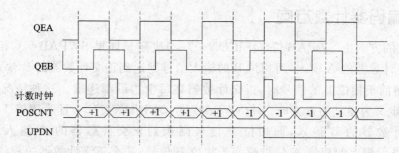

图 13-7　x2 模式的正交解码器信号

13.3.1　超前/滞后测试说明

由正交解码器逻辑执行超前/滞后测试,用来确定 QEA 和 QEB 信号的相位关系,从而确定将递增还是递减 POSCNT 寄存器。表 13-2 中对超前/滞后测试进行了说明。

表 13-2　超前/滞后测试的说明

当前转换	前一次转换	条件	操 作	
QEA↑	QEB↓	QEA 超前于 QEB 通道	UPDN 置 1	POSCNT 递增
	QEB↑	QEA 滞后于 QEB 通道	UPDN 清零	POSCNT 递减
	QEA↓	方向变化	UPDN 翻转	POSCNT 递增或 POSCNT 递减
QEA↓	QEB↓	QEA 滞后于 QEB 通道	UPDN 清零	POSCNT 递减
	QEB↑	QEA 超前于 QEB 通道	UPDN 置 1	POSCNT 递增
	QEA↑	方向变化	UPDN 翻转	POSCNT 递增或 POSCNT 递减
QEB↑	QEA↓	QEA 滞后于 QEB 通道	UPDN 清零	POSCNT 递减
	QEA↑	QEA 超前于 QEB 通道	UPDN 置 1	POSCNT 递增
	QEB↓	方向变化	UPDN 翻转	POSCNT 递增或 POSCNT 递减
QEB↓	QEA↓	QEA 超前于 QEB 通道	UPDN 置 1	POSCNT 递增
	QEA↑	QEA 滞后于 QEB 通道	UPDN 清零	POSCNT 递减
	QEB↑	方向变化	UPDN 翻转	POSCNT 递增或 POSCNT 递减

13.3.2 计数方向状态

如前面章节所述，QEI 逻辑根据相位 A 与相位 B 的时间关系产生 UPDN 信号。UPDN 信号可以在 I/O 引脚上输出。

将 PCDOUT 位(QEICON<6>)置 1，并将与该引脚相关的相应 TRIS 位清零,将使 UPDN 信号输出到引脚。

除输出引脚外，内部 UPDN 信号的状态被提供给 SFR 位 QEICON<11>,该位作为只读位,用 UPDN 表示。

13.3.3 编码器计数方向

正交计数的方向由 SWPAB 位(QEICON<7>)决定。如果 SWPAB=0,相位 A 的输入信号送到正交计数器的 A 输入,而相位 B 的输入信号则送到正交计数器的 B 输入；所以,当相位 A 的信号超前于相位 B 的信号时,正交计数器在每个边沿都递增。这种情况(A 信号超前于 B 信号)被定义为运动的正方向。将 SWPAB 位(QEICON<7>)置为逻辑 1,使相位 A 输入送到正交计数器的 B 输入,而相位 B 信号则送到正交计数器的 A 输入。因此,如果 dsPIC30F 器件引脚上的相位 A 信号超前于相位 B 信号,那么正交计数器的相位 A 输入将落后于相位 B 输入。这种情况下,则为反方向旋转,且计数器将在正交脉冲的每个边沿递减。

13.3.4 正交速率

位置控制系统的 RPM 有所不同。RPM 与正交解码器线计数一起决定 QEA 和 QEB 输入信号的频率。可以将正交解码器信号进行解码,从而在每个正交信号的边沿产生计数脉冲。这样就允许角度位置测量的精度最高为解码器线计数的 4 倍。例如,一个 6000 RPM 的电机使用 4096 线解码器产生的正交计数速率为$((6000/60) \times (4096 \times 4))=1.6384$ MHz。同样地,一个 10000 RPM 的电机使用 8192 线解码器产生的正交计数速率为

$$((10000/60) \times (8192 \times 4)) = 5.46 \text{ MHz}$$

QEI 允许正交频率最大为 $F_{CY}/3$。例如,如果 $F_{CY}=30$ MHz,则 QEA 和 QEB 信号的最大频率可达到 10 MHz。

13.4 16 位向上/向下位置计数器

16 位向上/向下计数器对正交解码器逻辑产生的每个计数脉冲进行向上或向下计数。此时计数器充当积分器,其计数值与位置成比例。计数的方向由正交解码器决定。

用户软件可以通过读取 POSCNT 寄存器来检查计数的内容,用户软件还可以通过写 POSCNT 寄存器来初始化计数。

改变 QEIM 位不影响位置计数寄存器的内容。

13.4.1 位置计数器的使用

系统可以用几种方法之一来使用位置计数器的数据。在某些系统中,位置计数一直累加,并作为一个代表该系统总位置的绝对值。举一个典型的示例,假设正交解码器固定在一台用来控制打印机的打印头的电机上,初始化系统时,将打印头移动到最左位置并复位 POSCNT 寄存器。当打印头往右移动时,正交解码器将在 POSCNT 寄存器中开始累加计数;当打印头往左移动时,累加计数将递减;当打印头到达最右位置时,应该达到最大位置计数。如果最大计数小于 216,则 QEI 模块可以为整个运动编码范围。

然而,如果最大计数大于 216,则必须由用户软件获取额外的计数精度。通常,要完成这个工作,该模块应被设置为在最大计数匹配发生时就复位的计数器模式。当 QEIM0=1 时,可使能用 MAXCNT 寄存器将位置计数器复位的模式。当计数器在递增计数时达到预先确定的最大值,或当它在递减计数时达到 0 时,将复位计数并产生中断,以允许用户软件对包含此位置计数的最高有效位的软件计数器进行递增或递减计数。最大计数可达到 0xFFFF,可以允许 QEI 计数器和软件计数器的完整范围,也可以是一些较小的值,比如解码器旋转 1 次的计数数字。在其他系统中,位置计数可能是循环的。在由索引脉冲决定的转数范围之内,位置计数仅用作轮子位置的基准。例如,用螺旋杆移动的工具平台使用了固定在螺旋杆上的正交编码器。工作时,螺旋杆可能需要 5.5 转来到达所要求的位置。用户软件将检测 5 个索引脉冲来为整数转数计数,并且使用位置计数来测量剩下的 0.5 转。采用这种方法,每次旋转索引脉冲都复位位置计数器,来初始化计数器并为每次旋转产生 1 次中断。QEIM0=0 可以使能这些模式。

13.4.2 使用 MAXCNT 复位位置计数器

当 QEIM0 位为 1 时,在位置计数与预先确定的高、低值匹配时,位置计数器将会复位,不使用索引脉冲复位机制。

对于该模式,位置计数器的复位机制以如下方式工作(相关时序的详细信息,参见图 13-8):

——如果编码器正向旋转,例如,QEA 超前于 QEB,而且 POSCNT 寄存器中的值与 MAXCNT 寄存器中的值匹配,则 POSCNT 将在下一个递增 POSCNT 的正交脉冲沿时复位为 0。在此计满返回事件发生时将产生中断。

——如果编码器反向旋转,例如,QEB 超前于 QEA,而且 POSCNT 寄存器向下计数至 0,那么在下一个递减 POSCNT 的正交脉冲沿 MAXCNT 寄存器中的值会被装入 POSCNT。在此下溢事件发生时将产生中断。

当把 MAXCNT 用作位置极限时,请记住位置计数器将以 x2 或 x4 编码器计数模式计数。

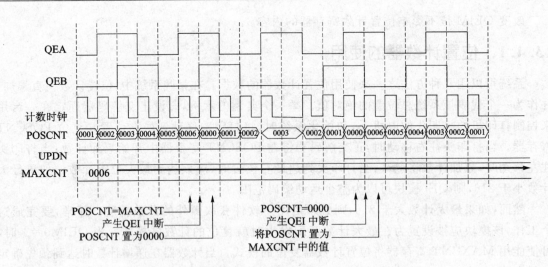

图 13-8 计满返回/下溢复位和向上/向下位置计数器

对于标准的旋转编码器,写入 MAXCNT 的适当值应该是 $4N-1$(x4 位置模式)和 $2N-1$(x2 位置模式),其中 N 为解码器每转 1 圈的计数数字。

对于系统范围超出 2^{16} 的绝对位置信息,将值 0xFFFF 装入 MAXCNT 寄存器也是合适的。该模块在计数器发生计满返回或下溢时将会产生中断。

13.4.3 使用索引复位位置计数器

当 QEIM<0>=0 时,使用索引脉冲复位位置计数器。对于该模式,位置计数器的复位机制以如下方式工作(相关时序的详细信息,参见图 13-9):

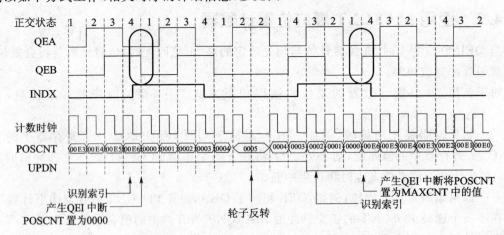

图 13-9 索引复位模式向上/向下位置计数器

> 当每次在 INDEX 引脚上接收到索引脉冲时,位置计数复位。
> 如果编码器正向旋转,例如,QEA 超前于 QEB,POSCNT 将复位为 0。
> 如果编码器反向旋转,例如,QEB 超前于 QEA,MAXCNT 寄存器中的值会被装入 POSCNT。

1. 索引脉冲检测标准

来自不同厂商的增量式编码器为索引脉冲使用不同的时序。索引脉冲可以与 4 种正交状态的任何一种对齐,且脉宽可以是整个周期(4 种正交状态)、0.5 个周期(2 种正交状态)或 1/4 个周期(1 种正交状态)。脉宽为整个周期或 0.5 个周期的索引脉冲通常称为"非门控的",而脉宽为 1/4 个周期的索引脉冲通常称为"门控的"。

无论提供的索引脉冲是何种类型,当轮子反向旋转时,QEI 保持计数对称。这意味着轮子以正或反方向旋转时,索引脉冲必须在出现与相同的相对正交状态转换时,将位置计数器复位。

例如,在图 13-9 中,第 1 个索引脉冲被识别到并且当正交状态从 4 转换为 1(如图中标示)时,复位 POSCNT。QEI 锁存这个转换的状态,随后的任何索引脉冲检测将使用这个状态转换来复位。

当轮子反向旋转时,再次产生索引脉冲,然而直到正交状态从 1 转换到 4 时,位置计数器(在图中标示)才发生复位。

注意:QEI 索引逻辑确保 POSCNT 寄存器总是在相对于索引脉冲的同一个位置被调整,不考虑旋转的方向。

2. IMV 控制位

IMV<2:0>控制位在某些带有 QEI 模块的 dsPIC 器件上可用(参见寄存器 13-3)。这些控制位允许用户选择发生索引脉冲复位所要求的 QEA 和 QEB 信号的状态。

没有这些控制位的器件将在第一次产生索引脉冲期间,自动选择 QEA 和 QEB 的状态。

3. 索引脉冲状态

INDEX 位(QEICON<12>)提供了索引引脚上的逻辑状态。当位置控制系统在自引导(homing)序列中搜索基准位置时,此状态位很有用。如果该索引位使能,则它表示索引引脚在经过数字滤波器处理之后的状态。

4. 使用索引引脚和 MAXCNT 检查错误

当计数器在索引脉冲复位模式下工作时,QEI 还将检测 POSCNT 寄存器的边界条件。在增量式解码器系统中,可以用来检测系统错误。

例如,假设轮子编码器有 100 线。在 x4 测量模式下使用并在产生索引脉冲时复位,计数器应从 0 开始计数到 399(0x018E)并复位。如果 POSCNT 寄存器在任何时候达到值 0xFFFF 或 0x0190,那么已经发生了某种系统错误。

如果向上计数,则POSCNT寄存器的内容将与MAXCNT+1做比较;如果向下计数,则将与0xFFFF做比较。如果QEI检测到这些值中的1个,则将通过置位CNTERR(QEICON<15>)产生一个位置计数错误条件,而且可以选择产生QEI中断。

如果CEID控制位(DFLTCON<8>)清零(缺省),则当检测到位置计数错误时,将产生QEI中断;如果CEID控制位置1,则不产生中断。

在检测到位置计数错误后,位置计数器继续对编码器的边沿计数。随后的位置计数错误事件将不再产生中断,直到CNTERR被用户清零为止。

5. 位置计数器复位使能

当检测到索引脉冲时,位置计数器复位使能位POSRES(QEICON<2>)将使能位置计数器的复位。仅当QEI模块被配置为QEIM<2:0>=100或110模式时,此位适用。如果POSRES位置为逻辑1,那么当检测到索引脉冲时,位置计数器会如本节所述的那样复位。

如果POSRES位置为逻辑0,那么当检测到索引脉冲时,位置计数器不复位。位置计数器将继续向上或向下计数,并在计满返回或下溢情况发生时复位。QEI继续在检测到索引脉冲时产生中断。

图13-10表示了QEI用作定时器/计数器的框图。

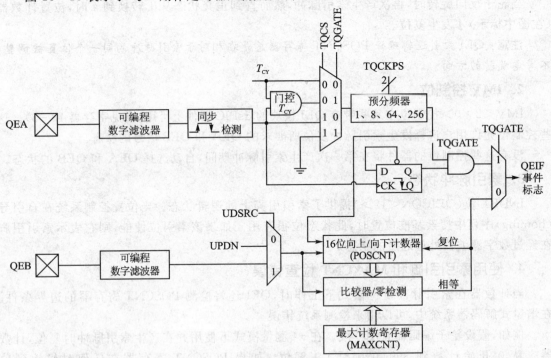

图13-10 QEI用作定时器/计数器的框图

13.5 QEI 用作备用 16 位定时器/计数器

当 QEI 模块被配置为 QEIM<2：0>＝001 时,QEI 功能被禁止,QEI 模块被配置为 16 位定时器/计数器。辅助定时器的设置和控制通过 QEICON 寄存器实现。

QEI 定时器的工作方式与其他 dsPIC30F 定时器类似。关于定时器的全面讨论,请参阅第 10 章。

当配置为定时器时,POSCNT 寄存器充当定时器寄存器,与 GP 定时器的 TMRn 寄存器类似。MAXCNT 寄存器充当周期寄存器,与 GP 定时器的 PRn 寄存器类似。当定时器/周期寄存器发生匹配时,QEIF 标志位置 1。

注意：改变工作模式时,也就是说,从 QEI 到定时器或从定时器到 QEI,不影响定时器/位置计数寄存器的内容。

13.5.1 向上/向下定时器的工作

QEI 定时器可以递增或递减计数。这是在其他大部分定时器中所独有的功能。

当定时器被配置为向上计数时,定时器(POSCNT)将进行递增计数直到计数与周期寄存器(MAXCNT)匹配为止。定时器复位为 0 并重新开始递增计数。

当定时器被配置为向下计数时,定时器(POSCNT)将进行递减计数直到计数与周期寄存器(MAXCNT)匹配为止。定时器复位为 0 并重新开始递减计数。

当定时器被配置为向下计数时,为了正确工作,必须遵循一些总体的工作指导方针。

① MAXCNT 寄存器将用作周期匹配寄存器;但是因为计数器在进行递减计数,所以,所需的匹配值是 2 倍计数。例如,要对 0x1000 个时钟计数,该周期寄存器必须装入 0xF000。

② 在匹配条件发生时,定时器复位为 0。

1 个 I/O 引脚或 SFR 控制位用于指定计数方向控制。

控制位 UDSRC(QEICON<0>)决定由谁控制定时器计数方向状态。

当 UDSRC=1 时,定时器计数方向由 QEB 引脚控制。如果 QEB 引脚为 1,计数方向为递增;如果 QEB 引脚为 0,计数方向为递减。

当 UDSRC=0 时,定时器计数方向由 UPDN 位(QEICON<11>)控制。当 UPDN=1 时,定时器递增计数;当 UPDN=0 时,定时器递减计数。

13.5.2 定时器外部时钟

TQCS 位(QEICON<1>)选择内部或外部时钟。当 TQCS 置位时,QEI 定时器可以将 QEA 引脚用作外部时钟输入。QEI 定时器不支持外部异步计数器模式。如果使用外部时钟源,时钟将自动与内部指令周期(T_{CY})同步。

13.5.3 定时器门控操作

当 TQGATE 位(QEICON<5>)置 1 且 TQCS 清零时，QEA 引脚作为定时器的门控。如果 TQCS 和 TQGATE 同时置位，则定时器不进行递增计数且不产生中断。

13.6 正交编码器接口中断

根据 QEI 的模式，QEI 在下列事件发生时将产生中断：

- 工作在匹配复位模式下(QEIM<2:0>=111 和 101)时，在位置计数器发生计满返回/下溢时产生中断。
- 当工作在索引脉冲复位模式(QEIM<2:0>=110 和 100)下时，在检测到索引脉冲并选择将 CNTERR 置 1 时，产生中断。
- 当作为定时器/计数器工作(QEIM<2:0>=001)时，发生周期匹配事件，或当 TQGATE=1 时，定时器门控信号出现下降沿时，产生中断。

当 QEI 中断事件发生时，QEIIF 位(IFS2<8>)被置 1，若允许中断，将产生中断。QEIIF 位必须用软件清零。

QEI 中断的允许通过对应的使能位 QEIIE(IEC2<8>)实现。

13.7 I/O 引脚控制

使能 QEI 模块可以使相关的 I/O 引脚受 QEI 的控制，并防止较低优先级的 I/O 功能(如端口功能)影响 I/O 引脚。

根据由 QEIM<2:0>和其他控制位指定的模式，I/O 引脚可以实现不同的功能，如表 13-3 和表 13-4 中所示。

表 13-3　正交编码器模块 I/O 引脚配置描述

引脚名称	引脚类型	缓冲器类型	描述
QEAI	I	ST	正交编码器相位 A 输入或辅助定时器外部时钟输入或辅助定时器外部门控输入
	I	ST	
	I	ST	
QEB	I	ST	正交编码器相位 B 输入或辅助定时器向上/向下选择输入
	I	ST	
INDX	I	ST	正交编码器索引脉冲输入
UPDN	O		位置向上/向下计数器方向状态，QEI 模式

注：I 表示输入，O 表示输出，ST 表示施密特触发器。

表 13-4 模块 I/O 模式功能

QEIM<2:0>	PCDOUT	UDSRC	TQGATE	TQCS	QEA 引脚	QEB 引脚	INDX 引脚	UPDN 引脚
000,010,011 模块关闭	N/A	N/A	N/A	N/A	—	—	—	—
001 定时器模式	N/A	0	0	0	—	—	—	—
		1	0	0	—	输入(UPDN)	—	—
		0	1	0	输入(TQGATE) 端口未禁止	—	—	—
		1	1	0	输入(TQGATE) 端口未禁止	输入(UPDN)	—	—
		0	N/A	1	输入(TQCKI) 端口未禁止	—	—	—
		1	N/A	1	输入(TQCKI) 端口未禁止	输入(UPDN)	—	—
101,111 QEI 由计数复位	0	N/A	N/A	N/A	输入(QEA)	输入(QEB)	—	—
	1	N/A	N/A	N/A	输入(QEA)	输入(QEB)	—	输出(UPDN)
100,110 QEI 由索引脉冲复位	0	N/A	N/A	N/A	输入(QEA)	输入(QEB)	输入(INDX)	—
	1	N/A	N/A	N/A	输入(QEA)	输入(QEB)	输入(INDX)	输出(UPDN)

注：一表示引脚在这种配置下未被 QEI 使用，引脚由端口 I/O 逻辑控制。

13.8 低功耗模式下的 QEI 工作

13.8.1 器件进入休眠模式

当器件进入休眠模式时，QEI 将停止所有工作，POSCNT 将停止在当前值，QEI 将不会响应 QEA、QEB、INDX 或 UPDN 引脚上的有效信号。QEICON 寄存器将保持不变。

如果 QEI 被配置为定时器/计数器(QEIM<2:0>=001)，而且由外部提供时钟(TQCS=1)，则该模块在休眠模式下也将停止工作。

当该模块被唤醒时，正交编码器将接收 QEA 或 QEB 信号的下一次状态转换，并将其与休眠前的上 1 次转换作比较，以决定下一步的操作。

13.8.2 器件进入空闲模式

在空闲模式下，该模块是否会进入低功耗模式取决于 QEISIDL 位(QEICON<13>)。

如果 QEICSIDL=1，那么该模块将进入低功耗模式，与进入休眠模式的操作类似。

如果 QEICSIDL=0，那么该模块将不进入低功耗模式。当器件处于空闲模式时，该模块将继续正常工作。

13.9 复位的影响

复位强制所有的模块寄存器进入其初始复位状态。与 QEI 模块相关的寄存器的所有初始化和复位条件参见寄存器 13-1。

正交编码器和 POSCNT 计数器复位为初始状态。

13.10 正交编码器使用中应注意的问题

正交编码器使用中应注意以下几点：

① dsPIC30F 电机控制及电源变换系列芯片器件中，QEI 引脚一般与模拟输入引脚复用。必须确保使用 ADPCFG 控制寄存器将 QEI 引脚配置为数字引脚，否则即使 QEI 已初始化，但当 QEA/QEB 引脚加上正交信号时，POSCNT 寄存器仍可能不变化。

② QEI 引脚输入正交信号的频率取决于正交信号的滤波器参数设置。不使用滤波器时，QEI 要求正交信号频率必须低于 $F_{CY}/3$；而使用滤波器时，要求正交信号频率必须低于滤波器频率的 1/6。

③ 当编码器出现 1 个 90°索引脉冲，但计数不能正确复位时，请检查计数时钟的情况及索引脉冲使用哪一种正交状态转换。1/4 周期的索引脉冲可能在所需的转换之前无法被识别。要解决这个问题，请在正交时钟上使用一个滤波器(参见图 13-11)，且要求该滤波器的预分频比高于索引脉冲滤波器的预分频比。这将在某种程度上延迟正交时钟，以便正确检测索引脉冲。

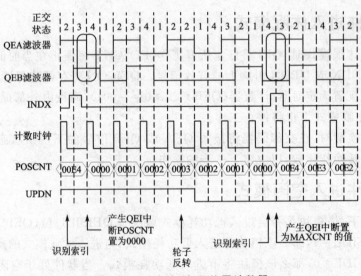

图 13-11 向上/向下位置计数器

第 14 章

电机控制脉宽调制模块

本章介绍脉宽调制(PWM)模块。电机控制 PWM(MCPWM)模块简化了产生多种同步脉宽调制输出的任务。特别是它还能支持以下电源和电机控制应用：
- 三相交流感应电机。
- 开关磁阻(SR)电机。
- 直流无刷(BLDC)电机。
- 不间断电源(UPS)。

PWM 模块具有如下特性：
- 专用时基支持 $T_{CY}/2$ PWM 边沿精度。
- 每个 PWM 发生器都有 2 个输出引脚。
- 每个输出引脚对均可互补或独立工作。
- 用于互补模式的硬件死区时间发生器。
- 可由器件配置位设置输出引脚极性。
- 多种输出模式：
  ——边沿对齐模式；
  ——中心对齐模式；
  ——带双更新的中心对齐模式；
  ——单事件模式。
- 手动改写用于 PWM 输出引脚的寄存器。
- 有可编程功能的硬件故障输入引脚。
- 用于同步 A/D 转换的特殊事件触发器。
- 每个与 PWM 相关的输出引脚都可以被单独使能。

14.1 多种 MCPWM 模块

根据所选的 dsPIC30F 器件的不同，有 2 个版本的 MCPWM 模块。一种是 8 输出模块，通常见于 64 引脚或 64 引脚以上的器件上；还有一种是 6 输出的 MCPWM 模块，通常见于引脚数小于 64 的较小器件上。不同的 dsPIC30F 器件也可能具有 1 个以上的 MCPWM 模块。

有关 MCPWM 的具体信息,请参见第 2 章的表 2-2 中有关具体器件的配置情况。

6 输出的 MCPWM 模块可用于单相或三相电源的应用,而 8 输出的 MCPWM 能支持四相电机应用。表 14-1 提供了 6 输出和 8 输出的 MCPWM 模块的功能部件总结。2 个模块都支持多种单相负载。8 输出 MCPWM 还为应用中提供了更高的灵活性,因为它支持 2 个故障引脚和 2 个可编程死区时间。在随后的各节中将更详细地讨论这些功能。

图 14-1 所示为 MCPWM 模块的简化框图。

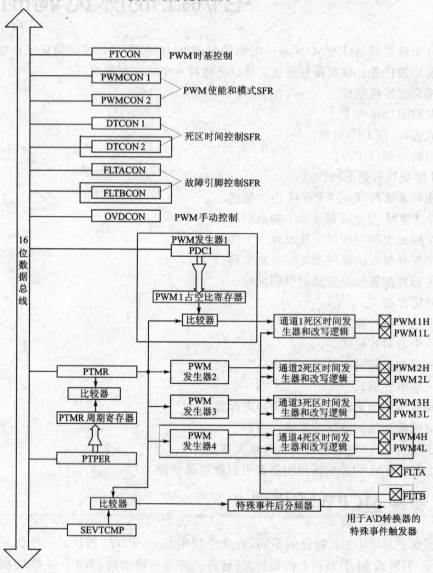

图 14-1　MCPWM 框图

表 14-1　功能部件总结

功能部件	6 输出 MCPWM 模块	8 输出 MCPWM 模块
I/O 引脚	6	8
PWM 发生器	3	4
故障输入引脚	1	2
死区时间发生器	1	2

14.2　控制寄存器

以下寄存器控制 MCPWM 模块的工作：
- PTCON　PWM 时基控制寄存器。
- PTMR　PWM 时基寄存器。
- PTPER　PWM 时基周期寄存器。
- SEVTCMP　PWM 特殊事件比较寄存器。
- PWMCON1　PWM 控制寄存器 1。
- PWMCON2　PWM 控制寄存器 2。
- DTCON1　死区时间控制寄存器 1。
- DTCON2　死区时间控制寄存器 2。
- FLTACON　故障 A 控制寄存器。
- FLTBCON　故障 B 控制寄存器。
- PDC1　PWM 占空比寄存器 1。
- PDC2　PWM 占空比寄存器 2。
- PDC3　PWM 占空比寄存器 3。
- PDC4　PWM 占空比寄存器 4。

此外，还有 3 个与 MCPWM 模块相关的器件配置位以设置初始复位状态和 I/O 引脚的极性。这些配置位位于 FBORPOR 器件配置寄存器中。更多详情请参阅第 20 章中的器件配置寄存器。以下介绍的寄存器中，-0 表示上电复位时清 0；-1 表示上电复位时置位；R 表示可读位；W 表示可写位；C 表示软件可清 0；U 表示未用位，读作 0。

寄存器 14-1 PTCON

R/W-0	U-0	R/W-0	U-0	U-0	U-0	U-0	U-0
PTEN	—	PTSIDL	—	—	—	—	—

bit 15　　　　　　　　　　　　高字节　　　　　　　　　　　　bit 8

R/W-0	R/W-0	R/W-0	R/W-0	R/W-0	R/W-0	R/W-0	R/W-0
PTOPS3	PTOPS2	PTOPS1	PTOPS0	PTCKPS1	PTCKPS0	PTMOD1	PTMOD0

bit 7　　　　　　　　　　　　低字节　　　　　　　　　　　　bit 0

bit 15 PTEN　PWM 时基定时器使能位。

 1　PWM 时基开启。

 0　PWM 时基关闭。

bit 14 未用　读作 0。

bit 13 PTSIDL　空闲模式 PWM 时基停止位。

 1　PWM 时基在 CPU 空闲模式停止。

 0　PWM 时基在 CPU 空闲模式运行。

bit 12~8 未用　读作 0。

bit 7~4 PTOPS<3∶0>　PWM 时基输出后分频比选择位。

 1111　1∶16 后分频。

 ⋮

 0001　1∶2 后分频。

 0000　1∶1 后分频。

bit 3~2 PTCKPS<1∶0>　PWM 时基输入时钟预分频比选择位。

 11　PWM 时基输入时钟周期为 64 T_{CY}(1∶64 预分频)。

 10　PWM 时基输入时钟周期为 16 T_{CY}(1∶16 预分频)。

 01　PWM 时基输入时钟周期为 4 T_{CY}(1∶4 预分频)。

 00　PWM 时基输入时钟周期为 1 T_{CY}(1∶1 预分频)。

bit 1~0 PTMOD<1∶0>　PWM 时基模式选择位。

 11　PWM 时基工作在带双 PWM 更新中断的连续向上/向下模式。

 10　PWM 时基工作在连续向上/向下计数模式。

 01　PWM 时基工作在单事件模式。

 00　PWM 时基工作在自由运行模式。

寄存器 14 – 2　PTMR

R-0	R/W-0	R/W-0	R/W-0	R/W-0	R/W-0	R/W-0	R/W-0
PTDIR	PTMR14	PTMR13	PTMR12	PTMR11	PTMR10	PTMR9	PTMR8
bit 15			高字节				bit 8
R/W-0	R/W-0	R/W-0	R/W-0	R/W-0	R/W-0	R/W-0	R/W-0
PTMR7	PTMR6	PTMR5	PTMR4	PTMR3	PTMR2	PTMR1	PTMR0
bit 7			低字节				bit 0

bit 15　PTDIR　PWM 时基计数方向状态位（只读）。
　　1　PWM 时基向下计数。
　　0　PWM 时基向上计数。
bit 14～0　PTMR<14：0>　PWM 时基寄存器计数值。

寄存器 14 – 3　PTPER

U-0	R/W-0	R/W-0	R/W-0	R/W-0	R/W-0	R/W-0	R/W-0
—	PTPER14	PTPER13	PTPER12	PTPER11	PTPER10	PTPER9	PTPER8
bit 15			高字节				bit 8
R/W-0	R/W-0	R/W-0	R/W-0	R/W-0	R/W-0	R/W-0	R/W-0
PTPER7	PTPER6	PTPER5	PTPER4	PTPER3	PTPER2	PTPER1	PTPER0
bit 7			低字节				bit 0

bit 15　未用　读作 0。
bit 14～0　PTPER<14：0>　PWM 时基周期值位。

寄存器 14 – 4　SEVTCMP

R/W-0	R/W-0	R/W-0	R/W-0	U-0	R/W-0	R/W-0	R/W-0
SEVTDIR	SEVTCMP14	SEVTCMP13	SEVTCMP12	SEVTCMP11	SEVTCMP10	SEVTCMP9	SEVTCMP8
bit 15			高字节				bit 8
R/W-0	R/W-0	R/W-0	R/W-0	R/W-0	R/W-0	R/W-0	R/W-0
SEVTCMP7	SEVTCMP6	SEVTCMP5	SEVTCMP4	SEVTCMP3	SEVTCMP2	SEVTCMP1	SEVTCMP0
bit 7			低字节				bit 0

bit 15　SEVTDIR　特殊事件触发器时基方向位[①]。
　　1　当 PWM 时基向下计数时触发特殊事件。
　　0　当 PWM 时基向上计数时触发特殊事件。
bit 14～0　SEVTCMP<14：0>　特殊事件比较值位[②]。

注意：
① SEVTDIR 与 PTDIR(PTMR<15>)比较以产生特殊事件触发信号。
② SEVTCMP<14：0>与 PTMR<14：0>比较以产生特殊事件触发信号。

寄存器 14-5　PWMCON1

U-0	U-0	U-0	U-0	R/W-0	R/W-0	R/W-0	R/W-0
—	—	—	—	PMOD4	PMOD3	PMOD2	PMOD1
bit 15			高字节				bit 8

R/W-1	R/W-1	R/W-1	R/W-1	R/W-1	R/W-1	R/W-1	R/W-1
PEN4H	PEN3H	PEN2H	PEN1H	PEN4L	PEN3L	PEN2L	PEN1L
bit 7			低字节				bit 0

bit 15～12 未用　读作 0。
bit 11～8　PMOD4～1　PWM I/O 引脚对模式位。
　　　1　PWM I/O 引脚对处于独立输出模式。
　　　0　PWM I/O 引脚对处于互补输出模式。
bit 7～4　PEN4H～1H　PWMxH I/O 使能位。
　　　1　PWMxH 引脚使能为 PWM 输出。
　　　0　PWMxH 引脚禁止。I/O 引脚成为通用 I/O。
bit 3～0　PEN4L～1L　PWMxL I/O 使能位。
　　　1　PWMxL 引脚使能为 PWM 输出。
　　　0　PWMxL 引脚禁止。I/O 引脚成为通用 I/O。
注意：PENxH 和 PENxL 位的复位状态取决于在器件配置寄存器 FBORPOR 中的器件配置位 PWM/PIN 的值。

寄存器 14-6　PWMCON2

U-0	U-0	U-0	U-0	R/W-0	R/W-0	R/W-0	R/W-0
—	—	—	—	SEVOPS3	SEVOPS2	SEVOPS1	SEVOPS0
bit 15			高字节				bit 8

U-0	U-0	U-0	U-0	U-0	U-0	R/W-0	R/W-0
—	—	—	—	—	—	OSYNC	UDIS
bit 7			低字节				bit 0

bit 15～12 未用　读作 0。
bit 11～8　SEVOPS<3：0>　PWM 特殊事件触发器输出后分频比选择位。
　　　1111　1：16 后分频。

⋮

  0001 1∶2 后分频。

  0000 1∶1 后分频。

bit 7～2 未用 读作 0。

bit 1 OSYNC 输出改写同步位。

  1 通过设置 OVDCON 寄存器,使得输出改写与 PWM 时基同步。

  0 通过设置 OVDCON 寄存器,使得输出改写在一 1 个 T_{CY} 边沿发生。

bit 0 UDIS PWM 更新禁止位。

  1 禁止从占空比和周期缓冲寄存器更新。

  0 使能从占空比和周期缓冲寄存器更新。

寄存器 14-7 DTCON1

R/W-0	R/W-0	R/W-0	R/W-0	R/W-0	R/W-0	R/W-0	R/W-0
DTBPS1	DTBPS0	DTB5	DTB4	DTB3	DTB2	DTB1	DTB0
bit 15			高字节				bit 8
R/W-0	R/W-0	R/W-0	R/W-0	R/W-0	R/W-0	R/W-0	R/W-0
DTAPS1	DTAPS0	DTA5	DTA4	DTA3	DTA2	DTA1	DTA0
bit 7			低字节				bit 0

bit 15～14 DTBPS<1∶0> 死区时间单元 B 预分频比选择位。

  11 死区时间单元 B 的时钟周期为 8 T_{CY}。

  10 死区时间单元 B 的时钟周期为 4 T_{CY}。

  01 死区时间单元 B 的时钟周期为 2 T_{CY}。

  00 死区时间单元 B 的时钟周期为 T_{CY}。

bit 13～8 DTB<5∶0> 死区时间单元 B 的无符号 6 位死区时间值位。

bit 7～6 DTAPS<1∶0> 死区时间单元 A 预分频比选择位。

  11 死区时间单元 A 的时钟周期为 8 T_{CY}。

  10 死区时间单元 A 的时钟周期为 4 T_{CY}。

  01 死区时间单元 A 的时钟周期为 2 T_{CY}。

  00 死区时间单元 A 的时钟周期为 T_{CY}。

bit 5～0 DTA<5∶0> 死区时间单元 A 的无符号 6 位死区时间值位。

寄存器 14-8　DTCON2

U-0	U-0	U-0	U-0	U-0	U-0	U-0	U-0
—	—	—	—	—	—	—	—

bit 15　　　　　　　　　　　高字节　　　　　　　　　　　bit 8

R/W-0	R/W-0	R/W-0	R/W-0	R/W-0	R/W-0	R/W-0	R/W-0
DTS4A	DTS4I	DTS3A	DTS3I	DTS2A	DTS2I	DTS1A	DTS1I

bit 7　　　　　　　　　　　低字节　　　　　　　　　　　bit 0

bit 15～8　未用　　读作 0。

bit 7　DTS4A　PWM4 信号变为有效的死区时间选择位。
　　1　由单元 B 提供死区时间。
　　0　由单元 A 提供死区时间。

bit 6　DTS4I　PWM4 信号变为无效的死区时间选择位。
　　1　由单元 B 提供死区时间。
　　0　由单元 A 提供死区时间。

bit 5　DTS3A　PWM3 信号变为有效的死区时间选择位。
　　1　由单元 B 提供死区时间。
　　0　由单元 A 提供死区时间。

bit 4　DTS3I　PWM3 信号变为无效的死区时间选择位。
　　1　由单元 B 提供死区时间。
　　0　由单元 A 提供死区时间。

bit 3　DTS2A　PWM2 信号变为有效的死区时间选择位。
　　1　由单元 B 提供死区时间。
　　0　由单元 A 提供死区时间。

bit 2　DTS2I　PWM2 信号变为无效的死区时间选择位。
　　1　由单元 B 提供死区时间。
　　0　由单元 A 提供死区时间。

bit 1　DTS1A　PWM1 信号变为有效的死区时间选择位。
　　1　由单元 B 提供死区时间。
　　0　由单元 A 提供死区时间。

bit 0　DTS1I　PWM1 信号变为无效的死区时间选择位。
　　1　由单元 B 提供死区时间。
　　0　由单元 A 提供死区时间。

寄存器 14-9 FLTACON

R/W-0	R/W-0	R/W-0	R/W-0	R/W-0	R/W-0	R/W-0	R/W-0
FAOV4H	FAOV4L	FAOV3H	FAOV3L	FAOV2H	FAOV2L	FAOV1H	FAOV1L
bit 15			高字节				bit 8

R/W-0	U-0	U-0	U-0	R/W-0	R/W-0	R/W-0	R/W-0
FLTAM	—	—	—	FAEN4	FAEN3	FAEN2	FAEN1
bit 7			低字节				bit 0

bit 15～8 FAOV4H～1L 故障输入 APWM 改写值位。
    1 PWM 输出引脚在发生外部故障输入事件时驱动为有效。
    0 PWM 输出引脚在发生外部故障输入事件时驱动为无效。
bit 7 FLTAM 故障 A 模式位。
    1 在逐个周期模式中,故障 A 输入引脚起作用。
    0 故障 A 输入引脚将所有控制引脚锁存在 FLTACON<15：8>中编程的状态。
bit 6～4 未用 读作 0。
bit 3 FAEN4 故障输入 A 使能位。
    1 PWM4H/PWM4L 引脚对由故障输入 A 控制。
    0 PWM4H/PWM4L 引脚对不由故障输入 A 控制。
bit 2 FAEN3 故障输入 A 使能位。
    1 PWM3H/PWM3L 引脚对由故障输入 A 控制。
    0 PWM3H/PWM3L 引脚对不由故障输入 A 控制。
bit 1 FAEN2 故障输入 A 使能位。
    1 PWM2H/PWM2L 引脚对由故障输入 A 控制。
    0 PWM2H/PWM2L 引脚对不由故障输入 A 控制。
bit 0 FAEN1 故障输入 A 使能位。
    1 PWM1H/PWM1L 引脚对由故障输入 A 控制。
    0 PWM1H/PWM1L 引脚对不由故障输入 A 控制。

寄存器 14-10 FLTBCON

R/W-0	R/W-0	R/W-0	R/W-0	R/W-0	R/W-0	R/W-0	R/W-0
FBOV4H	FBOV4L	FBOV3H	FBOV3L	FBOV2H	FBOV2L	FBOV1H	FBOV1L
bit 15			高字节				bit 8

R/W-0	U-0	U-0	U-0	R/W-0	R/W-0	R/W-0	R/W-0
FLTBM	—	—	—	FBEN4	FBEN3	FBEN2	FBEN1
bit 7			低字节				bit 0

bit 15~8 FBOV4H~FBOV1L 故障输入 BPWM 改写值位。

    1 PWM 输出引脚在发生外部故障输入事件时驱动为有效。

    0 PWM 输出引脚在发生外部故障输入事件时驱动为无效。

bit 7 FLTBM 故障 B 模式位。

    1 在逐个周期模式中,故障 B 输入引脚起作用。

    0 故障 B 输入引脚将所有控制引脚锁存为在 FLTBCON<15:8>中编程的状态。

bit 6~4 未用 读作 0。

bit 3 FAEN4 故障输入 B 使能位[①]。

    1 PWM4H/PWM4L 引脚对由故障输入 B 控制。

    0 PWM4H/PWM4L 引脚对不由故障输入 B 控制。

bit 2 FAEN3 故障输入 B 使能位[①]。

    1 PWM3H/PWM3L 引脚对由故障输入 B 控制。

    0 PWM3H/PWM3L 引脚对不由故障输入 B 控制。

bit 1 FAEN2 故障输入 B 使能位[①]。

    1 PWM2H/PWM2L 引脚对由故障输入 B 控制。

    0 PWM2H/PWM2L 引脚对不由故障输入 B 控制。

bit 0 FAEN1 故障输入 B 使能位[①]。

    1 PWM1H/PWM1L 引脚对由故障输入 B 控制。

    0 PWM1H/PWM1L 引脚对不由故障输入 B 控制。

注意:① 如果两者同时使能的话,故障引脚 A 的优先级高于故障引脚 B。

寄存器 14-11 OVDCON

R/W-1	R/W-1	R/W-1	R/W-1	R/W-1	R/W-1	R/W-1	R/W-1
POVD4H	POVD4L	POVD3H	POVD3L	POVD2H	POVD2L	POVD1H	POVD1L
bit 15			高字节				bit 8
R/W-0	R/W-0	R/W-0	R/W-0	R/W-0	R/W-0	R/W-0	R/W-0
POUT4H	POUT4L	POUT3H	POUT3L	POUT2H	POUT2L	POUT1H	POUT1L
bit 7			低字节				bit 0

注:OVDCON 为改写控制寄存器。

bit 15~8 POVD4H~POVD1L PWM 输出改写位。

    1 PWMxx I/O 引脚上的输出由 PWM 发生器控制。

    0 PWMxx I/O 引脚上的输出由相应的 POUTxx 位中的值控制。

bit 7~0 POUT4H~POUT1L PWM 手动输出位。

    1 在相应的 POVDxx 位被清零时 PWMxx I/O 引脚驱动为有效。

    0 在相应的 POVDxx 位被清零时 PWMxx I/O 引脚驱动为无效。

寄存器 14-12 PDC1

R/W-0	R/W-0	R/W-0	R/W-0	R/W-0	R/W-0	R/W-0	R/W-0

bit 15			高字节				bit 8

PWM 占空比 1 的 15～8 位

R/W-0	R/W-0	R/W-0	R/W-0	R/W-0	R/W-0	R/W-0	R/W-0

PWM 占空比 1 的 7～0 位

bit 7			低字节				bit 0

bit 15～0 PDC1<15:0>   PWM 占空比寄存器 1 值位。

寄存器 14-13 PDC2

R/W-0	R/W-0	R/W-0	R/W-0	R/W-0	R/W-0	R/W-0	R/W-0

PWM 占空比 2 的 15～8 位

bit 15			高字节				bit 8

R/W-0	R/W-0	R/W-0	R/W-0	R/W-0	R/W-0	R/W-0	R/W-0

PWM 占空比 2 的 7～0 位

bit 7			低字节				bit 0

bit 15～0 PDC2<15:0>   PWM 占空比寄存器 2 值位。

寄存器 14-14 PDC3

R/W-0	R/W-0	R/W-0	R/W-0	R/W-0	R/W-0	R/W-0	R/W-0

PWM 占空比 3 的 15～8 位

bit 15			高字节				bit 8

R/W-0	R/W-0	R/W-0	R/W-0	R/W-0	R/W-0	R/W-0	R/W-0

PWM 占空比 3 的 7～0 位

bit 7			低字节				bit 0

bit 15～0 PDC3<15:0>   PWM 占空比寄存器 3 值位。

寄存器 14-15 PDC4

R/W-0	R/W-0	R/W-0	R/W-0	R/W-0	R/W-0	R/W-0	R/W-0

PWM 占空比 4 的 15～8 位

bit 15			高字节				bit 8

R/W-0	R/W-0	R/W-0	R/W-0	R/W-0	R/W-0	R/W-0	R/W-0

PWM 占空比 4 的 7～0 位

bit 7			低字节				bit 0

bit 15～0 PDC1<15：0>　PWM 占空比寄存器 4 值位。

寄存器 14-16　FBORPOR

U-0	U-0	U-0	U-0	U-0	U-0	U-0	U-0
—	—	—	—	—	—	—	—
bit 23			高字节				bit 16

U-0	U-0	U-0	U-0	U-0	R/P-0	R/P-0	R/P-0
—	—	—	—	—	FWMPIN	HPOL	LPOL
bit 15			中字节				bit 8

R/P-0	U-0	R/P-0	R/P-0	U-0	U-0	R/P-0	R/P-0
BOREN	—	BORV	BORV	—	—	FPWRT1	FPWRT0
bit 7			低字节				bit 0

注：FBORPOR 为 BOR 和 FOR 器件配置寄存器。

bit 10 PWMPIN　MPWM 驱动器初始化位。
　　1　I/O 端口控制复位时的引脚状态(PWMCON1<7：0>＝0x00)。
　　0　PWM 模块控制复位时的引脚状态(PWMCON1<7：0>＝0xFF)。
bit 9 HPOL　MCPWM 高边驱动器(PWMxH)极性位。
　　1　PWMxH 引脚上的输出信号极性为高电平有效。
　　0　PWMxH 引脚上的输出信号极性为低电平有效。
bit 8 LPOL　MCPWM 低边驱动器(PWMxL)极性位。
　　1　PWMxL 引脚上的输出信号极性为高电平有效。
　　0　PWMxL 引脚上的输出信号极性为低电平有效。

注意：有关寄存器上其他配置位的信息，请参阅第 20 章中的"器件配置寄存器"。

14.3　PWM 时基

PWM 时基由一个带有预分频器和后分频器的 15 位定时器提供(参见图 14-2)。时基的 15 位可通过 PTMR 寄存器访问。PTMR<15>为一个只读状态位 PTDIR，显示 PWM 时基当前的计数方向。如果 PTDIR 状态位清零，则表示 PTMR 正在向上计数。如果 PTDIR 置 1，则表示 PTMR 正在向下计数。

通过置位/清零 PTEN 位(PTCON<15>)来使能/禁止时基。当 PTEN 位由软件清零时，PTMR 位不会清零。

可以将 PWM 时基配置为以下 4 种不同的工作模式：
➢ 自由运行模式。

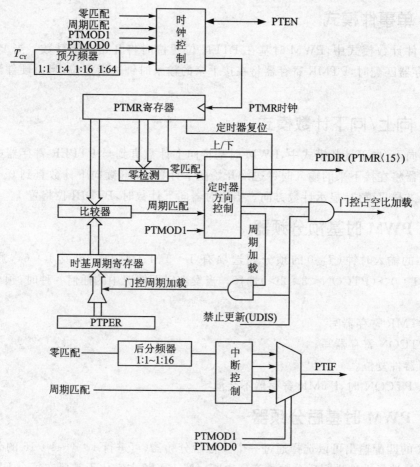

图 14-2 PWM 时基框图

- 单事件模式。
- 连续向上/向下计数模式。
- 带双更新中断的连续向上/向下计数模式。

这 4 个模式通过 PTMOD<1：0>控制位(PTCON<1：0>)选择。

注意：PWM 时基模式决定模块产生的 PWM 信号的类型(更多细节请参阅 14.4.2 小节、14.4.3 小节和 14.4.4 小节)。

14.3.1 自由运行模式

在自由运行模式中，时基将向上计数直到与 PTPER 寄存器中的值发生匹配。PTMR 寄存器在接下来的输入时钟边沿复位，且只要 PTEN 位保持置 1，时基就仍将继续向上计数。

14.3.2 单事件模式

在单事件计数模式中，PWM时基在PTEN位置位时将开始向上计数。当PTMR值与PTPER寄存器匹配时，PTMR寄存器将在接下来的输入时钟边沿复位，且由硬件清零PTEN位以停止时基。

14.3.3 向上/向下计数模式

在连续向上/向下计数模式中，PWM时基将向上计数直到与PTPER寄存器中的值发生匹配。定时器将在接下来的输入时钟边沿开始向下计数，并继续向下计数直到0。PTDIR位PTMR<15>是只读位，显示计数方向。当定时器向下计数时，PTDIR位将置1。

14.3.4 PWM时基预分频器

PTMR的输入时钟（T_{CY}）的预分频选项有1∶1、1∶4、1∶16或1∶64，通过控制位PTCKPS<1∶0>(PTCON<3∶2>)选择。当发生以下情况中的任何一种时，预分频器计数器清零：
- 对PTMR寄存器写。
- 对PTCON寄存器写。
- 任何器件复位。

当写入PTCON时，PTMR寄存器不会清零。

14.3.5 PWM时基后分频器

PTMR的匹配输出可以选择通过一个4位后分频器(可进行1∶1~1∶16的分频，包括1∶1和1∶16)选择性地进行后分频并产生中断。当PWM占空比不需要在每个PWM周期被更新时，后分频器非常有用。

当发生以下情况中的任何一种时，后分频器计数器将清零：
- 对PTMR寄存器写。
- 对PTCON寄存器写。
- 任何器件复位。

当写入PTCON时，PTMR寄存器不会清零。

14.3.6 PWM时基中断

PWM时基根据模式选择位PTMOD<1∶0>(PTCON<1∶0>)和时基后分频器位PTOPS<3∶0>(PTCON<7∶4>)产生中断信号。

(1) 自由运行模式

当 PWM 时基处于自由运行模式(PTMOD<1:0>=00)时,在 PTMR 寄存器与 PTPER 寄存器匹配而复位到 0 时,产生中断。在此定时器模式中可以使用后分频比选择位以降低中断事件发生的频率。

(2) 单事件模式

当 PWM 时基处于单事件模式(PTMOD<1:0>=01)时,在 PTMR 寄存器与 PTPER 寄存器匹配而复位到 0 时,产生中断。此时 PTEN 位(PTCON<15>)也被清零以禁止 PTMR 继续加计数。后分频比选择位对此定时器模式没有影响。

(3) 向上/向下计数模式

在向上/向下计数模式(PTMOD<1:0>=10)中,每当 PTMR 寄存器的值变为零时,都会发生中断事件,这时 PWM 时基开始向上计数。在此定时器模式中可使用后分频比选择位以降低中断事件发生的频率。

(4) 带双更新的向上/向下计数模式

在双更新模式(PTMOD<1:0>=11)中,每次 PTMR 寄存器等于零以及每当发生周期匹配时都产生中断。后分频器选择位对此定时器模式没有影响。

由于 PWM 占空比在每个周期可更新 2 次,所以双更新模式可使控制循环带宽加倍。PWM 信号的每个上升沿和下降沿都可以用双更新模式控制。

14.3.7 PWM 周期

PTPER 寄存器为 PTMR 设置计数周期。用户必须将 15 位值写入 PTPER<14:0>。当 PTMR<14:0>的值与 PTPER<14:0>中的值匹配时,时基将复位为 0,或在下一个时钟输入边沿改变计数方向。具体执行哪一种行为,取决于时基的工作模式。

时基周期被双缓冲以使 PWM 信号可随时更改周期而不产生毛刺。PTPER 寄存器作为实际时基周期寄存器的缓冲寄存器,用户不能对它进行访问。PTPER 寄存器的内容在以下情况装载到实际时基周期寄存器中:

➤ 自由运行和单事件模式 当 PTMR 寄存器在与 PTPER 寄存器发生匹配后复位为零时。

➤ 向上/向下计数模式 当 PTMR 寄存器为零时。

当 PWM 时基被禁止(PTEN=0)时,PTPER 寄存器中保存的值被自动装入时基周期寄存器。

图 14-3 和图 14-4 指出了将 PTPER 寄存器中的值装入时基周期寄存器的时间。

PWM 周期可以使用以下公式确定:

$$\text{PTPER 值} = \frac{F_{CY}}{F_{PWM} \times (\text{PTMR 预分频比})} - 1 \qquad (14-1)$$

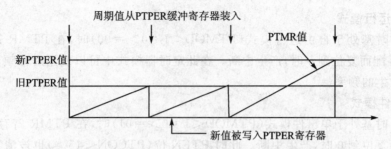

图 14-3　自由运行计数模式中 PWM 周期缓冲器的更新

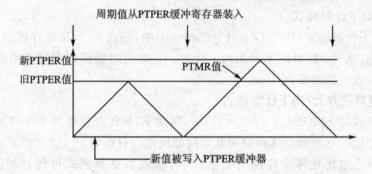

图 14-4　向上/向下计数模式中的 PWM 周期缓冲器更新

示例：

$$F_{CY} = 20 \text{ MHz}$$
$$F_{PWM} = 20\,000 \text{ Hz}$$
$$\text{PTMR 预分频比} = 1:1$$
$$\text{PTPER 值} = \frac{20\,000\,000}{20\,000 \times 1} - 1 = 1000 - 1 = 999$$

注意：如果 PWM 时基被配置为两种向上/向下计数模式之一，PWM 周期将会是公式(14-1)中计算值的 2 倍。

14.4　PWM 占空比比较单元

MCPWM 模块有 4 个 PWM 发生器。有 4 个 16 位特殊功能寄存器用于为 PWM 发生器指定占空比值：PDC1、PDC2、PDC3、PDC4。

在后面的讨论中，PDCx 指的是 4 个 PWM 占空比寄存器中的任何一个。

14.4.1　PWM 占空比精度

给定器件振荡器的最大精度(以位为单位)和 PWM 频率，可以用以下公式确定：

$$R_{\text{E SOLUTION}} = \frac{\lg\left(\frac{2T_{\text{PWM}}}{T_{\text{CY}}}\right)}{\lg 2} \qquad (14-2)$$

表 14-2 所列为选择不同执行速度和 PTPER 值时的 PWM 精度和频率。表 14-2 中的 PWM 频率用于边沿对齐(自由运行 PTMR)的 PWM 模式。而对于中心对齐模式(向上/向下 PTMR 模式),PWM 频率为表 14-2 中值的 1/2。

表 14-2 1:1 预分频比的 PWM 频率和精度示例

T_{CY}/ns(F_{CY}/MHz)	PTPER 值	PWM 精度/位	PWM 频率/Hz
33(30)	0x7FFF	16 位	915
33(30)	0x3FF	11 位	29.3
50(20)	0x7FFF	16 位	610
50(20)	0x1FF	10 位	39.1
100(10)	0x7FFF	16 位	305
100(10)	0xFF	9 位	39.1
200(5)	0x7FFF	16 位	153
200(5)	0x7F	8 位	39.1

注:对于中心对齐工作模式,PWM 频率将为表中值的 1/2。

MCPWM 模块能够产生精度为 $T_{\text{CY}}/2$ 的 PWM 信号沿。预分频比为 1:1 时,PTMR 在每个 T_{CY} 进行加计数。为了达到 $T_{\text{CY}}/2$ 边沿精度,PDCx<15:1> 与 PTMR<14:0> 进行比较以判断占空比是否匹配。PDCx<0> 确定 PWM 信号边沿是在 T_{CY} 边界发生还是在 $T_{\text{CY}}/2$ 边界发生。当 PWM 时基预分频比为 1:4、1:16 或 1:64 时,PDCx<0> 与预分频器计数器时钟的 MSb 进行比较以确定发生 PWM 边沿的时间(图 14-5 表示了占空比比较逻辑)。

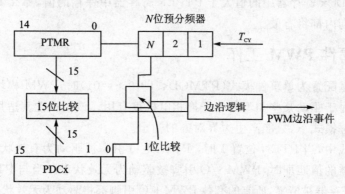

图 14-5 占空比比较逻辑

注意:MCPWM 可产生具有 $T_{\text{CY}}/2$ 边沿精度的 PWM 信号。

14.4.2 边沿对齐的 PWM

当 PWM 时基工作在自由运行模式时,模块产生边沿对齐的 PWM 信号。给定 PWM 通道的输出信号的周期由装入 PTPER 的值指定,其占空比由相应的 PDCx 寄存器指定(参见图 14-6)。假设占空比非零,所有使能的 PWM 发生器的输出在 PWM 周期开始时(PTMR 值＝0)被驱动为有效。当 PTMR 的值与 PWM 发生器的占空比值发生匹配时,各 PWM 输出都被驱动为无效。

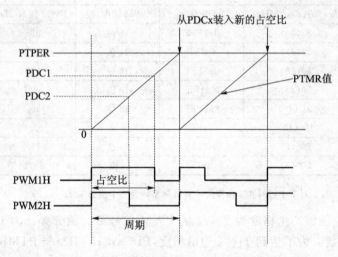

图 14-6 边沿对齐的 PWM

如果 PDCx 寄存器中的值为 0,则相应的 PWM 引脚的输出在整个 PWM 周期内都将为无效。此外,如果 PDCx 寄存器中的值大于 PTPER 寄存器中保存的值,那么 PWM 引脚的输出在整个 PWM 周期内都将有效。

14.4.3 单事件 PWM 工作

当 PWM 时基配置为单事件模式(PTMOD<1:0>=01)时,PWM 模块将产生单脉冲输出。此工作模式对于驱动某些类型的电子换相电机很有用。该模式尤其适用于高速 SR 电机的运行。在单事件模式下,只能产生边界对齐的输出。

在单事件模式中,当 PTEN 位置 1 时,PWM I/O 引脚被驱动为有效状态。当 PTMR 的值与占空比寄存器的值匹配时,PWM I/O 引脚被驱动为无效状态。当与 PTPER 寄存器的值匹配时,PTMR 寄存器被清零,所有的有效 PWM I/O 引脚都将驱动为无效状态,PTEN 位清零,并且会产生 1 个中断。PWM 模块将停止工作,直到 PTEN 在软件中被重新置 1(见图 14-7)。

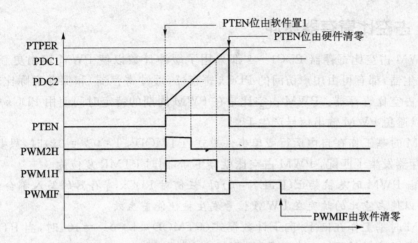

图 14-7　单事件 PWM 工作

14.4.4　中心对齐的 PWM

当 PWM 时基配置为 2 个向上/向下计数模式(PTMOD<1∶0>=1x)之一时,模块将产生中心对齐的 PWM 信号。

当占空比寄存器的值与 PTMR 的值相匹配,并且 PWM 时基正在向下计数(PTDIR=1)时,PWM 比较输出驱动为有效状态;当 PWM 时基正在向上计数(PTDIR=0),且 PTMR 寄存器中的值与占空比值匹配时,PWM 比较输出将驱动为无效状态。

如果特定占空比寄存器中的值为 0,则相应 PWM 引脚的输出在整个 PWM 周期中都将为无效。此外,如果占空比寄存器中的值大于 PTPER 寄存器中保存的值,则 PWM 引脚的输出在整个 PWM 周期内都将有效(见图 14-8)。

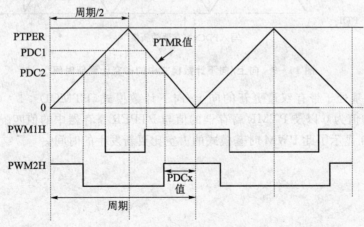

图 14-8　中心对齐的 PWM

14.4.5 占空比寄存器缓冲

4个PWM占空比寄存器PDC1~4都采用了缓冲计数以使PWM输出更新时无毛刺。对于每个发生器,都有可由用户访问的PDCx寄存器(缓冲寄存器)和保存实际比较值的非存储器映射的占空比寄存器。PWM占空比是在PWM周期的特定时间使用PDCx寄存器中的值更新的,以避免PWM输出信号产生毛刺。

当PWM时基工作在自由运行或单事件模式(PTMOD<1:0>=0x)时,只要PTMR与PTPER寄存器发生了匹配,PWM占空比就会更新,同时PTMR复位为0。

注意:当PWM时基被禁止(PTEN=0)时,任何对PDCx寄存器的写入都会立即更新占空比。这可以使占空比的改变在PWM信号发生被使能前生效。

当PWM时基工作在向上/向下计数模式(PTMOD<1:0>=10)时,当PTMR寄存器的值为0且PWM时基开始向上计数时,更新占空比。图14-9显示了此PWM时基模式下占空比更新发生的时间。

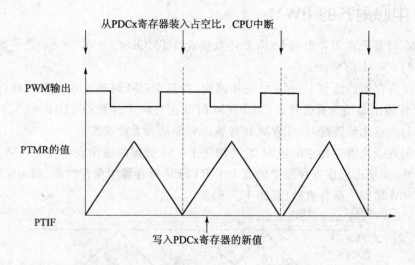

图14-9 向上/向下计数模式中的占空比更新时间

当PWM时基处于带有双重更新的向上/向下计数模式(PTMOD<1:0>=11)时,当PTMR寄存器的值为0以及PTMR寄存器的值与PTPER寄存器中的值匹配时,都会更新占空比。图14-10显示了此PWM时基模式的占空比更新发生的时间。

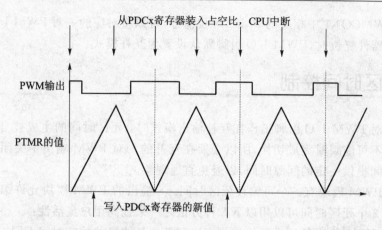

图 14-10 双重更新向上/向下计数模式中的占空比更新时间

14.5 互补 PWM 输出模式

互补输出模式用于驱动与图 14-11 所示类似的逆变器负载。此逆变器拓扑常用于 ACIM 和 BLDC 应用。在互补输出模式中,一对 PWM 输出不能同时有效。每个 PWM 通道和每对输出引脚均按图 14-12 所示进行内部配置。在器件切换的过程中,有一段 2 个引脚的输出均无效的短暂时期,此时可以选择插入一个死区时间(参见 14.6 节)。

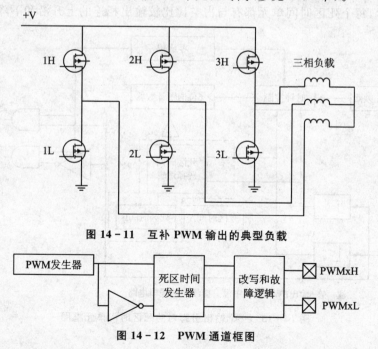

图 14-11 互补 PWM 输出的典型负载

图 14-12 PWM 通道框图

通过将 PWMCON1 中相应的 PMODx 位清零,可以将对应的一对 PWM I/O 引脚选择为互补模式。在器件复位时,PWM I/O 引脚默认设置为互补模式。

14.6 死区时间控制

当任何一对 PWM I/O 引脚工作在互补输出模式时,死区时间的生成被自动使能。因为电源输出器件不可能瞬时完成切换,所以必须在互补的一对 PWM 输出中关闭一个和开启另一个晶体管之间提供一定的间隙时间,以避免直通现象。

6 输出的 PWM 模块有一个可编程死区时间。8 输出的 PWM 模块允许编程 2 个不同的死区时间。这 2 个死区时间可以用以下 2 种方法之一来提高用户灵活性:

> 可以对 PWM 输出信号进行优化使高边和低边晶体管的关断时间不同。在一对互补中低边晶体管的关断事件和高边晶体管的导通事件之间插入第一个死区时间;在高边晶体管的关断事件和低边晶体管的导通事件之间插入第 2 个死区时间。

> 2 个死区时间可以单独分配给一对 PWM I/O 引脚。此工作模式可以使 PWM 模块单独对每一对 PWM I/O 引脚驱动不同的晶体管/负载。

14.6.1 死区时间发生器

PWM 模块的每一对互补输出都有一个 6 位的向下计数器,用于插入死区时间。如图 14-13 所示,每个死区时间单元都有与占空比比较输出相连的上升沿和下降沿检测器。在

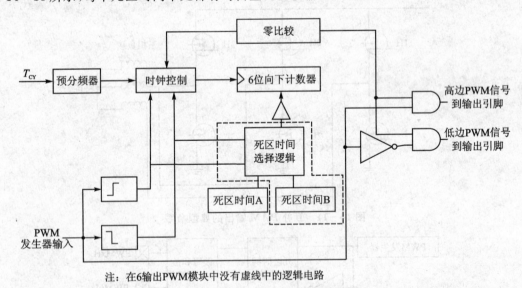

图 14-13 一个输出引脚对的死区时间单元框图

检测到 PWM 边沿事件时，2 个可能的死区时间之一就被装入定时器。根据边沿是上升沿还是下降沿，互补输出中的一个会延时到定时器计数减到零才能变。图 14-14 所示为在一对 PWM 输出中插入死区时间的时序图。为了说明得更清楚，图中上升沿和下降沿事件的 2 个不同死区时间被放大了。

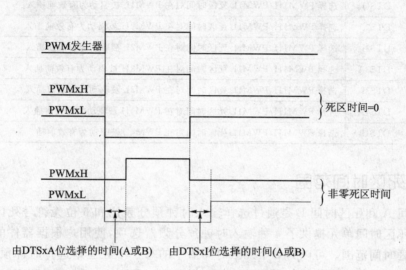

图 14-14 死区时间插入图

14.6.2 死区时间分配

注意：死区时间分配逻辑电路只适用于包含 8 输出的 PWM 模块的不同 dsPIC 器件。6 输出的 PWM 模块只使用死区时间 A。

DTCON2 寄存器包含控制位，可以将 2 个可编程死区时间分配到每个互补输出。每个互补输出都有 2 个死区时间分配控制位，例如，用 DTS1A 和 DTS1I 控制位选择用于 PWM1H/PWM1L 这一对互补输出的死区时间。一对死区时间选择控制位分别称为死区时间选择有效（dead-time-select-active）和死区时间选择无效（dead-time-select-inactive）。这一对控制位中各位的功能如下：

➢ DTSxA 控制位选择在高边输出被驱动为有效前插入死区时间。
➢ DTSxI 控制位选择在低边 PWM 输出被驱动为有效前插入死区时间。

表 14-3 总结了每个死区时间选择控制位的功能。

表 14-3 死区时间选择位

位	功能
DTS1A	选择 PWM1H/PWM1L 死区时间对在 PWM1H 被驱动为有效前插入
DTS1I	选择 PWM1H/PWM1L 死区时间对在 PWM1L 被驱动为有效前插入
DTS2A	选择 PWM1H/PWM1L 死区时间对在 PWM2H 被驱动为有效前插入
DTS2I	选择 PWM1H/PWM1L 死区时间对在 PWM2L 被驱动为有效前插入
DTS3A	选择 PWM1H/PWM1L 死区时间对在 PWM3H 被驱动为有效前插入
DTS3I	选择 PWM1H/PWM1L 死区时间对在 PWM3L 被驱动为有效前插入
DTS4A	选择 PWM1H/PWM1L 死区时间对在 PWM4H 被驱动为有效前插入
DTS4I	选择 PWM1H/PWM1L 死区时间对在 PWM4L 被驱动为有效前插入

14.6.3 死区时间范围

死区时间 A 和死区时间 B 是通过选择输入时钟预分频比和 6 位无符号死区时间计数值来设置的。死区时间单元提供了 4 种输入时钟预分频器选项，使用户根据器件的工作频率选择适当的死区时间范围。可以为 2 个死区时间值中的每一个独立地选择时钟预分频器选项。死区时间时钟预分频比是使用 DTCON1 SFR 中的 DTAPS<1：0>和 DTBPS<1：0>控制位选择的。每个死区时间均可选择以下时钟预分频器选项：T_{CY}、$2T_{CY}$、$4T_{CY}$、$8T_{CY}$。

死区时间计算

$$DT = \frac{死区时间}{预分频比 \times T_{CY}} \tag{14-3}$$

注意：DT（死区时间）是 DTA<5：0>或 DTB<5：0>寄存器中的值。

表 14-4 举例显示了死区时间范围与所选的输入时钟预分频器以及器件工作频率之间的关系。

表 14-4 死区时间范围示例

T_{CY}/ns(F_{cy}/MHz)	预分频器选择/T_{CY}	精度/ns	死区时间范围/μs
33(30)	4	130	130～9
50(20)	4	200	200～12
100(10)	2	200	200～12

14.6.4 死区时间失真

对于 PWM 占空比较小的情况，死区时间相对于有效 PWM 时间的比例可能会较大。在极端的情况下，当占空比小于或等于编程占空比时，不会产生 PWM 脉冲。在这些情况下，插入的死区时间将会导致 PWM 模块产生的波形失真。通过保持 PWM 占空比至少比死区时间大 3 倍,用户即可以确保死区时间失真最小。用其他技术也可以纠正死区时间失真,例如使用闭环电流控制。占空比接近 100% 时也会产生类似的失真。应用中最大占空比的选择应该确保 PWM 信号的最小无效时间比死区时间大 3 倍以上。

14.7 独立 PWM 输出模式

独立 PWM 输出模式对于驱动诸如图 14-15 所示的一类负载很有用。当 PWMCON1 寄存器中的相应 PMOD 位置 1 时,某一对 PWM 输出就处于独立输出模式。在独立模式中,死区时间发生器被禁止,并且对于给定的一对输出引脚,引脚状态没有限制(见图 14-16)。

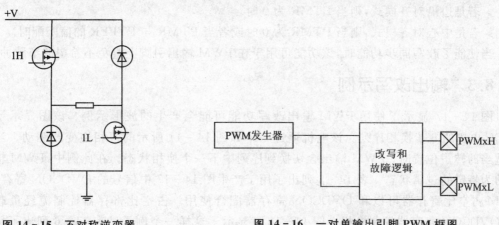

图 14-15 不对称逆变器   图 14-16 一对单输出引脚 PWM 框图

14.8 PWM 输出改写

PWM 输出改写位可以让用户手动将 PWM I/O 引脚驱动为指定逻辑状态,而不受占空比比较单元的影响。在控制各种电子换相电机时,PWM 改写位很有用。

所有与 PWM 输出改写功能相关的控制位都在 OVDCON 寄存器中。OVDCON 寄存器的高半部分包含 8 个位(POVDxx),决定哪个 PWM I/O 引脚将要被改写。OVDCON 寄存器的低半部分也包含 8 个位(POUTxx),决定当通过 POVDxx 位改写时 PWM I/O 引脚的状态。

POVD 位为低有效控制位。当 POVD 位置 1 时,相应的 POUTxx 位对 PWM 输出没有影响。当一个 POVD 位清零时,相应的 PWM I/O 引脚的输出将由 POUT 位的状态决定。当 POUT 位置 1 时,PWM 引脚将被驱动为有效状态;当 POUT 引脚清零时,PWM 引脚将被驱动为无效状态。

14.8.1 互补输出模式的改写控制

当一对 PWM I/O 引脚工作在互补模式时(PMODx=0),PWM 模块将不会允许对输出进行某些改写。模块将不允许同一对输出的 2 个引脚同时变为有效。每对输出的高边引脚总是占有优先权。

注意:在插入死区时间期间,如果手动改写 PWM 通道,死区时间仍将持续。

14.8.2 改写同步

如果 OSYNC 位置 1(PWMCON2<1>),所有通过 OVDCON 寄存器执行的输出改写将与 PWM 时基同步。同步的输出改写将发生在以下时间:
- 若是边沿对齐模式,则当 PTMR 为 0 时。
- 若是中心对齐模式,则当 PTMR 为 0 时或者当 PTMR 与 PTPER 的值匹配时。

当使能了改写同步功能时,该功能可用于在 PWM 输出引脚上避免不希望的窄脉冲。

14.8.3 输出改写示例

图 14-17 显示了使用 PWM 输出改写功能可能会产生的波形示例。该图显示了一个 BLDC 电机的 6 步换相序列。该电机通过一个如图 14-11 所示的三相逆变器驱动。当检测到适当的转子位置时,PWM 输出会切换到序列中下一个换相状态。在此例中,PWM 输出被驱动为特定的逻辑状态。表 14-5 列出了用于产生图 14-17 中信号的 OVDCON 寄存器值。PWM 占空比寄存器可以和 OVDCON 寄存器配合使用。占空比寄存器控制流经负载的电流,OVDCON 寄存器控制换相。图 14-18 就显示了这样一个例子。表 14-6 列出了用于产生图 14-18 中信号的 OVDCON 寄存器值。

表 14-5 PWM 输出改写示例 1

状 态	OVDCON<15:8>	OVDCON<7:0>	状 态	OVDCON<15:8>	OVDCON<7:0>
1	00000000b	00100100b	4	00000000b	00011000b
2	00000000b	00100001b	5	00000000b	00010010b
3	00000000b	00001001b	6	00000000b	00000110b

表 14-6 PWM 输出改写示例 2

状 态	OVDCON<15:8>	OVDCON<7:0>	状 态	OVDCON<15:8>	OVDCON<7:0>
1	11000011b	00000000b	3	00111100b	00000000b
2	11110000b	00000000b	4	00001111b	00000000b

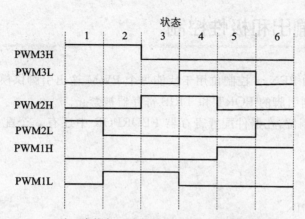

注：在状态1~6之间切换的时间由用户软件控制。
状态切换通过向OVDCON写入新值进行控制。

图 14-17　PWM 输出改写示例 1

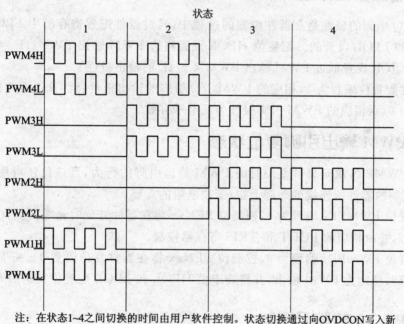

注：在状态1~4之间切换的时间由用户软件控制。状态切换通过向OVDCON写入新值进行控制此例中PWM输出运行在独立模式中产生的。

图 14-18　PWM 输出改写示例 2

14.9　PWM 输出和极性控制

PWMCON1 中的 PENxx 控制位用于使能每个 PWM 输出引脚供模块使用。当引脚使能为 PWM 输出时,控制引脚的 PORT 和 TRIS 寄存器被禁止。

除了 PENxx 控制位,在器件配置寄存器 FBORPOR 中还有 3 个配置位提供 PWM 输出引脚控制:
- 配置位 HPOL。
- 配置位 LPOL。
- 配置位 PWMPIN。

这 3 个配置位与位于 PWMCON1 的 PWM 使能位(PENxx)配合工作。这些配置位确保在发生器件复位后,PWM 引脚处于正确的状态。

14.9.1　输出极性控制

PWM I/O 引脚的极性是在器件编程的过程中,通过器件配置寄存器中 FBORPOR 的配置位 HPOL 和 LPOL 设置的。配置位 HPOL 设置高边 PWM 输出 PWM1H~4H 的输出极性。配置位 LPOL 设置低边 PWM 输出 PWM1L~4L 的输出极性。

如果极性配置位编程为 1,相应的 PWM I/O 引脚的输出极性将为高电平有效;如果极性配置位编程为 0,则相应的 PWM 引脚极性为低电平有效。

14.9.2　PWM 输出引脚复位状态

配置位 PWMPIN 决定器件复位时的 PWM 输出引脚的行为,且该位还可用于消除对由 PWM 模块控制的器件所连接的外部上拉/下拉电阻的需要。

如果配置位 PWMPIN 编程为 1,控制位 PENxx 将在器件复位时清零。因此,所有 PWM 输出将为三态,并由相应的 PORT 和 TRIS 寄存器控制。

如果配置位 PWMPIN 编程为 0,控制位 PENxx 将在器件复位时置 1。所有的 PWM 引脚在器件复位时使能为 PWM 输出,并将处于由 HPOL 和 LPOL 配置位规定的无效状态。

14.10　PWM 故障引脚

有 2 个与 PWM 模块相关的故障引脚:FLTA 和 FLTB。当使能时,可以选择用这些引脚将 PWM I/O 引脚驱动为定义的状态。此操作无需软件干预即可发生,因此可以快速处理故障事件。

根据不同的 dsPIC 器件,故障引脚也可能会有其他复用功能。当用作故障输入时,每个故障引脚都可通过其相应 PORT 寄存器读取。FLTA 和 FLTB 引脚作为低电平有效输入引脚,因此可以轻易地将许多输入源一起进行"线或"后,通过一个外部上拉电阻输入给同一个引脚。当不与 PWM 模块一起使用时,这些引脚可以作为通用功能 I/O 或其他复用功能。每个故障引脚都有与其相关的中断向量、中断标志位、中断使能位和中断优先级位。

FLTA 引脚的功能由 FLTACON 寄存器控制;FLTB 引脚的功能由 FLTBCON 寄存器控制。

14.10.1 故障引脚使能位

寄存器 FLTACON 和 FLTBCON 各有 4 个控制位(FxEN1~4),这些控制位决定某个 PWM I/O 引脚对是否要由故障输入引脚控制。要将某一对 PWM I/O 引脚使能为故障改写,则必须置位寄存器 FLTACON 或 FLTBCON 中的相应位。

如果寄存器 FLTACON 或 FLTBCON 中所有的使能位都被清零,则该故障输入引脚对 PWM 模块没有影响,并且不会产生故障中断。

14.10.2 故障状态

特殊功能寄存器 FLTACON 和 FLTBCON 各有 8 个位,这些位决定当故障输入引脚变为有效时每个 PWM I/O 引脚的状态。当这些位清零时,PWM I/O 引脚将被驱动为无效状态;当这些位置 1 时,PWM I/O 引脚将被驱动为有效状态。有效和无效状态与 PWM I/O 引脚被定义的极性(通过 HPOL 和 LPOL 器件配置位设置)相对应。

当 PWM 模块的 1 对 I/O 处于互补模式,并且 2 个引脚都编程为在产生故障状态条件下驱动为有效时,存在 1 种特殊情况。在互补模式中高边的引脚将始终优先,因此 2 个 I/O 引脚不能同时被驱动为有效。

14.10.3 故障输入模式

每个故障输入引脚都有 2 种工作模式:

(1) 锁存模式

当故障引脚驱动为低电平时,PWM 输出将进入 FLTxCON 寄存器定义的状态。PWM 输出将保持在此状态,直到故障引脚被驱动为高电平并且相应的中断标志(FLTxIF)由软件清零。当这 2 种行为都发生后,PWM 输出将在下一个 PWM 周期开始时或在半周期边界返回到正常工作状态。如果中断标志在故障状态结束前清零,PWM 模块将等到故障引脚不再有效时才恢复输出。

(2) 逐个周期模式

当故障输入引脚驱动为低电平时,只要故障引脚保持为低电平,PWM 输出将会一直保持定义的故障状态。在故障引脚被驱动为高电平后，PWM 输出将在下一个 PWM 周期开始时（或中心对齐模式的半周期边界）返回正常工作状态。

各故障输入引脚的工作模式通过控制位 FLTAM、FLTBM（FLTACON<7> 和 FLTBCON<7>）选择。

1. 进入故障状态

当故障引脚被使能并驱动为低电平时，无论 PDCx 和 OVDCON 寄存器中的值如何，PWM 引脚都会立即驱动为其编程的故障状态。故障操作的优先级高于所有其他 PWM 控制寄存器。

2. 退出故障状态

必须通过外部电路将故障输入引脚驱动为高电平并将故障中断标志清零（仅限锁存模式），才能清除故障状态。在故障引脚条件被清除后，PWM 模块将在下一个 PWM 周期或半周期边界恢复 PWM 输出信号。对于产生边沿对齐的 PWM 信号的情况，PWM 输出将会在 PTMR=0 时恢复。

对于产生中心对齐的 PWM 信号的情况，PWM 输出将会在任意 PTMR=0 或 PTMR=PTPER 先发生时恢复。

PWM 时基被禁止（PTEN=0）时，将发生违背上述规则的事件。如果 PWM 时基被禁止，则 PWM 模块将在故障条件被清除后立即恢复 PWM 输出信号。

14.10.4　故障引脚优先级

如果 2 个故障输入引脚均被分配为控制某一对 PWM 引脚，则为 FLTA 输入引脚编程的故障状态将优先于 FLTB 输入引脚。

当故障 A 的条件被清除时，会发生 2 个行为之一。如果 FLTB 输入仍然被使能，则 PWM 输出将在下个周期或半周期边界返回 FLTBCON 寄存器中编程的状态。如果 FLTB 输入被禁止，则 PWM 输出将在下个周期或半周期边界返回正常工作状态。

注意：当 FLTA 引脚编程为锁存模式时，PWM 输出将不会返回故障 B 状态或正常工作状态，直到故障 A 中断标志被清零并且 FLTA 引脚禁止。

14.10.5　故障引脚软件控制

每个故障引脚都可以通过软件手动控制。因为每个故障输入都与端口 I/O 引脚共用，通过将对应的 TRIS 位清零，可以将端口（PORT）引脚配置为输出。当引脚的 PORT 位清零时，故障输入被激活。

注意：当通过软件控制故障输入时，用户应该特别注意。如果故障引脚的 TRIS 位清零，故障输入就无法从外部驱动。

14.10.6 故障时序示例

图 14-19 表示了逐个周期模式的故障时序示例；图 14-20 表示了锁存模式故障时序示例；图 14-21 表示了逐个周期模式优先级工作的故障时序示例。

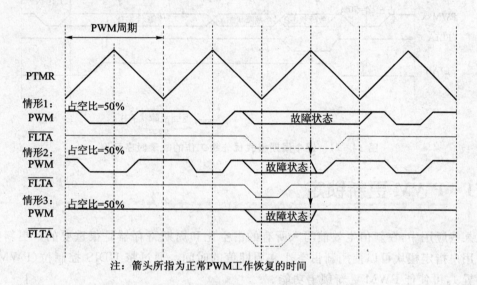

图 14-19 逐个周期模式故障时序示例

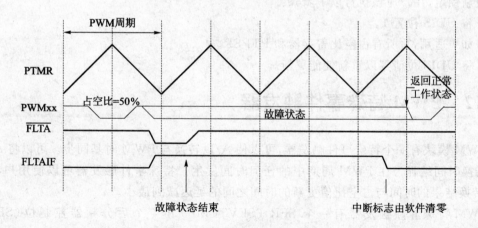

图 14-20 锁存模式故障时序示例

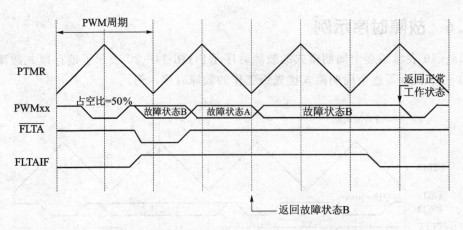

图 14-21 逐个周期模式优先级工作的故障时序示例

14.11 PWM 更新锁定

在某些应用中，在新值生效前写入所有的占空比和周期寄存器是很重要的。更新禁止功能允许用户指定模块可以使用新占空比和周期值的时间。通过将 UDIS 控制位（PWMCON2<0>）置 1，可使能 PWM 更新锁定功能。

UDIS 位会影响所有的占空比寄存器（PDC1~4）和 PWM 时基周期缓冲器 PTPER。要执行更新锁定，用户应该执行以下步骤：

> 将 UDIS 位置 1。
> 如果适用，写所有占空比寄存器和 PTPER。
> 将 UDIS 位清零以重新使能更新。

14.12 PWM 特殊事件触发器

PWM 模块有一个特殊事件触发器，可以使 A/D 转换与 PWM 时基同步。可以将 A/D 采样和转换时间编程为在 PWM 周期中的任何时间发生。特殊事件触发器可以使用户将采集 A/D 转换结果的时间与占空比值更新的时间之间的延迟减到最小。

PWM 特殊事件触发器有一个 SFR（SEVTCMP）和 4 个后分频器控制位（SEVOPS<3:0>）用于控制其工作方式。用于产生特殊事件触发信号的 PTMR 值装入 SEVTCMP 寄存器。

当 PWM 时基处于向上/向下计数模式时，还需要一个控制位指定特殊事件触发信号的计数方向。

此计数方向是通过使用 SEVTCMP 的 MSb 中的 SEVTDIR 控制位选择的。如果 SEVT-DIR 位清零,特殊事件触发信号将在 PWM 时基的向上计数周期产生;如果 SEVTDIR 位置 1,则特殊事件触发信号将在 PWM 时基的向下计数周期产生。如果 PWM 时基不配置为向上/向下计数模式,SEVTDIR 控制位则不起作用。

14.12.1 特殊事件触发器使能

PWM 模块总是会产生特殊事件触发信号。此信号可以由 A/D 模块选用。如需更多有关使用特殊事件触发器的信息,请参见第 19 章。

14.12.2 特殊事件触发器后分频器

PWM 特殊事件触发器有一个允许后分频比为 1:1~1:16 的后分频器。当不需要在与每个 PWM 周期同步的 A/D 转换时,后分频器是很有用的。通过写 PWMCON2 SFR 中的 SEVOPS<3:0>控制位可配置后分频器。

特殊事件输出后分频器在下列事件发生时清零:
➢ 对 SEVTCMP 寄存器的任何写入。
➢ 任何器件复位。

14.13 器件低功耗模式下的工作

14.13.1 休眠模式下的 PWM 工作

当器件进入休眠模式后,系统时钟被禁止。因为 PWM 时基的时钟来自系统时钟源(TCY),所以它也会被禁止。所有使能的 PWM 输出引脚都会被冻结在进入休眠模式之前有效的输出状态。

如果 PWM 模块用于控制电源应用中的负载,则在执行 PWRSAV 指令前,用户应该将 PWM 模块的输出置为一个"安全"的状态。根据不同的应用,当 PWM 输出冻结在特定输出状态下时,负载可能会开始消耗额外的电流。例如,如以下代码示例所示,OVDCON 寄存器可以用于手动关闭 PWM 输出引脚。

```
;这一示例代码驱动所有 PWM 引脚在执行 PWRSAV 指令之前到无效状态
CLR OVDCON          ;强迫所有 PWM 输出无效
PWRSAV #0           ;置器件进入休眠模式
SET.B OVDCONH       ;器件被唤醒时,POVD 置位
```

如果通过 FLTxCON 寄存器使能了故障 A 和故障 B 输入引脚来控制 PWM 引脚,则这 2 个输入引脚将在器件处于休眠模式时继续正常工作。当器件处于休眠模式时,如果其中一个

故障引脚被驱动为低电平，PWM 输出将被驱动为在 FLTxCON 寄存器中编程的故障状态。故障输入引脚还具有将 CPU 从休眠中唤醒的功能。如果故障中断使能位置 1(FLTxIE=1)，则当故障引脚被驱动为低电平时，器件将从休眠中被唤醒。如果故障引脚中断的优先级高于当前 CPU 的优先级，则当器件被唤醒时，将在故障引脚中断向量处开始程序执行；否则，程序将在 PWRSAV 指令后的下一条指令开始执行。

14.13.2　空闲模式下的 PWM 工作

当器件进入空闲模式时，系统时钟源保持工作而 CPU 停止执行代码。PWM 模块可以选择继续在空闲模式工作。通过 PTSIDL 位(PTCON<13>)可选择 PWM 模块在空闲模式是停止工作还是继续正常工作。

如果 PTSIDL=0，当器件进入空闲模式时，模块将继续正常工作。如果使能了 PWM 时基中断，则可以使用它将器件从空闲状态唤醒。如果 PWM 时基中断使能位置 1(PTIE=1)，则 PWM 时基中断产生时，器件将从空闲模式唤醒。如果 PWM 时基中断的优先级高于当前 CPU 的优先级，则当器件被唤醒时，将在 PWM 时基中断向量处开始程序执行；否则，程序将从 PWRSAV 指令后的下一个指令开始执行。

如果 PTSIDL=1，则在空闲模式下模块将停止工作。如果 PWM 模块被编程为在空闲模式停止工作，则 PWM 输出和故障输入引脚的工作情况将与休眠模式的工作状况相同（参见 14.13.1 小节）。

14.14　用于器件仿真的特殊功能

PWM 模块的一个特殊功能可以支持调试环境。当硬件仿真器或调试器停下来以检查存储器内容时，所有使能的 PWM 引脚均可以选择显为 3 态。用户应该连接上拉或下拉电阻，以确保当器件停止执行时，PWM 输出被驱动为正确状态。

器件复位时，PWM 输出引脚的功能和输出引脚极性由 3 个器件配置位决定（参见 14.9 节）。硬件调试器或仿真器工具提供了改变这些配置位值的方法。如需更多信息，请参见相应工具的用户手册。

14.15　与 PWM 模块有关的寄存器映射表

表 14-7 和表 14-8 分别是与 8 输出 PWM 模块相关的寄存器映射表及与 6 输出 PWM 模块相关的寄存器映射表。

表 14-7 与 8 输出 PWM 模块相关的寄存器映射

名称	地址	bit 15	bit 14	bit 13	bit 12	bit 11	bit 10	bit 9	bit 8	bit 7	bit 6	bit 5	bit 4	bit 3	bit 2	bit 1	bit 0	复位值
INTCON1	0080	NSTDIS	—	—	—	—	—	—	—	—	—	—	—	—	—	—	—	0000 0000 0000 0000
INTCON2	0082	ALTIVT	—	—	—	—	—	—	—	—	—	—	—	—	—	—	—	0000 0000 0000 0000
IFS2	0088	—	—	—	FLTBIF	FLTAIF	—	—	—	PWMIF	—	—	—	—	—	—	—	0000 0000 0000 0000
IEC2	0090	—	—	—	FLTBIE	FLTAIE	—	—	—	PWMIE	—	—	—	—	—	—	—	0000 0000 0000 0000
IPC9	00A6	—	PWMIP<2:0>			—	—	—	—	—	—	—	—	—	—	—	—	0100 0100 0100 0100
IPC10	00A8	—	FLTAIP<2:0>			—	—	—	—	—	—	—	—	—	—	—	—	0100 0100 0100 0100
IPC11	00AA	—	—	—	—	—	—	—	—	—	—	—	—	—	FLTBIP<2:0>			0000 0000 0000 0000
PTCON	01C0	PTEN	—	PTSIDL	—	—	—	—	—	PTOPS<3:0>				PTCKPS<1:0>		PTMOD<1:0>		0000 0000 0000 0000
PTMR	01C2	PTDIR	\multicolumn{16}{c}{PWM 时基寄存器}														0000 0000 0000 0000
PTPER	01C4	—	\multicolumn{15}{c}{PWM 时基周期寄存器}														0111 1111 1111 1111
SEVTCMP	01C6	SEVTDIR	\multicolumn{15}{c}{PWM 特殊事件比较寄存器}														0000 0000 0000 0000
PWMCON1	01C8	—	—	—	—	PMOD4	PMOD3	PMOD2	PMOD1	PEN4H	PEN3H	PEN2H	PEN1H	PEN4L	PEN3L	PEN2L	PEN1L	0000 1111 1111 1111
PWMCON2	01CA	—	—	—	—	SEVOPS<3:0>				—	—	—	—	—	—	OSYNC	UDIS	0000 0000 0000 0000
DTCON1	01CC	DTBPS<1:0>		\multicolumn{6}{c}{死区时间 B 值寄存器}							DTAPS<1:0>		\multicolumn{6}{c}{死区时间 A 值寄存器}								0000 0000 0000 0000
DTCON2	01CE	—	—	—	—	—	—	—	—	DTS4A	DTS3A	DTS2A	DTS1A	DTS4I	DTS3I	DTS2I	DTS1I	0000 0000 0000 0000
FLTACON	01D0	FAOV4H	FAOV4L	FAOV3H	FAOV3L	FAOV2H	FAOV2L	FAOV1H	FAOV1L	FLTAM	—	—	—	FAEN4	FAEN3	FAEN2	FAEN1	0000 00-0 0000 0000
FLTBCON	01D2	FBOV4H	FBOV4L	FBOV3H	FBOV3L	FBOV2H	FBOV2L	FBOV1H	FBOV1L	FLTBM	—	—	—	FBEN4	FBEN3	FBEN2	FBEN1	0000 0000 0000 0000
OVDCON	01D4	POVD4H	POVD4L	POVD3H	POVD3L	POVD2H	POVD2L	POVD1H	POVD1L	POUT4H	POUT4L	POUT3H	POUT3L	POUT2H	POUT2L	POUT1H	POUT1L	1111 1111 00-0 0000
PDC1	01D6	\multicolumn{16}{c}{PWM 占空比 1 寄存器}																0000 0000 0000 0000
PDC2	01D8	\multicolumn{16}{c}{PWM 占空比 2 寄存器}																0000 0000 0000 0000
PDC3	01DA	\multicolumn{16}{c}{PWM 占空比 3 寄存器}																0000 0000 0000 0000
PDC4	01DC	\multicolumn{16}{c}{PWM 占空比 4 寄存器}																0000 0000 0000 0000

注：① 控制位 PENxx 的复位状态取决于器件配置位 PWMPIN 的状态。
② 阴影的寄存器和位单元在 6 输出 MCPWM 模块中未使用。

表 14-8 与 6 输出 PWM 模块相关的寄存器映射

名称	地址	bit 15	bit 14	bit 13	bit 12	bit 11	bit 10	bit 9	bit 8	bit 7	bit 6	bit 5	bit 4	bit 3	bit 2	bit 1	bit 0	复位值
INTCON1	0080	NSTDIS	—	—	—	—	—	—	—	—	—	—	—	—	—	—	—	0000 0000 0000 0000
INTCON2	0082	ALTIVT	—	—	—	—	—	—	—	—	—	—	—	—	—	—	—	0000 0000 0000 0000
IFS2	0088	—	—	FLTAIF	—	—	—	—	—	PWMIF	—	—	—	—	—	—	—	0000 0000 0000 0000
IEC2	0090	—	—	FLTAIE	—	—	—	—	—	PWMIE	—	—	—	—	—	—	—	0000 0000 0000 0000
IPC9	00A6	—	PWMIP<2:0>			—	—	—	—	—	—	—	—	—	—	—	—	0100 0100 0100 0100
IPC10	00A8	—	FLTAIP<2:0>			—	—	—	—	—	—	—	—	—	—	—	—	0100 0100 0100 0100
PTCON	01C0	PTEN	—	PTSIDL	—	—	—	—	—	—	PTOPS<3:0>				PTCKPS<1:0>		PTMOD<1:0>		0000 0000 0000 0000
PTMR	01C2	PTDIR	—	—	—	—	—	—	—	—	—	—	—	—	—	—	—	0000 0000 0000 0000	PWM 时基寄存器
PTPER	01C4	—	—	—	—	—	—	—	—	—	—	—	—	—	—	—	—	0111 1111 1111 1111	PWM 时基周期寄存器
SEVTCMP	01C6	SEVTDIR	—	—	—	—	—	—	—	—	—	—	—	—	—	—	—	0000 0000 0000 0000	PWM 特殊事件比较寄存器
PWMCON1	01C8	—	—	—	—	—	PMOD3	PMOD2	PMOD1	—	PEN3H	PEN2H	PEN1H	PEN3L	PEN2L	PEN1L	0000 0000 0000 0000
PWMCON2	01CA	—	—	—	—	—	—	—	—	—	—	—	—	—	OSYNC	UDIS	0000 0000 0000 0000
DTCON1	01CC	—	—	—	—	—	—	—	—	DTAPS<1:0>		死区时间 A 值寄存器						0000 0000 0000 0000
保留	01CE	—	—	—	—	—	—	—	—	—	—	—	—	—	—	—	—	—
FLTACON	01D0	—	—	FAOV3H	FAOV3L	FAOV2H	FAOV2L	FAOV1H	FAOV1L	FLTAM	—	—	—	FAEN4	FAEN3	FAEN2	FAEN1	0000 00-0 0000 0000
保留	01D2	—	—	—	—	—	—	—	—	—	—	—	—	—	—	—	—	—
OVDCON	01D4	—	—	POVD3H	POVD3L	POVD2H	POVD2L	POVD1H	POVD1L	POUT3H	POUT3L	POUT2H	POUT2L	POUT1H	POUT1L			1111 1111 00-0 0000
PDC1	01D6	—	—	—	—	—	—	—	—	—	—	—	—	—	—	—	—	0000 0000 0000 0000	PWM 占空比 1 寄存器
PDC2	01D8	—	—	—	—	—	—	—	—	—	—	—	—	—	—	—	—	0000 0000 0000 0000	PWM 占空比 2 寄存器
PDC3	01DA	—	—	—	—	—	—	—	—	—	—	—	—	—	—	—	—	0000 0000 0000 0000	PWM 占空比 3 寄存器

注：① 控制位 PENxx 的复位状态取决于器件配置位 PWMPIN 的状态。
② 阴影的寄存器和位单元在 6 输出 MCPWM 模块中未使用。

第 15 章

串行外设接口

串行外设接口(Serial Peripheral Interface,简称 SPI™)模块是 1 个同步串行接口,可用于与其他外设或者单片机进行通信。这些外设可以是串行 EEPROM、移位寄存器、显示驱动器和 A/D 转换器等。SPI 模块与 Motorola 的 SPI 和 SIOP 接口兼容。

15.1 dsPIC30F 的 SPI 模块

dsPIC30F 系列器件在单个器件上提供 1 个还是 2 个 SPI 模块取决于具体不同的器件。SPI1 和 SPI2 功能相同。引脚数 64 或大于 64 引脚数的器件具有 SPI2 模块,而 SPI1 模块则是所有的器件都具有的(见图 15-1)。

注意:在本章中,SPI 模块统称为 SPIx,或分别称为 SPI1 和 SPI2。特殊功能寄存器也使用类似的符号表示上述类似的意思,例如,SPIxCON 指 SPI1 或 SPI2 模块的控制寄存器。

SPI 串口包含下列特殊功能寄存器(SFR):
- SPIxBUF 地址位于 SFR 空间,用于缓冲待发送数据和已接收数据。此地址由 SPIxTXB 和 SPIxRXB 寄存器共享。
- SPIxCON 配置模块各种操作模式的控制寄存器。
- SPIxSTAT 显示各种状态条件的状态寄存器。

此外,还有 1 个 16 位移位寄存器 SPIxSR,此寄存器不映射到存储器空间。该寄存器可用于将数据移入和移出 SPI 端口。

存储器映射的 SFR(SPIxBUF)是 SPI 数据接收/发送寄存器。在内部,SPIxBUF 寄存器实际上由 2 个独立的寄存器(SPIxTXB 和 SPIxRXB)组成。接收缓冲寄存器 SPIxRXB 和发送缓冲寄存器 SPIxTXB 是 2 个单向 16 位寄存器。这 2 个寄存器共享名为 SPIxBUF 的 SFR 地址单元。如果用户将需要发送的数据写入了 SPIxBUF 地址单元,该数据会在内部写入 SPIxTXB 寄存器。与此类似,当用户从 SPIxBUF 读取已接收到的数据时,该数据在内部是从 SPIxRXB 寄存器读取的。这种接收和发送操作的双缓冲可以使数据在后台连续传输。发送和接收可同时进行。

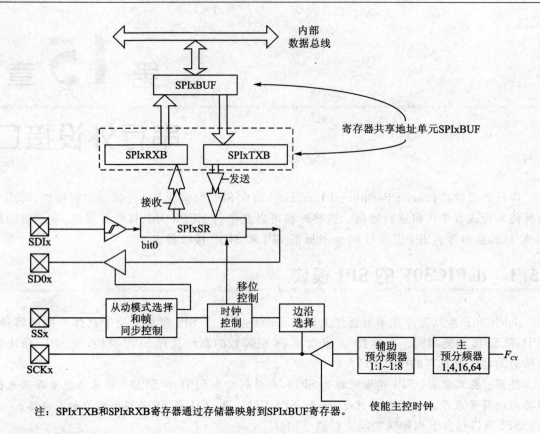

图 15-1 SPI 模块框图

注意：用户无法直接写入 SPIxTXB 寄存器或读取 SPIxRXB 寄存器。所有的读写操作都是在 SPIxBUF 寄存器中进行的。

SPI 串行接口由以下 4 个引脚组成：
- SDIx　串行数据输入。
- SDOx　串行数据输出。
- SCKx　移位时钟输入或输出。
- SSx　低电平有效从动选择或者帧同步 I/O 脉冲。

SPI 模块可以配置为使用 3 个或 4 个引脚工作。在 3 引脚模式下，不使用 SSx 引脚。

15.2　状态和控制寄存器

以下介绍的寄存器 15-1 和 15-2 中，-0 表示上电复位时清零；U 表示未用位，读作 0；R 表示可读位；W 表示可写位；HS 表示由硬件置 1。

寄存器 15-1 SPIxSTAT

R/W-0	U-0	R/W-0	U-0	U-0	U-0	U-0	U-0
SPIEN	—	SPISIDL	—	—	—	—	—
bit 15				高字节			bit 8

U-0	R/W-0 HS	U-0	U-0	U-0	U-0	R-0	R-0
—	SPIROV	—	—	—	—	SPITBF	SPIRBF
bit 7				低字节			bit 0

bit 15 SPIEN　SPI 使能位。
　　1　使能模块并将 SCKx、SDOx、SDIx 和 SSx 配置为串口引脚。
　　0　禁止模块。
bit 14 未用位　读作 0。
bit 13 SPISIDL　在空闲模式停止位。
　　1　当器件进入空闲模式时模块不继续工作。
　　0　在空闲模式下模块继续工作。
bit 12～7 未用位　读作 0。
bit 6 SPIROV　接收溢出标志位。
　　1　1 个新字节/字已完全接收并丢弃。用户软件未读取 SPIxBUF 寄存器中原先的数据。
　　0　没有发生溢出。
bit 5～2 未用位　读作 0。
bit 1 SPITBF　SPI 发送缓冲器满状态位。
　　1　未开始发送，SPIxTXB 满。
　　0　发送开始，SPIxTXB 空。
　　当 CPU 写 SPIxBUF 地址单元并装载 SPIxTXB 时,该位由硬件自动置位。
　　当 SPIx 模块将数据从 SPIxTXB 传到 SPIxSR 时,该位由硬件自动清零。
bit 0 SPIRBF　SPI 接收缓冲器满状态位。
　　1　接收完成，SPIxRXB 满。
　　0　接收未完成，SPIxRXB 空。
　　当 SPIx 将数据从 SPIxSR 传输到 SPIxRXB 时,该位由硬件自动置位。
　　当内核通过读 SPIxBUF 地址单元读 SPIxRXB 时,该位由硬件自动清零。

寄存器 15-2 SPIxCON

U-0	R/W-0	R/W-0	U-0	R/W-0	R/W-0	R/W-0	R/W-0
—	FRMEN	SPIFSD	—	DISSDO	MODE16	SMP	CKE
bit 15			高字节				bit 8

R/W-0	R/W-0	R/W-0	R/W-0	R/W-0	R/W-0	R/W-0	R/W-0
SSEN	CKP	MSTEN	SPRE2	SPRE1	SPRE0	PPRE1	PPRE0
bit 7			低字节				bit 0

bit 15 未用位　读作 0。

bit 14 FRMEN　帧 SPI 支持位。
  1　使能帧 SPI 支持。
  0　禁止帧 SPI 支持。

bit 13 SPIFSD　SSx 引脚上的帧同步脉冲方向控制位。
  1　帧同步脉冲输入(从动模式)。
  0　帧同步脉冲输出(主控模式)。

bit 12 未用位　读作 0。

bit 11 DISSDO　SDOx 引脚禁止位。
  1　模块不使用 SDOx 引脚。该引脚由相关端口寄存器控制。
  0　SDOx 引脚由模块控制。

bit 10 MODE16　字/字节通信选择位。
  1　通信为字宽(16 位)。
  0　通信为字节宽(8 位)。

bit 9 SMP　SPI 数据输入采样相位位。
  主控模式：
  1　输入数据在数据输出时间末尾采样。
  0　输入数据在数据输出时间中间采样。
  从动模式：
  当 SPI 在从动模式下使用时,必须将 SMP 清零。

bit 8 CKE　SPI 时钟沿选择位。
  1　串行输出数据在有效时钟状态转变为空闲时钟状态时变化(参见 bit 6)。
  0　串行输出数据在空闲时钟状态转变为有效时钟状态时变化(参见 bit 6)。
  注意：在帧 SPI 模式下未使用 CKE 位。在帧 SPI 模式下(FRMEN=1),用户应该将该位编程为 0。

bit 7 SSEN　从动选择使能(从动模式)位。

  1 SS 引脚用于从动模式。

  0 模块不使用 SS 引脚。引脚由端口功能控制。

bit 6 CKP 时钟极性选择位。

  1 空闲状态时钟信号为高电平;有效状态为低电平。

  0 空闲状态时钟信号为低电平;有效状态为高电平。

bit 5 MSTEN 主控模式使能位。

  1 主控模式。

  0 从动模式。

bit 4~2 SPRE<2:0> 辅预分频比(主控模式)位。

  (支持设置:1:1~8:1 全部支持)。

  111 辅预分频比 1:1。

  110 辅预分频比 2:1。

  ⋮

  000 辅预分频比 8:1。

bit 1~0 PPRE<1:0> 主预分频比(主控模式)位。

  11 主预分频比 1:1。

  10 主预分频比 4:1。

  01 主预分频比 16:1。

  00 主预分频比 64:1。

15.3 工作模式

以下各节讨论了 SPI 模块灵活的工作模式:
- 8 位和 16 位数据发送/接收。
- 主控模式和从动模式。
- 帧 SPI 模式。

图 15-2 表示了 SPI 主/从连接。

15.3.1 8 位与 16 位工作模式

  控制位 MODE16(SPIxCON<10>)允许模块在 8 位或 16 位模式下通信。除了接收和发送的位数外,2 种模式的功能是相同的。此外,在阅读本文时还应注意以下各项:
- 当 MODE16(SPIxCON<10>)位的值变化时,模块会复位,因此在正常工作过程中不应该改变该位。
- 8 位工作模式下数据是从 SPIxSR 的 bit 7 发送的,而在 16 位工作模式下,则是从 SPIxSR

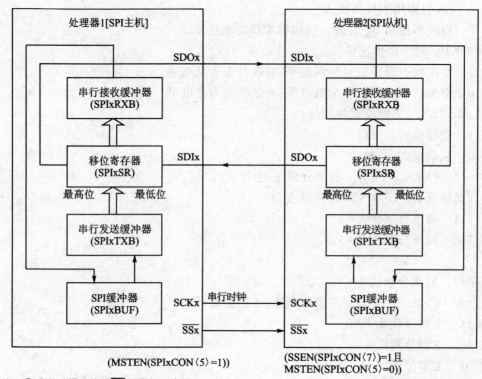

注：① 在从动模式使用$\overline{SSx}$引脚是可选的。
② 用户写发送数据和读接收数据都必须通过SPIxBUF。SPIxTXB和SPIxRXB寄存器是通过存储器映射到SPIxBUF的。

图 15 - 2 SPI 主/从连接

的 bit 15 发送的。在 2 种模式下，数据都会移入 SPIxSR 的 bit 0。
- 在 8 位模式下移入/移出数据需要 SCKx 引脚上出现 8 个时钟脉冲，而在 16 位模式下则需要 16 个时钟脉冲。

15.3.2 主控模式和从动模式

1. 主控模式

SPI 主控模式工作原理见图 15 - 3。
遵循以下步骤将 SPI 模块设置为工作在主控模式：
① 如果使用中断：
- 清零相应 IFSn 寄存器中的 SPIxIF 位。
- 置位相应 IECn 寄存器中的 SPIxIE 位。
- 向相应的 IPCn 寄存器设置 SPIxIP 位。

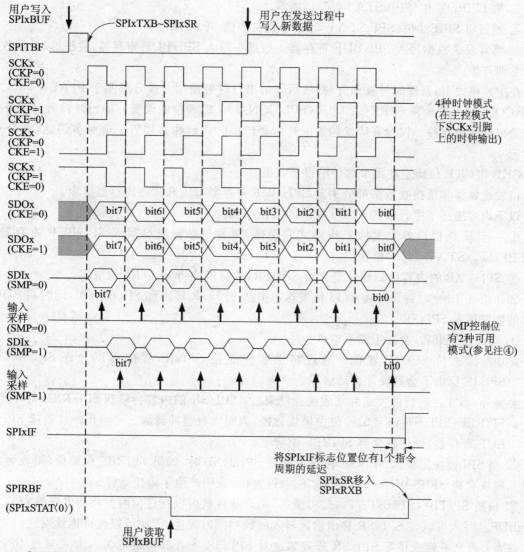

注：① 图中所示4种SPI时钟模式仅用于说明CKP（SPIxCON〈6〉）和CKE（SPIxCON〈8〉）位的功能。只可选择其中1种模式工作。
② 图中所示SMP(SPIxCON〈9〉)取2个不同位值时的SDI和输入采样，仅用于说明。在工作中只能选择SMP2个位配置中的1个。
③ 如果没有待发送的数据，则一旦用户写入SPIxBUF，SPIxTXB中的数据就会传输到SPIxSR。
④ 图中所示为8位工作模式。16位模式的情况与之类似。

图 15-3　SPI 主控模式工作原理

② 将所需设置写入 SPIxCON 寄存器,同时 MSTEN (SPIxCON<5>)=1。
③ 将 SPIROV 位(SPIxSTAT<6>)清零。
④ 通过将 SPIEN 位(SPIxSTAT<15>)置位使能 SPI 工作。
⑤ 将待发送数据写入 SPIxBUF 寄存器。数据一写入 SPIxBUF 寄存器,发送(以及接收)就会立即开始。

在主控模式下,系统时钟被预分频,然后作为串行时钟使用。预分频基于 PPRE<1:0>(SPIxCON<1:0>)和 SPRE<1:0>(SPIxCON<4:2>)位的设置。串行时钟通过 SCKx 引脚输出到从动器件。仅当有待发送数据时才会产生时钟脉冲。如需了解更多信息,请参阅15.4节。

CKP 和 CKE 位确定在哪个时钟沿发送数据。

待发送数据和已接收数据都分别向 SPIxBUF 寄存器写入和从该寄存器读取。

以下内容描述了主控模式下 SPI 模块的工作原理:

① 一旦模块被设置为主控工作模式并使能,待发送数据就会写入 SPIxBUF 寄存器。SPITBF(SPIxSTAT<1>)位置位。
② SPIxTXB 的内容移到移位寄存器 SPIxSR,并且模块将 SPITBF 位清零。
③ 1 组 8/16 个时钟脉冲将 8/16 位发送数据从 SPIxSR 移出到 SDOx 引脚,同时将 SDIx 引脚的数据移入 SPIxSR。
④ 当传输结束后,会发生以下事件:
- 中断标志位 SPIxIF 置位。通过将中断使能位 SPIxIE 置位可以允许 SPI 中断。SPIxIF 标志不会被硬件自动清零。
- 另外,当正在进行的发送和接收操作结束后,SPIxSR 的内容会移到 SPIxRXB 寄存器。
- SPIRBF(SPIxSTAT<0>)位由模块置位,表明接收缓冲器满。一旦用户代码读 SPIxBUF 寄存器,硬件就会将 SPIRBF 位清零。
⑤ 当 SPI 模块需要从 SPIxSR 传输数据到 SPIxRXB 时,如果 SPIRBF 位置位(接收缓冲器满),模块会将 SPIROV(SPIxSTAT<6>)位置位,表明产生了溢出条件。
⑥ 只要 SPITBF(SPIxSTAT<1>)清零,用户软件就可以在任何时候将待发送数据写入 SPIxBUF。写入可以与 SPIxSR 移出前面写入的数据同时发生,因此可以允许连续发送。

注意:用户不能直接写 SPIxSR 寄存器。对 SPIxSR 寄存器的所有写入都是通过 SPIxBUF 寄存器进行的。

2. 从动模式

图 15-4 表示 SPI 从动模式工作原理(禁止从动选择引脚),图 15-5 表示从运选择引脚使能时的 SPI 从动模式工作原理。

遵循以下步骤将 SPI 模块设置为从动工作模式:

① 将 SPIxBUF 寄存器清零。

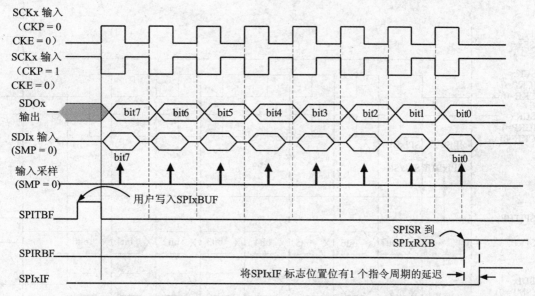

注:① 图中所示2种SPI时钟模式仅用于说明CKP(SPIxCON⟨6⟩)和CKE(SPIxCON⟨8⟩)位的功能。可选择CKP和CKE位的任意组合来配置模块的工作。
② 如果没有等待的发送或正在进行的发送,一旦用户写入SPIxBUF,SPIxBUF中的数据就会传输到SPIxSR。
③ 图中所示为8位工作模式。16位模式的情况与之类似。

图 15-4　禁止从动选择引脚的 SPI 从动模式工作原理

② 如果使用中断:
➤ 清零相应 IFSn 寄存器中的 SPIxIF 位。
➤ 置位相应 IECn 寄存器中的 SPIxIE 位。
➤ 向相应的 IPCn 寄存器设置 SPIxIP 位。
③ 将所需设置写入 SPIxCON 寄存器,同时使 MSTEN(SPIxCON⟨5⟩)＝0。
④ 将 SMP 位清零。
⑤ 如果 CKE 位置位,则 SSEN 位必须置位,从而使能 SSx 引脚。
⑥ 将 SPIROV 位(SPIxSTAT⟨6⟩)清零,并且通过将 SPIEN 位(SPIxSTAT⟨15⟩)置位使能 SPI 工作。

在从动模式下,在外部时钟脉冲出现在 SCKx 引脚时发送和接收数据。CKP(SPIxCON⟨6⟩)和 CKE (SPIxCON⟨8⟩)位决定数据发送发生在哪个时钟沿。

待发送数据和已接收数据分别向 SPIxBUF 寄存器写入和从该寄存器读取。

模块在该模式下的其余工作与在主控模式下相同。

从动模式还提供了一些其他功能,它们是:

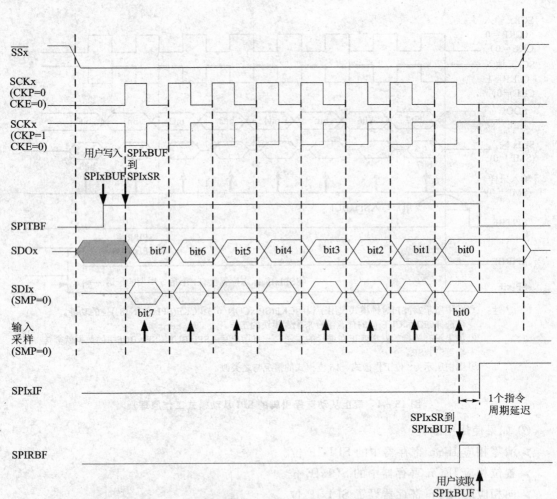

注：① 当SSEN(SPIxCON⟨7⟩)位置1时，$\overline{SSx}$引脚必须驱动为低电平，才能在从动模式下使能发送和接收。
② 发送数据保存在SPIxTXB中，并且在数据的所有位发送完成之前SPITBF保持置位。
③ 图中所示为8位工作模式。16位模式的情况与之类似。

图15-5 从动选择引脚使能时的SPI从动模式工作原理

从动模式选择同步，SSx引脚允许同步从动模式。如果SSEN（SPIxCON⟨7⟩)位置位，只有SSx引脚驱动为低电平状态时，才会使能从动模式下的发送和接收。为了使SSx引脚能作为输入引脚使用，不能驱动端口输出或其他外设输出。如果SSEN置位且SSx引脚驱动为高电平，SDOx引脚将不再被驱动并将呈现为3态，即使模块处于发送过程中也是如此。在下1次SSx引脚驱动为低电平时，使用保存在SPIxTXB寄存器的数据重试上次中止的发送。如果SSEN位没有置位，SSx引脚不会影响从动模式下的模块工作。

SPITBF状态标志工作原理：SPITBF(SPIxSTAT⟨1⟩)位的功能在从动工作模式下是

与主控模式不同的。以下描述了从动工作模式下 SPITBF 的各种设置所对应的功能:

① 如果 SSEN(SPIxCON<7>)清零,SPITBF 将在用户代码装入 SPIxBUF 时置位。他将在模块将 SPIxTXB 中的数据传输到 SPIxSR 时清零。这与主控模式下 SPITBF 位的功能类似。

② 如果 SSEN(SPIxCON<7>)置位,SPITBF 将在用户代码载入 SPIxBUF 时置位。但是,他只有在 SPIx 模块完成数据发送后才会清零。当 SSx 引脚变为高电平时,发送将被中止并可能在一段时间以后重试。每个数据字都保存在 SPIxTXB 中,直到所有的位都被发送到接收器为止。

注意:要符合模块的时序要求,当 CKE=1 时,在从动模式下必须使能 SSx 引脚(详情请参见图 15-6)。

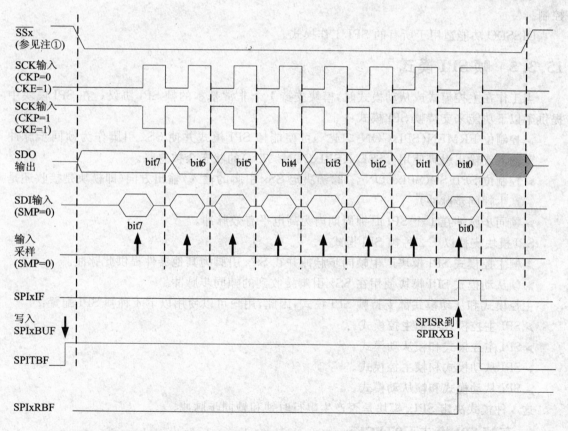

注:① CKE=1 时,$\overline{SSx}$ 引脚必须用于从动工作模式。
② 当 SSEN(SPIxCON<7>)位置 1 时,$\overline{SSx}$ 引脚必须驱动为低电平才能在从动模式下使能发送和接收。
③ 发送数据保存在 SPIxTXB 中,并且在数据的所有位发送完之前 SPITBF 保持置位。
④ 图中所示为 8 位工作模式。16 位模式的情况与之类似。

图 15-6 SPI 模式时序从动模式且 CKE=1

15.3.3 SPI 错误处理

当新的数据字移入 SPIxSR 并且用户软件未读取 SPIxRXB 的原先内容时，SPIROV 位 (SPIxSTAT<6>) 将置位。模块不会将接收到的数据从 SPIxSR 传输到 SPIxRXB。在 SPIROV 位清零前，禁止接收后续数据。SPIROV 位不会被模块自动清零，它必须由用户软件清零。

15.3.4 SPI 仅启用接收功能时的工作原理

将控制位 DISSDO(SPIxCON<11>) 置位，禁止 SDOx 引脚的发送功能。这样可以使 SPIx 模块配置为仅接收的工作模式。如果 DISSDO 位置位，SDOx 引脚将由相应端口功能控制。

DISSDO 功能适用于所有的 SPI 工作模式。

15.3.5 帧 SPI 模式

当工作在主控模式或从动模式时，模块支持 1 个非常基本的帧 SPI 协议。在 SPI 模块中提供了以下功能来支持帧 SPI 模式：

- 控制位 FRMEN(SPIxCON<14>) 可使能帧 SPI 模式并使 SSx 引脚作为帧同步脉冲输入或输出引脚使用。SSEN(SPIxCON<7>) 的状态会被忽略。
- 控制位 SPIFSD(SPIxCON<13>) 决定 SSx 引脚的输入/输出方向（即模块是接收还是产生帧同步脉冲）。
- 帧同步脉冲在 1 个 SPI 时钟周期内为高电平有效脉冲。

SPI 模块支持以下 2 种帧 SPI 模式：

- 帧主控模式 SPI 模块产生帧同步脉冲并在 SSx 引脚为其他器件提供此脉冲。
- 帧从动模式 SPI 模块使用在 SSx 引脚接收到的帧同步脉冲。

主控模式和从动模式都支持帧 SPI 模式，因此，用户可以使用以下 4 种帧 SPI 配置：

- SPI 主控模式和帧主控模式。
- dsPI 主控模式和帧从动模式。
- SPI 从动模式和帧主控模式。
- SPI 从动模式和帧从动模式。

这 4 种模式决定 SPIx 模块是否产生串行时钟和帧同步脉冲。

1. 在帧 SPI 模式下的 SCKx

当 FRMEN(SPIxCON<14>)=1 且 MSTEN(SPIxCON<5>)=1 时，SCKx 引脚为输出引脚，且 SCKx 上的 SPI 时钟成为自由运行时钟。

当 FRMEN=1 且 MSTEN=0 时，SCKx 引脚成为输入引脚。假设提供给 SCKx 引脚的源时钟信号是自由运行时钟信号。

时钟的极性由 CKP(SPIxCON<6>)位选择。CKE(SPIxCON<8>)位在分帧 SPI 模式下未使用,应该在用户软件中编程为 0。

当 CKP=0 时,帧同步脉冲输出和 SDOx 数据输出在 SCKx 引脚的时钟脉冲上升沿变化。在串行时钟的下降沿,在 SDIx 输入引脚上采样输入数据。

当 CKP=1 时,帧同步脉冲输出和 SDOx 数据输出在 SCKx 引脚的时钟脉冲下降沿变化。在串行时钟的上升沿,在 SDIx 输入引脚上采样输入数据。

2. 在帧 SPI 模式下的 SPIx 缓冲器

当 SPIFSD(SPIxCON<13>)=0 时,SPIx 模块处于帧主控工作模式。在此模式下,当用户软件将发送数据写入 SPIxBUF 地址单元(从而可将发送数据写入 SPIxTXB 寄存器)时,模块启动帧同步脉冲。在帧同步脉冲的末尾,SPIxTXB 的数据被传输到 SPIxSR,同时开始发送/接收数据。

当 SPIFSD(SPIxCON<13>)=1 时,模块处于帧从动模式。在此模式下,帧同步脉冲由外部时钟源提供。当模块采样帧同步脉冲时,则将把 SPIxTXB 寄存器的内容传输到 SPIxSR,同时开始发送/接收数据。在接收到帧同步脉冲前,用户必须确保在 SPIxBUF 中装入了要发送的正确数据。

注意: 无论数据是否写入 SPIxBUF,接收到帧同步脉冲的同时都将开始发送。如果新数据尚未写入,将发送 SPIxTXB 的原有数据。

3. SPI 主控模式和帧主控模式

通过将 MSTEN(SPIxCON<5>)和 FRMEN(SPIxCON<14>)位置 1 并将 SPIFSD(SPIxCON<13>)位清零可使能此帧 SPI 模式。在此模式下,无论模块是否正在发送,串行时钟都将在 SCKx 引脚连续输出。当写入 SPIxBUF 时,SSx 引脚将在 SCKx 时钟的下一个发送沿驱动为高电平。SSx 引脚在一个 SCKx 时钟周期内将为高电平。如图 15-7 所示,模块将在 SCKx 的下 1 个发送沿开始发送数据。图 15-8 所示为表明此工作模式的信号方向的连接图。

4. SPI 主控模式和帧从动模式

通过将 MSTEN、FRMEN 和 SPIFSD 位置 1 可使能此帧 SPI 模式。SSx 引脚为输入引脚,并在 SPI 时钟的采样沿对其进行采样。如图 15-9 所示,当采样到高电平时,在紧接着的 SPI 时钟发送沿就会发送数据。当发送完成时,中断标志 SPIxIF 将置位。在 SSx 引脚接收到信号前,用户必须确保在 SPIxBUF 中装入了正确的待发送数据。图 15-10 所示为表示此工作模式的信号方向的连接图。

5. SPI 从动模式和帧主控模式

通过将 MSTEN(SPIxCON<5>)位清零、FRMEN(SPIxCON<14>)位置 1 以及

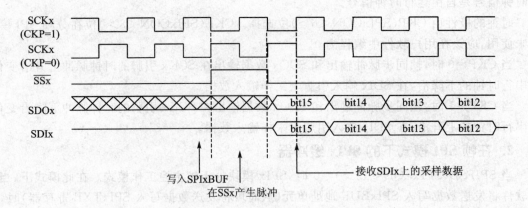

图 15-7 SPI 主控模式、帧主控模式

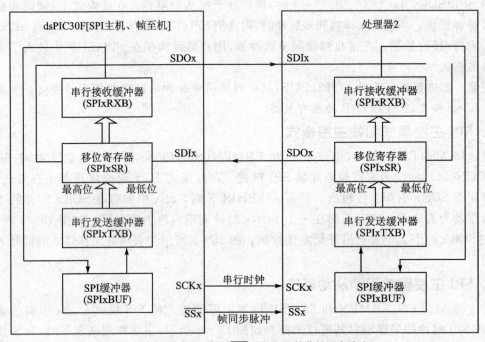

图 15-8 SPI 主控模式、帧主控模式连接图

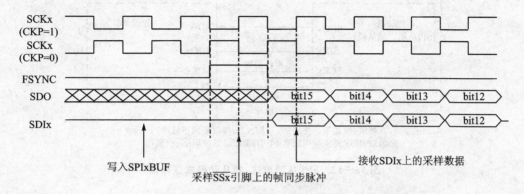

图 15-9 SPI 主控模式,帧从动模式

SPIFSD(SPIxCON<13>)位清零,可使能此帧 SPI 模式。在从动模式下,将继续使用输入 SPI 时钟。当 SPIFSD 位为低时,SSx 引脚是输出引脚,因此,当写入 SPIBUF 时,模块将在 SPI 时钟的下一个发送沿把 SSx 引脚驱动为高电平。SSx 引脚在一个 SPI 时钟周期内将保持驱动为高电平。将在下一个 SPI 时钟发送沿开始发送数据。图 15-11 所示为表示此工作模式的信号方向的连接图。

图 15-10 SPI 主控模式、帧从动模式连接图

图 15-11 SPI 从动模式、帧主控模式连接图

6. SPI 从动模式和帧从动模式

通过将 MSTEN(SPIxCON<5>)位清零、FRMEN(SPIxCON<14>)位置 1 以及 SPIFSD(SPIxCON<13>)位置 1,可使能此帧 SPI 模式,因此,SCKx 和 SSx 引脚都将是输入引脚。将在 SPI 时钟的采样沿采样 SSx 引脚。当采样到 SSx 引脚上为高电平时,将在下一个 SCKx 发送沿发送数据。图 15-12 所示为此工作模式的信号方向的连接图。

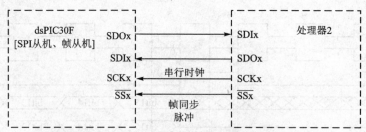

注：① 在帧SPI模式下，使用SSx引脚发送/接收帧同步脉冲。
② 帧SPI模式要求使用所有4个引脚(即必须使用SSx引脚)。

图 15-12　SPI 从动模式、帧从动模式连接图

15.4　SPI 主控模式时钟频率

在主控模式下，提供给 SPI 模块的时钟周期就是指令周期(T_{CY})。然后将此时钟信号由主预分频器(由 PPRE<1：0>(SPIxCON<1：0>)指定)和辅助预分频器(由 SPRE<2：0>(SPIxCON<4：2>)指定)预分频。经过预分频的指令时钟就变为串行时钟并通过 SCKx 引脚提供给外部器件。

注意：注意 SCKx 信号时钟在正常 SPI 模式下不是自由运行的，它仅在 SPIxBUF 加载了数据后运行 8 或 16 个脉冲时间，但是在分帧模式下，它会连续运行。

计算 SCKx 时钟频率主预分频器和辅助预分频器设置值的函数：

$$P_{SCK} = \frac{F_{CY}}{主预分频比 \times 辅助预分频比} \tag{15-1}$$

表 5-1 列出了 SPI 时钟频率的部分范例。

表 15-1　SCKx 频率范例

kHz

F_{CY}=30 MHz		辅助预分频比设置				
		1:1	2:1	4:1	6:1	8:1
主预分频比设置	1:1	30 000	15 000	7 500	5 000	3 750
	4:1	7 500	3 750	1 875	1 250	938
	16:1	1 875	938	469	313	234
	64:1	469	234	117	78	59
F_{CY}=5 MHz						
主预分频比设置	1:1	5 000	2 500	1 250	833	625
	4:1	1 250	625	313	208	156
	16:1	313	156	78	52	39
	64:1	78	39	20	13	10

注：并非每 1 种器件都能支持所有的时钟速率。

15.5 低功耗模式下的工作

dsPIC30FXXXX 系列器件具有 3 种能耗模式：
- 工作模式　内核与外设均处于运行状态。
- 低功耗模式　通过执行 PWRSAV 指令可进入该模式。dsPIC30F 系列器件支持 2 种低功耗模式。在 PWRSAV 指令中可以通过参数来指定具体的模式。这 2 种模式为：

——休眠模式　器件时钟源和整个器件都关闭。可通过以下指令实现。

```
;include device p30fxxxx.inc file
PWRSAV  #SLEEP_MODE
```

——空闲模式　器件时钟处于工作状态，CPU 和所选外设关闭。

```
;include device p30fxxxx.inc file
PWRSAV  #IDLE_MODE
```

15.5.1 休眠模式

当器件进入休眠模式后，系统时钟会被禁止。

1. 主控模式下的工作

以下为将 SPIx 模块配置为主控工作模式时进入休眠模式的后果：
- SPIx 模块的波特率发生器停止并复位。
- 如果 SPIx 模块在发送/接收的过程中进入休眠模式，则发送/接收将被中止。因为在发送或接收未完成时没有自动的方式能防止 SPIx 模块进入休眠模式，因此用户软件必须将进入休眠与 SPI 模块工作同步以防止传输中止。
- 在休眠模式下发送器和接收器将停止工作。发送器或接收器在被唤醒后不会继续部分完成的传输。

2. 从动模式下的工作

因为在从动模式下，SCKx 的时钟脉冲由外部提供，所以模块在休眠模式下将继续工作，将在进入到休眠的过渡时间内完成所有事务。完成事务后，SPIRBF 标志将置位，从而将 SPIxIF 位置位。如果允许 SPI 中断（SPIxIE＝1），则器件将从休眠模式唤醒。如果 SPI 中断的优先级高于当前 CPU 优先级，则将从 SPIx 中断向量地址处恢复代码执行；否则，将继续执行在进入休眠模式之前执行的 PWRSAV 指令后的代码。如果此模块作为从器件工作，那么在进入休眠模式时他将不会复位。

当 SPIx 模块进入或退出休眠模式时,寄存器内容不受影响。

15.5.2 空闲模式

当器件进入空闲模式时,系统时钟源保持工作。SPISIDL 位(SPIxSTAT<13>)选择模块在空闲模式下是停止工作还是继续工作。

➢ 如果 SPISIDL=1,SPI 模块将在进入空闲模式时停止通信。其工作状况将和处于休眠模式时相同。

➢ 如果 SPISID=0(默认选择),模块将在空闲模式下继续工作。

表 15-2 与 SPI 模块相关的引脚

引脚名称	引脚类型	缓冲器类型	说 明
SCK1	I/O	CMOS	SPI1 模块时钟输入或输出
SCK2	I/O	CMOS	SPI2 模块时钟输入或输出
SDI1	I	CMOS	SPI1 模块数据接收引脚
SDI2	I	CMOS	SPI2 模块数据接收引脚
SDO1	O	CMOS	SPI1 模块数据发送引脚
SDO2	O	CMOS	SPI2 模块数据发送引脚
SS1	I/O	CMOS	SPI1 模块从动选择控制引脚 (1) 置位 SSEN(SPI1CON<7>时),用于在从动模式下使用发送/接收; (2) 在 FRMEN 和 SPIFSD(SPI1CON<14:13>)置为 11 或 10 时,作为帧同步 I/O 脉冲
SS2	I/O	CMOS	

注:CMOS 表示 CMOS 兼容的输入或输出,ST 表示 CMOS 电平的施密特触发输入,I 表示输入,O 表示输出。

15.6 与 SPI 模块相关的特殊功能寄存器

表 15-3、表 15-4 和表 15-5 分别是 SPI1 寄存器映射图、SPI2 寄存器映射图和与 SPI 模块相关的中断寄存器。

表 15-3 SPI1 寄存器映射

SFR 名称	地址	bit 15	bit 14	bit 13	bit 12	bit 11	bit 10	bit 9	bit 8	bit 7	bit 6	bit 5	bit 4	bit 3	bit 2	bit 1	bit 0	复位值
SPI1STAT	0220	SPIEN	—	SPISIDL	—	—	—	—	—	—	—	—	—	—	—	SPITBF	SPIRBF	0000 0000 0000 0000
SPI1CON	0222	—	FRMEN	SPIFSD	—	—	DISSDO	MOD16	SMP	CKE	SSEN	CKP	MSTEN	SPRE2	SPRE1	SPRE0	PPRE1	PPRE0	0000 0000 0000 0000
SPI1BUF	0224	SPI1TXB 与 SPI1RXB 寄存器共享的发送和接收缓冲器地址单元																0000 0000 0000 0000

表 15-4 SPI2 寄存器映射

SFR 名称	地址	bit 15	bit 14	bit 13	bit 12	bit 11	bit 10	bit 9	bit 8	bit 7	bit 6	bit 5	bit 4	bit 3	bit 2	bit 1	bit 0	复位值
SPI2STAT	0226	SPIEN	—	SPISIDL	—	—	—	—	—	—	—	—	—	—	—	SPITBF	SPIRBF	0000 0000 0000 0000
SPI2CON	0228	—	FRMEN	SPIFSD	—	—	DISSDO	MOD16	SMP	CKE	SSEN	CKP	MSTEN	SPRE2	SPRE1	SPRE0	PPRE1	PPRE0	0000 0000 0000 0000
SPI2BUF	022A	SPI2TXB 与 SPI2RXB 寄存器共享的发送和接收缓冲器地址单元																0000 0000 0000 0000

表 15-5 SPI 模块相关的中断寄存器

SFR 名称	地址	bit 15	bit 14	bit 13	bit 12	bit 11	bit 10	bit 9	bit 8	bit 7	bit 6	bit 5	bit 4	bit 3	bit 2	bit 1	bit 0	复位值
INTCON1	0080	NSTDIS	—	—	—	—	—	OVATE	OVBTE	COVTE	—	—	SWTRAP	OVRFLOW	ADDRERR	STKERR	—	0000 0000 0000 0000
INTCON2	0082	ALTIVT	DISI	—	—	—	—	—	LEV8F	—	—	—	INT4EP	INT3EP	INT2EP	INT1EP	INT0EP	0000 0000 0000 0000
IFS0	0084	CNIF	MI2CIF	SI2CIF	NVMIF	ADIF	U1TXIF	U1RXIF	SPI1F	T3IF	T2IF	T1IF	OC2IF	OC1IF	IC2IF	—	INT0IF	0000 0000 0000 0000
IFS1	0086	IC6IF	IC5IF	IC4IF	IC3IF	IC1IF	SPI2IF	U2TXIF	U2RXIF	INT2IF	T5IF	T4IF	OC4IF	OC3IF	IC8IF	IC7IF	INT1IF	0000 0000 0000 0000
IEC0	008C	CNIE	MI2CIE	SI2CIE	NVMIE	ADIE	U1TXIE	U1RXIE	SPI1IE	T3IE	T2IE	T1IE	OC2IE	OC1IE	IC2IE	—	INT0IE	0000 0000 0000 0000
IEC1	028E	IC6IE	IC5IE	IC4IE	IC3IE	IC1IE	SPI2IE	U2TXIE	U2RXIE	INT2IE	T5IE	T4IE	OC4IE	OC3IE	IC8IE	IC7IE	INT1IE	0000 0000 0000 0000
IPC2	0098	—	ADIP<2:0>			—	U1TXIP<2:0>			—	U1RXIP<2:0>			—	SPI1IP<2:0>			0100 0100 0100 0100
IPC6	00A0	—	C1IP<2:0>			—	SPI2IP<2:0>			—	U2TXIP<2:0>			—	U2RXIP<2:0>			0100 0100 0100 0100

第 16 章

I²C 通信模块

I²C 总线是双线制串行接口总线。标准模式是为最高 100 kbps 的数据传输速率而制定的。支持增强型规范(或快速模式,400 kbps)。标准模式器件和快速模式器件连接在同一总线上时,如果总线以快速器件的工作速度运行,则两类器件均可正常工作。I²C 接口使用了综合的协议以确保数据发送与接收的可靠性。当发送数据时,其中 1 个器件作为主机,它启动总线上的传输并产生时钟信号以允许该传输,而其他器件则充当从机。

16.1 dsPIC30F 的 I²C 模块

dsPIC30F 的 I²C 模块是用来与其他外设或单片机通信的串行接口。这些外设可以是串行 EEPROM、显示驱动器和 A/D 转换器等。

I²C 模块可以工作在下列任何 I²C 系统中:
➢ dsPIC30F 作为从器件的系统。
➢ dsPIC30F 作为主器件的单主机系统(也可以作为从器件)。
➢ dsPIC30F 作为主/从器件的多主机系统(具有总线冲突检测和仲裁)。

I²C 模块包含独立的 I²C 主逻辑和 I²C 从逻辑,两者都会根据相应事件产生中断。在多主机系统中,软件仅被简单地分为主控制器和从控制器。

当 I²C 主逻辑有效时,从逻辑也保持有效,以检测总线状态并可能接收自身的报文(单主机系统)或来自其他主器件的报文(多主机系统)。在多主机总线仲裁时不会丢失报文。

在多主机系统中,与系统中其他主器件冲突的总线冲突会被检测到,模块提供了终止并重新开始报文传输的方法。

I²C 模块包含 1 个波特率发生器。I²C 波特率发生器不消耗器件中的其他定时器资源。

16.1.1 模块特点
➢ 独立的主从逻辑。
➢ 支持多主机模式。在仲裁时不丢失报文。
➢ 检测 7 位和 10 位器件地址。

➢ 按 I²C 协议的定义检测广播呼叫地址。
➢ 总线重发器模式。作为从器件,不论报文地址如何,可接收所有报文。
➢ 自动 SCL 时钟时间延长可为处理器,提供响应从器件数据请求的延时。
➢ 支持 100~400 kHz 总线规范。

16.2　I²C 总线特性

　　I²C 总线是 1 个双线串行接口。图 16-1 是 dsPIC30F 器件和 24LC256 I²C 串行 EEPROM 的典型 I²C 连接示意图。

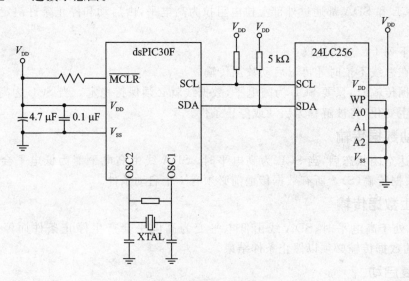

图 16-1　典型 I²C 连接框图

　　I²C 接口使用了全面的协议以确保可靠的数据发送与接收。在通信时,1 个器件作为主器件启动总线上的传输并产生时钟信号来允许传输,而其他器件作为响应传输的从器件。时钟线 SCL 是从主器件输出并输入到从器件,而从器件偶尔也会驱动 SCL 线。数据线 SDA 可以是主器件和从器件两者的输出和输入。

　　因为 SDA 和 SCL 线是双向的,驱动 SDA 和 SCL 线的器件的输出级必须漏极开路以执行总线的"线与"功能。另外使用了外部上拉电阻,以确保当没有器件将线拉低时能保持高电平。

　　在 I²C 接口协议中,每个器件都有 1 个地址。当主机要启动 1 次数据传输时,它首先发送与之"通话"的器件地址。所有器件都"侦听"该地址,查看是否与自己的地址匹配。在该地址中有 1 位(bit 0)用于指定主机是希望读还是希望写其寻址的从机。在数据传输过程中,主机和从机总是工作在相反的模式(发送器/接收器)下,也就是说主机和从机只能工作在以下 2 种

关系之一:
- 主机——发送器,从机——接收器。
- 从机——发送器,主机——接收器。

在这 2 种情况下,都由主机产生 SCL 时钟信号。

16.2.1 总线协议

为了实施总线的"线与"功能,SCL 和 SDA 的输出都必须采用漏极开路或集电极开路的电路。之所以外接上拉电阻,是为保证总线在没有器件将其拉低时为高电平。I^2C 总线上连接的器件数量仅受到最大 400 pF 的总线负载规范和寻址能力的限制。在总线无数据传输时(空闲时),SCL 和 SDA 都通过外部上拉电阻拉为高电平,由启动和停止条件决定数据传输的启动和停止。

定义了下列 I^2C 总线协议:
- 只有在总线不忙时才可以启动数据传输。
- 在数据传输时,只要 SCL 为高电平,数据线就必须保持稳定。当 SCL 为高电平时数据线发生变化,将被解释为启动或停止条件。

1. 启动数据传输

在总线达空闲状态后,当 SCL 为高电平时,SDA 线由高电平变为低电平会产生启动条件,以启动数据传输(S)。所有数据传输前必须有 1 个启动条件。

2. 停止数据传输

当 SCL 处于高电平时,SDA 线由低电平变为高电平会产生停止条件而停止数据传输(P)。所有的数据传输必须以停止条件结束。

3. 重复启动

在等待状态后,当 SCL 为高电平时,SDA 线由高电平变为低电平会产生重复启动(R)条件。重复启动可以让主器件在不失去总线控制的情况下改变总线方向。

4. 数据有效

在启动条件之后,如果 SDA 线在时钟信号的高电平期间保持稳定,则 SDA 线的状态代表数据有效(D)。每个 SCL 都有 1 位数据。

5. 应答或不应答

所有的数据字节传输必须由接收器应答(ACK,简称 A)或不应答(NACK,简称 N)。接收器会将 SDA 线拉低发出 ACK 或释放 SDA 线发出 NACK。使用 1 个 SCL,应答信号需要 1 个 1 位周期。

6. 等待/数据无效

在时钟信号的低电平周期,必须修改线上数据。通过将 SCL 线拉低,器件可以延长时钟低电平时间,导致总线的等待/数据无效(Q)状态。

7. 总线空闲

在停止条件后,启动条件前,数据线和时钟线在这些时间段保持高电平,此时总线空闲(I)。图 16-2 定义了总线条件。

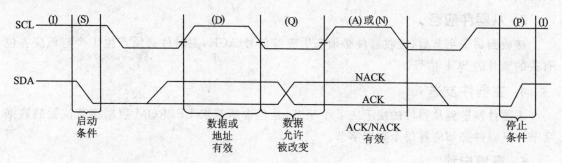

图 16-2 I²C 总线协议状态

16.2.2 报文协议

图 16-3 所示为典型的 I²C 报文(随机寻址模式)。在此示例中,报文会从 24LC256 I²C 串行 EEPROM 读取指定的字节。dsPIC30F 器件将作为主器件,24LC256 器件将作为从器件。

图 16-3 表明由主器件和从器件驱动的数据,注意复合的 SDA 线上是主数据与从数据的"线与"值。主器件控制协议及其时序,从器件只在特别确定的时间驱动总线。

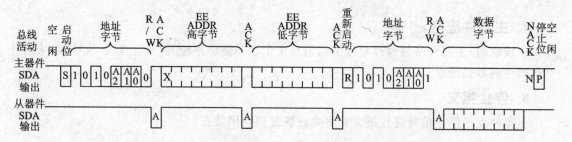

图 16-3 读取串行 EEPROM 的典型 I²C 报文

1. 启动报文

所有报文都以启动条件开始并以停止条件终止。在启动和停止条件之间传输的数据字节数取决于主器件。如系统协议所定义的,报文的字节可以有"器件地址字节"或"数据字节"等特殊意义。

2. 寻址从器件

如图 16-3 所示，第 1 个字节是器件地址字节，任何 I^2C 报文的最初部分必须为此字节，它包含 1 个器件地址和 1 个 R/W 位。如需有关地址字节格式的更多信息，请参见 16.11 节。注意该第 1 个地址字节的 R/W=0，表示主器件将充当发送器，从器件则将是接收器。

3. 从器件应答

接收到每个字节后，接收器件必须产生应答信号 ACK，主器件必须产生 1 个与该应答位有关的额外的 SCL 信号。

4. 主器件发送

主器件发送到从器件的接下去 2 个字节，是包含所请求 EEPROM 数据字节位置的数据字节。从器件必须应答每个数据字节。

5. 重复启动

此时，从器件 EEPROM 拥有将所请求数据字节返回主器件所必需的地址信息，但是，第 1 个器件地址字节中的 R/W 位指定了主器件发送，从器件接收，要让从器件向主器件发送数据，总线必须转为另 1 个方向。

要实现此功能且不终止报文传送，主器件可发送 1 个重新启动信号。重新启动后接 1 个器件地址字节，该字节包含和前面相同的器件地址，但 R/W=1，以表明从器件发送，主器件接收。

6. 从器件回复

现在从器件发送驱动 SDA 线的数据字节，主器件继续产生时钟信号，但是释放其 SDA 驱动。

7. 主器件应答

在读取时，主器件必须通过对报文的最后 1 个字节做出不应答（产生 1 个 NACK）来终止对从器件的数据请求。

8. 停止报文

主器件发送停止信号终止报文并将总线恢复到空闲状态。

16.3 控制和状态寄存器

I^2C 模块有 6 个用户可访问的寄存器（见图 16-4）用于 I^2C 操作。这些寄存器可以字节或字模式访问：

- 控制寄存器（I2CCON） 此寄存器允许控制 I^2C 工作方式。
- 状态寄存器（I2CSTAT） 此寄存器包含表明 I^2C 工作过程中模块状态的状态标志。

> 接收缓冲寄存器(I2CRCV) 这是可从中读取数据字节的缓冲寄存器。I2CRCV 寄存器是只读寄存器。
> 发送寄存器(I2CTRN) 这是发送寄存器,在发送操作时,字节会写入此寄存器。I2CTRN 寄存器是读/写寄存器。
> 地址寄存器(I2CADD) I2CADD 寄存器保存从器件地址。
> 波特率发生器重载寄存器(I2CBRG) 保存 I^2C 模块波特率发生器的波特率发生器重载值。

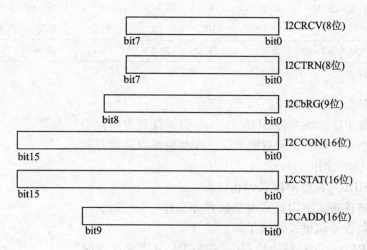

图 16-4 I^2C 编程模型

寄存器 16-1 和寄存器 16-2 定义了 I^2C 模块控制和状态寄存器 I2CCON 和 I2CSTAT。I2CTRN 是写入待发送数据的寄存器。当模块作为主器件发送数据到从器件或从器件发送应答数据到主器件时,要使用此寄存器。在报文传输过程中,I2CTRN 寄存器会移出各个位。因此,除非总线处于空闲状态,否则可能无法写入 I2CTRN。在发送当前数据时,可以重载 I2CTRN。主器件或从器件正在接收的数据被移入 1 个名为 I2CRSR 的不可访问移位寄存器,当接收到完整的字节时,字节会被传输到 I2CRCV 寄存器。接收时,I2CRSR 和 I2CRCV 会构成 1 个双重缓冲接收器,这可以允许在读取已接收数据的当前字节前开始接收下 1 个字节。

如果在软件从 I2CRCV 寄存器读取前 1 个字节前,模块接收到了另 1 个完整字节,将会发生接收器溢出,同时置位 I2COV(I2CCON<6>),I2CRSR 中的字节则会丢失。I2CADD 寄存器用于保存从器件地址。在 10 位模式中,所有的位都是相关的;在 7 位地址模式中,只有 I2CADD<6:0> 是相关的。A10M(I2CCON<10>)指定从器件地址的期望模式。以下介绍的寄存器 16-1 和 16-2 中,-0 表示上电复位时清 0;-1 表示上电复位时置 1;U 表示未用位,读作 0;R 表示可读位;W 表示可写位;C 表示软件可清 0;HS 表示由硬件置 1;HC 表示由硬件清0。

寄存器 16 - 1　I2CCON

R/W-0	U-0	R/W-0	R/W-1 HC	R/W-0	R/W-0	R/W-0	R/W-0
I2CEN	—	I2CSIDL	SCLREL	IPMIEN	A10M	DISSLW	SMEN
bit 15			高字节				bit 8

R/W-0	R/W-0	R/W-0 HC	R/W-0 HC	R/W-0 HC	R/W-0 HC	R/W-0 HC	R/W-0
GCEN	STREN	ACKDT	ACKEN	RCEN	PEN	RSEN	SEN
bit 7			低字节				bit 0

bit 15　I2CEN　I²C 使能位。
 1　使能 I²C 模块并将 SDA 和 SCL 引脚配置为串行端口引脚。
 0　禁止 I²C 模块。所有的 I²C 引脚都由端口功能控制。
bit 14　未用位　读作 0。
bit 13　I2CSIDL　在空闲模式停止位。
 1　当器件进入空闲模式时模块停止工作。
 0　模块在空闲模式继续工作。
bit 12　SCLREL　SCL 释放控制位（作为 I²C 从器件工作时）。
 1　释放 SCL 时钟。
 0　保持 SCL 时钟为低电平（时钟低电平时间延长）。
 如果 STREN=1：
 该位是可读写的（即软件可以写入 0 来启动延长低电平时间或写入 1 来释放时钟）。
 在从器件发送开始时由硬件清零。
 在从器件接收结束时由硬件清零。
 如果 STREN=0：
 该位为读/置位（即软件只能写入 1 来释放时钟）。
 在从器件发送开始时由硬件清零。
bit 11　IPMIEN　智能外设管理接口（Intelligent Peripheral Management Interface,简称 IPMI）使能位。
 1　使能 IPMI 支持模式。已应答所有的地址。
 0　未使能 IPMI 模式。
bit 10　A10M　10 位从器件地址位。
 1　I2CADD 是 1 个 10 位从器件地址。

  0 I2CADD 是 1 个 7 位从器件地址。

bit 9 DISSLW 禁止变化率控制位。

  1 已禁止变化率控制。

  0 已使能变化率控制。

bit 8 SMEN SMBus 输入电平位。

  1 使能符合 SMBus 规范的 I/O 引脚阈值。

  0 禁止 SMBus 输入阈值。

bit 7 GCEN 广播呼叫使能位(作为 I^2C 从器件工作时)。

  1 I2CRSR 接收到广播呼叫地址时允许中断(已使能模块接收)。

  0 禁止广播呼叫地址。

bit 6 STREN SCL 时钟低电平时间延长使能位(作为 I^2C 从器件工作时)。

  与 SCLREL 位一起使用。

  1 使能软件或接收时钟低电平时间延长。

  0 禁止软件或接收时钟低电平时间延长。

bit 5 ACKDT 应答数据位(作为 I^2C 主器件工作时,适用于主器件接收过程)。

  当软件启动应答序列时将发送的值。

  1 在应答时发送 NACK。

  0 在应答时发送 ACK。

bit 4 ACKEN 应答序列使能位(当作为 I^2C 主器件工作时,适用于主器件接收过程)。

  1 初始化 SDA 和 SCL 引脚上的应答序列并发送 ACKDT 数据位。

  在主器件应答序列结束时由硬件清零。

  0 应答序列不在进行中。

bit 3 RCEN 接收使能位(作为 I^2C 主器件工作时)。

  1 使能 I^2C 接收模式。

  在主器件接收数据字节的第 8 位结束时由硬件清零。

  0 接收序列不在进行中。

bit 2 PEN 停止条件使能位(作为 I^2C 主器件工作时)。

  1 初始化 SDA 和 SCL 引脚上的停止条件。

  在主器件停止序列结束时由硬件清零。

  0 不产生停止条件。

bit 1 RSEN 重复启动条件使能位(作为 I^2C 主器件工作时)。

  1 初始化 SDA 和 SCL 引脚上的重复启动条件。

  在主器件重复启动序列结束时由硬件清零。

  0 不产生重复启动条件。

bit 0 SEN 启动条件使能位(作为 I²C 主器件工作时)。
  1 初始化 SDA 和 SCL 引脚上的启动条件。
   在主器件启动序列结束时由硬件清零。
  0 不产生启动条件。

寄存器 16-2　I2CSTAT

R-0 HS,HC	R-0 HS,HC	U-0	U-0	U-0	R/C-0 HS	R-0 HS,HC	R-0 HS,HC
ACKSTAT	TRSTAT	—	—	—	BCL	GCSTAT	ADD10
bit 15			高字节				bit 8

R/C-0 HS	R/W-0 HS	R-0 HS,HC	R/C-0 HS,HC	R/C-0 HS,HC	R-0 HS,HC	R-0 HS,HC	R-0 HS,HC
IWCOL	I2COV	D_A	P	S	R_W	RBF	TBF
bit 7			低字节				bit 0

bit 15 ACKSTAT 应答状态位。
  (作为 I²C 主器件工作时。适用于主器件发送操作。)
  1 接收到来自从器件的 NACK。
  0 接收到来自从器件的 ACK。
  在从器件应答结束时由硬件置位或清零。

bit 14 TRSTAT 发送状态位。
  (作为 I²C 主器件工作时。适用于主器件发送操作。)
  1 主器件正在发送过程中(8 位+ACK)。
  0 主器件不在发送过程中。
  在主器件发送开始时由硬件置位。
  在从器件应答结束时由硬件清零。

bit 13~11 未用位　读作 0。

bit 10 BCL 主器件总线冲突检测位。
  1 在主器件工作期间检测到了总线冲突。
  0 未发生冲突。
  在检测到总线冲突时由硬件置位。

bit 9 GCSTAT 广播呼叫状态位。
  1 收到了广播呼叫地址。
  0 未收到广播呼叫地址。
  当地址与广播呼叫地址匹配时由硬件置位。

在停止检测时由硬件清零。

bit 8 ADD10　10 位地址状态位。
　　1　10 位地址匹配。
　　0　10 位地址不匹配。
　　在匹配的 10 位地址的第 2 个字节匹配时由硬件置位。
　　在停止检测时由硬件清零。

bit 7 IWCOL　写冲突检测位。
　　1　因为 I²C 模块忙，尝试写 I2CTRN 寄存器失败。
　　0　未发生冲突。
　　当总线忙，写 I2CTRN 发生时由硬件置位(由软件清零)。

bit 6 I2COV　接收溢出标志位。
　　1　当 I2CRCV 寄存器仍然保存有原先的字节时接收到了新字节。
　　0　无溢出。
　　尝试从 I2CRSR 传输到 I2CRCV 时由硬件置位(由软件清零)。

bit 5 D_A　数据/地址位(作为 I²C 从器件工作时)。
　　1　表示上次接收的字节是数据。
　　0　表示上次接收的字节是器件地址。
　　器件地址匹配时由硬件清零。
　　通过写 I2CTRN 或接收从器件字节由硬件置位。

bit 4 P　停止位。
　　1　表明上次检测到了停止位。
　　0　表示上次未检测到停止位。
　　当检测到启动、重复启动或停止时由硬件置位或清零。

bit 3 S　起始位。
　　1　表明最后检测到了启动(或重复启动)位。
　　0　表示最后未检测到启动位。
　　当检测到启动、重复启动或停止时由硬件置位或清零。

bit 2 R_W　读/写位信息(作为 I²C 从器件工作时)。
　　1　读——表示数据传输由从器件输出。
　　0　写——表示数据传输输入到从器件。
　　接收到 I²C 器件地址字节后由硬件置位或清零。

bit 1 RBF　接收缓冲器满状态位。
　　1　接收完成，I2CRCV 满。
　　0　接收没有完成，I2CRCV 空。

当用接收到的字节写 I2CRCV 时由硬件置位。

当软件读 I2CRCV 时由硬件清零。

bit 0 TBF　发送缓冲器满状态位。

　　1　正在发送,I2CTRN 满。

　　0　发送完成,I2CTRN 空。

当软件写 I2CTRN 时由硬件置位。

在数据发送完成时由硬件清零。

16.4　使能 I²C 操作

通过将 I2CEN(I2CCON<15>)位置位可以使能模块。

I²C 模块完全实现了所有主器件和从器件功能。当模块被使能后,主器件和从器件功能同时有效,并且将会按软件或总线事件响应。

在最初使能时,模块将释放 SDA 和 SCL 引脚,将总线置于空闲状态。主器件功能将保持在空闲状态,除非软件将某个控制位置位来启动一个主器件事件。从器件功能将开始监视总线。如果从器件逻辑在总线上检测到启动事件和有效地址,从器件逻辑将开始从器件事务处理。

16.4.1　使能 I²C I/O

总线操作使用了 2 个引脚,1 个是 SCL 引脚,另 1 个是 SDA 引脚。当模块被使能后,假定没有其他具有更高优先级的模块拥有控制权,那么模块会控制 SDA 和 SCL 引脚。模块软件不需要关心这些引脚端口 I/O 的状态,模块会改写端口状态和方向。在初始化时,引脚为 3 态(释放)。

16.4.2　I²C 中断

I²C 模块会产生 2 个中断,一个中断被分配给主器件事件,另一个则被分配给从器件事件。这些中断将会把相应的中断标志位置位,并且如果相应的中断允许位置位,且对应中断优先级够高,将会中断软件执行过程。

主器件中断名为 MI2CIF,会在主器件报文事件完成时激活。

下列事件会产生 MI2CIF 中断:

➢ 启动条件。

➢ 停止条件。

➢ 数据传输字节已发送/已接收。

➢ 应答发送。

➢ 重复启动。

➢ 检测到总线冲突事件。

从器件中断称为 SI2CIF,在检测到地址为从器件地址的报文时被激活。
- 检测到有效器件地址(包括广播呼叫地址)。
- 发送数据的请求。
- 接收到数据。

16.4.3 当作为总线主器件工作时设置波特率

当作为 I^2C 主器件工作时,模块必须产生系统 SCL 时钟。通常,I^2C 系统时钟被指定为 100 kHz、400 kHz 或 1 MHz。系统时钟速率被指定为最小 SCL 低电平时间加上最小 SCL 高电平时间。在大部分情况下,这是通过 2 个 TBRG 间隔定义的。

波特率发生器的重载值是 I2CBRG 寄存器的内容,如图 16-5 所示。当波特率发生器装入该值后,发生器递减计数直至 0,然后停止直到再次装入。发生器计数会在每个指令周期(T_{CY})递减 2 次。波特率发生器在波特率重新启动时会自动重新加载,例如,如果发生了时钟同步,波特率发生器会在 SCL 引脚采样为高电平时重新加载。

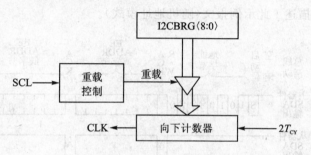

图 16-5 波特率发生器框图

注意: I2CBRG 值不允许装载为 0x0。

要计算波特率发生器重载值,可使用公式(16-1)。

$$\text{I2CBRG} = \left(\frac{F_{CY}}{F_{SCL}} - \frac{F_{CY}}{1111111}\right) - 1 \tag{16-1}$$

表 16-1 表示了 I^2C 时钟速率。

表 16-1 I^2C 时钟速率

所需的系统 F_{SCL}/kHz	F_{CY}/MHz	I2CBRG 十进制	I2CBRG 十六进制	实际 F_{SCL}/kHz
100	40	399	0x18F	100
100	30	299	0x12B	100
100	20	199	0x0C7	100
400	10	24	0x018	400
400	4	9	0x009	400
400	1	2	0x002	333**
1000*	2	1	0x001	1000*
1000	1	0	00x000(无效)	1000

注:* $F_{CY}=2$ MHz 是为获得 $F_{SCL}=1$ MHz 允许的最小输入时钟频率。
** 对于这个 F_{CY} 值,这是最接近 400 kHz 的值。

16.5 作为主器件在单主机环境下通信

系统中典型的 I²C 模块操作是使用 I²C 与 I²C 外设(如 I²C 串行存储器)通信。在 I²C 系统中,主器件控制总线上所有数据通信的时序。在此例中,dsPIC30F 及其 I²C 模块是系统中的惟一主器件。作为惟一的主器件,他要负责产生 SCL 并控制报文协议。

在 I²C 模块中,模块控制 I²C 报文协议的各个部分,但是,控制协议中组件的时序以构成完整的报文是软件的任务。

例如,单主机环境中的 1 种典型操作可能是从 I²C 串行 EEPROM 读取 1 个字节。图 16-6 描述了此示例报文(随机地址模式)。

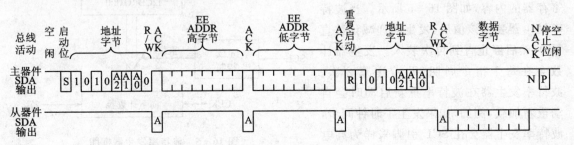

图 16-6 读取串行 EEPROM 的典型 I²C 报文

要完成此报文,软件将通过以下步骤控制时序:
① 在 SDA 和 SCL 上发出 1 个启动信号。
② 发送 1 个带有写指示的 I²C 器件地址字节到从器件。
③ 等待并验证从器件的应答。
④ 发送串行存储器地址高字节到从器件。
⑤ 等待并验证从器件的应答。
⑥ 发送串行存储器地址低字节到从器件。
⑦ 等待并验证从器件的应答。
⑧ 在 SDA 和 SCL 上发出 1 个重复启动信号。
⑨ 将带有读指示的器件地址字节发送到从器件。
⑩ 等待并验证从器件的应答。
⑪ 使能主器件接收以接收串行存储器数据。
⑫ 在接收的数据字节结束时产生 ACK 或 NACK 条件。
⑬ 在 SDA 和 SCL 上产生停止条件。

I²C 模块支持主控模式通信,包括启动和停止信号发生、数据字节发送、数据字节接收、应答发生和波特率发生器。

通常,软件会写一个控制寄存器以开始一个特定步骤,然后等待一个中断或查询状态以等待传输完成。

后续各节将详细说明这些操作。

注意:I²C 模块不允许事件排队,例如,在启动条件完成前,不允许软件启动启动条件后立即写 I2CTRN 寄存器以启动传输。这种情况下,将不会写入 I2CTRN,IWCOL 位将被置位,这表明没有发生对 I2CTRN 的写操作。

16.5.1 产生启动总线事件

要开始启动事件,软件要将启动使能位 SEN(I2CCON<0>)置位。在将启动位置位前,软件可以检查 P(I2CSTAT<4>)状态位以确保总线处于空闲状态。

图 16-7 显示了启动条件的时序。

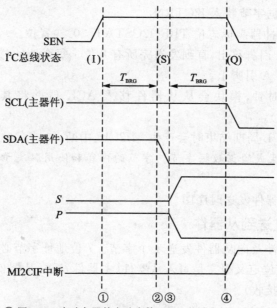

① 写 SEN=1 启动主器件启动事件。
   波特率发生器启动。
② 波特率发生器超时。主控模块将 SDA 驱动为低电平。
   波特率发生器重新启动。
③ 从动模块检测启动,设置 S=1,P=0。
④ 波特率发生器超时。主控模块将 SCL 驱动为低电平。
   产生中断并将 SEN 清零。

图 16-7 主器件启动时序图

➤ 从器件逻辑会检测启动条件、将 S 位(I2CSTAT<3>)置位并将 P 位(I2CSTAT<4>)清零。

- SEN 位会在启动条件结束时自动清零。
- 在启动条件完成时会产生 MI2CIF 中断。
- 在启动条件后，SDA 线和 SCL 线会保持在低电平状态（Q 状态）。

IWCOL 状态标志

在启动序列进行过程中，如果软件写 I2CTRN，则 IWCOL 被置位，同时发送缓冲器内容不变（写操作无效）。

注意：由于不允许事件排队，在启动条件结束之前，不能对 I2CCON 的低 5 位进行写操作。

16.5.2 发送数据到从器件

发送数据字节（7 位器件地址字节或 10 位地址的第 2 个字节）只需通过将适当的值写到 I2CTRN 寄存器来实现。装载此寄存器将会开始以下过程：

- 软件将待发送数据字节装入 I2CTRN。
- 写 I2CTRN 将缓冲器满标志位 TBF(I2CSTAT<0>)置位。
- 数据字节从 SDA 引脚移出，直到发送完所有 8 位。每个地址/数据位都将在 SCL 的下降沿后移出到 SDA 引脚上。
- 在第 9 个 SCL 时钟，模块会从从器件移入 ACK 位并将其值写入 ACKSTAT 位(I2CCON<15>)。
- 模块在第 9 个 SCL 周期结束时会产生 MI2CIF 中断。

注意：模块不会产生或验证数据字节。字节的内容和使用取决于软件所维护的报文协议的状态。

图 16-8 表示了主器件发送时序图。

1. 将 7 位地址发送到从器件

发送 7 位器件地址涉及向从器件发送 1 个字节。7 位地址字节必须包含 7 位的 I^2C 器件地址和 1 个 R/W 位，该位定义报文是写入从器件（主器件发送，从器件接收）还是由从器件读取（从器件发送，主器件接收）。

2. 将 10 位地址发送到从器件

发送 10 位器件地址涉及向从器件发送 2 个字节。第 1 个字节包含 5 个为 10 位寻址模式保留的 I^2C 器件地址位，以及 10 位地址中的 2 位。因为从器件必须接收下一个字节（包含 10 地址剩下的 8 位），第 1 个字节中的 R/W 必须是 0，以表明主器件发送，从器件接收。如果报文数据也被定向到从器件，则主器件可以继续发送数据；但是，如果主器件希望得到 1 个来自从器件的应答，R/W 位设为 1 的重新启动序列将把报文的 R/W 状态修改为读取从器件。

3. 接收来自从器件的应答

在第 8 个 SCL 的下降沿，TBF 位被清零，主器件将 SDA 引脚拉为高电平，以允许从器件

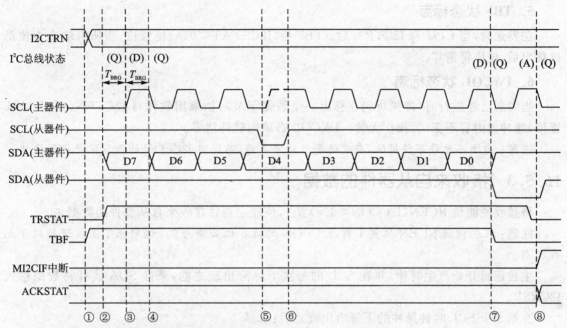

注：① 写I2CTRN寄存器将启动主器件发送事件,TBF位置位。
② 波特率发生器启动,I2CTRN的MSB驱动SDA,SCL保持低电平,TRSTAT位置位。
③ 波特率发生器超时,释放SCL,波特率发生器重新启动。
④ 波特率发生器超时,SCL驱动为低电平,检测到SCL为低电平后,I2CTRN的下1个位驱动SDA。
⑤ 当SCL为低电平时,从器件也能拉低SCL以开始等待(时钟低电平时间延长)。
⑥ 主器件已经释放了SCL,从器件可以释放以结束等待,波特率发生器重新启动。
⑦ 在第8个SCL的下降沿,主器件释放SDA,TBF位消零,从器件驱动ACK/NACK。
⑧ 在第9个SCL的下降沿,主器件产生中断,SCL在下一个事件前保持为低电平,从器件释放SDA,TRSTAT位清零。

图 16-8 主器件发送时序图

发出一个应答响应。主器件然后将会产生第 9 个 SCL。

这样允许如果发生地址匹配或是数据被正确接收,被寻址的从器件将在第 9 位时间以一个 ACK 位作为响应。从器件在识别出其器件地址(包括广播呼叫地址)或正确接收数据后,会发送一个应答信号。

ACK 的状态会在第 9 个 SCL 的下降沿被写入应答状态位 ACKSTAT (I2CSTAT<15>)。在第 9 个 SCL 后,模块会产生 MI2CIF 中断并进入空闲状态,直到下 1 个数据字节被装入 I2CTRN。

4. ACKSTAT 状态标志

当从器件发送了应答(ACK=0)后,ACKSTAT 位(I2CCON<15>)被清零;而当从器件不应答时(ACK=1),该位置位。

5. TBF 状态标志

在发送时,当 CPU 写 I2CTRN 后,TBF 位(I2CSTAT<0>)将置位;当所有的 8 个位都被移出后,该位将清零。

6. IWCOL 状态标志

当发送已经进行时(即模块仍在移出一个数据字节),如果用软件写 I2CTRN,则 IWCOL 置位,缓冲器内容不变(写操作无效),IWCOL 必须用软件清零。

注意:由于不允许事件排队,在发送条件结束之前,不能对 I2CCON 的低 5 位进行写操作。

16.5.3 接收来自从器件的数据

将接收使能位 RCEN(I2CCON<3>)置 1,使能主器件接收来自从器件的数据。

注意:在尝试将 RCEN 位置 1 前,I2CCON 的低 5 位必须为 0。这确保了主控逻辑处于无效状态。

主控逻辑开始产生时钟,并在 SCL 的每次下降沿出现之前,采样 SDA 线并将数据移入 I2CRSR。

在第 8 个 SCL 时钟脉冲的下降沿出现之后:
- RCEN 位自动清零。
- I2CRSR 的内容传输到 I2CRCV。
- RBF 标志位置 1。
- 模块产生 MI2CIF 中断。

当 CPU 读缓冲器时,RBF 标志位自动清零。软件可以处理数据,然后产生应答序列。

图 16-9 表示主器件接收时序图。

1. RBF 状态标志

接收数据时,当器件地址或数据字节被从 I2CRSR 装入 I2CRCV 时,RBF 位置 1。当软件读 I2CRCV 寄存器时,RBF 位清零。

2. I2COV 状态标志

如果当 RBF 位保持置 1 且前一个字节保持在 I2CRCV 寄存器中时,I2CRSR 接收到了另 1 个字节,那么 I2COV 位置 1 并且 I2CRSR 中的数据将会丢失。

让 I2COV 保持置 1,并不会阻止继续接收。如果通过读 I2CRCV 将 RBF 清零,而且 I2CRSR 接收了另 1 个字节,该字节将被传输到 I2CRCV。

3. IWCOL 状态标志

如果软件在接收已经进行时(即 I2CRSR 仍在移入数据字节时)写 I2CTRN,则 IWCOL 位置 1 且缓冲器内容不变(不发生写操作)。

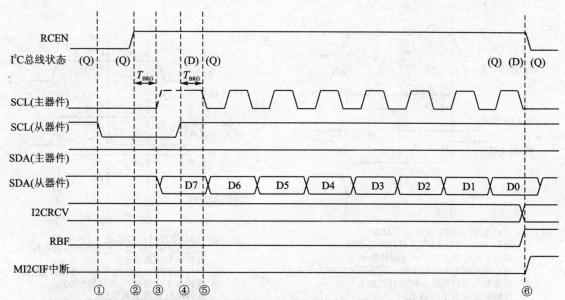

注：① 通常，从器件可以将SCI拉低(时钟低电平时间延长)以请求等待来为数据响应作准备。当准备就绪时，从器件将驱动SDA上数据响应的MSB。
② RCEN位将启动主器件接收事件。波特率发生器启动，SCL保持低电平。
③ 波特率发生器超时，主器件尝试释放SCL。
④ 当从器件释放SCL时，波特率发生器重新启动。
⑤ 波特率发生器超时。响应的MSB移入I2CRSR，在下1个波特率间隔SCL驱动为低电平。
⑥ 在第8个SCL的下降沿，I2CRSR的内容被传输到I2CRCV，模块清零RCEN位，RBF位置位，主期产生中断。

图 16 - 9 主器件接收时序图

注意：由于不允许事件排队，在数据接收条件结束之前禁止对I2CCON的低5位进行写操作。

16.5.4 应答产生

将应答序列使能位 ACKEN(I2CCON<4>)置1，使能主器件应答序列的产生。

注意：在尝试将 ACKEN 位置1前，I2CCON 的低5位必须为0(主控逻辑无效)。

图 16 - 10 所示为 ACK 序列，图 16 - 11 所示为 NACK 序列。应答数据位 ACKDT(I2CCON<5>)用于指定 ACK 或 NACK。

在2个波特率周期后：
➢ ACKEN 位自动清零。
➢ 模块产生 MI2CIF 中断。

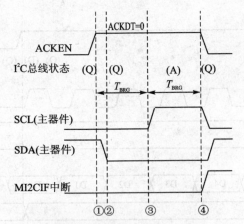
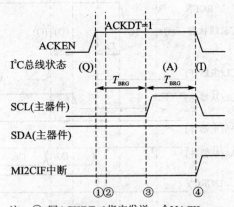

注：① 写ACKDT=0指定发送一个ACK。
写ACKEN=1启动1个主器件应答事件，
波特率发生器启动，SCL保持低电平。
② 当检测到SCL为低电平时，模块驱动SDA为低电平。
③ 波特率发生器超时，模块释放SCL，
波特率发生器重新启动。
④ 波特率发生器超时。
模块驱动SCL为低电平，然后释放SDA。
模块清零ACKEN，主器件产生中断。

图 16-10 主器件应答时序图

注：① 写ACKDT=1指定发送一个NACK。
写ACKEN=1启动一个主器件应答事件，
波特率发生器启动。
② 当检测到SCL为低电平时，模块释放SDA。
③ 波特率发生器超时，模块释放SCL，
波特率发生器重新启动。
④ 波特率发生器超时。
模块驱动SCL为低电平，然后释放SDA。
模块清零ACKEN，主器件产生中断。

图 16-11 主器件不应答时序图

IWCOL 状态标志

如果软件在应答序列已经进行时写 I2CTRN，则 IWCOL 置 1 且缓冲器内容不变（不发生写操作）。

注意：由于不允许事件排队，在应答条件结束之前，禁止对 I2CCON 的低 5 位进行写操作。

16.5.5 产生停止总线事件

将停止序列使能位 PEN(I2CCON<2>)置 1，使能主器件停止序列的产生。

注意：在尝试将 PEN 位置 1 前，I2CCON 的低 5 位必须为 0（主控逻辑无效）。

当 PEN 位置 1 时，主器件产生停止序列，如图 16-12 所示。
➤ 从器件检测到停止条件，将 P 位(I2CSTAT<4>)置 1 并清零 S 位(I2CSTAT<3>)。
➤ PEN 位自动清零。
➤ 模块产生 MI2CIF 中断。

IWCOL 状态标志

如果软件在停止序列已经进行时写 I2CTRN，则 IWCOL 位置 1 且缓冲器内容不变（不发生写操作）。

注意：由于不允许事件排队，在停止条件结束之前，禁止对 I2CCON 的低 5 位进行写操作。

16.5.6 产生重复启动总线事件

将重复启动序列使能位 RSEN(I2CCON<1>)置 1，使能主器件重复启动序列的产生（参见图 16-13）。

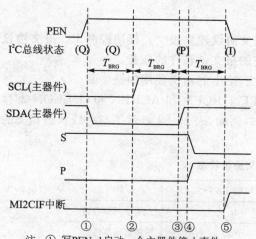

注：① 写PEN=1启动一个主器件停止事件。
    波特率发生器启动，模块驱动SDA为低电平。
② 波特率发生器超时，模块释放SCL，
    波特率发生器重新启动。
③ 波特率发生器超时，模块释放SDA，
    波特率发生器重新启动。
④ 从动逻辑检测到停止，模块设置 $P=1$，$S=0$。
⑤ 波特率发生器超时，模块清零PEN，
    主器件产生中断。

图 16-12 主器件停止时序图

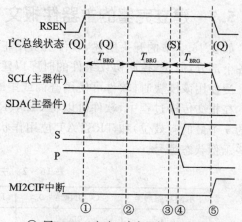

① 写RSEN=1启动一个主器件重复启动事件，
    波特率发生器启动，模块驱动SCL为低电平并
    释放SDA。
② 波特率发生器超时，模块释放SCL，
    波特率发生器重新启动。
③ 波特率发生器超时，模块驱动SDA为低电平，
    波特率发生器重新启动。
④ 从动逻辑检测到启动，模块设置 $S=1$，$P=0$。
⑤ 波特率发生器超时，模块驱动SCL为低电平，
    模块清零RSEN，主器件产生中断。

图 16-13 主器件重复启动时序图

注意：在尝试将 RSEN 位置 1 前，I2CCON 的低 5 位必须为 0（主控逻辑无效）。

为了产生重复启动条件，软件将 RSEN 位(I2CCON<1>)置 1。模块将 SCL 引脚置为低电平。

当模块采样到 SCL 引脚为低电平时，模块会将 SDA 引脚释放 1 个波特率发生器计数周期(TBRG)。当波特率发生器超时时，如果模块采样到 SDA 为高电平，模块会将 SCL 引脚拉高。

当模块采样到 SCL 引脚为高电平时，波特率发生器重新装载并开始计数。SDA 和 SCL 采样为高电平的时间必须为 1 个 TBRG。接下来，当 SCL 为高电平时，将 SDA 引脚拉低 1 个 TBRG 的时间。

下面是重复启动序列：

- 从器件检测到启动条件，将 S 位(I2CSTAT<3>)置 1 并清零 P 位(I2CSTAT<4>)。
- RSEN 位自动清零。

➢ 模块产生 MI2CIF 中断。

IWCOL 状态标志

如果软件在重复启动序列正在进行时写 I2CTRN,则 IWCOL 置 1 且缓冲器内容不变(不发生写操作)。

注意:由于不允许事件排队,在重复启动条件结束前,禁止对 I2CCON 的低 5 位进行写操作。

16.5.7 建立完整的主器件报文

如在 16.5 节的开头所述,软件负责用正确的报文协议建立报文。模块控制 I^2C 报文协议的各个部分,但是,控制协议组件的时序以建立完整的报文是软件的任务。

当使用该模块时,软件可使用查询或中断的方法,给出的示例使用的是中断。

在报文传输过程中,软件可以将 SEN、RSEN、PEN、RCEN 和 ACKEN 位(I2CCON 寄存器的 5 个最低有效位)和 TRSTAT 位用作状态标志,例如,表 16-2 显示了与总线状态相关的一些示例状态编号。

表 16-2 主器件报文协议状态

示例状态编号	I2CCON<4:0>	TRSTAT(I2CSTAT<14>)	状　态
0	00000	0	总线空闲或等待
1	00001	n/a	发送启动事件
2	00000	1	主器件发送
3	00010	n/a	发送重复启动事件
4	00100	n/a	发送停止事件
5	01000	n/a	主器件接收
6	10000	n/a	主器件应答

软件可以通过发出启动命令开始发送报文,软件将记录与启动对应的状态编号。

当每个事件完成并产生中断时,中断处理程序可检查状态编号,所以,对于启动状态,中断处理程序将应答启动序列的执行,然后启动 1 个主器件发送事件来发送 I^2C 器件地址,改变状态编号以与主器件发送相对应。

在下 1 次中断时,中断处理程序会再次检查状态,以确定刚刚完成了主器件发送。中断处理程序将确认数据成功完成发送,然后根据报文的内容转至下 1 个事件。

以这种方式,每次中断时,中断处理程序将通过报文协议进行,直到发送完整个报文。

16.6 作为主器件在多主机环境下通信

I^2C 协议允许 1 个以上的主器件挂接在系统总线上。请记住,主器件可以启动报文事务并为总线产生时钟,协议有方法解决 1 个以上的主器件尝试控制总线的情形。时钟同步确保了多个节点能够同步它们的 SCL 以形成 SCL 线上的 1 个共同的时钟。如果 1 个以上的节点尝试报文事务,总线仲裁能确保有且仅有 1 个节点将成功完成该报文。其他节点将输掉总线仲裁并留下 1 个总线冲突。

16.6.1 多主机工作

主控模块没有特别的设置来使能多主机工作。该模块始终执行时钟同步和总线仲裁。如果该模块在单主机模式下使用,将只在主器件和从器件之间发生时钟同步,而总线仲裁将不会发生。

16.6.2 主器件时钟同步

在多主机系统中,不同的主器件可能会有不同的波特率。时钟同步将确保当这些主器件尝试总线仲裁时,他们的时钟将是相同的。

当主器件拉高 SCL 引脚(SCL 试图悬空为高电平)时,发生时钟同步。当释放 SCL 引脚时,波特率发生器(BRG)将暂停计数直到 SCL 引脚被实际采样到高电平为止。当 SCL 引脚被采样到高电平时,波特率发生器重新装载 I2CBRG<8:0> 的内容并开始计数。这可以保证在发生外部器件将时钟保持为低的事件时,SCL 始终至少保持 1 个 BRG 计满返回计数周期的高电平,如图 16-14 所示。

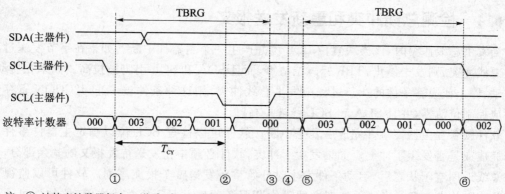

注:① 波特率计数器每个 T_{CY} 递减2次,计满返回时,主器件SCL将翻转。
② 从器件已经拉低了SCL来开始等待。
③ 此时主器件波特率计数器本该发生计满返回,但是检测到SCL为低电平将保持计数器的值。
④ 逻辑电路每个 T_{CY} 采样一次SCL,逻辑电路检测到SCL为高电平。
⑤ 波特率计数器在下一个周期发生计满返回。
⑥ 在下一次计满返回发生时,主器件SCL将翻转。

图 16-14 使用时钟同步的波特率发生器时序

16.6.3 总线仲裁与总线冲突

总线仲裁支持多主机系统的工作。

SDA 线的"线与"特性允许仲裁。当第一个主器件通过让 SDA 悬空为高电平而在 SDA 上输出一个 1, 而且与此同时, 第 2 个主器件通过把 SDA 拉为低电平而在 SDA 上输出 1 个 0 时, 发生仲裁, SDA 信号将变低。在这种情况下, 第 2 个主器件赢得了总线仲裁。第 1 个主器件输掉了总线仲裁, 从而发生了一个总线冲突。

对于第一个主器件, 期望 SDA 上的数据是 1, 但是 SDA 上采样到的数据是 0, 这就是总线冲突的定义。

第一个主器件将置位总线冲突位 BCL(I2CSTAT<10>)并产生主器件中断。该主控模块会将 I²C 端口复位到空闲状态。

在多主机工作中, 必须监视 SDA 线来进行仲裁, 查看信号电平是否为期望的输出电平。检查由主控模块执行, 并将结果放入 BCL 位。

仲裁可能失败的状态是:
- ➤ 启动条件。
- ➤ 重复启动条件。
- ➤ 地址、数据或应答位。
- ➤ 停止条件。

16.6.4 检测总线冲突和重新发送报文

当发生总线冲突时, 该模块置位 BCL 位并产生一个主器件中断。如果在字节发送过程中发生总线冲突, 则发送停止, TBF 标志位清零, 而且 SDA 和 SCL 引脚被拉高。如果在启动、重复启动、停止或应答条件的执行过程中发生总线冲突, 则这种条件被中止, I2CCON 寄存器中的对应控制位清零, 并且 SDA 和 SCL 线被拉高。

软件预备在主器件事件完成后发生中断。软件可以检查 BCL 位以确定主器件事件是否成功完成或是否发生了冲突。如果发生了冲突, 软件必须中止发送待发报文的其余部分, 并准备在总线返回空闲状态后, 启动条件发生时开始重新发送整个报文序列。软件可以监视 S 和 P 位以等待总线空闲。当软件处理主器件中断服务程序并且 I²C 总线空闲时, 软件可通过发出启动条件恢复通信。

16.6.5 启动条件期间的总线冲突

在发出启动命令前, 软件应该使用 S 和 P 状态位验证总线的空闲状态。2 个主器件可能尝试在同 1 个时间点启动报文。通常, 这 2 个主器件将同步它们的时钟并持续仲裁报文直到 1 个主器件输掉仲裁为止。然而, 某些条件会引起在启动时发生总线冲突。在这种情况下, 在起始位发送期间输掉仲裁的主器件会产生一个总线冲突中断。

16.6.6 重复启动条件期间的总线冲突

如果 2 个主器件在整个地址字节未发生冲突,当 1 个主器件尝试发出重复启动条件而另 1 个主器件正在发送数据时,可能产生总线冲突。在这种情况下,产生重复启动条件的主器件将输掉仲裁并产生 1 个总线冲突中断。

16.6.7 报文位发送期间的总线冲突

当主器件尝试发送器件地址字节、数据字节或应答位时,会发生最典型的数据冲突情况。如果软件正在正确地检查总线状态,则在启动条件发生时不太可能发生总线冲突;然而,因为另一个主器件可以在非常接近的时间,检查总线并开始它的启动条件,此时很有可能发生 SDA 仲裁并同步 2 个主器件的启动。在此条件下,2 个主器件都将开始并持续发送它们的报文直到一个主器件在一个报文位上输掉仲裁为止。记住 SCL 同步会保持 2 个主器件同步,直到一个主器件输掉仲裁为止。

图 16-15 所示为报文位仲裁的一个示例。

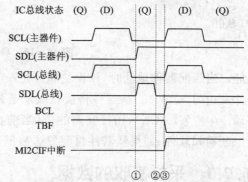

图 16-15 报文位发送期间的总线冲突

注:① 主机在下一个 SCL 周期发送值为 1 的位,模块释放 SDA。
② 总线上的另一个主器件在下一个 SCL 时钟周期发送值为 0 的位,另一个主器件把 SDA 拉为低电平。
③ 波特率发生器超时,模块尝试验证 SDA 为高电平,检测到总线冲突,模块释放 SDA 和 SCL,模块置位 BCL 位并清零 TBF 位,主器件产生中断。

16.6.8 停止条件期间的总线冲突

如果主器件软件失去了对 I²C 总线状态的跟踪,有些条件将导致总线冲突在停止条件期间发生。在这种情况下,产生停止条件的主器件将输掉仲裁并产生一个总线冲突中断。

16.7 作为从器件通信

在有些系统中,尤其是在有多个处理器互相通信的系统中,dsPIC30F 器件可以作为从器件通信(多处理器命令/状态)(参见图 16-16)。当该模块使能时,从器件模块有效。从器件不可以开始报文传输,它只能响应由主器件开始的报文序列。主器件请求来自特定从器件的响应,具体是哪个从器件由 I²C 协议中的器件地址字节决定。从动模块在由协议定义的适当时间应答主器件。对于主器件模块,为应答的协议组件排序是软件的任务,但是,该从器件地址与软件为该从器件指定的地址何时匹配是由从器件检测的。

启动条件发生之后,从器件模块将接收并检查器件地址,从器件可以指定 7 位地址或 10 位

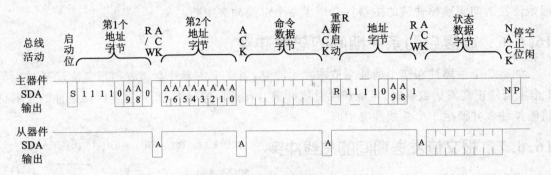

图 16-16 典型的从器件 I²C 报文

地址。当匹配器件地址时,该模块将产生一个中断以通知软件它的器件已被选定。根据由主器件发送的 R/W 位,从器件将接收或发送数据。如果从器件将要接收数据,则从器件模块会自动产生应答(ACK),用接收到的值(当前在 I2CRSR 寄存器中)装载 I2CRCV 寄存器,并通过中断通知软件;如果从器件将要发送数据,软件必须装载 I2CTRN 寄存器。

16.7.1 采样接收的数据

在 SCL 的上升沿采样所有的输入位。

16.7.2 检测启动和停止条件

从动模块将在总线上检测启动和停止条件,并用 S 位(I2CSTAT<3>)和 P 位(I2CSTAT<4>)表示这些状态。当复位发生时或该模块被禁止时,启动(S)和停止(P)位清零;当检测到启动或重复启动事件时,S 位置 1 并且 P 位清零;当检测到停止事件后,P 位置 1 并且 S 位清零。

16.7.3 检测地址

一旦该模块被使能,从器件模块将等待启动条件发生。启动条件发生后,根据 A10M 位(I2CCON<10>),从器件将尝试检测 7 位或 10 位地址。从器件模块比较接收到的 1 个字节(对于 7 位地址格式)或接收到的 2 个字节(对于 10 位地址格式)。7 位地址还包含 1 个 R/W 位,该位指定该地址后数据传输的方向。如果 R/W=0,则指定 1 个写操作,而且从器件将从主器件接收数据;如果 R/W=1,则指定 1 个读操作,而且从器件会将数据发送给主器件。10 位地址包含 1 个 R/W 位,然而按照定义,总是有 R/W=0,因为从器件必须接收 10 位地址的第 2 个字节。

1. 7 位地址和写从器件操作

启动条件发生后,该模块将 8 位移入 I2CRSR 寄存器(参见图 16-17)。寄存器 I2CRSR

<7:1>的值与 I2CADD<6:0>寄存器的值作比较。在第 8 个 SCL 脉冲的下降沿,比较器件地址。如果地址匹配,就会发生以下事件:
- 产生一个 ACK。
- D_A 和 R_W 位被清零。
- 模块在第 9 个 SCL 时钟的下降沿产生 SI2CIF 中断。
- 模块将等待主器件发送数据。

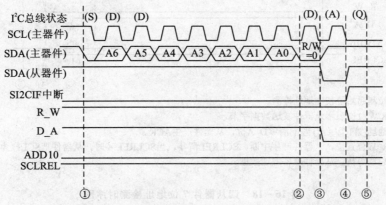

注:① 检测起始位使能地址检测。② R/W=0 位表示从器件接收数据字节。
③ 地址(第 1 个字节)匹配清零 D_A 位,从器件产生 ACK。
④ R_W 位清零,从器件产生中断。⑤ 总线等待,从器件准备接收数据。

图 16-17 写从器件 7 位地址检测时序图

2. 7 位地址和读从器件操作

当在 7 位地址字节中通过设置 R/W=1 指定读从器件操作时,检测器件地址的过程与写从器件操作类似(参见图 16-18)。如果地址匹配,就会发生以下事件:
- 产生 1 个 ACK。
- D_A 位清零且 R_W 位置位。
- 模块在第 9 个 SCL 的下降沿产生 SI2CIF 中断。

因为此时希望从动模块以数据应答,所以必须暂停 I²C 总线的工作以允许软件准备响应。这在该模块清零 SCLREL 位时自动完成。SCLREL 为 0,从器件模块将拉低 SCL,导致 I²C 总线上的等待。从器件模块和 I²C 总线将保持处于此状态,直到软件用响应数据写 I2CTRN 寄存器并置位 SCLREL 位为止。

注意:检测到读从器件地址后,SCLREL 将自动清零,而不管 STREN 位的状态如何。

3. 10 位地址

在 10 位地址模式下,从器件必须接收 2 个器件地址字节(参见图 16-19)。第 1 个地址字

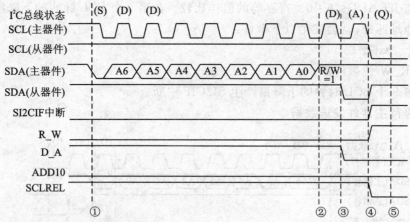

注：① 检测起始位使能地址检测。
② R/$\overline{\text{W}}$=1 位表示从器件发送数据字节。
③ 地址(第 1 个字节)匹配清零 D_A 位,从器件产生 ACK。
④ R_W 位置位,从器件产生中断。SCLREL 清零。当 SCLREL=0 时,从器件把 SCL 拉为低电平。
⑤ 总线等待。从器件准备发送数据。

图 16-18　读从器件 7 位地址检测时序图

节的 5 个最高有效位(MSb)指定该地址是 10 位地址。该地址的 R/W 位必须指定为写,使得从器件可接收第 2 个地址字节。对于一个 10 位地址,第 1 个字节等于"11110 A9 A8 0",其中 A9 和 A8 是该地址的 2 个 MSb。

启动条件发生后,该模块将 8 位移入 I2CRSR 寄存器。寄存器 I2CRSR<2：1>的值与 I2CADD<9：8>寄存器的值作比较,I2CRSR<7：3>的值与"11110"作比较。在第 8 个时钟(SCL)脉冲的下降沿,比较器件地址。如果地址匹配,就会发生以下事件：

➢ 产生一个 ACK。
➢ D_A 和 R_W 位被清零。
➢ 模块在第 9 个 SCL 时钟的下降沿产生 SI2CIF 中断。

该模块在接收到 10 位地址的第 1 个字节之后的确会产生中断,但是此中断没什么作用。该模块将继续接收第 2 个字节,并将其放入 I2CRSR。此时,I2CRSR<7：0>与 I2CADD<7：0>作比较。如果地址匹配,就会发生以下事件：

➢ 产生一个 ACK。
➢ ADD10 位被置位。
➢ 模块在第 9 个 SCL 的下降沿产生 SI2CIF 中断。
➢ 模块将等待主器件发送数据或开始一个重复启动条件。

注意：在 10 位模式下,重复启动条件发生后,从器件模块只匹配第 1 个 7 位地址"11110 A9 A8 0"。

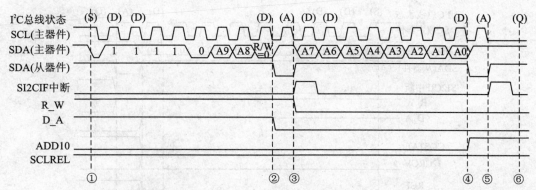

注： ① 检测起始位使能地址检测。
② 写第1个字节地址匹配，清零D_A位并使从动逻辑电路产生 A$\overline{CK}$。
③ 接收到第1个字节，清零R_W位。从动逻辑电路产生中断。
④ 第1个和第2个字节都地址匹配，置位ADD10位并使从动逻辑电路产生 A$\overline{CK}$。
⑤ 接收到第2个字节完成10位地址。从动逻辑电路产生中断。
⑥ 总线等待。从器件准备发送数据。

图 16-19 10 位地址检测时序图

4. 广播呼叫操作

I^2C 总线的寻址过程是启动条件后的第1个字节，通常确定主器件正在寻址哪个从器件，但广播呼叫地址例外，它能寻址所有器件。当使用这个地址时，所有被使能的器件都应该以应答信号做出响应。广播呼叫地址是由 I^2C 协议为特定目的保留的 8 个地址之一。它由 R/W=0 的全 0 位组成。广播呼叫操作总是写从器件操作。

当广播呼叫使能位 GCEN(I2CCON<7>)被置位时(GCEN=1)，广播呼叫地址被识别。(参见图 16-20)在检测到起始位后，将 8 位移入 I2CRSR 并将地址与 I2CADD 进行比较同时也与广播呼叫地址进行比较。

如果广播呼叫地址匹配，就会发生以下事件：

➢ 产生 1 个 ACK。
➢ 从模块使 GCSTAT 位(I2CSTAT<9>)置位。
➢ D_A 和 R_W 位被清零。
➢ 模块在第 9 个 SCL 的下降沿产生 SI2CIF 中断。
➢ I2CRSR 被传送到 I2CRCV 且 RBF 标志位被置位(在第 8 个位传送的时候)。
➢ 模块将等待主器件发送数据。

当响应中断时，通过读 GCSTAT 位的内容可以检测到中断的原因以确定器件地址是器件指定的还是广播呼叫地址。

注意广播呼叫地址是 7 位地址。如果 A10M 位置位，配置从器件模块为 10 位地址但 GCEN 位置位，则从器件模块仍将继续检测 7 位广播呼叫地址。

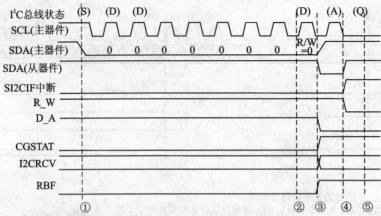

注：① 检测起始位使能地址检测。② 全0且R/W=0位表示广播呼叫。
③ 地址匹配清零D_A位并置位GCSTAT，从器件产生ACK，地址装入I2CRCV。
④ R_W位清零，从器件产生中断。⑤ 总线等待，从器件准备接收数据。

图 16-20 广播呼叫地址检测时序图

5. 接收所有地址

某些 I^2C 系统协议需要从器件响应总线上的所有报文，例如，IPMI（智能外设管理接口）总线使用 I^2C 节点作为分布式网络中的报文中继点。要允许节点中继所有报文，从模块必须接收所有报文，不管器件地址是什么。

置位 IPMIEN 位（I2CCON<11>，IPMIEN=1）使能此模式（参见图 16-21）。不管 I2CADD 寄存器和 A10M 位以及 GCEN 位的状态如何，所有地址都将被接收。

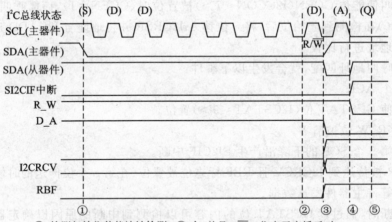

① 检测起始位使能地址检测。② 全0并且R/$\overline{W}$=0位表示广播呼叫。
③ 地址匹配清零D_A位并置位GCSTAT，从器件产生$\overline{ACK}$，地址装入I2CRCV。
④ R_W位清零，从器件产生中断。⑤ 总线等待，从器件准备接收数据。

图 16-21 IPMI 地址检测时序图

6. 当地址无效时

如果 7 位地址与 I2CADD<6：0>的内容不匹配,从模块将回到空闲状态并忽略所有总线活动,直到停止条件以后。

如果 10 位地址与 I2CADD<9：8>的内容不匹配,从模块将回到空闲状态并忽略所有总线活动,直到停止条件以后。

如果 10 位地址的第 1 个字节与 I2CADD<9：8>的内容匹配,但是其第 2 个字节与 I2CADD<7：0>不匹配,从模块将回到空闲状态并忽略所有总线活动,直到停止条件以后。

16.7.4 接收来自主器件的数据

当器件地址字节的 R/W 位为零且发生了地址匹配,R_W 位(I2CSTAT<2>)将清零,从动模块进入等待主器件发送数据的状态。在器件地址字节之后,数据字节的内容由系统协议定义并仅由从动模块接收。

从动模块将 8 位移入 I2CRSR 寄存器。在第 8 个 SCL 的下降沿,发生以下事件：
- 模块开始产生 ACK 或 NACK。
- RBF 位置 1 表示接收了数据。
- I2CRSR 字节被转移到 I2CRCV 寄存器以由软件访问。
- D_A 位被置位。
- 产生一个从中断。软件可以检查 I2CSTAT 寄存器的状态以确定事件的原因然后清零 SI2CIF 标志位。
- 模块将等待下一个数据字节。

1. 应答产生

通常情况下,从模块将通过在第 9 个 SCL 发送 ACK 应答所有接收的字节。如果接收缓冲器溢出,从模块就不会产生该 ACK。在发生以下情况中的一种或两种时就表示溢出：
- 在传输的报文被接收前,缓冲满位 RBF(I2CSTAT<1>)置位。
- 在传输的报文被接收前,溢出位 I2COV(I2CSTAT<6>)置位。

表 16-3 通过给出 RBF 和 I2COV 位的状态,显示了数据传输字节被接收时发生了什么。如果在从动模块尝试发送到 I2CRCV 时 RBF 位已经置位了,这次传输不会发生,但是会产生中断并置位 I2COV 位。如果 RBF 和 I2COV 都被置位,则从模块的行为与此类似。阴影单元表示软件没有正确清零溢出条件的情况。

读 I2CRCV 清零 RBF 位。通过软件写 0 清零 I2COV。

2. 从接收时的等待状态

当从模块接收数据字节时,主器件可以准备立即开始发送下一个字节。这允许软件控制从模块 9 个 SCL 周期以处理前面接收的字节。如果时间还不够,从软件可能需要产生 1 个总线等待周期。

表 16-3 数据传输接收字节行为

数据字节接收的状态位		转移 I2CRSR→I2CRCV	产生 $\overline{ACK}$	产生 SI2CIF 中断（如果允许,则产生中断）	设置 RBF	设置 I2COV
RBF	I2COV					
0	0	是	是	是	是	无变化
1	0	否	否	是	无变化	是
1	1	否	否	是	无变化	是
0	1	是	否	是	是	是

注：阴影单元表示软件没有正确清零溢出条件的状态。

STREN 位(I2CCON<6>)使能在从接收时产生总线等待。当在一个接收字节的第 9 个 SCL 下降沿时 STREN=1,从动模块清零 SCLREL 位。清零 SCLREL 位导致从动模块将 SCL 线拉为低电平,开始一个等待时间。主从模块的 SCL 将同步,如 16.6.2 小节所示。

当软件准备好恢复接收时,软件置位 SCLREL。这将导致从动模块释放 SCL 线并且主控模块恢复产生时钟信号。

3. 从器件接收报文

接收从报文是一个相当自动的处理过程,处理从协议的软件使用从中断来使事件同步。当从器件检测到有效地址时,相关的中断将通知软件准备接收报文。在接收数据的时候,随着每个数据字节传送到 I2CRCV 寄存器,中断会通知软件卸载缓冲器。

一个简单的报文接收,如果是 7 位地址报文,只需要为地址字节产生一个中断。然后,每 4 个数据字节产生一次中断。

在中断时,软件可能监视 RBF、D_A 和 R_W 位以确定接收字节的状态。

使用 10 位地址的类似报文,地址需要 2 个字节。

如果软件不响应接收字节和缓冲器溢出,在接收第 2 个字节时,模块将自动不应答主器件发送。通常情况下,这会导致主器件再次发送前面的字节。I2COV 位表示缓冲器溢出。

I2CRCV 缓冲器将保留第 1 个字节的内容。在接收第 3 个字节时,缓冲器仍然为满,模块将再次不应答(NACK)主模块。在此之后,软件最后读缓冲器。读缓冲器将清零 RBF 位,但 I2COV 位保持为置位。软件必须清零 I2COV 位,下 1 个接收的字节将被移到 I2CRCV 缓冲器并且模块将以 ACK 作出响应。

STREN=0 将禁止接收报文时的时钟延长。软件置位 STREN 可以使能时钟延长。当 STREN=1 时,模块将自动在接收每个数据字节后进行时钟延长,允许软件有更多的时间从缓冲器移走数据。注意如果在第 9 个时钟的下降沿 RBF=1,模块将自动清零 SCLREL 位,并将 SCL 总线拉为低电平。如第 2 个接收数据字节所示,如果软件可以在第 9 个时钟的下降沿之前读取缓冲器并清零 RBF，就不会产生时钟延长。软件也可以在任何时候暂停总线，通过清零 SCLREL 位，模块将在检测到总线 SCL 为低后拉低其 SCL 线。SCL 线将保持为低电平，暂停总线上的活动直到 SCLREL 位被置位。

16.7.5　发送数据到主器件

当收到的器件地址字节的 R/W 位为 1 且发生了地址匹配，则将 R_W 位(I2CSTAT<2>)置位。这时，主器件希望从器件通过发送 1 个数据字节作为响应。此字节的内容由系统协议定义且只可以由从动模块发送。

当发生来自地址检测的中断时，软件可以将字节写入 I2CTRN 寄存器以开始数据发送。从模块置位 TBF 位。8 个数据位会在 SCL 输入的下降沿时移出。这样做，可以保证 SDA 信号在 SCL 高电平时有效。当 8 位全部移出后，TBF 位将被清零。

从模块在第 9 个 SCL 的上升沿时检测来自主接收器的应答信号。

如果 SDA 线为低表示一个应答(ACK)，主器件需要更多数据，即报文传输未完成。模块产生 1 个从中断以表示有更多的数据被请求。

在第 9 个 SCL 的下降沿产生从中断，软件必须检查 I2CSTAT 寄存器的状态并清零 SI2CIF 标志位。

如果 SDA 线为高电平，表示不应答(NACK)，然后数据传输完成，从模块复位且不产生中断，从模块将等待检测下 1 个起始位。

1. 从器件发送时的等待状态

在从器件发送报文的过程中，主器件希望在检测到 R/W=1 的有效地址后立即返回数据。由于这个原因，不管何时返回数据，从器件都会自动产生总线等待。

在有效器件地址字节的第 9 个 SCL 下降沿，或收到主器件对发送字节产生应答时，从器件发生自动等待，表示希望发送更多的数据。

从器件清零 SCLREL 位。清零 SCLREL 位导致从模块将 SCL 线拉为低电平，开始等待，主从器件的 SCL 将同步，如 16.6.2 小节所示。

当软件载入 I2CTRN 并准备恢复发送时，软件置位 SCLREL。这将导致从模块释放 SCL 线且主模块恢复产生时钟信号。

2. 从器件发送报文

7 位地址报文的从发送：当地址匹配且地址的 R/W 位表示从发送时，模块会自动清零 SCLREL 位，开始时钟延长并产生中断，表示需要响应字节，软件将响应字节写入 I2CTRN 寄存器。当发送结束时，主器件将以应答信号作出响应。如果主器件用一个 ACK 回应，则主器件期望更多的数据，而且模块会再次清零 SCLREL 位并产生另一个中断；如果主器件用一个 NACK(不应答)响应，则表示他不需要其他数据，而且模块不会延长时钟也不会产生中断。

10 位地址报文的从发送：需要从器件首先识别 10 位地址。由于主模块必须为地址发送 2 个字节,地址的第一个字节中的 R/W 位指定一个写操作。要将报文改变为读操作,主器件将发送一个重新启动位并重发地址的第一个字节(但其中的 R/W 位指定为读)。此时,从器件开始发送。

16.8 I²C 总线的连接注意事项

应为 I²C 总线被定义为 1 个线与总线连接,所以总线上需要上拉电阻,如图 16-22 中的 R_P。串联电阻以 R_S 表示是可选的,并用于提高 ESD 的敏感度。电阻 R_P 和 R_S 的值由以下参数决定:
- 供电电压。
- 总线容量。
- 连接的器件数(输入电流＋泄漏电流)。

由于器件必须能够通过 R_P 拉低总线电压,R_P 的泄漏电流必须大于 I/O 引脚在器件输出级的 $V_{OL\,max} = 0.4$ V 时的最小灌电流 I_{OL} (3 mA)。例如,电源电压 $V_{DD} = 5$ V＋10％时:

$$R_{P\,min} = V_{DD\,max} - V_{OL\,max}/I_{OL} = (5.5 - 0.4)/3 \text{ mA} = 1.7 \text{ k}\Omega$$

在 400 kHz 系统中,最小上升时间规范为 300 ns,而在 100 kHz 的系统中,该规范为 1000 ns。

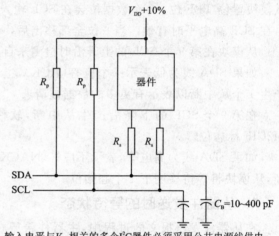

注:输入电平与 V_{DD} 相关的多个 I²C 器件必须采用公共电源线供电,且通过上拉电阻接到该公共电源线。

图 16-22 I²C 总线的示例器件配置

由于 R_P 必须在总电容 C_B 最大上升时间 300 ns 时将总线电压拉高到 $0.7\,V_{DD}$,R_P 的最大电阻就必须小于:

$$R_{P\,max} = -tR/C_B \cdot \ln(1 - V_{IL\,max} - V_{DD\,max}) = -300 \text{ ns}/(100 \text{ pF} \cdot \ln(1 - 0.7)) = 2.5 \text{ k}\Omega$$

R_S 的最大值由所需的小电流噪声容限决定。R_S 不能提供足够的电压降使器件 V_{OL} 与 R_S 两端的电压的和大于最大 V_{IL}。

$$R_{S\,max} = (V_{IL\,max} - V_{OL\,min}/I_{OL\,max} = (0.3\,V_{DD} - 0.4)/3 \text{ mA} = 366\,\Omega$$

SCL 输入必须有最小高电平和低电平时间才能进行正确操作。I²C 一般规范 T_{SCH} 和 T_{SCL} 最小时间为指令周期 T_{CY} 的 1/2。

集成的信号调节电路

SCL 和 SDA 引脚上都有输入毛刺滤波器。I^2C 总线要求在 100 kHz 和 400 kHz 的系统中都有此滤波器。

在 400 kHz 总线上工作时,I^2C 规范要求对器件引脚输出进行转换率控制。此转换率控制是集成在器件中的。如果 DISSLW 位(I2CCON<9>)被清零,则转换率控制被激活。对于其他总线速度,I^2C 规范不要求转换率控制并且 DISSLW 应该置位。

某些实现 I^2C 总线的系统需要 $V_{IL\,max}$ 和 $V_{IH\,min}$ 不同的输入电平。

在正常的 I^2C 系统中:

$V_{IL\,max} = 1.5\ V$ 和 $0.3\ V_{DD}$ 中较小的一个;

$V_{IH\,min} = 3.0\ V$ 和 $0.7\ V_{DD}$ 中较大的一个。

在 SMBus(系统管理总线)系统中:

$V_{IL\,max} = 0.2\ V_{DD}$;

$V_{IH\,min} = 0.8\ V_{DD}$。

SMEN 位(I2CCON<8>)控制输入电平。SMEN 置位改变 SMBus 规范的输入电平。

16.9 在 PWRSAV 指令执行期间的模块操作

16.9.1 器件进入休眠模式

当器件执行 PWRSAV 0 指令时,器件进入休眠状态。当器件进入休眠模式时,主动模块和从动模块将终止所有未处理的报文活动并复位模块的状态。当器件从休眠模式唤醒时,所有在处理中的发送/接收都不会继续;在器件回到工作模式后,主模块将处于空闲状态等待报文命令,而从模块将等待启动条件。在休眠模式中,IWCOL、I2COV 和 BCL 位被清零。此外,由于中止了主器件的功能,SEN、RSEN、PEN、RCEN、ACKEN 和 TRSTAT 位将清零。TBF 和 RBF 被清零且缓冲器在唤醒时可用。

不管发送或接收是激活的还是待进行的,都没有自动的方法可以阻止模块进入休眠模式。软件必须将进入休眠模式与 I^2C 操作同步以避免中止报文。

在休眠过程中,从模块不会监视 I^2C 总线,因此,不可能根据使用 I^2C 模块的 I^2C 总线而产生唤醒事件。其他中断输入,比如电平变化中断输入,可以用于检测 I^2C 总线上的报文流量并引起器件唤醒。

16.9.2 器件进入空闲模式

当器件执行 PWRSAV1 指令时,器件进入空闲状态。在空闲模式下,该模块会根据

I2CSIDL 位(I2CCON<13>)进入低功耗状态。

如果 I2CSIDL=1,模块将进入低功耗模式,与进入休眠模式的行为相类似。

如果 I2CSIDL=0,模块将不会进入低功耗模式,模块将继续正常工作。

16.10 复位的影响

复位将禁止 I^2C 模块并终止任何活动或待处理的报文活动。这些寄存器的复位条件参见 I2CCON 和 I2CSTAT 寄存器定义。

16.11 I^2C 器件的地址格式

有 2 种地址格式:最简单的一种是带有 7 位地址格式 R/W 位(见图 16-23)。另一种是较复杂的带有 10 位地址格式加上一个 R/W 位(见图 16-24)。对于 10 位地址格式,必须发送 2 个字节。第 1 个字节的前 5 位用来指定当前采用的是 10 位地址格式,发送的第 1 个字节中包括 5 位用于指定 10 位地址的 5 位以及地址的 2 个 MSb 和 1 位 R/W 位。第 2 个字节是其余的 8 位地址。

图 16-23 7 位地址格式

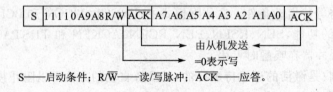

图 16-24 I^2C 10 位地址格式

16.12 I^2C 总线通信中的若干问题

I^2C 总线通信中有如下问题:

① 若将模块作为总线主器件运行并发送数据,但还是会发生从器件和接收中断;因为主

器件和从器件电路是独立的,从动模块将从总线上接收主模块发送的事件。

② 如果将模块作为从器件运行并写数据到 I2CTRN 寄存器,但数据没有发送。应在准备发送时从器件进入自动等待状态,确保你置位了 SCLREL 位以释放 I^2C 时钟。

③ 关于如何分辨主模块的状态。检查 SEN、RSEN、PEN、RCEN、ACKEN 和 TRSTAT 位的状态可以表示主模块的状态。如果所有位都为 0,模块为空闲状态。

④ 作为从器件运行时,当 STREN=0 时接收到一个字节。如果不能在接收下 1 个字节之前处理该字节,由于 STREN 为 0,则模块不会在接收到字节时产生自动等待;但是,软件可能在报文的任何时间置位 STREN 然后清零 SCLREL。这将在同步 SCL 的下一个机会产生等待。

⑤ 当 I^2C 系统是一个多主机系统时,如果出现一发送报文时该报文就会被破坏,这是在多主机系统中,其他主器件可能导致总线冲突。在主器件的中断服务程序中,检查 BCL 位以确保操作已完成且没有发生冲突。如果检测到了冲突,报文必须重新从头发送。

⑥ 当 I^2C 系统是一个多主机系统时,如何分辨他何时准备就绪开始报文传输?利用软件查看 S 和 P 位。如果 $S=0$ 且 $P=0$,则总线空闲;如果 $S=0$ 且 $P=1$,则总线空闲。

⑦ 若在总线上发送启动条件,然后通过写 I2CTRN 寄存器发送 1 个字节,但此字节没有被发送,这时应检查在开始下 1 个事件之前,是否确保 I^2C 总线上的每个事件都已完成。在这种情况下,要查询 SEN 位确定启动事件完成的时间,或在数据写入 I2CTRN 之前等待主器件 I^2C 中断。

第 17 章

通用异步收发器模块

通用异步收发器(Universal Asynchronous Receiver Transmitter,简称 UART)模块是 dsPIC30F 系列器件提供的串行 I/O 模块之一。UART 是可以和外设(例如,个人电脑 RS-232 和 RS-485 接口)通信的全双工异步系统。

UART 模块的主要特性有:
- 通过 UxTX 和 UxRX 引脚进行全双工 8 位或 9 位数据传输。
- 偶、奇或无奇偶校验选项(对于 8 位数据)。
- 1 或 2 个停止位。
- 完全集成的具有 16 位预分频器的波特率发生器。
- 当 F_{CY} 为 30 MHz 时,波特率范围为 29 bps~1.875 Mbps。
- 4 级深度先进先出(First-In-First-Out,简称 FIFO)发送数据缓冲器。
- 4 级深度 FIFO 接收数据缓冲器。
- 奇偶,帧和缓冲溢出错误检测。
- 支持带地址检测的 9 位模式(第 9 位=1)。
- 发送和接收中断。
- 用于诊断支持的环回模式。

注意:不同的 dsPIC30F 器件可以有 1 个或多个 UART 模块。在引脚、控制/状态位和寄存器的名称中,使用"x"表示特定的模块。请参见第 2 章的表 2-2。

图 17-1 显示了 UART 的简化框图。UART 模块由以下至关重要的硬件元件组成:
- 波特率发生器。
- 异步发送器。
- 异步接收器。

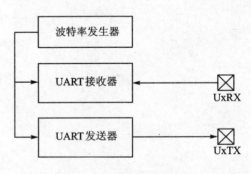

图 17-1 UART 简化框图

17.1 控制寄存器

以下介绍的寄存器 17-1～17-5 中，UXMODE 为 UARTX 模式寄存器；UXSTA 为 UARTX 状态和控制寄存器；UXRXREG 为 UAATX 接收寄存器；UXTXREG 为 UARTX 发送寄存器（只写）；UXBRG 为 UARTX 波特率寄存器。-0 表示上电复位时清 0；-1 表示上电复位时置 1；-x 表示上电复位时的值未知；U 表示未用位，读作 0；R 表示可读位；W 表示可写位；C 表示软件可清 0。

寄存器 17-1 UXMODE

R/W-0	U-0	R/W-0	U-0	U-0	R/W-0	U-0	U-0
UARTEN	—	USIDL	—	保留	ALTIO	保留	保留
bit 15				高字节			bit 8

R/W-0	R/W-0	R/W-0	U-0	U-0	R/W-0	R/W-0	R/W-0
WAKE	LPBACK	ABAUD	—	—	PDSEL1	PDSEL0	STSEL
bit 7				低字节			bit 0

bit 15 UARTEN　UART 使能位。

  1　UART 使能。UEN<1:0>和 UTXEN 控制位定义了 UART 如何控制 UART 引脚。

  0　UART 禁止。UART 引脚由相应的 PORT、LAT 和 TRIS 位控制。

bit 14 未用位　读作 0。

bit 13 USIDL　在空闲模式停止位。

  1　当器件进入空闲模式时，停止运行。

  0　在空闲模式继续运行。

bit 12 未用位　读作 0。

bit 11 保留　在该位置写 0。

bit 10 ALTIO　UART 备用 I/O 选择位。

  1　UART 通过 UxATX 和 UxARX I/O 引脚通信。

  0　UART 通过 UxTX 和 UxRX I/O 引脚通信。

注意：不是所有的器件都具有备用 UART I/O 引脚。具体参见第 2 章的表 2-2。

bit 9~8 保留　在该位置写 0。

bit 7 WAKE　在休眠模式期间检测到启动位唤醒使能位。

  1　使能唤醒。

  0　禁止唤醒。

bit 6 LPBACK　UART 环回模式选择位。

　　1　使能环回模式。

　　0　禁止环回模式。

bit 5 ABAUD　自动波特率使能位。

　　1　从 UxRX 引脚输入到捕捉模块。

　　0　从 ICx 引脚输入到捕捉模块。

bit 4～3 未用位　读作 0。

bit 2～1 PDSEL<1：0>　奇偶校验和数据选择位。

　　11＝9　数据，无奇偶校验。

　　10＝8　数据，奇校验。

　　01＝8　数据，偶校验。

　　00＝8　数据，无奇偶校验。

bit 0 STSEL　停止选择位。

　　1　2 个停止位。

　　0　1 个停止位。

寄存器 17-2　UXSTA

R/W-0	U-0	U-0	U-0	R/W-0	R/W-0	R-0	R-1
UTXISEL	—	—	—	UTXBRK	UTXEN	UTXBF	TRMT
bit 15			高字节				bit 8

R/W-0	R/W-0	R/W-0	R-1	R-0	R-0	R/C-0	R-0
URXISEL1	URXISEL0	ADDEN	RIDLE	PERR	FERR	OERR	URXDA
bit 7			低字节				bit 0

bit 15 UTXISEL　发送中断模式选择位。

　　1　当 1 个字符被传输到发送移位寄存器，导致缓冲器空的时候，产生中断。

　　0　当 1 个字符被传输到发送移位寄存器（发送缓冲器中至少还有 1 个字符）时，产生中断。

bit 14～12 未用位　读作 0。

bit 11 UTXBRK　发送中止位。

　　1　不管发送器处在什么状态，拉低 UxTX 引脚。

　　0　UxTX 引脚正常工作。

bit 10 UTXEN　发送使能位。

　　1　UART 发送器使能，UART 控制 UxTX 引脚(如果 UARTEN＝1)。

　　0　UART 发送器禁止，中止所有等待的发送，缓冲器复位。PORT 控制 UxTX 引脚。

bit 9 UTXBF　发送缓冲器满状态位(只读)。

1 发送缓冲器满。

0 发送缓冲器未满,至少 1 个或多个数据字可以写入缓冲区。

bit 8 TRMT 发送移位寄存器空位(只读)。

1 发送移位寄存器为空,同时发送缓冲器为空(上 1 个发送已经完成)。

0 发送移位寄存器非空,发送在进行中或在发送缓冲器中排队。

bit 7~6 URXISEL<1:0> 接收中断模式选择位。

11 接收缓冲器满时(即有 4 个数据字符),中断标志位置位。

10 接收缓冲器 3/4 满时(即有 3 个数据字符),中断标志位置位。

0x 当接收到 1 个字符时,中断标志位置位。

bit 5 ADDEN 地址字符检测(接收数据的第 8 位=1)。

1 地址检测模式使能。如果没有选择 9 位模式,这个控制位将无效。

0 地址检测模式禁止。

bit 4 RIDLE 接收器空闲位(只读)。

1 接收器空闲。

0 正在接收数据。

bit 3 PERR 奇偶校验错误状态位(只读)。

1 检测到当前字符的奇偶校验错误。

0 没有检测到奇偶校验错误。

bit 2 FERR 帧错误状态位(只读)。

1 检测到当前字符的帧错误。

0 没有检测到帧错误。

bit 1 OERR 接收缓冲器溢出错误状态位(只读/清零)。

1 接收缓冲器溢出。

0 接收缓冲器没有溢出。

bit 0 URXDA 接收缓冲器中是否有数据位(只读)。

1 接收缓冲器中有数据、有至少 1 个或多字符可读。

0 接收缓冲器为空。

寄存器 17-3 UXRXREG

U-0	U-0	U-0	U-0	U-0	U-0	U-0	R-0
—	—	—	—	—	—	—	URX8
bit 15			高字节				bit 8

R-0	R-0	R-0	R-0	R-0	R-0	R-0	R-0
URX7	URX6	URX5	URX4	URX3	URX2	URX1	URX0
bit 7			低字节				bit 0

bit 15～9 未用位　读作 0。
bit 8 URX8　接收到字符的第 8 位数据(9 位模式下)。
bit 7～0 URX<7：0>　接收到字符的 7～0 位数据。

寄存器 17-4　UXTXREG

U-0	U-0	U-0	U-0	U-0	U-0	U-0	W-x
—	—	—	—	—	—	—	UTX8
bit 15			高字节				bit 8

W-x	W-x	W-x	W-x	W-x	W-x	W-x	W-x
UTX7	UTX6	UTX5	UTX4	UTX3	UTX2	UTX1	UTX0
bit 7			低字节				bit 0

bit 15～9 未用位　读作 0。
bit 8 UTX8　将要发送的字符的第 8 位数据(9 位模式下)。
bit 7～0 UTX<7：0>　将要发送的字符的 7～0 位数据。

寄存器 17-5　UXBRG

R/W-0	R/W-0	R/W-0	R/W-0	R/W-0	R/W-0	R/W-0	R/W-0
BRG15	BRG14	BRG13	BRG12	BRG11	BRG10	BRG9	BRG8
bit 15			高字节				bit 8

R/W-0	R/W-0	R/W-0	R/W-0	R/W-0	R/W-0	R/W-0	R/W-0
BRG7	BRG6	BRG5	BRG4	BRG3	BRG2	BRG1	BRG0
bit 7			低字节				bit 0

bit 15～0 BRG<15：0>　波特率除数位。

17.2　UART 波特率发生器

UART 模块包含 1 个专用的 16 位波特率发生器(Baud Rate Generator，简称 BRG)。UxBRG 寄存器控制 1 个自由运行的 16 位定时器的周期。公式(17-1)给出了计算波特率的公式。

$$波特率 = \frac{F_{CY}}{16 \times (UxBRG 值 + 1)} \tag{17-1}$$

$$UxBRG 值 = \frac{F_{CY}}{16 \times 波特率} - 1$$

注意：F_{CY} 表示指令周期时钟频率。

例 17-1 给出了如下条件下的波特率误差计算：

$$F_{CY} = 4 \text{ MHz}$$
$$\text{目标波特率} = 9\,600$$

例 17-1：波特率误差计算

$$\text{目标波特率} = F_{CY}/[16(\text{UxBRG 值}+1)]$$

UxBRG 值的计算方法：

$$\text{UxBRG} = [(F_{CY}/\text{目标波特率})/16] - 1$$
$$\text{UxBRG} = [(4\,000\,000/9\,600)/16] - 1$$
$$\text{UxBRG} = [25.042] = 25$$
$$\text{计算出来的波特率} = 4\,000\,000/[16(25+1)] = 9\,615$$
$$\text{误差} = \frac{(\text{计算波特率} - \text{目标波特率})}{\text{目标波特率}} = (9\,615 - 9\,600)/9\,600 = 0.16\%$$

最大的波特率是 $F_{CY}/16$ (当 UxBRG 值=0)，最小的波特率是 $F_{CY}/(16 \times 65\,536)$。

向 UxBRG 寄存器中写新值会导致 BRG 定时器复位（清零）。这说明 BRG 在产生新的波特率之前不需要等待定时器溢出。

波特率表

表 17-1～表 17-3 给出了普通器件指令周期频率（F_{CY}）的 UART 波特率。同时也给出了每个频率下最小和最大波特率。

表 17-1　F_{CY}=30～16 MHz 时的 UART 波特率

目标波特率/kbps	F_{CY}=30 MHz 计算波特率	% 误差	BRG 值（十进制）	F_{CY}=25 MHz 计算波特率	% 误差	BRG 值（十进制）	F_{CY}=20 MHz 计算波特率	% 误差	BRG 值（十进制）	F_{CY}=16 MHz 计算波特率	% 误差	BRG 值（十进制）
0.3	0.3	0.0	6249	0.3	+0.01	5207	0.3	0.0	4166	0.3	+0.01	3332
1.2	1.1996	0.0	1562	1.2001	+0.01	1301	1.1996	0.0	1041	1.2005	+0.04	832
2.4	2.4008	0.0	780	2.4002	+0.01	650	2.3992	0.0	520	2.3981	-0.08	416
9.6	9.6154	+0.2	194	9.5859	-0.15	162	9.6154	+0.2	129	9.6154	+0.16	103
19.2	19.1327	-0.4	97	19.2901	0.47	80	19.2308	+0.2	64	19.2306	+0.16	51
38.4	38.2653	-0.4	48	38.1098	-0.76	40	37.6788	-1.4	2	38.4615	+0.16	25
56	56.8182	+1.5	32	55.8036	-0.36	27	56.8182	+1.5	21	55.5556	-0.79	17
115	117.1875	+1.9	15	111.6071	-2.95	13	113.6364	-1.2	10	111.1111	-3.38	8
250							250	0.0	4	250	0.0	3
500										500	0.0	1
最小值	0.0286	0.0	65535	0.0238	0.0	65535	0.019	0.0	65535	0.015	0.0	65535
最大值	1875	0.0	0	1562.5	0.0	0	1250	0.0	0	1000	0.0	0

表 17-2 $F_{CY}=12\sim7.68$ MHz 时的 UART 波特率

目标波特率/kbps	$F_{CY}=12$ MHz			$F_{CY}=10$ MHz			$F_{CY}=8$ MHz			$F_{CY}=7.68$ MHz		
	计算波特率	%误差	BRG值(十进制)	计算波特率	%误差	BRG值(十进制)	计算波特率	%误差	BRG值(十进制)	计算波特率	%误差	BRG值(十进制)
0.3	0.3	0.0	2499	0.3	0.0	2082	0.2999	−0.02	1666	0.3	0.0	1599
1.2	1.2	0.0	624	1.1996	0.0	520	1.199	−0.08	416	1.2	0.0	399
2.4	2.3962	−0.2	312	2.4038	+0.2	259	2.4038	+0.16	207	2.4	0.0	199
9.6	9.6154	−0.2	77	9.6154	+0.2	64	9.6154	+0.16	51	9.6	0.0	49
19.2	19.2308	+0.2	38	18.9394	−1.4	32	19.2308	+0.16	25	19.2	0.0	24
38.4	37.5	+0.2	19	39.0625	+1.7	15	38.4615	+0.16	12			
56	57.6923	−2.3	12	56.8182	+1.5	10	55.5556	−0.79	8			
115			6									
250	250	0.0	2				250	0.0	1			
500							500	0.0	0			
最小值	0.011	0.0	65535	0.010	0.0	65535	0.008	0.0	65535	0.007	0.0	65535
最大值	750	0.0	0	625	0.0	0	500	0.0	0	480	0.0	0

表 17-3 $F_{CY}=5\sim1.8432$ MHz 时的 UART 波特率

目标波特率/kbps	$F_{CY}=5$ MHz			$F_{CY}=4$ MHz			$F_{CY}=3.072$ MHz			$F_{CY}=1.8432$ MHz		
	计算波特率	%误差	BRG值(十进制)	计算波特率	%误差	BRG值(十进制)	计算波特率	%误差	BRG值(十进制)	计算波特率	%误差	BRG值(十进制)
0.3	0.2999	0.0	1041	0.3001	0.0	832	0.3	0.0	639	0.3	0.0	383
1.2	1.2019	+0.2	259	1.2019	+0.2	207	1.2	0.0	159	1.2	0.0	95
2.4	2.4038	+0.2	129	2.4038	+0.2	103	2.4	0.0	79	2.4	0.0	47
9.6	9.4697	−1.4	32	9.6154	+0.2	25	9.6	0.0	19	9.6	0.0	11
19.2	19.5313	+1.7	15	19.2308	+0.2	12	19.2	0.0	9	19.2	0.0	5
38.4	39.0526	+1.7	7				38.4	0.0	4	38.4	0.0	2
56												
115												
250												
500												
最小值	0.005	0.0	65535	0.004	0.0	5535	0.003	0.0	65535	0.002	0.0	65535
最大值	312.5	0.0	0	250	0.0	0	192	0.0	0	115.2	0.0	0

17.3 UART 配置

UART 使用标准非归零(non-return-to-zero,简称 NRZ)格式(1 个启动位,8 或 9 个数据位,1 或 2 个停止位)。硬件提供奇偶校验,用户可以配置成偶校验,奇校验或者不使用奇偶校验。最普通的数据格式是 8 位,没有奇偶校验位,有 1 个停止位(用 8、N 或 1 表示),这是缺省的(POR)设置。数据位和停止位的数目,还有奇偶校验在 PDSEL<1:0>(UxMODE<2:1>)和 STSEL(UxMODE<0>)位中指定。片上专用的 16 位波特率发生器可用于根据振荡器产生标准的波特率频率。UART 先发送和接收 LSb。UART 的发送器和接收器从功能上讲是独立的,但使用相同的数据格式和波特率。

17.3.1 使能 UART

UART 模块通过置位 UARTEN(UxMODE<15>)位和 UTXEN(UxSTA<10>)位使能。一旦使能了,UxTX 和 UxRX 引脚被分别配置为输出和输入,改写了相应 I/O 端口引脚的 TRIS 和 PORT 寄存器位的设置。UxTX 引脚在没有传输发生时,状态为逻辑 1。

注意:在 UARTEN 位置位之前,不应该置位 UTXEN 位。否则,UART 发送无法使能。

17.3.2 禁止 UART

通过清零 UARTEN(UxMODE<15>)位来禁止 UART 模块。这是任何复位后的默认状态。如果禁止了 UART,所有的 UART 引脚在相应的 PORT 和 TRIS 位控制下用作端口引脚。禁止 UART 模块将缓冲器复位为空状态。所有缓冲器中的字符被丢失,同时波特率计数器也复位。

当 UART 模块禁止时,所有与之相关的错误和状态标志都复位。URXDA、OERR、FERR、PERR、UTXEN、UTXBRK 和 UTXBF 位被清零,而 RIDLE 和 TRMT 被置位。其他的控制位,包括 ADDEN、URXISEL<1:0>和 UTXISEL,还有 UxMODE 和 UxBRG 寄存器不受影响。当 UART 处于活动状态时,对 UARTEN 位清零将中止所有等待的发送和接收,同时像如上定义那样将该模块复位。再次使能 UART ,将使用同样的配置重新启动 UART。

17.3.3 备用 UART I/O 引脚

一些 dsPIC30F 器件有可用来通信的备用 UART 发送和接收引脚,这些引脚可以用来通信。当主 UART 引脚和其他外设共用时,可以使用备用 UART 引脚,备用 I/O 引脚通过置位 ALTIO 位(UxMODE<10>)来使能。如果 ALTIO=1,则 UART 模块使用 UxTX 和 UxRX 引脚(分别为备用发送引脚和备用接收引脚)代替 UxTX 和 UxRX 引脚。如果 ALTIO=0,则 UART 模块使用 UxTX 和 UxRX 引脚。

17.4 UART 发送器

图 17-2 显示了 UART 发送器的框图。发送器的核心是发送移位寄存器(UxTSR),移位寄存器从发送 FIFO 缓冲器 UxTXREG 中获得数据。UxTXREG 寄存器使用软件加载数据,直到前一次加载的停止位发送完成后才开始加载 UxTSR 寄存器。停止位一发送,UxTSR 就从 UxTXREG 寄存器加载新的数据(如果有数据的话)。

注意: UxTSR 寄存器没有映射到数据存储空间,所以用户不能使用它。

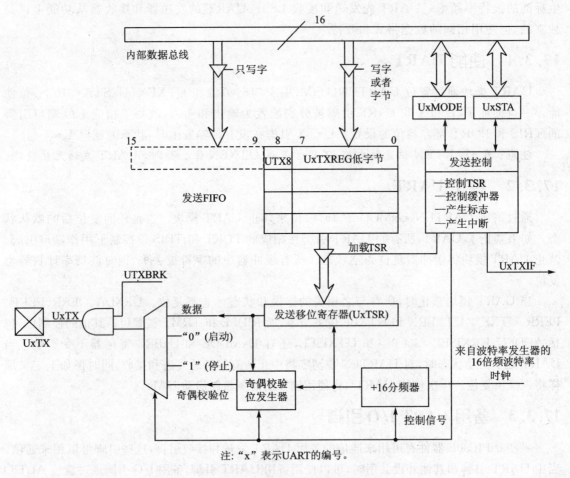

图 17-2　UART 发送器框图

通过置位 UTXEN 使能位(UxSTA<10>)使能发送。实际的发送直到 UxTXREG 寄存器加载了数据并且波特率发生器(UxBRG)产生了移位时钟(见图 17-2)后才发生,还可以先加载

UxTXREG 寄存器,然后置位 UTXEN 使能位来启动发送。一般来说,第 1 次开始发送的时候,由于 UxTSR 寄存器为空,这样传输数据到 UxTXREG 会导致该数据立即传输到 UxTSR。发送过程中对 UTXEN 位清零,会导致发送中止并复位发送器。因此,UxTX 引脚将回复到一个高阻抗状态。

为了选择 9 位传输,PDSEL<1:0>位(UxMODE<2:1>)应该设置为 11 且第 9 位应该写到 UTX9 位(UxTXREG<8>)。应该向 UxTXREG 执行一个字写操作,这样可以同时写入所有的 9 位。

注意: 在 9 位数据发送的情况下,不采取奇偶校验。

17.4.1 发送缓冲器

每个 UART 有一个 4 级深、9 位宽的 FIFO 发送数据缓冲器(UxTXB),UxTXREG 寄存器提供对下 1 个可用的缓冲单元的用户访问,用户最多可在缓冲器中写 4 个字。一旦 UxTXREG 的内容被传送到 UxTSR 寄存器,当前缓冲单元就可以写入新的数据,下 1 个缓冲单元将成为 UxTSR 寄存器的数据源。无论何时,只要缓冲器满了,UTXBF(UxSTA<9>)状态位就会置位。如果用户试图写满缓冲器,则新数据将不会被 FIFO 接收。

FIFO 在任何器件复位的时候复位,但当器件进入省电模式或从省电模式唤醒的时候,FIFO 不受影响。

17.4.2 发送中断

发送中断标志(UxTXIF)在相应中断标志状态寄存器(IFS)中。UTXISEL 控制位(UxSTA<15>)决定 UART 何时产生一个发送中断。

① 如果 UTXISEL=0,当 1 个字从发送缓冲器传输到发送移位寄存器(UxTSR)时产生中断。这暗示了发送缓冲器中至少有 1 个空字。由于中断在每个字发送完成后产生,所以这个模式对于频繁处理中断是很有用的(也就是说,ISR 在下 1 个字发送前完成)。

② 如果 UTXISEL=1,则将 1 个字从发送缓冲器传输到发送移位寄存器(UxTSR)且缓冲器为空时产生中断。由于只有在所有 4 个字都发送完后才产生中断,所以如果用户代码不能足够迅速地处理中断(也就是说,ISR 在发送下 1 个字前完成),这种"块发送"模式是很有用的。

当模块第 1 次使能时,UxTXIF 位将置位。

用户应该在 ISR 中对 UxTXIF 位清零。

可以在运行时在 2 个中断模式间切换。

注意: 如果 UTXISEL=0,当 UTXEN 位置位时,UxTXIF 标志位也置位,因为发送缓冲器尚未满(可以向 UxTXREG 寄存器移入待发送数据)。

UxTXIF 标志位指示 UxTXREG 寄存器的状态,而 TRMT 位(UxSTA<8>)表明

UxTSR 寄存器的状态。TRMT 状态位是 1 个只读位,当 UxTSR 寄存器空时置位。没有任何中断逻辑和这个位有关,所以用户必须查询该位来确定 UxTSR 寄存器是否为空。

17.4.3 设置 UART 发送

设置发送时应该遵循的步骤:
① 初始化 UxBRG 寄存器来获得合适的波特率(见 17.2 节)。
② 通过写 PDSEL<1:0>(UxMODE<2:1>)和 STSEL(UxMODE<0>)位来设置数据位数,停止位数和奇偶校验选择。
③ 如果需要发送中断,就要置位相应的中断以使能控制寄存器(IEC)中的 UxTXIE 控制位。使用相应中断优先级控制寄存器(IPC)中的 UxTXIP<2:0>控制位来指定发送中断的中断优先级。同样,写 UTXISEL(UxSTA<15>)位来选择发送中断模式。
④ 置位 UARTEN(UxMODE<15>)位来使能 UART 模块。
⑤ 置位 UTXEN(UxSTA<10>)位来使能发送,与此同时将置位 UxTXIF 位。在 UART 发送中断服务程序中,UxTXIF 位应该清零。UxTXIF 位的操作受 UTXISEL 控制位控制。
⑥ 向 UxTXREG 寄存器加载数据(开始发送)。如果选择了 9 位发送,则加载 1 个字;如果选择了 8 位发送,则加载 1 个字节。数据可以加载到缓冲器,直到 UxTXBF 状态位(UxSTA<9>)置位为止。

注意:在 UARTEN 位置位之前不应该置位 UTXEN 位,否则,UART 发送将无法使能。
图 17-3 和图 17-4 分别显示了发送(8 位或 9 位数据)和发送背靠背。

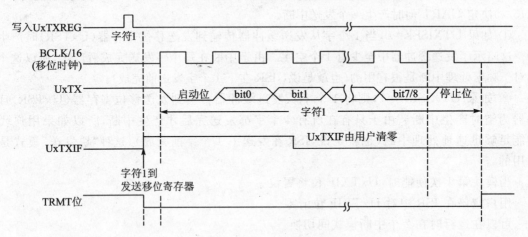

图 17-3 发送 8 位或 9 位数据

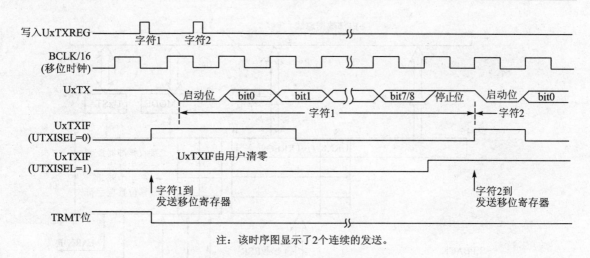

注：该时序图显示了2个连续的发送。

图 17-4 发送背靠背

17.4.4 中止字符的发送

对 UTXBRK 位（UxSTA<11>）置位将强制 UxTX 线为 0。UTXBRK 忽略任何其他的发送器活动。用户应该在置位 UTXBRK 之前等待发送器空闲（TRMT 值＝1）。

为了发送中止字符，必须由软件置位 UTXBRK 位，而且保持该位置位至少 13 个波特率时钟。波特率时钟周期在软件中计时，然后通过软件将 UTXBRK 位清零，产生停止位。用户在再次加载 UTXBUF 或重新开始新的发送活动前，必须等待至少 1 或 2 个波特率时钟，以保证产生了有效的停止位。

注意： 发送 1 个中止符不会产生发送中断。

17.5 UART 接收器

图 17-5 显示了接收器的框图。接收器的核心是接收（串行）移位寄存器（UxRSR），数据在 UxRX 引脚上接收，并送到数据恢复区中。数据恢复区以 16 倍波特率运行，而主接收串行移位器以波特率运行。在采集到 UxRX 引脚上的停止位后，UxRSR 里面的接收到的数据传输到接收 FIFO 中（如果为空）。

注意： UxRSR 寄存器没有映射到数据存储空间，所以用户不可使用他。

多数检测电路 3 次采样 UxRX 引脚上的数据，以确定该引脚上是高电平还是低电平。图 17-5 显示了采样机理图。

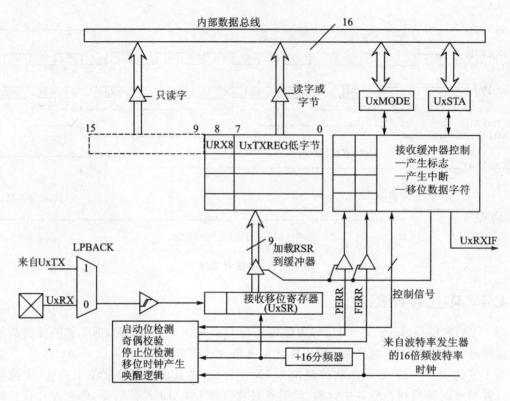

图 17-5 UART 接收器框图

17.5.1 接收缓冲器

UART 接收器有 1 个 4 级深、9 位宽的 FIFO 接收数据缓冲器(UxRXB)。UxRXREG 是 1 个存储器映射的寄存器,可提供对 FIFO 输出的访问。在缓冲器溢出发生以前,可以有 4 个字的数据被接收并传输到 FIFO 中,从第 5 个字开始将数据移位到 UxRSR 寄存器中。

17.5.2 接收器错误处理

如果 FIFO 已满(4 个字符),而第 5 个字符已经完全接收到了 UxRSR 寄存器,则溢出错误位 OERR(UxSTA<1>)将会置位。UxRSR 中的字得以保留,但是只要 OERR 位置位,则将禁止向接收 FIFO 传输后续数据。用户必须在软件中将 OERR 位清零,以允许更多的数据接收。

如果需要保存溢出前接收到的数据,则用户应该先读所有 5 个字符,然后清零 OERR 位。如果这 5 个字符可以丢弃,用户就可简单地清零 OERR 位。这可有效地复位接收 FIFO,同时先前接收到的所有数据都将丢失。

注意：接收 FIFO 中的数据应该在清零 OERR 位之前读出。当 OERR 清零时，FIFO 复位，这将导致缓冲器中所有的数据丢失。

如果停止位被检测为逻辑低电位，则帧错误位 FERR(UxSTA<2>)将置位。

如果检测到缓冲器顶部的数据字（也就是说当前的字）有奇偶校验错误，则奇偶校验错误位 PERR(UxSTA<3>)将置位。例如，如果奇偶校验设置为偶，但检测出数据中 1 的总数为奇，就产生了奇偶校验错误。PERR 位在 9 位模式中是无关的。FERR 和 PERR 位与相应的字一起被缓冲，并且应该在读取数据字之前读出。

17.5.3 接收中断

UART 接收中断标志(UxRXIF)位于相应中断标志状态寄存器(IFS)中。URXISEL<1：0>(UxSTA<7：6>)控制位决定 UART 接收器何时产生中断。

① 如果 URXISEL<1：0>=00 或 01，则每当 1 个数据字从接收移位寄存器(UxRSR)传输到接收缓冲器后就会产生中断。接收缓冲器中可以有 1 个或多个字符。

② 如果 URXISEL<1：0>=10，则当 1 个字从移位寄存器(UxRSR)传输到了接收缓冲器，使得缓冲器中有 3 或 4 个字符时产生中断。

③ 如果 URXISEL<1：0>=11，则当 1 个字从移位寄存器(UxRSR)传输到了接收缓冲器，使得缓冲器中有 4 个字符时（也就是说，缓冲器满了）产生中断。

在运行时可以在 3 个中断模式间切换。

URXDA 和 UxRXIF 标志位指示 UxRXREG 寄存器的状态，而 RIDLE 位(UxSTA<4>)表明 UxRSR 寄存器的状态。RIDLE 状态位是 1 个只读位，当接收器空闲时置位（也就是说，UxRSR 寄存器空）。没有任何中断逻辑和这个位有关，所以用户必须查询该位来确定 UxRSR 寄存器是否为空闲。

URXDA 位(UxSTA<0>)指示了接收缓冲器有数据还是为空。只要接收缓冲器中至少有 1 个可以读出的字符，该位就将置位。URXDA 是只读位。

17.5.4 设置 UART 接收

设置接收时应该遵循的步骤如下：

① 初始化 UxBRG 寄存器来获得合适的波特率（见 17.2 节）。

② 通过写 PDSEL<1：0>(UxMODE<2：1>)和 STSEL(UxMODE<0>)位来设置数据位数，停止位数和奇偶校验选择。

③ 如果需要中断，就要置位相应的中断以使能控制寄存器(IEC)中的 UxRXIE 位。使用相应中断优先级控制寄存器(IPC)中的 UxTXIP<2：0> 控制位来指定该中断的中断优先级，同时，通过写 URXISEL<1：0>(UxSTA<7：6>)位来选择接收中断的模式。

④ 通过置位 UARTEN (UxMODE<15>)位来使能 UART 模块。

⑤ 接收中断取决于 URXISEL<1:0> 控制位的设置。如果没有允许接收中断,则用户可以查询 URXDA 位。UxRXIF 位应该在 UART 接收中断服务程序中清零。

⑥ 从接收缓冲器中读取数据。如果选择 9 位传输,则读 1 个字,否则,读 1 个字节。无论何时,只要缓冲中有数据可读,URXDA 状态位(UxSTA<0>)就将置位。

图 17-6 和图 17-7 分别表示 UART 接收和 UART 在接收溢出下的接收。

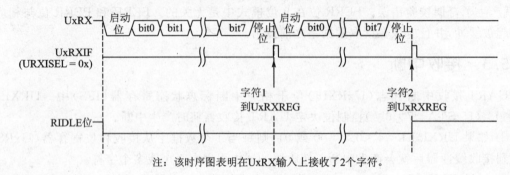

注:该时序图表明在 UxRX 输入上接收了 2 个字符。

图 17-6　UART 接收

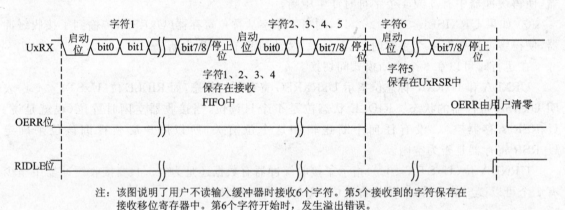

注:该图说明了用户不读输入缓冲器时接收 6 个字符。第 5 个接收到的字符保存在接收移位寄存器中。第 6 个字符开始时,发生溢出错误。

图 17-7　UART 在接收溢出下的接收

17.6　使用 UART 进行 9 位通信

典型的多处理器通信协议会区别数据字节和地址/控制字节。一般的方法是使用第 9 个数据位来识别数据字节是地址还是数据信息。如果第 9 位置位,数据就作为地址或控制信息处理;如果第 9 位清零,接收到的数据字就作为和前面的地址/控制字节相关的数据处理。协议操作如下:

① 主器件发送 1 个第 9 位置位的数据字。数据字包含从器件的地址。

② 通信链中的所有从器件接收地址字并检查从地址值。

③ 被寻址的从器件将接收和处理主器件发送的后续数据字节。所有其他的从器件将丢弃后面的数据字节，直到接收到新的地址字（第9位置位）。

17.6.1 ADDEN 控制位

UART 接收器有 1 个地址检测模式，该模式允许接收器忽略第 9 位清零的数据字。这降低了中断开销，因为第 9 位清零的数据字不被缓冲。这个功能通过置位 ADDEN 位（UxSTA<5>）来使能。使用地址检测模式时，UART 必须配置为 9 位数据。当接收器配置为 8 位数据模式时，ADDEN 位无效。

17.6.2 设置 9 位发送

除了 PDSEL<1：0>（UxMODE<2：1>）应该设为 11 外，设置 9 位发送的过程几乎和设置 8 位发送模式一样（参见 17.4.3 小节）。

应当对 UxTXREG 寄存器执行写字操作（开始发送）。

17.6.3 设置使用地址检测模式的 9 位接收

除了 PDSEL<1：0>（UxMODE<2：1>）应该设为 11 外，设置 9 位接收的过程和设置 8 位接收模式类似（参见 17.5.4 小节）。

接收中断模式应该通过写 URXISEL<1：0>（UxSTA<7：6>）位来配置。

注意：如果地址检测模式使能（ADDEN 值＝1）了，URXISEL<1：0>控制位应该配置成接收到每个字后就产生中断。每个接收到的数据字在接收后必须立即在软件中进行检查，看是否地址匹配。使用地址检测模式的过程如下所述：

① 置位 ADDEN（UxSTA<5>）位来使能地址检测。必须保证 URXISEL 控制位配置成每接收 1 个字就产生 1 个中断。

② 读 UxRXREG 寄存器，检查每个 8 位地址，确定器件是否被寻址。

③ 如果该器件没有被寻址，就丢弃接收到的字。

④ 如果器件被寻址，对 ADDEN 位清零，允许后来的数据字节可以读进接收缓冲器，并中断 CPU。如果希望长数据包，则需要改变接收中断模式，以使中断之间可以缓冲多于 1 个的数据字节。

⑤ 如果最后的数据字节接收到了，置位 ADDEN 位使得只有地址字低功耗被接收。同样，必须保证 URXISEL 控制位配置成每接收 1 个字就产生 1 个中断。

图 17-8 表示了带地址检测的接收（ADDEN 值＝1）。

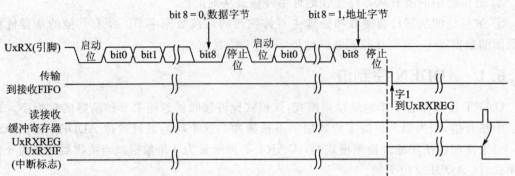

图 17-8 带地址检测的接收(ADDEN 值=1)

17.7 接收中止字符

接收器会根据编程到 PDSEL(UxMODE<2：1>)和 STSEL(UxMODE<0>)位的值，计数并等待一定的位时间数。

如果中止超过 13 个位时间,在 PDSEL 和 STSEL 指定的位时间之后,认为接收完成。URXDA 位置位,FERR 置位,接收 FIFO 中被加载零,同时如果允许且 RIDLE 位置位,则产生中断。

如果模块接收到了中止信号,同时接收器检测到了启动位、数据位和无效停止位(将 FERR 置位),接收器在找寻下 1 个启动位前必须等待有效停止位,不能假定线上的中止条件是下 1 个启动位。FERR 位置位且字符包含了全零被认为是中止,中止字符被加载到缓冲器中。只有接收到停止位后才可以接收更多的字符。

注意当接收到停止位时 RIDLE 变高。

17.8 初始化

例 17-2 是发送器/接收器 8 位模式的初始化程序。例 17-3 给出了 9 位地址检测模式下可寻址 UART 的初始化。在两个例子中,UxBRG 寄存器中加载的值取决于目标波特率和器件的频率。

注意：在 UARTEN 位置位之前不应该置位 UTXEN 位。否则,UART 发送将无法使能。

例 17-2：8 位发送/接收（UART1）

```
MOV #baudrate,W0        ;设波特率
MOV W0,U1BRG
BSET IPC2,#U1TXIP2      ;设 UART 发送中断优先权
BCLR IPC2,#U1TXIP1
BCLR IPC2,#U1TXIP1
BSET IPC2,#U1RXIP2      ;设 UART 接收中断优先权
BCLR IPC2,#U1RXIP1
BCLR IPC2,#U1RXIP1
CLR U1STA
MOV #0x8800,W0          ;使能 8 位数据
                        ;无奇偶校,1 停止位
                        ;无唤醒
MOV W0,U1MODE
BSET U1STA,#UTXEN       ;使能发送
BSET IEC0,#U1TXIE       ;使能发送中断
BSET IEC0,#U1RXIE       ;使能接收中断
```

例 17-3：9 位地址检测模式下可寻址 UART 的初始化

```
MOV #baudrate,W0        ;设波特率
MOV W0,U1BRG
BSET IPC2,#U1TXIP2      ;设 UART TX 中断优先权
BCLR IPC2,#U1TXIP1
BCLR IPC2,#U1TXIP0
BSET IPC2,#U1RXIP2      ;设 UART 接收中断优先权
BCLR IPC2,#U1RXIP1
BCLR IPC2,#U1RXIP0
BSET U1STA,#ADDEN       ;地址检测使能
MOV #0x8883,W0          ;UART1 使能 9 位数据
                        ;无奇偶校,1 停止位
                        ;唤醒使能
MOV W0,U1MODE
BSET U1STA,#UTXEN       ;使能发送
BSET IEC0,#U1TXIE       ;使能发送中断
BSET IEC0,#U1RXIE       ;使能接收中断
```

17.9 UART 的其他特性

17.9.1 环回模式下的 UART

置位 LPBACK 位来使能这个特殊的模式,在该模式下 UxTX 输出在内部被连到 UxRX 输入。当配置为环回模式时,UxRX 引脚从内部 UART 接收逻辑断开;但是,UxTX 引脚仍然正常工作。

为了选择这个模式:
① 将 UART 配置为所需的工作模式。
② 设置 LPBACK=1 使能环回模式。
③ 像 17.4 节定义的那样,使能发送。

环回模式取决于 UEN<1:0> 位的设置,如表 17-4 所示。

表 17-4 环回模式引脚功能

UEN<1:0>	引脚功能,LPBACK 值=1
00	UxRX 输入连接到 UxTX;UxTX 引脚工作;UxRX 引脚忽略;UxCTS/UxRTS 没有使用。
01	UxRX 输入连接到 UxTX;UxTX 引脚工作;UxRX 引脚忽略;UxRTS 引脚工作,UxCTS 没有使用。
10	UxRX 输入连接到 UxTX;UxTX 引脚工作;UxRX 引脚忽略;UxRTS 引脚工作,UxCTS 输入连接到 UxRTS;UxCTS 引脚忽略。
11	UxRX 输入连接到 UxTX;UxTX 引脚工作;UxRX 引脚忽略;BCLK 引脚工作;UxCTS/UxRTS 没有使用。

17.9.2 自动波特率支持

为了让系统确定接收字符的波特率,UxRX 输入应该在内部连到所选择的输入捕捉通道。当 ABAUD 位(UxMODE<5>)置位时,UxRX 引脚在内部被连接到输入捕捉通道。ICx 引脚从输入捕捉通道断开。

自动波特率支持所使用的输入捕捉通道是由具体器件决定的。请参见第 2 章的表 2-2 中关于具体器件的配置说明。

这种模式只有在 UART 使能(UARTEN 值=1),同时禁止环回模式(LPBACK 值=0)的情况下有效,而且,用户必须对捕捉模块进行设置,使其检测启动位的上升沿和下降沿。

17.10 UART 在 CPU 休眠和空闲模式下的工作

UART 在休眠模式下不工作。如果在发送进行期间进入休眠模式,则将中止发送并且 UxTX 引脚被驱动为逻辑 1;如果接收进行期间进入休眠模式,则接收将中止。UART 可以用来在检测到启动位时选择性地将 dsPIC 器件从休眠模式唤醒。如果 WAKE 位(UxSTA<7>)置位、器件处于休眠模式同时允许接收中断(UxRXIE=1),则 UxRX 引脚上的下降沿将产生 1 个接收中断。接收中断选择模式位(URXISEL)对该功能没有影响。为了产生唤醒中断,UARTEN 位必须置位。

USIDL 位(UxMODE<13>)选择当器件进入空闲模式时模块是停止工作,还是在空闲模式下继续正常工作。如果 USIDL 值=0,则模块将在空闲模式期间继续正常工作;如果 USIDL 值=1,则模块将在空闲模式下停止工作,正在进行的任何发送或接收操作将中止。

17.11 与 UART 模块相关的寄存器

表 17-5 列出了与 UART1 相关的寄存器。

17.12 UART 通信设计中可能出现的问题及解决方法

UART 通信设计中可能出现的问题及解决方法如下:

① 用 UART 发送的数据不能正确接收。最普遍的接收错误的原因是为 UART 波特率发生器计算了 1 个错误的值。应确保写进 UxBRG 寄存器的值是正确的。

② 尽管 UART 接收引脚上的信号看上去是正确的,但结果还是得到了帧错误。首先应确保下列控制位已被正确设置:
- UxBRG　UART 波特率寄存器。
- PDSEL<1:0>　奇偶校验和数据大小选择位。
- STSEL　停止位选择。

表 17-5 与 UART1 相关的寄存器

SFR 名称	bit 15	bit 14	bit 13	bit 12	bit 11	bit 10	bit 9	bit 8	bit 7	bit 6	bit 5	bit 4	bit 3	bit 2	bit 1	bit 0	复位值
U1MODE	UARTEN	—	USIDL	—	保留	ALTIO	保留	保留	WAKE	LPBACK	ABAUD	—	—	PDSEL<1:0>		STSEL	0000 0000 0000 0000
U1STA	UTXISEL	—	—	—	UTXBRK	UTXEN	TRMT	URXISEL<1:0>		ADDEN	RIDDLE	PERR	FERR	OERR	URXDA	0000 0001 0001 0000
U1TXREG	—	—	—	—	—	—	—	UTX8	发送寄存器								0000 0000 0000 0000
U1RXREG	—	—	—	—	—	—	—	UTX8	接收寄存器								0000 0000 0000 0000
U1BRG	波特率发生器预分频器																0000 0000 0000 0000
IFS0	CNIF	MI2CIF	SI2CIF	NVMIF	ADIF	U1TXIF	U1RXIF	SPI1IF	T3IF	T2IF	OC2IF	IC2IF	T1IF	OC1IF	IC1IF	INT0IF	0000 0000 0000 0000
IEC0	CNIE	MI2CIE	SI2CIE	NVMIE	ADIE	U1TXIE	U1RXIE	SPI1IE	T3IE	T2IE	OC2IE	IC2IE	T1IE	OC1IE	IC1IE	INT0IE	0000 0000 0000 0000
IPC2	—	ADIP<2:0>			—	U1TXIP<2:0>			—	U1RXIP<2:0>			—	SPI1IP<2:0>			0100 0100 0100 0100

第 18 章

CAN 总线模块

控制器局域网(Controller Area Network,简称 CAN)是一种串行通信协议,它能有效支持具有高安全级的分布式实时控制。其应用范围涵盖从高速网络到低成本多路复用线路的各种领域。汽车电子设备(即引擎控制单元、传感器和防滑系统等)均是使用 CAN 以最大比特率(1 Mb/s)连接的。CAN 网络可以用来取代汽车中的线路连接以有效节约成本。CAN 总线以其在噪声环境中的可靠性及其故障状态检测和从故障状态恢复的能力而适用于 DeviceNet、SDS 和其他现场总线协议等工控应用。

18.1 dsPIC30F 集成的 CAN 模块组成的总线网络

控制器局域网(CAN)模块是 1 个串行接口,可用于与其他外设或者单片机之间进行通信。此接口/协议是针对允许在噪声环境下通信而设计的。图 18-1 所示为 CAN 总线网络示例。

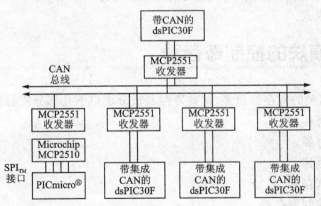

图 18-1 CAN 总线网络示例

18.2 CAN 模块特点

CAN 模块是实现 BOSCH 规范中定义的 CAN 2.0A/B 协议的通信控制器。模块支持

CAN 协议 CAN 1.2、CAN 2.0A、CAN 2.0B Passive 和 CAN 2.0B Active 版本。该模块实现的是 1 个完全 CAN 系统。

模块特性如下：
- 实现 CAN 协议：CAN 1.2、CAN 2.0A 和 CAN 2.0B。
- 标准和扩展的数据帧。
- 数据长度为 0～8 字节。
- 可编程比特率达到 1 Mb/s。
- 支持远程数据帧。
- 双缓冲的接收器,带 2 个区分优先级的接收报文存储缓冲器。
- 6 个完全(标准/扩展标识符)接收过滤器,其中 2 个与高优先级的接收缓冲器相关联,4 个与低优先级接收缓冲器相关联。
- 2 个完全接收过滤屏蔽寄存器,其中 1 个与高优先级接收缓冲器相关联,另 1 个与低优先级接收缓冲器相关联。
- 3 个发送缓冲器,有应用指定优先级并具有中止能力。
- 集成低通滤波器的可编程唤醒功能。
- 支持自检操作的可编程环回模式。
- 通过中断功能为所有 CAN 接收器和发送器的错误状态发送信号。
- 可编程时钟源。
- 可编程的定时器模块链接,以标记时间标记并进行网络同步。
- 低功耗休眠模式。

18.3 CAN 模块的控制寄存器

与 CAN 模块相关的寄存器很多,这些寄存器被分成以下几部分进行说明。它们是：
- 控制和状态寄存器。
- 发送缓冲寄存器。
- 接收缓冲寄存器。
- 波特率控制寄存器。
- 中断状态和控制寄存器。

注意：
① 寄存器标识符中的 i 表示特定的 CAN 模块(CAN1 或 CAN2)。
② 寄存器标识符中的 n 表示缓冲器、过滤器或屏蔽器编号。
③ 寄存器标识符中的 m 表示特定 CAN 数据字段中的字数。

表 18-1 和表 18-2 分别表示 CAN1 寄存器映射和 CAN2 寄存器映射。

表 18-1 CAN1 寄存器映射

寄存器名称	地址	bit 15	bit 14	bit 13	bit 12	bit 11	bit 10	bit 9	bit 8	bit 7	bit 6	bit 5	bit 4	bit 3	bit 2	bit 1	bit 0	复位
C1RXF0SID	300	—	—	—	SID<10:6>					SID<5:0>						—	EXIDE	xxxx
C1RXF0EIDH	302	—	—	—	—	EID<17:14>				EID<13:6>								xxxx
C1RXF0EIDL	304	EID<5:0>						—	—	—	—	—	—	—	—	—	—	xxxx
未使用	306	—	—	—	—	—	—	—	—	—	—	—	—	—	—	—	—	xxxx
C1RXF1SID	308	—	—	—	SID<10:6>					SID<5:0>						—	EXIDE	xxxx
C1RXF1EIDH	30A	—	—	—	—	EID<17:14>				EID<13:6>								xxxx
C1RXF1EIDL	30C	EID<5:0>						—	—	—	—	—	—	—	—	—	—	xxxx
未使用	30E	—	—	—	—	—	—	—	—	—	—	—	—	—	—	—	—	xxxx
C1RXF2SID	310	—	—	—	SID<10:6>					SID<5:0>						—	EXIDE	xxxx
C1RXF2EIDH	312	—	—	—	—	EID<17:14>				EID<13:6>								xxxx
C1RXF2EIDL	314	EID<5:0>						—	—	—	—	—	—	—	—	—	—	xxxx
未使用	316	—	—	—	—	—	—	—	—	—	—	—	—	—	—	—	—	xxxx
C1RXF3SID	318	—	—	—	SID<10:6>					SID<5:0>						—	EXIDE	xxxx
C1RXF3EIDH	31A	—	—	—	—	EID<17:14>				EID<13:6>								xxxx
C1RXF3EIDL	31C	EID<5:0>						—	—	—	—	—	—	—	—	—	—	xxxx
未使用	31E	—	—	—	—	—	—	—	—	—	—	—	—	—	—	—	—	xxxx
C1RXF4SID	320	—	—	—	SID<10:6>					SID<5:0>						—	EXIDE	xxxx
C1RXF4EIDH	322	—	—	—	—	EID<17:14>				EID<13:6>								xxxx
C1RXF4EIDL	324	EID<5:0>						—	—	—	—	—	—	—	—	—	—	xxxx
未使用	326	—	—	—	—	—	—	—	—	—	—	—	—	—	—	—	—	xxxx
C1RXF5SID	328	—	—	—	SID<10:6>					SID<5:0>						—	EXIDE	xxxx
C1RXF5EIDH	32A	—	—	—	—	EID<17:14>				EID<13:6>								xxxx
C1RXF5EIDL	32C	EID<5:0>						—	—	—	—	—	—	—	—	—	—	xxxx

续表 18-1

寄存器名称	地址	bit 15	bit 14	bit 13	bit 12	bit 11	bit 10	bit 9	bit 8	bit 7	bit 6	bit 5	bit 4	bit 3	bit 2	bit 1	bit 0	复位
未使用	32E																	xxxx
C1RXM0SID	330	—	—	—	SID<10:6>	SID<10:6>	SID<10:6>	SID<10:6>	SID<10:6>	—	—	SID<5:0>	SID<5:0>	SID<5:0>	SID<5:0>	SID<5:0>	MIDE	xxxx
C1RXM0EIDH	332	EID<17:14>	EID<17:14>	EID<17:14>	EID<17:14>	EID<13:6>	EID<13:6>	EID<13:6>	EID<13:6>	EID<13:6>	EID<13:6>	EID<13:6>	EID<13:6>	—	—	—	—	xxxx
C1RXM0EIDL	334	EID<5:0>	EID<5:0>	EID<5:0>	EID<5:0>	EID<5:0>	EID<5:0>	—	—	—	—	—	—	—	—	—	—	xxxx
未使用	336																	xxxx
C1RXM1SID	338	—	—	—	SID<10:6>	SID<10:6>	SID<10:6>	SID<10:6>	SID<10:6>	—	—	SID<5:0>	SID<5:0>	SID<5:0>	SID<5:0>	SID<5:0>	MIDE	xxxx
C1RXM1EIDH	33A	EID<17:14>	EID<17:14>	EID<17:14>	EID<17:14>	EID<13:6>	EID<13:6>	EID<13:6>	EID<13:6>	EID<13:6>	EID<13:6>	EID<13:6>	EID<13:6>	—	—	—	—	xxxx
C1RXM1EIDL	33C	EID<5:0>	EID<5:0>	EID<5:0>	EID<5:0>	EID<5:0>	EID<5:0>	—	—	—	—	—	—	—	—	—	—	xxxx
未使用	33E																	xxxx
C1TX2SID	340	—	—	—	SID<10:6>	SID<10:6>	SID<10:6>	SID<10:6>	SID<10:6>	—	—	SID<5:0>	SID<5:0>	SID<5:0>	SID<5:0>	SID<5:0>	SRR	xxxx
C1TX2EID	342	EID<17:14>	EID<17:14>	EID<17:14>	EID<17:14>	EID<13:6>	EID<13:6>	EID<13:6>	EID<13:6>	EID<13:6>	EID<13:6>	EID<13:6>	EID<13:6>	—	—	—	TXIDE	xxxx
C1TX2DLC	344	EID<5:0>	EID<5:0>	EID<5:0>	EID<5:0>	EID<5:0>	EID<5:0>	TXRTR	TXRB1	TXRB0	DLC<3:0>	DLC<3:0>	DLC<3:0>	DLC<3:0>	—	—	—	xxxx
C1TX2B1	346	发送缓冲器 0 字节 1								发送缓冲器 0 字节 0								xxxx
C1TX2B2	348	发送缓冲器 0 字节 3								发送缓冲器 0 字节 2								xxxx
C1TX2B3	34A	发送缓冲器 0 字节 5								发送缓冲器 0 字节 4								xxxx
C1TX2B4	34C	发送缓冲器 0 字节 7								发送缓冲器 0 字节 6								xxxx
C1TX2CON	34E	—	—	—	—	—	—	—	—	—	TXABT	TXLARB	TXERR	TXREQ	—	TXPRI<1:0>	TXPRI<1:0>	0000
C1TX1SID	350	—	—	—	SID<10:6>	SID<10:6>	SID<10:6>	SID<10:6>	SID<10:6>	—	—	SID<5:0>	SID<5:0>	SID<5:0>	SID<5:0>	SID<5:0>	SRR	xxxx
C1TX1EID	352	EID<17:14>	EID<17:14>	EID<17:14>	EID<17:14>	EID<13:6>	EID<13:6>	EID<13:6>	EID<13:6>	EID<13:6>	EID<13:6>	EID<13:6>	EID<13:6>	—	—	—	TXIDE	xxxx
C1TX1DLC	354	EID<5:0>	EID<5:0>	EID<5:0>	EID<5:0>	EID<5:0>	EID<5:0>	TXRTR	TXRB1	TXRB0	DLC<3:0>	DLC<3:0>	DLC<3:0>	DLC<3:0>	—	—	—	xxxx
C1TX1B1	356	发送缓冲器 0 字节 1								发送缓冲器 0 字节 0								xxxx
C1TX1B2	358	发送缓冲器 0 字节 3								发送缓冲器 0 字节 2								xxxx
C1TX1B3	35A	发送缓冲器 0 字节 5								发送缓冲器 0 字节 4								xxxx

续表 18-1

寄存器名称	地址	bit 15	bit 14	bit 13	bit 12	bit 11	bit 10	bit 9	bit 8	bit 7	bit 6	bit 5	bit 4	bit 3	bit 2	bit 1	bit 0	复位
C1TX1B4	35C	发送缓冲器0字节7								发送缓冲器0字节6								xxxx
C1TX1CON	35E	—	—	—	—	—	—	—	—	TXABT	TXLARB	TXERR	TXREQ	—	—	TXPRI<1:0>		0000
C1TX0SID	360	—	—	—	SID<10:6>					SID<5:0>					—	SRR	TXIDE	xxxx
C1TX0EID	362	—	—	—	—	EID<17:14>				EID<13:6>								xxxx
C1TX0DLC	364	—	—	—	—	—	—	—	—	TXRTR	TXRB1	TXRB0	—	DLC<3:0>				xxxx
C1TX0B1	366	发送缓冲器0字节1								发送缓冲器0字节0								xxxx
C1TX0B2	368	发送缓冲器0字节3								发送缓冲器0字节2								xxxx
C1TX0B3	36A	发送缓冲器0字节5								发送缓冲器0字节4								xxxx
C1TX0B4	36C	发送缓冲器0字节7								发送缓冲器0字节6								xxxx
C1TX0CON	36E	—	—	—	—	—	—	—	—	TXABT	TXLARB	TXERR	TXREQ	—	—	TXPRI<1:0>		0000
C1RX1SID	370	—	—	—	SID<10:6>					SID<5:0>					—	SRR	RXIDE	xxxx
C1RX1EID	372	—	—	—	—	EID<17:14>				EID<13:6>								xxxx
C1RX1DLC	374	—	—	—	—	—	—	RXRTR	RXRB1	—	RXRB0	—	—	DLC<3:0>				xxxx
C1RX1B1	376	接收缓冲器0字节1								接收缓冲器0字节0								xxxx
C1RX1B2	378	接收缓冲器0字节3								接收缓冲器0字节2								xxxx
C1RX1B3	37A	接收缓冲器0字节5								接收缓冲器0字节4								xxxx
C1RX1B4	37C	接收缓冲器0字节7								接收缓冲器0字节6								xxxx
C1RX1CON	37E	—	—	—	—	—	—	—	—	RXFUL	—	RXERR	RXRTR0	—	FILHIT<2:0>			0000
C1RX0SID	380	—	—	—	SID<10:6>					SID<5:0>					—	SRR	RXIDE	xxxx
C1RX0EID	382	—	—	—	—	EID<17:14>				EID<13:6>								xxxx
C1RX0DLC	384	—	—	—	—	—	—	RXRTR	RXRB1	—	RXRB0	—	—	DLC<3:0>				xxxx
C1RX0B1	386	接收缓冲器0字节1								接收缓冲器0字节0								xxxx
C1RX0B2	388	接收缓冲器0字节3								接收缓冲器0字节2								xxxx
C1RX0B3	38A	接收缓冲器0字节5								接收缓冲器0字节4								xxxx

续表 18-1

寄存器名称	地址	bit 15	bit 14	bit 13	bit 12	bit 11	bit 10	bit 9	bit 8	bit 7	bit 6	bit 5	bit 4	bit 3	bit 2	bit 1	bit 0	复位
C1RX0B4	38C	接收缓冲器 0 字节 7								接收缓冲器 0 字节 6								xxxx
C1RX0CON	38E	—	—	—	—	—	—	—	—	RXFUL	—	RXRTRR0	RXB0DBEN	JTOFF	—	—	FILHIT0	0000
C1CTRL	390	CANCAP	—	CSIDL	ABAT	CANCKS	—	—	—	—	OPMODE<2:0>			REQOP<2:0>			ICODE<2:0>			0480
C1CFG1	392	—	—	—	—	—	—	—	—	SJW<1:0>		BRP<5:0>						0000
C1CFG2	394	—	WAKFIL	—	—	—	SEG2PH<2:0>			SEG2PHTS	SAM	SEG1PH<2:0>			PRSEG<2:0>			0000
C1INTF	396	RXB0VR	RXB1OVR	TXBO	TXBP	RXBP	TXWARN	RXWARN	EWARN	IVRIF	WAKIF	ERRIF	TXB2IF	TXB1IF	TXB0IF	RXB1IF	RXB0IF	0000
C1INTE	398	—	—	—	—	—	—	—	—	IVRIE	WAKIE	ERRIE	TXB2IE	TXB1IE	TXB0IE	RXB1IE	RXB0IE	0000
C1EC	39A	发送错误计数器								接收错误计数器								xxxx
保留	39C~39E	—																xxxx

表 18-2 CAN2 寄存器映射

寄存器名称	地址	bit 15	bit 14	bit 13	bit 12	bit 11	bit 10	bit 9	bit 8	bit 7	bit 6	bit 5	bit 4	bit 3	bit 2	bit 1	bit 0	复位
C2RXF0SID	3C0	—	—	—	SID<10:6>					SID<5:0>						—	EXIDE	—	xxxx
C2RXF0EIDH	3C2	EID<17:14>				EID<13:6>												xxxx
C2RXF0EIDL	3C4	EID<5:0>						—	—	—	—	—	—	—	—	—	—	xxxx
未使用	3C6	—																xxxx
C2RXF1SID	3C8	—	—	—	SID<10:6>					SID<5:0>						—	EXIDE	—	xxxx
C2RXF1EIDH	3CA	EID<17:14>				EID<13:6>												xxxx
C2RXF1EIDL	3CC	EID<5:0>						—	—	—	—	—	—	—	—	—	—	xxxx
未使用	3CE	—																xxxx
C2RXF2SID	3D0	—	—	—	SID<10:6>					SID<5:0>						—	EXIDE	—	xxxx
C2RXF2EIDH	3D2	EID<17:14>				EID<13:6>												xxxx
C2RXF2EIDL	3D4	EID<5:0>						—	—	—	—	—	—	—	—	—	—	xxxx
未使用	3D6	—																xxxx

续表 18-2

寄存器名称	地址	bit 15	bit 14	bit 13	bit 12	bit 11	bit 10	bit 9	bit 8	bit 7	bit 6	bit 5	bit 4	bit 3	bit 2	bit 1	bit 0	复位
C2RXF3SID	3D8	—	—	—	SID<10:6>					SID<5:0>						—	EXIDE	xxxx
C2RXF3EIDH	3DA	—	—	—	—	EID<17:14>				EID<13:6>								xxxx
C2RXF3EIDL	3DC	—	—	—	—	—	—	—	—	—	—	EID<5:0>						xxxx
未使用	3DE	—	—	—	—	—	—	—	—	—	—	—	—	—	—	—	—	xxxx
C2RXF4SID	3E0	—	—	—	SID<10:6>					SID<5:0>						—	EXIDE	xxxx
C2RXF4EIDH	3E2	—	—	—	—	EID<17:14>				EID<13:6>								xxxx
C2RXF4EIDL	3E4	—	—	—	—	—	—	—	—	—	—	EID<5:0>						xxxx
未使用	3E6	—	—	—	—	—	—	—	—	—	—	—	—	—	—	—	—	xxxx
C2RXF5SID	3E8	—	—	—	SID<10:6>					SID<5:0>						—	EXIDE	xxxx
C2RXF5EIDH	3EA	—	—	—	—	EID<17:14>				EID<13:6>								xxxx
C2RXF5EIDL	3EC	—	—	—	—	—	—	—	—	—	—	EID<5:0>						xxxx
未使用	3EE	—	—	—	—	—	—	—	—	—	—	—	—	—	—	—	—	xxxx
C2RXM0SID	3F0	—	—	—	SID<10:6>					SID<5:0>						—	MIDE	xxxx
C2RXM0EIDH	3F2	—	—	—	—	EID<17:14>				EID<13:6>								xxxx
C2RXM0EIDL	3F4	—	—	—	—	—	—	—	—	—	—	EID<5:0>						xxxx
未使用	3F6	—	—	—	—	—	—	—	—	—	—	—	—	—	—	—	—	xxxx
C2RXM1SID	3F8	—	—	—	SID<10:6>					SID<5:0>						—	MIDE	xxxx
C2RXM1EIDH	3FA	—	—	—	—	EID<17:14>				EID<13:6>								xxxx
C2RXM1EIDL	3FC	—	—	—	—	—	—	—	—	—	—	EID<5:0>						xxxx
未使用	3FE	—	—	—	—	—	—	—	—	—	—	—	—	—	—	—	—	xxxx
C2TX2SID	400	—	—	—	SID<10:6>					SID<5:0>						SRR	TXIDE	xxxx
C2TX2EID	402	—	—	—	—	EID<17:14>				EID<13:6>						EID<5:0>		xxxx
C2TX2DLC	404	—	—	—	—	—	—	TXRTR	TXRB1	TXRB0	—	—	—	DLC<3:0>				xxxx
C2TX2B1	406	发送缓冲器 0 字节 1								发送缓冲器 0 字节 0								xxxx

续表 18-2

寄存器名称	地址	bit 15	bit 14	bit 13	bit 12	bit 11	bit 10	bit 9	bit 8	bit 7	bit 6	bit 5	bit 4	bit 3	bit 2	bit 1	bit 0	复位
C2TX2B2	408	发送缓冲器0字节3								发送缓冲器0字节2								xxxx
C2TX2B3	40A	发送缓冲器0字节5								发送缓冲器0字节4								xxxx
C2TX2B4	40C	发送缓冲器0字节7								发送缓冲器0字节6								xxxx
C2TX2CON	40E	—	—	—	—	—	—	—	—	—	TXABT	TXLARB	TXERR	TXREQ	—	TXPRI<1:0>		0000
C2TX1SID	410	—	—	—	SID<10:6>					SID<5:0>						SRR	TXIDE	xxxx
C2TX1EID	412	—	—	—	—	EID<17:14>				EID<13:6>								xxxx
C2TX1DLC	414	EID<5:0>						—	—	—	—	—	TXRTR	TXRB1	—	DLC<3:0>		xxxx
C2TX1B1	416	发送缓冲器0字节1								发送缓冲器0字节0								xxxx
C2TX1B2	418	发送缓冲器0字节3								发送缓冲器0字节2								xxxx
C2TX1B3	41A	发送缓冲器0字节5								发送缓冲器0字节4								xxxx
C2TX1B4	41C	发送缓冲器0字节7								发送缓冲器0字节6								xxxx
C2TX1CON	41E	—	—	—	—	—	—	—	—	—	TXABT	TXLARB	TXERR	TXREQ	—	TXPRI<1:0>		0000
C2TX0SID	420	—	—	—	SID<10:6>					SID<5:0>						SRR	TXIDE	xxxx
C2TX0EID	422	—	—	—	—	EID<17:14>				EID<13:6>								xxxx
C2TX0DLC	424	EID<5:0>						—	—	—	—	—	TXRTR	TXRB1	—	DLC<3:0>		xxxx
C2TX0B1	426	发送缓冲器0字节1								发送缓冲器0字节0								xxxx
C2TX0B2	428	发送缓冲器0字节3								发送缓冲器0字节2								xxxx
C2TX0B3	42A	发送缓冲器0字节5								发送缓冲器0字节4								xxxx
C2TX0B4	42C	发送缓冲器0字节7								发送缓冲器0字节6								xxxx
C2TX0CON	42E	—	—	—	—	—	—	—	—	—	TXABT	TXLARB	TXERR	TXREQ	—	TXPRI<1:0>		0000
C2RX1SID	430	—	—	—	SID<10:6>					SID<5:0>						SRR	RXIDE	xxxx
C2RX1EID	432	—	—	—	—	EID<17:14>				EID<13:6>								xxxx
C2RX1DLC	434	EID<5:0>						RXRTR	RXRB1	—	—	—	—	RXRB0	DLC<3:0>			xxxx
C2RX1B1	436	接收缓冲器0字节1								接收缓冲器0字节0								xxxx

续表 18-2

寄存器名称	地址	bit 15	bit 14	bit 13	bit 12	bit 11	bit 10	bit 9	bit 8	bit 7	bit 6	bit 5	bit 4	bit 3	bit 2	bit 1	bit 0	复位位
C2RX1B2	438	接收缓冲器0字节3								接收缓冲器0字节2								xxxx
C2RX1B3	43A	接收缓冲器0字节5								接收缓冲器0字节4								xxxx
C2RX1B4	43C	接收缓冲器0字节7								接收缓冲器0字节6								xxxx
C2RX1CON	43E	RXFUL	—	—	—	—	—	—	—	RXFUL	—	RXERR	RXRTRR0	FILHIT<2:0>				0000
C2RX0SID	440	—	—	—	SID<10:6>										SRR	RXIDE		xxxx
C2RX0EID	442	—	—	—	EID<17:14>				EID<0:5>						EID<13:6>			xxxx
C2RX0DLC	444	—	RXRTR	RXRB1						—	—	RXRB0	DLC<3:0>					xxxx
C2RX0B1	446	接收缓冲器0字节1								接收缓冲器0字节0								xxxx
C2RX0B2	448	接收缓冲器0字节3								接收缓冲器0字节2								xxxx
C2RX0B3	44A	接收缓冲器0字节5								接收缓冲器0字节4								xxxx
C2RX0B4	44C	接收缓冲器0字节7								接收缓冲器0字节6								xxxx
C2RX0CON	44E	RXFUL	—	—	—	—	—	—	—	RXFUL	—	RXERR	RXRTRR0	RXB0DBEN	JTOFF	FILHIT0		0000
C2CTRL	450	CANCAP	—	CSIDL	ABAT	CANCKS	REQOP<2:0>			OPMODE<2:0>			—	ICODE<2:0>			—	0480
C2CFG1	452	—	—	—	—	—	—	—	—	SJWS<1:0>		BRP<5:0>						0000
C2CFG2	454	—	WAKFIL	—	—	—	SEG2PH<2:0>			SEG2PHTS	SAM	SEG1PH<2:0>			PRSEG<2:0>			0000
C2INTF	456	RXB0OVR	RXB1OVR	TXBO	TXBP	RXBP	TXWARN	RXWARN	EWARN	IVRIF	WAKIF	ERRIF	TXB2IF	TXB1IF	TXB0IF	RXB1IF	RXB0IF	0000
C2INTE	458	—	—	—	—	—	—	—	—	IVRIE	WAKIE	ERRIE	TXB2IE	TXB1IE	TXB0IE	RXB1IE	RXB0IE	0000
C2EC	45A	发送错误计数器								接收错误计数器								0000
保留	45C45E	—	—	—	—	—	—	—	—	—	—	—	—	—	—	—	—	xxxx

18.3.1 CAN 控制和状态寄存器

在以下几节介绍的寄存器 18-1~18-23 中,-0 表示上电复位时清 0;-1 表示上电复位时置 1;-x 表示上电复位时的值未知;U 表示未用位,读作 0;R 表示可读位;W 表示可写位;C 表示软件可清 0。

寄存器 18-1　CAN 模块控制和状态寄存器 CiCTRL

R/W-x	U-0	R/W-0	R/W-0	R/W-0	R/W-1	R/W-0	R/W-0
TSTAMP	—	CSIDL	ABAT	CANCKS	REQOP2	REQOP1	REQOP0
bit 15			高字节				bit 8

R-1	R-0	R-0	U-0	R-0	R-0	R-0	U-0
OPMODE2	OPMODE1	OPMODE0	—	ICODE2	ICODE1	ICODE0	—
bit 7			低字节				bit 0

bit 15　TSTAMP　CAN 报文接收捕捉使能位。
　　1　使能 CAN 捕捉。
　　0　禁止 CAN 捕捉。
　　注意:TSTAMP 总是可写的,与 CAN 模块工作模式无关。

bit 14　未用位　读作 0。

bit 13　CSIDL　空闲模式停止位。
　　1　当器件进入空闲模式时,停止 CAN 模块工作。
　　0　在空闲模式继续 CAN 模块工作。

bit 12　ABAT　中止所有等待的发送位。
　　1　中止所有发送缓冲器中等待的发送。
　　0　无影响。
　　注意:当所有发送被中止时,模块会清零此位。

bit 11　CANCKS　CAN 主时钟选择位。
　　1　FCAN 时钟为 F_{CY}。
　　0　FCAN 时钟为 4 F_{CY}。

bit 10~8　REQOP<2:0>　请求工作模式位。
　　111　设置监听所有报文模式。
　　110　保留。
　　101　保留。
　　100　设置配置模式。
　　011　设置监听模式。

010 设置环回模式。
001 设置禁止模式。
000 设置正常工作模式。

bit 7~5 OPMODE<2：0> 工作模式位。

注意：这些位表示 CAN 模块的当前工作模式。参见 REQOP 位的说明(CiCTRL<10：8>)。

bit 4 未用位 读作 0。

bit 3~1 ICODE<2：0> 中断标志编码位。

111 唤醒中断。
110 RXB0 中断。
101 RXB1 中断。
100 TXB0 中断。
011 TXB1 中断。
010 TXB2 中断。
001 错误中断。
000 无中断。

bit 0 未用位 读作 0。

18.3.2 CAN 发送缓冲寄存器

以下部分将描述 CAN 发送缓冲寄存器和相关的发送缓冲控制寄存器。

寄存器 18-2 CiTXnCON 发送缓冲器状态和控制寄存器

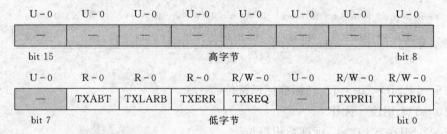

bit 15~7 未用位 读作 0。

bit 6 TXABT 报文中止位。

1 报文被中止。
0 报文未被中止。

注意：当 TXREQ 置位时此位被清零。

bit 5 TXLARB 报文丢失仲裁位。

1　报文在发送过程中失去仲裁。
　　0　报文在发送过程中不失去仲裁。
　　注意：当 TXREQ 置位时此位被清零。

bit 4　TXERR　发送时的错误检测位。
　　1　报文发送时发生总线错误。
　　0　报文发送时未发生总线错误。
　　注意：当 TXREQ 置位时此位被清零。

bit 3　TXREQ　报文发送请求位。
　　1　请求报文发送。
　　0　如果 TXREQ 已置位，则将中止报文发送，否则不会产生影响。
　　注意：当报文发送成功后，此位会自动清零。

bit 2　未用位　读作 0。

bit 1～0　TXPRI<1：0>　报文发送优先级位。
　　11　最高报文优先级。
　　10　中高报文优先级。
　　10　中低报文优先级。
　　00　最低报文优先级。

寄存器 18-3　发送缓冲器 n 标准标识符寄存器 CiTXnSID

R/W-x	R/W-x	R/W-x	R/W-x	R/W-x	U-0	U-0	U-0
SID10	SID9	SID8	SID7	SID6	—	—	—

bit 15　　　　　　　　　　高字节　　　　　　　　　　bit 8

R/W-x	R/W-x	R/W-x	R/W-x	R/W-x	R/W-x	R/W-x	R/W-x
SID5	SID4	SID3	SID2	SID1	SID0	SRR	TXIDE

bit 7　　　　　　　　　　低字节　　　　　　　　　　bit 0

bit 15～11　SID<10：6>　标准标识符位。

bit 10～8　未用位　读作 0。

bit 7～2　SID<5：0>　标准标识符位。

bit 1　SRR　替代远程请求控制位。
　　1　报文将请求远程发送。
　　0　正常报文发送。

bit 0　TXIDE　扩展标识符位。
　　1　报文将发送扩展的标识符。
　　0　报文将发送标准标识符。

寄存器 18-4　发送缓冲器 n 扩展标识符寄存器 CiTXnEID

R/W-x	R/W-x	R/W-x	R/W-x	U-0	U-0	U-0	U-0
EID17	EID16	EID15	EID14	—	—	—	—
bit 15			高字节				bit 8

R/W-x	R/W-x	R/W-x	R/W-x	R/W-x	R/W-x	R/W-x	R/W-x
EID13	EID12	EID11	EID10	EID9	EID8	EID7	EID6
bit 7			低字节				bit 0

bit 15~12　EID<17:14>　扩展标识符的 17~14 位。

bit 11~8　未用　读作 0。

bit 7~0　EID<13:6>　扩展标识符的 13~6 位。

寄存器 18-5　发送缓冲器 n 数据长度控制寄存器 CiTXnDLC

R/W-x	R/W-x	R/W-x	R/W-x	R/W-x	R/W-x	R/W-x	R/W-x
EID5	EID4	EID3	EID2	EID1	EID0	TXRTR	TXRB1
bit 15			高字节				bit 8

R/W-x	R/W-x	R/W-x	R/W-x	R/W-x	U-0	U-0	U-0
TXRB0	DLC3	DLC2	DLC1	DLC0	—	—	—
bit 7			低字节				bit 0

bit 15~10　EID<5:0>　扩展标识符的 5~0 位。

bit 9　TXRTR　远程发送请求位。

　　1　报文将请求远程发送。

　　0　正常报文发送。

bit 8~7　TXRB<1:0>　保留位。

注意：根据 CAN 协议,用户必须将这些位置为 1。

bit 6~3　DLC<3:0>　数据长度码位。

bit 2~0　未用位　读作 0

寄存器 18-6　发送缓冲器 n 数据字段字 m 寄存器 CiTXnBm

R/W-x	R/W-x	R/W-x	R/W-x	R/W-x	R/W-x	R/W-x	R/W-x
CTXB15	CTXB14	CTXB13	CTXB12	CTXB11	CTXB10	CTXB9	CTXB8
bit 15			高字节				bit 8

R/W-x	R/W-x	R/W-x	R/W-x	R/W-x	R/W-x	R/W-x	R/W-x
CTXB7	CTXB6	CTXB5	CTXB4	CTXB3	CTXB2	CTXB1	CTXB0
bit 7			低字节				bit 0

bit 15～0 CTXB<15：0>　数据字段缓冲器字位(2 字节)。

18.3.3　CAN 接收缓冲寄存器

本节给出了接收缓冲寄存器及其相关的控制寄存器。

寄存器 18-7　接收缓冲器 0 状态和控制寄存器 CiRX0CON

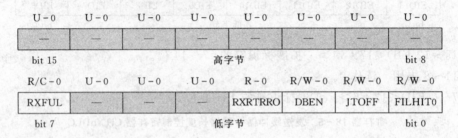

bit 15～8　未用位　读作 0。

bit 7 RXFUL　接收满状态位。

　　1　接收缓冲器包含有效的接收报文。

　　0　接收缓冲器准备接收新报文。

　　此位由 CAN 模块置位，应该在读取缓冲器后由软件清零。

bit 6～4　未用位　读作 0。

bit 3 RXRTRRO　接收到远程传输请求位(只读)。

　　1　接收到远程传输请求。

　　0　未接收到远程传输请求。

　　注意：此位反映上次装入接收缓冲器 0 的报文的状态。

bit 2 DBEN　接收缓冲器 0 双缓冲使能位。

　　1　接收缓冲器 0 溢出将写入接收缓冲器 1。

　　0　接收缓冲器 0 溢出不写入接收缓冲器 1。

bit 1 JTOFF　跳转表偏移位(DBEN 的只读备份)。

　　1　允许跳转表在 6～7 之间偏移。

　　0　允许跳转表在 0～1 之间偏移。

bit 0 FILHIT0　指出哪个接收过滤器使能报文接收的位。

　　1　接收过滤器 1(RXF1)。

　　0　接收过滤器 0(RXF0)。

　　注意：此位反应上次装入接收缓冲器 0 的报文状态。

寄存器 18-8　接收缓冲器 1 状态和控制寄存器 CiRX1CON

U-0	U-0	U-0	U-0	U-0	U-0	U-0	U-0
—	—	—	—	—	—	—	—
bit 15			高字节				bit 8
R/C-0	U-0	U-0	U-0	R-0	R-0	R-0	R-0
RXFUL	—	—	—	RXRTRRO	FILHIT2	FILHIT1	FILHIT0
bit 7			低字节				bit 0

bit 15~8　未用位　读作 0。

bit 7　RXFUL　接收满状态位。
 1　接收缓冲器包含有效的接收报文。
 0　接收缓冲器准备接收新报文。
 注意：此位由 CAN 模块置位，应该在读取缓冲器后用软件清零。

bit 6~4　未用位　读作 0。

bit 3　RXRTRRO　接收到远程传输请求位（只读）。
 1　接收到远程传输请求。
 0　未接收远程传输请求。
 注意：此位反映上次装入接收缓冲器 1 的报文的状态。

bit 2~0　FILHIT<2：0>　指出哪个接收过滤器使能报文接收的位。
 101　接收过滤器 5(RXF5)。
 100　接收过滤器 4(RXF4)。
 011　接收过滤器 3(RXF3)。
 010　接收过滤器 2(RXF2)。
 001　接收过滤器 1(RXF1)（只可能出现在 DBEN 位置位后）。
 000　接收过滤器 0(RXF0)（只可能出现在 DBEN 位置位后）。

寄存器 18-9　接收缓冲器 n 标准标识符寄存器 CiRxnSID

U-0	U-0	U-0	R/W-x	R/W-x	R/W-x	R/W-x	R/W-x
—	—	—	SID10	SID9	SID8	SID7	SID6
bit 15			高字节				bit 8
R/W-x	R/W-x	R/W-x	R/W-x	R/W-x	R/W-x	R/W-x	R/W-x
SID5	SID4	SID3	SID2	SID1	SID0	SRR	RXIDE
bit 7			低字节				bit 0

bit 15~13　未用位　读作 0。

bit 12~2　SID<10：0>　标准标识符位。

bit 1 SRR 代替远程请求位(仅当 RXIDE 值=1 时可用)。
    1 发生远程传输请求。
    0 未发生远程传输请求。
bit 0 RXIDE 扩展标识符标志位。
    1 接收的报文为扩展数据帧,SID<10∶0>为 EID<28∶18>。
    0 接收的报文为1个标准数据帧。

寄存器 18-10 接收缓冲器 n 扩展标识符寄存器 CiRXnEID

U-0	U-0	U-0	U-0	R/W-x	R/W-x	R/W-x	R/W-x
—	—	—	—	EID17	EID16	EID15	EID14
bit 15			高字节				bit 8
R/W-x	R/W-x	R/W-x	R/W-x	R/W-x	R/W-x	R/W-x	R/W-x
EID13	EID12	EID11	EID10	EID9	EID8	EID7	EID6
bit 7			低字节				bit 0

bit 15~12 未用位 读作 0。
bit 11~0 EID<17∶6> 扩展标识符的 17~6 位。

寄存器 18-11 接收缓冲器 n 数据字段字 m 寄存器 CiRXnBm

R/W-x	R/W-x	R/W-x	R/W-x	R/W-x	R/W-x	R/W-x	R/W-x
CRXB15	CRXB14	CRXB13	CRXB12	CRXB11	CRXB10	CRXB9	CRXB8
bit 15			高字节				bit 8
R/W-x	R/W-x	R/W-x	R/W-x	R/W-x	R/W-x	R/W-x	R/W-x
CRXB7	CRXB6	CRXB5	CRXB4	CRXB3	CRXB2	CRXB1	CRXB0
bit 7			低字节				bit 0

bit 15~0 CRXB<15∶0> 数据字段缓冲器字位(2 字节)。

寄存器 18-12 接收缓冲器 n 数据长度控制寄存器 CiRXnDLC

R/W-x	R/W-x	R/W-x	R/W-x	R/W-x	R/W-x	R/W-x	R/W-x
EID5	EID4	EID3	EID2	EID1	EID0	RXRTR	RB1
bit 15			高字节				bit 8
U-0	U-0	U-0	R/W-x	R/W-x	R/W-x	R/W-x	R/W-x
—	—	—	RB0	DLC3	DLC2	DLC1	DLC0
bit 7			低字节				bit 0

bit 15~10 EID<5∶0> 扩展标识符位。
bit 9 RXRTR 接收远程发送请求位。
    1 远程传输请求。

0 无远程传输请求。

注意：此位反映了上次接收的报文中 RTR 位的状态。

bit 8 RB1 保留的位 1。

依据 CAN 规范保留且读作 0。

bit 4 RB0 保留的位 0。

依据 CAN 规范保留且读作 0。

bit 3~0 DLC<3：0> 数据长度码位(接收缓冲器中的内容)。

18.3.4 报文接收过滤器

本节介绍报文接收过滤器。

寄存器 18-13 接收过滤器 n 标准标识符寄存器 CiRXFnSID

U-0	U-0	U-0	R/W-x	R/W-x	R/W-x	R/W-x	R/W-x
—	—	—	SID10	SID9	SID8	SID7	SID6
bit 15			高字节				bit 8

R/W-x	R/W-x	R/W-x	R/W-x	R/W-x	R/W-x	U-0	R/W-x
SID5	SID4	SID3	SID2	SID1	SID0	—	EXIDE
bit 7			低字节				bit 0

bit 15~13 未用位 读作 0。

bit 12~2 SID<10：0> 标准标识符位。

bit 1 未用位 读作 0。

bit 0 EXIDE 扩展标识符使能位。

如果 MIDE 值＝1,则

1 使能用于扩展标识符的过滤器。

0 使能用于标准标识符的过滤器。

如果 MIDE 值＝0,则忽略 EXIDE 位。

寄存器 18-14 接收过滤器 n 扩展标识符高位寄存器 CiRXFnEIDH

U-0	U-0	U-0	U-0	R/W-x	R/W-x	R/W-x	R/W-x
—	—	—	—	EID17	EID16	EID15	EID14
bit 15			高字节				bit 8

R/W-x	R/W-x	R/W-x	R/W-x	R/W-x	R/W-x	R/W-x	R/W-x
EID13	EID12	EID11	EID10	EID9	EID8	EID7	EID6
bit 7			低字节				bit 0

bit 15~12 未用位　读作 0。
bit 11~0 EID<17：6>　扩展标识符的 17~6 位。

寄存器 18－15　接收过滤器 n 扩展标识符低位寄存器 CiRXFnEIDL

R/W-x	R/W-x	R/W-x	R/W-x	R/W-x	R/W-x	U-0	U-0
EID5	EID4	EID3	EID2	EID1	EID0	—	—
bit 15			高字节				bit 8

U-0	U-0	U-0	U-0	U-0	U-0	U-0	U-0
—	—	—	—	—	—	—	—
bit 7			低字节				bit 0

bit 15~10 EID<5：0>　扩展标识符位。
bit 9~0 未用位　读作 0。

18.3.5　接收过滤器屏蔽寄存器

寄存器 18－16　接收过滤器屏蔽器 n 标准标识符寄存器 CiRXMnSID

U-0	U-0	U-0	R/W-x	R/W-x	R/W-x	R/W-x	R/W-x
—	—	—	SID10	SID9	SID8	SID7	SID6
bit 15			高字节				bit 8

R/W-x	R/W-x	R/W-x	R/W-x	R/W-x	R/W-x	U-0	R/W-x
SID5	SID4	SID3	SID2	SID1	SID0	—	MIDE
bit 7			低字节				bit 0

bit 15~13 未用位　读作 0。
bit 12~2 SID<10：0>　标准标识符屏蔽位。
　1　包含过滤器比较中的位。
　0　不包含过滤器比较中的位。
bit 1 未用位　读作 0。
bit 0 MIDE　标识符模式选择位。
　1　只与过滤器中的 EXIDE 位指定的报文类型（标准或扩展地址）匹配。
　0　如果过滤器匹配则与标准或扩展地址报文匹配。

寄存器 18-17 接收过滤器屏蔽器 n 扩展标识符高位寄存器 CiRXMnEIDH

U-0	U-0	U-0	U-0	R/W-x	R/W-x	R/W-x	R/W-x
—	—	—	—	EID17	EID16	EID15	EID14
bit 15			高字节				bit 8

R/W-x	R/W-x	R/W-x	R/W-x	R/W-x	R/W-x	R/W-x	R/W-x
EID13	EID12	EID11	EID10	EID9	EID8	EID7	EID6
bit 7			低字节				bit 0

bit 15~12 未用位 读作 0。

bit 11~0 EID<17:6> 扩展标识符屏蔽器的 17~6 位。

 1 包含过滤器比较中的位。

 0 不包含过滤器比较中的位。

寄存器 18-18 接收过滤器屏蔽器 n 扩展标识符低位寄存器 CiRXMnEIDL

R/W-x	R/W-x	R/W-x	R/W-x	R/W-x	R/W-x	U-0	U-0
EID5	EID4	EID3	EID2	EID1	EID0	—	—
bit 15			高字节				bit 8

U-0	U-0	U-0	U-0	U-0	U-0	U-0	U-0
—	—	—	—	—	—	—	—
bit 7			低字节				bit 0

bit 15~10 EID<5:0> 扩展标识符位。

bit 9~0 未用位 读作 0。

18.3.6 CAN 波特率寄存器

本节介绍 CAN 波特率寄存器。

寄存器 18-19 波特率配置寄存器 1 CiCFG1

U-0	U-0	U-0	U-0	U-0	U-0	U-0	U-0
—	—	—	—	—	—	—	—
bit 15			高字节				bit 8

R/W-0	R/W-0	R/W-0	R/W-0	R/W-0	R/W-0	R/W-0	R/W-0
SJW1	SJW0	BRP5	BRP4	BRP3	BRP2	BRP1	BRP0
bit 7			低字节				bit 0

bit 15~8 未用位　读作 0。

bit 7~6 SJW<1:0>　同步跳转宽度位。

  11　同步跳转宽度时间为 $4 \times T_Q$。

  10　同步跳转宽度时间为 $3 \times T_Q$。

  01　同步跳转宽度时间为 $2 \times T_Q$。

  00　同步跳转宽度时间为 $1 \times T_Q$。

bit 5~0 BRP<5:0>　波特率预分频位。

  11 1111　$T_Q = 2 \times (BRP 值 + 1)/F_{CAN} = 128/F_{CAN}$

  ⋮

  00 0000　$T_Q = 2 \times (BRP 值 + 1)/F_{CAN} = 2/F_{CAN}$

注意：F_{CAN} 为 F_{CY} 或 F_{CY} 的 4 倍，由 CANCKS 位的设置决定。

寄存器 18-20　波特率配置寄存器 2 CiCFG2

U-0	R/W-x	U-0	U-0	U-0	R/W-x	R/W-x	R/W-x
—	WAKFIL	—	—	—	SEG2PH2	SEG2PH1	SEG2PH0
bit 15			高字节				bit 8

R/W-x	R/W-x	R/W-x	R/W-x	R/W-x	R/W-x	R/W-x	R/W-x
SEG2PHTS	SAM	SEG1PH2	SEG1PH1	SEG1PH0	PRSEG2	PRSEG1	PRSEG0
bit 7			低字节				bit 0

bit 15 未用位　读作 0。

bit 14 WAKFIL　将 CAN 总线滤波器用于唤醒的选择位。

  1　使用 CAN 总线滤波器唤醒。

  0　不使用 CAN 总线滤波器唤醒。

bit 13~11 未用位　读作 0。

bit 10~8 SEG2PH<2:0>　相位缓冲段 2 位。

  111　长度为 $8 \times T_Q$。

  ⋮

  000　长度为 $1 \times T_Q$。

bit 7 SEG2PHTS　相位段 2 时间选择位。

  1　可自由编程。

  0　SEG1PH 与信息处理时间（3 T_Q）中较大的 1 个（无论两者谁较大）。

bit 6 SAM　CAN 总线采样位。

  1　总线在采样点被采样 3 次。

  0　总线在采样点被采样 1 次。

bit 5~3 SEG1PH<2:0>　相位缓冲段 1 位。
　　111　长度为 $8 \times T_Q$。
　　⋮
　　000　长度为 $1 \times T_Q$。
bit 2~0 PRSEG<2:0>　广播时间段位。
　　111　长度为 $8 \times T_Q$。
　　⋮
　　000　长度为 $1 \times T_Q$。

18.3.7　CAN 模块错误计数寄存器

本节介绍 CAN 模块发送/接收错误计数寄存器。各种错误状态标志位在 CAN 中断标志寄存器中。

寄存器 18-21　发送/接收错误计数寄存器 CiEC

R-0	R-0	R-0	R-0	R-0	R-0	R-0	R-0
TERRCNT7	TERRCNT6	TERRCNT5	TERRCNT4	TERRCNT3	TERRCNT2	TERRCNT1	TERRCNT0
bit 15			高字节				bit 8

R-0	R-0	R-0	R-0	R-0	R-0	R-0	R-0
RERRCNT7	RERRCNT6	RERRCNT5	RERRCNT4	RERRCNT3	RERRCNT2	RERRCNT1	RERRCNT0
bit 7			低字节				bit 0

bit 15~8 TERRCNT<7:0>　发送错误计数位。
bit 7~0 RERRCNT<7:0>　接收错误计数位。

18.3.8　CAN 中断寄存器

本节介绍与中断相关的 CAN 寄存器。

寄存器 18-22　中断使能寄存器 CiINTE

U-0	U-0	U-0	U-0	U-0	U-0	U-0	U-0
—	—	—	—	—	—	—	—
bit 15			高字节				bit 8

R/W-0	R/W-0	R/W-0	R/W-0	R/W-0	R/W-0	R/W-0	R/W-0
IVRIE	WAKIE	ERRIE	TX2IE	TX1IE	TX0IE	RX1IE	RX0IE
bit 7			低字节				bit 0

bit 15~8 未用位 读作 0。

bit 7 IVRIE 接收到无效报文的中断使能位。
 1 使能。
 0 禁止。

bit 6 WAKIE 总线唤醒活动中断使能位。
 1 使能。
 0 禁止。

bit 5 ERRIE 错误中断使能位。
 1 使能。
 0 禁止。

bit 4 TX2IE 发送缓冲器 2 中断使能位。
 1 使能。
 0 禁止。

bit 3 TX1IE 发送缓冲器 1 中断使能位。
 1 使能。
 0 禁止。

bit 2 TX0IE 发送缓冲器 0 中断使能位。
 1 使能。
 0 禁止。

bit 1 RX1IE 接收缓冲器 1 中断使能位。
 1 使能。
 0 禁止。

bit 0 RX0IE 接收缓冲器 0 中断使能位。
 1 使能。
 0 禁止。

寄存器 18-23 中断标志寄存器 CiINTE

R/C-0	R/C-0	R-0	R-0	R-0	R-0	R-0	R-0
RX0OVR	RX1OVR	TXBO	TXEP	RXEP	TXWAR	RXWAR	EWARN
bit 15			高字节				bit 8
R/W-0	R/W-0	R/W-0	R/W-0	R/W-0	R/W-0	R/W-0	R/W-0
IVRIF	WAKIF	ERRIF	TX2IF	TX1IF	TX0IF	RX1IF	RX0IF
bit 7			低字节				bit 0

bit 15 RX0OVR 接收缓冲器 0 溢出位。
    1   接收缓冲器 0 溢出。
    0   接收缓冲器 0 未溢出。

bit 14 RX1OVR 接收缓冲器 1 溢出位。
    1   接收缓冲器 1 溢出。
    0   接收缓冲器 1 未溢出。

bit 13 TXBO 发送器处于错误状态，总线关闭位。
    1   发送器处于错误状态，总线关闭。
    0   发送器不处于错误状态，总线关闭。

bit 12 TXEP 发送器处于错误状态，总线被动位。
    1   发送器处于错误状态，总线被动。
    0   发送器不处于错误状态，总线被动。

bit 11 RXEP 接收器处于错误状态，总线被动位。
    1   接收器处于错误状态，总线被动。
    0   接收器不处于错误状态，总线被动。

bit 10 TXWAR 发送器处于错误状态，警告位。
    1   发送器处于错误状态，警告。
    0   发送器未处于错误状态，警告。

bit 9 RXWAR 接收器处于错误状态，警告位。
    1   接收器处于错误状态，警告。
    0   接收器未处于错误状态，警告。

bit 8 EWARN 发送器或接收器处于错误状态，警告位。
    1   发送器或接收器处于错误状态，警告。
    0   发送器和接收器均未处于错误状态。

bit 7 IVRIF 接收到无效报文的中断标志位。
    1   在接收上一条报文过程中发生了某种类型的错误。
    0   未发生接收错误。

bit 6 WAKIF 总线唤醒活动中断标志位。
    1   发生中断请求。
    0   未发生中断请求。

bit 5 ERRIF 错误中断标志位（CiINTF<15：8>寄存器中的多种中断源）。
    1   发生中断请求。
    0   未发生中断请求。

bit 4 TX2IF 发送缓冲器 2 中断标志位。

  1 发生中断请求。
  0 未发生中断请求。
bit 3 TX1IF 发送缓冲器 1 中断标志位。
  1 发生中断请求。
  0 未发生中断请求。
bit 2 TX0IF 发送缓冲器 0 中断标志位。
  1 发生中断请求。
  0 未发生中断请求。
bit 1 RX1IF 接收缓冲器 1 中断标志位。
  1 发生中断请求。
  0 未发生中断请求。
bit 0 RX0IF 接收缓冲器 0 中断标志位。
  1 发生中断请求。
  0 未发生中断请求。

18.4 CAN 模块的实现

  CAN 总线模块由一个协议引擎与报文缓冲和控制组成。通过确定模块发送和接收的数据帧类型就可以很好地理解协议引擎。这些框图见图 18-2。

CAN 报文格式

  CAN 协议引擎处理在 CAN 总线上接收和发送报文的所有功能。报文通过首先装入相应的数据寄存器来发送。可以通过读取相应的寄存器来检查状态和错误。在 CAN 总线上检测到的任何报文会进行错误检查,然后与过滤器进行匹配,以确定该报文是否应该被接收并存储在 2 个接收寄存器之一中。

  CAN 模块支持以下类型的帧:
- 标准数据帧。
- 扩展数据帧。
- 远程帧。
- 错误帧。
- 帧间间隔。

1. 标准数据帧

  当节点希望发送数据时会产生 1 个标准数据帧,图 18-3 所示为标准 CAN 数据帧。与其他所有帧相同,标准 CAN 数据帧以帧起始位(SOF——显性状态)开始,与所有节点进行硬同步。

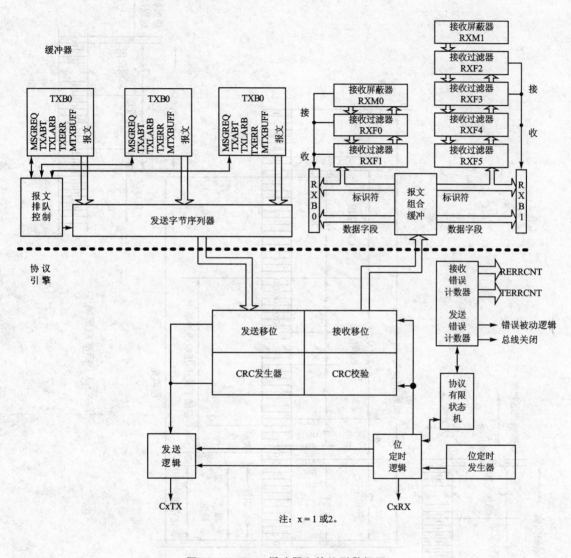

图 18-2 CAN 缓冲器和协议引擎框图

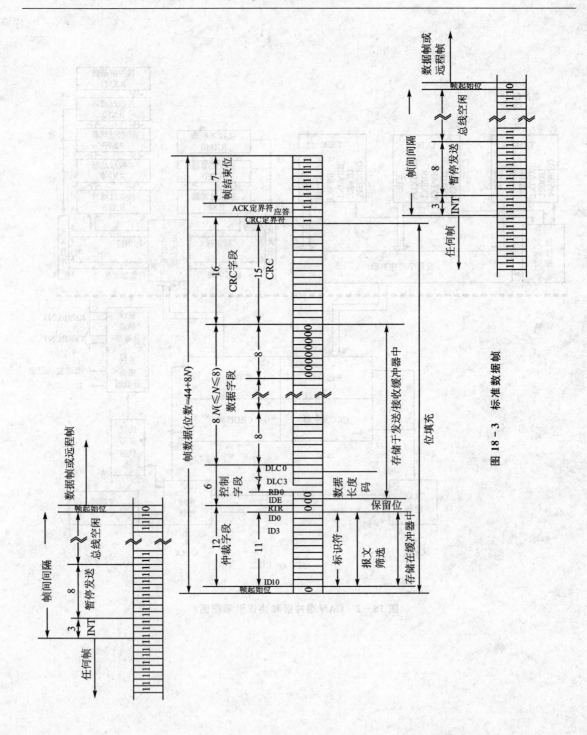

图 18-3 标准数据帧

在 SOF 之后是仲裁字段，由 12 位组成，包括 11 位的标识符（表示报文的内容和优先级）以及远程传输请求（Remote Transmission Request，简称 RTR）位。RTR 位用于区分数据帧（RTR——显性）和远程帧。

下一个字段是控制字段，由 6 位组成。字段的第 1 位称为标识符扩展（Identifier Extension，简称 IDE）位，该位为显性状态时，说明该帧为标准帧。接下来是 CAN 协议的保留位 RB0，这一位也被定义为显性位。控制字段的其余 4 位为数据长度码（Data Length Code，简称 DLC），规定了报文中包含的数据字节数。

控制字段之后为数据字段，包含正在发送的数据字节，数据字段长度由上述数据长度码 DLC 定义（0~8 字节）。

数据字段之后是循环冗余校验（Cyclic Redundancy Check，简称 CRC）字段，用来检测可能的报文传输错误。CRC 字段由 1 个 15 位的 CRC 序列和 1 个定界符位组成。报文以帧结束（End-Of-Frame，简称 EOF）字段结束，该字段由 7 个无位填充隐性位构成。

最后是应答字段。在应答间隙位期间，发送节点发出 1 个隐性位。任何收到无错误帧的节点会发回一个显性位（无论该节点是否配置为接收该特定报文），应答帧已被正确接收。隐性应答定界符是应答间隙的结束标志，除了发生错误帧外不能被显性位改写。

2. 扩展数据帧

如图 18-4 所示，在扩展 CAN 数据帧中，紧随帧起始（SOF）位的是 38 位仲裁字段。仲裁字段的前 11 位为 29 位标识符的 11 个最高位（基本 ID）。紧随这 11 位的是代替远程请求（Substitute Remote Request，简称 SRR）位，它以隐性状态发送。SRR 位后是 IDE 位，该位隐性时表示扩展的 CAN 帧。值得注意的是，如果在扩展帧标识符的前 11 位发送完后，总线仲裁无果，而此时参与仲裁的某个节点发出标准 CAN 帧（11 位标识符），那么由于节点发出了显性 IDE 位而使标准 CAN 帧赢得仲裁。另外，扩展 CAN 帧的 SRR 位应为隐性，以允许正在发送标准 CAN 远程帧的节点发出显性 RTR 位。SRR 位和 IDE 位之后是标识符的其余 18 位（扩展 ID）以及 1 个显性远程发送请求位。

为使标准帧和扩展帧都能在同一网络上发送，应将 29 位的扩展报文标识符拆分成 11 位（最高位）和 18 位（最低位）2 部分，拆分时必须确保标识符扩展位（IDE）在标准帧和扩展帧中的位置保持不变。

下 1 个字段是控制字段，由 6 位组成。控制字段前 2 位为保留位，为显性状态；控制字段的其余 4 位为数据长度码（DLC），它规定了数据字节数。

扩展数据帧的其他部分（数据字段、CRC 字段、应答字段、帧结束和间断）在结构上与标准数据帧相同。

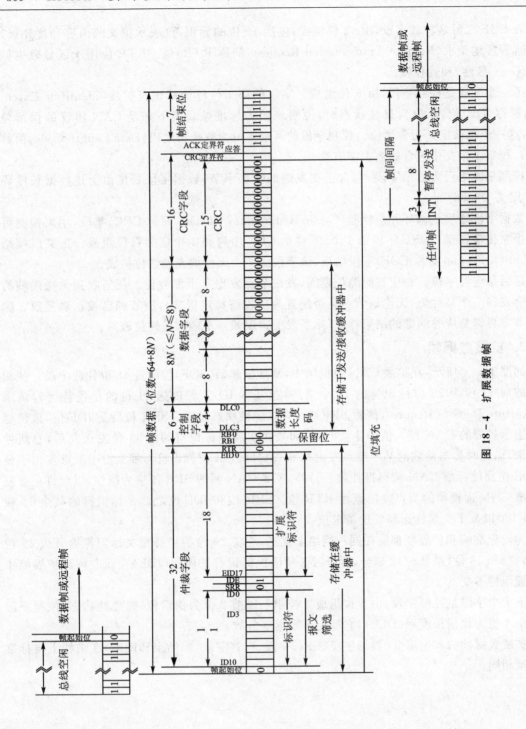

图 18-4 扩展数据帧

3. 远程帧

数据传输通常是由数据源节点（例如，传感器发送数据帧）自主完成的，但也可能发生目的节点向源节点请求发送数据的情况。要做到这一点，目的节点需要发送一个标识符与所需数据帧的标识符相匹配的远程帧，随后相应的数据源节点会发送一个数据帧作为对远程请求的响应。如图 18-5 所示，远程帧与数据帧有 2 点不同：第一，远程帧的 RTR 位为隐性状态；第二，远程帧没有数据字段。带有相同标识符的数据帧和远程帧同时发送的情况是很少出现的，这种情况下数据帧将赢得仲裁，这是因为其标识符之后的 RTR 位为显性。这样可使发送远程帧的节点立即收到所需数据。

4. 错误帧

错误帧是由检测到总线错误的任一节点产生的。如图 18-6 所示，错误帧包含 2 个字段，即错误标志字段和紧随其后的错误定界符字段。错误定界符由 8 个隐性位组成，允许总线节点在错误发生后立即重新启动总线通信。错误标志字段有两种形式。其具体形式取决于检测到错误的节点的错误状态。

当错误主动节点检测到 1 个总线错误时，这个节点将通过产生 1 个主动错误标志来中断当前的报文发送。主动错误标志由 6 个连续的显性位构成，这种位序列有效地打破了位填充规则。所有其他站点在识别到由此产生的位填充错误后，反过来也会产生错误帧，称为错误回应标志。错误标志字段因此包含 6~12 个连续显性位（由 1 个或多个节点产生），错误帧以错误定界符字段结束。在错误帧发送完毕后，总线活动恢复到正常状态，被中断的节点会尝试重新发送被中止的报文。

当错误被动节点检测到 1 个总线错误时，该节点将发送 1 个错误被动标志，后面仍然跟错误定界符字段。错误被动标志由 6 个连续的隐性位组成。由此可知，除非总线错误被正在发送报文的总线主节点或其他实际上正在发送的错误主动接收器检测到，否则错误被动节点发送错误帧将不会影响网络中任何其他节点。如果总线主节点产生了 1 个错误被动标志，那么由于位填充规则被打破，将导致其他节点产生错误帧。错误帧发送完毕后，错误被动节点必须等待总线上出现 6 个连续隐性位后，才能尝试重新参与总线通信。

5. 帧间间隔

帧间间隔将前 1 个帧（无论何种类型）与其后的数据帧或远程帧分隔开来。帧间间隔至少由 3 个隐性位构成，也称为间断。间断使接收节点在开始发送/接收下 1 个报文帧之前有时间进行报文的内部处理。在间断之后，CAN 总线将保持隐性状态（总线空闲），直至开始发送下一帧。

如果发送节点处于错误被动状态，在节点发送任何其他报文前，帧间间隔中会被插入另外 8 个隐性位。此时间段被称为暂停发送段，暂停发送段可以为其他发送节点取得总线的控制权留出更多的延迟时间。

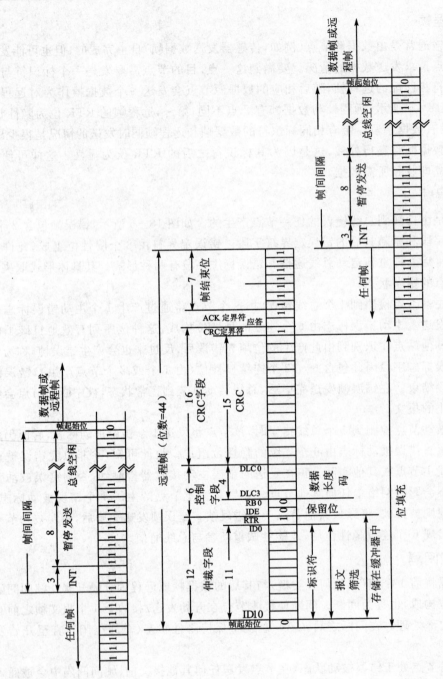

图 18-5 远程数据帧

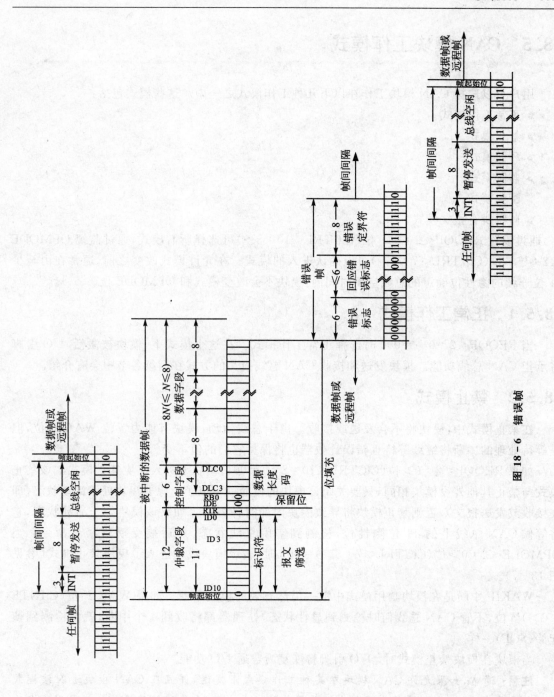

图 18-6 错误帧

18.5 CAN 模块工作模式

用户可以选择 CAN 模块工作在以下几种工作模式之一中。这些模式包括：
- 正常工作模式。
- 禁止模式。
- 环回模式。
- 监听模式。
- 配置模式。
- 监听所有报文模式。

通过设置 REQOP<2：0> 位(CiCTRL<10：8>)可选择所需模式，通过监视 OPMODE<2：0> 位(CiCTRL<7：5>)可以确认进入的模式。在允许模式改变之前，通常在由至少 11 位连续的隐性位确定的总线空闲时间内，模块不会改变模式和 OPMODE 位。

18.5.1 正常工作模式

当 REQOP<2：0>＝000 时选择正常工作模式。在这个模式下，模块被激活，I/O 引脚将承担 CAN 总线功能。模块发送和接收 CAN 总线报文的方式在后续各节中会有介绍。

18.5.2 禁止模式

在禁止模式中，模块将不会发送或接收。由于总线活动，模块有能力置位 WAKIF 位，但是等待处理的中断将继续等待且错误计数器也将保持它们的值不变。

如果 REQOP<2：0>位(CiCTRL<10：8>)＝001，模块将进入模块禁止模式。该禁止模式与禁止其他外设模块相同，只要关闭该模块的使能就可以了。除非模块处于活动状态(即在接收或发送报文)，否则禁止模块将导致模块内部时钟停止。如果该模块处于活动状态，它将等候 CAN 总线上的 11 位隐性位，检测到空闲总线状态，然后接受模块禁止命令。当 OPMODE<2：0>位(CiCTRL<7：5>)＝001 时，表示模块成功进入了模块禁止模式(参见图 18-7)。

WAKIF 中断是在模块禁用模式中惟一仍然有效的模块中断。如果 WAKIE 位(CiINTE<6>)置位，不管 CAN 总线何时检测到显性状态，处理器都将收到 1 个中断，就像检测到帧起始(SOF)一样。

当模块在模块禁止模式时，I/O 引脚将恢复为普通 I/O 功能。

注意： 通常，如果允许 CAN 模块在某种工作模式下发送，并且在 CAN 模块进入该模式后立即被要求发送，则模块将在开始发送前等待总线上出现 11 个连续隐性位。如果用户在此 11 位期间切换到禁止模式，则发送会被中止，同时相应的 TXABT 位置位，TXREQ 位清零。

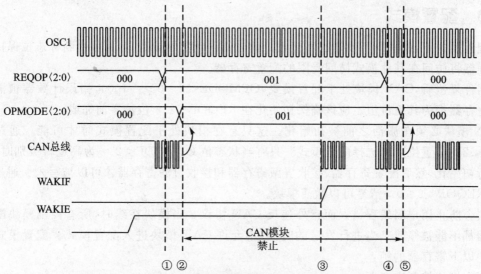

注：① 当模块接收/发送报文时处理器写REQOP⟨2:0⟩。模块继续CAN报文；
② 模块检测11个隐性位。模块确认禁止模式并设置OPMODE<2:0>位。模块禁止；
③ CAN总线报文将置位WAKIF位。如果WAKIE值=1，处理器将跳转到中断地址。忽略CAN报文；
④ 在CAN总线活动期间，处理器写REQOP⟨2:0⟩。在接受激活之前模块要等候11个隐性位；
⑤ 模块检测11个隐性位。模块确认正常模式并设置OPMODE位⟨2:0⟩。模块激活。

图 18 - 7　进入和退出模块禁止模式

18.5.3　环回模式

如果环回模式被激活，将在模块边沿连接内部发送信号和内部接收信号。发送和接收引脚将转换到它们的 I/O 端口功能。

发送器将为它发送的报文接收应答信号，特殊硬件会为发送器产生应答信号。

18.5.4　监听模式

监听模式和环回模式是正常工作模式的特例，允许系统进行调试。如果激活监听模式，则CAN总线上的模块是被动的，发送器缓冲器恢复为端口 I/O 功能，接收引脚保持为 CAN 模块的输入引脚。

接收器不发出错误标志或应答信号的状态下，错误计数器失效，监听模式可用来检测CAN总线上的波特率。要使用它，必须有2个以上可以互相通信的节点，通过测试不同的值，可以凭经验检测波特率。此模式下的模块也可用作总线监视器，但不影响数据通信。

18.5.5 配置模式

在配置模式下，模块既不发送也不接收。此时错误计数器被清零，而且中断标志位保持不变。编程器将访问在其他模式访问受限的配置寄存器。

在器件复位后，CAN 模块处于配置模式（OPMODE<2：0>＝100），错误计数器被清零且所有寄存器都为其复位值。应该确保初始化在 REQOP<2> 位清零前完成。

CAN 模块必须在激活之前被初始化。这只有在模块处于配置模式时才可能。通过将 REQOP<2> 位置位可以选择配置模式。只有当状态位 OPMODE<2> 为高逻辑级别时，才可以执行初始化，然后配置寄存器、接收屏蔽寄存器和接收过滤寄存器才可以被写入。通过将控制位 REQOP<2：0> 清零可以激活模块。

模块会防止用户因编程错误而意外违反 CAN 协议。当模块在线时，所有控制模块配置的寄存器都不能被修改。当进行发送的时候，不允许 CAN 模块进入配置模式。配置模式可作为保护以下寄存器的锁：
- 所有模块控制寄存器。
- 波特率和中断配置寄存器。
- 总线定时寄存器。
- 标识符接收过滤寄存器。
- 标识符接收屏蔽寄存器。

18.5.6 监听所有报文模式

监听所有报文模式是正常工作模式的特例，它允许系统进行调试。如果激活监听模式，则 CAN 总线上的模块是被动的，发送器缓冲器恢复为端口 I/O 功能，接收引脚保持在输入状态。接收器不发出错误标志或应答信号的状态下，错误计数器失效，过滤器禁止，接收缓冲器 0 将接收任何在总线上传输的报文。该模式对于将模块作为不影响数据通信的总线监视器来记录所有的总线通信很有用。

18.6 报文接收

本节说明 CAN 模块的报文接收。

18.6.1 接收缓冲器

CAN 总线模块有 3 个接收缓冲器，但是，其中总是有 1 个缓冲器用于监视总线是否有进入的报文，这个缓冲器叫做报文合成缓冲器（MAB）。因此只有 2 个接收缓冲器可见（RXB0 和 RXB1），基本上可以即时接收来自协议引擎的完整报文。当一个接收缓冲器在接收报文或保持上次接收到的报文时，CPU 仍可以使用另一个接收缓冲器工作。

MAB 保存来自总线的非填充比特流，以允许并行访问整个数据帧或远程帧以进行接收匹配测试并将帧并行传输到接收缓冲器。MAB 将组合所有接收到的报文，这些报文只有在符合接收过滤器标准时才被传送到 RXBn 缓冲器。当接收到报文时，RXnIF 标志(CiINTF<0>或 CiINRF<1>)将置位。此位只有在报文被接收时才被模块置位，该位在 CPU 处理完缓冲器中的报文后将由 CPU 清零，该位提供的正向锁定功能确保 CPU 已经完成了报文缓冲器的处理。如果 RXnIE 位(CiINTE<0>或 CiINTE<1>)置位，当接收到报文时将会产生一个中断。

有 2 个与接收缓冲器相关的可编程的接收过滤屏蔽器，2 个缓冲器各有 1 个。

当接收到报文时，FILHIT 位(接收缓冲器 0 的 CiRX0CON<0>和接收缓冲器 1 的 CiRX1CON<2：0>)会表明报文的接收标准。除了表明使能接收的接收过滤屏蔽器个数外，还有 1 个指出所接收的报文是远程传输请求的状态位。

注意： 对于接收缓冲器 0，可以使用有限数量的接收过滤器来使能接收。FILHIT0 (CiRX0CON<0>)位决定使能报文接收的是 2 个过滤器中的哪 1 个(RXF0 还是 RXF1)。

接收缓冲器优先级

为了提供灵活性，每个接收缓冲器都有几个对应的接收过滤器。这也就意味着要给接收缓冲器赋予优先级。RXB0 是优先级较高的缓冲器，它有 2 个相关联的报文接收过滤器。

RXB1 是优先级较低的缓冲器，它有 4 个相关联的报文接收过滤器。可用的接收过滤器的数量越少，则 RXB0 上的匹配限制越多，并且表明相关的缓冲器的优先级就越高。此外，如果 RXB0 包含有效报文，且有另一个有效报文被接收，则 RXB0 可以被设置为在这种情况下不会溢出，而是将到 RXB0 的新报文放入 RXB1。图 18-8 所示为接收缓冲器框图，而图 18-9 所示为接收操作的流程图。

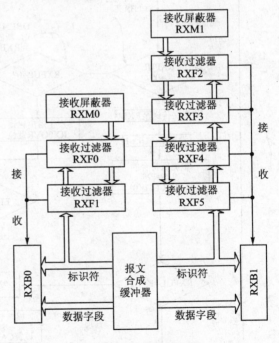

图 18-8 接收缓冲器

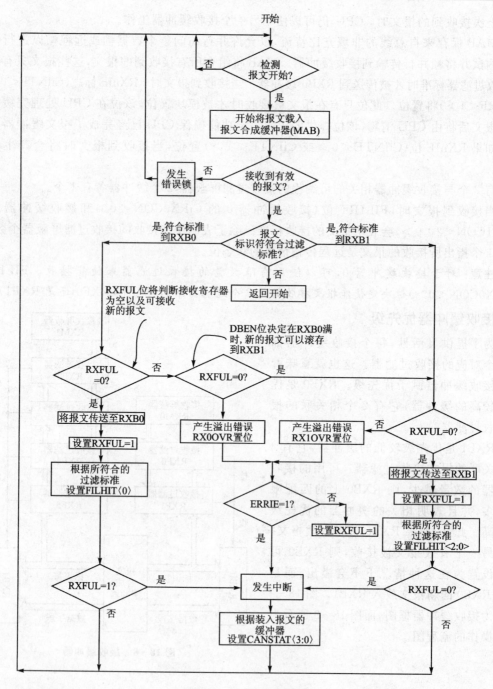

图 18-9 接收流程图

18.6.2 报文接收过滤器

报文接收过滤器和屏蔽寄存器用于决定报文合成缓冲器中的一条报文是否应该被装入接收缓冲器中的1个。一旦一条有效报文被接收入报文合成缓冲器(MAB),就会将该报文的标识符字段与过滤值进行比较。如果匹配的话,该报文就会被装入相应的接收缓冲器。过滤屏蔽寄存器用于决定标识符中的哪些位将被过滤器检查。表18-3为真值表,它指出了标识符中的每个位是如何与屏蔽寄存器和过滤器进行比较来确定报文是否应该被装入接收缓冲器的。屏蔽位基本上可以决定过滤器将应用哪些位。如果任何屏蔽位被置为零,则无论过滤位为何值,该位都会被自动接收。

表18-3 过滤/屏蔽真值表

屏蔽位n	过滤位n	报文标识符位	接收或拒绝位n	屏蔽位n	过滤位n	报文标识符位	接收或拒绝位n
0	x	x	接收	1	1	0	拒绝
1	0	0	接收	1	1	1	接收
1	0	1	拒绝				

1. 标识符模式选择

EXIDE控制位(CiRXFnSID<0>)和MIDE控制位(CiRXMnSID<0>)为标准或扩展标识符使能接收过滤器。接收过滤器通过RXIDE位检查进入的报文以决定如何比较标识符。如果RXIDE位清零,报文是标准帧;如果RXIDE位置位,报文是扩展帧。

如果过滤器的MIDE控制位置位,则过滤器的标识符类型由过滤器的EXIDE控制位决定。如果EXIDE控制位清零,则过滤器将接收标准标识符;如果EXIDE位置位,则过滤器将接收扩展标识符。大部分CAN系统只使用标准标识符或只使用扩展标识符。

当过滤器的MIDE控制位清零时,如果过滤器位匹配,过滤器将接收标准和扩展标识符。此模式可用于在同一个总线上同时支持标准和扩展标识符的CAN系统。

2. FILHIT状态位

接收缓冲器框图如图18-8所示,带RXM0屏蔽寄存器的RXF0和RXF1过滤器与RXB0相关。过滤器RXF2、RXF3、RXF4、RXF5和屏蔽寄存器RXM1则与RXB1相关。当过滤器匹配,报文被装入接收缓冲器时,使能报文接收的过滤器编号将通过FILHIT位在CiRXnCON寄存器中显示出来。CiRX0CON寄存器包含1个FILHIT状态位,表明使能报文接收的是RXF0还是RXF1过滤器。CiRX1CON寄存器包含FILHIT<2:0>位,它们的编码如表18-4所示。

表 18-4 接收过滤器

FILHIT<2:0>	接收过滤器	注 释	FILHIT<2:0>	接收过滤器	注 释
000①	RXF0	仅当 DBEN=1	011	RXF3	—
001①	RXF1	仅当 DBEN=1	100	RXF4	—
010	RXF2	—	101	RXF5	—

注：① 仅当 DBEN 位被置位时有效。

DBEN 位(CiRX0CON<2>)可以让 FILHIT 位区分保存在 RXB0 或滚存到 RXB1 中的数据是与过滤器 RXF0 还是与 RXF1 匹配。

  111 接收过滤器 1(RXF1)
  110 接收过滤器 0(RXF0)
  001 接收过滤器 1(RXF1)
  000 接收过滤器 0(RXF0)

如果 DBEN 位请零，就会有 6 种编码与 6 个过滤器对应；如果 DBEN 位置位，就有 6 种编码对应 6 个过滤器再加另外 2 种与滚存到 RXB1 的 RXF0 和 RXF1 过滤器对应的编码。如果与 1 个以上的接收过滤器匹配，FILHIT 位中的二进制代码将反映其中编号最小的过滤器。换句话说，如果过滤器 2 和过滤器 4 同时与接收报文匹配，FILHIT 将编码为过滤器 2。这实际上为编号较小的接收过滤器赋予较高的优先级。图 18-10 所示为报文接收过滤器的框图。

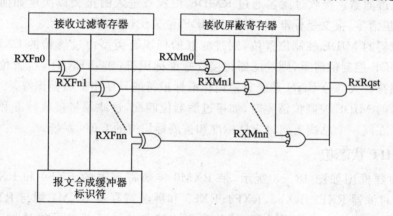

图 18-10 报文接收过滤器

18.6.3 接收器溢出

当报文合成缓冲器(MAB)组合了一个有效的接收报文后，该报文通过接收过滤器接收，而此时与该过滤器相关的接收缓冲器还未指定将前 1 次接收的报文清除时，就会发生溢出。

溢出错误标志 RXnOVR(CiINTF<15>或 CiINTF<14>)和 ERRIF 位(CiINTF<5>)将置位,MAB 中的报文会被丢弃。在溢出状态下,模块将保持与 CAN 总线同步而且能够发送报文,但模块将废弃所有发往溢出缓冲器的进入报文。

如果 DBEN 位清零,则 RXB1 和 RXB0 独立工作。在这种情况下,即使 RXB0 包含未读报文,为 RXB0 指定的报文也不会发送到 RXB1,但要置位 RX0OVR 位。

如果 DBEN 位置位,则处理 RXB0 溢出的方法就不同了。如果接收到 1 条将要存入 RXB0 的有效报文,且 RXFUL=1(CiRX0CON<7>)则表示 RXB0 满;如果 RXFUL=0(CiRX1CON<7>)则表示 RXB1 为空,RXB0 的报文将装入 RXB1。此时不会为 RXB0 产生溢出错误。如果接收到 1 条将要存入 RXB0 的有效报文且 RXFUL 为 1,则表示 RXB0 和 RXB1 位都为满,此时报文将丢弃,同时指出 RXB1 溢出。

如果 DBEN 位清零,就会有 6 种编码与 6 个过滤器对应;如果 DBEN 位置位,就有 6 种编码对应 6 个过滤器再加另外 2 个与滚存到 RXB1 的 RXF0 和 RXF1 过滤器对应的编码。表 18-5 列出了这些编码。

表 18-5 缓冲器接收和溢出真值表

报文匹配过滤器 0 或 1	报文匹配过滤器 2,3,4,5	RXFUL0 位	RXFUL1 位	DBEN 位	操作	结果
0	0	x	x	x	无	没有接收到报文
0	1	x	0	x	MAB→RXB1	RXB1 的报文,RXB1 可用
0	1	x	1	x	MAB 被丢弃 RX1OVR=1	RXB1 的报文,RXB1 满
1	0	0	x	x	MAB→RXB0	RXB0 的报文,RXB0 可用
1	0	1	x	0	MAB 被丢弃 RX0OVR=1	RXB0 的报文,RXB0 满,DBEN 未使能
1	0	1	0	1	MAB→RXB1	RXB0 的报文,RXB0 满,DBEN 使能,RXB1 可用
1	0	1	1	1	MAB 被丢弃 RX1OVR=1	RXB0 的报文,RXB0 满,DBEN 使能,RXB1 满
1	1	0	x	x	MAB→RXB0	RXB0 和 RXB1 的报文,RXB0 可用
1	1	1	x	0	MAB 被丢弃 RX0OVR=1	RXB0 和 RXB1 的报文,RXB0 满,DBEN 未使能
0	0	x	x	x	无	没有接收到报文
0	1	x	0	x	MAB→RXB1	RXB1 的报文,RXB1 可用

注:x 表示忽略。

18.6.4 复位的影响

发生任何复位时，CAN 模块都必须被初始化，所有寄存器都根据复位值设置，收到的报文内容将被丢弃。18.5.5 小节中讨论了初始化的过程。

18.6.5 接收错误

CAN 模块将会检测到以下接收错误：
- 循环冗余校验(CRC)错误。
- 位填充错误。
- 无效报文接收错误。

这些接收错误不会产生中断，然而，当发生上述错误之一时，接收错误计数器会加 1。RXWAR 位(CiINTF<9>)指出接收错误计数器已经达到 CPU 警告的上限值 96，接着发出中断。

1. 循环冗余校验错误

使用循环冗余校验时，发送器为从帧起始位到数据字段结束的比特序列计算特殊校验位。CRC 序列在 CRC 字段中发送。接收节点使用同一个公式计算 CRC 序列，并且将计算结果与已接收到的序列比较。如果检测到两者不匹配，则说明发生了 CRC 错误，然后产生一个错误帧，报文将被重发，接收错误中断计数器加 1。仅当错误计数器的值超过阈值时发出中断。

2. 位填充错误

如果在帧起始位和 CRC 定界符之间检测到 6 个连续的同极性位，那么就违反了位填充规则，发生位填充错误，会产生错误帧，报文将被重发。产生位填充错误将不会产生中断。

3. 无效报文接收错误

如果在接收报文期间发生任何类型的错误，错误类型将通过 IVRIF 位(CiINTF<7>)标示出来。

当器件处于监听模式时，该位可用于自动波特率检测(中断时也可选用)。该错误标志并不表示需要采取任何动作，而是指出在 CAN 总线上已经发生了错误。

4. 修改接收错误计数器的规则

接收错误计数器根据以下规则进行修改：
- 当接收器检测到 1 个错误时，除非检测到的错误是在发送主动错误标志时的 1 个比特错误，否则接收错误计数器将加 1。
- 如果接收器在发送 1 个错误标志后检测到的第 1 个位为"显性"位，接收错误计数器将加 8。
- 如果接收器在发送主动错误标志时检测到比特错误，接收错误接收器将加 8。
- 所有的节点在发送了主动错误标志或被动错误标志后最多允许 7 个连续"显性"位。在检测到第 14 个连续的"显性"位（对于主动错误标志）或在被动错误标志后检测到第 8 个连续"显性"位，以及其他的每 8 个连续"显性"位序列时，每个发送器会将其发送错误计数器加 8，每个接收器也将其接收错误计数器加 8。
➢ 在成功接收了报文（在 ACK 间隙之前接收无误并成功发送了 ACK 位）后，如果接收错误计数器为 1～127，接收错误计数器会减 1；如果接收错误计数器为 0，则保持不变。

如果接收错误计数器大于 127，它将变为 119～127 之间的 1 个值。

18.6.6　接收中断

有几个中断与报文接收有关。接收中断可分为两类：
➢ 接收错误中断。
➢ 接收中断。

1. 接收中断

报文已被成功接收并被装入 1 个接收缓冲器。接收到帧结束（EOF）字段后，中断立即被激活。

读 RXnIF 标志位可知哪个接收缓冲器引起了中断。图 18-11 描述了什么时候接收缓冲中断标志位将被置位。

2. 唤醒中断

18.13.1 小节中有唤醒中断过程的介绍。

3. 接收错误中断

接收错误中断由 ERRIF 位（CiINTF<5>）标识，该位表示有错误情况发生。通过检查 CAN 中断状态寄存器 CiINTF 的相应位，就可以确定错误源。该寄存器中的位与接收和发送错误有关。下面将说明与接收错误相关的标志位。

(1) 无效报文接收中断

如果在接收上 1 个报文期间发生了任何类型的错误，则 IVRIF 位（CiINTF<7>）都将指出有错误发生；但具体发生的是什么类型的错误则不得而知。当器件处于监听模式时，该位可用于自动波特率检测（中断时可选用）。该错误标志位并不表示需要采取任何动作，而是表示在 CAN 总线上已经发生了错误。

(2) 接收器溢出中断

RXnOVR 位（CiINTF<15> 和 CiINTF<14>）表明接收缓冲器发生了溢出情况。当报文合成缓冲器（MAB）组合了一个有效的接收报文后，该报文通过接收过滤器接收；但是与该过滤器相关的接收缓冲器没有清除上一次接收的报文，这就发生了溢出的情况。溢出错误中断标志位将被置位，而报文将被丢弃。而在溢出情况下，模块仍与 CAN 总线保持同步，并且能够发送和接收报文。

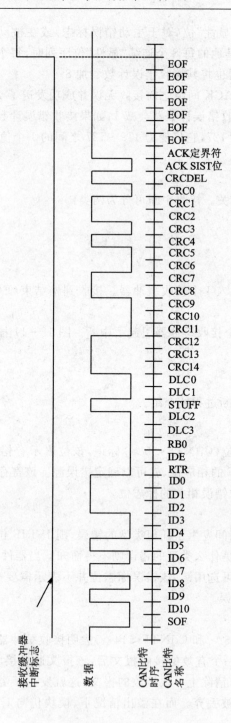

图 18-11 接收缓冲器中断标志

4. 接收器警告中断

RXWAR 位(CiINTF<8>)用于指出接收错误计数器的值已经达到 CPU 警告的极限值 96。当 RXWAR 位由 0 变为 1 时,它会使错误中断标志位 ERRIF 置 1。此时,ERRIF 位不能手工清零,因为它应当保留以指出接收错误计数器的值已经达到 CPU 警告极限值 96。这时如果接收错误计数器的值变成小于或等于 95,RXWAR 位将自动清零。可以手工清零 ERRIF 位以允许在不影响 RXWAR 位的情况下退出中断服务程序。

5. 接收器错误被动

RXBP 位(CiINTF<11>)表明接收错误计数器已经超过了错误被动的极限值 127,且该模块已经进入错误被动状态。当 RXEP 位由 0 变为 1 时,将导致错误中断标志置位。RXEP 位不能手工清零,因为此时该位应当保留以指出总线处于错误被动状态。此时当接收错误计数器的值小于或等于 127 时,RXEP 位将自动清零。可以手工清零 ERRIF 位以允许退出中断服务程序而不影响 RXBP 位。

18.7 发 送

本节介绍如何使用 CAN 模块来发送 CAN 报文。

18.7.1 实时通信和发送报文缓冲

为了使应用能实时有效地发送报文,CAN 节点必须能够控制和保持总线(假定节点报文有足够高的优先级来赢得总线仲裁)。如果 1 个节点只有 1 个发送缓冲器,则它必须先发送 1 个报文,然后在 CPU 重新装载缓冲器时释放总线;如果 1 个节点有 2 个发送缓冲器,则可以在一个缓冲器发送报文的同时另一个缓冲器正在被重新装载,而 CPU 必须保持紧密跟踪总线活动,确保另一个缓冲器在第一个缓冲器完成报文发送前重新载入。

典型的应用需要 3 个发送报文缓冲器。如果有 3 个缓冲器,第 1 个正在发送报文时,第 2 个则准备等到第 1 个发送完就立即开始发送,而第 3 个被 CPU 重新载入。这样减轻了用软件维持总线同步的负担(参见图 18-12)。

另外,拥有 3 个缓冲器可以在一定程度上提高外发报文的优先级。比方说,应用软件有可能当其在第 3 个缓冲器上工作时将 1 个报文在第 2 个缓冲器中排队。应用软件可能要求进入第 3 个缓冲器的报文比已经在第 2 个缓冲器排序的报文更重要。如果只有 2 个缓冲器可用,那么不得不将已排序的报文删除而用更重要的报文取代。删除报文的过程可能意味着失去对总线的控制。有了 3 个缓冲器,第 2 个和第 3 个缓冲器的报文都可以排序,且模块可以被设置为第 3 个缓冲器中的报文比第 2 个缓冲器中报文具有更高的优先级。那么发送完第 1 个报文后,将发送第 3 个报文,然后紧跟着发送第 2 个报文。

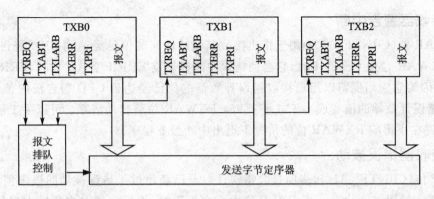

图 18-12 发送缓冲器

18.7.2 发送报文缓冲器

CAN 模块有 3 个发送缓冲器,每个缓冲器可容纳 14 字节的数据。其中的 8 字节用于存放发送的报文(最大 8 字节),另外 5 字节用来存放标准或扩展报文标识符和其他报文仲裁信息。

最后 1 个字节是与每个报文相关的控制字节。该字节中的信息决定在何种情况下报文将被发送以及表示报文发送的状态。

TXnIF 位(CiINTF<2>、CiINTF<3> 或 CiINTF<4>)将被置位,并且 TXREQ 位(CiTXnCON<3>)清零,表明报文缓冲器完成了发送,随后 CPU 把将要发送的报文内容装入报文缓冲器。至少,必须装载标准标识符寄存器 CiTXnSID。如果报文中有数据字节,还应装载 TXBnDm 寄存器。如果报文使用扩展标识符,CiTXnEID 寄存器和 EID<5:0> 位(CiTXnDLC<15:10>)会被加载并置位 TXIDE 位(CiTXnSID<0>)。

在发送报文前,用户必须初始化 TXnIE 位(CiINTE<2>、CiINTE<3> 或 CiINTE<4>),以便在发送报文后使能或禁止中断,用户还必须初始化发送优先级。

18.7.3 发送报文优先级

发送优先级指在各个节点内待发送报文的优先级。发送帧起始位(SOF)前,会比较所有准备发送报文的缓冲器的优先级,具有最高优先级的发送缓冲器将最先发送,例如,如果发送缓冲器 0 的优先级比发送缓冲器 1 的高,那么将先发送缓冲器 0 中的报文。如果两个缓冲器具有相同的优先级设置,地址高的缓冲器将先发送,例如,如果发送缓冲器 1 的优先级和发送缓冲器 0 相同,那么将先发送缓冲器 1 中的报文。发送优先级有 4 级;如果某个报文缓冲器的 TXPRI<1:0>(CiTXnCON<1:0>)被置为 11,则该缓冲器具有最高优先级;如果某个报文缓冲器的 TXPRI<1:0> 被置为 10 或 01,则该缓冲器具有中等优先级;如果某个报文缓冲器的 TXPRI<1:0> 是 00,则该缓冲器优先级最低。

18.7.4 报文发送

必须置位 TXREQ 位（CiTXnCON<3>）来开始发送报文。CAN 总线模块解决了由 TXREQ 位与 SOF 时间设置造成的所有时序冲突，确保当优先级改变时，能在发送 SOF 之前正确解决时序冲突。当 TXREQ 置位时，TXABT（CiTXnCON<6>）、TXLARB（CiTXnCON<5>）和 TXERR（CiTXnCON<4>）标志位将由模块清零。

置位 TXREQ 位并没有真正开始发送报文，它标志 1 个报文缓冲器正在排队以等待发送。当模块检测到总线上有可用的 SOF 时，发送开始，模块然后开始发送设定为具有最高优先级的报文。

如果发送第一次尝试就成功完成，TXREQ 位将清零，如果 TXnIE 位（CiINTE<2>、CiINTE<3> 和 CiINTE<4>）已经置位，还会产生一个中断。

如果报文发送失败，其他的某些状态标志位将被置位，TXREQ 位将保持置位，表示该报文仍然等待发送；如果报文尝试发送但遇到出错情况，TXERR 位（CiTXnCON<4>）将被置位，在这种情况下，出错情况也可能会引起中断；如果报文尝试发送但仲裁失败，TXLARB 位（CiTXnCON<5>）将被置位，在这种情况下，没有中断可以表明仲裁失败。

18.7.5 发送报文中止

通过清零与各个报文缓冲器相关的 TXREQ 位，系统能中止报文发送。置位 ABAT 位（CiCTRL<12>）将请求中止所有待发送报文（参见图 18-13）。清零 TXREQ 位中止 1 个排

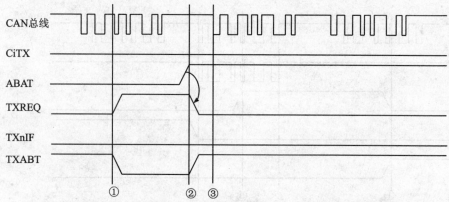

注：① 模块接收/发送报文时处理器置位TXREQ，模块继续发送/接收CAN报文。
② 模块检测到11个隐性位时处理器置位ABAT，模块清零TXREQ位。模块中止待发报文，置位TXABT位。
③ 另一个模块使用可用的发送间隙。

图 18-13 中止所有报文

序的报文,图 18-14 是中止排队报文的图示。如果报文还未开始发送或者报文已开始发送,但由于仲裁失败或错误而被中断,那么将中止。当模块置位 TXABT 位(CiTXnCON<6>)且 TXnIF 标志位不置位时,表明发生了中止。

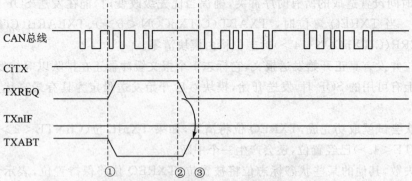

注:① 模块接收/发送报文时处理器置位TXREQ,模块继续发送/接收CAN报文;
② 模块检测到11个隐性位时处理器清零TXREQ,模块中止待发报文,在2个时钟周期后置位ABAT位;
③ 另一个模块使用可用的发送间隙。

图 18-14 中止排队报文

如果报文已经开始发送,此时就会试图让当前报文完整发送(参见图 18-15)。如果当前报文被完整地发送,并且没有仲裁失败或出现错误,那么 TXABT 位将由于报文成功发送而不被置 1。类似地,如果报文在发生中止请求期间发送,且该报文仲裁失败(参见图 18-16)或出现了错误,那么该报文将不会被重新发送,而且 TXABT 位将置 1,表示成功中止报文。

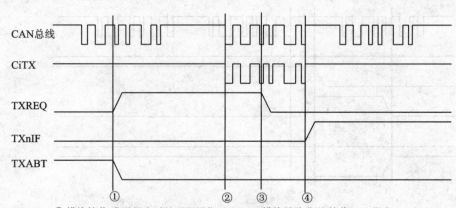

注:① 模块接收/发送报文时处理器置位TXREQ,模块继续发送/接收CAN报文;
② 模块检测到11个隐性位,模块开始发排队的报文;
③ 处理器清零TXREQ,请求报文中止,中止不能被应答;
④ 成功地完成发送后,TXREQ位保持清零而TXnIF位置位,TXABT保持清零。

图 18-15 发送期间失败的中止

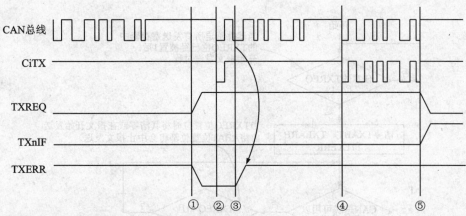

注：① 模块处于非活动状态时，处理器置位TXREQ，清零TXLARB位；
② 模块处于非活动状态，模块开始发送排队的报文；③ 报文仲裁失败，模块释放总线并置位TXLARB位；
④ 重试发送排队报文之前，模块等候11个隐性位；⑤ 成功地完成发送后，TXREQ位清零且TXnIF位置位。

图 18-16 发送过程中仲裁失败

18.7.6 发送边界条件

模块处理与那些不必与 CAN 总线报文成帧时间同步的发送命令。

图 18-17 表示了发送流程图。

1. 当报文开始发送时，清零 TXREQ 位

当报文刚开始发送时，就可以清零 TXREQ 位以中止报文发送。如果报文没有正式开始被发送，TXABT 位将被置位，表示成功执行了中止。如果当用户清零了 TXREQ 位，且 2 个周期后，TXABT 位也不被置位，那么报文已经开始发送了。

如果报文正在发送，中止将不会立即执行，而是过一段时间后执行并将 TXnIF 中断标志位或 TXABT 位置 1；如果已经开始发送报文，只有当发生错误或仲裁失败时才会中止报文。

2. 当报文开始发送时，置位 TXABT 位

置位 ABAT 位将会中止所有等待发送的缓冲器，并具有清零所有寄存器中 TXREQ 位的功能。边界条件与清零 TXREQ 位相同。

3. 当报文完成发送时，清零 TXREQ 位

当报文发送即将成功完成时，可以清零 TXREQ 位。即使数据总线已在报文成功完成发送前一小段时间将 TXREQ 位清零（它本将在成功完成报文发送后清零），TXnIF 标志位由于成功完成发送仍将置位。

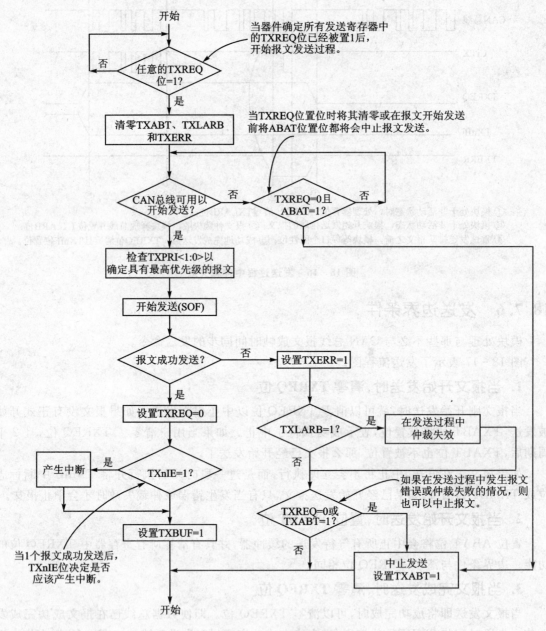

图 18-17 发送流程图

4. 当报文完成发送时,置位 TXABT 位

边界条件与清零 TXREQ 位相同。

5. 当报文发送失败时,清零 TXREQ 位

当报文即将仲裁失败或发生错误时,可以清零 TXREQ 位。如果 TXREQ 信号在仲裁失败信号或错误信号产生前下降,那么结果如同在报文发送过程中清零 TXREQ 一样。当仲裁失败或出现错误时,TXABT 位将置 1,表示发送时发生了错误;但是 TXREQ 位不置 1。如果 TXREQ 信号在仲裁信号产生后下降,那么结果如同在非活动发送时间内清零 TXREQ 一样,TXABT 位将置位。

6. 当报文发送失败时,置位 TXABT 位

边界条件与清零 TXREQ 位相同。

18.7.7 复位的影响

发生任何复位时,CAN 模块都必须被初始化。根据复位值设置所有寄存器。发送的报文内容将被丢失。18.5.5 小节中有关于初始化的讨论。

18.7.8 发送错误

CAN 模块将会检测到以下发送错误:
- 应答错误。
- 格式错误。
- 位错误。

这些错误不一定会产生中断,但是发送错误计数器将会计数以表示有错误发生。每个错误将引起错误计数器的值加 1。一旦错误计数器的值超过 96,ERRIF(CiINTF<5>)和 TXWAR 位(CiINTF<10>)将被置 1;一旦错误计数器的值超过 96,将产生中断并将错误标志寄存器中的 TXWAR 位置 1。

图 18-18 是发送错误示例的图示。

1. 应答错误

在报文的应答字段,发送器检查应答间隙(已作为一个隐性位发送)是否包含一个显性位。如果不是,则说明没有其他节点正确接收了该帧;如果发生了应答错误,则报文必须重发。

2. 格式错误

如果发送器检测到 4 个段(包括帧结束字段、帧间间隔、应答定界符和 CRC 定界符)之一中有 1 个显性位,则表示发生了格式错误并将产生 1 个错误帧,报文将被重发。

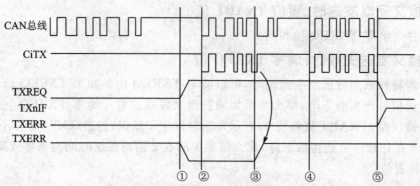

注：① 模块处于非活动状态时，处理器置位TXREQ，清零TXERR位；
② 模块处于非活动状态，模块开始发送排队的报文；
③ 模块在发送过程中检测到错误，释放总线并置位TXERR位；
④ 重试发送排队报文之前，模块等候11个隐性位；
⑤ 成功地完成发送后，TXREQ位清零且TXnIF位置位。

图 18-18 发送错误示例

3. 位错误

如果发送器发送了1个显性位并检测到1个隐性位，则发生了位错误。在发送器发送了1个隐性位，而在仲裁字段和应答间隙期间检测到1个显性位的情况下，不会产生位错误，因为此时正在进行正常的仲裁。

4. 修改发送错误计数器的规则

发送错误计数器根据以下规则进行修改：

① 当发送器发送1个错误标志时，发送错误计数器的值加8，但以下情况例外。在这2种例外情况中，不更改发送错误计数器。

——若发送器为"错误被动"，并检测到1个应答错误，此应答错误是由检测不到1个"显性"ACK以及当发送被动错误标志时检测不到1个"显性"位而引起的。

——发送器因为在仲裁期间发生位填充错误而发送错误标志。引起位填充错误的原因是：填充位位于RTR位之前，本该是"隐性"并已作为"隐性"发送，但是却被监视为"显性"。

② 当发送1个主动错误标志时，如果发送器检测到1个位错误，发送错误计数器的值加8。

③ 在发送了1个主动错误标志或被动错误标志之后，任何节点最多容许7个连续的"显性"位。当检测到第14个连续的"显性"位后（发送了1个主动错误标志后），在检测到第8个跟随着被动错误标志的连续的"显性"位以后或在每个具有8个其他连续的"显性"位的序列之后，每个发送器将它们的发送错误计数器加8且每个接收器将它们的接收错误计数器加8。

④ 当报文成功发送后(得到了应答且直到帧结束字段传输完成都无错误发生),发送错误计数器的值减1,除非该值已经为0。

18.7.9 发送中断

有几个中断与报文发送相关联。发送中断可分为两类:
➤ 发送中断。
➤ 发送错误中断。

1. 发送中断

3个发送缓冲器中至少有1个为空(未预定)并且可以装入预定发送的报文。读CiINTF寄存器中的TXnIF标志位可知哪1个发送缓冲器可用并引起了中断。

2. 发送错误中断

发送错误中断由ERRIF标志位表示。该标志位表示发生了错误情况。通过检查CAN中断状态寄存器CiINTF中的错误标志,就可以确定错误的起源。该寄存器中的标志位与接收和发送错误有关。

TXWAR位(CiINTF<10>)表示发送错误计数器的值已经达到CPU警告的上限值96。当TXWAR位由0变为1时,他会导致错误中断标志位置1。TXWAR位不可手工清零,因为该位应当保留,以标志发送错误计数器的值已经达到CPU警告上限值96。如果发送错误计数器的值变成小于或等于95,TXWAR位将自动清零。可以手动清零ERRIF标志位以允许在不影响TXWAR位的情况下,退出中断服务程序。

TXEP位(CiINTF<12>)用来表示发送错误计数器已经超过了错误被动的上限值127,且该模块已经进入了错误被动状态。当该位从0变为1时,将导致错误中断标志位置1。TXEP位不能手动清零,因为该位应当被保留以标志总线处于错误被动状态。当发送错误计数器的值变成小于或等于127时,TXEP位将自动清零。可以手动清零ERRIF位以允许在不影响TXEP位的情况下,退出中断服务程序。

TXBO位(CiINTF<13>)表示发送错误计数器的值已经超过了255,且该模块已经进入总线关断状态。当该位从0变为1时,将导致错误中断标志位置1。TXBO位不能手动清零,因为该位应当被保留以标志总线关断。可以手动清零ERRIF标志位以允许在不影响TXBO位的情况下,退出中断服务程序。

18.8 错误检测

CAN协议提供了成熟的错误检测机制。能检测到以下错误。这些错误有些是接收错误,有些是发送错误。

接收错误有：
- 循环冗余校验。
- 位填充位错误。
- 无效报文接收错误。

发送错误有：
- 应答错误。
- 格式错误。
- 位错误。

18.8.1 错误状态

通过发出错误帧将检测到的错误通知所有其他节点，中止错误报文的发送并尽快重发该帧。进一步说，根据内部错误计数器的值，各个CAN节点处于3种错误状态中的1种：即"错误主动"、"错误被动"或"总线关断"。错误主动状态是常见的状态，在该状态，总线节点能够无限制地发送报文和主动错误帧(由显性位组成)。在错误被动状态，可以发送报文和被动错误帧(由隐性位组成)。总线关断状态使站暂时不能参加总线通信。在该状态，既不能接收报文，也不能发送报文。

18.8.2 错误模式和错误计数器

CAN控制器包含2个错误计数器，即接收错误计数器(RERRCNT)和发送错误计数器(TERRCNT)。2个计数器的值都能由CPU从错误计数寄存器CiEC读取。这些计数器的值根据CAN总线规范进行递增或递减。

如果2个错误计数器的值都低于错误被动的极限值128，则CAN控制器处于错误主动状态。当至少其中1个错误计数器的值等于或超过128时，CAN控制器处于错误被动状态。若发送错误计数器的值等于或超过总线关断的极限值256，CAN控制器进入总线关断状态，器件将保持该状态直到完成总线关断恢复过程，即出现128次11个连续隐性位。此外，还有1个错误状态警告标志位EWARN(CiINTF<8>)。若至少其中1个错误计数器的值等于或超过错误警告极限值96，该位置1；如果2个错误计数器的值都小于错误警告极限值，那么EWARN复位。

图18-19表示的是错误模式。

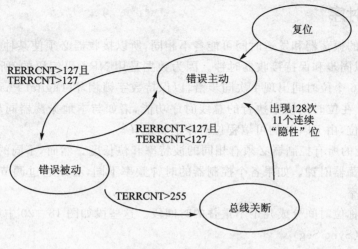

图 18-19 错误模式

18.8.3 错误标志寄存器

错误标志寄存器中的值表示的是哪种错误导致错误中断标志置位。RXnOVR 错误标志位(CiINTF<15>和 CiINTF<14>)与该寄存器中的其他错误标志位相比,有 1 个不同的功能。为了清零 ERRIF 中断标志位,必须清零 RXnOVR 位。当发送错误计数器和接收错误计数器值超过 1 个特定的阈值时,该寄存器中的其他错误标志位将导致 ERRIF 中断标志位置 1。在上述情况清零 ERRIF 中断标志位将允许退出中断服务程序,而不发生递归中断。当错误计数器的值在阈值附近上下波动时,若出现一些特定中断,最好在它们发生一次中断后加以禁止,以防止器件反复中断。

18.9 CAN 波特率

任意特定 CAN 总线上的所有节点必须有相同的标称比特率。CAN 总线使用 NRZ 编码,该编码不为时钟编码,因此接收器的独立时钟必须通过接收节点恢复并与发送器时钟同步。

为了设置波特率,必须初始化以下位:
- 同步跳转宽度位。
- 波特率预分频器位。
- 相位段位。
- 相位段 2 的长度决定位。
- 采样点位。
- 传播段位。

18.9.1 位时序

由于各节点的振荡器和发送时间可能各不相同,所以接收器必须使某种类型的 PLL 与数据发送沿同步,以同步和保持接收器时钟。因为数据是用 NRZ 码编码的,所以必须包含位填充以确保至少每 6 个位时间出现 1 次同步沿,以保持数字锁相环(Digital Phase Lock Loop,简称 DPLL)同步。在位时间帧中执行的总线时序功能,诸如与本地振荡器同步、网络发送延迟补偿和采样点定位,由 DPLL 的可编程位时序逻辑定义。

CAN 总线上的所有控制器必须有相同的波特率和位长度。然而,不同的控制器并不要求使用相同的主振荡器时钟。如果各个控制器的时钟频率不同,必须通过调节各个段的时间份额数来调节波特率。

可考虑把标称位时间分成几个不重叠的时间段。这些段如图 18-20 中所示。
- 同步段。(Sync Seg)
- 传播时间段。(Prop Seg)
- 相位缓冲段 1。(Phase1 Seg)
- 相位缓冲段 2。(Phase2 Seg)

时间段以及标称位时间由整数个时间单元组成,这些单元称作时间份额或 T_Q。根据定义,标称位时间最少由 8 个 T_Q 组成,最多由 25 个 T_Q 组成。同样根据定义,最小标称位时间是 1 s,对应的最大比特率为 1 MHz。

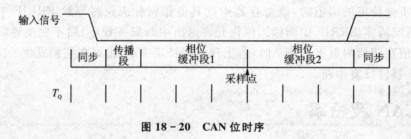

图 18-20 CAN 位时序

18.9.2 预分频器设置

有 1 个可编程预分频器,除了固定的二分频用于时钟发生以外,其整数预分频比范围为 1~64。时间份额(T_Q)是由输入时钟频率 F_{CAN} 得到的固定时间单元。公式(18-1)中所示为时间份额的定义。

注意: F_{CAN} 不能超出 30 MHz。如果 CANCKS 值=0,那么 F_{CY} 不能超出 7.5 MHz。

$$T_Q = 2(BRP<5:0>+1)/F_{CAN} \tag{18-1}$$

此处 BRP 是 BRP<5:0>的二进制值

取决于 CANCKS 位,F_{CAN} 为 F_{CY} 或 $4F_{CY}$

例 18-1：比特率计算示例

如果 $4F_{CY}=32$ MHz，$BRP<5:0>=$ 0x01 且 CANCKS 值$=0$，那么：

$$T_Q = 2\times(BRP+1)/(4T_{CY}) = 2\times 2\times[1/(32\times 10^6)] = 125 \text{ ns}$$

如果标称位时间$=8T_Q$，那么：

$$\text{标称比特率}=1/(8\times 125\times 10^{-9}) \text{ Mbps}$$

例 18-2：波特率预分频比计算示例

$$\text{CAN 波特率}=125 \text{ kHz}$$
$$F_{CY}=5 \text{ MHz}, \text{CANCKS 值}=0$$

① 选择每个比特时间的 T_Q 时钟数(例如，$K=16$)。

② 用波特率计算 T_Q：

$$T_Q = \frac{1/(BaudRate)}{K} = \frac{1/(125\times 10^3)}{16} = 500 \text{ ns}$$

③ 计算 $BRP<5:0>$：

$$T_Q=2\times(BRP+1)\times T_{CAN}=2\times(BRP+1)\times T_{CY}/4$$
$$BRP=(2T_Q/T_{CY})-1=[2\times 500\times 10^{-9}/(5\times 10^6)^{-1}]-1=4$$

不同节点内振荡器的频率必须相同，以提供 1 个全系统的特定时间份额。这意味着所有振荡器的 T_{OSC} 必须是 T_Q 的整除因子。

18.9.3 传播段

这部分的位时间用来补偿网络内的物理延迟时间。这些延迟时间包括总线线路上的信号传播时间以及节点的内部延迟时间。延迟计算的是从发送器到接收器的 1 个往返过程，是信号在总线线路上的传播时间、输入比较器延迟与输出驱动器延迟之和的 2 倍。通过设置 $PRSEG<2:0>$ 位($CiCFG2<2:0>$)，传播段可以设置为 $1\sim 8T_Q$。

18.9.4 相位段

相位段用于在发送位时间内优化定位接收位的采样。采样点在相位缓冲段 1 与相位缓冲段 2 之间。这 2 个段可以通过重新同步加长或缩短。相位缓冲段 1 的末尾决定在 1 个位周期内的采样点。该段可以编程为 $1\sim 8T_Q$。相位缓冲段 2 为下 1 个发送的数据转变提供 1 个延迟。该段可以编程为 $1\sim 8T_Q$，也可定义为相位缓冲段 1 的时间份额与信息处理时间($3T_Q$)两者中的较大者。通过设置 $SEG1PH<2:0>$($CiCFG2<5:3>$)位来初始化相位缓冲段 1，通过设置 $SEG2PH<2:0>$($CiCFG2<10:8>$)位来初始化相位缓冲段 2。

18.9.5 采样点

采样点是读总线电平并将其解释为对应位的值的一个时间点。它的位置在相位缓冲段 1 的末尾。若位时序较慢而且包含很多 T_Q，可以在同一个采样点指定总线线路的多个采样。由 CAN 总线决定的电平将对应于三值多数决定的结果。多数采样在采样点进行，且前 2 次采样相隔 TQ/2。CAN 模块允许选择在同一点采样 3 次或 1 次。这可以通过置位或清零 SAM 位（CiCFG2<6>）做到。

18.9.6 同 步

为了补偿不同总线站振荡器频率的相移，每个 CAN 控制器必须能与输入信号的相关信号沿同步。当检测到发送数据中的 1 个沿时，逻辑会将该沿的位置与预期时间（同步段）比较，然后电路将调节相位缓冲段 1 和相位缓冲段 2 的值。有两种机制用来同步。

1. 硬同步

硬同步仅当总线空闲期间，有 1 个从"隐性"转变到"显性"的沿时，才被执行，它指示报文传输的开始。硬同步后，位时间计数器从同步段重新开始计数。硬同步强制引起硬同步的沿处于重新开始的位时间同步段之内。根据同步规则，如果完成 1 个硬同步，则在该位时间内将不会再有重新同步。

2. 重新同步

重新同步可能使相位缓冲段 1 加长或相位缓冲段 2 缩短。相位缓冲段加长或缩短的量（由 SJW<1：0> 位（CiCFG1<7：6>）指定）有 1 个上限值，该值由重新同步跳转宽度位给出。同步跳转宽度位的值将被加入相位缓冲段 1 或从相位缓冲段 2 减去。重新同步跳转宽度可以设置为 $1\sim 4T_Q$。

时钟信息只能由总线状态从隐性到显性的转变产生。同值连续位的个数只能有 1 个固定的最大值，该特性确保了在 1 个帧期间将 1 个总线单元与比特流重新同步（例如，位填充）。1 个沿的相位误差由与同步段相关的沿的位置给出，以时间份额量度。相位误差用 T_Q 的幅值定义如下：

- $e=0$（如果沿处于同步段里）。
- $e>0$（如果沿位于采样点之前）。
- $e<0$（如果沿位于前 1 个位的采样点之后）。

当相位误差的幅值小于或等于重新同步跳转宽度的设定值时，重新同步和硬同步的作用相同。如果相位误差的幅值大于重新同步跳转宽度，且相位误差为正，则相位缓冲段 1 被加长，加长的量与重新同步跳转宽度的值相等；如果相位误差的幅值大于重新同步跳转宽度，且相位误差为负，则相位缓冲段 2 被缩短，缩短的量与重新同步跳转宽度的值相等。

图 18-21 表示加长 1 个位周期, 图 18-22 表示缩短 1 个位周期。

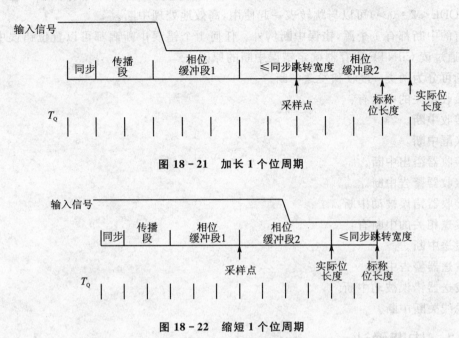

图 18-21 加长 1 个位周期

图 18-22 缩短 1 个位周期

18.9.7 时间段编程

下面是时间段编程的一些要求：
- 传播段＋相位缓冲段 1≥相位缓冲段 2。
- 相位缓冲段 2＞同步跳转宽度。

通常,位的采样应当发生在位时间的 60%～70% 左右,取决于系统参数。

例 18-2 是 1 个有 $16T_Q$ 的位时间。如果选择同步段＝$1T_Q$,而且传播段＝$2T_Q$,那么设置相位缓冲段 1＝$7T_Q$ 会把采样点安排在首次转变后的 $10T_Q$（位时间的 62%）。这样会把 $6T_Q$ 留给相位缓冲段 2。

由于相位缓冲段 2 的长度为 6,所以,根据规则,SJWS<1：0>位能够设置的最大值为 $4T_Q$；然而,通常只有当不同节点的时钟产生不精确或不稳定时(比如使用陶瓷谐振器),才需要一个大的同步跳转宽度。因此,通常同步跳转宽度为 1 就足够了。

18.10 中　断

该模块有几个中断源,这些中断中的每 1 个都可以单独地使能或禁止。CiINTF 寄存器包含中断标志位,CiINTE 寄存器控制 8 个主要中断的使能,CiCTRL 寄存器中 1 组特别的只读位(ICODE<2：0>)可以与跳转表一起使用,高效地处理中断。

所有的中断都有 1 个源,错误中断例外。任何 1 个错误中断源都可以置位错误中断标志位,可以通过读 CiINTF 寄存器确定错误中断的原因。

中断可分为两类：接收和发送中断。

与接收相关的中断有：
- 接收中断。
- 唤醒中断。
- 接收器溢出中断。
- 接收器警告中断。
- 接收器错误被动中断。

与发送相关的中断有：
- 发送中断。
- 发送器警告中断。
- 发送器错误被动中断。
- 总线关断中断。

18.10.1 中断确认

中断与 CiINTF 寄存器中的 1 个或多个状态标志位直接相关。只要 1 个对应的标志位置 1,中断就将处于等待状态。在中断处理程序中必须复位寄存器中的标志位以允许下次中断。若标志位置位的条件仍存在,就不能清零,除非是因为某个错误计数寄存器达到了特定值而引起中断。

18.10.2 ICODE 位

ICODE<2：0>位(CiCTRL<3：1>)是一组只读位,旨在通过跳转表高效地处理中断。ICODE<2：0>位 1 次只能显示 1 个中断。因为中断位在该寄存器中是复用的,所以,ICODE<2：0>位反映出具有最高优先级的等待中断或被允许的中断。一旦具有最高优先级的中断标志位被清零,ICODE<2：0> 位将反映出下 1 个具有最高优先级的中断码,相应中断的中断码仅当其中断标志位和中断使能位都被置位时才能够被显示。表 18-6 描述了 ICODE<2：0>位的操作。

表 18-6 ICODE 位译码表

ICODE<2:0>	布尔表达式
000	$\overline{ERR} \cdot \overline{WAK} \cdot \overline{TX0} \cdot \overline{TX1} \cdot \overline{TX2} \cdot \overline{RX0} \cdot \overline{RX1}$
001	ERR
100	$\overline{ERR} \cdot TX0$
011	$\overline{ERR} \cdot \overline{TX0} \cdot TX1$
010	$\overline{ERR} \cdot \overline{TX0} \cdot \overline{TX1} \cdot TX2$
110	$\overline{ERR} \cdot \overline{TX0} \cdot \overline{TX1} \cdot \overline{TX2} \cdot RX0$
101	$\overline{ERR} \cdot \overline{TX0} \cdot \overline{TX1} \cdot \overline{TX2} \cdot \overline{RX0} \cdot RX1$
111	$\overline{ERR} \cdot \overline{TX0} \cdot \overline{TX1} \cdot \overline{TX2} \cdot \overline{RX0} \cdot \overline{RX1} \cdot WAK$

注：ERR=ERRIF·ERRIE；TX0=TX0IF·TX0IE；TX1=TX1IF·TX1IE
TX2=TX2IF·TX2IE；RX0=RX0IF·RX0IE；RX1=RX1IF·RX1IE
WAK=WAKIF·WAKIE。

18.11 时间标记

无论何时接收到 1 个有效帧，CAN 都将产生 1 个可以发送给定时器捕捉输入的信号。CAN 规范定义：如果在 EOF 字段成功发送之前未发生错误，则该帧有效；所以定时器信号将在 EOF 后立即产生，产生 1 个位时间的脉冲。

通过 TSTAMP 控制位（CiCTRL<15>）使能时间标记。时间标记所使用的捕捉输入取决于不同器件的配置情况，请参阅表 2-2。

18.12 CAN 模块 I/O

该 CAN 总线模块通过至多 2 个 I/O 引脚通信，有 1 个发送引脚和 1 个接收引脚。这些引脚与器件的正常数字 I/O 功能复用。

当模块处于配置模式、模块禁止模式或环回模式时，I/O 引脚将恢复为端口 I/O 功能；当该模块处于活动状态时，CiTX 引脚（i=1 或 2）始终专用为 CAN 输出功能。与发送引脚相关的 TRIS 位被 CAN 总线模式忽略。该模块在 CiRX 输入引脚上接收 CAN 输入。

18.13 CPU 低功耗模式下的工作

18.13.1 休眠模式下的工作

通过执行 PWRSAV #0 指令而进入休眠模式。这样做将使晶振停振并关闭所有系统时钟。当 CPU 进入休眠模式时,用户应该确保模块不处于活动状态。引脚将恢复为普通 I/O 功能,取决于 TRIS 寄存器内的值。

因为 CAN 总线不能被中断,所以当该模块处于工作模式时,用户决不能执行 PWRSAV ♯0 指令。

必须通过设置 REQOP<2:0>=001(CiCTRL<10:8>),先将该模块切换到禁止模式。当 OPMODE<2:0>=001(CiCTRL<7:5>)时,表示模块已进入了禁止模式,然后才可以使用休眠指令。

图 18-23 描述了当 CPU 进入休眠模式时 CAN 模块的操作,以及该模块如何在发生总线活动时唤醒。当 CAN 总线上的活动导致 CPU 退出休眠模式时,WAKIF 标志位(CiINTF<6>)置 1。

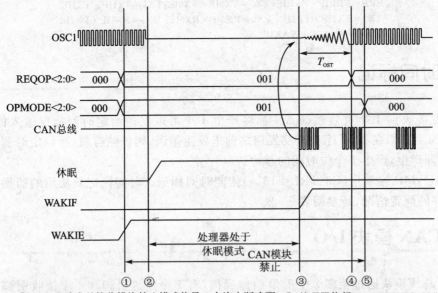

注:① 处理器请求并接收模块禁止模式信号,允许中断唤醒;② 处理器执行SLEEP(PWRSAV ♯0)指令;
③ 报文的SOF唤醒处理器,振荡器起振时间开始,CAN报文丢失,WAKIF位置位;
④ 处理器完成振荡器起振时间,处理器分句GIE位恢复程序或中断;处理器请求正常工作模式,在接受CAN总线活动之前,模块要等候11个隐性位,CAN报文丢失;
⑤ 模块检测11个隐性位,模块开始接收报文并发送任何等待发送的报文。

图 18-23 处理器休眠和 CAN 总线唤醒中断

当器件处于休眠模式时,该模块将监视 CiRX 线路的活动。

如果器件处于休眠模式且 WAKIE 唤醒中断使能位被置位,该模块就会产生中断,唤醒 CPU。振荡器和 CPU 启动时的延迟,将会引起唤醒的报文活动丢失。

如果模块处于 CPU 休眠模式且 WAKIE 没有被置位,就不会产生中断且 CPU 和该 CAN 模块会继续休眠;如果 CAN 模块处于禁止模式,则模块将被唤醒而且根据 WAKIE 位的不同状态,还可能产生中断,并且模块可以正确接收引起从休眠模式唤醒的报文。

当模块和 CPU 处于休眠模式时,通过对模块进行编程可以在 CiRX 输入线路中加入低通滤波器功能。该功能可用于保护模块不会由于 CAN 总线上的短时尖脉冲干扰而导致误唤醒。这种尖脉冲干扰是由噪声环境下电磁干扰引起的。WAKFIL 位(CiCFG2<14>)使能或禁止该滤波器。

18.13.2　CPU 空闲模式下的 CAN 模块工作

当执行 CPU 空闲(PWRSAV ♯1)指令后,CAN 模块的工作由 CSIDL 位(CiCTRL<13>)的状态决定。

如果 CSIDL=0,该模块将继续在空闲模式下工作。如果允许 CAN 模块中断,CAN 模块可以将器件从空闲模式唤醒。

如果 CSIDL=1,该模块在空闲模式下将停止工作。规则和条件同进入休眠模式和从休眠模式唤醒。更多详细信息,请参阅 18.13.1 小节。

第 19 章

10 位 A/D 转换器

dsPIC30F 的 10 位 A/D 转换器具有以下主要特点：

- 逐次逼近寄存器(Successive Approximation Register，简称 SAR)转换。
- 最大转换速度为 500 ksps。
- 最多 16 个模拟输入引脚。
- 外部参考电压输入引脚。
- 4 个单极性差分采样保持(S/H)放大器。
- 对多达 4 个模拟输入引脚进行同时采样。
- 自动通道扫描模式。
- 可选转换触发源。
- 16 字转换结果缓冲器。
- 可选缓冲器填充模式。
- 4 种结果对齐选择。
- 在 CPU 休眠和空闲模式下运行。

图 19-1 给出了 10 位 A/D 的框图。10 位 A/D 转换器最多可以有 16 个模拟输入引脚，指定为 AN0~15。此外，有 2 个可用于外部参考电压连接的模拟输入引脚。这些参考电压输入可以和其他模拟输入引脚复用，模拟输入引脚的实际数量和外部参考电压输入配置取决于具体的 dsPIC30F 器件。详细信息请参阅第 2 章中的表 2-2 中有关具体器件的配置。

19.1 dsPIC30F 的 10 位 A/D 转换器的结构

模拟输入是通过多路开关连接到 4 个 S/H 放大器的，指定为 CH0~3。可以为采集输入数据使能 1 个、2 个或 4 个 S/H 放大器。在转换期间，模拟输入多路开关可以在 2 组模拟输入之间切换。使用某些输入引脚可以在所有通道上实现单极性差分转换(参见图 19-1)，可以为 CH0 S/H 放大器使能模拟输入扫描模式，控制寄存器用来指定在扫描过程中要包含的模拟输入通道。

10 位 A/D 与 16 字转换结果缓冲器相连。在从缓冲器读取每个 10 位 A/D 转换结果时，转换结果被转换为 4 种 16 位输出格式之一。

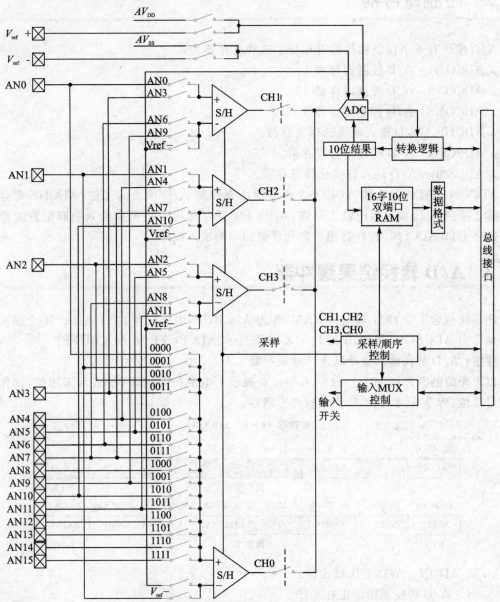

注：$V_{ref}+$，$V_{ref}-$ 输入可能与其他模拟输入复用，详细信息参见具体器件手册。

图 19-1　10 位高速 A/D 框图

19.2 控制寄存器

A/D 模块有 6 个控制和状态寄存器。这些寄存器为：
- ADCON1   A/D 控制寄存器 1。
- ADCON2   A/D 控制寄存器 2。
- ADCON3   A/D 控制寄存器 3。
- ADCHS   A/D 输入通道选择寄存器。
- ADPCFG   A/D 端口配置寄存器。
- ADCSSL   A/D 输入扫描选择寄存器。

ADCON1、ADCON2 和 ADCON3 寄存器用来控制 A/D 模块的工作；ADCHS 寄存器用于选择连接到 S/H 放大器的输入引脚；ADPCFG 寄存器用于将模拟输入引脚配置为模拟输入或数字 I/O；ADCSSL 寄存器用于选择要被扫描的输入顺序。

19.3 A/D 转换结果缓冲器

该模块包含 1 个 16 字双端口 RAM，称为 ADCBUF，用于缓存 A/D 结果。16 个缓冲器单元分别称为 ADCBUF0、ADCBUF1、ADCBUF2、…、ADCBUFE 和 ADCBUFF。

注意：A/D 转换结果缓冲器是只读缓冲器。

以下介绍的寄存器 19-1～19-6 中，-0 表示上电复位时清零；U 表示未用位，读作 0；R 表示可读位；W 表示可写位；C 表示软件可清零。

寄存器 19-1   ADCON1

R/W-0	U-0	R/W-0	U-0	U-0	U-0	R/W-0	R/W-0
ADON	—	ADSIDL	—	—	—	FORM1	FORM0
bit 15			高字节				bit 8

R/W-0	R/W-0	R/W-0	U-0	R/W-0	R/W-0	R/W-0	R/C-0
SSRC2	SSRC1	SSRC0	—	SIMSAM	ASAM	SAMP	DONE
bit 7			低字节				bit 0

bit 15 ADON   A/D 工作模式位。
    1   A/D 转换器模块正在工作。
    0   A/D 转换器关闭。

bit 14 未用位   读作 0。

bit 13 ADSIDL   空闲模式停止位。
    1   当器件进入空闲模式时，模块停止工作。

0 在空闲模式下,模块继续工作。

bit 12~10 未用位　读作 0。

bit 9~8 FORM<1：0>　数据输出格式位。

11　有符号小数(DOUT=sddd dddd dd00 0000)。

10　小数(DOUT=dddd dddd dd00 0000)。

01　有符号整数(DOUT=ssss sssd dddd dddd)。

00　整数(DOUT=0000 00dd dddd dddd)。

bit 7~5 SSRC<2：0>　转换触发源选择位。

111　通过内部计数器结束采样并开始转换(自动转换)。

110　保留。

101　保留。

100　保留。

011　通过电机控制 PWM 间隔结束采样并开始转换。

010　通过 Timer3 比较结束采样并开始转换。

001　通过 INT0 引脚的有效转变结束采样并开始转换。

000　通过清除 SAMP 位结束采样并开始转换。

bit 4 未用位　读作 0。

bit 3 SIMSAM　同时采样选择位(只在 CHPS=01 或 1x 时适用)。

1　同时采样 CH0、CH1、CH2 和 CH3(当 CHPS=1x 时)。

或同时采样 CH0 和 CH1(当 CHPS=01 时)。

0　按顺序逐个采样多个通道。

bit 2 ASAM　A/D 采样自动开始位。

1　采样在上一次转换结束后立即开始。SAMP 位自动置位。

0　采样在 SAMP 位置位时开始。

bit 1 SAMP　A/D 采样使能位。

1　至少 1 个 A/D 采样/保持放大器正在采样。

0　A/D 采样/保持放大器正在保持。

当 ASAM=0 时,写 1 到此位将开始采样。

当 SSRC=000 时,写 0 到此位将结束采样并开始转换。

bit 0 DONE　A/D 转换状态位(B 版本或更新版本的芯片)。

1　A/D 转换完成。

0　A/D 转换未完成。

此位由软件清零,或新转换开始时清零。

将此位清零不影响正在进行的任何操作。

寄存器 19-2 ADCON2

R/W-0	R/W-0	R/W-0	U-0	U-0	R/W-0	R/W-0	R/W-0
VCFG2	VCFG1	VCFG0	保留	—	CSCNA	CHPS1	CHPS0
bit 15			高字节				bit 8

R-0	U-0	R/W-0	R/W-0	R/W-0	R/W-0	R/W-0	R/W-0
BUFS	—	SMPI3	SMPI2	SMPI1	SMPI0	BUFM	ALTS
bit 7			低字节				bit 0

bit 15～13 VCFG<2：0>：参考电压配置位。

	A/D VREFH	A/D VREFL
000	AVDD	AVSS
001	外部 VREF+	引脚 AVSS
010	AVDD	外部 VREF-
011	外部 VREF+	引脚外部 VREF-
1XX	AVDD	AVSS

bit 12 保留 用户应在此位写入 0。

bit 11 未用 读作 0。

bit 10 CSCNA MUX A 输入多路开关设置的 CH0+S/H 输入的扫描输入选择位。

 1 扫描输入。

 0 不扫描输入。

bit 9～8 CHPS<1：0> 选择通道使用的位。

 1x 转换 CH0、CH1、CH2 和 CH3。

 01 转换 CH0 和 CH1。

 00 转换 CH0。

当 SIMSAM 位(ADCON1<3>)=0 时,多路通道同时采样。

当 MSAM 位(ADCON1<3>)=1 时,多路通道根据 CHPS<1：0>采的状态样。

bit 7 BUFS 缓冲器填充状态位。

仅在 BUFM=1 时有效(ADRES 分成 2×8 字的缓冲器)。

 1 A/D 当前在填充缓冲器 0x8～F,用户应该访问 0x0～7 的数据。

 0 A/D 当前在填充缓冲器 0x0～7,用户应该访问 0x8～F 的数据。

bit 6 未用 读作 0。

bit 5～2 SMPI<3：0> 每产生一个中断的采样/转换过程数选择位。

 1111 每完成 16 个采样/转换过程后产生中断。

1110　每完成 15 个采样/转换过程后产生中断。
　　⋮
　　0001　每完成 2 个采样/转换过程后产生中断。
　　0000　完成每个采样/转换过程后产生中断。
bit 1 BUFM　缓冲器模式选择位。
　　1　缓冲器配置为 2 个 8 字缓冲器 ADCBUF(15⋯8)和 ADCBUF(7⋯0)。
　　0　缓冲器配置为 1 个 16 字缓冲器 ADCBUF(15⋯0)。
bit 0 ALTS　备用输入采样模式选择位
　　1　为第一个采样使用 MUX A 输入多路开关设置,然后对所有后续采样在 MUX B 和 MUX A 输入多路开关设置之间轮换。
　　0　总是使用 MUX A 输入多路开关设置。

寄存器 19 - 3　ADCON3

U-0	U-0	U-0	R/W-0	R/W-0	R/W-0	R/W-0	R/W-0
—	—	—	SAMC4	SAMC3	SAMC2	SAMC1	SAMC0
bit 15				高字节			bit 8

R/W-0	U-0	R/W-0	R/W-0	R/W-0	R/W-0	R/W-0	R/W-0
ADRC	—	ADCS5	ADCS4	ADCS3	ADCS2	ADCS1	ADCS0
bit 7				低字节			bit 0

bit 15~13 未用　读作 0。
bit 12~8 SAMC<4:0>　自动采样时间位。
　　11111　31 TAD
　　⋮
　　00001　1 TAD
　　00000　0 TAD(只有在使用多个 S/H 放大器执行过程转换时才允许)
bit 7 ADRC　A/D 转换时钟源位。
　　1　A/D 内部 RC 时钟。
　　0　时钟由系统时钟产生。
bit 6 未用　读作 0。
bit 5~0 ADCS<5:0>　A/D 转换时钟选择位。
　　111111　$T_{CY}/2 \cdot (\text{ADCS}<5:0>+1) = 32 \cdot T_{CY}$
　　⋮
　　000001　$T_{CY}/2 \cdot (\text{ADCS}<5:0>+1) = T_{CY}$
　　000000　$T_{CY}/2 \cdot (\text{ADCS}<5:0>+1) = T_{CY}/2$

寄存器 19-4　ADCHS

R/W-0	R/W-0	R/W-0	R/W-0	R/W-0	R/W-0	R/W-0	R/W-0
CH123NB1	CH123NB0	CH123SB	CH0NB	CH0SB3	CH0SB2	CH0SB1	CH0SB0
bit 15			高字节				bit 8
R/W-0	R/W-0	R/W-0	R/W-0	R/W-0	R/W-0	R/W-0	R/W-0
CH123NA1	CH123NA0	CH123SA	CH0NA	CH0SA3	CH0SA2	CH0SA1	CH0SA0
bit 7			低字节				bit 0

bit 15～14　CH123NB<1：0>　MUX B 多路开关设置的通道 1、2、3 负输入选择位。
　　　　与 bit 7～6 的定义相同（参见注释）。

bit 13　CH123SB　MUX B 多路开关设置的通道 1、2、3 正输入选择位。
　　　　与 bit 5 的定义相同（参见注释）。

bit 12　CH0NB　MUX B 多路开关设置的通道 0 负输入选择位。
　　　　与 bit 4 的定义相同（参见注释）。

bit 11～8　CH0SB<3：0>　MUX B 多路开关设置的通道 0 正输入选择位。
　　　　与 bit 3～0 的定义相同（参见注释）。

bit 7～6　CH123NA<1：0>　MUX A 多路开关设置的通道 1、2、3 负输入选择位。
　　11　CH1 负输入为 AN9，CH2 负输入为 AN10，CH3 负输入为 AN11。
　　10　CH1 负输入为 AN6，CH2 负输入为 AN7，CH3 负输入为 AN8。
　　0x　CH1，CH2，CH3 负输入为 V_{REF}。

bit 5　CH123SA　MUX A 多路开关设置的通道 1、2、3 正输入选择位。
　　1　CH1 正输入为 AN3，CH2 正输入为 AN4，CH3 正输入为 AN5。
　　0　CH1 正输入为 AN0，CH2 正输入为 AN1，CH3 正输入为 AN2。

bit 4　CH0NA　MUX A 多路开关选择的通道 0 负输入选择位。
　　1　通道 0 负输入为 AN1。
　　0　通道 0 负输入为 V_{REF}。

bit 3～0　CH0SA<3：0>　MUX A 多路开关设置的通道 0 正输入选择位。
　　1111　通道 0 正输入为 AN15。
　　1110　通道 0 正输入为 AN14。
　　1101　通道 0 正输入为 AN13。
　　　⋮
　　0001　通道 0 正输入为 AN1。
　　0000　通道 0 正输入为 AN0。

注意:

① 模拟输入多路开关支持两种输入设置配置,即 MUX A 和 MUX B。ADCHS<15:8>决定 MUX B 的设置,ADCHS<7:0>决定 MUX A 的设置。两组控制位功能相同。

② 所选器件上可用的 A/D 输入数不同(请参考第 2 章表 2-2 中具体器件有关 A/D 通道配置说明),ADCHS 寄存器的描述和功能也相应有所变化。

寄存器 19-5 ADPCFG

R/W-0	R/W-0	R/W-0	R/W-0	R/W-0	R/W-0	R/W-0	R/W-0
PCFG15	PCFG14	PCFG13	PCFG12	PCFG11	PCFG10	PCFG9	PCFG8
bit 15			高字节				bit 8

R/W-0	R/W-0	R/W-0	R/W-0	R/W-0	R/W-0	R/W-0	R/W-0
PCFG7	PCFG6	PCFG5	PCFG4	PCFG3	PCFG2	PCFG1	PCFG0
bit 7			低字节				bit 0

bit 15~0 PCFG<15:0> 模拟输入引脚配置控制位。
   1 模拟输入引脚处于数字模式,使能端口读取输入,A/D 输入多路开关输入连接到 AV_{SS}。
   0 模拟输入引脚处于模拟模式,禁止端口读取输入,A/D 采样引脚电压。

寄存器 19-6 ADCSSL

R/W-0	R/W-0	R/W-0	R/W-0	R/W-0	R/W-0	R/W-0	R/W-0
CSSL15	CSSL14	CSSL13	CSSL12	CSSL11	CSSL10	CSSL9	CSSL8
bit 15			高字节				bit 8

R/W-0	R/W-0	R/W-0	R/W-0	R/W-0	R/W-0	R/W-0	R/W-0
CSSL7	CSSL6	CSSL5	CSSL4	CSSL3	CSSL2	CSSL1	CSSL0
bit 7			低字节				bit 0

bit 15~0 CSSL<15:0> A/D 输入引脚扫描选择位。
   1 选择对 ANx 输入进行扫描。
   0 不对 ANx 输入进行扫描。

19.4 A/D 转换术语和转换过程

图 19-2 显示了一个基本转换过程及其所使用的术语。模拟输入引脚电压的采样是通过采样和保持 S/H 放大器进行的。S/H 放大器也称为 S/H 通道。10 位 A/D 转换器共有 4 个

S/H 通道,指定为 CH0～3。S/H 通道通过模拟输入多路开关连接到模拟输入引脚。模拟输入多路开关由 ADCHS 寄存器控制。在 ADCHS 寄存器中有两组多路开关控制位,其功能相同。这两组控制位允许设置两种不同的模拟输入多路开关配置(称为 MUX A 和 MUX B)。A/D 转换器在两次转换之间可以在 MUX A 和 MUX B 配置之间切换,A/D 转换器也可以选择对一系列模拟输入进行扫描。

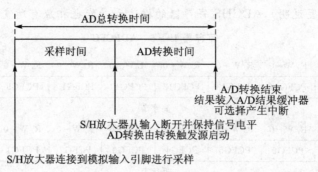

图 19-2 A/D 采样/转换过程

采样时间是 A/D 模块的 S/H 放大器连接到模拟输入引脚的时间。采样时间可通过将 SAMP 位(ADCON1<1>)置位手动开始或由 A/D 转换器硬件自动开始。采样时间可通过在用户软件中将 SAMP 控制位清零手工结束,或由转换触发源自动结束。

转换时间是 A/D 转换器转换 S/H 放大器保持电压所需的时间。A/D 在采样时间结束时从模拟输入引脚断开。除了 1 个时钟周期外,A/D 转换器还需要一个 A/D 时钟周期(T_{AD})来转换结果中的每个位。要完成整个转换,总共需要 12 个 T_{AD} 周期。当转换时间结束后,结果装入 16 个 A/D 结果寄存器(ADCBUF0…ADCBUFF)中的一个,S/H 可重新连接到输入引脚,并且可能会产生 1 个 CPU 中断。

采样时间和 A/D 转换时间之和就是总转换时间。为了确保 S/H 放大器能为 A/D 转换提供需要的精度,需要有 1 个最小采样时间(参见 19.16 节)。此外,A/D 转换器还有多个输入时钟选择,用户必须选择不会违反最小 T_{AD} 规范的输入时钟选择。

10 位 A/D 转换器有多种选择来指定采样/转换过程。如图 19-3 所示,采样/转换过程可以非常简单。图 19-3 中的示例只使用了 1 个 S/H 放大器,更精确的采样/转换过程使用多个 S/H 放大器实现多个转换。10 位 A/D 转换器可以使用 2 个 S/H 放大器在一个采样/转换过程中完成 2 个转换,或使用 4 个 S/H 放大器在 1 个采样/转换过程中完成 4 个转换。在每个采样/转换过程中,S/H 放大器数量和每个采样的通道数量由 CHPS 控制位决定。使用多个 S/H 通道的采样/转换过程可以同时采样或顺序采样,由 SIMSAM(ADCON1<3>)控制,同时采样多个信号可以确保所有的模拟输入的快照正好在同一时间发生。顺序采样在每个模拟输入的转换开始之前,获得输入的快照,多个输入的采样之间没有任何关系。

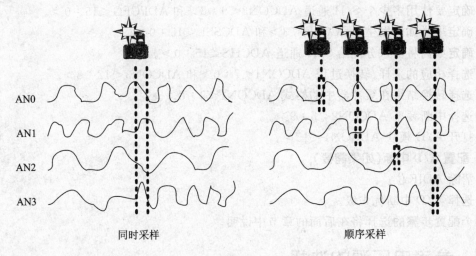

图 19-3 同时采样和顺序采样

采样开始时间可通过将 SAMP 控制位置位由软件控制。采样开始时间还可以由硬件自动控制。当 A/D 转换器工作在自动采样模式时,当采样/转换过程中转换结束时,S/H 放大器会重新连接到模拟输入引脚。自动采样功能由 ASAM 控制位(ADCON1<2>)控制。转换触发源结束采样时间并开始 A/D 转换或采样/转换过程,采样触发源由 SSRC 控制位选择。

转换触发源可从多种硬件源中选择,或通过在软件中将 SAMP 控制位清零来手工控制。转换触发源中的一个是自动转换,自动转换之间的时间通过计数器和 A/D 时钟设置。自动采样模式和自动转换触发可以一起使用,提供无需软件参与的无限自动转换功能。

在每个或多个采样/转换过程结束时都可能会产生中断,这取决于 SMPI 控制位 ADCON2<5:2>的值。中断之间的采样/转换过程数在 1~16 之间变化。用户应该注意,当选择了 SMPI 值时,A/D 转换缓冲器保持了 16 个结果。中断之间的总转换数为每次采样的通道数和 SMPI 值的积。中断之间的总转换数不应超过缓冲器长度。

当通道/采样和采样/中断组合超过了缓冲器的大小时,该缓冲器将包含不确定的转换结果。不建议这种配置。

19.5 A/D 模块配置

执行 A/D 转换时应遵循以下步骤:
1. 配置 A/D 模块
- 选择端口引脚作为模拟输入 ADPCFG<15:0>。
- 选择参考电压源,以匹配模拟输入的预期范围 ADCON2<15:13>。
- 选择模拟转换时钟,以便使预期的数据速率与处理器时钟匹配 ADCON3<5:0>。

- 确定要使用多少个 S/H 通道 ADCON2<9:8>和 ADPCFG<15:0>。
- 确定采样如何发生 ADCON1<3>和 ADCSSL<15:0>。
- 确定如何将输入分配给 S/H 通道 ADCHS<15:0>。
- 选择相应的采样/转换过程 ADCON1<7:0>和 ADCON3<12:8>。
- 选择转换结果在缓冲器中的格式 ADCON1<9:8>。
- 选择中断频率 ADCON2<5:9>。
- 打开 A/D 模块 ADCON1<15>。

2. 配置 A/D 中断(如果需要)
- 清除 ADIF 位。
- 选择 A/D 中断优先级。

每个配置步骤的选择将在后面的章节中说明。

19.6 参考电压源的选择

A/D 转换的参考电压通过 VCFG<2:0>控制位(ADCON2<15:13>)选择。参考电压高电平(V_{REFH})和参考电压低电平(V_{REFL})可来自于内部 AV_{DD} 和 AV_{SS} 电压或 V_{REF} + 和 V_{REF} − 输入引脚。

在低引脚数器件上,外部参考电压引脚可能会和 AN0 以及 AN1 输入复用。当这些引脚与 V_{REF} + 和 V_{REF} − 输入引脚复用时,A/D 转换器仍然可以在这些引脚上执行转换。

加到外部参考电压引脚上的电压必须符合器件的规范。

19.7 A/D 转换时钟的选择

A/D 转换器有一个可以完成转换的最大速率。转换时序由模拟模块时钟 T_{AD} 控制,A/D 转换需要 12 个时钟周期($12T_{AD}$),A/D 时钟是由器件指令时钟或内部 RC 时钟源产生。A/D 转换时钟通过 6 位计数器软件选择,有 64 种可能的 T_{AD},由 ADCS<5:0>(ADCON3<5:0>)指定。公式(19-1)给出了 T_{AD} 值与 ADCS 控制位,以及器件指令周期 T_{CY} 之间的关系。

A/D 转换时钟周期:

$$T_{AD} = \frac{T_{CY}(ADCS 值 + 1)}{2} \tag{19-1}$$

$$T_{AD} = \frac{2T_{AD}}{T_{CY}} - 1$$

为了获得正确的 A/D 转换结果,必须选择 A/D 转换时钟(T_{AD}),以确保 154 ns 的最小 T_{AD} 时间($V_{DD}=5$ V)。

A/D 转换器有一个专用内部 RC 时钟源,可以用于执行转换。当 dsPIC30F 处于休眠模式时进行 A/D 转换,应使用内部 RC 时钟源。内部 RC 振荡器是通过将 ADRC 位(ADCON3<7>)置位来选择。当 ADRC 位置位时,ADCS<5:0>位对 A/D 操作没有影响。

19.8 采样模拟输入的选择

为了选择采样的模拟输入,所有采样和保持放大器在其同相和反相输入上都有模拟多路开关(参见图 19-1)。一旦指定了采样/转换顺序,ADCHS 位决定为每个采样要选择的模拟输入。

此外,所选的输入可能会在交替采样的基础上发生变化,或者随采样的重复过程变化。

注意:不同器件对应不同数量的模拟输入。第 2 章的表 2-2 中的器件配置一栏列出了各器件模拟输入通道数的配置。

19.8.1 配置模拟端口引脚

ADPCFG 寄存器指定了用作模拟输入的器件引脚的输入状态。

当相应的 PCFGn 位(ADPCFG<n>)清零时,对应的引脚就被配置为模拟输入。ADPCFG 寄存器在复位时清零,在默认情况下,这使得 A/D 输入引脚在复位时被配置为模拟输入。当引脚被配置为模拟输入时,相关端口 I/O 数字输入缓冲器被禁止,因此不消耗电流。ADPCFG 寄存器和 TRISB 寄存器控制 A/D 端口引脚的工作方式。

对于希望作为模拟输入的端口引脚,其对应的 TRIS 位必须置位,来指定端口为输入。如果与 A/D 输入关联的 I/O 引脚被配置为输出,则 TRIS 位被清零,且端口数字输出电平(V_{OH} 或 V_{OL})将被转换。在器件复位后,所有的 TRIS 位都会置位。

当相应的 PCFGn 位(ADPCFG<n>)置位时,对应的引脚就被配置为数字 I/O。在此配置中,模拟多路开关的输入连接到 AV_{SS}。

注意:
① 当读取 A/D 端口寄存器时,任何配置为模拟输入的引脚都读作 0。
② 在任何定义为数字输入引脚(包括 AN15:AN0 引脚)所加的模拟电平都可能导致输入缓冲器消耗超出器件规范中规定的电流。

19.8.2 通道 0 输入选择

在选择模拟输入时,通道 0 是 4 个 S/H 通道中最灵活的。用户可以选择最多 16 个模拟输入中的任何 1 个作为通道的正输入。CH0SA<3:0>位(ADCHS<3:0>)通常用来选择作为通道 0 正输入的模拟输入。

用户可以选择 $V_{REF}-$ 或 AN1 作为通道的负输入。CH0NA 位(ADCHS<4>)通常用来选择作为通道 0 负输入的模拟输入。

1. 指定交替通道 0 输入选择

在顺序采样时,ALTS 位(ADCON2<0>)会使模块在 2 组选择的输入间切换。CH0SA<3:0>、CH0NA、CHXSA 和 CHXNA<1:0>指定的输入统称为 MUX A 输入,CH0SB<3:0>、CH0NB、CHXSB 和 CHXNB<1:0>指定的输入统称为 MUX B 输入。当 ALTS 位为 1 时,模块将在一个采样中使用 MUX A 输入,而在随后 1 个采样中使用 MUX B 输入,依次进行轮换。

对于通道 0,如果 ALTS 位为 0,则只会选择采样 CH0SA<3:0>和 CH0NA 指定的输入。如果 ALTS 位为 1,在通道 0 的第一个采样/转换过程中,则会选择采样 CH0SA<3:0>和 CH0NA 指定的输入,在通道 0 的下一个采样/转换过程中,则会选择采样 CH0SB<3:0>和 CH0NB 指定的输入。此模式将在后续采样/转换过程中重复。

注意:如果指定了多通道(CHPS=01 或 1x)和同时采样(SIMSAM=1),由于所有通道在每个采样时间进行采样,则交替输入会改变每个采样;如果指定了多通道(CHPS=01 或 1x)和顺序采样(SIMSAM=0),则交替输入只在特定通道的每个采样上发生改变。

2. 使用通道 0 扫描数个输入

通道 0 能扫描 1 组选定的输入。CSCNA 位(ADCON2<10>)可以使 CH0 通道扫描选定数量的模拟输入。当 CSCNA 置位时,会忽略 CH0SA<3:0>位。

ADCSSL 寄存器指定要扫描的输入。ADCSSL 寄存器中的每个位分别对应 1 个模拟输入,bit 0 对应 AN0,bit 1 对应 AN1,依此类推。如果 ADCSSL 寄存器中一个特定位为 1,则在扫描过程中将扫描对应的输入。扫描总是在每次发生中断后从第一个所选择的通道开始,从编号较小的输入扫描到标号较大的输入。

注意:如果选择的扫描输入个数大于每次中断的采样数,则较大编号的输入将不会被采样。

ADCSSL 位只指定通道正输入的输入源,CH0NA 位将选择在扫描时通道负输入的输入源。如果 ALTS 位为 1,扫描只应用于 MUX A 输入选择。由 CH0SB<3:0>指定的 MUX B 输入选择仍选择轮换的通道 0 输入。当以这种方式设定输入选择时,通道 0 输入将在一系列 ADCSSL 寄存器指定的扫描输入和 CH0SB 位指定的固定输入之间轮换。

19.8.3 通道 1、2 和 3 输入选择

通道 1、2 和 3 可以对一部分模拟输入引脚进行采样。通道 1、2 和 3 可以选择 2 组 3 个输入中的 1 组。

CHXSA 位(ADCHS<5>)用于选择通道 1、2 和 3 的正输入源。

清零 CHXSA 可以选择 AN0、AN1 和 AN2 分别作为通道 1、2 和 3 的正输入源;将 CHXSA 置位可以选择 AN3、AN4 和 AN5 作为模拟输入源。

CHXNA<1：0>位(ADCHS<7：6>)用于选择通道 1、2 和 3 的负输入源。

设定 CHXNA=0x,选择 V_{REF}-为通道 1、2 和 3 的负输入的模拟输入源;设定 CHXNA=10,选择 AN6、AN7 和 AN8 分别作为通道 1、2 和 3 的负输入模拟输入源;设定 CHXNA=11,选择 AN9、AN10 和 AN11 作为模拟输入源。

指定交替的通道 1、2 和 3 输入选择

与通道 0 输入一样,在通道 1、2 和 3 的顺序采样过程中,ALTS 位(ADCON2<0>)使模块在选择的 2 组输入之间切换。

CHXSA 和 CHXNA<1：0>指定的 MUX A 输入总是在 ALTS=0 时选择输入。

当 ALTS=1 时,由 CHXSB 和 CHXNB<1：0>指定的 MUX B 输入与 MUX A 输入交替。

19.9 模块使能

当 ADON 位(ADCON1<15>)为 1 时,模块处于有效模式,且以全功耗模式工作。

当 ADON 为 0 时,模块被禁止。为了最大限度节省电流消耗,电路的数字和模拟部分被关闭。为了从关闭模式返回有效模式,用户必须等待模拟阶段稳定下来。

注意:当 ADON=1 时,不应写入 SSRC<2：0>、SIMSAM、ASAM、CHPS<1：0>、SMPI<3：0>、BUFM 和 ALTS 位以及 ADCON3 和 ADCSSL 寄存器,否则会产生无法预料的结果。

19.10 采样/转换过程的说明

10 位 A/D 模块有 4 个采样/保持放大器和 1 个 A/D 转换器。此模块可以在每个采样/转换过程实现 1、2 或 4 个输入采样和 A/D 转换。

19.10.1 采样/保持通道的数量

CHPS<1：0>控制位(ADCON2<9：8>)用于选择 A/D 模块在采样/转换过程中使用 S/H 放大器的个数。有以下 3 种选项:

➢ 仅 CH0。

➢ CH0 和 CH1。

➢ CH0、CH1、CH2 和 CH3。

CHPS 控制位与 SIMSAM(同时采样)控制位(ADCON1<3>)配合工作。

19.10.2 同时采样使能

某些应用可能要求在同一时间采样多个信号。如表 19-1 所列,SIMSAM 控制位

(ADCON1<3>)与 CHPS 控制位配合工作来控制多通道采样/转换过程。如果 CHPS<1：0>＝00,SIMSAM 控制位不影响模块操作。如果 CHPS 控制位使能多个的 S/H 放大器,且 SIMSAM 位为 0,在 2 个或 4 个采样周期内,2 个或 4 个被选的通道就会被顺序采样和转换；如果 SIMSAM 位为 1,2 个或 4 个选择的通道就会在 1 个采样周期内被同时采样,然后这些通道被顺序转换。

表 19-1 采样/转换控制选项

CHPS<1：0>	SIMSAM	采样/转换过程	要完成的采样/转换周期数	示 例
00	x	采样 CH0,转换 CH0	1	图 19-4 图 19-5 图 19-6 图 19-7 图 19-10 图 19-13 图 19-14
01	0	采样 CH0,转换 CH0 采样 CH1,转换 CH1	2	
1x	0	采样 CH0,转换 CH0 采样 CH1,转换 CH1 采样 CH2,转换 CH2 采样 CH3,转换 CH3	4	图 19-9 图 19-12 图 19-19
01	1	同时采样 CH0,转换 CH1 转换 CH0 转换 CH1	1	图 19-17
1x	1	采样 CH0,转换 CH1,CH2、CH3 同时 转换 CH0 转换 CH1 转换 CH2 转换 CH3	1	图 19-8 图 19-11 图 19-15 图 19-16 图 19-9

19.11 如何开始采样

19.11.1 手 工

将 SAMP 位(ADCON1<1>)置位将使 A/D 开始采样。可以使用几个选项之一来结束采样并完成转换。在 SAMP 位再次置位前,不会重新开始采样。如图 19-4 所示。

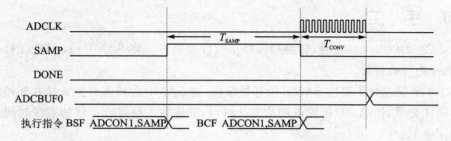

图 19-4　转换 1 个通道手工采样和转换开始

19.11.2　自　动

只要在该通道上没有进行转换,则将 ASAM 位(ADCON1<2>)置位,会导致 A/D 自动开始采样通道。可以使用几个选项之一结束采样并完成转换。如果 SIMSAM 位指定顺序采样,则通道上的采样在该通道的转换完成后恢复;如果 SIMSAM 位指定同时采样,则通道上的采样在所有通道的转换完成后恢复。如图 19-5 所示。

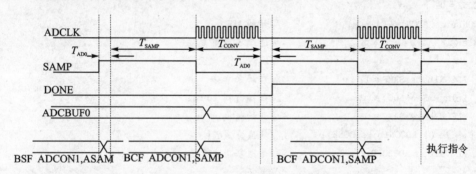

图 19-5　转换 1 个通道自动采样和手工转换开始

19.12　如何停止采样和开始转换

转换触发源将终止采样并开始所选的转换过程。SSRC<2:0>位(ADCON1<7:5>)选择转换触发源。

注意:

① dsPIC30F 器件不同,可用的转换触发源可能也会有所不同。有关可用转换触发源的信息,请参见第 2 章的表 2-2 中有关具体器件配置情况。

② A/D 模块使能时,不应修改 SSRC 选择位。如果用户希望修改转换触发源,应首先将

ADON 位(ADCON1<15>)清零来禁止 A/D 模块。

19.12.1 手 工

当 SSRC<2：0>＝000 时,转换触发处于软件控制下。将 SAMP 位(ADCON1<1>)清零,则将会开始转换过程。

图 19-4 示例说明了置位 SAMP 位开始采样,将 SAMP 位清零终止采样并开始转换的过程。用户软件必须对 SAMP 位置位和清零计时,以确保输入信号有足够的采样时间。代码示例参见例 19-1。

例 19-1：转换一个通道,手工采样开始,手工转换开始的代码示例

```
ADPCFG = 0xFFFB;              //PORTB 除 RB2 定义为模拟,其他为数字
ADCON1 = 0x0000;              //SAMP bit = 0 结束采样并开始转换(自动转换)
ADCHS = 0x0002;               //连接 RB2/AN2 作为 CH0 输入…
                              //本例 RB2/AN2 是输入
ADCSSL = 0;
ADCON3 = 0x0002;              //手动采样,T_AD = 内部 2T_CY
ADCON2 = 0;
ADCON1bits.ADON = 1;          //开始 ADC
while (1)                     //连续不断重复
    {
    ADCON1bits.SAMP = 1;      //启动采样…
    DelayNmSec(100);          //采样时间 100 ms
    ADCON1bits.SAMP = 0;      //开始转换
    while (! ADCON1bits.DONE);//转换完成?
    ADCValue = ADCBUF0;       //是则获得 ADC 值
    }                         //重复
```

其中 T_{AD} = 内部 $2T_{CY}$。

图 19-5 给出了一个示例,说明置位 ASAM 位开始自动采样,将 SAMP 位清零终止采样并开始转换的过程。转换完成后,模块将自动返回采样状态。在采样间隔开始时,SAMP 位会自动置位。

用户软件必须对 SAMP 位清零计时,以确保输入信号有充足的采样时间,因为 SAMP 位清零的时间中除了采样时间外还包括转换时间。参见例 19-2 的代码示例。

例 19-2：转换一个通道,自动采样开始,手工转换开始的代码示例

```
ADPCFG = 0xFF7F;              //PORTB 除 RB7 定义为模拟,其他为数字
ADCON1 = 0x0004;              //ASAM bit = 1 意思为采样…
                              //在上次转换完成后立即开始
ADCHS = 0x0007;               //连接 RB7/AN7 作为 CH0 输入…
```

```
ADCSSL = 0;                        //本例 RB7/AN7 是输入
ADCON3 = 0x0002;                   //手动采样时间 1，T_AD = 内部 2T_CY
ADCON2 = 0;
ADCON1bits.ADON = 1;               //开始 ADC
while (1)                          //连续不断重复
    {
    DelayNmSec(100);               //采样 100 ms
    ADCON1bits.SAMP = 0;           //开始转换
    while (! ADCON1bits.DONE);     //转换完成？
    ADCValue = ADCBUF0;            //是，则获得 ADC 值
    }                              //重复
```

19.12.2 对转换触发计时

当 SSRC<2：0>=111 时，转换触发处于 A/D 时钟控制下。SAMC 位（ADCON3<12：8>）选择开始采样和开始转换之间的 T_{AD} 时钟周期数。此触发选项提供了多通道上最快的转换速率。在采样开始后，模块会对 SAMC 位指定的 T_{AD} 时钟周期计数。

计时转换触发时间：

$$T_{SMP} = SAMC<4：0> \times T_{AD} \qquad (19-2)$$

当只使用 1 个 S/H 通道或同时采样时，SAMC 必须始终编程为至少 1 个时钟周期。当使用多个 S/H 通道进行顺序采样时，将 SAMC 编程为零时钟周期就可得到最快的可能转换速率。参见例 19-3 的代码示例。

图 19-6 表示转换 1 个通道，手工采样开始，基于 T_{AD} 的转换开始。

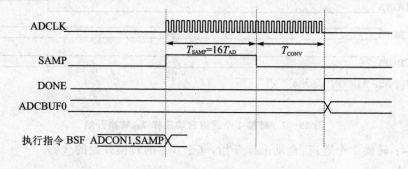

图 19-6 转换 1 个通道手工采样和 T_{AD} 转换开始

例 19-3：转换 1 个通道，手工采样开始，基于 T_{AD} 的转换开始的代码示例

```
ADPCFG = 0xEFFF;                   //RB12 定义为模拟，PORTB 其余为数字
```

```
ADCON1 = 0x00E0;              //SSRC bit = 1111 意思为通过内部计数器
                              //结束采样并开始转换(自动转换)
ADCHS = 0x000C;               //连接 RB12/AN12 作为 CH0 输入…
                              //本例 RB12/AN12 是输入
ADCSSL = 0;
ADCON3 = 0x1F02;              //采样时间 = 31$T_{AD}$,$T_{AD}$ = 内部 2$T_{CY}$
ADCON2 = 0;
ADCON1bits.ADON = 1;          //开始 ADC
while (1)                     //连续不断重复
    {
    ADCON1bits.SAMP = 1;      //启动采样
                              //31$T_{AD}$后开始转换
    while (! ADCON1bits.DONE); //转换完成?
    ADCValue = ADCBUF0;       //是则获得 ADC 值
    }                         //重复
```

1. 自由运行采样转换过程

如图 19-7 所示,使用自动转换触发模式(SSRC=111),配合自动采样开始模式(ASAM=1),可以确定采样/转换的过程,而无需用户干预或其他器件资源。此"计时"模式允许在模块初始化后进行连续数据收集。参见例 19-4 的代码示例。

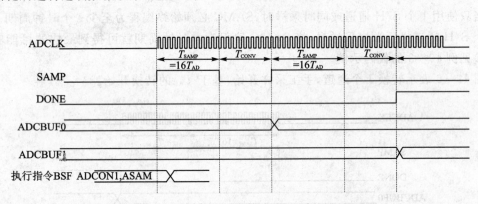

图 19-7 转换 1 个通道自动采样 T_{AD} 转换开始

例 19-4:转换 1 个通道,自动采样开始,基于 T_{AD} 的转换开始的代码

```
ADPCFG = 0xFFFB;              //RB2 定义为模拟,PORTB 其余为数字
ADCON1 = 0x00E0;              //SSRC bit = 111 意思为通过内部计数器
                              //结束采样并开始转换(自动转换)
ADCHS = 0x0002;               //连接 RB2/AN2 作为 CH0 输入
                              //本例 RB2/AN2 是输入
```

```
ADCSSL = 0;
ADCON3 = 0x0F00;                         //采样时间 = 15 $T_{AD}$, $T_{AD}$ = 内部 $T_{CY}$/2
ADCON2 = 0x0004;                         //中断在每 2 次采样过程后
ADCON1bits.ADON = 1;                     //ADC 开始
while (1)                                //连续不断重复
  {
  ADCValue = 0;                          //清 ADC 值
  ADC16Ptr = &ADCBUF0;                   //初始化 ADCBUF 指针
  IFS0bits.ADIF = 0;                     //清 ADC 中断标志
  ADCON1bits.ASAM = 1;                   //开始自动采样
                                         //31 $T_{AD}$ 后开始转换
  while (! IFS0bits.ADIF);               //转换完成?
  ADCON1bits.ASAM = 0;                   //是则停止采样/转换
  for (count = 0; count<2; count ++)     //平均 2 次 ADC 值
  ADCValue = ADCValue + * ADC16Ptr ++;
  ADCValue = ADCValue >> 1;
  }                                      //重复
```

2. 多通道同时采样

如图 19-8 所示,当使用同时采样时,采样时间由 SAMC 值指定。在此示例中,SAMC 指定 3 T_{AD} 的采样时间。因为自动采样开始有效,在最后一个转换结束时,采样在所有通道上自动开始,并会持续 3 个 A/D 时钟周期。参见例 19-5 的代码示例。

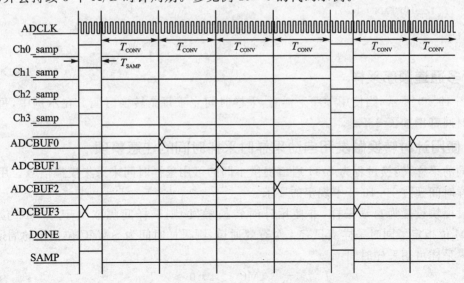

图 19-8 转换 4 个通道自动采样和 T_{AD} 转换开始同时采样

例 19 – 5：转换 4 个通道，自动采样开始，T_{AD} 转换开始，同时采样的代码示例

```
ADPCFG = 0xFF78;                    //RB0,RB1,RB2 & RB7 = 模拟
ADCON1 = 0x00EC;                    //SIMSAM bit = 1 意思是…
                                    //同时采样
                                    //ASAM = 1 即转换后自动采样
                                    //SSRC = 111 为 3 T_AD 采样时间
ADCHS = 0x0007;                     //连接 AN7 作为 CH0 输入
ADCSSL = 0;
ADCON3 = 0x0302;                    //自动采样 3 T_AD,T_AD = 内部 2 T_CY
ADCON2 = 0x030C;                    //CHPS = 1x 意思是同时的…
                                    //采样 CH0~3
                                    //SMPI = 0011 为 4 次转换后中断
ADCON1bits.ADON = 1;                //ADC 开始
while (1)                           //连续不断重复
    {
    ADC16Ptr = &ADCBUF0;            //初始化 ADCBUF 指针
    OutDataPtr = &OutData[0];       //指向第 1 个 TX buffer 数
    IFS0bits.ADIF = 0;              //清中断
    while (IFS0bits.ADIF);          //转换完成?
    for (count = 0; count<4; count++)  //存储 ADC 值
        {
        ADCValue = * ADC16Ptr++;
        LoadADC(ADCValue);
        }
    }                               //重复
```

3. 多通道顺序采样

如图 19 – 9 所示，当使用顺序采样时，采样时间先于每个转换时间。在示例中，每个通道的采样时间都增加了 3 T_{AD}。

4. 使用计时转换触发和自动采样时采样时间的注意事项

不同的采样/转换过程为 S/H 通道提供不同的可用采样时间来采集模拟信号。用户必须确保采样时间超过 19.16 节中规定的要求。

假设模块设置为自动采样，并使用计时转换触发，则采样间隔取决于 SAMC 位。如果 SIMSAM 位指定了同时采样或只有 1 个有效通道，则采样时间为 SAMC 位指定的周期。

同时采样可用采样时间：

$$T_{\text{SAMP}} = \text{SAMC} < 4:0 > \times T_{AD} \tag{19 – 3}$$

如果 SIMSAM 位指定了顺序采样，则用于转换所有通道的总间隔时间等于通道数量乘

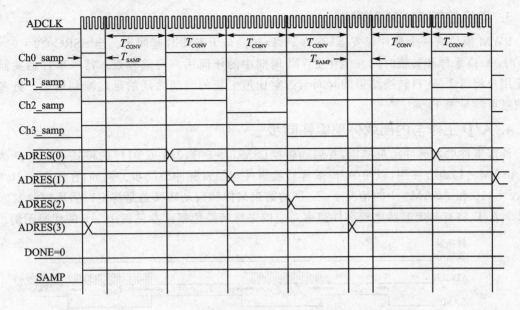

图 19-9 转换 4 个通道自动采样 T_{AD} 转换开始顺序采样

以采样时间与转换时间之和。单个通道的转换时间等于总间隔时间减去该通道的转换时间。

同时采样可用采样时间：

$$T_{SEQ} = 每次采样的通道(CH/S) \times [(SAMC<4:0> \times T_{AD}) + 转换时间 T_{CONV}]$$
$$T_{SAMP} = (T_{SEQ} - T_{CONV}) \tag{19-4}$$

注意：

① CHPS<1:0> 位指定 CH/S。

② T_{SAEQ} 是采样/转换过程的总时间。

19.12.3 事件触发转换开始

通常需要将采样结束和转换开始与某个其他时间事件同步。A/D 模块可以使用 3 个触发源之一作为转换触发事件。

1. 外部 INT 引脚触发

当 SSRC<2:0>=001 时，A/D 转换是由 INT0 引脚上的有效电平转换触发的。INT0 引脚可以编程为上升沿输入或下降沿输入。

2. 通用定时器比较触发

通过将 SSRC<2:0> 置为 010，可将 A/D 配置为此触发模式。如果 32 位定时器 TMR3/TMR2 和 32 位组合周期寄存器 PR3/PR2 之间匹配，则 Timer3 会产生 1 个特殊的 ADC 触发事件信号。TMR5/TMR4 定时器对不具备此功能。更多详细信息可参见第 10 章。

3. 电机控制 PWM 触发器

PWM 模块有一个事件触发器,允许 A/D 转换与 PWM 时基同步。当 SSRC<2:0>=011 时,A/D 采样和转换时间发生在 PWM 周期中的任何用户可编程点。特殊事件触发器可以让用户将需要 A/D 转换结果的时间与占空比值更新的时间之间的延迟减到最小。更多详细信息可参见第 14 章。

4. A/D 工作与内部或外部事件同步

外部事件触发脉冲结束采样,并启动转换(SSRC=001、010 或 011)的模式可以与自动采样(ASAM=1)组合使用,以使 A/D 采样转换事件与触发脉冲源同步。例如,在图 19-10 中,SSRC=010 和 ASAM=1 的情况下,A/D 的结束采样和启动转换总是与定时器比较触发事件同步。A/D 将有与定时器比较事件速率对应的采样转换速率。参见例 19-6 的代码示例。

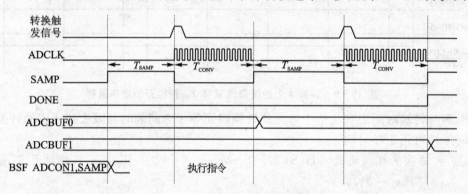

图 19-10 转换 1 个通道自动采样和转换触发的转换开始

例 19-6:转换 1 个通道,自动采样开始,基于转换触发转换开始的代码示例

```
ADPCFG = 0xFFFB;            //RB2 定义为模拟,PORTB 其余为数字
ADCON1 = 0x0040;            //SSRC bit = 010 意思是 T_MR3 比较触发
                            //结束采样并启动转换
ADCHS = 0x0002;             //连接 RB2/AN2 作为 CH0 输入…
                            //本例 RB2/AN2 是输入
ADCSSL = 0;
ADCON3 = 0x0000;            //采样时间是 T_MR3,T_AD = 内部 T_CY/2
ADCON2 = 0x0004;            //2 次转换后中断
                            //设置 TMR3 每 125 ms 输出 1 次
TMR3 = 0x0000;
PR3 = 0x3FFF;
T3CON = 0x8010;
ADCON1bits.ADON = 1;        //ADC 开始
```

```
ADCON1bits.ASAM = 1;        //启动每 125 ms 自动采样
while (1)                    //连续不断地重复
{
while (! IFS0bits.ADIF);     //转换完成？
ADCValue = ADCBUF0;          //是则获得第 1 次 ADC 值
IFS0bits.ADIF = 0;           //清 ADIF 标志
}                            //重复
```

5. 多通道同时采样

如图 19-11 所示，当使用同时采样时，采样将在 ASAM 位置位或最后一个转换结束时在所有通道上开始。当转换触发事件发生时，采样停止，转换开始。

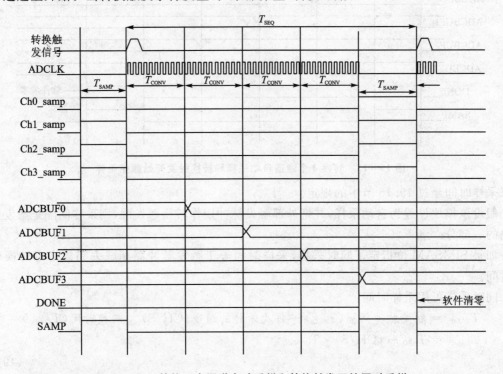

图 19-11　转换 4 个通道自动采样和转换触发开始同时采样

6. 多通道顺序采样

如图 19-12 所示，当使用顺序采样时，特定通道的采样在转换该通道前停止，并在转换停止后恢复。

7. 自动采样/转换过程的采样时间注意事项

不同的采样/转换过程为 S/H 通道提供不同的可用采样时间来采集模拟信号。用户必须

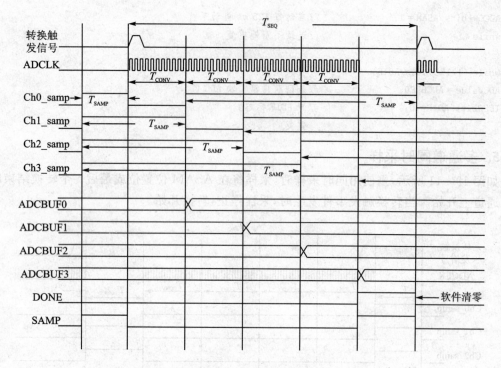

图 19-12 转换 4 个通道自动采样和转换触发开始顺序采样

确保采样时间超过 19.16 节中的规定。

假设该模块设置为自动采样,并把外部触发脉冲用作转换触发源,则采样间隔是触发脉冲间隔的一部分。

如果 SIMSAM 位指定了同时采样,采样时间等于触发脉冲周期减去完成指定转换所需的时间。

同时采样可用采样时间:

T_{SAMP} = 触发脉冲间隔(T_{SEQ}) − 每次采样的通道(CH/S) × 转换时间(T_{CONV})

$$T_{SAMP} = T_{SEQ} - (CH/S) \cdot T_{CONV}$$

(19-5)

注意:

① CHPS<1:0> 位指定 CH/S。

② T_{SEQ} 是触发脉冲间隔的时间。

如果 SIMSAM 位指定了顺序采样,采样时间等于触发脉冲周期减去完成 1 个转换所需的时间。

顺序采样可用采样时间:

$$T_{SAMP} = 触发脉冲间隔(T_{SEQ}) - 转换时间(T_{CONV}) \tag{19-6}$$
$$T_{SAMP} = T_{SEQ} - T_{CONV}$$

注意：T_{SEQ} 是触发脉冲间隔时间。

19.13 采样/转换工作的控制

应用软件可以查询 SAMP 和 CONV 位的状态，以对 A/D 工作进行跟踪，或者当转换完成时，该模块可能中断 CPU。必要时应用软件还可以中止 A/D 工作。

19.13.1 监视采样/转换状态

SAMP(ADCON1<1>)和 DONE(ADCON1<0>)位分别表示 A/D 处于采样状态和转换状态。通常，SAMP 位清零表示采样结束，DONE 位自动置位以表示转换结束。如果 SAMP 和 DONE 都为 0，则 A/D 处于无效状态。在某些工作模式下，SAMP 位也可以开始和终止采样。

19.13.2 产生 A/D 中断

SMPI<3：0>位控制中断的产生。启动采样之后，若干次采样/转换过程后将发生中断，并在每次经过相同次数的采样之后重新发生中断。要注意的是，中断是按采样，而不是按转换或缓冲存储器中的数据样本指定的。

如果 SIMSAM 位指定顺序采样，无论 CHPS 位指定的通道数如何，模块会对每个转换和缓冲器中的数据样本进行 1 次采样。因此，SMPI 位指定的值将对应缓冲器中的数据样本数，最多可达 16。

当 SIMSAM 位指定同时采样时，缓冲器中数据样本的数量与 CHPS 位相关。从算法上来说，通道/采样乘以采样数就是缓冲器中数据样本的数量。为了防止缓冲器溢出丢失数据，SMPI 位必须被设置为所需缓冲器大小除以每个采样的通道数。

不能使用 SMPI 位禁止 A/D 中断。要禁止该中断，应将 ADIE 模拟模块的中断使能位清零。

19.13.3 中止采样

在手动采样模式下清零 SAMP 位将终止采样，但如果 SSRC=000，也可能启动转换。

在自动采样模式下清零 ASAM 位将不会终止正在进行的采样/转换过程，然而，在随后的转换完成之后，采样不会自动恢复。

19.13.4 中止转换

在转换过程中，清零 ADON 位将中止当前的转换，不会用部分完成的 A/D 转换样本来更新 A/D 结果寄存器对，即对应的 ADCBUF 缓冲器单元将仍然保持上一次转换完成后的值

(即上一次写入该缓冲器的值)。

19.14 如何将转换结果写入缓冲器的说明

当转换完成时,该模块把转换结果写入 A/D 结果缓冲器。该缓冲器是 16 个 10 位字的 RAM 阵列。可以通过 SFR 空间内的 16 个地址单元访问该缓冲器,这些单元分别命名为 ADCBUF0…ADCBUFF。

用户软件可能试图在每个 A/D 转换结果产生时读取它,但这可能会消耗太多的 CPU 时间。通常,为了简化代码,该模块会用结果填充该缓冲器,而后在该缓冲器填满时产生中断。

19.14.1 每次中断前的转换次数

SMPI<3:0>位(ADCON2<5:2>)用来选择在中断 CPU 前将发生多少次 A/D 转换。每个中断前的采样数量可以为 1~16 之间的任何 1 个。每次中断后,A/D 转换器模块总是开始将其转换结果写入缓冲器的起始单元,例如,如果 SMPI<3:0>=0000,那么转换结果总是会写入 ADCBUF0。在这个例子中,不会用到其他缓冲器单元。

19.14.2 缓冲器大小造成的限制

若 CHPS 和 SMPI 位的联合指定每个中断超过 16 个转换,或者当 BUFM 位(ADCON2<1>)为 0 时,指定每个中断 8 个转换。

19.14.3 缓冲器填充模式

当 BUFM 位(ADCON2<1>)为 1 时,此 16 字结果缓冲器(ADRES)将被拆分成 2 个 8 字组。每次中断事件发生后,这 2 个 8 字缓冲器会交替地接收转换结果。BUFM 置位后首先使用位于 ADCBUF 的低地址的 8 字缓冲器。当 BUFM 位为 0 时,所有转换过程将使用完整的 16 字缓冲器。是否使用 BUFM 功能取决于中断后有多少时间可用来移动缓冲器的内容,这是由应用决定的。如果处理器能够在采样和转换 1 个通道所需的时间内快速地卸载满载的缓冲器,可以将 BUFM 位设置为 0,从而可以在每次中断前进行最多 16 次转换。在第 1 个缓冲器单元被改写前,处理器会有一段采样和转换时间。

如果在这段采样和转换时间内处理器不能卸载缓冲器,则 BUFM 位应设置为 1。例如,如果 SMPI<3:0>=0111,那么 8 个转换结果将被装入 0.5 个缓冲器,随后发生中断,紧接着的 8 个转换结果将被装入该缓冲器的另一半,从而处理器在中断之间有整段时间将 8 个转换结果移出缓冲器。

19.14.4 缓冲器填充状态

使用 BUFM 控制位拆分转换结果寄存器时,BUFS 控制位(ADCON2<7>)表示 A/D

转换器当前正在填充的 0.5 个缓冲器。如果 BUFS=0,则 A/D 转换器正在 ADCBUF0~7,且用户软件应从 ADCBUF8~F 读取转换值;如果 BUFS=1,情形正好相反,用户软件应从 ADCBUF0~7 读取转换值。

19.15 转换过程示例

下面的配置示例说明了在不同采样和缓冲配置下的 A/D 工作。在各个示例中,将 ASAM 位置 1 会启动自动采样,转换触发结束采样并启动转换。

19.15.1 单个通道的多次采样和转换示例

在这种情况下,1 个 A/D 输入(AN0)将由 1 个采样和保持通道 CH0 采样并进行转换,转换结果存储在 ADCBUF 缓冲器中。此过程会重复 16 次,直到缓冲器满为止,模块产生中断,然后重复整个过程(见图 19-13)。表 19-2 表示转换 1 个通道 16 次/中断的设置操作。

CHPS 位指定了仅采样/保持 CH0 是有效的。ALTS 位清零,只有 MUX A 输入有效。CH0SA 位和 CH0NA 位指定 AN0~V_{REF}- 为采样/保持通道的输入。不使用所有其他输入选择位。

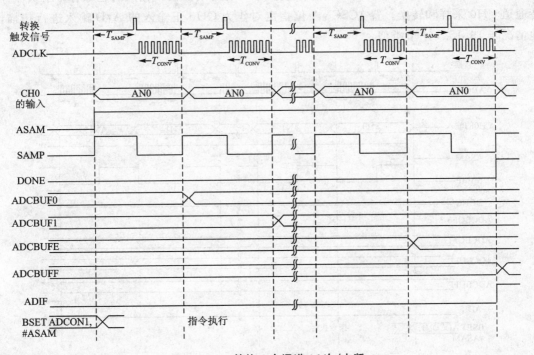

图 19-13 转换 1 个通道 16 次/中断

表 19-2 转换 1 个通道 16 次/中断的设置操作

控制位过程选择	SMPI<2:0>=1111 第 16 次采样后中断	CHPS<1:0>=00 采样通道 CH0	SIMSAM=n/a 不适用于单通道采样
MUX A 输入选择	CH0SA<3:0>=0000 选择 AN0 作为 CH0+输入	CH0NA=0 选择 $V_{REF}-$ 作为 CH0-输入	CSCNA=0 无输入扫描
MUX B 输入选择	CH0SB<3:0>=n/a 通道 CH0+输入未使用	CH0NB=n/a 通道 CH0-输入未使用	CH123SB=n/a 通道 CH1、CH2、CH3+输入未使用
控制位过程选择	BUFM=0 单个 16 字结果缓冲器	ALTS=0 总是使用 MUXA 输入选择	
MUX A 输入选择	CSSL<15:0>=n/a 扫描输入选择未使用	CH123SA=n/a 通道 CH1、CH2、CH3+输入未使用	CH123NA<1:0>=n/a 通道 CH1、CH2、CH3-输入未使用
MUX B 输入选择	CH123NB<1:0>=n/a 通道 CH1、CH2、CH3-输入未使用		

19.15.2 扫描所有模拟输入时的 A/D 转换示例

图 19-14 说明了一个非常典型的设置,其中所有可用的模拟输入通道都有 1 个采样并保持通道 CH0 采样和转换。置 1CSCNA 位指定对作为 CH0 正输入的 A/D 输入进行扫描,其他情况与 19.15.1 小节类似。

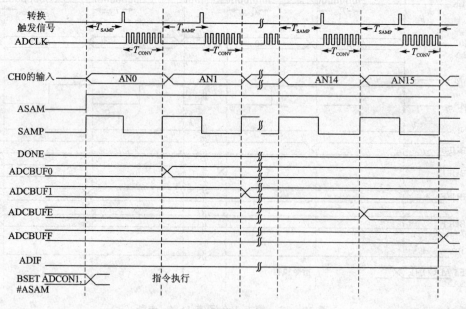

图 19-14 扫描 16 个输入/中断

首先，AN0 输入被 CH0 采样，然后转换，转换结果存储在 ADCBUF 缓冲器中；其次，AN1 输入被采样并转换，此扫描输入的过程重复 16 次，直到缓冲器满为止，模块产生中断，然后重复整个过程。（见表 19-3）

19.15.3　在扫描其他 4 个输入时频繁采样 3 个输入示例

图 19-15 说明了如何将 A/D 转换器配置为使用采样/保持通道 CH1、CH2 和 CH3 为频繁采样 3 个输入，而使用采样/保持通道 CH0 对其他 4 个输入进行较低频率的采样。在此例中，只使用了 MUX A 输入，并且同时采样所有 4 个通道。CH0 扫描 4 个不同的输入（AN4、AN5、AN6 和 AN7），而 AN0、AN1 和 AN2 则分别是 CH1、CH2 和 CH3 的固定输入，因此，在每 16 个 1 组的采样组中，AN0、AN1 和 AN2 会被采样 4 次，而 AN4、AN5、AN6 和 AN7 则每个只会被采样 1 次。

表 19-4 表示转换 3 个输入，4 次 4 个输入每个中断 1 次的设置操作。

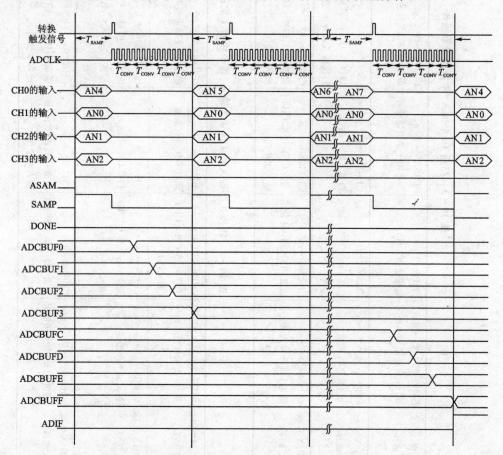

图 19-15　转换 3 个输入和 4 次 4 个输入、每个中断 1 次

表 19-3 扫描 16 个输入/中断的设置操作

控制位过程选择	CHPS<1:0>=00 采样通道 CH0	SMPI<3:0>=1111 第 16 次采样后中断	SIMSAM=n/a 不适用于单通道采样	BUFM=0 单个 16 字结果缓冲器	ALTS=0 总是使用 MUX A 输入选择
MUX A 输入选择	CH0SA<3:0>=n/a 选择 $V_{REF}-$ 作为 CH0-输入	CH0NA=0 被 CSCNA 覆盖	CSSL<15:0>=1111 1111 1111 1111 扫描输入选择未使用	CH123SA=n/a 通道 CH1,CH2,CH3+输入未使用	CH123NA<1:0>=n/a 通道 CH1,CH2,CH3-输入未使用
MUX B 输入选择	CH0SB<3:0>=n/a 通道 CH0+输入未使用	CH0NB=n/a 通道 CH0-输入未使用		CH123SB=n/a 通道 CH1,CH2,CH3+输入未使用	CH123NB<1:0>=n/a 通道 CH1,CH2,CH3-输入未使用

表 19-4 转换 3 个输入和 4 次 4 输入、每个中断 1 次的设置操作

控制位过程选择	CHPS<1:0>=1x 采样通道 CH0,CH1,CH2,CH3	SMPI<3:0>=0011 第 16 次采样后中断	SIMSAM=1 同时采样所有通道	BUFM=1 单个 16 字结果缓冲器	ALTS=0 总是使用 MUX A 输入选择
MUX A 输入选择	CH0SA<3:0>=n/a 选择 $V_{REF}-$ 作为 CH0-输入	CH0NA=1 扫描 CH0+ 输入	CSSL<15:0>=0000 0000 1111 0000 扫描输入 AN4,AN5,AN6,AN7	CH123SA=0 CH1+=AN0,CH2+=AN1,CH3+=AN2	CH123NA<1:0>=0x CH1-,CH2-,CH3-=$V_{REF}-$
MUX B 输入选择	CH0SB<3:0>=n/a 通道 CH0+输入未使用	CH0NB=n/a 通道 CH0-输入未使用		CH123SB=n/a 通道 CH1,CH2,CH3+输入未使用	CH123NB<1:0>=n/a 通道 CH1,CH2,CH3-输入未使用

19.15.4 使用双 8 字缓冲器示例

图 19-16 说明了双 8 字缓冲器的使用和交替填充缓冲器。将 BUFM 位置位使能双 8 字缓冲器,BUFM 的设置不影响其他工作参数。转换过程首先从 ADCBUF0(缓冲器单元 0x0)开始填充缓冲器。第 1 次中断发生后,缓冲器从 ADCBUF8(缓冲器单元 0x8)开始填充。每次中断后,BUFS 状态位交替置位和清零。在本示例中,所有 4 个通道同时采样,且每次采样后发生 1 次中断。

使用双 8 字缓冲器转换 4 个输入,每中断 1 次的设置操作见表 19-5。

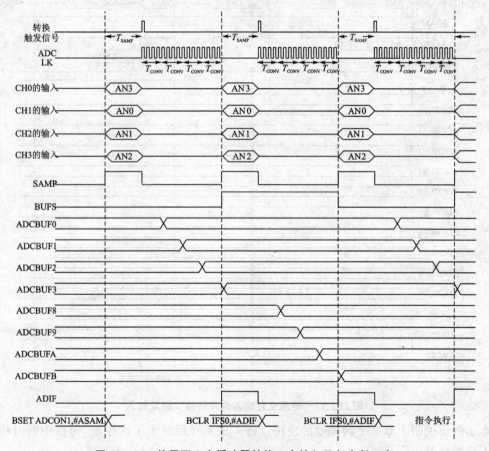

图 19-16 使用双 8 字缓冲器转换 4 个输入且每中断 1 次

19.15.5 使用交替多路开关 A、多路开关 B 输入选择示例

图 19-17 说明了对分配给 MUX A 和 MUX B 的输入进行交替采样。在本例中,使能 2 个通道同时采样。将 ALTS 位置位,交替输入选择。第 1 次采样使用由 CH0SA、CH0NA、

CHXSA 和 CHXNA 位指定的 MUX A 输入。第 2 次采样使用由 CH0SB、CH0NB、CHXSB 和 CHXNB 位指定的 MUX B 输入。在本示例中,MUX B 输入规范之一是使用 2 个模拟输入作为采样/保持的差分源,采样(AN3~9)。

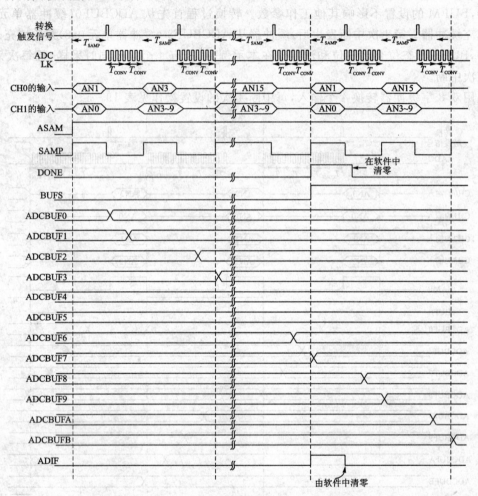

图 19-17 使用交替输入选择转换 2 组双输入

本示例还说明了双 8 字缓冲器的使用。每 4 次采样后发生 1 次中断,每次中断时将 8 个字载入到缓冲器。

注意：使用 4 个不用交替输入选择的采样/保持通道将产生与本示例(使用 2 个交替输入选择的通道)相同数量的转换；然而,CH1、CH2 和 CH3 通道在模拟输入的选择性上更为有限,所以本示例的方法为输入选择提供了比使用 4 个通道方式更高的灵活性。

使用交替输入选择转换 2 组双输入的设置操作见表 19-6。

表 19-5　使用双 8 字缓冲器转换 4 个输入且每中断 1 次的设置操作

控制位过程选择	MUX A 输入选择	MUX B 输入选择
SMPI<2:0>=0000 每次采样后中断	CH0SA<3:0>=0011 选择 AN3 作为 CH0+ 输入	CH0SB<3:0>=n/a 通道 CH0+ 输入未使用
CHPS<1:0>=1x 采样通道 CH1,CH2,CH3,CH0	CH0NA=0 选择 V_{REF-} 作为 CH0- 输入	CH0NB=n/a 通道 CH0- 输入未使用
SIMSAM=1 同时采样所有通道	CSSL<15:0>=n/a 无扫描输入	—
BUFM=1 双 8 字结果缓冲器	CH123SA=0 CH1+=AN0,CH2+=AN1,CH3+=AN2	CH123SB=n/a 通道 CH1,CH2,CH3+ 输入未使用
ALTS=0 总是使用 MUX A 输入选择	CH123NA<1:0>=0x CH1-,CH2-,CH3- V_{REF-}	CH123NB<1:0>=n/a 通道 CH1,CH2,CH3- 输入未使用

表 19-6　使用交替输入选择转换 2 组双输入的设置操作

控制位过程选择	MUX A 输入选择	MUX B 输入选择
SMPI<2:0>=0011 第 4 次采样时中断	CH0SA<3:0>=0001 选择 AN1 作为 CH0+ 输入	CH0SB<3:0>=1111 选择 AN15 作为 CH0- 输入
CHPS<1:0>=01 采样通道 CH0,CH1	CH0NA=0 选择 V_{REF-} 作为 CH0- 输入	CH0NB=0 选择 V_{REF-} 作为 CH0- 输入
SIMSAM=1 同时采样所有通道	CSSL<15:0>=n/a 无输入扫描	—
BUFM=1 双 8 字结果缓冲器	CH123SA=1 CH1+=AN0,CH2+=AN1,CH3+=AN2	CH123SB=1 CH1+=AN3,CH2+=AN4,CH3+=AN5
ALTS=1 交替 MUX A/B 输入选择	CH123NA<1:0>=0x CH1-,CH2-,CH3- V_{REF-}	CH123NB<1:0>=11 CH1-=AN9,CH2-=AN10,CH3-=AN11

19.15.6　使用同时采样对 8 个输入进行采样的示例

19.15.6 小节和 19.15.7 小节给出了几乎相同的设置，不同之处在于，19.15.6 小节使用同时采样（SIMSAM=1），而 19.15.7 小节使用顺序采样（SIMSAM=0）。两个示例都使用交替输入并为采样/保持指定了差分输入。

图 19-18 说明了同时采样对 8 个输入进行采样。当转换多个通道并选择了同时采样时，该模块会采样所有通道，然后依次执行要求的转换。在本示例中，ASAM 位置 1，转换完成后开始采样。

使用同时采样对 8 个输入进行采样的设置操作见表 19-7。

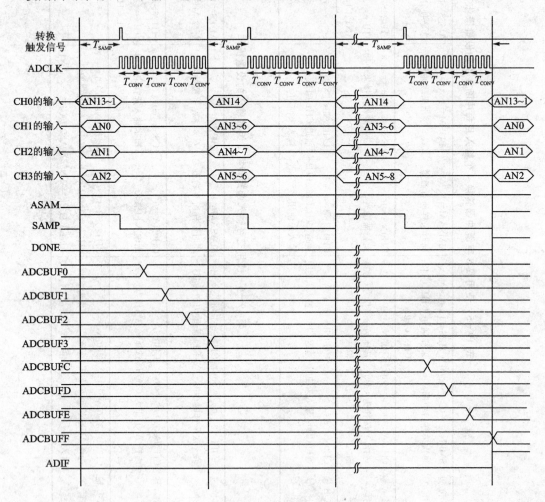

图 19-18　使用同时采样对 8 个输入进行采样

19.15.7 使用顺序采样对 8 个输入进行采样的示例

图 19-19 给出了使用顺序采样对 8 个输入进行采样。当转换多个通道并选择了顺序采样时,一旦时机出现,该模块便会开始采样 1 个通道,然后依次执行要求的转换。在本例中,ASAM 位置位,该通道转换完成后将开始采样下 1 个通道。当 ASAM 清零时,转换完成后将不会继续采样,但当 SAMP 位置位时会继续采样。

当使用多个通道时,顺序采样提供了更多的采样时间,因为一个通道可以在另一个通道发生转换时被采样。

使用顺序采样对 8 个输入进行采样的设置操作见表 19-8。

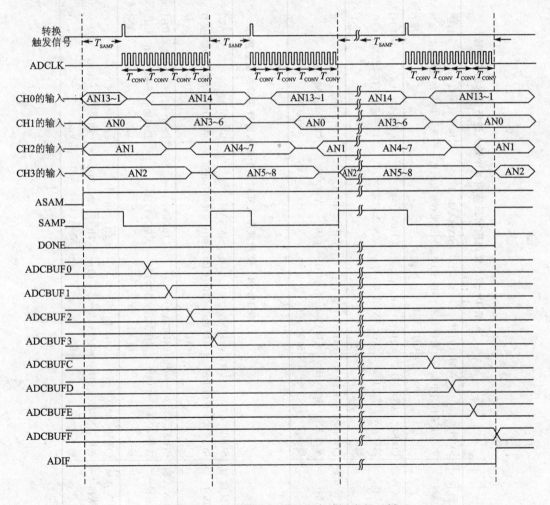

图 19-19 使用顺序采样对 8 个输入进行采样

表 19-7　使用同时采样对 8 个输入进行采样的设置操作

控制位过程选择	SMPI<2:0>=0011 第4次采样时中断	CHPS<1:0>=1x 采样通道 CH0,CH1,CH2,CH3	SIMSAM=1 同时采样所有通道	BUFM=0 单个16字结果缓冲器	CSSL<15:0>=n/a 扫描输入选择未使用	CH123NB<1:0>=10 CH1-=AN6,CH2-=AN7,CH3-=AN8	ALTS=1 交替 MUX A/MUX B 输入选择	CH123NA<1:0>=0x CH1-,CH2-,CH3-=V_{REF}-
MUX A 输入选择	CH0SA<3:0>=1101 选择 AN13 作为 CH0+ 输入	CH0NA=0 选择 AN1 作为 CH0- 输入						CH123SA=0 CH1+=AN0,CH2+=AN1,CH3+=AN2
MUX B 输入选择	CH0SB<3:0>=1110 选择 AN14 作为 CH0+ 输入	CH0NB=0 选择 V_{REF}- 作为 CH0- 输入						CH123SB=1 CH1+=AN3,CH2+=AN4,CH3+=AN5

表 19-8　使用顺序采样对 8 个输入进行采样的设置操作

控制位过程选择	SMPI<2:0>=1111 第 16 次采样时中断	CHPS<1:0>=1x 采样通道 CH0,CH1,CH2,CH3	SIMSAM=0 顺序采样所有通道	BUFM=0 单个16字结果缓冲器	CSSL<15:0>=n/a 扫描输入选择未使用	CH123NB<1:0>=11 CH1-,CH2-,CH3-=V_{REF}-	ALTS=1 交替 MUX A/B 输入选择	CH123NA<1:0>=0x CH1-,CH2-,CH3-=V_{REF}-
MUX A 输入选择	CH0SA<3:0>=0110 选择 AN6 作为 CH0+ 输入	CH0NA=0 选择 V_{REF}- 作为 CH0- 输入						CH123SA=0 CH1+=AN0,CH2+=AN1,CH3+=AN2
MUX B 输入选择	CH0SB<3:0>=1111 选择 AN7 作为 CH0+ 输入	CH0NB=0 选择 V_{REF}- 作为 CH0- 输入						CH123SB=1 CH1+=AN3,CH2+=AN4,CH3+=AN5

19.16　A/D 采样要求

图 19-20 给出了 10 位 A/D 转换器的模拟输入模型。A/D 的总采样时间是内部放大器稳定时间和保持电容充电时间的函数。

为了使 A/D 转换器达到规定的精度，必须让充电保持电容（C_{HOLD}）充分充电至模拟输入引脚上的电平。源阻抗（R_S）、内部连线等效阻抗（R_{IC}）和内部采样开关阻抗（R_{SS}）直接共同地影响电容 C_{HOLD} 充电所需的时间，所以模拟源的总阻抗应足够小，以便在选择的采样时间内对保持电容充分充电。为了使引脚泄漏电流对 A/D 转换器精度的影响降到最低，建议源阻抗 R_S 最大为 5 kΩ。当选择（改变）了模拟输入通道时，采样工作必须在启动转换前完成。在每次采样工作前，内部保持电容将处于放电状态。

2 次转换之间应该至少留出 1 个 T_{AD} 时间周期作为采样时间。

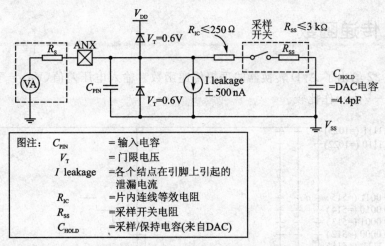

图 19-20　10 位 A/D 转换器模拟输入模型

19.17　读取 A/D 转换结果缓冲器

该 RAM 为 10 位宽，当对该缓冲器执行读操作时，数据自动格式化为 4 种可选格式中的 1 种。FORM<1：0>位（ADCON1<9：8>）用来选择格式，格式化硬件在数据总线上为所有数据格式提供 1 个 16 位结果。图 19-21 给出了使用 FORM<1：0>控制位选择的数据输出格式。

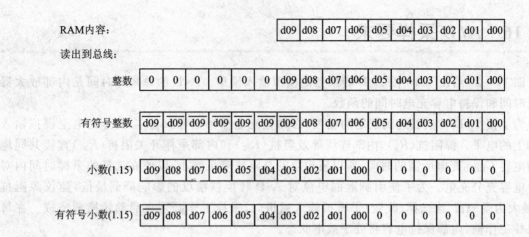

图 19-21　A/D 输出数据格式

19.18　传递函数

图 19-22 给出了 A/D 转换器的理想传递函数。输入电压差值($V_{INH}-V_{INL}$)与参考电压差值($V_{REFH}-V_{REFL}$)作比较。

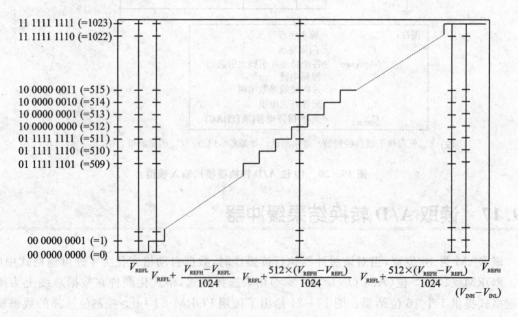

图 19-22　A/D 传递函数

- 当输入电压为 $(V_{REFH}-V_{REFL}/2048)$ 或 0.5 LSb 时发生第 1 个代码转换。
- 代码 00 0000 0001 被置于 $(V_{REFH}-V_{REFL}/1024)$ 或 1.0 LSb 中央。
- 代码 10 0000 0000 被置于 $(512\times(V_{REFH}-V_{REFL})/1024)$ 中央。
- 小于 $(1\times(V_{REFH}-V_{REFL})/2048)$ 的输入电压被转换为 00 0000 0000。
- 大于 $(2045\times(V_{REFH}-V_{REFL})/2048)$ 的输入被转换为 11 1111 1111。

图 19-23 给出了不同结果代码的等价数值。

V_{IN}/V_{REF}	10位输出码	16位整数格式	16位有符号整数格式	16位小数格式	16位有符号小数格式
1023/1024	11 1111 1111	0000 0011 1111 1111 = 1023	0000 0001 1111 1111 = 511	1111 1111 1100 0000 = 0.999	0111 1111 1100 0000 = 0.499
1022/1024	11 1111 1110	0000 0011 1111 1110 = 1022	0000 0001 1111 1110 = 510	1111 1111 1000 0000 = 0.998	0111 1111 1000 0000 = 0.498
⋮					
513/1024	10 0000 0001	0000 0010 0000 0001 = 513	0000 0000 0000 0001 = 1	1000 0000 0100 0000 = 0.501	0 000 0000 0100 0000 = 0.001
512/1024	10 0000 0000	0000 0010 0000 0000 = 512	0000 0000 0000 0000 = 0	1000 0000 0000 0000 = 0.500	0 000 0000 0000 0000 = 0.000
511/1024	01 1111 1111	0000 0001 1111 1111 = 511	1111 1111 1111 1111 = -1	0111 1111 1100 0000 = 0.499	1111 1111 1100 0000 = -0.001
⋮					
1/1024	00 0000 0001	0000 0000 0000 0001 = 1	1111 1110 0000 0001 = -511	0 000 0000 0100 0000 = 0.001	1000 0000 0100 0000 = -0.499
0/1024	00 0000 0000	0000 0000 0000 0000 = 0	1111 1110 0000 0000 = -512	0 000 0000 0000 0000 = 0.000	1000 0000 0000 0000 = -0.500

图 19-23 不同结果代码的等价数值

19.19 A/D 转换的精度/误差

关于 A/D 转换结果数值精度的处理请参看第 24 章和第 25 章中的 A/D 转换应用。

19.20 连接注意事项

因为模拟输入使用 ESD 保护,他们通过二极管连接到 V_{DD} 和 V_{SS}。这就要求模拟输入电压必须介于 V_{DD} 和 V_{SS} 之间。如果输入电压超出此范围 0.3 V 以上(任一方向上),就会有 1 个二极管正偏,若超过输入电流规范就可能会损坏器件。

有时候,可以通过外接 RC 滤波器来对输入信号进行抗混叠滤波。应选择合适的 R 元件,以确保达到采样时间要求。任何通过高阻抗连接到模拟输入引脚上的外部元件(如电容和齐纳二极管等),在引脚上的泄漏电流都应极小。

19.21 初始化

例 19-7 为 A/D 模块的简单初始化代码示例。

在这个特定的配置中,所有 16 个模拟输入引脚(AN0~15)都被设置为模拟输入,空闲模式下的工作被禁止,输出数据为无符号小数格式,而且 AV_{DD} 和 AV_{SS} 被用作 V_{REFH} 和 V_{REFL}。

采样的启动和转换(转换触发信号)的启动通过软件手动执行。CH0 S/H 放大器用于转换,禁止对输入扫描,每个采样/转换过程(1 个转换结果)后产生 1 次中断,A/D 转换时钟为 $T_{CY}/2$。

因为在每次转换完成后通过将 SAMP 位(ADCON1<1>)置位手动启动转换,所以自动采样时间位 SAMC<4:0>(ADCON3<12:8>)被忽略。此外,因为转换的启动(即采样的结束)也是手动触发的,所以每次需要转换新的采样时要清零 SAMP 位。

例 19-7:A/D 初始化代码示例

```
CLR ADPCFG              ;配置 A/D 端口
                        ;所有输入引脚为模拟
MOV #0x2208,W0
MOV W0,ADCON1           ;配置采样时钟源和转换触发模式
                        ;无符号小数格式
                        ;手动转换触发
                        ;手动采样启动
                        ;同时采样
                        ;空闲模式不操作
CLR ADCON2              ;配置 A/D 参考电压和缓冲器满模式
                        ;V_REF 从 AV_DD 和 AV_SS 不扫描输入
                        ;使用 1 S/H 通道每 1 次采样中断
CLR ADCON3              ;配置 A/D 转换时钟
CLR ADCHS               ;配置输入通道
                        ;CH0 + 输入是 AN0
                        ;CH0 - 输入是 V_REFL(AV_SS)
CLR ADCSSL              ;不扫描输入
BCLR IFS0,#ADIF         ;清 A/D 转换中断
;如果必要,这里配置 A/D 中断优先权位(ADIP<2:0>)(默认优先级为 4)
BSET IEC0,#ADIE         ;允许 A/D 转换中断
BSET ADCON1,#ADON       ;启动 A/D
BSET ADCON1,#SAMP       ;开始采样输入
CALL DELAY              ;开始转换之前确保正确的采样过程时间
BCLR ADCON1,#SAMP       ;结束采样并开始转换
```

:   ;转换序列完成时 DONE 位由硬件置位
:
:   ;ADIF 将被置位

19.22　在休眠和空闲模式下工作

休眠和空闲模式有助于将转换噪声降至最小,因为 CPU、总线和其他外设的数字活动被减到最少。

19.22.1　不使用 RC A/D 时钟的 CPU 休眠模式

当器件进入休眠模式时,模块的所有时钟源被关闭并保持逻辑 0 状态。

如果在一次转换过程中进入休眠状态,转换就会中止;除非 A/D 将内部 RC 时钟发生器作为时钟源。从休眠模式退出时,转换器将不会恢复部分完成的转换。

器件进入或离开休眠模式不会影响寄存器的内容。

19.22.2　使用 RC A/D 时钟的 CPU 休眠模式

如果将内部 A/D RC 振荡器设置为 A/D 时钟源(ADRC=1),A/D 模块就可以在休眠模式下工作。

这样做可以消除转换中的数字开关噪声。转换完成后,DONE 位将被置位,转换结果送入 A/D 结果缓冲器 ADCBUF。

如果允许 A/D 中断(ADIE=1),A/D 中断发生时器件将从休眠模式唤醒。如果 A/D 中断的优先级高于当前 CPU 的优先级,则程序执行将在 A/D 中断服务程序执行后恢复;否则,程序执行将从使器件处于休眠模式的 PWRSAV 指令后的指令继续。

如果禁止 A/D 中断,即使 ADON 保持置位,还是会关闭 A/D 模块。

为了将数字噪声对 A/D 模块工作的影响降至最低,用户应该选择转换触发源以确保A/D转换可在休眠模式下进行。自动转换触发源选项可用于休眠模式下的采样和转换(SSRC<2:0>=111)。

要使用自动转换选项,应该在 PWRSAV 指令前的指令中将 ADON 位置位。

注意:为了使 A/D 模块可以在休眠模式下工作,必须将 RC 设置为 A/D 时钟源(ADRC=1)。

19.22.3　CPU 空闲模式下的 A/D 工作

ADSIDL 位(ADCON1<13>)选择 A/D 模块在空闲模式下是停止工作还是继续工作。如果 ADSIDL=0,则当器件进入空闲模式时,该模块将继续正常工作。如果允许 A/D 中断

（ADIE=1），A/D 中断发生时，器件将从空闲模式唤醒。如果 A/D 中断的优先级高于当前 CPU 的优先级，则程序执行将在 A/D 中断服务程序执行后恢复；否则，程序执行将从使器件处于空闲模式的 PWRSAV 指令后的指令继续。

如果 ADSIDL=1，在空闲模式下该模块将停止工作。如果器件在一次转换过程中进入空闲模式，该转换将中止。从空闲模式退出时，该转换器将不会恢复部分完成的转换。

19.23 复位的影响

器件复位强制所有寄存器进入复位状态，同时迫使 A/D 模块关闭并中止任何正在进行的转换，所有与模拟输入复用的引脚将被配置为模拟输入，相应的 TRIS 位将被置位。上电复位时，不初始化 ADCBUF 寄存器，ADCBUF0~F 中的值不确定。

19.24 与 10 位 A/D 转换器相关的特殊功能寄存器

表 19-9 列出了 dsPIC30F 10 位 A/D 转换器的特殊功能寄存器，包括他们的地址和格式，所有未用到的寄存器或寄存器中的位均读作 0。

19.25 关于 A/D 转换器系统性能的优化

关于 A/D 转换器系统性能的优化如下：

① 首先应确保满足了所有时序规范要求。如果关闭 A/D 模块后再打开，应等待 1 个最小延迟时间后再开始采样；如果改变了输入通道，同样需要等待 1 个最小延迟时间。最后是 T_{AD}，它是所选择的每 1 位的转换时间，它在 ADCON3 中选择，且应该在一定范围内满足电气特性的要求。如果 T_{AD} 太短，转换终止时有可能还未对数据进行完全转换；如果 T_{AD} 太长，采样电容上的电压会在转换结束前开始衰减。

② 模拟输入信号的源阻抗经常很高(大于 10 kΩ)，因此为采样电容充电时产生的泄漏电流可能会影响到精度。如果输入信号的变化不是太快，可以尝试在模拟输入端连接 1 个 0.1 μF 的电容。该电容可充电到所采样的模拟电压，并为 4.4 pF 的内部保持电容提供所需的瞬时充电电流。

③ 在启动 A/D 转换前请让器件进入休眠模式。在休眠模式下的转换需要选择 RC 时钟源。这个方法可以提高精度，因为来自 CPU 和其他外设的数字噪声被降至最小。

表 19-9 ADC 寄存器映射

寄存器名称	地址	bit 15	bit 14	bit 13	bit 12	bit 11	bit 10	bit 9	bit 8	bit 7	bit 6	bit 5	bit 4	bit 3	bit 2	bit 1	bit 0	复位状态
INTCON1	0080	NSTDIS	—	—	—	—	OVATE	OVBTE	COVTE	—	—	—	MATHERR	ADDRERR	STKERR	OSCFAIL	—	0000 0000 0000 0000
INTCON2	0082	ALTIVT	—	—	—	—	—	—	—	—	—	—	INT4EP	INT3EP	INT2EP	INT1EP	INT0EP	0000 0000 0000 0000
IFS0	0084	CNIF	MI2CIF	SI2CIF	NVMIF	ADIF	U1TXIF	U1RXIF	SPI1IF	T3IF	T2IF	OC2IF	IC2IF	T1IF	OC1IF	IC1IF	INT0IF	0000 0000 0000 0000
IEC0	008C	CNIE	MI2CIE	SI2CIE	NVMIE	ADIE	U1TXIE	U1RXIE	SPI1IE	T3IE	T2IE	OC2IE	IC2IE	T1IE	OC1IE	IC1IE	INT0IE	0000 0000 0000 0000
IPC2	0098	—	ADIP<2:0>			—	U1TXIP<2:0>			—	U1RXIP<2:0>			—	SPI1IP<2:0>			0100 0100 0100 0100
ADCBUF0	0280									ADC 数据缓冲器 0								uuuu uuuu uuuu uuuu
ADCBUF1	0282									ADC 数据缓冲器 1								uuuu uuuu uuuu uuuu
ADCBUF2	0284									ADC 数据缓冲器 2								uuuu uuuu uuuu uuuu
ADCBUF3	0286									ADC 数据缓冲器 3								uuuu uuuu uuuu uuuu
ADCBUF4	0288									ADC 数据缓冲器 4								uuuu uuuu uuuu uuuu
ADCBUF5	028A									ADC 数据缓冲器 5								uuuu uuuu uuuu uuuu
ADCBUF6	028C									ADC 数据缓冲器 6								uuuu uuuu uuuu uuuu
ADCBUF7	028E									ADC 数据缓冲器 7								uuuu uuuu uuuu uuuu
ADCBUF8	0290									ADC 数据缓冲器 8								uuuu uuuu uuuu uuuu
ADCBUF9	0292									ADC 数据缓冲器 9								uuuu uuuu uuuu uuuu
ADCBUFA	0294									ADC 数据缓冲器 10								uuuu uuuu uuuu uuuu
ADCBUFB	0296									ADC 数据缓冲器 11								uuuu uuuu uuuu uuuu
ADCBUFC	0298									ADC 数据缓冲器 12								uuuu uuuu uuuu uuuu
ADCBUFD	029A									ADC 数据缓冲器 13								uuuu uuuu uuuu uuuu
ADCBUFE	029C									ADC 数据缓冲器 14								uuuu uuuu uuuu uuuu
ADCBUFF	029E									ADC 数据缓冲器 15								uuuu uuuu uuuu uuuu
ADCON1	02A0	ADON	—	ADSIDL	—	—	—	FORM[1:0]		—	SSRC[2:0]			—	SIMSAM	ASAM	SAMP	CONV	0000 0000 0000 0000
ADCON2	02A2	VCFG[2:0]			—	—	CSCNA	CHPS[1:0]		BUFS	—	SMPI[3:0]				BUFM	ALTS	0000 0000 0000 0000
ADCON3	02A4	—	ADFRZ	—	—	SAMC[4:0]					ADRC	—	ADCS[5:0]					0000 0000 0000 0000
ADCHS	02A6	CHXNB[1:0]		CHXSB[3:0]				CH0SB	—	CHXNA[1:0]		CHXSA[3:0]				CH0SA	0000 0000 0000 0000
ADPCFG	02A8	PCFG15	PCFG14	PCFG13	PCFG12	PCFG11	PCFG10	PCFG9	PCFG8	PCFG7	PCFG6	PCFG5	PCFG4	PCFG3	PCFG2	PCFG1	PCFG0	0000 0000 0000 0000
ADCSSL	02AA	CSSL15	CSSL14	CSSL13	CSSL12	CSSL11	CSSL10	CSSL9	CSSL8	CSSL7	CSSL6	CSSL5	CSSL4	CSSL3	CSSL2	CSSL1	CSSL0	0000 0000 0000 0000

注：u 未知；所有中断源及相关的控制位并不是每个器件都可用。ADC 器件在具体器件中的配置请参阅第 2 章表 2-2。ADC 输入扫描选择寄存器

第 20 章

系统综合特性

dsPIC30F 有一些用于增强系统的可靠性、降低硬件成本、提供节能操作模式和代码保护功能的特性。这些特性分别由器件的复位模块、看门狗定时器(WDT)、低功耗模式、LVD 模块、器件配置寄存器等来实现。主要包含以下功能：
- 振荡器选择。
- 复位。
  - ——上电复位(POR)。
  - ——上电延时定时器(PWRT)。
  - ——振荡器起振定时器(OST)。
  - ——欠压复位(BOR)。
- 看门狗定时器(WDT)。
- 节能模式(休眠和空闲)。
- 代码保护。
- 器件配置寄存器。
- 在线串行编程(ICSP)。

本章详细介绍上述功能模块及有关功能的使用。

20.1 振荡器系统及其工作原理

dsPIC30F 振荡器系统包含以下模块和功能：
- 可选择多种外部和内部振荡器作为时钟源。
- 片上 PLL 可提高内部工作频率。
- 不同时钟源之间的时钟切换。
- 可节省系统功耗的可编程时钟后分频器。
- 故障保护时钟监视器(FSCM)可检测时钟故障并采取故障保护措施。
- 时钟控制寄存器(OSCCON)。
- 用于主振荡器选择的非易失性配置位。

图 20-1 所示为振荡器系统的简化框图。

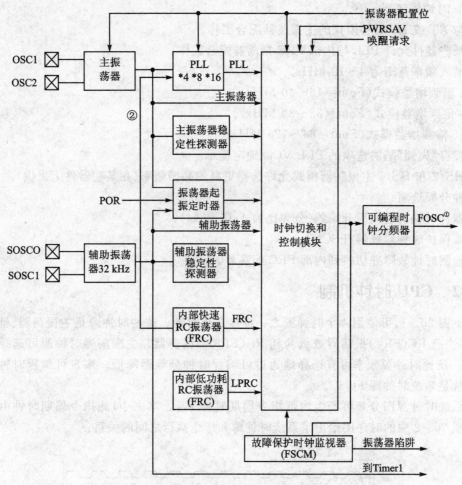

注：① 系统时钟输出FOSC的4分频以得到指令周期时钟。
② 某些器件允许内部FRC振荡器连接到PLL，具体信息请参见具体的器件数据手册。

图 20-1 振荡器系统框图

20.1.1 振荡器系统功能综述

振荡源：
- 带多时钟模式的主振荡器。
- 辅助振荡器（低功耗的 32 kHz 晶振）。
- FRC 振荡器（快速内部 RC——8 MHz）。

- LPRC 振荡器(低功耗内部 RC——512 kHz)。

PLL 时钟倍频器:
- 与 XT 或 EC 时钟模式的主振荡器配合工作。
- 某些器件允许 PLL 与内部 FRC 振荡器配合工作。
- 输入频率范围为 4~10 MHz。
- 4 倍频增益模式($Fout=16$~40 MHz)。
- 8 倍频增益模式($Fout=32$~80 MHz)。
- 16 倍频增益模式($Fout=64$~120 MHz)。
- 带有"失锁"陷阱选项的 PLL VCO 锁定提示。
- HS/2 和 HS/3 主振荡器模式允许选择更高的晶振频率(在某些器件上提供)。

时钟分频选项:
- 器件时钟的通用后分频器(分频比为 4、16 和 64)。

故障保护时钟监视器(FSCM):
- 检测时钟故障并切换到内部 FRC 振荡器。

20.1.2 CPU 时钟机制

参见图 20-1,可使用 4 个时钟源之一提供系统时钟。这些时钟源是主振荡器、辅助振荡器、内部快速 RC(FRC)振荡器或低功耗 RC(LPRC)振荡器。主振荡器时钟源可选择使用内部 PLL。所选时钟源频率可有选择地通过可编程时钟分频器降低。来自可编程时钟分频器的输出就是系统时钟源 FOSC。

将系统时钟源四分频可产生内部指令周期时钟 F_{CY}。本书中,此指令周期时钟由 $F_{OSC}/4$ 表示。图 20-2 中的时序图给出了系统时钟源和指令执行之间的关系。

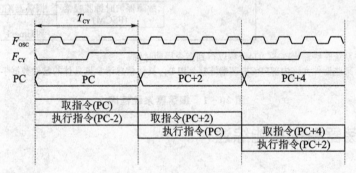

图 20-2 时钟/指令周期时序

在主振荡器的某些工作模式下,OSC2 I/O 引脚上可提供内部指令周期时钟 $F_{OSC}/4$ 的输出(参见 20.1.3 小节)。

20.1.3 振荡器配置

在器件发生上电复位事件时使用的振荡源(和工作模式)用非易失性配置位选择。振荡器配置位位于 FOSC 配置寄存器内(详情参见 20.5 节)。

FOS<1:0> 配置位(FOSC<9:8>)选择在上电复位时使用的振荡源。默认(未编程的)振荡源是主振荡器。对这些位进行编程可选择使用辅助振荡器或内部振荡器中的 1 个。

FPR<3:0> 配置位(FOSC<3:0>)选择主振荡器的工作模式。可以配置表 20-1 中的 13 种工作模式之一。

表 20-1 用于时钟选择的配置位值

振荡器模式	振荡器源	FOC<1:0>		FPR<3:0>				OSC 引脚备用功能
带 16×PLL 的 EC	主振荡器	1	1	1	1	1	1	I/O(注④)
带 8×PLL 的 EC	主振荡器	1	1	1	1	1	0	I/O
带 4×PLL 的 EC	主振荡器	1	1	1	1	0	1	I/O
ECIO	主振荡器	1	1	1	1	0	0	I/O
EC	主振荡器	1	1	1	0	1	1	$F_{OSC}/4$
保留	主振荡器	1	1	1	0	1	0	n/a
ERC	主振荡器	1	1	1	0	0	1	$F_{OSC}/4$
ERCIO	主振荡器	1	1	1	0	0	0	I/O
带 16×PLL 的 XT	主振荡器	1	1	0	1	1	1	(注③)
带 8×PLL 的 XT	主振荡器	1	1	0	1	1	0	(注③)
带 4×PLL 的 XT	主振荡器	1	1	0	1	0	1	(注③)
XT	主振荡器	1	1	0	1	0	0	(注③)
HS	主振荡器	1	1	0	0	1	x	(注③)
XTL	主振荡器	1	1	0	0	0	x	(注③)
LP	辅助	0	0	—	—	—	—	(注①和注②)
FRC	内部	0	1	—	—	—	—	(注①和注②)
LPRC	内部	1	0	—	—	—	—	(注①和注②)

注:① OSC2 引脚功能由主振荡器模式的配置决定(FPR<3:0>配置位)。
② 即使始终选择辅助振荡器或内部时钟源,OSC1 引脚仍不能用作 I/O 引脚。
③ 在这些振荡器模式中,在 OSC1 和 OSC2 之间连接有 1 个晶振。
④ 对于未编程(已擦除)器件,这是默认振荡器模式,未编程配置位的值为 1。

某些 dsPIC 器件有额外的振荡器配置位,允许振荡器配置为 FRC+PLL、HS/2+PLL 和 HS/3+PLL。这些选项为 PLL 提供了更多不同的时钟选择。电机与电源控制系列 DSC 器件可用的振荡器配置请参阅表 20-2。

表 20-2 器件振荡器工作模式配置

振荡模式	描述	支持器件
XTL	0.2~4 MHz(OSC1：OSC2 上的晶振)	
XT	4~10 MHz(OSC1：OSC2 上的晶振)	
XT w/PLL 4x	4~10 MHz(OSC1：OSC2 上的晶振,4x PLL 使能)	
XT w/PLL 8x	4~10 MHz(OSC1：OSC2 上的晶振,8x PLL 使能)	电机与电源控制全系列
XT w/PLL 16x	4~10 MHz(OSC1：OSC2 上的晶振,16x 使能)[1][6]	
LP	32 kHz(OSC1：OSC2 上的晶振)[2]	
HS	10~25 MHz 晶振	
HS/2 w/PLL 4x	10~25 MHz 晶振,2,4x PLL 分频使能[3]	
HS/2 w/PLL 8x	10~25 MHz 晶振,2,8x PLL 分频使能[3]	3010/3011, 5015/5016
HS/2 w/PLL 16x	10~25 MHz 晶振,2,16x PLL 分频使能[1][7]	
HS/3 w/PLL 4x	10~25 MHz 晶振,3,4x PLL 分频使能[4]	
HS/3 w/PLL 8x	10~25 MHz 晶振,3,8x PLL 分频使能[4]	3010/3011, 5015/5016
HS/3 w/PLL 16x	10~25 MHz 晶振,3,16x PLL 分频使能[1][4][8]	
EC	外部时钟输入(0~40 MHz)	
ECIO	外部时钟输入(0~40 MHz),OSC2 引脚为 I/O	
EC w/PLL 4x	外部时钟输入(4~10 MHz),OSC2 引脚为 I/O,4x PLL 使能	
EC w/PLL 8x	外部时钟输入(4~10 MHz),OSC2 引脚为 I/O,8x PLL 使能	电机与电源控制全系列
EC w/PLL 16x	外部时钟输入(4~10 MHz),OSC2 引脚为 I/O,16x PLL 使能[1]	
ERC	外部 RC 振荡器,OSC2 引脚为 $F_{OSC}/4$ 输出[5]	
ERCIO	外部 RC 振荡器,OSC2 引脚为 I/O[5]	
FRC	8 MHz 内部 RC 振荡器[9]	电机与电源控制全系列
FRC w/PLL 4x	8 MHz 内部 RC 振荡器,4x PLL 使能[9]	
FRC w/PLL 8x	8 MHz 内部 RC 振荡器,8x PLL 使能[9]	除 2010/6010 以外
FRC w/PLL 16x	7.5 MHz 内部 RC 振荡器,16x PLL 使能[9]	
LPRC	512 kHz 内部 RC 振荡器	电机与电源控制全系列

注：① 更高将超出器件工作频率范围,dsPIC30F 的最高工作频率为 120 MHz；② LP 振荡器能方便地共享为系统时钟和作为定时器 1 的实时时钟；③ 更高将超出 PLL 输入范围；④ 更低将超出 PLL 输入范围；⑤ 需要外部 R、C,工作频率直到 4 MHz；⑥ dsPIC30F 5015/5016 为 4~7.5 MHz；⑦ dsPIC30F5015/5016 为 10~15 MHz；⑧ dsPIC30F 5015/5016 为 10~22.5 MHz；⑨ dsPIC30F 5015/5016 为 7.37 MHz。

时钟切换模式配置位

FCKSM<1:0>配置位(FOSC<15:14>)用于使能/禁止器件时钟切换和故障保护时钟监视器(FSCM)。当这些位未编程(默认)时,禁止时钟切换和 FSCM。

20.1.4 振荡器控制寄存器

振荡器控制寄存器(OSCCON)提供时钟切换控制和时钟源状态信息。

COSC<1:0>状态位(OSCCON<13:12>)是只读位,表明正在为器件提供时钟信号的振荡源。

在上电复位时,COSC<1:0>位设置为 FOS<1:0>配置位的值;在时钟切换操作结束后,COSC<1:0>位的值将变为新的振荡源显示。

NOSC<1:0>状态位(OSCCON<9:8>)是为时钟切换操作选择新时钟源的控制位。在上电复位或欠压复位时,NOSC<1:0>位设置为 FOS<1:0>配置位的值,并且在时钟切换操作的过程中由用户软件修改 NOSC<1:0>位的值。

POST<1:0>控制位(OSCCON<8:7>)控制系统时钟分频比。

LOCK 状态位(OSCCON<5>)是只读位,表示 PLL 电路的状态。

CF 状态位(OSCCON<3>)是可读写状态位,表示时钟故障。

LPOSCEN 控制位(OSCCON<1>)用于使能或禁止 32 kHz 低功耗晶振。

OSWEN 控制位(OSCCON<0>)用于启动时钟切换操作。它在时钟切换成功以后自动清零。

注意:因为 OSCCON 寄存器控制器件时钟切换机制,所以他是写保护的。用户软件必须执行一定的代码序列才能写该寄存器。

OSCCON 寄存器见寄存器 20-1。

寄存器 20-1 OSCCON

R/W-0	R/W-0	R-y	R-y	U-0	U-0	R/W-y	R/W-y
TUN3	TUN2	COSC1	COSC0	TUN1	TUN0	NOSC1	NOSC0
bit 15			高字节				bit 8

R/W-0	R/W-0	R-0	U-0	R/W-0	U-0	R/W-0	R/W-0
POST1	POST0	LOCK	—	CF	—	LPOSCEN	OSWEN
bit 7			低字节				bit 0

注:-0 表示上电复位时清零;-y 表示(包括 BOR 复位)设置为配置位的值;U 表示未用位,读作 0;R 表示可读位;W 表示可写位。

bit 15~14 TUN<3:2> TUN 位字段的高 2 位。详情请参见 TUN<1:0>(OSCCON<11:10>)的说明。

bit 13～12 COSC<1：0>　当前振荡源状态位。

　　11　主振荡器。

　　10　内部 LPRC 振荡器。

　　01　内部 FRC 振荡器。

　　00　低功耗 32 kHz 晶振(Timer1)。

bit 11～10 TUN<1：0>　TUN 位字段的低 2 位。

　　此 4 位字段由 TUN<3：0>指定，允许用户调整内部快速 RC 振荡器，他的标称频率为 8 MHz。用户能够在＋/－12％(或 960 kHz)范围内对厂家校准的 FRC 振荡器的频率进行调整，调整步长为 1.5％，如下所示：

　　TUN<3：0>＝0111 提供最高频率

　　⋮

　　TUN<3：0>＝0000 提供厂家校准频率

　　⋮

　　TUN<3：0>＝1000 提供最低频率

　　注意：FRC 振荡器频率的调整范围和调整步长参见表 20-2 和具体器件的数据手册。

bit 9～8 NOSC<1：0>　新振荡器组选择位。

　　11　主振荡器。

　　10　内部 LPRC 振荡器。

　　01　内部 FRC 振荡器。

　　00　低功耗 32 kHz 晶振(Timer1)。

bit 7～6 POST<1：0>　振荡器后分频值选择位。

　　11　振荡器后分频器对时钟进行 64 分频。

　　10　振荡器后分频器对时钟进行 16 分频。

　　01　振荡器后分频器对时钟进行 4 分频。

　　00　振荡器后分频器不改变时钟信号。

bit 5 LOCK　PLL 锁定状态位。

　　1　表示 PLL 处于锁定状态。

　　0　表示 PLL 处于失锁状态(或禁止)。

bit 4 未用　读作 0。

bit 3 CF　时钟故障状态位。

　　1　FSCM 检测到时钟故障。

　　0　FSCM 未检测到时钟故障。

bit 2 未用　读作 0。

bit 1 LPOSCEN　32 kHz LP 振荡器使能位。

1　使能 LP 振荡器。
　　0　禁止 LP 振荡器。
bit 0 OSWEN　振荡器切换使能位。
　　1　请求振荡器切换到 NOSC<1：0>位指定的选择。
　　0　振荡器切换完成。
注意：根据所选器件上所具有的时钟源，OSCCON 寄存器的描述及其功能会有所改变。此寄存器的其他细节请参考具体器件的数据手册。

防止 OSCCON 意外写入

因为 OSCCON 寄存器控制时钟切换和时钟分频，所以有意将它的写入操作设计得很困难。
要写 OSCCON 的低字节，必须顺序执行以下代码而不在其中插入任何其他指令：
Byte Write 0x46 to OSCCONL
Byte Write 0x57 to OSCCONL
执行了此序列之后，允许对 OSCCONL 执行 1 个指令周期的字节写操作。该写操作可以是写入一期望值或使用位操作指令。
要写 OSCCON 的高字节，必须顺序执行以下代码而不在其中插入任何其他指令：
Byte Write 0x78 to OSCCONH
Byte Write 0x9A to OSCCONH
执行了此序列之后，允许对 OSCCONH 执行 1 个指令周期的字节写操作。该写操作可以是写入一期望值或使用位操作指令。

20.1.5　主振荡器

主振荡器连接在 dsPIC30F 系列器件的 OSC1 和 OSC2 引脚上。表 20-3 总结了主振荡器的 13 个工作模式。一般来说，可以将主振荡器配置为外部时钟输入、外部 RC 网络或外部晶振模式。在以后各节中将描述主振荡器工作模式的详细信息。

FPR<3：0>配置位（FOSC<3：0>）选择主振荡器的工作模式。

只要当前 OSCCON 寄存器（OSCCON<13：12>）中的振荡器选择控制位被置为"11b"，dsPIC30F 工作的时钟信号就来自主振荡器。

振荡器模式选择指导方针

XT、XTL 和 HS 模式的主要区别在于振荡器电路内部反相器的增益不同，这就让它们有了不同的工作频率范围。通常情况下，应该在符合规范的前提下选择上述增益最小的振荡器模式，因为此时振荡器电路的动态电流（I_{DD}）比较小。每个振荡模式的频率范围的上下限为建议的截止频率值，但只要经过了彻底的确认（电压、温度和元件差异，如电阻、电容和内部振荡电路），也可接受不同的增益模式选择。

表 20-3 主振荡器工作模式

振荡器模式	描　　述	OSC2 引脚备用功能
EC	外部时钟输入(0～40 MHz)	$F_{osc}/4$
ECIO	外部时钟输入(0～40 MHz),OSC2 引脚为 I/O 引脚	I/O
带有 4 倍频 PLL 的 EC	外部时钟输入(4～10 MHz),OSC2 引脚为 I/O 引脚,4 倍频 PLL 的使能	I/O
带有 8 倍频 PLL 的 EC	外部时钟输入(4～10 MHz),OSC2 引脚为 I/O 引脚,8 倍频 PLL 的使能	I/O
带有 16 倍频 PLL 的 EC	外部时钟输入(4～7.5 MHz),OSC2 引脚为 I/O 引脚,16 倍频 PLL 的使能	I/O
ERC	外部 RC 振荡器,OSC2 引脚输出 $F_{osc}/4$ 的信号	$F_{osc}/4$
ERCIO	外部 RC 振荡器,OSC2 引脚为 I/O 引脚	I/O
XT	4～10 MHz 晶振	(注①)
带有 4 倍频 PLL 的 XT	4～10 MHz 晶振,4 倍频 PLL 的使能	(注①)
带有 8 倍频 PLL 的 XT	4～10 MHz 晶振,8 倍频 PLL 的使能	(注①)
带有 16 倍频 PLL 的 XT	4～7.5 MHz 晶振,16 倍频 PLL 的使能	(注①)
XTL	0.2～4 MHz 晶振	(注①)
HS	10～25 MHz 晶振,4 倍频 PLL 的使能	(注①)

注：① 在这些振荡器模式中,外部晶振连接到 OSC1 和 OSC2 上。

在所有 EC 和 ECIO 模式中禁止振荡器反馈电路。OSC1 引脚为高阻抗输入,可以由 CMOS 驱动器驱动。

ERC 和 ERCIO 模式为器件振荡提供成本最低的解决方案(只需要 1 个外部电阻和电容)。这些模式提供的振荡频率也是差异最大的。

如果将主振荡器配置为外部时钟输入或外部 RC 网络模式,就不需要 OSC2 引脚支持振荡器功能。对于这些模式,OSC2 引脚可以被用作额外的器件 I/O 引脚或时钟输出引脚。当 OSC2 引脚用作时钟输出引脚时,输出频率为 $F_{osc}/4$。

XTL 模式是低功耗/低频率模式。这种模式在 3 种晶振模式中功耗是最小的。XT 模式是中等功耗/中等频率模式,而 HS 模式是振荡频率最高的晶振模式。

使用 PLL 电路的 EC 和 XT 模式能提供最高的器件工作频率。由于 PLL 被使能以对振荡器频率进行倍频,因此振荡器电路消耗的电流最多。

20.1.6 晶体振荡器/陶瓷谐振器

在 XT、XTL 或 HS 模式下,OSC1 和 OSC2 引脚连接 1 个晶振或陶瓷谐振器以建立振荡。图 20-3 表示了晶振或陶瓷谐振器的工作原理(XT、XTL 或 HS 振荡器模式)。

dsPIC30F 振荡器的设计要求使用平行切割的晶体。采用顺序切割的晶体所产生的频率

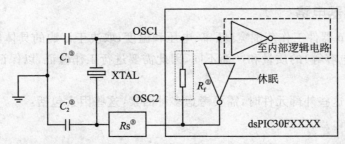

注：① 对于AT条形切割的晶体可能需要串联1个电阻R_s。② 内部反馈电阻和R通常范围为2~10 MΩ。
③ 参见20.1.7小节为晶振、时钟模式、C_1,C_2和R_s确定最佳的值。

图20-3　晶振或陶瓷谐振器的工作原理

将超出晶体制造厂商给出的范围。

1. 振荡器/谐振器起振

随着器件电压从V_{SS}上升，振荡器开始振荡。振荡器起振所需的时间由很多因素决定。包括：

- 晶振/谐振器频率。
- 使用的电容器值（图20-3中的C_1和C_2）。
- 器件V_{DD}上升时间。
- 系统温度。
- 串联电阻的阻值和类型（如果使用的话）（图20-3中的R_S）。
- 器件的振荡器模式选择（选择内部振荡器反相器的增益）。
- 晶体质量。
- 振荡器电路布局。
- 系统噪声。

图20-4给出了典型的振荡器/谐振器起振的特性图。

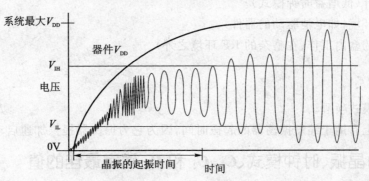

图20-4　典型振荡器/谐振器起振特性曲线示例

2. 调整振荡器电路

由于 Microchip 器件工作范围宽(频率、电压和温度;取决于订购的具体器件和版本)而且外部元件(晶体和电容等)的质量和产商不同,因此需要进行工作验证,以保证元件的选择符合应用的要求。

在选择和安装这些外部元件时,需要考虑多种因素,这些因素包括:
- 放大器增益。
- 所需频率。
- 晶体谐振频率。
- 工作温度。
- 供电电压范围。
- 起振时间。
- 稳定性。
- 晶体寿命。
- 功耗。
- 简化电路。
- 标准元件的使用。
- 元件数量。

3. 振荡器从休眠模式起振

振荡器从休眠状态唤醒时是最难起振的,这是因为 2 个负载电容都被充电到某个静态值,而相位差在唤醒时又最小。因此需要更多的时间来获得稳定振荡,同时也不要忘记低电压、高温和低频时钟模式也限制了环路增益,这反过来又会影响到起振。下面的每种因素都会延长起振时间:
- 低频设计(低增益时钟模式)。
- 低噪声环境(如电池驱动的器件)。
- 在屏蔽的盒内工作(在嘈杂的 RF 环境之外)。
- 低电压。
- 高温。
- 从休眠模式唤醒。

噪声实际上有助于缩短振荡器的起振时间,因为它为振荡器提供加速启动功能。

20.1.7 为晶振、时钟模式、C_1、C_2 和 R_S 确定最佳的值

选择元件的最佳方法是利用相关的知识进行大量的试验、测量和测试。

通常晶振的选择只依据它们的并联谐振频率,但是其他的参数对时钟的设计也是很重要

的,如温度或频率容差。Microchip 公司网站上的应用笔记"PICmicro Microcontroller Oscillator Design Guide"(AN588)提供了晶振工作方面的详细参考。

dsPIC30F 内部振荡器电路是并联振荡器电路,需要选择并联谐振晶振。负载电容通常规定在 22~33 pF 范围内。负载电容在这个范围内,晶体的振荡频率最接近所需的频率。正如后面将要描述的那样,为了优化其他方面的性能,有时稍微更改一下负载电容值也是很有必要的。时钟模式主要是根据需要的晶体振荡器频率来选择的。XT、XTL 和 HS 振荡器模式的主要区别在于振荡电路内部反相器的增益不同,从而使频率范围也不同。一般来说,应该在符合规范的前提下选择上述增益最小的振荡器模式,因为此时电路的动态电流(I_{DD})较小。每个振荡器模式的频率范围的上下限为建议的截止频率,但只要经过了彻底的确认(电压、温度和元件差异,如电阻、电容和内部振荡电路),也可以接受不同的增益模式选择。最开始应该根据晶振生产厂商和器件数据手册提供的列表中所建议的负载电容选择,C_1 和 C_2(参见图 20 – 3)也应在初期选定。由于晶振生产厂商、供电电压和上述其他因素可能导致电路与出厂前确定特性参数过程中所使用的电路不尽相同,因此数据手册中提供的值只能作为一个初始参考。理想状况下,所选的电容应该可以让振荡器在电路期望工作的最高温度和最低 V_{DD} 条件下产生振荡。高温和低 V_{DD} 都会对环路增益产生限制,所以如果电路能工作在这些极端情况下,则设计者更能确信振荡器在其他温度和供电电压下都能正常工作。在最高增益情况(最高 V_{DD} 电压和最低工作温度)下,输出正弦波应不被限幅,而在最低增益情况(最低 V_{DD} 电压和最高工作温度)下,其幅度应该足够大,以满足器件数据手册上所列的时钟信号的逻辑输入要求。

一种缩短起振时间的方法是将 C_2 的值选得比 C_1 大。这使得在上电时,通过晶体的振荡信号产生较大的相移,以加速振荡器起振。

这两个电容除了辅助晶振产生适当的频率响应之外,增加它们的电容值还能降低环路增益。可以选择 C_2 来影响回路的总增益。晶体振荡器过驱。增大 C_2 可以降低增益(也可参见有关 R_S 的讨论)。如果电容值过大,则会储存和释放过量的电流通过晶体;所以 C_1 和 C_2 不能过大。然而,测量晶体的功耗(瓦特数)非常难,但如果你所选择的电容值并未偏离建议值太远,就不必担心这个问题。

如果其他外部元件都选好之后,发现晶振仍然过驱动,此时可在电路中接入一个串联电阻 R_S。晶振是否过驱可通过示波器观察 OSC2 引脚(驱动引脚)来判断。将示波器探头连接到 OSC1 引脚,会使引脚负载过重,对系统性能产生不利的影响。要注意的是,示波器探头会将其自身的负载电容加到被测电路中,因此在设计时应考虑到此问题(即如果一个电路在 C_2 为 22 pF 时工作状况最佳,示波器探头负载电容为 10 pF,当探头接入引脚时,实际上连接到该引脚的电容变成了 33 pF)。振荡输出信号不应出现限幅或畸变。过驱动晶振则可导致电路振荡频率跃变到一个高次谐波上,甚至会损坏晶体。

OSC2 引脚的信号应为一个平滑的正弦波,可轻松跨越时钟输入引脚的最大和最小电平值(V_{DD} 为 5V 时,时钟输入引脚的峰值为 4~5 V,通常即可满足要求)。设置电路能达到上述要求的一个简单办法依然是在设计预期使用环境的最低温度和最高 V_{DD} 条件下测试电路,然后观察输出,此时,时钟输出的振幅应该最大。如果在靠近 V_{DD} 和 V_{SS} 处正弦波出现限幅或失真,而增加负载电容又可能使流过晶体的电流过大或使电容值远离厂商的负载规范值。就要调整晶振电流,可以在晶振反相器输出引脚和 C_2 之间添加 1 个可调电位器,然后调节它直至正弦波平滑。晶振在低温和 V_{DD} 上限时驱动电流最大,应该在这些极限条件下调整可调电位器的值以防止过驱,然后用一个最接近标准阻值的串联电阻 R_S 代替可调电位器。如果 R_S 太高,超过 20 kΩ,则输入与输出的隔离度将过大,使时钟更易受到噪声的影响。如果你发现只有这么高的阻值才能防止晶振过驱,则尝试增加 C_2 的值以进行补偿或更改振荡器工作模式。尝试获取这样的组合,R_S 在 10 kΩ 左右或小于 10 kΩ 且电容离厂商规范值不远。

20.1.8　外部时钟输入

使用外部时钟的主振荡模式有 2 种,分别是 EC 和 ECIO。

在 EC 模式下(图 20-5),OSC1 引脚可以由 CMOS 驱动器驱动。在此模式下,OSC1 引脚为高阻态且 OSC2 引脚为时钟输出($F_{OSC}/4$)。此输出时钟对于测试和同步非常有用。

在 ECIO 模式下(图 20-6)OSC1 引脚可以由 CMOS 驱动器驱动。在此模式下,OSC1 引脚为高阻态且 OSC2 引脚为通用 I/O 引脚。OSC1 和 OSC2 之间的反馈器件被关闭以节省电流。

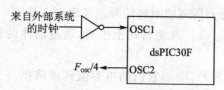

图 20-5　EC 振荡器配置外部时钟输入操作

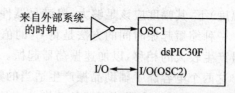

图 20-6　ECIO 振荡器配置外部时钟输入操作

20.1.9　外部 RC 振荡器

对于时序要求不高的应用,主振荡器的 ERC 和 ERCIO 模式更能节约成本。RC 振荡器的频率是以下几个值的函数:

- 供电电压。
- 外部电阻(R_{EXT})值。
- 外部电容(C_{EXT})值。
- 工作温度。

除此之外,正常制造工艺参数的差异使每个器件的振荡器频率都不相同,而不同封装类型的引线电容间的差异也会影响振荡频率,特别当 C_{EXT} 值较小时更是如此。用户还需要考虑由于所使用的外部 R_{EXT} 和 C_{EXT} 元件容差造成的频率变化。图 20-7 显示了 R/C 组合的连接方式。对于 R_{EXT} 值低于 2.2 kΩ 的情况,振荡器工作可能变得不稳定或完全停止;对于 R_{EXT} 值很高的情况(如 1 MΩ),振荡器易受噪声、湿度和漏电流的干扰。因此,建议所使用的 R_{EXT} 值在 3~100 kΩ 之间。

尽管在没有外部电容($C_{EXT}=0$ pF)的情况下振荡器仍可工作,但考虑到噪声和稳定性等因素,仍建议使用一个大于 20 pF 的电容。在没有外部电容或外部电容很小的情况下,由于其他外部电容的变化(如 PCB 上的布线电容和封装引线间的电容),所以振荡频率会发生很大的变化。

OSC2/CLKO 引脚上输出信号频率为振荡器频率的 4 分频,该信号可用作测试或同步其他逻辑电路。

注意:当振荡器配置为 ERC 或 ERCIO 模式时,OSC1 引脚上不应该连接外部时钟。

1. I/O 使能的外部 RC 振荡器

ERCIO 振荡器模式的工作方式与 ERC 振荡器模式极其相似。惟一的区别就是 OSC2 引脚被配置为 I/O 引脚。

在 RC 模式中,用户需要考虑到由所使用的外部 REXT 和 CEXT 元件的容差、制造工艺的不同、电压和温度所引起的时钟频率差异。图 20-8 显示了带有 I/O 引脚的 RC 组合的连接方式。

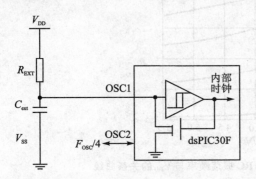

图 20-7 ERC 振荡器模式

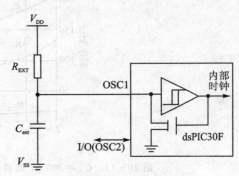

图 20-8 ERCIO 振荡器模式

2. 外部 RC 起振

RC 振荡器不会产生起振延时。给 V_{DD} 上电时振荡器就起振。

注意:在器件开始执行代码之前,用户应该验证 V_{DD} 在规范之内。

3. RC 工作频率

以下各图给出了在选定各 RC 组件值时,外部 RC 振荡器频率随器件电压变化的曲线。

注意:图 20-9~图 20-11 仅作为 RC 组件选择的粗略指南使用。实际频率根据系统温度和器件有所不同。更多 RC 振荡器特性数据请参阅具体的器件数据手册。

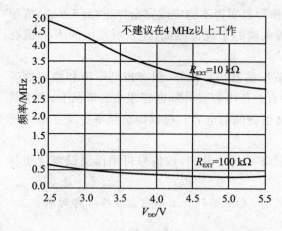

图 20-9　$C_{ext}=20$ pF 时典型外部 RC 振荡频率与 V_{DD} 的关系曲线

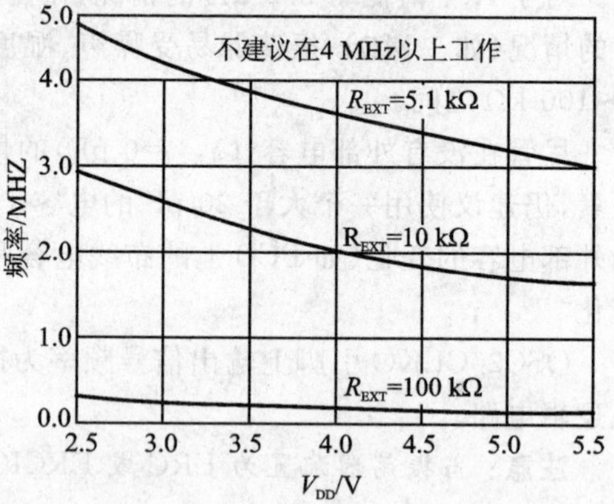

图 20-10　$C_{ext}=100$ pF 时典型外部 RC 振荡频率与 V_{DD} 的关系曲线

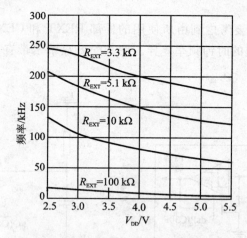

图 20-11　$C_{ext}=300$ pF 时典型外部 RC 振荡频率与 V_{DD} 的关系曲线

20.1.10　锁相环

使用 FPR<3:0> 振荡器配置位可以将锁相环(PLL)使能为 4 倍频、8 倍频或 16 倍频工作模式。表 20-4 总结了每个工作模式的输入和输出频率范围。

表 20-4　PLL 频率范围

FIN/MHz	PLL 倍频器/倍频	FOUT/MHz	FIN/MHz	PLL 倍频器/倍频	FOUT/MHz
4～10	4	16～40	4～10	16	64～120
4～10	8	32～80			

注：PLL 输出频率范围不能超出 dsPIC30F 器件的最大工作频率 120 MHz。

PLL 锁定状态

PLL 电路可以检测到 PLL 进入锁相状态的时刻,同样,也可以检测到 PLL 失锁的时刻。PLL 达到锁定状态的延迟时间为 T_{LOCK}。T_{LOCK} 的标称值为 20 μs。LOCK 位是只读状态位(OSCCON<5>),反映 PLL 的锁定状态。LOCK 位在上电复位时清零。

(1) 在时钟切换的过程中 PLL 失锁

当在时钟切换操作(包括上电复位)中选择 PLL 作为目标时钟源时,LOCK 位清零。在达到锁相状态后 LOCK 位置 1。如果 PLL 锁定失败,时钟切换电路就不会切换到 PLL 输出作为系统时钟,而是使用旧的时钟源继续运行。

(2) 在上电复位过程中失去 PLL 锁定

如果 PLL 在上电复位(POR)时锁定失败且使能了故障保护时钟监视器(FSCM),则 FRC 振荡器将成为器件时钟源并产生一个时钟故障陷阱。

(3) 在器件正常工作过程中失去 PLL 锁定

如果在正常工作过程中 PLL 至少在 4 个时钟周期中失去锁定,那么 LOCK 位被清零,表示 PLL 失锁。此外,还会产生一个时钟故障陷阱。在这种情况下,处理器继续使用 PLL 时钟源运行。如果需要,用户可以在陷阱服务程序中切换到另一个时钟源。

注意:

① 更多有关振荡器故障陷阱的详细信息,请参阅第 6 章。

② 在器件正常工作期间,PLL 失锁会产生时钟故障陷阱,但系统时钟源不会改变。不必使能 FSCM 以检测 PLL 是否失锁。

20.1.11 低功耗 32 kHz 晶体振荡器

LP 和辅助振荡器是特别为使用 32 kHz 晶振的低功耗运行而设计的。LP 振荡器位于器件的 SOSCO 和 SOSCI 引脚上,用作低功耗运行的辅助晶振时钟源。LP 振荡器还可驱动 Timer1 作为实时时钟应用。

1. LP 振荡器使能

以下控制位影响 LP 振荡器的工作:

① OSCCON 寄存器(OSCCON<13:12>)中的 COSC<1:0>位。

② OSCCON 寄存器(OSCCON<1>)中的 LPOSCEN 位。

当 LP 振荡器使能时,SOSCO 和 SOSCI I/O 引脚由振荡器控制且不能用作其他 I/O 功能。

(1) LP 振荡器的连续工作

如果置位 LPOSCEN 控制位(OSCCON<1>),将始终使能 LP 振荡器。有两种方式可保持 LP 振荡器运行。第一,保持 LP 振荡器总是开启,可以快速切换到 32 kHz 系统时钟,进行低功耗运行。如果主振荡器是晶振型时钟源,返回快速主振荡也需要振荡器起振时间(参见第 20.1.12 节)。第二,在使用 Timer1 作为实时时钟源时,振荡器应该总是保持在开启状态。

(2) LP 振荡器间断工作

当 LPOSCEN 控制位(OSCCON<1>)被清零时,LP 振荡器只在被选为当前器件时钟源时才能运行(COSC<1:0>=00)。如果 LP 振荡器是当前器件的时钟源而该器件进入休眠模式时,LP 振荡器将会禁止。

2. 将 LP 振荡器用于 Timer1 的操作

LP 振荡器可以在实时时钟应用中用作 Timer1 的时钟源。更多详细信息请参阅第 10 章。

20.1.12 振荡器起振定时器

为了确保晶体振荡器(或陶瓷谐振器)已经起振并稳定,必须提供振荡器起振定时器(OST)。它是一个简单的 10 位计数器,在计数 1024 个 T_{OSC} 周期后再将振荡器时钟提供给系统使用。超时溢出周期用 T_{OST} 表示。振荡器引脚上输出的振荡器信号的振幅必须达到 V_{IL} 和 V_{IH} 阈值,才能使 OST 开始对周期进行计数。

每次振荡器必须重启时(即在 POR、BOR 或从休眠模式唤醒时)都会有一个 T_{OST} 时间。振荡器起振定时器适用于 LP 振荡器和主振荡器的 XT、XTL 和 HS 模式。

20.1.13 内部快速 RC 振荡器

FRC 振荡器是快速(标称值为 8 MHz)的内部 RC 振荡器。该振荡器旨在不使用外部晶振、陶瓷谐振器或 RC 网络的情况下提供合理的器件运行速度。

只要 COSC<1:0>=01,dsPIC30F 就采用 FRC 振荡器作为时钟源工作。

20.1.14 内部低功耗 RC 振荡器

LPRC 振荡器是看门狗定时器(WDT)的一个组件,振荡频率标称值为 512 kHz。内部低功耗 RC 振荡器(LPRC)是上电延时定时器(PWRT)电路、WDT 和时钟监视器电路的时钟源。它也可用于为功耗要求严格而对时序的精度要求不高的应用提供低频率时钟源选项。

注意:LPRC 振荡器的振荡频率根据器件电压和工作温度的不同而有所不同。

使能 LPRC 振荡器

因为 LPRC 振荡器是 PWRT 的时钟源,所以它总是在上电复位时使能。在 PWRT 超时后,如果以下条件之一为真,则 LPRC 振荡器将保持为开启状态:

➤ 故障保护时钟监视器使能。
➤ WDT 使能。
➤ 选择 LPRC 作为系统时钟(COSC<1:0>=10)。

如果以上条件都不为真,则 LPRC 将在 PWRT 超时后关闭。

20.1.15 故障保护时钟监视器

故障保护时钟监视器(FSCM)允许器件在即便发生外部时钟故障的情况下继续运行。可以在 FOSC 器件配置寄存器中编程 FCKSM 位(时钟切换和监视器位)来使能 FSCM 功能。更多详细信息请参阅 20.5 节。如果使能了 FSCM 功能,LPRC 内部振荡器将始终保持运行(休眠模式除外)。

在发生振荡器故障时,FSCM 会产生时钟故障陷阱并将系统时钟切换到 FRC 振荡器。然后,用户即可选择尝试重新启动振荡器或执行控制关闭操作。

在切换到 FRC 振荡器时,FSCM 模块将进行以下操作:
(1) COSC<1:0>位被装入"01"。
(2) CF 位置 1 表示时钟发生故障。
(3) OSWEN 控制位清零,取消所有待处理的时钟切换。

注意: 更多有关振荡器故障陷阱的信息,请参阅第 6 章。

1. FSCM 延时

在 POR、BOR 或从休眠模式唤醒时,在 FSCM 开始监控系统时钟源之前会插入 1 个标称值为 100 s 的延时(T_{FSCM})。FSCM 延时是为了在未使用上电延时定时器(PWRT)的情况下为振荡器和/或 PLL 提供时间,以使其稳定。FSCM 延时在内部系统复位信号 SYSRST 发出后产生。

FSCM 延时时序信息请参阅 20.2 节。

当使能 FSCM 并选择以下器件系统时钟源作为系统时钟时,即产生 FSCM 延时 T_{FSCM}:
- EC+PLL。
- XT+PLL。
- XT。
- HS。
- XTL。
- LP。

2. FSCM 和缓慢振荡器起振

如果选择的器件振荡器在从 POR、BOR 或休眠模式后退出起振缓慢,那么在振荡器起振之前 FSCM 延时可能就超时了。在这种情况下,FSCM 会启动时钟故障陷阱。在它发生时,COSC<1:0>位(OSCCON<13:12>)将装载,FRC 振荡器选择位。这将有效关闭尝试起振的原振荡器。用户可以检测到这种情况并在陷阱服务程序中将时钟切换回需要的振荡器。

3. FSCM 和 WDT

发生时钟故障时,WDT 不受影响,并将继续在 LPRC 时钟上运行。

20.1.16 可编程振荡器后分频器

可编程振荡器后分频器见图 20-12。

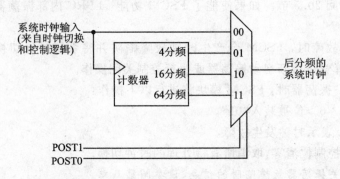

图 20-12 可编程振荡器后分频器

后分频器允许用户通过降低 CPU 和外设使用的时钟频率来降低功耗。任何时候都可以通过 POST<1:0>控制位(OSCCON<7:6>)更改后分频值。

为了确保时钟的平滑过渡,在时钟改变之前会有 1 段延时。时钟后分频器将保持时钟选择多路开关不变,直到出现 64 分频输出的下降沿,因而切换延时最高可达 64 个系统时钟周期,这取决于 POST<1:0>控制位何时被写入。图 20-13 所示为改变 3 种后分频值情况下的后分频器的工作。

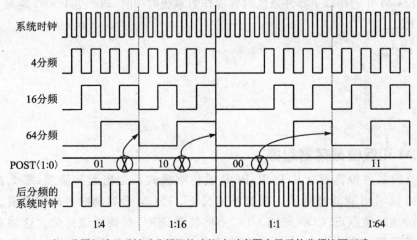

注:此图仅演示时钟后分频器的功能,在时序图中显示的分频比不正确。

图 20-13 后分频器更新时序

20.1.17 时钟切换工作原理

在器件操作过程中为时钟切换选择的可用时钟源如下：
➢ OSC1/OSC2 引脚上的主振荡器。
➢ SOSCO/SOSCI 引脚上的低功耗 32 kHz 晶体（辅助）振荡器。
➢ 内部快速 RC(FRC) 振荡器。
➢ 内部低功耗 RC(LPRC) 振荡器。

注意：主振荡器有多种工作模式（EC、RC 和 XT 等）。FOSC 器件配置寄存器中的 FPR<3：0>配置位决定主振荡器的工作模式（详情参见 20.5 节）。

1. 时钟切换使能

要使能时钟切换，必须将 FOSC 配置寄存器中的 FCKSM1 配置位编程为"0"。（详情参见 20.5 节）

如果 FCKSM1 配置位为 1（未编程），则禁止时钟切换功能，同时也将禁止故障保护时钟监视器功能（这是默认设置）。当禁止时钟切换时，NOSC<1：0>控制位（OSCCON<9：8>）不控制时钟选择，但是，COSC<1：0>位（OSCCON<13：12>）会反映出 FOSC 配置寄存器中 FPR<3：0>和 FOS<1：0>配置位选择的时钟源。当禁止时钟切换时，OSWEN 控制位（OSCCON<0>）不受影响。它总是保持为 0。

2. 振荡器切换顺序

硬件和软件通过以下步骤改变器件时钟源：
① 如果需要，则读 COSC<1：0>状态位（OSCCON<13：12>）以确定当前振荡源。
② 执行解锁序列以允许写入 OSCCON 寄存器的高字节。
③ 将适当的值写入 NOSC<1：0>控制位（OSCCON<9：8>）以选择新的时钟源。
④ 执行解锁序列以允许写入 OSCCON 寄存器的低字节。
⑤ 将 OSWEN 位（OSCCON<0>）置 1。这将启动振荡器切换。
⑥ 时钟切换硬件将 NOSC<1：0>控制位的新值和 COSC<1：0>状态位的值进行比较。如果两者相同，时钟切换则为冗余操作。在这种情况下，OSWEN 位被自动清零且停止时钟切换。
⑦ 如果启动了有效时钟切换，将清零 LOCK(OSCCON<5>)和 CF(OSCCON<3>)状态位。
⑧ 如果新振荡器现在不运行，硬件会开启它。如果必须开启晶振，硬件将等待，直到 OST 超时。如果新的振荡源使用 PLL，硬件将等待，直到检测到 PLL 锁定（LOCK=1）。
⑨ 硬件会等待新时钟源起振后 10 个时钟周期，然后执行时钟切换。
⑩ 硬件清零 OSWEN 位表示时钟转换成功。此外，NOSC<1：0>位的值被传送到

COSC<1∶0>状态位中。

⑪ 时钟切换完成。此时旧时钟源将被关闭,但以下情况例外:
> 如果使能 WDT 或 FSCM,LPRC 振荡器保持为打开。
> 如果 LPOSCEN=1(OSCCON<1>),LP 振荡器保持打开。

注意:在整个时钟切换过程中,处理器将继续执行。受执行时间影响的代码不应在此时执行。

时钟转换时序图见图 20-14。

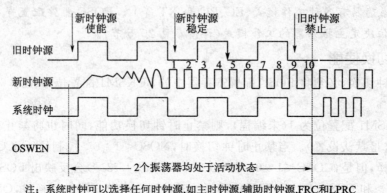

注:系统时钟可以选择任何时钟源,如主时钟源,辅助时钟源,FRC和LPRC

图 20-14 时钟转换时序图

3. 时钟切换技巧

> 如果目标时钟源是晶体振荡器,时钟切换时间由振荡器起振时间决定。
> 如果新的时钟源未起振或不存在,时钟切换硬件将等待 10 个同步周期。对于 OSWEN 位(OSCCON<0>)始终保持置 1 状态,用户可以通过检测该位以判断发生了这种情况。
> 如果新时钟源使用 PLL,则在达到锁定之前不会产生时钟切换。由于 PLL 失锁时 LOCK 位清零且 OSWEN 位置 1,因此用户可以检测到这种状态。
> 用户可能希望在执行时钟切换时考虑 POST<1∶0>控制位(OSCCON<7∶6>)的设置。切换到低频时钟源(比如后分频比大于 1∶1 的 LP 振荡器)时,将导致器件运行非常缓慢。

注意:当应用使能故障保护时钟监视器时,不应尝试切换到频率低于 100 kHz 的时钟。如果进行了这样的时钟切换,器件可能产生 1 个振荡器故障陷阱并切换到快速 RC 振荡器。

4. 中止时钟切换

在时钟切换未完成时,可以通过清零 OSWEN 位来复位时钟切换逻辑电路。清零 OSWEN 位(OSCCON<0>)将:
> 放弃时钟切换。

- 如果使用了 OST，则将它停止并复位。
- 如果使用了 PLL，则将它停止。

可以在任何时间中止时钟切换过程。

5. 在时钟切换过程中进入休眠模式

如果器件在时钟切换操作过程中进入休眠模式，将中止时钟切换操作。此时处理器保持旧的时钟选择并清零 OSWEN 位，然后将正常执行 PWRSAV 指令。

6. 进行时钟切换的建议代码序列

执行以下步骤可更改振荡源：
- 在 OSCCON 寄存器未锁定或写序列过程中禁止中断。
- 执行解锁序列以写入 OSCCON 的高字节。
- 将新的振荡源写入 NOSC<1：0>控制位。
- 执行解锁序列以写入 OSCCON 的低字节。
- 将 OSWEN 位置 1。
- 在对时钟要求不高时继续执行不受时钟影响的代码。（可选）
- 调用适当数量的软件延时（周期计数）以使振荡器和/或 PLL 起振。
- 检查 OSWEN 位是否为 0。如果是，则已成功更改了振荡源。
- 如果 OSWEN 位仍为置 1 状态，则检查 LOCK 位以确定故障原因。

7. 时钟切换代码示例

(1) 启动时钟切换

以下代码序列给出了解锁 OSCCON 寄存器和开始时钟切换操作的方法：

```
;放新的振荡器选择在 W0
;OSCCONH(高字节)解锁序列
    MOV #OSCCONH, W1
    MOV #0x78, W2
    MOV #0x9A, W3
    MOV.b W2,[W1]
    MOV.b W3,[W1]
;设置新的振荡器选择
    MOV.b WREG, OSCCONH
;OSCCONL(低字节)解锁序列
    MOV #OSCCONL, W1
    MOV.b #0x01, W0
    MOV #0x46, W2
    MOV #0x57, W3
```

```
       MOV.b W2,[W1]
       MOV.b W3,[W1]
       ;启动振荡器切换操作
       MOV.b W0,[W1]
```

(2) 中止时钟切换

以下代码序列用于中止不成功的时钟切换:

```
MOV #OSCCON,W1          ;指针到 OSCCON
MOV.B #0x46,W2          ;第 1 解锁码
MOV.B #0x57,W3          ;第 2 解锁码
MOV.B W2,[W1]           ;写第 1 解锁码
MOV.B W3,[W1]           ;写第 2 解锁码
BCLR OSCCON,#OSWEN      ;中止切换
```

20.1.18 振荡器电路出现的非正常现象及处理措施

振荡器电路可能会出现以下非正常现象:

① 当在上电后使用示波器观察 OSC2 引脚,却发现没有时钟信号,请检查以下几点:

➢ 器件进入休眠模式而没有唤醒源(如 WDT、MCLR 或中断)将其唤醒。验证代码确保不在未提供唤醒源的情况下,使器件进入休眠。如果可能的话,尝试在 MCLR 上用低脉冲唤醒器件。上电时保持 MCLR 为低电平也可以给晶振更多时间起振,但在 MCLR 引脚电平为高电平之前,程序计数器不会开始计数。

➢ 为所需的频率选择了错误的时钟模式。对于空白器件,默认振荡器为 EC+16 倍频 PLL。大多数器件在买来时时钟选择为默认模式,而默认模式不会使晶振或谐振器产生振荡。验证时钟模式是否已经正确编程。

➢ 没有按照正确的上电顺序上电。如果在上电之前通过 I/O 引脚为 CMOS 模块上电,可能会发生故障(锁存,或不正确起振等)。也可能由于欠压条件、起振时供电线路噪声过大和 V_{DD} 上升缓慢而产生问题。可以尝试断开 I/O 外部连接,并使用好的已知电压快速上升的电源为器件上电。

➢ 连接到晶振的 C_1 和 C_2 电容器没有正确连接或取值不正确。确定所有连接正确。器件数据手册中有关这些组件的值一般能够使振荡器运行,但不一定是符合你设计的最佳值。

② 器件启动了,但频率比晶振谐振频率高很多。

此振荡器电路的增益太高。请参阅 20.1.6 小节,有助于选择 C_2(可能需要更高的值)、R_S(可能需要接入)和时钟模式(可能选择了错误模式)。对于低频晶体,如常用的 32.768 kHz 低频晶振,上述情况尤其可能发生。

③ 设计好的电路运行正常,但频率有点不稳定。

改变 C_1 的值会对振荡频率造成一些影响。如果使用的是串联谐振晶体,其谐振频率与具有相同标定频率的并联谐振晶体的谐振频率将有所不同。确认您使用了并联谐振晶体。

④ 电路板工作正常,但会突然退出或丢失时间。

首先要对软件进行检查,是否软件中存在时间丢失的问题。还有可能是因为振荡器的输出幅度不够高而不能可靠地触发振荡器的输入。检查 C_1 和 C_2 值并确保器件配置位设置正确以选择所希望的振荡器模式。

⑤ 把示波器探头连接到振荡器引脚时,并没有看到预期的结果。

示波器探头自身也是有电容的。当示波器探头连接到振荡电路将会改变振荡器的特性。请考虑使用低电容(有效的)的探头。

20.2 复位模块

复位模块结合了所有复位源并控制器件的主复位信号 SYSRST。以下列出了器件的复位源:
- POR 上电复位。
- EXTR 引脚复位(MCLR)。
- SWR RESET 指令。
- WDTR 看门狗定时器复位。
- BOR 欠压复位。
- TRAPR 陷阱冲突复位。
- IOPR 非法操作码复位。
- UWR 未初始化的 W 寄存器复位。

图 20-15 所示为复位模块的简化框图。任何激活的复位源都会产生 SYSRST 信号。许多与 CPU 和外设相关的寄存器均会被强制变为 1 个已知的复位状态。多数寄存器都不受复位影响;它们的状态在 POR 时未知,而在其他复位时不变。

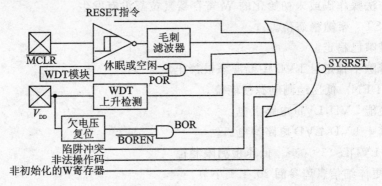

图 20-15 复位系统框图

注意： 如需了解寄存器复位状态的信息，请参阅本书中 CPU 结构和有关外设的章节。

20.2.1 复位控制寄存器

任何类型的器件复位都会将复位控制寄存器(RCON)寄存器中相应的状态位置 1 以表明复位类型(参见寄存器 20-2)。POR 会清零除 POR 和 BOR 位(RCON<2：1>)以外的所有位，而 POR 和 BOR 位被置 1。用户可以在代码执行过程中的任何时间置位或清零任何位。RCON 位仅用做状态位。在软件中将特定的状态位置 1 不会导致器件复位发生。

RCON 寄存器也具有其他与低压检测模块、看门狗定时器和器件低功耗状态相关的位。本书的其他章节中将讨论这些位的功能。

寄存器 20-2　RCON

R/W-0	R/W-0	R-0	R/W-0	R/W-0	R/W-1	R/W-0	R/W-1
TRAPR	IOPUWR	BGST	LVDEN	LVDL3	LVDL2	LVDL1	LVDL0
bit 15				高字节			bit 8

R/W-0	R/W-0	R/W-0	R/W-0	R/W-0	R/W-0	R/W-1	R/W-1
EXTR	SWR	SWDTEN	WDTO	SLEEP	IDLE	BOR	POR
bit 7				低字节			bit 0

注：-0 表示上电复位时清零；-1 表示上电复位时置位；R 表示可读位；W 表示可写位。

bit 15　TRAPR　陷阱复位标志位。
　　1　发生了陷阱冲突复位。
　　0　未发生陷阱冲突复位。

bit 14　IOPUWR　非法操作码或未初始化的 W 寄存器访问复位标志位。
　　1　检测到非法操作码、非法地址模式或未初始化的 W 寄存器用作地址指针而导致复位。
　　0　非法操作码或未初始化的 W 寄存器复位都没有发生。

bit 13　BGST　带隙稳态位。
　　1　带隙已稳定。
　　0　带隙不稳定且 LVD 中断应该被禁止。

bit 12　LVDEN　低压检测电源使能位。
　　1　使能 LVD，LVD 电路上电。
　　0　禁止 LVD，LVD 电路掉电。

bit 11~8　LVDL<3：0>　低压检测限制位。
　　有关更详细信息请参阅 20.4.1 小节。

bit 7　EXTR　外部复位(MCLR)引脚位。

  1 发生主清零(引脚)复位。
  0 未发生主清零(引脚)复位。
bit 6 SWR 软件 RESET(指令)标志位。
  1 执行了 RESET 指令。
  0 未执行 RESET 指令。
bit 5 SWDTEN WDT 位的软件使能/禁止。
  1 WDT 启用。
  0 WDT 关闭。
  注意：如果 FWDTEN 熔丝位为 1(未编程)，则 WDT 总是使能，而不管 SWDTEN 位是否置 1。
bit 4 WDTO 看门狗定时器超时标志位。
  1 WDT 发生超时。
  0 WDT 未发生超时。
bit 3 SLEEP(休眠) 从休眠状态唤醒标志位。
  1 器件处于休眠模式。
  0 器件未处于休眠模式。
bit 2 IDLE(空闲) 从空闲状态唤醒标志位。
  1 器件处于空闲模式。
  0 器件不处于空闲模式。
bit 1 BOR 欠压复位标志位。
  1 发生欠压复位。注意 BOR 在上电复位后将置 1。
  0 未发生欠压复位。
bit 0 POR 上电复位标志位。
  1 发生上电延时复位。
  0 未发生上电延时复位。
  注意：所有复位状态位可以用软件置 1 或清零。用软件置位这些位中的 1 位不会引起器件复位。

20.2.2 复位时的时钟源选择

  如果使能了时钟切换功能，器件复位时的系统时钟源选择如表 20-5 所示；如果禁止了时钟切换功能，则总是根据振荡器配置熔丝位选择系统时钟源。更多详细信息，请参阅本章 20.1 节。

表 20-5　不同复位类型与振荡器选择关系

复位类型	时钟选择的依据	复位类型	时钟选择的依据
POR	振荡器配置熔丝位	WDTO	COSC 控制位(OSCCON<13:12>)
BOR	振荡器配置熔丝位	SWR	COSC 控制位(OSCCON<13:12>)
EXTR	COSC 控制位(OSCCON<13:12>)		

20.2.3　上电复位

有两个阈值电压与上电复位(POR)相关。第一个电压是器件阈值电压 V_{POR},器件的阈值电压是器件逻辑电路可正常工作的电压;第二个与 POR 事件相关的电压是 POR 电路阈值电压,它的标称值为 1.85 V。

上电事件在检测到 V_{DD} 电压上升时会产生内部上电复位脉冲。复位脉冲在 V_{POR} 上产生。器件供电电压的特性必须符合特定的起始电压和上升速率要求以产生 POR 脉冲。尤其重要的是,在新的 POR 开始之前,V_{DD} 必须降到 V_{POR} 以下。

POR 脉冲将复位 POR 定时器并将器件置于复位状态。POR 也会选择振荡器配置位指定的器件时钟源。

在产生上电复位脉冲之后,POR 电路会产生一段短时间的延时 T_{POR},其标称值为 10 μs,以确保内部器件偏置电路稳定。此外,还可使用用户选择的上电延时超时时间(T_{PWRT})。T_{PWRT} 参数的值基于器件配置位的设置,可以为 0 ms(无延时)、4 ms、16 ms 或 64 ms。器件上电延时的总延时为 $T_{POR}+T_{PWRT}$。当这些延时结束后,将在指令周期时钟的下一个前沿产生 SYSRST 信号,同时 PC 跳转到复位向量。

图 20-16 所示为 SYSRST 信号的时序。当 V_{DD} 电压降到阈值电压(V_T)以下时,初始化上电复位;当 V_{DD} 超过 POR 电路阈值电压的瞬时,插入 1 个 POR 延时;最后,在 SYSRST 信号产生前,还将发生一段 PWRT 延时时间(T_{PWRT})。

上电事件会置位 POR 和 BOR 状态位(RCON<1:0>)。

注意: 当器件退出复位状态(开始正常操作)时,其工作参数(电压、频率和温度等)都应在相应的工作范围之内,否则器件将不能正常工作。用户必须确保从第一次上电到 SYSRST 变为无效之间的时间足够长,以使所有工作参数都符合规范。

1. 使用 POR 电路

要利用 POR 电路,只要直接将 MCLR 引脚连接到 V_{DD}。这将消除通常创建上电复位延时所需要的外部 RC 组件,需要一个 V_{DD} 最小上升时间。

根据不同的应用,可能需要在 MCLR 引脚和 V_{DD} 之间连接一个电阻。此电阻可以用来减弱 MCLR 引脚上来自于供电线路的噪声。当将器件安装到应用电路时,需要将器件编程电压

V_{PP} 加到 MCLR 引脚,此时也需要使用该电阻。大多数器件的 V_{PP} 电压都是 13 V。

图 20-17 所示是用于供电电压上升速率缓慢的一种 POR 电路。只有在器件 V_{DD} 处于有效工作范围之前退出复位状态时,才需要使用外部上电复位电路。二极管 D 在 V_{DD} 掉电时可以帮助电容快速放电。

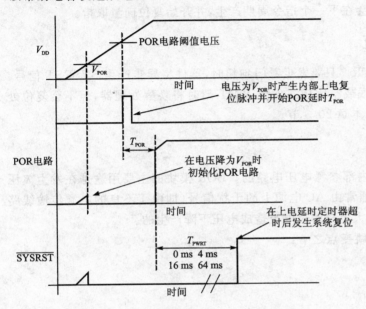

图 20-16　V_{DD} 上升过程中的 POR 模块时序图

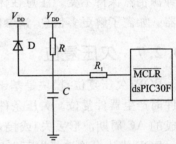

注:① R 的值应该足够低,这样它两端的压降就不会超出 MCLR 引脚的 V_{IH} 规范。
② 由于静电放电或过压而导致 MCLR 引脚崩溃时,R_1 将限制任何电压从外部电容 C 流入 MCLR。

图 20-17　外部上电复位电路

2. 上电延时定时器

上电延时定时器简称为 PWRT。在器件 POR 或 BOR(欠压复位)产生 SYSRST 之前,PWRT 提供可选的延时(T_{PWRT})。

PWRT 延时是除 POR 延时(T_{POR})之外额外提供的延时。PWRT 时间延时标称值可以为 0 ms、4 ms、16 ms 或 64ms(参见图 20-16)。

可使用 FBORPOR 器件配置寄存器中的 FPWRT<1:0>配置熔丝位选择 PWRT 延时。更多详细信息请参阅本章 20.5 节。

20.2.4　外部复位

只要 MCLR 引脚拉为低电平,倘若在 MCLR 上的输入脉冲比规定的最小宽度更长,器件都会异步产生 SYSRST 信号。当 MCLR 引脚被释放后,在下一个指令时钟周期将产生 SYSRST 信号并开始复位向量取指。处理器将保持外部复位(EXTR)发生之前使用的时钟源。EXTR 状态位(RCON<7>)将被置 1,以表明 MCLR 复位。

20.2.5 软件复位指令

软件复位指令简称为 SWR。只要执行了 RESET 指令,器件就都会产生 SYSRST 信号,从而将器件置于特殊复位状态。复位状态不会重新初始化时钟。在 RESET 指令之前生效的时钟源仍将继续使用。SYSRST 会在下一个指令周期产生,并开始复位向量取指。

20.2.6 看门狗超时复位

看门狗超时复位简称为 WDTR。只要发生看门狗超时,器件将异步产生 SYSRST 信号。时钟源仍然保持不变。注意在休眠或空闲模式发生 WDT 超时将唤醒处理器,但不会复位处理器。如需了解更多信息,请参阅本章 20.3 节。

20.2.7 欠压复位

BOR(欠压复位)模块是基于内部参考电压电路的。BOR 模块的主要用途是在发生欠压条件时产生器件复位。欠压条件通常由 AC 电源上的干扰信号(即由于不良的电源传输线路造成的 AC 周期波形丢失)或接入大负载时过电流造成电压下降产生的。

BOR 模块允许选择以下电压跳变点之一:
- VBOR=2.0 V。
- VBOR=2.7 V。
- VBOR=4.2 V。
- VBOR=4.5 V。

注意:这里所述的 BOR 电压跳变点都是标称值,仅供设计参考。

在欠压复位时,器件会根据器件配置位值(FPR<3:0>,FOS<1:0>)选择系统时钟源。如果使能了 PWRT 延时,那么就会在 SYSRST 信号产生之前加上一段 PWRT 延时时间(T_{PWRT})。如果选择了晶体振荡器时钟源,则欠压复位将调用振荡器起振定时器(Oscillator Start-up Timer,简称 OST),系统时钟将保持到 OST 超时。如果系统时钟源来自 PLL,则时钟将被保持到 LOCK 位(OSCCON<5>)置 1。

BOR 状态位(RCON<1>)将被置 1 以表明发生了 BOR。

PWRT 延时使能时,BOR 电路将继续在休眠或空闲模式下工作,并当 V_{DD} 下降到 BOR 阈值电压以下时,复位器件。

图 20-18 所示为典型的欠压情况。如图,每当 V_{DD} 电压上升到高于 V_{BOR} 跳变点时,将开始 PWRT 延时(如果被使能)。

1. BOR 配置

BOR 模块通过器件配置熔丝位被使能/禁止。

默认情况下 BOR 模块使能,可以通过将 BOREN 器件配置熔丝位编程为 0(FBORPOR

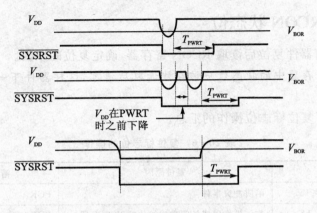

图 20-18 欠压状态

<7>)来禁止该模块(降低功耗)。BOREN 配置熔丝位在 FBORPOR 器件配置寄存器中。使用 BORV<1:0>配置熔丝位(FBOR<5:4>)选择 BOR 电压跳变点(V_{BOR})。更多详细信息请参阅本章 20.5 节。

2. BOR 工作时的电流消耗

BOR 电路依赖于内部参考电压电路,该参考电路和其他外设器件(如低压检测模块)共享。只要使能其中一个与他相关的外设,内部参考电压就会被激活。由于这个原因,BOR 被禁止时,用户也许观察不到预期的电流消耗变化。

3. 非法操作码复位

如果器件试图执行从程序存储器中取出非法操作码值,则将会产生器件复位。非法操作码复位功能可以阻止器件执行用于存储常数的程序存储器部分。要利用非法操作码复位,只能使用每个程序存储器部分的低 16 位存储数据值。高 8 位应该被编程为非法操作码值 0x3F。如果非法操作码值导致器件复位产生,则 IOPUWR 状态位(RCON<14>)被置 1。

4. 未初始化的 W 寄存器复位

所有复位中都将清零 W 寄存器阵列(除 W15 之外),并在写入前将 W 寄存器视为未被初始化。

试图将未初始化的寄存器用作地址指针会使器件复位。此外,IOPUWR 状态位(RCON<14>)会被置 1。

5. 陷阱冲突复位

只要同时有多个硬陷阱中断源待处理,就会产生器件复位。TRAPR 状态(RCON<15>)会被置 1。更多有关陷阱冲突复位的信息,请参阅第 6 章。

20.2.8 使用 RCON 状态位

用户可以在任何器件复位后读取 RCON 寄存器,确定复位的原因。

注意:RCON 寄存器中的状态位应该在被读取后清零,这样器件下一次复位后的 RCON 值才有意义。

表 20-6 提供了复位标志位操作的汇总。

表 20-6 复位标志位的操作

标志位	置位原因	清零原因
TRAPR(RCON<15>)	陷阱冲突事件	POR
IOPWR(RCON<14>)	非法操作码或访问未初始化的 W 寄存器	POR
EXTR(RCON<7>)	$\overline{MCLR}$复位	POR
SWR(RCON<6>)	RESET 指令	POR
WDTO(RCON<4>)	WDT 超时	PWRSAV 指令,POR
SLEEP(RCON<3>)	PWRSAV#SLEEP 指令	POR
IDLE(RCON<2>)	PWRSAV#IDLE 指令	POR
BOR(RCON<1>)	POR,BOR	
POR(RCON<0>)	POR	

注:所有复位标志位可由用户软件置位或清零。

20.2.9 器件复位时间

表 20-7 总结了各种器件复位的复位时间。注意在 POR 延时和 PWRT 延时结束后会产生系统复位信号 SYSRST。

器件实际开始执行代码的时间还取决于系统振荡器延时,它包括振荡器起振定时器(OST)的延时和 PLL 锁定时间。OST 和 PLL 锁定时间与相应的 SYSRST 延时同时发生,FSCM 延时决定在 SYSRST 信号发出后 FSCM 开始监视系统时钟源的时间。

1. POR 和长振荡器起振时间

振荡器起振电路及其相关延时定时器与上电时发生的器件复位延时没有关系。某些晶振电路(尤其是低频晶振)的起振时间会相对较长。因此,在 SYSRST 信号产生后,可能会发生以下 1 个或多个情况。

> 振荡电路未起振。
> 振荡器起振定时器尚未超时(如果使用了晶体振荡器)。
> PLL 未用锁定(如果使用了 PLL)。

表 20-7　各种器件复位的复位延时

复位类型	时钟源	$\overline{SYSRST}$ 延时	系统时钟延时	FSCM 延时	注
POR	EC、EXTRC、FRC、LPRC	$T_{POR}+T_{PWRT}$	—	—	①、②
	EC+PLL	$T_{POR}+T_{PWRT}$	T_{LOCK}	T_{FSCM}	①、②、④、⑤
	XT、HS、XTL、LP	$T_{POR}+T_{PWRT}$	T_{OST}	T_{FSCM}	①、②、③、⑤
	XT+PLL	$T_{POR}+T_{PWRT}$	$T_{OST}+T_{LOCK}$	T_{FSCM}	①、②、③、④、⑤
BOR	EC、EXTRC、FRC、LPRC	T_{PWRT}	—	—	②
	EC+PLL	T_{PWRT}	T_{LOCK}	T_{FSCM}	①、②、④、⑤
	XT、HS、XTL、TFSCMLP	T_{PWRT}	T_{OST}	T_{FSCM}	①、②、③、⑤
	XT+PLL	T_{PWRT}	$T_{OST}+T_{LOCK}$	T_{FSCM}	①、②、③、④、⑤
MCLR	任何时钟	—	—	—	
WDT	任何时钟	—	—	—	
软件	任何时钟	—	—	—	
非法操作码	任何时钟	—	—	—	
未初始化的 W 寄存器	任何时钟	—	—	—	
陷阱冲突	任何时钟	—	—	—	

注：① T_{POR} 表示上电复位延时（标称值为 10 μs）。
② T_{PWRT} 表示由 FPWRT<1：0>配置位决定的其他上电延时。此延时标称值为 0 ms、4 ms、16 ms 或 64 ms。
③ T_{OST} 表示振荡器起振定时器延时。在将振荡器时钟输出给系统前，10 位计数器会先计数 1024 个振荡周期。
④ T_{LOCK} 表示 PLL 锁定时间（标称值为 20 μs）。
⑤ T_{FSCM} 表示故障保护时钟监视器延时（标称值为 100 μs）。

在有效时钟源输出供系统使用前，器件不会开始执行代码。因此，如果必须确定复位延时，就必须考虑到振荡器和 PLL 启振延时。

2. 故障保护时钟监视器和器件复位

如果使能了故障保护时钟监视器（FSCM），他将在 $\overline{SYSRST}$ 产生时开始监视系统时钟源。如果此时没有可用的有效时钟源，器件将自动切换到 FRC 振荡器，并且用户可以在陷阱服务程序中切换到所需的晶体振荡器。

晶振和 PLL 时钟源的 FSCM 延时

当系统时钟源由晶体振荡器和/或 PLL 提供时，在 POR 和 PWRT 延时后会自动插入一小段延时（T_{FSCM}）。在此延时结束前，FSCM 不会开始监视系统时钟源。FSCM 延时标称值为 100 μs，为振荡器和/或 PLL 稳定下来提供了额外的时间。在多数情况下，当禁止了 PWRT 时，FSCM 延时会在器件复位时防止振荡器故障陷阱。

20.2.10 器件起振时间曲线

图 20-19～图 20-22 所示为几种工作情况下与器件复位有关的延时的图形化时间曲线。图 20-19 所示为使用了晶体振荡器和 PLL 作为系统时钟,并且禁止 PWRT 时的延时曲线。在 V_{POR} 阈值电压处产生内部上电复位脉冲,内部上电复位脉冲后会产生一小段 POR 延时。(在器件开始工作前总是会插入 POR 延时。)

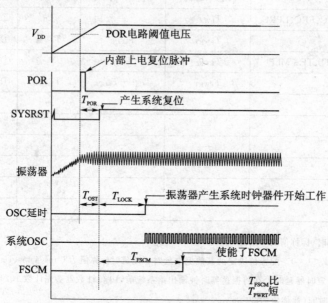

注:① 所示延时未按比例绘制。
② 如果使能了 FSCM,它会在 T_{POR}、T_{PWRT} 和 T_{FSCM} 3 个延时时间都结束后监视系统时钟。
③ 当 PLL 禁用时,不会插入 T_{LOCK}。

图 20-19 使用晶振和 PLL 时钟源且禁止 PWRT 器件复位延时

如果使能了 FSCM,则它在 FSCM 延时结束后开始监视系统时钟的活动。如图 20-19 所示,振荡器和 PLL 延时在故障保护时钟监视器(FSCM)使能前结束,但是,这些延时也有可能直到 FSCM 使能前还未结束。在这种情况下,FSCM 会检测时钟故障并产生 1 个时钟故障陷阱。如果 FSCM 延时提供的时间不足以让振荡器和 PLL 稳定下来,可以使能 PWRT,以便在器件开始工作和 FSCM 开始监视系统时钟前提供更长的延时。

图 20-20 与图 20-19 显示的复位时间线相似,不同之处在于图 20-20 中使能了 PWRT,以便在 SYSRST 产生之前延长延时。

如果使能了 FSCM,它会在 T_{FSCM} 结束后开始监视系统时钟。注意在多数情况下在 T_{FSCM} 基础上增加额外的 PWRT 延时相加,从而提供了充足的时间,足以让系统时钟源稳定下来。

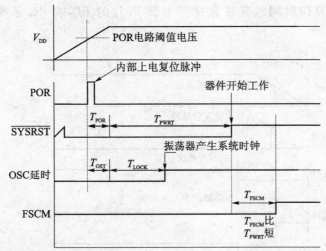

图 20-20 使用晶振和 PLL 时钟源且使能 PWRT 器件复位延时

图 20-21 所示的复位时间曲线是使用 EC 和 PLL 时钟源作为系统时钟并使能了 PWRT 时的示例。此例与图 20-20 中所示的时间曲线类似,不同之处为未发生振荡器起振定时器延时 T_{OST}。

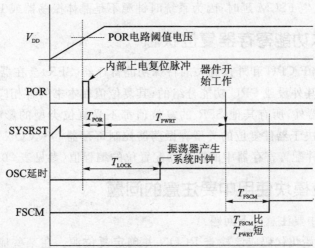

图 20-21 使用 EC 和 PLL 时钟且使能 PWRT 器件复位延时

图 20-22 所示的复位时间线是在选择了不带 PLL 的 EC 或 RC 系统时钟源并禁止 PWRT 时的示例。

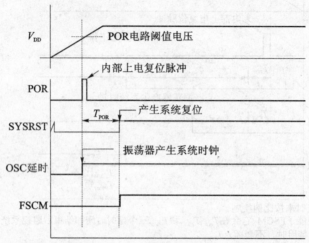

注：①所示延时未按比例绘制。②如果使能了 FSCM，他会在 T_{POR} 结束后监视系统时钟。

图 20-22 使用 EC 或 RC 时钟且禁止 PWRT 器件复位延时

注意此配置提供的复位延时最少。POR 延时是系统开始工作前惟一的延时。如果使能了 FSCM，则不会发生 FSCM 延时；因为系统时钟源不是晶体振荡器或 PLL 产生的。

20.2.11 特殊功能寄存器复位状态

多数与 dsPIC30F CPU 和外设有关的特殊功能寄存器(SFR)会在器件复位时复位为某个特定值。SFR 是按其外设或 CPU 功能分组的，其复位值在本书的各相应部分说明。

除了两个寄存器外，所有其他 SFR 的复位值都不受复位类型的影响。复位控制寄存器 RCON 的复位值取决于器件复位的类型。振荡器控制寄存器 OSCCON 的复位值取决于复位类型和在 FOSC 器件配置寄存器中的振荡器配置位的编程值(参见表 20-1)。

20.2.12 复位模块使用中要注意的问题

复位模块使用中要注意以下问题：

① 复位后的初始化代码应该检查 RCON 并确定复位源。在某些应用中，此信息可用于采取适当操作纠正造成复位的问题。在读取了 RCON 寄存器中的所有状态位后，应将其清零，这样才能确保 RCON 值在器件下一次复位后能提供有意义的结果。

② BOR 功能不是为检测低电池电压而设计的，在使用电池供电的系统中应禁用此功能(以节省电流消耗)。可以使用低压检测外设来检测电池何时没电。

③ 若 BOR 模块不具备应用中所需的可编程跳变点,可用外部欠压保护电路解决此问题。图 20-23 所示为一个使用 MCP100 系统监视的外部欠压保护电路。

④ 使用 1 个 16 位地址初始化了 1 个 W 寄存器。如果试图将 2 个字节移入某个 W 寄存器,即使这 2 个字节是先后移入的也不能完成;如果该 W 寄存器在操作中作为地址指针使用,就会导致器件复位。

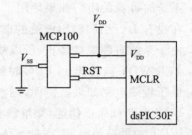

图 20-23 使用 MCP100 的外部欠压保护电路

20.3 看门狗定时器和低功耗模式

dsPIC30F 器件内设看门狗定时器(WDT)和低功耗模式。有 2 种低功耗模式可以通过执行 PWRSAV 指令进入:

- 休眠模式 CPU、系统时钟源和任何依靠系统时钟源工作的外设都被禁止。这是器件的最低功耗模式。
- 空闲模式 CPU 被禁止,但是系统时钟源继续工作。外设继续工作,但可以有选择地禁止。

WDT 在使能时使用内部 LPRC 时钟源工作,而且如果 WDT 没有被软件清零,则它可以通过复位器件来检测系统软件的异常情况。可以使用 WDT 后分频器选择不同的 WDT 超时周期,WDT 也可用于将器件从休眠或空闲模式唤醒。

20.3.1 低功耗模式

dsPIC30F 器件系列有 2 种特殊的低功耗模式,即休眠模式和空闲模式。可以通过执行特殊的 PWRSAV 指令进入这 2 种模式。

以下是 PWRSAV 指令的汇编语法:

```
PWRSAV #SLEEP_MODE    ;置器件进入休眠模式
PWRSAV #IDLE_MODE     ;置器件进入空闲模式
```

注意:SLEEP_MODE 和 IDLE_MODE 是所选器件的汇编器"include"文件中定义的常数。在中断使能、WDT 超时或器件复位时,器件会退出低功耗模式。当器件退出这 2 种操作模式时,称做唤醒。以下各节中将说明低功耗模式的特性。

20.3.2 休眠模式

休眠模式具有如下特性:

- 系统时钟源关闭。如果使用了片上振荡器,就将其关闭。
- 在没有 I/O 引脚输出电流的前提下,器件当前功耗最小。
- 由于系统时钟源被禁止,所以故障保护时钟监视器(FSCM)在休眠模式下不工作。
- 如果 WDT 被使能,LPRC 时钟将继续在休眠模式下运行。
- 低压检测电路如果被使能,则继续在休眠模式下保持工作。
- BOR 电路如果被使能,则继续在休眠模式下工作。
- WDT 如果被使能,则在进入休眠模式之前自动清零。
- 某些外设可能会继续在休眠模式运行。这些外设包括检测输入信号电平变化的 I/O 引脚,使用外部时钟输入的外设。任何根据系统时钟源工作的外设都会在休眠模式禁止。

发生下列事件之一时,使用器将从休眠模式退出或被唤醒:
- 任何单独允许的中断源。
- 任何形式的器件复位。
- WDT 超时。

1. 从休眠模式唤醒时的时钟选择

处理器将重新启用在进入休眠模式之前有效的时钟源。

2. 从休眠模式唤醒时的延时

表 20-8 所示为与从休眠模式唤醒相关的上电延时和振荡器起振延时。在所有情况下,均将有 1 段 POR 延时(标称值 $T_{POR} = 10\ \mu s$),以使内部器件电路在内部系统复位信号 $\overline{SYSRST}$ 释放之前趋于稳定。

表 20-8 从休眠模式退出的延时

时钟源	$\overline{SYSRST}$ 延时	振荡器延时	FSCM 延时	注
EC、EXTRC	T_{POR}	—	—	①
EC+PLL	T_{POR}	T_{LOCK}	T_{FSCM}	①、③、④
XT+PLL	T_{POR}	$T_{OST} + T_{LOCK}$	T_{FSCM}	①、②、③、④
XT、HS、XTL	T_{POR}	T_{OST}	T_{FSCM}	①、②、④
LP(在休眠时关闭)	T_{POR}	T_{OST}	T_{FSCM}	①、②、④
LP(在休眠时开启)	T_{POR}	—	—	①
FRC、LPRC	T_{POR}	—	—	①

注:① T_{POR} 表示上电复位延时(标称值为 10 μs)。
② T_{OST} 表示振荡器起振定时器延时,10 位计数器会先计数 1024 个振荡周期后,将振荡器时钟释放给系统使用。
③ T_{LOCK} 表示 PLL 锁定时间(标称值为 20 μs)。
④ T_{FSCM} 表示故障保护时钟监视器延时(标称值为 100 μs)。

3. 在使用晶体振荡器或 PLL 模式下从休眠模式唤醒

如果系统时钟源来自晶体振荡器和/或 PLL，则在系统时钟源供器件使用之前必须有一段振荡器起振定时器(OST)和/或 PLL 锁定时间。作为该规则的一个特例，如果系统时钟源为 LP 振荡器且它在休眠模式运行，就不需要振荡器延时。要注意的是，尽管采用了多种不同的延时，在 POR 延时结束时晶体振荡器和 PLL 不一定能起振和运行。

4. FSCM 延时和休眠模式

如果下列条件为真，当从休眠模式唤醒时，标称值为 $100\ \mu s$ 的延时(T_{FSCM})将在 POR 延时超时后加入：
- 在休眠模式中振荡器关闭。
- 系统时钟来自晶体振荡源和/或 PLL。

在多数情况下，在器件恢复指令执行前，FSCM 延时为 OST 超时和 PLL 提供足够延时。如果 FSCM 被使能，它将在 FSCM 延时超时后开始监控系统时钟源。

5. 振荡器缓慢起振

当上电延时超时后，OST 和 PLL 锁定时间可能还没有超时。

如果 FSCM 被使能，器件将检测到此条件并将其作为 1 个时钟故障，然后产生时钟故障陷阱。器件将切换到 FRC 振荡器，用户可以在时钟故障陷阱服务程序中重新使能晶体振荡源。

如果 FSGM 未被使能，器件在时钟稳定之前不会开始执行代码。从用户角度来看，器件将处于休眠状态，直到振荡器时钟起振。

6. 中断时从休眠模式唤醒

分配 CPU 优先级为零的用户中断源不能将 CPU 从休眠模式唤醒，因为此中断源被有效禁止了。

要使用中断作为唤醒源，此中断的 CPU 优先级必须被分配为 1 或更高。

任何使用 IECx 寄存器中相应的 IE 控制位单独允许的中断源都可以将处理器从休眠模式唤醒。当器件从休眠模式唤醒时，会产生以下 2 种情况之一：
- 如果中断分配的优先级小于或等于当前 CPU 的优先级，器件将被唤醒并继续执行启动休眠模式的 PWRSAV 指令之后的指令代码。
- 如果中断源所分配的优先级别大于当前 CPU 的优先级，器件将被唤醒并开始进入 CPU 异常处理。代码将从 ISR 的第 1 条指令处继续执行。

休眠状态位(RCON<3>)在唤醒时被置 1。

7. 复位时从休眠模式唤醒

所有的器件复位都会将处理器从休眠模式唤醒。任何唤醒处理器的复位源(除 POR 以外)都会置位休眠状态位(RCON<3>)以表明器件先前处于休眠模式。

在上电复位时,休眠位被清零。

8. 在看门狗定时器超时时从休眠模式唤醒

如果在器件处于休眠模式时看门狗定时器(WDT)被使能并超时,处理器将被唤醒。休眠和 WDTO 状态位(RCON<3>,RCON<4>)都被置位以表明器件由于 WDT 超时而恢复工作。要注意的是,此事件不会使器件复位。器件从启动休眠模式的 PWRSAV 指令之后的指令继续运行。

20.3.3 空闲模式

分配 CPU 优先级为零的用户中断源不能将 CPU 从空闲模式唤醒,因为此中断源被有效禁止了。要使用中断作为唤醒源,此中断的 CPU 优先级必须被分配为 1 或更高。

当器件进入空闲模式时,发生以下事件:
- CPU 将停止执行指令。
- WDT 被自动清零。
- 系统时钟源将保持有效,而且在默认情况下外设模块将使用系统时钟源继续正常工作。可以在空闲模式中使用"stop-in-idle"(在空闲模式停止)控制位有选择地关闭外设。(更多细节请参阅有关外设说明。)
- 如果 WDT 或 FSCM 被使能,LPRC 也将保持有效。

在发生以下事件时,处理器将从空闲模式唤醒:
- 任何单独允许的中断。
- 任何器件复位源。
- WDT 超时。

在从空闲模式唤醒时,时钟再次供 CPU 使用且指令立即从 PWRSAV 指令之后的 1 条指令或 ISR 中的第 1 条指令开始执行。

1. 中断时从空闲模式唤醒

任何使用 IECx 寄存器中相应的 IE 控制位单独允许且优先级大于当前 CPU 的优先级的中断都可以将处理器从空闲模式唤醒。当器件从空闲模式唤醒时会产生以下 2 种情况之一:
- 如果中断分配的优先级小于或等于当前 CPU 的优先级,器件将被唤醒并继续执行启动空闲模式的 PWRSAV 指令之后的指令代码。
- 如果为中断源分配的优先级别大于当前 CPU 的优先级,器件将被唤醒并开始进行 CPU 异常处理。代码将从 ISR 的第 1 条指令处开始执行。

空闲状态位(RCON<2>)在唤醒时被置 1。

2. 复位时从空闲模式唤醒

任何复位(除 POR 以外),都会将 CPU 从空闲模式唤醒。在除 POR 之外的所有器件复位时,空闲状态位被置 1(RCON<2>)以表明器件先前处于空闲模式。在上电复位时,空闲位被清零。

3. WDT 超时时从空闲模式唤醒

如果 WDT 被使能,处理器将在 WDT 超时时从空闲模式唤醒并继续执行启动空闲模式的 PWRSAV 指令之后的指令代码。注意在这种情况下 WDT 超时不会使器件复位。WDTO 和空闲状态位(RCON<4>,RCON<2>)都会被置 1。

4. 从空闲模式唤醒的延时

与从休眠模式唤醒不同的是,不存在与从空闲模式唤醒相关的延时。系统时钟在空闲模式时仍然运行,因此在唤醒时不需要起振时间。

20.3.4 低功耗指令与中断同时发生

任何与 PWRSAV 指令执行的同时产生的中断都将延时响应,直到完成进入休眠或空闲模式,然后器件将从休眠或空闲模式唤醒。

20.3.5 看门狗定时器

看门狗定时器(WDT)的主要功能是在出现软件异常事件时复位处理器。WDT 是自由运行的定时器,它在 LPRC 振荡器上运行而不需要外部组件,因此,即使系统时钟源(例如,晶体振荡器)出现故障,WDT 定时器仍然会继续工作。图 20-24 所示为 WDT 的框图。

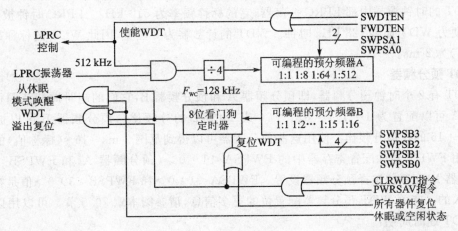

图 20-24　WDT 框图

1. 使能和禁止 WDT

WDT 的使能或禁止由 FWDT 器件配置寄存器中的 FWDTEN 器件配置位控制。FWDT 寄存器的值在器件编程时被写入。当 FWDTEN 配置位置 1 时,WDT 被使能。这是一个已被擦除的器件的默认值。FWDT 器件配置寄存器的更多细节请参阅本章 20.5 节。

软件控制的 WDT

如果 FWDTEN 器件配置位置 1 时,则 WDT 总是被使能;但是,当 FWDTEN 配置位被编程为 0 后,可以选择用用户软件控制 WDT。

通过置位 SWDTEN 控制位(RCON<5>)来用软件使能 WDT。在任何器件复位时 SWDTEN 控制位都会被清零。软件 WDT 选项允许用户在关键代码段使能 WDT 并在非关键代码段禁止 WDT,以最大限度地降低功耗。

2. WDT 工作

如果被使能,WDT 将进行加计数直到溢出或"超时"。除了在休眠或空闲模式,WDT 超时将强制器件复位。要阻止 WDT 超时复位,用户必须使用 CLRWDT 指令定期清零看门狗定时器。CLRWDT 指令也将清零 WDT 预分频器。

如果 WDT 在休眠或空闲模式超时,则器件将唤醒并从 PWRSAV 指令处开始继续执行代码。

在这 2 种情况下,WDTO 位(RCON<4>)将被置 1 以表明器件复位或唤醒事件是由于 WDT 超时而产生的。如果 WDT 将 CPU 从休眠或空闲模式唤醒,休眠状态位(RCON<3>)或空闲状态位(RCON<2>)也将置 1 以表明器件先前处于低功耗模式。

3. WDT 定时器周期选择

WDT 的时钟源是内部 LPRC 振荡器,它的标称频率为 512 kHz。LPRC 时钟被进一步 4 分频以便为 WDT 提供 128 kHz 时钟。WDT 的计数器为 8 位宽,因此 WDT 的标称超时周期(TWDT)为 2 ms。

WDT 预分频器

WDT 有 2 个时钟预分频器,即预分频器 A 和预分频器 B,它们的超时周期范围很广。预分频器 A 可以配置为 1:1、1:8、1:64 或 1:512 的分频比。预分频器 B 可以被配置为 1:1~1:16 的任何分频比。使用这些预分频器可以得到范围 2 ms~16 s(标称值)的超时周期。使用 FWDT 器件配置寄存器中的 FWPSA<1:0>(预分频器 A)和 FWPSB<3:0>(预分频器 B)配置位选择预分频器设置。FWPSA<1:0> 和 FWPSB<3:0> 值是在器件编程时写入的。有关 WDT 预分频器配置位的更多信息,请参阅本章 20.5 节。可以用以下方法计算 WDT 超时周期。

WDT 超时周期:

$$\text{WDT 周期} = 2\text{ ms} \times 预分频比 A \times 预分频比 B \tag{20-1}$$

注意：WDT 超时周期与 LPRC 振荡器的频率直接相关。LPRC 振荡器的频率随着器件工作电压和温度的变化而变化。

表 20-9 所示为不同预分频器选择的超时周期。

表 20-9　不同预分频 A 和预分频 B 设置的 WDT 超时周期　　　　　ms

预分频器 B 的值	预分频器 A 的值			
	1	8	64	512
1	2	16	128	1024
2	4	32	256	2048
3	6	48	384	3072
4	8	64	512	4096
5	10	80	640	5120
6	12	96	768	6144
7	14	112	896	7168
8	16	128	1024	8192
9	18	144	1152	9216
10	20	160	1280	10240
11	22	176	1408	11264
12	24	192	1536	12288
13	26	208	1664	13312
14	28	224	1792	14336
15	30	240	1920	15360
16	32	256	2048	16384

4. 复位看门狗定时器

WDT 和它的所有预分频器在以下事件复位：
- 在任何器件复位时。
- 执行 PWRSAV 指令时（即进入休眠或空闲模式）。
- 当在正常执行过程中，使用 CLRWDT 指令。

5. WDT 在休眠或空闲模式的工作

如果 WDT 被使能，则它将在休眠或空闲模式继续运行。当发生 WDT 超时时，器件将唤醒且代码执行将从执行 PWRSAV 指令处开始继续执行。

WDT 对于低功耗系统设计非常有用，因为它可用于定期将器件从休眠模式唤醒，以便检查系统状态并采取必要的措施。要注意的是，SWDTEN 位在这方面很有用处。如果在正常运行(FWDTEN=0)过程中 WDT 被禁止,则可以使用 SWDTEN 位(RCON<5>)在进入休眠模式之前打开 WDT。

20.3.6 看门狗定时器和低功耗模式使用中的问题

要注意以下几个问题

① 软件主循环中已插入了一个 CLRWDT 指令,但器件仍然复位了。这时应确定包含 CLRWDT 指令的软件循环符合 WDT 最小值规范(不是典型值),而且,确定考虑到了中断处理时间。

② 软件在进入休眠或空闲模式之前应确信将要唤醒器件的源的 IE 位置 1。此外,确保特定的中断源可以唤醒器件。当器件处于休眠模式时,某些中断源不工作。

如果器件将要进入空闲模式,就要确定每个器件外设的"stop-in-idle"(在空闲模式停止)控制位被正确置 1。这些控制位确定外设是否继续在空闲模式工作。更多细节请参阅本书涉及各个外设的相关章节。

③ 欲分辨哪个外设能将器件从休眠或空闲模式唤醒,可以查询每个允许的中断源的 IF 位,以确定唤醒源。

20.4 低压检测模块

低压检测(LVD)模块可应用于电池供电的应用场合。当电池消耗能量时,电池电压缓慢下降,电池的源阻抗也随着能量的损耗而不断增大。LVD 模块用于检测电池电压(即器件的 V_{DD} 电压)何时低于阈值,即通常所认为的接近是电池使用寿命的终点。这使应用程序有足够的时间关闭。

LVD 模块使用内部参考电压与供电电池电压进行比较。阈值电压 V_{LVD} 可在运行时编程。

图 20-25 所示是一种使用电池供电的电压曲线。器件电压会随时间逐渐下降。当器件电压等于 V_{LVD} 时,LVD 逻辑产生中断,中断发生的时刻为 T_a。这使应用软件可在器件电压不再在有效工作电压范围之前关闭系统。电压点 V_b 是最小有效工作电压规范值。该电压点所对应的时刻是 T_b。器件关闭所需要的总时间是 $T_b - T_a$。

图 20-26 所示为 LVD 模块的框图。比较器使用内部产生的参考电压作为设置点。当所选抽头的器件的输出电压低于参考电压时,LVDIF 位(IFS2<10>)就会置 1。

电阻分压器的每个节点对应 1 个跳变点电压。可用软件编程指定该电压为 16 个值中的任一个 1。

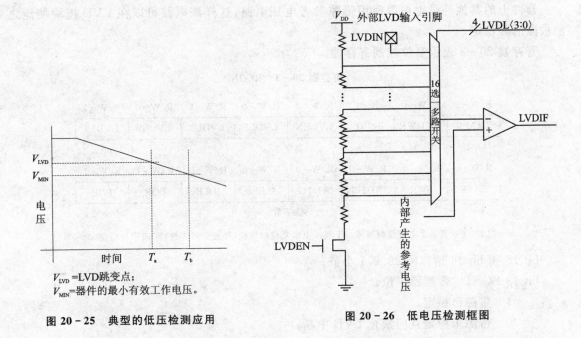

图 20-25 典型的低压检测应用

图 20-26 低电压检测框图

V_{LVD}=LVD跳变点；
V_{MIN}=器件的最小有效工作电压。

20.4.1 LVD 控制位和跳变点的选择

1. LVD 控制位

LVD 模块控制位位于 RCON 寄存器中。

LVDEN 位(RCON<12>)使能低压检测模块。当 LVDEN＝1 时，使能 LVD 模块。如果对功耗要求较高的话，可以清零 LVDEN 位以最大限度地节省功耗。

LVD 跳变点选择

LVDL<3：0>位(RCON<11：8>)用于选择 LVD 跳变点。有 15 个跳变点选项，可从连接到 V_{DD} 的内部分压器选择这些选项。如果没有适合应用的跳变点选项，则可以选择在 LVDIN 引脚上施加外部 LVD 采样电压。(引脚位置请参阅第 2 章的表 2-2) 外部 LVD 输入的标称跳变点电压为 1.24 V。LVD 外部输入选项要求用户选择外部分压器电路的值，该电路将在预期的 V_{DD} 电压时产生 LVD 中断。

2. 内部参考电压

LVD 使用内部带隙参考电压电路，该电路需要一段标称长度的时间才能达到稳定。BGST 状态位(RCON<13>)表明此时带隙参考电压已经稳定。在使能了 LVD 模块之后，用户应该用软件查询 BGST 状态位。在稳定时间结束时，应该清零 LVDIF 位(IFS2<10>)。有关 LVD 模块的设置步骤请参阅 20.4.2 小节。

器件上的其他外设也可以使用带隙参考电压电路,这样该电路可以在 LVD 模块使能之前被激活并稳定。

寄存器 20-3 表示复位控制寄存器。

寄存器 20-3 RCON

R/W-0	R/W-0	R-0	R/W-0	R/W-0	R/W-1	R/W-0	R/W-1
TRAPR	IOPUWR	BGST	LVDEN	LVDL3	LVDL2	LVDL1	LVDL0

bit 15　　　　　　　　　　　高字节　　　　　　　　　　　bit 8

R/W-0	R/W-0	R/W-0	R/W-0	R/W-0	R/W-0	R/W-1	R/W-1
EXTR	SWR	SWDTEN	WDTO	SLEEP	IDLE	BOR	POR

bit 7　　　　　　　　　　　低字节　　　　　　　　　　　bit 0

注:-0 表示上电复位时清零;-1 表示上电复位时置位;R 表示可读位;W 表示可写位。

bit 15 和 bit 14 请参阅 20.2.1 小节。

bit 13 BGST　带隙稳定位。

　　1　带隙已稳定。

　　0　带隙未稳定且应禁止 LVD 中断。

bit 12 LVDEN　低电压检测电源使能位。

　　1　使能 LVD,LVD 电路上电。

　　0　禁止 LVD,LVD 电路掉电。

bit 11~8 LVDL<3:0>　低压检测限制位。

　　1111　输入到 LVD 的电压来自 LVDIN 引脚(阈值的标称值为 1.24 V)。

　　1110　4.6 V

　　1101　4.3 V

　　1100　4.1 V

　　1011　3.9 V

　　1010　3.7 V

　　1001　3.6 V

　　1000　3.4 V

　　0111　3.1 V

　　0110　2.9 V

　　0101　2.8 V(复位时的默认值)

　　0100　2.6 V

　　0011　2.5 V

　　0010　2.3 V

0001　2.1 V
0000　1.9 V

注意：这里显示的电压阈值仅用作设计参考。对 RCON 寄存器中其他位的描述请参阅第 6 章。

20.4.2　LVD 工作原理

由于 LVD 模块可以监控器件电压的状态，所以它可以为应用增加鲁棒性。当器件电压进入电压范围并靠近有效工作电压范围的下限，器件将会保存各项数值以确保平稳地关闭系统。

注意：系统设计应该确保在器件退出有效工作范围或被强制进入欠压复位前，应用软件有足够的时间保存数值。

供电电压下降可能相对较慢，这取决于器件的电源。这意味着 LVD 模块不需要一直工作。为了降低电流需求，只需要在检测电压时，短时间使能 LVD 电路。检测完成之后，可以禁止 LVD 模块。

1. LVD 初始化步骤

根据设置 LVD 模块需要以下步骤：

① 如果使用了外部 LVD 输入引脚（LVDIN），确保复用到此引脚的所有其他外设都被禁止，且已通过设置 TRISx 寄存器中的相应位将引脚配置为输入。

② 将需要的值写入 LVDL 控制位（RCON<11：8>），该控制位可以用于选择需要的 LVD 阈值电压。

③ 通过清零 LVDIE 位（IEC2<10>）来确保禁止了 LVD 中断。

④ 通过置位 LVDEN 位（RCON<12>）来使能 LVD 模块。

⑤ 如果需要的话，查询 BGST 状态位（RCON<13>），等待内部参考电压稳定（参见第 20.4.1 小节）。

⑥ 在允许中断前确保 LVDIF 位（IFS2<10>）清零。如果 LVDIF 位置 1，则器件 V_{DD} 可能会低于选定的 LVD 阈值电压。

⑦ 通过写 LVDIP<2：0>控制位（IPC10<10：8>）将 LVD 中断设置为需要的 CPU 优先级。

⑧ 通过置位 LVDIE 控制位来允许 LVD 中断。

一旦 V_{DD} 降到低于编程的 LVD 阈值以下，LVDIF 位就将保持置位。当 LVD 模块中断了 CPU 时，ISR 中会采取以下 2 种动作之一：

① 清零 LVDIE 控制位以禁止更多的 LVD 模块中断并采用相应的关闭步骤。

② 使用 LVDL 控制位降低 LVD 电压阈值并清零 LDVIF 状态位。此方法可以用于跟踪逐渐减小的电池电压。

2. LVD 运行时的电流消耗

LVD 电路依赖于内部参考电压电路,该电路和其他外设器件,如欠压复位(BOR)模块共享。只要使能其中 1 个与它相关的外设,内部参考电压就会被激活。由于这个原因,LVD 模块被禁止时,用户可能观察不到预期的电流消耗变化。

3. 在休眠和空闲模式下的工作原理

使能后,LVD 电路在休眠或空闲模式下将继续工作。如果器件电压越过了跳变点,LVDIF 位将会被置位。

从休眠或空闲模式退出的标准如下:
- 如果置位 LVDIE 位(IEC2<10>),器件将从休眠或空闲模式唤醒。
- 如果分配的 LVD 中断优先级小于或等于当前的 CPU 优先级,器件将被唤醒,并继续执行启动休眠或空闲模式的 PWRSAV 指令的后 1 条指令代码。
- 如果分配的 LVD 中断优先级大于当前的 CPU 优先级,器件将被唤醒并且开始 CPU 异常处理程序。CPU 将从 LVD ISR 的第 1 条指令代码开始执行。

20.4.3 LVD 模块使用中的有关问题

LVD 模块使用中有如下问题:

① LVD 电路似乎会产生随机中断。应在允许 LVD 中断之前确保内部参考电压稳定。这可通过在使能 LVD 模块之后查询 BGST 状态位(RCON<13>)来判断内部参考电压是否稳定。延时结束之后,LVDIF 位应该被清零,然后可以置位 LVDIE 位。

② 降低模块电流消耗的方法是使用低电压检测监控器件电压。电源通常是电压下降缓慢的电池。这意味着可以在大部分时间禁止 LVD 电路,而且只在进行器件电压检测时偶尔使能 LVD 电路。

③ BOR 电路旨在使器件避免由于 AC 线电压的波动而造成错误操作。通常情况下采用电池供电的应用中不需要 BOR 电路,并且为了降低电流消耗,可以禁用 BOR。

20.5 器件配置寄存器

器件配置寄存器允许每个用户定制器件的某些方面以适应应用的需要。器件配置寄存器是程序存储器映射空间中的非易失性存储单元,在掉电期间它保存 dsPIC 器件的设置。这些配置寄存器保存器件的全局设置信息,诸如振荡器来源、看门狗定时器模式和代码保护设置。器件配置寄存器映射在程序存储器以地址 0xF80000 开始的单元中,在器件正常工作期间可以访问这些单元。此区域也称为配置空间。

可以通过对配置位编程(读作 0)或不编程(读作 1)来选择不同的器件配置。

20.5.1 器件配置寄存器

虽然每个器件配置寄存器都是24位寄存器，但只有它们的低16位可用来保存配置数据。有4个器件配置寄存器可供用户使用：
- FOSC（0xF80000） 振荡器配置寄存器。
- FWDT（0xF80002） 看门狗定时器配置寄存器。
- FBORPOR（0xF80004） BOR和POR配置寄存器。
- FGS（0xF8000A） 通用代码段配置寄存器。

可以使用运行时自编程（RTSP）、在线串行编程（In-Circuit Serial Programming™，简称ICSP™）或器件编程器对器件配置寄存器进行编程。

注意：随后描述的配置寄存器的器件配置位在某个特定器件上并非都可用。更多信息请参阅表20-2。

以下介绍的寄存器20-4～20-7中，U表示未用位，读作0；R表示可读位；P表示可编程配置位。

寄存器20-4 FOSC

U	U	U	U	U	U	U	U
—	—	—	—	—	—	—	—

bit 23　　　　　　　　　　高字节　　　　　　　　　　bit 16

R/P	R/P	U	U	U	U	R/P	R/P
FCKSM1	FCKSM0	—	—	—	—	FOS1	FOS0

bit 15　　　　　　　　　　中字节　　　　　　　　　　bit 8

U	U	U	U	R/P	R/P	R/P	R/P
—	—	—	—	FPR3	FPR2	FPR1	FPR0

bit 7　　　　　　　　　　低字节　　　　　　　　　　bit 0

bit 23～16　未用位　读作0。

bit 15～14　FCKSM<1：0>　时钟切换模式选择熔丝位。
　　1x　时钟切换禁止，时钟失效安全监控器禁止。
　　01　时钟切换使能，时钟失效安全监控器禁止。
　　00　时钟切换使能，时钟失效安全监控器使能。

bit 13～10　未用位　读作0。

bit 9～8　FOS<1：0>　POR时振荡器来源选择位。
　　11　主振荡器（通过FPR<3：0>选择主振荡器模式）。
　　10　内部低功耗RC振荡器。

01　内部快速RC振荡器。
00　低功耗32 kHz振荡器(Timer1振荡器)。

bit 7～4　未用位　读作0。

bit 3～0　FPR<3：0>　主振荡器模式选择位。

1111　带有16倍频PLL的EC——16倍频PLL使能的外部时钟模式。OSC2引脚是I/O引脚。

1110　带有8倍频PLL的EC——8倍频PLL使能的外部时钟模式。OSC2引脚是I/O引脚。

1101　带有4倍频PLL的EC——4倍频PLL使能的外部时钟模式。OSC2引脚是I/O引脚。

1100　ECIO——外部时钟模式。OSC2引脚是I/O引脚。

1011　EC——外部时钟模式。OSC2引脚是系统时钟输出引脚($F_{OSC}/4$)。

1010　保留。请勿使用。

1001　ERC——外部RC振荡器模式。OSC2引脚是系统时钟输出引脚($F_{OSC}/4$)。

1000　ERCIO——外部RC振荡器模式。OSC2引脚是I/O引脚。

0111　带有16倍频PLL的XT——16倍频PLL使能的XT晶振模式(晶振频率为4～10 MHz)。

0111　带有8倍频PLL的XT——8倍频PLL使能的XT晶振模式(晶振频率为4～10 MHz)。

0111　带有4倍频PLL的XT——4倍频PLL使能的XT晶振模式(晶振频率为4～10 MHz)。

0100　XT——XT晶振模式(晶振频率为4～10 MHz)。

001x　HS——HS晶振模式(晶振频率为10～25 MHz)。

000x　XTL——XTL晶振模式(晶振频率为0.2～4 MHz)。

寄存器20-5　FWDT

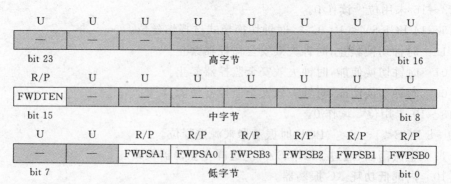

bit 23~16 未用位　读作 0。

bit 15 FWDTEN　看门狗使能配置位。

　　1　看门狗使能（不能禁止 LPRC 振荡器。清零 RCON 寄存器中的 SWDTEN 位,对该振荡器没有影响）。

　　0　看门狗禁止（可以通过清零 RCON 寄存器中的 SWDTEN 位来禁止 LPRC 振荡器）。

bit 14~6 未用位　读作 0。

bit 5~4 FWPSA<1:0>　看门狗定时器预分频器 A 的预分频比选择位。

　　11　1:512
　　10　1:64
　　01　1:8
　　00　1:1

bit 3~0 FWPSB<3:0>　看门狗定时器预分频器 B 的预分频比选择位。

　　1111　1:16
　　1110　1:15
　　⋮
　　0001　1:2
　　0000　1:1

寄存器 20-6　FBORPOR

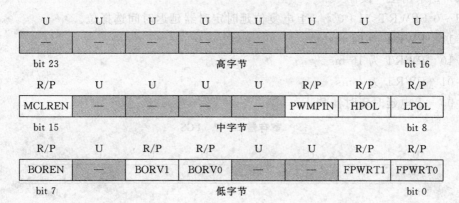

bit 23~16 未用位　读作 0。

bit 15 MCLREN　MCLR 引脚功能使能位。

　　1　引脚功能为 MCLR（默认情形）。

　　0　引脚禁止。

bit 14~11 未用位　读作 0。

bit 10 PWMPIN　电机控制 PWM 模块引脚模式位。
    1　器件复位时，PWM 模块引脚由 PORT 寄存器控制（3 态）。
    0　器件复位时，PWM 模块引脚由 PWM 模块控制（配置为输出引脚）。
bit 9 HPOL　电机控制 PWM 模块高端极性位。
    1　PWM 模块高端输出引脚的输出极性处于高电平有效状态。
    0　PWM 模块高端输出引脚的输出极性处于低电平有效状态。
bit 8 LPOL　电机控制 PWM 模块低端极性位。
    1　PWM 模块低端输出引脚的输出极性处于高电平有效状态。
    0　PWM 模块低端输出引脚的输出极性处于低电平有效状态。
bit 7 BOREN　PBOR 使能位。
    1　PBOR 使能。
    0　PBOR 禁止。
bit 6 未用位　读作 0。
bit 5～4 BORV<1：0>　欠压电压选择位。
    11　2.0 V
    10　2.7 V
    01　4.2 V
    00　4.5 V
bit 3～2 未用位　读作 0。
bit 1～0 FPWRT<1：0>　上电复位延时定时器延迟时间选择位。
    11　PWRT 为 64 ms。
    10　PWRT 为 16 ms。
    01　PWRT 为 4 ms。
    00　上电延时定时器禁止。

寄存器 20－7　FGS

bit 23～2 未用位　读作 0。
bit 1 GCP　通用代码段代码保护位。
　　1　用户程序存储器无代码保护。
　　0　用户程序存储器有代码保护。
bit 0 GWRP　通用代码段写保护位。
　　1　用户程序存储器无写保护。
　　0　用户程序存储器有写保护。
注意：BCP 和 GWRP 配置位只能编程为 0。

20.5.2　配置位描述

本节提供各个器件配置位的特定的功能信息。

1. 振荡器配置位

想要获取更多有关 FOSC 器件配置寄存器中的配置位的信息，请参阅本章 20.1 节。

2. BOR 和 POR 配置位

FBORPOR 配置寄存器中的 BOR 和 POR 配置位可用来为器件设置欠压复位电压，使能欠压复位电路并设置上电延时定时器的延时时间。如需了解有关这些配置位的更多信息，请参阅第 6 章。

3. 电机控制 PWM 模块配置位

电机控制 PWM 模块配置位位于 FBORPOR 配置寄存器中，并且只有在具有 PWM 模块的器件中才存在这些配置位。与 PWM 模块相关的配置位有 2 个功能：
① 在器件复位时选择 PWM 引脚的状态(高阻态或输出)。
② 为 PWM 引脚选择有效的信号极性。可以独立选择高端和低端 PWM 引脚的极性。
如需了解有关这些配置位的更多信息，请参阅第 14 章。

4. 通用代码段配置位

通用代码段配置位位于 FGS 配置寄存器中，用于对用户程序存储器空间进行代码保护或写保护。通用代码段包括除中断向量表空间(0x000000～0000FE)以外的所有用户程序存储器。

如果通过把 GCP 配置位(FGS<1>)编程为 0 来对通用代码段进行代码保护，则不能使用在线串行编程(ICSP)或器件编程器从器件读器件程序存储器。另外，在没有首先擦除整个通用代码段之前，不能进一步对器件编程。

当通用代码段有代码保护时，用户代码仍然能通过表读指令或从数据空间使用程序空间可视性(PSV)访问程序存储器中的数据。

如果 GWRP(FGS<0>)配置位被编程,将禁止对用户存储器空间的所有写操作。

通用代码段配置位组

FGS 配置寄存器中的 GCP 和 GWRP 配置位必须作为 1 个组来编程/擦除。如果这 2 个配置位中的 1 个或全部被编程为 0,必须执行完全的芯片擦除以改变 2 个位中任何 1 位的状态。

注意:如果代码保护配置熔丝组(FGS<GCP:GWRP>)已被编程,那么仅当电压 $V_{DD} \geqslant$ 4.5 V 时才可以擦除整个有代码保护的器件。

20.5.3 器件标识寄存器

dsPIC30F 器件有 2 组提供标识信息的寄存器位于配置空间内。

1. 器件 ID(DEVID)寄存器

配置存储器空间单元 0xFF0000 和 0xFF0002 用于存储一个只读的器件 ID 编号,该编号在生产器件时设置。此编号指明了 dsPIC30F 器件的型号和硅芯片版本。

用户可使用读表指令读器件 ID 寄存器。

2. 器件 ID 字段

器件 ID 字段位于地址 0x800600~80063E 的配置存储器空间中。该字段由 32 个程序存储器单元组成,并且可在 Microchip 工厂使用惟一器件信息对其编程。用户不可写或擦除该字段,但可使用表读指令读该字段。

第21章 指令系统

dsPIC30F 指令集较以前的 PICmicro® Microcontroller(MCU)指令集有了许多增强,同时保持了易于从 PICmicro MCU 指令集移植的特点。大多数指令是单个程序存储器字(24 位)。只有 3 个指令需要 2 个程序存储器单元。

每个单字指令为 1 个 24 位字,其中被分为 1 个 8 位编码段来说明指令类型和 1 个或多个操作数段来进一步指定这条指令的操作。

21.1 dsPIC30F 指令的分类

指令集是高度正交的并且分组为 5 个基础类别:
➢ 面向字或字节的操作。
➢ 面向位的操作。
➢ 立即数操作。
➢ DSP 操作。
➢ 控制操作。

21.2 dsPIC30F 指令的操作数

大多数面向字或面向字节的 W 寄存器指令(包括桶式移位指令)有 3 个操作数:
➢ 第 1 个源操作数,通常是 1 个寄存器 Wb,不带任何地址修改量。
➢ 第 2 个源操作数,通常是 1 个寄存器 Ws,可能带也可能不带地址修改量。
➢ 结果目的地址,通常是 1 个寄存器 Wd,可能带也可能不带地址修改量。
而面向字或面向字节的文件寄存器指令有 2 个操作数:
➢ 由值 f 指定的文件寄存器。
➢ 目的地址,可以是文件寄存器 f,也可以是表示为 WREG 的 W0 寄存器。
大多数面向位的指令(包括简单循环/移位指令)有 2 个操作数:
➢ W 寄存器(带或不带地址修改量)或者文件寄存器(由 Ws 或 f 的值指定)。

➢ W 寄存器或文件寄存器里（立即数值指定，或由寄存器 Wb 的内容间接指定）的位。

涉及数据移动的立即数指令可使用下列一些操作数：

➢ 被装入 W 寄存器或文件寄存器的 1 个立即数值（由 k 的值指定）。
➢ 装入立即数值的 W 寄存器或文件寄存器（由 Wb 或 f 指定）。

而涉及算术或逻辑操作的立即数指令用下列一些操作数：

➢ 第 1 个源操作数，它是 1 个不带地址修改量的寄存器 Wb。
➢ 第 2 个源操作数是 1 个立即数值。
➢ 结果目标地址（只有在与第 1 个源操作数不同时），它通常是 1 个带或不带地址修改量的寄存器 Wd。

MAC 类 DSP 指令可使用下列操作数：

➢ 要使用的累加器（A 或 B）（必需的操作数）。
➢ 用作两个操作数的 W 寄存器。
➢ X 或 Y 地址空间预取操作。
➢ X 或 Y 地址空间预取目的单元。
➢ 累加器回写的目的单元。

其他 DSP 指令不涉及乘法，可以包括：

➢ 要用的累加器（必需）。
➢ 带或不带地址修改量的源操作数或目的操作数（分别指定为 Wso 或 Wdo）。
➢ 移位次数，其由 W 寄存器 Wn 或一个立即数值指定。

控制指令可使用下列操作数：

➢ 一个程序存储地址。
➢ 表读写指令的模式。

21.3 指令长度和执行周期

除了某些双字指令，所有指令都是单字指令。双字指令被设定为双字以使所有需要的信息可以在这 48 位里获取。在第 2 个字里，最高 8 位为 0。如果第 2 个字作为 1 个独立指令执行，它将按 NOP（空操作）执行。

大多数单字指令在 1 个指令周期执行（除非条件测试选中或这条指令导致程序计数器被改变）。在这些情况下，指令执行需要 2 个指令周期以执行附加的空操作指令周期。值得注意的例外是 BRA（无条件/计算分支）、间接 CALL/GOTO 以及所有表读写和 RETURN/RETFIE 指令，这些都是单字指令，但需要 2 个或 3 个周期。某些涉及跳过后面 1 条指令的指令，如果执行了跳步，则需要 2 个或 3 个周期（取决于被跳过的指令是单字指令还是双字指令），而且，双字移动需要 2 个周期，双字指令在 2 个周期内执行。

21.4 dsPIC30F 指令简述

表 21-1 是用于描述指令的通用符号。表 21-2 里的 dsPIC30F 指令集总结列出了所有指令和每条指令所影响的状态标志。

表 21-1 操作码描述使用的符号

字 段	说 明
#test	定义立即数"test"
(test)	"test"的内容
[test]	"test"的地址位置
{ }	可选的段或操作
<n:m>	寄存器位段
.b	字节方式选择
.d	双字方式选择
.s	影子寄存器选择
.w	字方式选择(默认)
Acc	DSP 累加器之一 {A,B}
AWB	累加器回写目的地址寄存器 ∈ {W13,[W13]+=2}
Bit4	4——bit 位选段(用于字访问指令) ∈ {0…15}
C, dc, n, Ov, z	MCU 状态位:进位、辅助进位、负、溢出、零
Expr	绝对地址,标号或表达式(由 linker 分辨)
F	文件寄存器地址 ∈ {0x0000…0x1FFF}
Lit1	1——bit 无符号立即数 ∈ {0,1}
Lit4	4——bit 无符号立即数 ∈ {0…15}
Lit5	5——bit 无符号立即数 ∈ {0…31}
Lit8	8——bit 无符号立即数 ∈ {0…255}
Lit10	10——bit 无符号立即数 ∈ {0…255}针对字节方式,{0…1023}针对字方式
Lit14	14——bit 无符号立即数 ∈ {0…16384}
Lit16	16——bit 无符号立即数 ∈ {0…65535}
Lit23	23——bit 无符号立即数 ∈ {0…8388608};LSB 必须是 0

续表 21-1

字 段	说 明
None	不需要的段区入口,可以空
OA,OB,sa,sb	DSP 状态位:累加器 A 溢出,累加器 B 溢出,累加器 A 饱和,累加器 B 饱和
PC	程序计数器
Slit10	10——bit 有符号立即数 $\in \{-512\cdots511\}$
Slit16	16—bit 有符号立即数 $\in \{-32768\cdots32767\}$
Slit6	6——bit 有符号立即数 $\in \{-16\cdots16\}$
Wb	基址 W 寄存器 $\in \{W0\cdots W15\}$
Wd	目的 W 寄存器 $\in \{Wd, [Wd], [Wd++], [Wd--], [++Wd], [--Wd]\}$
Wdo	目的 W 寄存器 $\in \{Wnd, [Wnd], [Wnd++], [Wnd--], [++Wnd], [--Wnd], [Wnd+Wb]\}$
Wm,Wn	被除数、除数工作寄存器对(直接寻址)
Wm*Wm	乘方指令的被乘数和乘数工作寄存器对 $W4\times W4, W5\times W5, W6\times W6, W7\times W7$
Wm*Wn	DSP 指令的被乘数和乘数工作寄存器对 $\in W4\times W5, W4\times W6, W4\times W7, W5\times W6, W5\times W7, W6\times W7$
Wn	16 个工作寄存器中的 1 个 $\in \{W0\cdots W15\}$
Wnd	16 个目的工作寄存器中的 1 个 $\in \{W0\cdots W15\}$
Wns	16 个源工作寄存器中的 1 个 $\in \{W0\cdots W15\}$
WREG	W0(用于文件寄存器指令的工作寄存器)
Ws	源 W 寄存器 $\in \{Ws, [Ws], [Ws++], [Ws--], [++Ws], [--Ws]\}$
Wso	源 W 寄存器 $\in \{Wns, [Wns], [Wns++], [Wns--], [++Wns], [--Wns], [Wns+Wb]\}$
Wx	DSP X 数据空间预取址寄存器 $\in \{[W8]+=6, [W8]+=4, [W8]+=2, [W8], [W8]-=6, [W8]-=4, [W8]-=2, [W9]+=6, [W9]+=4, [W9]+=2, [W9], [W9]-=6, [W9]-=4, [W9]-=2, [W9+W12], none\}$
Wxd	DSP X 数据空间预取址目的寄存器 $\in \{W4\cdots W7\}$
Wy	Y 数据空间预取址寄存器 $\in \{[W10]+=6, [W10]+=4, [W10]+=2, [W10], [W10]-=6, [W10]-=4, [W10]-=2, [W11]+=6, [W11]+=4, [W11]+=2, [W11], [W11]-=6, [W11]-=4, [W11]-=2, [W11+W12], none\}$
Wyd	DSP Y 数据空间预取址目的寄存器 $\in \{W4\cdots W7\}$

表 21-2 dsPIC30F 指令集

基础指令	汇编助记符	汇编语法	说明	指令字数	指令周期	受影响的状态标志
1	ADD	ADD Acc	累加器加	1	1	OA,OB,SA,SB
		ADD f	f=f+WREG	1	1	C,DC,N,OV,Z
		ADD f,WREG	WREG=f+WREG	1	1	C,DC,N,OV,Z
		ADD #lit10,Wn	Wd=lit10+Wd	1	1	C,DC,N,OV,Z
		ADD Wb,Ws,Wd	Wd=Wb+Ws	1	1	C,DC,N,OV,Z
		ADD Wb,#lit5,Wd	Wd=Wb+lit5	1	1	C,DC,N,OV,Z
		ADD Wso,#Slit4,Acc	16 位有符号数加到累加器	1	1	OA,OB,SA,SB
2	ADDC	ADDC f	f=f+WREG+(C)	1	1	C,DC,N,OV,Z
		ADDC f,WREG	WREG=f+WREG+(C)	1	1	C,DC,N,OV,Z
		ADDC #lit10,Wn	Wd=lit10+Wd+(C)	1	1	C,DC,N,OV,Z
		ADDC Wb,Ws,Wd	Wd=Wb+Ws+(C)	1	1	C,DC,N,OV,Z
		ADDC Wb,#lit5,Wd	Wd=Wb+lit5+(C)	1	1	C,DC,N,OV,Z
3	AND	AND f	f=f.AND.WREG	1	1	N,Z
		AND f,WREG	WREG=f.AND.WREG 逻辑"与"	1	1	N,Z
		AND #lit10,Wn	Wd=lit10.AND.Wd	1	1	N,Z
		AND Wb,Ws,Wd	Wd=Wb.AND.Ws	1	1	N,Z
		AND Wb,#lit5,Wd	Wd=Wb.AND.lit5	1	1	N,Z
4	ASR	ASR f	f=Arithmetic Right Shift f 算术右移	1	1	C,N,OV,Z
		ASR f,WREG	WREG=Arithmetic Right Shift f	1	1	C,N,OV,Z
		ASR Ws,Wd	Wd=Arithmetic Right Shift Ws	1	1	C,N,OV,Z
		ASR Wb,Wns,Wnd	Wnd=Arithmetic Right Shift Wb by Wns	1	1	N,Z
		ASR Wb,#lit5,Wnd	Wnd=Arithmetic Right Shift Wb by lit5	1	1	N,Z
5	BCLR	BCLR f,#bit4	Bit Clear f 位清零	1	1	None
		BCLR Ws,#bit4	Bit Clear Ws	1	1	None

续表 21-2

基础指令	汇编助记符	汇编语法	说 明	指令字数	指令周期	受影响的状态标志
6	BRA	BRA C,Expr	若进位则转移	1	1(2)	None
		BRA GE,Expr	大于或等于则转移	1	1(2)	None
		BRA GEU,Expr	大于或等于则转移(无符号数)	1	1(2)	None
		BRA GT,Expr	若大于则转移	1	1(2)	None
		BRA GTU,Expr	若大于则转移(无符号数)	1	1(2)	None
		BRA LE,Expr	若小于或等于转移	1	1(2)	None
		BRA LEU,Expr	若小于或等于转移(无符号数)	1	1(2)	None
		BRA LT,Expr	若小于则转移	1	1(2)	None
		BRA LTU,Expr	若小于则转移(无符号数)	1	1(2)	None
		BRA N,Expr	若负则转移	1	1(2)	None
		BRA NC,Expr	若不进位则转移	1	1(2)	None
		BRA NN,Expr	若非负则转移	1	1(2)	None
		BRA NOV,Expr	若不溢出则转移	1	1(2)	None
		BRA NZ,Expr	若非零则转移	1	1(2)	None
		BRA OA,Expr	若累加器 A 溢出则转移	1	1(2)	None
		BRA OB,Expr	若累加器 B 溢出则转移	1	1(2)	None
		BRA OV,Expr	若溢出则转移	1	1(2)	None
		BRA SA,Expr	若累加器 A 饱和则转移	1	1(2)	None
		BRA SB,Expr	若累加器 B 饱和则转移	1	1(2)	None
		BRA Expr	无条件转移	1	2	None
		BRA Z,Expr	为零则转移	1	1(2)	None
		BRA Wn	计算转移	1	2	None
7	BSET	BSET f,#bit4	Bit Set f 置位	1	1	None
		BSET Ws,#bit4	Bit Set Ws	1	1	None
8	BSW	BSW.C Ws,Wb	Write C bit to Ws<Wb> 写标志位	1	1	None
		BSW.Z Ws,Wb	Write Z bit to Ws<Wb>	1	1	None
9	BTG	BTG f,#bit4	Bit Toggle f 位取反	1	1	None
		BTG Ws,#bit4	Bit Toggle Ws	1	1	None

续表 21-2

基础指令	汇编助记符	汇编语法	说 明	指令字数	指令周期	受影响的状态标志
10	BTSC	BTSC f,♯bit4	Bit Test f, Skip if Clear 位测试,为零则跳过	1	1 or (2/3)	None
		BTSC Ws,♯bit4	Bit Test Ws, Skip if Clear	1	1 or (2/3)	None
11	BTSS	BTSS f,♯bit4	Bit Test f, Skip if Set 位测试,为1则跳过	1	1 or (2/3)	None
		BTSS Ws,♯bit4	Bit Test Ws, Skip if Set	1	1 or (2/3)	None
12	BTST	BTST f,♯bit4	Bit Test f 位测试 f	1	1	Z
		BTST.C Ws,♯bit4	Bit Test Ws to C	1	1	C
		BTST.Z Ws,♯bit4	Bit Test Ws to Z	1	1	Z
		BTST.C Ws,Wb	Bit Test Ws<Wb> to C	1	1	C
		BTST.Z Ws,Wb	Bit Test Ws<Wb> to Z	1	1	Z
13	BTSTS	BTSTS f,♯bit4	Bit Test then Set f	1	1	Z
		BTSTS.C Ws,♯bit4	Bit Test Ws to C, then Set 测试后设置位	1	1	C
		BTSTS.Z Ws,♯bit4	Bit Test Ws to Z, then Set	1	1	Z
14	CALL	CALL lit23	调用子程序	2	2	None
		CALL Wn	间接调用子程序	1	2	None
15	CLR	CLR f	f=0x0000 清零	1	1	None
		CLR WREG	WREG=0x0000	1	1	None
		CLR Ws	Ws=0x0000	1	1	None
		CLR Acc,Wx,Wxd,Wy,Wyd,AWB	清累加器	1	1	OA,OB,SA,SB
16	CLRWDT	CLRWDT	清看门狗定时器	1	1	WDTO,Sleep
17	COM	COM f	f=$\bar{f}$ 寄存器取反	1	1	N,Z
		COM f,WREG	WREG=$\bar{f}$	1	1	N,Z
		COM Ws,Wd	Wd=$\overline{Ws}$	1	1	N,Z
18	CP	CP f	f 与 WREG 比较	1	1	C,DC,N,OV,Z
		CP Wb,♯lit5	Wb 与 lit5 比较	1	1	C,DC,N,OV,Z
		CP Wb,Ws	Wb 与 Ws 比较(Wb−Ws)	1	1	C,DC,N,OV,Z
19	CP0	CP0 f	f 与 0x0000 比较	1	1	C,DC,N,OV,Z
		CP0 Ws	Ws 与 0x0000 比较	1	1	C,DC,N,OV,Z

续表 21-2

基础指令	汇编助记符	汇编语法	说 明	指令字数	指令周期	受影响的状态标志
20	CP1	CP1 f	f 与 0xFFFF 比较	1	1	C,DC,N,OV,Z
		CP1 Ws	Ws 与 0xFFFF 比较	1	1	C,DC,N,OV,Z
21	CPB	CPB f	f 与 WREG 带借位比较	1	1	C,DC,N,OV,Z
		CPB Wb,#lit5	Wb 与 lit5 带借位比较	1	1	C,DC,N,OV,Z
		CPB Wb,Ws	Wb 与 Ws 带借位比较(Wb−Ws−$\bar{C}$)	1	1	C,DC,N,OV,Z
22	CPSEQ	CPSEQ Wb,Wn	Wb 和 Wn 比较,若相等跳过	1	1 or (2/3)	None
23	CPSGT	CPSGT Wb,Wn	Wb 和 Wn 比较,若大于则跳过	1	1 or (2/3)	None
24	CPSLT	CPSLT Wb,Wn	Wb 和 Wn 比较,若小于则跳过	1	1 or (2/3)	None
25	CPSNE	CPSNE Wb,Wn	Wb with Wn 比较,若不相等则跳过	1	1 or (2/3)	None
26	DAW	DAW Wn	Wn 十进制小数调整	1	1	C
27	DEC	DEC f	f=f−1 减 1	1	1	C,DC,N,OV,Z
		DEC f,WREG	WREG=f−1	1	1	C,DC,N,OV,Z
		DEC Ws,Wd	Wd=Ws−1	1	1	C,DC,N,OV,Z
28	DEC2	DEC2 f	f=f−2 减 2	1	1	C,DC,N,OV,Z
		DEC2 f,WREG	WREG=f−2	1	1	C,DC,N,OV,Z
		DEC2 Ws,Wd	Wd=Ws−2	1	1	C,DC,N,OV,Z
29	DISI	DISI #lit14	禁止中断 k 个指令周期	1	1	None
30	DIV	DIV.S Wm,Wn	16/16 位有符号整数除法	1	18	N,Z,C,OV
		DIV.SD Wm,Wn	32/16 位有符号整数除法	1	18	N,Z,C,OV
		DIV.U Wm,Wn	无符号 16/16 位整数除法	1	18	N,Z,C,OV
		DIV.UD Wm,Wn	无符号 32/16 位整数除法	1	18	N,Z,C,OV
31	DIVF	DIVF Wm,Wn	有符号 16/16 位小数除法	1	18	N,Z,C,OV
32	DO	DO #lit14,Expr	DO 循环,lit14+1 次	2	2	None
		DO Wn,Expr	Do 循环(Wn)+1 次	2	2	None
33	ED	ED Wm*Wm,Acc,Wx,Wy,Wxd	偏欧式距离(无累积)$a=(b-c)^2$	1	1	OA, OB, OAB, SA, SB, SAB
34	EDAC	EDAC Wm*Wm,Acc,Wx,Wy,Wxd	偏欧式距离 $a=a+(b-c)^2$	1	1	OA, OB, OAB, SA, SB, SAB
35	EXCH	EXCH Wns,Wnd	Wns 和 Wnd 交换	1	1	None
36	FBCL	FBCL Ws,Wnd	从(MSb)左边找到改变位	1	1	C

续表 21-2

基础指令	汇编助记符	汇编语法	说明	指令字数	指令周期	受影响的状态标志
37	FF1L	FF1L Ws,Wnd	从(MSb)左边找到第1个	1	1	C
38	FF1R	FF1R Ws,Wnd	从(LSb)右边找到第1个	1	1	C
39	GOTO	GOTO Expr	直接转移	2	2	None
		GOTO Wn	间接转移	1	2	None
40	INC	INC f	f=f+1 加 1	1	1	C,DC,N,OV,Z
		INC f,WREG	WREG=f+1	1	1	C,DC,N,OV,Z
		INC Ws,Wd	Wd=Ws+1	1	1	C,DC,N,OV,Z
41	INC2	INC2 f	f=f+2 加 2	1	1	C,DC,N,OV,Z
		INC2 f,WREG	WREG=f+2	1	1	C,DC,N,OV,Z
		INC2 Ws,Wd	Wd=Ws+2	1	1	C,DC,N,OV,Z
42	IOR	IOR f	f=f.IOR.WREG 逻辑"或"	1	1	N,Z
		IOR f,WREG	WREG=f.IOR.WREG	1	1	N,Z
		IOR #lit10,Wn	Wd=lit10.IOR.Wd	1	1	N,Z
		IOR Wb,Ws,Wd	Wd=Wb.IOR.Ws	1	1	N,Z
		IOR Wb,#lit5,Wd	Wd=Wb.IOR.lit5	1	1	N,Z
43	LAC	LAC Wso,#Slit4,Acc	Load Accumulator 装入累加器	1	1	OA,OB,OAB,SA,SB,SAB
44	LNK	LNK #lit14	连接帧指针	1	1	None
45	LSR	LSR f	f 逻辑右移	1	1	C,N,OV,Z
		LSR f,WREG	WREG=f 逻辑右移	1	1	C,N,OV,Z
		LSR Ws,Wd	Wd=Ws 逻辑右移	1	1	C,N,OV,Z
		LSR Wb,Wns,Wnd	Wnd=Wb 逻辑右移(Wns)位	1	1	N,Z
		LSR Wb,#lit5,Wnd	Wnd=Wb 逻辑右移 lit5 位	1	1	N,Z
46	MAC	MAC Wm*Wn,Acc,Wx,Wxd,Wy,Wyd,AWB	两数相乘后与累加器相加 a=a+b×c	1	1	OA,OB,OAB,SA,SB,SAB
		MAC Wm*Wm,Acc,Wx,Wxd,Wy,Wyd	一数平方后与累加器相加 a=a+b2	1	1	OA,OB,OAB,SA,SB,SAB

续表 21-2

基础指令	汇编助记符	汇编语法	说 明	指令字数	指令周期	受影响的状态标志
47	MOV	MOV f,Wn	移动 f 到 Wn	1	1	None
		MOV f	移动 f 到 f	1	1	N,Z
		MOV f,WREG	移动 f 到 WREG	1	1	N,Z
		MOV #lit16,Wn	移动 16 位立即数到 Wn	1	1	None
		MOV.b #lit8,Wn	移动 8 位立即数 Wn	1	1	None
		MOV Wn,f	移动 Wn 到 f	1	1	None
		Wn,fMOV Wso,Wdo	移动 Ws 到 Wd	1	1	None
		MOV WREG,f	移动 WREG 到 f	1	1	N,Z
		MOV.D Wns,Wd	双字移动 W(ns):W(ns+1) 到 Wd	1	2	None
		MOV.D Ws,Wnd	双字移动 Ws 到 W(nd+1):W(nd)	1	2	None
48	MOVSAC	MOVSAC Acc, Wx, Wxd,Wy,Wyd,AWB	预取和存储累加器	1	1	None
49	MPY	MPY Wm*Wn,Acc, Wx,Wxd,Wy,Wyd	Wm 乘以 Wn 到累加器	1	1	OA, OB, OAB, SA,SB,SAB
		MPY Wm*Wm,Acc, Wx,Wxd,Wy,Wyd	Wm 乘方到累加器	1	1	OA, OB, OAB, SA,SB,SAB
50	MPY.N	MPY.N Wm*Wn, Acc,Wx,Wxd,Wy,Wyd	−(Wm 乘以 Wn) 到累加器	1	1	None
51	MSC	MSC Wm*Wm,Acc, Wx,Wxd,Wy,Wyd,AWB	乘方并从累加器减去	1	1	OA, OB, OAB, SA,SB,SAB
52	MUL	MUL.SS Wb,Ws,Wnd	{Wnd+1, Wnd}=(Wb)×(Ws) 有符号相乘	1	1	None
		MUL.SU Wb,Ws,Wnd	{Wnd+1, Wnd}=(Wb)×(Ws) 有符号乘以无符号	1	1	None
		MUL.US Wb,Ws,Wnd	{Wnd+1, Wnd}=(Wb)×(Ws) 无符号乘以有符号	1	1	None
		MUL.UU Wb,Ws,Wnd	{Wnd+1, Wnd}=(Wb)×(Ws) 无符号相乘	1	1	None
		MUL.SU Wb,#lit5,Wnd	{Wnd+1, Wnd}=(Wb)×(lit5) 有符号乘以无符号	1	1	None

续表 21-2

基础指令	汇编助记符	汇编语法	说明	指令字数	指令周期	受影响的状态标志
52	MUL	MUL.UU Wb,#lit5,Wnd	{Wnd+1,Wnd}=(Wb)×(lit5) 无符号相乘	1	1	None
		MUL f	W3:W2=f×WREG	1	1	None
53	NEG	NEG Acc	累加器求反	1	1	OA,OB,OAB,SA,SB,SAB
		NEG f	$f=\bar{f}+1$ 求反加 1	1	1	C,DC,N,OV,Z
		NEG f,WREG	WREG=$\bar{f}+1$	1	1	C,DC,N,OV,Z
		NEG Ws,Wd	Wd=$\bar{W}s+1$	1	1	C,DC,N,OV,Z
54	NOP	NOP	无操作	1	1	None
		NOPR	无操作	1	1	None
55	POP	POP f	从栈顶(TOS)弹出 f	1	1	None
		POP Wdo	从栈顶(TOS)弹出到 Wdo	1	1	None
		POP.D Wnd	从栈顶(TOS)弹出到 W(nd):W(nd+1)	1	2	None
		POP.S	弹出影子寄存器	1	1	All
56	PUSH	PUSH f	f 压入到栈顶(TOS)	1	1	None
		PUSH Wso	Wso 压入到栈顶(TOS)	1	1	None
		PUSH.D Wns	W(ns):W(ns+1) 压入到栈顶(TOS)	1	2	None
		PUSH.S	压入影子寄存器	1	1	None
57	PWRSAV	PWRSAV #lit1	进入睡眠或空闲模式	1	1	WDTO,Sleep
58	RCALL	RCALL Expr	相对调用	1	2	None
		RCALL Wn	计算调用	1	2	None
59	REPEAT	REPEAT #lit14	重复下条指令 lit14+1 次	1	1	None
		REPEAT Wn	重复下条指令(Wn)+1 次	1	1	None
60	RESET	RESET	软件方法复位	1	1	None
61	RETFIE	RETFIE	从中断返回	1	3(2)	None
62	RETLW	RETLW #lit10,Wn	带立即数入 Wn 返回	1	3(2)	None
63	RETURN	RETURN	从子程序返回	1	33(2)	None
64	RLC	RLC f	带进位循环左移	1	1	C,N,Z
		RLC f,WREG	WREG=带进位循环左移 f	1	1	C,N,Z
		RLC Ws,Wd	Wd=带进位循环左移 Ws	1	1	C,N,Z

续表 21-2

基础指令	汇编助记符	汇编语法	说 明	指令字数	指令周期	受影响的状态标志
65	RLNC	RLNC f	f=循环左移(无进位) f	1	1	N,Z
		RLNC f,WREG	WREG=循环左移(无进位) f	1	1	N,Z
		RLNC Ws,Wd	Wd=循环左移(无进位) Ws	1	1	N,Z
66	RRC	RRC f	f=带进位循环右移 f	1	1	C,N,Z
		RRC f,WREG	WREG=带进位循环右移 f	1	1	C,N,Z
		RRC Ws,Wd	Wd=带进位循环右移 Ws	1	1	C,N,Z
67	RRNC	RRNC f	f=循环右移(无进位) f	1	1	N,Z
		RRNC f,WREG	WREG=循环右移(无进位) f	1	1	N,Z
		RRNC Ws,Wd	Wd=循环右移(无进位) Ws	1	1	N,Z
68	SAC	SAC Acc,#Slit4,Wdo	截断方式存储 DSP 累加器	1	1	None
		SAC.R Acc,#Slit4,Wdo	舍入方式存储 DSP 累加器	1	1	None
69	SE	SE Ws,Wnd	Wnd=符号扩展 Ws	1	1	C,N,Z
70	SETM	SETM f	f=0xFFFF 置位	1	1	None
		SETM WREG	WREG=0xFFFF	1	1	None
		SETM Ws	Ws=0xFFFF	1	1	None
71	SFTAC	SFTAC Acc,Wn	累加器由(Wn)算术移位	1	1	OA,OB,OAB,SA,SB,SAB
		SFTAC Acc,#Slit6	累加器由 Slit6 算术移位	1	1	OA,OB,OAB,SA,SB,SAB
72	SL	SL f	f=左移 f	1	1	C,N,OV,Z
		SL f,WREG	WREG=左移 f	1	1	C,N,OV,Z
		SL Ws,Wd	Wd=左移 Ws	1	1	C,N,OV,Z
		SL Wb,Wns,Wnd	Wnd=由 Wns 左移 Wb	1	1	N,Z
		SL Wb,#lit5,Wnd	Wnd=由 lit5 左移 Wb	1	1	N,Z
73	SUB	SUB Acc	累加器减	1	1	OA,OB,OAB,SA,SB,SAB
		SUB f	f=f−WREG	1	1	C,DC,N,OV,Z
		SUB f,WREG	WREG=f−WREG	1	1	C,DC,N,OV,Z
		SUB #lit10,Wn	Wn=Wn−lit10	1	1	C,DC,N,OV,Z
		SUB Wb,Ws,Wd	Wd=Wb−Ws	1	1	C,DC,N,OV,Z
		SUB Wb,#lit5,Wd	Wd=Wb−lit5	1	1	C,DC,N,OV,Z

续表 21-2

基础指令	汇编助记符	汇编语法	说 明	指令字数	指令周期	受影响的状态标志
74	SUBB	SUBB f	f=f−WREG−($\overline{C}$)	1	1	C,DC,N,OV,Z
		SUBB f,WREG	WREG=f−WREG−($\overline{C}$)	1	1	C,DC,N,OV,Z
		SUBB #lit10,Wn	Wn=Wn−lit10−($\overline{C}$)	1	1	C,DC,N,OV,Z
		SUBB Wb,Ws,Wd	Wd=Wb−Ws−($\overline{C}$)	1	1	C,DC,N,OV,Z
		SUBB Wb,#lit5,Wd	Wd=Wb−lit5−($\overline{C}$)	1	1	C,DC,N,OV,Z
75	SUBR	SUBR f	f=WREG−f	1	1	C,DC,N,OV,Z
		SUBR f,WREG	WREG=WREG−f	1	1	C,DC,N,OV,Z
		SUBR Wb,Ws,Wd	Wd=Ws−Wb	1	1	C,DC,N,OV,Z
		SUBR Wb,#lit5,Wd	Wd=lit5−Wb	1	1	C,DC,N,OV,Z
76	SUBBR	SUBBR f	f=WREG−f−($\overline{C}$)	1	1	C,DC,N,OV,Z
		SUBBR f,WREG	WREG=WREG−f−($\overline{C}$)	1	1	C,DC,N,OV,Z
		SUBBR Wb,Ws,Wd	Wd=Ws−Wb−($\overline{C}$)	1	1	C,DC,N,OV,Z
		SUBBR Wb,#lit5,Wd	Wd=lit5−Wb−($\overline{C}$)	1	1	C,DC,N,OV,Z
77	SWAP	SWAP.b Wn	Wn=高低半字节交换 Wn	1	1	None
		SWAP Wn	Wn=字节交换 Wn	1	1	None
78	TBLRDH	TBLRDH Ws,Wd	读程序字<23:16>到 Wd<7:0>	1	2	None
79	TBLRDL	TBLRDL Ws,Wd	读程序字<15:0>到 Wd	1	2	None
80	TBLWTH	TBLWTH Ws,Wd	写 Ws<7:0>到程序字<23:16>	1	2	None
81	TBLWTL	TBLWTL Ws,Wd	写 Ws 到程序字<15:0>	1	2	None
82	ULNK	ULNK	不连接帧指针	1	1	None
83	XOR	XOR f	f=f 异或 WREG	1	1	N,Z
		XOR f,WREG	WREG=f 异或 WREG	1	1	N,Z
		XOR #lit10,Wn	Wd=lit10 异或 Wd	1	1	N,Z
		XOR Wb,Ws,Wd	Wd=Wb 异或 Ws	1	1	N,Z
		XOR Wb,#lit5,Wd	Wd=Wb 异或 lit5	1	1	N,Z
84	ZE	ZE Ws,Wnd	Wnd=零扩展 Ws	1	1	C,Z,N

注：有关 dsPIC30F 指令集的祥述，请参阅 Microchip 公司网站发布的"dsPIC30F Programmer's Reference Manual"(DS70030)。

第 22 章

开发环境与工具

Microchip 公司提供支持 dsPIC® 架构的全面的开发工具包和库。此外，还有一些提供 dsPIC 器件相关开发工具的第 3 方供应商。

目前应用于 dsPIC 器件开发使用的 Microchip 工具包括：
- MPLAB® 集成开发环境(IDE)。
- dsPIC 语言套件，包括 MPLAB C30 C 编译器、汇编器、链接器和库。
- MPLAB SIM 软件模拟器。
- MPLAB ICE 4000 在线仿真器。
- MPLAB ICD 2 在线调试器。
- PRO MATE® II 通用器件编程器。
- PICSTART® Plus 开发编程器。

22.1 MPLAB IDE 集成开发环境软件

所有的 dsPIC30F 开发工具都可在 MPLAB 集成开发环境(IDE)中运行。MPLAB IDE 拥有 32 位调试环境应具备的所有编辑/编译/调试功能。MPLAB IDE 不仅集成了软件，而且集成了 Microchip 硬件工具和许多第 3 方工具。MPLAB 集成开发环境(IDE)是 Microchip 公司提供给广大用户免费使用的，目前其版本已升级到 V7.3，读者可在 Microchip 公司的网站 www.microchip.com 下载。

MPLAB IDE 软件是一个带有用于开发和调试单片机设计应用程序的工具包的桌面开发环境。MPLAB IDE 可以在不同的开发和调试操作之间进行快速切换。MPLAB IDE 针对 WindowsXP、2000 和 WindowsNT® 操作环境而设计，是一款运行成本低廉而功能强大的开发工具。它也是各种 Microchip 开发系统工具共用的用户界面，包括 MPLAB 编辑器、MPLAB ASM30 汇编器、MPLAB SIM 软件模拟器、MPLAB LIB30 库、MPLAB LINK30 链接器、MPLAB ICE 4000 在线仿真器、PRO MATE II 编程器和在线调试器 ICD 2（包括一些经 Microchip 授权在国内生产的在线仿真器和在线调试器）。MPLAB IDE 为用户提供了从同一个用户界面编辑、编译和仿真的灵活性。工程师们可以在与设计 PICmicro® 单片机所使用的相同环境中为 dsPIC 器件设计和开发代码。

MPLAB IDE 是一款基于 32 位 Windows 的应用软件。它通过一个便利的现代界面为工程师们提供了许多高级的功能。MPLAB IDE 集成了：

- 功能齐全、用颜色区分代码功能的文本编辑器。
- 带易于使用的可视化显示项目管理器。
- 源代码调试功能。
- 增强型源代码调试功能,可用于调试 C 语言编写的程序——结构和自动变量等。
- 可定制的工具栏和按键映射。
- 动态状态栏,一瞥即可查看新显示的处理器状况。
- 上下文关联的互动在线帮助。
- 集成的 MPLAB SIM 指令模拟器(软件模拟调试器)。
- PRO MATE II 和 PICSTART Plus 器件编程器(需另购买)的用户界面。
- MPLAB ICE 4000 在线仿真器(需另购买)的用户界面。
- MPLAB ICD 2 在线调试器(需另购买)的用户界面。

MPLAB IDE 可以方便地让用户：

- 用汇编语言或 C 语言编辑源文件。
- 单击鼠标一次即可将代码下载到仿真器或模拟器中的 dsPIC 程序存储器中。所有项目信息均被更新。
- 可使用如下各项进行调试：
  ——源文件。
  ——机器码。
  ——混合模式的源代码和机器代码。

由于 MPLAB IDE 能与多个开发和调试目标配合使用,用户只需最少的再培训即可从低成本的模拟器转而使用全功能的仿真器。

MPLAB IDE 是一个不断改进的程序,Microchip 对 MPLAB IDE 大约每 4 个月更新 1 次,以便增加新的器件支持和新的功能。MPLAB IDE 的版本编号方案可以反映出当前版本属于主要产品发行版还是临时发行版。如果版本号以零结束,即 MPLAB IDEV6.50、V6.60 或 V7.00,则表示该版本是主要的产品发行版。如果版本号以零以外的数字结束,即 V6.41、V6.52 或 V7.55,则表示该版本是临时发行版。临时发行版主要是为了提供对新器件或组件的早期试用,或进行快速重要修正及新功能的预演。这种临时发行版并没有经过如产品发行版那样的完整测试,因此建议不要在严格的设计中使用这种版本。建议在开发过程中使用产品发行版,除非是在使用了新器件或组件,或是遇到了临时发行版中已修正的某个问题时,才使用临时发行版以有效利用 MPLAB IDE。

22.1.1 dsPIC 语言套件

MPLAB IDE 中还包括汇编器、链接器和库管理器。Microchip Technology 的 MPLAB C30 C 编译器是完整而易于使用的语言产品。它让您可以用高级 C 语言编写 dsPIC 应用程序，然后将它们完全转换成机器目标代码来为单片机编程。它通过消除代码三角的壁垒简化代码开发并使设计师集中精力于程序流程而不是程序元素。MPLAB IDE 提供了几种编译选项，这样用户就可以针对代码特征选择效率最高的编程方式。

MPLAB C30 编译器是完全符合 ANSI 标准的产品，内含 dsPIC 系列单片机的标准库。它通过使用 dsPIC 器件的许多高级特性来提供高效的汇编代码生成。

MPLAB C30 还提供了能使硬件得到极佳支持的扩展功能，例如，中断和外设。它完全集成在 MPLAB IDE 中，可进行高级源代码调试。其特性包括：

- 16 位原始数据类型。
- 高效使用基于寄存器的 3 个操作数指令。
- 复杂的寻址模式。
- 高效的多位移位操作。
- 高效的有符号/无符号比较。

MPLAB C30 自带汇编器、链接器和库管理器。使用户能写混合模式（C 语言和汇编语言）程序，并将生成的目标文件链接到单个可执行文件中。编译器是单独销售的。汇编器、链接器和库管理器是免费的，它们随 MPLAB IDE 一起提供。

22.1.2 第 3 方 C 编译器

除了 Microchip MPLAB C30 C 编译器，由 IAR、HI-TECH 和 Custom Computer Services（CCS）开发的 ANSI C 编译器也支持 dsPIC30F。

这些编译器让您可以用高级 C 语言编写 dsPIC 应用程序代码，然后将它们完全转换成机器目标代码以对这些单片机编程。每个编译器工具都提供几种编译选项，这样用户可以针对新生成代码特征的编程方法选择具有最高效生成代码特性的选项。

各种 C 编译器解决方案具有不同价格定位和特性，客户可以选择最适合自己应用程序需求的编译器。

22.2 仿真器与在线调试器

22.2.1 MPLAB SIM 软件模拟器

MPLAB SIM 软件模拟器可通过在指令级上对 dsPIC 器件进行模拟，从而在 PC 主机环境下进行代码开发。使用任意给定的指令,都可以对数据区域进行检查和修改。指令的执行方式包括单步、执行到断点或跟踪模式。

MPLAB SIM 模拟器完全支持使用 MPLAB C30 编译器和汇编器进行符号调试。软件模拟器为在实验室环境以外开发和调试代码提供了灵活性,使其成为一款极佳的多项目软件开发工具。MPLAB SIM 软件模拟器包含在 MPLAB IDE 中。

22.2.2　MPLAB ICE 4000 在线仿真器

MPLAB ICE 4000 在线仿真器为产品开发工程师提供了完整的 dsPIC 器件的硬件设计工具。

MPLAB IDE 提供该仿真器的软件控制。

MPLAB ICE 4000 具有增强的跟踪、触发和监控功能,是一款全功能仿真器系统。可更换的处理器模块使系统可以很容易地重新配置,以仿真不同的处理器。

MPLAB ICE 4000 支持扩展的高端 PICmicro® 单片机、PIC18CXXX 和 PIC18FXXX 器件以及 dsPIC 系列的数字信号控制器。MPLAB ICE 4000 在线仿真器的模块化架构使其可扩展到支持新器件。

MPLAB ICE 4000 在线仿真器系统已被设计为一种实时仿真系统,并具有以往较昂贵的开发工具才有的高级功能。它具有如下特性:
- 全速仿真,高达 50 MHz 的总线速度或 200 MHz 的外部时钟速度。
- 低压仿真,最低可至 1.8 V。
- 配置了 2 Mb 的程序仿真存储器和高达 16 Mb 的额外模块化存储器。
- 64K×136 位宽的跟踪存储器。
- 无限软件断点。
- 复杂的暂停、跟踪和触发逻辑。
- 多级触发(最多可达 4 级)。
- 跟踪特定事件的筛选触发功能。
- 用于顺序事件触发的 16 位通过计数器。
- 16 位延时计数器。
- 48 位时间戳。
- 秒表功能。
- 事件的时间间隔。
- 统计结果分析。
- 代码覆盖分析。
- 可与 PC 连接的 USB 端口和并行打印机端口。

22.2.3 MPLAB ICD 2 在线调试器

Microchip 的在线调试器 MPLAB ICD 是一款功能强大的低成本运行时开发工具。此工具基于 PICmicro 和 dsPIC 闪存器件。

廉价的在线调试器(ICD)能完成昂贵的在线仿真器(ICE)的工作,但这种廉价是以牺牲在线仿真器的一些便利为代价的。比如,仿真器提供存储器和时钟,自身能运行代码而不一定与目标应用板相连。在开发和调试期间,ICE 提供了最强大的能力来发挥系统的所有功能,而 ICD 需与目标应用系统连接时才可进行调试。与 ICE 相比,在线调试器需要满足如下要求:

- 在线调试器需要占用目标板的一些软硬件资源。
- 目标 PICmicro 单片机必须有一个正常运行的时钟。
- 只有当系统中所有的连接都正常时,ICD 才能进行调试。

但它也有一些突出的优点:

- 在量产后可通过一个在线调试连接插座直接与应用系统相连,而不需要像在线仿真器(ICE)那样取下单片机来插入 ICE 仿真头。对许多采用 SOIC 和 TQFP 封装的嵌入式系统而言,这显得特别方便。
- ICD 可以随时在目标应用系统中对固件进行调试和再编程,而不需要其他连接或设备。在产品的早期技术开发过程中,能减少开发成本,提高工作效率和加快开发进度。

MPLAB ICD 2 将利用不同器件内建的在线调试功能。此功能和 Microchip 的 In-Circuit Serial Programming™ 协议(ICSP™)一起,可通过 MPLAB IDE 的图形用户界面提供低成本的在线调试。这将使设计者通过观察变量、单步运行和设置断点来开发和调试源代码。其全速运行使测试硬件得以实时进行。它包含以下特性:

- 可在器件允许的范围内全速运行。
- 串行或 USB PC 接口。
- 外部供电的串行接口。
- 来自 PC 接口的 USB 供电。
- 低噪声电源(V_{PP} 和 V_{DD})可与模拟和其他噪声敏感应用程序配合工作。
- 工作电压低至 2.0 V。
- 可用作 ICD 或廉价串行编程器。
- 作为 MPLAB ICD 的模块化应用程序接口。
- 有限的断点数量。
- "Smart watch"变量窗口。
- 需要某些的芯片资源(RAM、程序存储器和 2 个引脚)。

22.2.4 PRO MATE II 通用器件编程器

PRO MATE II 通用器件编程器是一种功能齐全的编程器,能够在单机模式和 PC 主控模式下运行。PRO MATE II 器件编程器有可编程的 V_{DD} 和 V_{PP} 电源,允许在编程需要这一功能时,在 VDDMIN 和 VDDMAX 上校验程序存储器以最大限度地提高可靠性。它具有能显示指令和错误消息 LCD 显示器。可更换的插座模块选样将支持所有的封装类型。

在单机模式下,PRO MATE II 器件编程器将能够读、校验或编程 PICmicro 和 dsPIC30F 器件,还能够在这种模式下设置代码保护。PRO MATE II 功能包括:

- 在 MPLAB IDE 环境下运行。
- 可现场升级的固件。
- 批量生产的 DOS 命令行界面。
- 主机、安全和单击操作。
- 自动下载目标文件。
- SQTPSM 序列号生成功能为每个编程的器件添加惟一的序列号。
- 在线串行编程包(单独销售)。
- 可更换的插座工具模块支持所有封装选项(单独销售)。

22.3 应用程序库

22.3.1 数学库

该数学库支持几种标准的 C 语言函数,包含但不限于:

- sin(), cos(), tan()。
- asin(), acos(), atan()。
- lg(), lg10()。
- sqrt(), power()。
- ceil(), floor()。
- fmod(), frexp()。

这些数学函数程序将使用 dsPIC30F 汇编语言进行开发和优化,并可用汇编语言和 C 语言调用。数学库还提供每个函数的浮点和双精度版本。它们支持 Microchip MPLAB C30 和 IAR C 编译器。

22.3.2 DSP 算法库

DSP 库将支持多种滤波、卷积、向量和矩阵函数。将包含且不限于下列函数:

- 级联无限冲激响应(IIR)滤波器。
- 相关。
- 卷积。
- 有限冲激响应(FIR)滤波器。
- 窗口函数。
- FFT。
- LMS 滤波器。
- 向量加和向量减。
- 向量点积。
- 向量求幂。
- 矩阵加和矩阵减。
- 矩阵乘。

22.3.3　DSP 滤波器设计软件实用程序

Microchip 将提供数字滤波器设计软件,使用户能够通过图形用户界面为低通、高通、带通和带阻 IIR 和 FIR 滤波器(包括 16 位的小数数据大小的滤波器系数)开发优化的汇编代码。应用程序开发人员输入所需的滤波器频率参数,而这种软件工具则可开发出滤波器代码和系数。该软件还将产生理想的滤波器频率响应和时域图以进行分析。

软件支持多达 513 个抽头的 FIR 滤波器和长达 10 个级联部分的 IIR 滤波器。

所有生成的 IIR 和 FIR 程序均为汇编语言产生且可以由汇编语言和 C 语言调用。该软件支持 Microchip MPLAB C30 C 编译器。

22.3.4　外设驱动程序库

Microchip 提供外设驱动程序库,支持 dsPIC30F 硬件外设的设置和控制,这些外设包括但不限于:

- 模数转换器。
- 电机控制 PWM。
- 正交编码器接口。
- UART。
- SPI^{TM}。
- 数据转换器接口。
- I2C^{TM}。
- 通用定时器。
- 输入捕捉。

- 输出比较/简单的 PWM。

22.3.5 CAN 库

Microchip 提供 CAN 驱动程序库,支持 dsPIC30F CAN 外设。支持的 CAN 功能包括:
- 初始化 CAN 模块。
- 设置 CAN 操作模式。
- 设置 CAN 波特率。
- 设置 CAN 屏蔽。
- 设置 CAN 过滤器。
- 发送 CAN 报文。
- 接收 CAN 报文。
- 中止 CAN 序列。
- 获取 CANTX 错误计数。
- 获取 CANRX 错误计数。

22.3.6 实时操作系统

Microchip 将提供 dsPIC30F 产品系列的实时操作系统(RTOS)解决方案。这些 RTOS 解决方案将提供必需的功能调用和操作系统子程序,用于给多任务应用场合编写高效的 C 语言和/或汇编代码。

另外,RTOS 解决方案将使用在那些程序空间,更重要的是数据存储空间资源有限的应用场合。

Microchip 还提供可配置的并经过优化的内核,用于支持各种 RTOS 应用程序的需求。RTOS 解决方案的范围从全真的抢占式多任务调度程序到合作型调度程序,它们均设计为在 dsPIC30F 器件上高效运行。根据 RTOS 的实现情况,系统内核中提供的函数调用包括:
- 控制任务。
- 发送和接收消息。
- 处理事件。
- 控制资源。
- 控制信号。
- 以各种方式调整时序。
- 提供存储器管理。
- 处理中断和交换任务。

大部分函数都用 ANSI C 编写,但那些对时间要求严格的函数除外,这些函数用汇编语言,从而缩短执行时间以最大限度地提高代码效率。Microchip MPLAB C30 C 编译器支持

ANSI C 和汇编程序。

随 RTOS 一起提供有电子文档,以让用户快速理解 RTOS 并在其应用中运用。

22.3.7 OSEK 操作系统

Microchip 将开发符合汽车软件标准 OSEK/VDX 的操作系统以支持 dsPIC30F 产品系列。开放系统和相应的汽车电子设备接口(Offene Systeme und deren Schnittstellen für die Elektronik im Kraftfahrzeug,简称OSEK)的功能与 VDX(Vehicle Distributed eXecutive)颁布的 OSEK/VDX 是一致的。

Microchip 还将提供基于标准接口和协议的结构化和模块化软件实现。结构化和模块化软件的实现将为分布式汽车控制单元提供便携和可扩展性。

将提供各种 OSEK COM 模块,如:
- OSEK/COM 标准 API。
- OSEK/COM 通信 API。
- OSEK/COM 网络 API。
- OSEK/COM 标准协议。
- OSEK/COM 器件驱动器接口。

Microchip 还将提供内部和外部 CAN 驱动器支持。物理层将被集成到通信控制器的硬件中,在 OSEK 规范中不会涉及它。

大部分模块函数都用 ANSI C 编写,但那些对时间要求严格的函数和外设实用程序除外。这些函数用汇编语言,从而缩短执行时间以最大限度地提高代码效率。该软件支持 Microchip MPLABC30 C 编译器。

22.3.8 TCP/IP 协议栈

Microchip 将为在 dsPIC30F 系列器件上实现的 Internet 接入端提供各种传输控制协议/互连网协议(Transmission Control Protocol/Internet Protocol,简称 TCP/IP)堆栈层解决方案。Microchip 将提供精简的和完全的协议栈实现,以便让用户为其应用选择最佳的 TCP/IP 协议栈解决方案。

Microchip 还将提供各种协议层(如 FTP、TFTP 和 SMTP)、传输层和网络层(如 TCP、UDP、ICMP 和 IP)以及网络访问层协议(如 PPP、SLIP、ARP 和 DHCP)。Microchip 还提供各种配置,比如最小 UDP/IP 协议栈可用于有限的连接需求。

大多数堆栈协议函数都将使用 Microchip MPLAB C30 C 语言开发和优化。对于特定 dsPIC30F 硬件外设和以太网驱动程序可能用汇编语言编制代码以优化代码大小和执行时间。这些专门用汇编语言开发的程序可以用汇编和 C 语言调用。

随 TCP/IP 协议栈一起提供电子文档,供用户快速理解协议栈并在实际中应用。

22.3.9 V0.22/V0.22bis 和 V0.32 规范

Microchip 将提供符合 ITU V0.22/V0.22bis(1 200/2 400 bps)和 V0.32(非格式编码速率为 9 600 bps)的调制解调器规范,以支持"已连接"应用。

这些调制解调器规范将给为数众多、各种门类的应用带来好处。以下列出了一些应用场合:
- 通过 Internet 实现家庭安全系统。
- 通过 Internet 连接电表、气表和水表。
- 通过 Internet 连接自动售货机。
- 智能电器。
- 工业监控。
- POS 终端。
- 机顶盒。
- 升降盒。
- 消防面板。

多数 ITU 规范模块都将使用 Microchip MPLAB C30 C 语言开发和优化。对于特定的 dsPIC30F 硬件外设和重要的发送器和接收器滤波程序可能用汇编语言编制代码以优化代码大小和执行时间。

这些专门用汇编语言开发的程序可以用汇编和 C 语言调用。

随调制解调器库提供电子文档,供用户快速理解库函数并在实际中运用。

22.4 dsPIC30F 硬件开发板

Microchip 目前提供了两种可用于电机及电源控制的应用开发板,为应用开发人员提供快速进行样机开发和验证关键设计要求的工具。每块板都具有主要的 dsPIC30F 外设并支持 Microchip MPLAB 在线调试器(ICD 2)工具,以用于对 dsPIC30F 器件进行低成本、高效率的调试和编程。

22.4.1 dsPICDEM MC1 电机控制开发板及配套组件

dsPIC30F 电机控制开发系统首先为应用程序开发人员提供 3 个主要组件,用于快速进行 BLDC、PMAC 和 ACIM 应用的样机开发和验证。这 3 个主要组件是:
- dsPICDEM MC1 电机控制主板。
- 三相低压电源模块。
- 三相高压电源模块。

主控制板将支持 dsPIC30F6010 器件，各种外设接口和一个用户定制的接口主机系统，从而可以连接不同的电机模块。该控制板还包括用于连接机械位置传感器的接口（如增量旋转编码器和霍尔效应传感器）和用于定制电路的实验板区域。由标准式插入变压器为主控板供电。

低压电源模块是为那些要求 DC 总线电压低于 60 V 而输出功率高达 400 W 的三相电机应用而优化的。三相低压电源模块旨在为 BLDC 和 PMAC 电机供电。

高压电源模块是为那些要求 DC 总线电压高达 400 V 而输出功率高达 1 kW 的三相电机应用而优化的。此高压模块具有由 dsPIC30F 器件控制的有源功率因数校正电路。该电源模块旨在用于 AC 感应电机和电源逆变器的应用。

上述两种电源模块还具有自动故障保护和与控制接口电隔离的功能。它们还将为主控制板提供预调节的电压和电流信号。所有与电机控制电路隔离的反馈位置信息的器件，如增量编码器、霍尔效应传感器或转速传感器，均直接连接到主控制板。两种模块都配备了电机制动电路。

22.4.2　dsPICDEM 2.0 开发板

dsPICDEM 2.0 开发板是帮助用户以 dsPIC30F 数字信号控制器为核心，建立嵌入式应用系统的开发和调试工具，配有 dsPIC30F 电机和电源控制系列、dsPIC30F 通用系列以及传感器系列里 28 引脚和 40 引脚器件的调试插座。所支持的芯片型号如表 22-1 所列。

板上 40 引脚插座中包含 1 片电机控制 dsPIC30F4011 样片、稳定电源、为各个插座配置的晶体振荡电路、连接 MPLAB ICD 2 的在线调试接口、RS-232 和 CAN 2 个外部通信接口。另外，板上组装了实验性的硬件，包括 LED 指示灯、按键开关、电位器、温度传感器和 2X16 LCD 显示屏。器件插座中所有引脚通过集线区可连接。

表 22-1　dsPICDEM 2.0 支持器件

dsPIC30F 芯片	型　号	封　装
电机和电源控制系列	dsPIC30F2010	28pin SPDIP
	dsPIC30F3010	28pin SPDIP
	dsPIC30F4012	28pin PDIP
	dsPIC30F3011	40pin PDIP
	dsPIC30F4011	40pin PDIP
传感器系列	dsPIC30F2011	18pin PDIP
	dsPIC30F3012	18pin PDIP
	dsPIC30F2011	28pin SPDIP
	dsPIC30F3013	28pin SPDIP
通用系列	dsPIC30F3014	40pin PDIP
	dsPIC30F4013	40pin PDIP

特点：

➤ 多种 18、28、40 引脚 PDIP 和 SPDIP 器件插座。

➤ 用于 MPLAB IDE 工作区项目文件的完整应用程序示例（所支持的 dsPIC30F 器件）。

➤ dsPIC30F4011 40 引脚 PDIP 样片安装在板上。

➤ 5 V 稳压器从 9 V 电源提供 V_{DD} 和

AV_{DD}。
- 具备 MPLAB ICD 2 的在线调试接口。
  ——可选备用调试通道。
- 易于 MPLAB ICE 4000 调试。
- RS-232 串行接口。
- CAN 总线接口。
- 温度传感器和电位计模拟量 A/D 输入。
- 2 个按钮开关和 2 个 LED 指示灯模仿数字量输入和输出。
- 2X16 ASCII 字带 SPI 同步通信口 LCD 显示屏。
- 通过 2X40 引脚引线区能使用插座上 dsPIC30F 器件的所有引脚。
- 丰富的应用程序光盘文件。
- 样品组芯片包括 dsPIC30F3012 和 dsPIC30F4013。

22.5 使用 MPLAB IDE 实现嵌入式系统设计的一般步骤

MPLAB IDE 在 Windows 下运行,用户可利用其编写、编辑和调试程序代码(适用于 Microchip 的大多数 MCU 和全系列 dsPIC 数字控制器),并将其烧写到单片机中。

一般开发嵌入式控制器应用系统的工作任务有:

① 创建高端设计。根据所需的功能和性能,决定最适用于应用的 PICmicro 或 dsPIC 器件,然后设计相关的硬件电路。在决定由哪些外设和引脚控制硬件之后,再编写固件(嵌入式应用系统中的软件)。

② 使用汇编器或者编译器以及链接器汇编、编译和链接软件,将编写好的程序代码转换为 0 和 1 序列——可被 PICmicro MCU 和 dsPIC 识别的机器码。机器码最终将变为固件(编程到单片机中的代码)。

编辑器可以识别汇编器和编译器的编程语法结构,从而自动将源代码以不同颜色区分,这有助于确保代码在语法上的正确性。项目管理器有助于组织应用程序中使用的各种文件:源文件、处理器描述头文件以及库文件。编译了代码之后,您还可以控制编译器以何种程度优化代码大小或执行速度,以及将在器件中的哪些部分存储各个变量及程序数据。您也可以指定"存储器模型"以使您的应用能最佳地利用单片机的存储器。如果在编译应用程序时语言工具报错,则会显示出错的行,双击他即可转到对应的源文件,以便立即编辑。编辑后,可以按"build"(编译)按钮再次尝试。由于要编写和测试很多子程序段,因此复杂的代码通常会经过许多次这样的编写—编译—修正过程。MPLAB IDE 会以最快的速度执行这一过程,从而使您能够尽快转入下一个步骤。

③ 代码编译没有错误之后,还需要对其进行测试。MPLAB IDE 具有称为"调试器"的组

件和免费的软件模拟器,以帮助所有的 PICmicro 和 dsPIC 器件测试代码。即使当硬件还没有完成时,您也可以使用软件模拟器开始测试代码。软件模拟器就是一种模拟单片机执行的软件。软件模拟器可以接收模拟输入(激励信号),以便模拟固件对外部信号的响应。软件模拟器可以测试代码执行时间、单步调试代码以观察变量和外设,并跟踪代码以生成详细的程序运行记录。

通常,复杂的程序不一定会按照预期运行,要得到正确的结果,还需要除去设计中的"错误"(bug)。您可以通过调试器观察与所编写的带有符号和函数名的源代码相对应的机器码中 0 和 1 序列的执行。在调试过程中,您可以测试代码以观察变量在程序执行过程中各个点的值、进行"what if"检查、更改变量值和单步调试程序。

④ 一旦用户系统的硬件电路装配好,就可以使用诸如 MPLAB ICE 或 MPLAB ICD 2 的硬件调试器了。这些调试器在实际的应用上实时运行代码。MPLAB ICE 实际上取代了目标板上的单片机,它使用高速仿真头对设计中的硬件进行完全控制。MPLAB ICD 2 则使用在许多带有闪存程序存储器的 Microchip MCU 中内置的特殊电路,并且能"检查"目标单片机中的程序和数据存储器。MPLAB ICD 2 可以停止和开始执行程序,使您可以直接使用应用板上的单片机测试代码。

⑤ 应用程序正确运行之后,就可以使用某一 Microchip 器件编程器来对单片机编程了,如 PICSTART Plus 或 MPLAB PM3。MPLAB ICD 2 这种低价位的高效在线调试器同样具备对器件的编程功能,也就是将代码"烧写"到单片机中去,验证其在最终的应用中是否能正确执行。

虽然 MPLAB IDE 的操作界面友好、易学,使用简便、高效,但其中的某些步骤对初接触者仍可能感觉复杂。重要的是必须关注设计中的细节,并依靠 MPLAB IDE 及其组件来完成每个步骤,最好开始时借助 Microchip 公司所提供的某些简单的程序示范例题入手,这样能在极短的时间学会并熟悉 MPLAB IDE 的使用操作,节省用户许多时间。

使用 MPLAB IDE 可对电路和代码进行建模,以便做出关键的设计决定,但步骤 1 仍需由设计人员完成。MPLAB IDE 真正起帮助作用的是在步骤 2~5。

22.5.1 创建文件

启动 MPLAB IDE V6.30(更新版本的软件在使用上基本相同)并选择 File>New 打开一个新的空白的源文件。例 22-1 给出了要键入(或者从电子文档拷贝和粘贴到)新源文件窗口的源代码。

例 22-1: MYFILE.C

```
#include "p30f6014.h"
int counter;                           //对 TRISB 和 PORTB 说明
int main (void)
{
```

```
    counter = 1;
    TRISB = 0;              //配置 PORTB 为输出
    while(1)                //do forever
    {
        PORTB = counter;    //PORTB 送出计数器的值
        counter ++ ;
    }
    return 0;
}
```

TRISB 和 PORTB 是 dsPIC30F6014 芯片的特殊功能寄存器。PORTB 是一组通用输入/输出引脚。TRISB 的位用来配置 PORTB 引脚为输入(1)或输出(0)。

使用 File＞Save As 将文件另存在安装目录的\examples 目录下(通常为：C:\pic30_tools\examples)，文件名为 MyFile.c。

22.5.2 使用项目向导

选择 Project＞Project Wizard 来创建新项目。将出现一个欢迎页面。单击 Next＞继续。

① 在"Step One：Select a Device"中，通过下拉菜单选择 dsPIC30F6014 芯片，单击 Next＞继续。

② 在"Step Two：Select a language toolsuite"中，选择"Microchip C30Toolsuite"作为"Active Toolsuite"，然后单击工具包中(在"ToolsuiteContents"之下)的每个语言工具并检查或设置与其相关的可执行文件的路径(见图 22-1)。

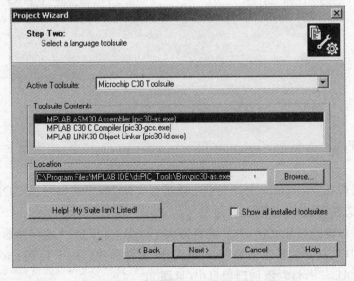

图 22-1 项目向导——选择语言工具

MPLAB ASM30 汇编器应指向"LOCATION"下的汇编程序可执行文件 pic30-as.exe。如果没有这个文件,应键入或浏览到可执行文件的位置,通常默认为:

C:\Program Files\MPLAB IDE\dsPIC_Tools\Bin\pic30-as.exe

MPLAB C30 编译器应指向"LOCATION"下的编译程序可执行文件 pic30-gcc.exe。如果没有这个文件,则应键入或浏览到可执行文件的位置,通常默认为:

C:\pic30_tools\bin\pic30-gcc.exe

MPLAB LINK30 目标链接器应指向"LOCATION"下的链接程序可执行文件 pic30-ld.exe。如果没有这个文件,则应键入或浏览到可执行文件的位置,通常默认为:

C:\Program Files\MPLAB IDE\dsPIC_Tools\Bin\pic30-ld.exe

单击 Next>继续。

③ 在"Step Three:Name your project"中,键入项目名 MyProject 并单击 BROWSE,进入 MPLAB C30 安装目录下的\examples 文件夹(见图 22-2),然后单击 NEXT>继续。

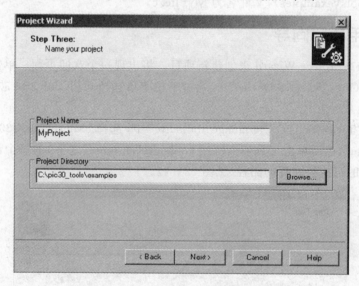

图 22-2 项目名称和目录

④ 在"Step Four:Add any existing files to your project"中,将添加 2 个文件到项目中(见图 22-3)。

首先,选择先前在\examples 文件夹中生成的源文件 MyFile.c,单击 ADD>>,将它添加到项目要使用的文件列表中(出现在右边)。

其次,必须添加链接描述文件,告知链接器关于 dsPIC30F6014 的存储器构成。链接描述文件位于 MPLAB C30 安装目录下的\support\gld 文件夹中。向下找到 p30f6014.gld 文件,选中它并单击 ADD>>,将它添加到项目中(见图 22-4)。

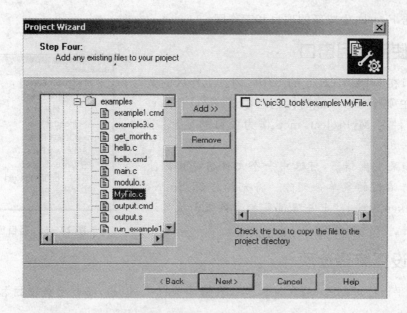

图 22-3 添加 C 源文件

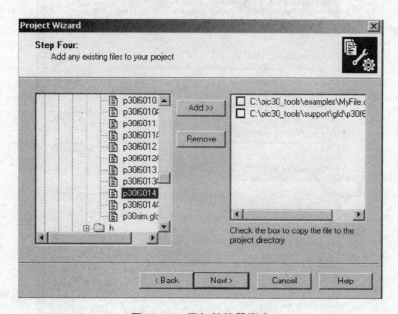

图 22-4 添加链接器脚本

单击 Next> 继续。

⑤ 在 Summary(摘要)窗口中重新检查"项目参数",验证芯片、工具包和项目文件的位置是否正确。如果想修改某一项,可以单击 Back 返回上一个对话框。

最后单击 Finish，生成新的项目和工作区。

22.5.3 使用项目窗口

项目窗口在 MPLAB IDE 的工作区内。工作区的文件名应出现在项目窗口顶部的标题栏中，即 MyProject.mcw，项目文件名 MyProject.mcp 作为项目的顶部"节点"（见图 22-5）。

注意：如果发生错误，可选中一个文件名并按删除键或通过鼠标右键的菜单来删除。将光标移到"Source Files"或"Linker Scripts"上并通过鼠标右键来向项目添加适当的文件。

图 22-5 项目窗口

22.5.4 设置编译选项

现在，几乎已经可以用 dsPIC30F 工具来编译项目了，但是，需要检查项目和工具编译选项（见图 22-6）。

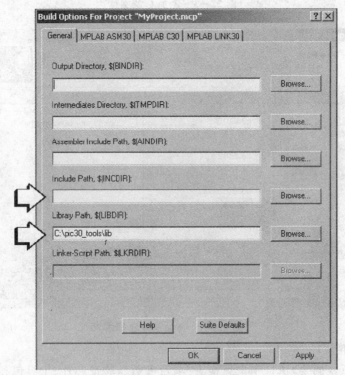

图 22-6 编译选项对话框

① 选择 Project>Build Options 并单击"Project",显示整个项目的 Build Options(编译选项)对话框。

② 选择 General(常规)选项卡。在本教程中,不需要为"Include Path"添加路径,但对于你自己将来的项目可能需要添加路径。"Library Path"必须是 MPLAB C30 安装目录下的\lib目录。

在特定工具的选项卡中可以对传递到 dsPIC 工具的命令行选项进行设置。

③ 单击 MPLAB C30 选项卡(见图 22-7)。MPLAB C30 有 3 个选项对话框:General、MemoryModel(存储模型)和 Optimizations(优化)。这 3 个选项对话框可在"Categories"下拉菜单中选择,出现在对话框中的内容也将相应发生改变。在这个例子中,将保持 MPLAB C30 默认的命令行选项不变。

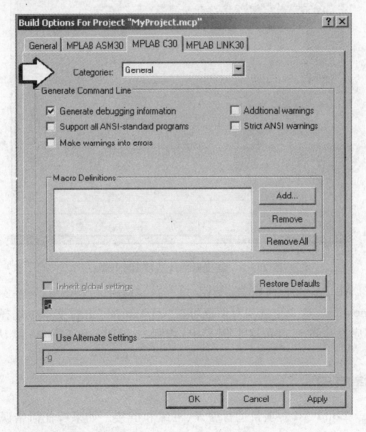

图 22-7 编译器编译选项 GENERAL

④ 选择 MPLAB LINK30 选项卡(见图 22-8)。MPLAB LINK30 有 3 个选项对话框:General、Diagnostics(诊断)和 Symbols & Output(符号和输出)。这 3 个选项对话框可在

"Categories"下拉菜单中选择,出现在对话框中的内容也将相应发生改变。为了运行本指南后面的教程3,需要在 General 类中设置一个堆。堆大小设置为512。

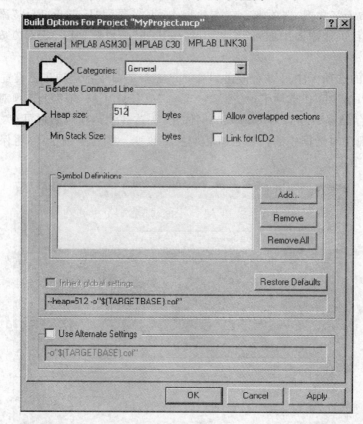

图 22-8 链接器编译选项 GENERAL

⑤ 选择 MPLAB ASM30 选项卡(见图22-9)。MPLAB ASM30 有2个选项对话框:General 和 Diagnostics。这2个选项对话框可在"Categories"下拉菜单中选择,出现在对话框中的内容也将相应发生改变。在这个例子中,将保持 MPLAB ASM30 默认的命令行选项不变。

22.5.5 编译项目

选择 Project>Build All 对项目进行编译、汇编和链接。如果有任何错误或警告消息,会显示在输出窗口中。

对于本教程来说,Output(输出)窗口不应显示错误消息,而应显示表明项目"BUILD SUCCEEDED"(编译成功)的消息(见图22-10)。如果有错误,则应检查源文件的内容与例2-1中 myfile.c 文件的内容是否一致。

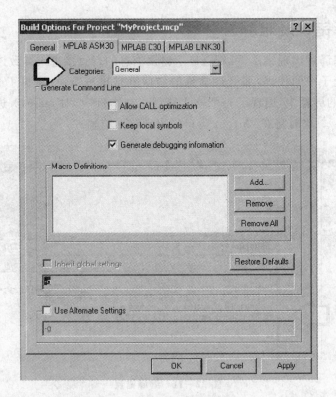

图 22-9 汇编器编译选项 GENERAL

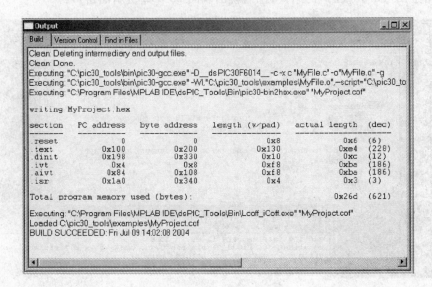

图 22-10 编译 Output 窗口

22.5.6 编译错误疑难解答

如果在项目编译后出现错误,可双击显示错误消息的行直接进入导致该错误的源代码行。如果您使用的是例子中的代码,那么最常见的错误就是拼写错误、漏掉了分号或大括号不匹配。在图 22-11 的屏幕中,出现了一个输入错误。在本例中,对 main() 进行"int"定义时不小心漏掉了字母"i"。这时将在 Output 窗口中出现错误消息。

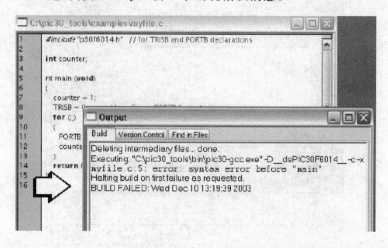

图 22-11 编译错误

在双击上图 Ourput 窗口的第 3 行后,就出现图 22-12 所示的窗口:

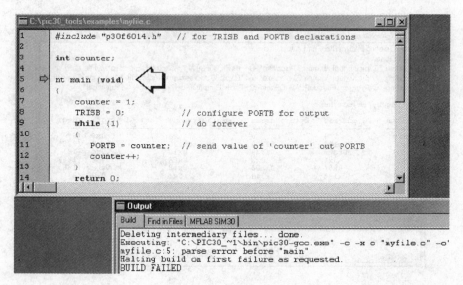

图 22-12 双击进入源代码

由于关键字都是用兰色字体显示,而错误的输入"nt"以黑体文本显示,因此很容易识别出出现的错误。键入"i",将"nt"改为正确的关键字"int",这时文本将变为兰色。再次选择 Project>Project Build All,即获得正确的编译结果。

22.5.7 使用 MPLAB SIM 软件模拟器进行调试

要调试应用代码,需要调试工具的帮助。在本节中,使用 MPLAB SIM 软件模拟器。在这个模拟器中可以在源代码中设置断点,并可以在 Watch(观察)窗中对变量的值进行观察(见图 22-13)。

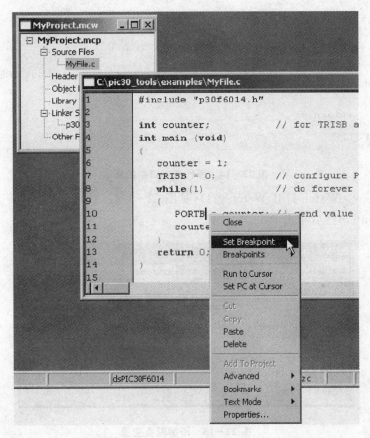

图 22-13 设置断点

① 通过选择 Debugger>Select Tool>MPLAB SIM 将 MPLAB SIM 软件模拟器作为调试工具。

② 通过双击项目窗口的项目树中的文件名(MyFile.c)来打开源文件。在源文件中,将光标移动到下面的行上:

PORTB=counter;

然后通过鼠标右键选择"Set Breakpoint"(设置断点)。在源代码窗口左边的空白处出现的红色符号"B"表明断点已经设置并激活(见图 22-14)。

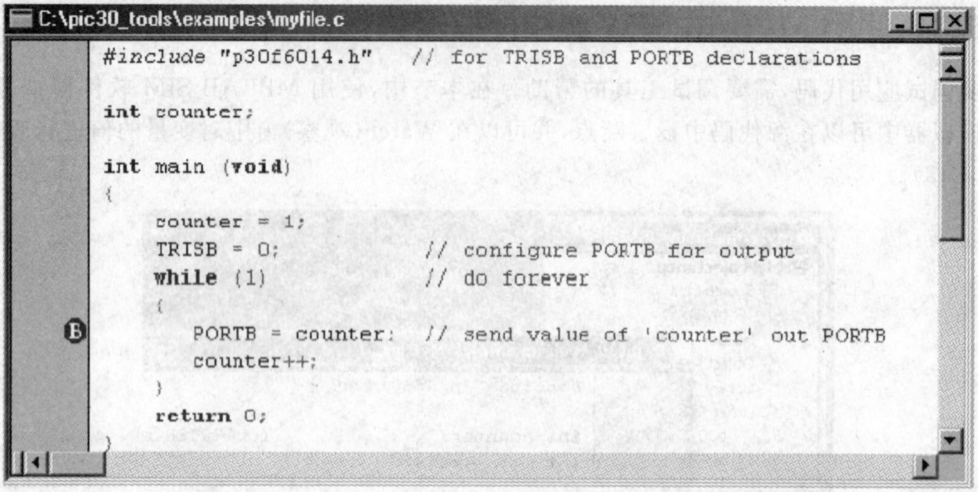

C:\pic30_tools\examples\myfile.c
#include "p30f6014.h"　// for TRISB and PORTB declarations
int counter;
int main (void)
{
counter = 1;
TRISB = 0;　// configure PORTB for output
while (1)　// do forever
{
B
PORTB = counter;　// send value of 'counter' out PORTB
counter++;
}
return 0;
}

图 22-14　源代码窗口中的断点

③ 选择 View>Watch 打开 Watch 窗口(见图 22-15)。从 Add Symbol 旁边的下拉扩展菜单中选择 counter,然后单击 Add Symbol。

Watch
Add SFR
ACCA
Add Symbol
counter
Address
Symbol Name
Value
0800
counter
0x0000
Watch 1
Watch 2
Watch 3
Watch 4

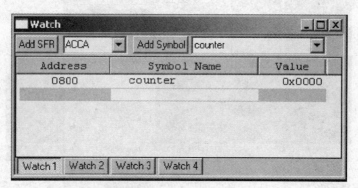

图 22-15　添加观察变量

注意:有 3 种方法添加观察变量:

➢ 如上面所介绍的,从列表中选择。

➢ 直接在 Watch 窗口的符号名栏中键入变量名。

➢ 在源代码中选中变量并拖到 Watch 窗口中。

④ 单击工具栏中的 RUN 运行程序。

程序将在执行设置了断点的语句之前停下。源代码窗口左边空白处的绿色箭头指向下一个要执行的语句。Watch 窗口中显示此时的 counter 值为 1。值 1 以红色字体显示，表明变量的值发生了变化（见图 22-16）。

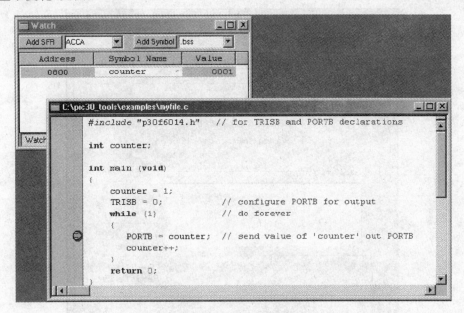

图 22-16　运行到断点

⑤ 单击 RUN，继续运行程序。程序将继续执行 while 循环，直到再次停止在断点所在的行。Watch 窗口中显示此时的 counter 值为 2。

⑥ 要单步执行源代码，即每次执行一条语句，可以使用工具栏中的 Step Into 按钮。

每执行一个语句，源代码窗口左边空白处的绿色箭头都会指向下一个将执行的语句。

⑦ 将光标移动到设置了断点的行上，用鼠标右键选择"Remove Breakpoint（删除断点）"。现在按 Run 按钮。状态栏的左下方将出现"Running…"消息，在它的旁边，1 个移动条表明程序正在运行，Run 图标右边的 Step 图标将变成灰色的。如果调试器菜单是下拉的，在列表中的 Step 选项也将变成灰色的。在运行模式下，这些操作都是禁止的。

要中断运行的程序，使用工具栏中的 Halt 按钮。

一旦程序运行停止，Step 图标将不再是灰色的。

22.5.8 生成映射文件

映射文件可提供在调试时有用的附加信息,如存储器分配的详细信息。这个文件可通过设置合适的链接器编译选项来生成(见图22-17)。

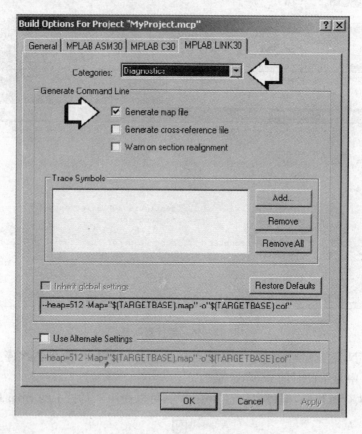

图22-17 生成映射文件

① 选择 Project>Build Options>Project,然后单击 MPLAB LINK30 选项卡。
② 从"Categories"中选择"Diagnostics"并勾选"Generate map file"复选框。
③ 单击 OK 保存设置。
④ 重新编译项目(Project>Build All),生成映射文件。

映射文件(MyProject.map)出现在项目目录中,可通过选择 File>Open,然后浏览至项目目录来打开。选择文件类型为"All files(*.)"以便可以看见映射文件。下面这段 MyProject.map 文件的摘录说明了在 MyProject.C 编译后程序存储器和数据存储器的使用。

例22-2:映射文件摘录

```
Program Memory Usage
section      address     length (PC units)     length (bytes)    (dec)
  ⋮            ⋮              ⋮                    ⋮              ⋮
.reset        0           0x4                   0x6              (6)
.ivt          0x4         0x7c                  0xba             (186)
.aivt         0x84        0x7c                  0xba             (186)
.text         0x100       0xa0                  0xf0             (240)
.dinit        0x1a0       0x8                   0xc              (12)
     Total program memory used (bytes):         0x276            (630)<1%

Data Memory Usage
section      address     alignment             gaps total length (dec)
  ⋮            ⋮              ⋮                    ⋮              ⋮
.bss          0x800       0                     0x4              (4)
     Total data memory used (bytes):            0x4              (4)<1%
```

22.5.9 汇编代码的调试

至今为止所有的调试都是在 C 源文件上进行的，使用在 C 代码中定义的函数和变量。对于嵌入式系统编程来说，有时需要编写汇编代码。MPLAB IDE 提供了可同时满足这 2 种要求的工具，并给出了 C 代码和生成的机器码的关联。

① 选择 MPLAB IDE 的 View>Disassembly Listing 窗口来查看包含源代码以及生成的机器码和汇编代码。这对于调试包含 C 代码和汇编代码的混合程序，以及需要查看由 C 源代码生成的机器码都是很有用的。

在 C 源代码的左边给出了源代码在源文件中的行号。在生成的 16 进制机器码和相应反汇编指令的左边，显示了地址。对于机器码指令来说，左列是指令在程序存储器中的地址，其后是指令的 16 进制字节，最后是 dsPIC30F 反汇编指令（见图 22-18）。

② 选择 View>Program Memory 窗口只查看程序存储器中的机器码和汇编代码（见图 22-19）。

通过选择 Program Memory 窗口底部的不同选项卡，可通过符号标号、原始十六进制映像、混合的 PSV 代码和数据或仅 PSV 数据方式查看代码。

注意：关于 PSV 数据的更多信息，参见第 4 章。

在任何源代码、反汇编和 Program Memory 窗口中都可以设置断点、单步运行及执行所有的调试功能（见图 22-20）。

③ 确保按下停止按钮后程序停止运行。在 Program Memory 窗口中单击底部的 Symbolic 选项卡查看带有标号的代码。向下滚动至带有 main 标号的行并单击它，该行对应 C 文件中的 main() 函数，通过鼠标右键在 main 上设置断点。

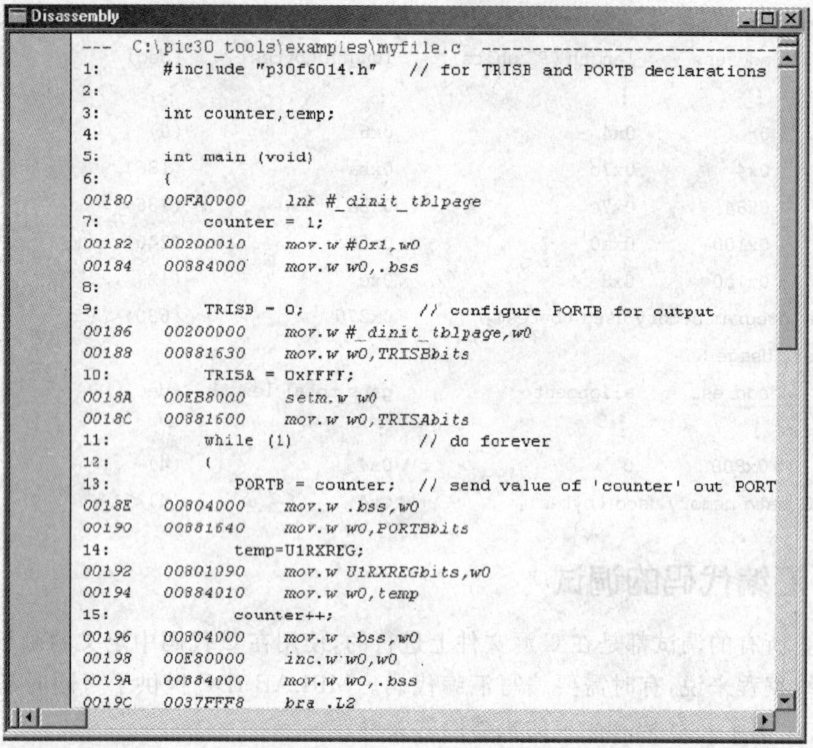

```
Disassembly
    --- C:\pic30_tools\examples\myfile.c ------------------------
    1:      #include "p30f6014.h"   // for TRISB and PORTB declarations
    2:
    3:      int counter,temp;
    4:
    5:      int main (void)
    6:      {
00180   00FA0000    lnk #_dinit_tblpage
    7:          counter = 1;
00182   00200010    mov.w #0x1,w0
00184   00884000    mov.w w0,.bss
    8:
    9:          TRISB = 0;          // configure PORTB for output
00186   00200000    mov.w #_dinit_tblpage,w0
00188   00881630    mov.w w0,TRISBbits
    10:         TRISA = 0xFFFF;
0018A   00EB8000    setm.w w0
0018C   00881600    mov.w w0,TRISAbits
    11:         while (1)           // do forever
    12:         {
    13:             PORTB = counter; // send value of 'counter' out PORT
0018E   00804000    mov.w .bss,w0
00190   00881640    mov.w w0,PORTBbits
    14:             temp=U1RXREG;
00192   00801090    mov.w U1RXREGbits,w0
00194   00884010    mov.w w0,temp
    15:             counter++;
00196   00804000    mov.w .bss,w0
00198   00E80000    inc.w w0,w0
0019A   00884000    mov.w w0,.bss
0019C   0037FFF8    bra .L2
```

图 22-18　反汇编窗口

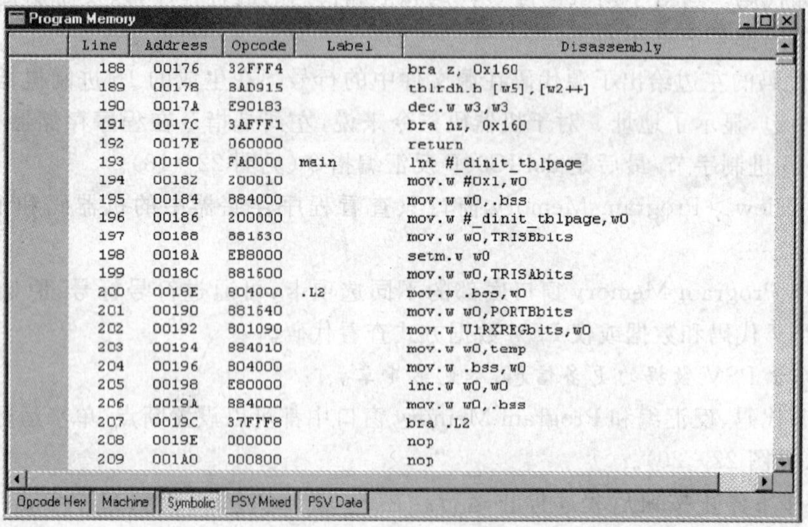

```
Program Memory
Line    Address  Opcode   Label    Disassembly
188     00176    32FFF4            bra z, 0x160
189     00178    BAD915            tblrdh.b [w5],[w2++]
190     0017A    E90183            dec.w w3,w3
191     0017C    3AFFF1            bra nz, 0x160
192     0017E    060000            return
193     00180    FA0000   main     lnk #_dinit_tblpage
194     00182    200010            mov.w #0x1,w0
195     00184    884000            mov.w w0,.bss
196     00186    200000            mov.w #_dinit_tblpage,w0
197     00188    881630            mov.w w0,TRISBbits
198     0018A    EB8000            setm.w w0
199     0018C    881600            mov.w w0,TRISAbits
200     0018E    804000   .L2      mov.w .bss,w0
201     00190    881640            mov.w w0,PORTBbits
202     00192    801090            mov.w U1RXREGbits,w0
203     00194    884010            mov.w w0,temp
204     00196    804000            mov.w .bss,w0
205     00198    E80000            inc.w w0,w0
206     0019A    884000            mov.w w0,.bss
207     0019C    37FFF8            bra .L2
208     0019E    000000            nop
209     001A0    000800            nop

Opcode Hex | Machine | Symbolic | PSV Mixed | PSV Data
```

图 22-19　程序存储器中的符号

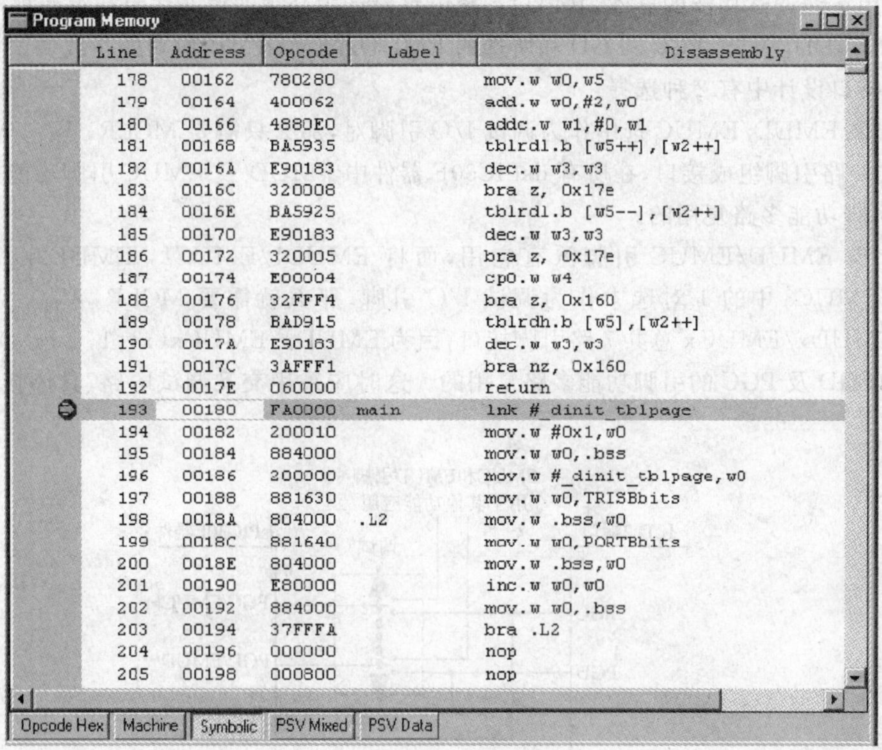

```
Program Memory
      Line  Address  Opcode   Label    Disassembly
      178   00162    780280            mov.w  w0,w5
      179   00164    400062            add.w  w0,#2,w0
      180   00166    4880E0            addc.w w1,#0,w1
      181   00168    BA5935            tblrdl.b [w5++],[w2++]
      182   0016A    E90183            dec.w  w3,w3
      183   0016C    320008            bra z, 0x17e
      184   0016E    BA5925            tblrdl.b [w5--],[w2++]
      185   00170    E90183            dec.w  w3,w3
      186   00172    320005            bra z, 0x17e
      187   00174    E00004            cp0.w  w4
      188   00176    32FFF4            bra z, 0x160
      189   00178    BAD915            tblrdh.b [w5],[w2++]
      190   0017A    E90183            dec.w  w3,w3
      191   0017C    3AFFF1            bra nz, 0x160
      192   0017E    060000            return
 ●    193   00180    FA0000   main     lnk # _dinit_tblpage
      194   00182    200010            mov.w #0x1,w0
      195   00184    884000            mov.w w0,.bss
      196   00186    200000            mov.w #_dinit_tblpage,w0
      197   00188    881630            mov.w w0,TRISBbits
      198   0018A    804000   .L2      mov.w .bss,w0
      199   0018C    881640            mov.w w0,PORTBbits
      200   0018E    804000            mov.w .bss,w0
      201   00190    E80000            inc.w  w0,w0
      202   00192    884000            mov.w w0,.bss
      203   00194    37FFFA            bra .L2
      204   00196    000000            nop
      205   00198    000800            nop
Opcode Hex | Machine | Symbolic | PSV Mixed | PSV Data
```

图 22 - 20　程序存储器中的断点

按 RESET 按钮或选择 Debugger>Reset 并选择 Processor Set(处理器复位)。

④ 现在单击 RUN。程序将在设置在 main 上的断点处停止。

⑤ 返回到源文件窗口(File>Open)和反汇编窗口(View>Disassembly Listing)。应该可以在所有 3 个窗口中看到断点。现在,可以在任何窗口中使用单步运行功能,来单步运行 C 源代码行或单步运行汇编代码。

22.5.10　用户系统在线调试接口设计

用户在 MPLAB IDE 使用配置选项里可以选择 dsPIC30FXXXX 器件 4 对调试引脚中的 1 对用于在线调试,这些引脚对分别是 EMUD/EMUC,EMUD1/EMUC1,EMUD2/EMUC2 和 MUD3/EMUC3。在各种情况下,被选中的 EMUD 脚即是仿真调试数据线,EMUC 即是仿真调试时钟线。这些引脚连接到 MPLAB ICD 2 在线调试器,MPLAB ICD 2 使用这 1 对 I/O 引脚发送命令和接收应答及数据。

对使用在线调试功能的器件,其用户系统电路设计中必须按照在线串行编程规范,设计连接 MCLR,VDD,VSS,PGC,PGD 和所选的 EMUDx/EMUCx 引脚对的在线调试接口。

为此接口设计中有 2 种选择:

① 如果 EMUD/EMUC 选中作为调试 I/O 引脚对,那么只需要 MCLR,V_{DD},V_{SS},PGC,PGD 总共 5 路引脚组成接口,在所有 dsPIC30F 器件中 EMUD 及 EMUC 引脚功能是和 PGD 及 PGC 引脚功能多路复用的。

② 如果 EMUD/EMUC 引脚派有它用,而将 EMUD1/EMUC1,EMUD2/EMUC2 或 EMUD3/EMUC3 中的 1 对选中作为调试 I/O 引脚,那么就需要 MCLR,V_{DD},V_{SS},PGC,PGD 和 EMUDx/EMUCx 总共 7 路引脚接口;因为 EMUDx/EMUCx(x=1,2 or 3)的引脚功能不是与 PGD 及 PGC 的引脚功能多路复用的。这时应采用交叉调试电路,具体接线请参见图 22-21。

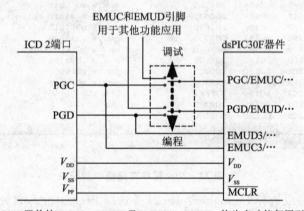

注:dsPIC30F 器件的 EMUC,EMUD 及 EMUCx,EMUDx 均为多功能复用引脚。

图 22-21 交叉调试典型电路

第 23 章

dsPIC30F 用于单相交流电机调速控制

家用电器的动力大多使用单相交流感应电动机,如电风扇、空调、冰箱、洗衣机、跑步健身器、真空泵、吸尘器、油烟机、电动工具等。采用变频调速技术不但能改善家用电器使用的舒适度,提高性能指标,还可节能省电。

dsPIC30F 电机控制系列芯片丰富的软硬件资源,用于单相交流电机控制非常方便。

23.1 交流感应电机的 V/F 控制

交流感应电动机的转速为:

$$n = \frac{60 f_1}{p}(1-s) \tag{23-1}$$

从式中可以看出,改变转差率 s,改变极对数 p,以及改变输入电源的频率 f_1 都能使电机的转速改变。改变极对数 p 的调速方法与电动机的结构有关,而且仅限于几个固定转速,在单相感应电机中少见应用。改变转差率 s 的调速方法耗能、调速性能差,目前逐已淘汰不用。而改变输入电源的频率 f_1 的方法能宽范围地调速、工作效率和调速精度都较高,是单相感应电机调速控制的首选方案。

根据感应电机定子绕组感应电动势公式:

$$E_1 = 4.44 f_1 N_1 k_{N1} \Phi_m \tag{23-2}$$

在改变电源频率 f_1 的同时,必须按比例改变感应电动势 E_1,即保持 E_1/f_1 恒定,才能在调速过程中保持气隙磁通 Φ_m 不变,否则会导致磁通增加,使铁心饱和,造成定子励磁电流过大,电机严重发热,甚至损坏。这种变频调速方法又称变频变压调速(Variable Voltage Variable Frequency),简称 V/F 控制。

交流电机的变频调速 V/F 控制一般采用脉宽调制方式,以改变脉宽来控制其输出电压,以改变调制周期来控制其输出频率,常采用的调制方法有:

> 正弦波脉宽调制(SPWM) 输出一系列正弦波形调制下的等幅不等宽脉冲序列,脉冲序列的周期和占空比按正弦波规律变化,使每个脉冲的面积与正弦曲线下对应的面积近似相等。SPWM 调制又分双极性调制和单极性调制。

> 空间矢量脉宽调制（SVPWM） 从电动机的角度出发，以三相对称正弦波电压供电时的理想圆形磁通轨迹为基准，用逆变器功率开关器件的 8 个状态（对应 8 个电压矢量）产生的磁通逼近圆形磁通轨迹，脉冲序列的脉宽根据电压空间矢量在圆形旋转磁场中的位置计算。一般只用于三相感应电动机。

23.2 单相交流感应电机的启动和运行

家庭住宅环境通常只有单相交流电源，所以大多数家用电器中都使用单相交流感应电机。单相电机只有单个定子主绕组，不象三相电机有 3 个定子绕组，接入三相电源后绕组中会形成旋转磁场，只要接通电源电机就能启动和运行。单相电机定子的单绕组结构无法产生旋转磁场，常用以下几种方法解决电机旋转磁场的问题。

罩极电机具有由层叠铁片构成的磁极结构。在该结构中放置了一个线圈。在两个关键位置将短路环环绕在磁极叠片上可以产生"旋转"磁场。短路环使磁通分布不均，从而产生旋转磁场。

解决旋转磁场问题的另一个方法是在定子上的不同位置放置两个电绕组。这种类型的电机称为分相 ACIM。在大多数情况下，两个绕组中的一个绕组具有较低的电阻抗，被指定为主绕组或"运转"绕组；另一个绕组具有较高的阻抗，被指定为副绕组或辅助起动绕组。通常，有 3 种类型的分相电机：

第 1 种类型具有 2 个绕组、1 个离心式开关和 1 对输入端。这类电机通常用于风扇和鼓风机。起动时，2 个绕组并联。当电机接近全速时，离心式开关会断开起动绕组。一旦电机以足够的速度旋转之后，无需起动绕组就可运转。这类电机在起动时效率不高，但是风扇或鼓风机在低速时通常也不会带有很大负载。

第 2 种分相电机有 2 个绕组、1 个离心式开关和 1 个与起动绕组串联的电容。这个电容提供相移，从而增大了起动转矩并减小了起动电流。当电机接近全速后，离心式开关断开起动绕组（和电容）。这类电机通常被称为电容起动电机。

第 3 类分相电机不用离心式开关，是应用最广泛的单相感应电动机。为了在电机内部产生一个旋转的磁场，定子中设有工作主绕组和辅助绕组，辅助绕组中串联一电容器，适当选择电容器的容量可使辅助绕组的电流超前主绕组 90°，在定转子气隙中建立稍带椭圆度的旋转磁场，获得初始的启动转矩。在运行过程中，副绕组及电容器不从电路中撤除，长期参与运行，故称为电容运转式电动机。这种电动机不仅具有电容启动式电动机的优点，而且启动绕组也参与运行，使运行时输出功率较大，功率因数可达 0.9 以上，过载能力较强，电容的滤波作用使电动机的噪声相对低，振动也较小；缺点主要是启动转矩较小。

电容运转电机在运行速度范围之内有最佳的转矩。在所有类型的单相 ACIM 中，电容运转电机是进行变速控制的最佳选择。

23.3 单相感应电机变频调速的逆变器功率主电路

交流感应电机变频调速的功率主电路一般采取交-直-交结构。首先,将输入的交流电经过整流和滤波变成直流母线上的直流电压,然后,由微处理器组成的控制电路控制下,通过半导体功率器件组成的逆变桥,将直流母线电压以 PWM 方式再转换成为电机供电的交流电流。

为了实现变频调速的目的,主功率电路在 dsPIC30F 数字控制器的控制下,将输入的单相 50 Hz、220 V 的交流电源变成为频率和幅值可调的交流电源以向单相电机供电。对于控制分相电机,有几种不同的逆变器拓扑方案可供选择。如果希望省去电容而用软件实现相移,则可以使用三相逆变器电路,也称之为两相 3 桥臂全桥逆变电路,使用逆变器中的 1 对桥臂单独驱动副绕组,可以在副绕组上产生任意相移和幅值的电流,如图 23-1 所示。两相 3 桥臂电路同三相逆变功率电路相同,三相交流感应电机变频器用的 6 单元功率模块可直接使用。分相电机也可以用 H 桥逆变器驱动,如图 23-2 所示。此方案需要 1 个运转电容,但是省去了 2 个逆变器开关器件。此电路的缺点在于电机的旋转方向是由电路中电容的位置决定的。H 桥逆变器电路也可以用来驱动具有单个绕组的罩极电机。驱动分相电机或罩极电机的另 1 个方法是使用带中点形成电容的 H 桥逆变器电路,如图 23-3 所示,H 桥逆变器的 2 桥臂分别向主绕组和副绕组供电。

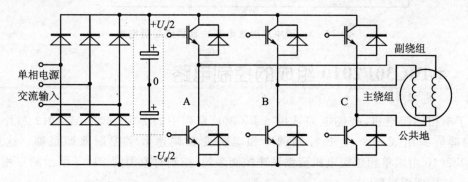

图 23-1 三相逆变器驱动分相电机

图 23-1 使用 6 个功率开关器件组成逆变器电路,用软件实现副绕组的电流相位超前主绕组 90°,可以控制在整个速度范围内的旋转磁场的椭圆度非常小,因此调速范围宽,电压利用率也高。图 23-2 只要 4 个功率开关器件,同时不必改变单相感应电机的接线方式,使用简单方便,但运转电容的存在使得辅助绕组阻抗呈容性,逆变器的输出频率变化时,影响电机旋转磁场的椭圆度增大,频率调节范围受到一定限制。图 23-3 由于以串联的分压电容形成直流电源的中点,电路的电压利用率较低,电机的输出功率要受影响。

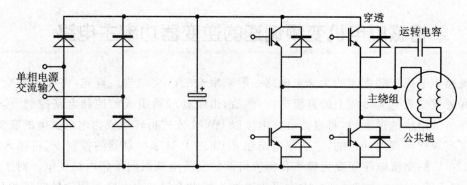

图 23-2 H 桥逆变器电路

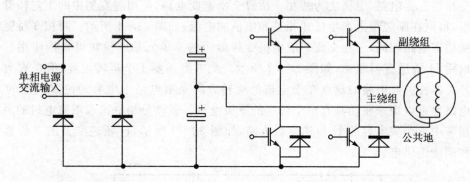

图 23-3 带中点形成电容的 H 桥逆变器电路

23.4 dsPIC30F2010 组成的控制电路

对于单相感应电机，控制电路选用 dsPIC30F 系列中的 2010、3010 或 4012 芯片成本较低，其内部资源组成一个 V/F 控制的单相电机变频调速数字控制器即足够。这里选用 dsPIC30F2010 组成单相感应电机变频调速控制系统，控制对象为图 23-1 所示的三相逆变器主电路。结构框图见图 23-4。

系统主要以 dsPIC30F2010 为核心，驱动电路选用 IR 公司的三相驱动专用集成芯片 IR2136，这种用于功率 MOSFET 器件（或 IGBT）栅极驱动的集成电路，能输出 6 路驱动信号，内部设有给桥臂上管供电的自举式悬浮电源，只须用 1 路工作电源便可正常驱动 6 个功率开关器件，大大简化了电路设计。电压采样取自三相逆变器功率主电路的直流母线，通过电阻分压获得合适的信号范围。电流信号也取自直流母线负端串入的采样电阻，获得的是逆变器直流母线的电流，通过软件的方法换算成电机的绕组电流。由于采用了 IR2136 驱动电路，控制电路与逆变器主电路可以不隔离而直接共地，既方便了电阻采样电路的连接，又大大降低了系统的制造成本。

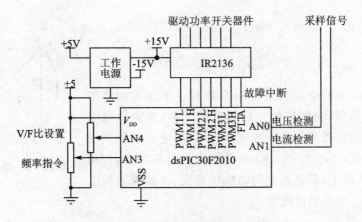

图 23-4 数字控制器框图

23.5 3桥臂两相 SPWM 控制策略及编程

由于选用三相逆变器主功率电路驱动单相感应电动机,所以要求功率电路能分别提供电机主绕组和副绕组的驱动电源,并且副绕组的电流超前主绕组 90°,实际是一个产生两相正弦调制 PWM 波的逆变器。控制程序的主要任务就是在 3 桥臂之间产生这样一组相位差固定而频率及电压可调的两相电源。从图 23-1 可以看到,逆变器的 C 桥臂连接主、副绕组的公共地,B—C 桥臂提供主绕组的运行正弦电流,A—C 桥臂在软件控制下输出相位超前主绕组 90°的同频正弦电流,使电动机气隙内建立起圆形旋转磁场。

将图 23-1 的三相逆变器直流母线滤波电容的中点看为 A、B、C 3 个桥臂的中点,为输出相位差为 90°的两相正弦基波电流,各桥臂对中点的电压关系应满足:

$$u_A = \frac{1}{2}U_d(1 + m\sin\omega t)$$
$$u_B = \frac{1}{2}U_d[1 + m\sin(\omega t + 180°)] \qquad (23-3)$$
$$u_C = \frac{1}{2}U_d[1 + \sin(\omega t \pm 90°)]$$

式中 U_d 是直流母线电压,m 是正弦基波的调制比。上式相位关系还可用矢量图 23-5 表示。

矢量 u_{AO}、u_{BO}、u_{CO} 的长度表征了三个桥臂调制度的大小,矢量越长说明该桥臂调制比越大。若单相电机反转,则由矢量 u_{AO}、u_{BO}、u_{CO} 的组合表征 3 个桥臂调制度的大小。由此得到电动机主、副绕组两端的实际基波电压:

$$u_{AC} = u_A - u_C = \frac{\sqrt{2}}{2} m u_d \cos(\omega t + 135°)$$

(23-4)

$$u_{BC} = u_B - u_C = -\frac{\sqrt{2}}{2} m u_d \cos(\omega t + 45°)$$

图 23-5 所表示的电压矢量分布是针对主绕组与副绕组对称设计的单相电机,当电机的主副绕组不对称(即匝数及阻抗不同)时,要求逆变器两相输出的电压也不同,电机才能形成圆形旋转磁场。此时 u_{CO} 与 u_{AO}、u_{BO} 矢量的交点仍是 O 点,但相交不再是直角,依据主、副绕组之间的匝比而变,各桥臂基波电压的计算公式相应也要做出改变:

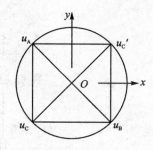

图 23-5 两相基波电压矢量

$$u_A = \frac{1}{2} u_d m \sin(\omega t + 180° - 2\arctan a)$$

$$u_B = \frac{1}{2} u_d m \sin(\omega t - 2\arctan a)$$

(23-5)

$$u_C = \frac{1}{2} u_d m \sin \omega t$$

这样得到电动机不对称主、副绕组两端的实际基波电压:

$$u_{AC} = \frac{1}{\sqrt{1+a^2}} m u_d \sin(\omega t + 180° - \arctan a)$$

(23-6)

$$u_{BC} = \frac{a}{\sqrt{1+a^2}} m u_d \sin(\omega t - 90° - \arctan a)$$

式中 a 是主副绕组的匝比系数。详细分析请参阅参考文献[18]。

3 个桥臂的基波电压计算出来后,便可按照 SPWM 调制方法计算 3 桥臂的脉宽开关数据,最后在 A-C 桥臂之间和 B-C 桥臂之间合成所需要的两相正弦电流输出。

逆变器的 SPWM 调制方式的原理可参看本书第 26 章的 26.2 节,但正弦调制参考信号应改为电压信号,而各桥臂正弦参考信号的相位应按公式(23-5)的要求修改。

23.5.1 SPWM 调制

PWM 被配置为 16 kHz 的载波频率、互补输出和 4 μs 的死区时间。所需的死区时间长度取决于用来驱动电机的功率电路,一般 IGBT 设置 4 μs 的死区时间是安全的。后面的示例使用了具有 64 个值的正弦波参数表来驱动电机。每个 PWM 周期调用一次 Modulation 子程序为三相逆变器中的每一相计算占空比。此子程序在每次调用时均保存所有的工作寄存器并在调用结束后恢复这些寄存器的值,因此该子程序可在其他应用中使用。

首先函数装入正弦查找表指针以及与该调制程序相关的各种变量和常数。正弦表被存储在程序存储器空间以节省 RAM。将原来的调制角度 Phase 与 Frequency 变量相加得到 A 相的调制角度值。A 相的调制角度值加上经过计算的 B 相偏移值 0xxxxx,得到 B 相的调制角度;A 相的调制角度值加上经过计算的 C 相偏移值 0xxxxx,得到 C 相的调制角度。这些偏移值是根据单相感应电机主副绕组的匝比而计算出来的。如果是对称绕组,则 C 相偏移值为 0x4000,将提供 90°的相移;B 相偏移值为 0x8000,将提供 180°的相移。

创建了 3 个调制角度之后,将它们右移以丢弃除高 6 位之外的所有位。这样做的原因是正弦表仅有 64 个值,构成 1 个指针值只需要 6 位。如果使用不同大小的正弦表,那么将需要调节右移的位数。右移之后,将正弦表指针左移 1 位以创建 1 个指向字节的指针。因为该表包含的是字类型数值,所以需要将该指针值乘以 2。

接下来的代码将重复 3 遍以得到每相的占空比。将 3 个正弦表指针中的每 1 个与正弦表的程序存储器基地址相加以构成实际的查找地址。使用读表指令从该表获得正弦值,需要执行 2 次乘法和 1 次加法运算来计算每个占空比。第 1 次乘法将正弦查找值换算为所需的调制幅值,第 2 次乘法根据选定的 PWM 周期,将正弦查找值换算到允许的 PWM 占空比值范围之内。PWM 换算系数是 1 个表示占空比为 50% 的值。该换算系数随后将与此结果相加,以提供 50% 的占空比偏移。

```
;-------------------------------------------------------
; PWM 正弦波调制子程序
;-------------------------------------------------------
Modulation:
        push.d W0                       ;保存工作寄存器
        push.d W2
        push.d W4
        push.d W6
        push.d W8
        push.d W10
;下面的 3 条指令初始化 TBLPAG 和指针寄存器
;从而可使用读表操作来访问程序存储器中的正弦波数据。
        mov #tblpage(SineTable),W0
        mov W0,TBLPAG
        mov #tbloffset(SineTable),W0
;下面的指令块装载正弦波调制程序中使用的各种常数和变量,假定为对称绕组。
        mov Phase,W1                    ;装载正弦波表指针
        mov #Offset_90,W4               ;这是 90°偏移的值
        mov Amplitude,W6                ;装载调制幅值换算系数
        mov #PWM_Scaling,W7             ;装载 PWM 换算值
        mov Frequency,W8                ;装载将在每次中断时与表指针相加的 Frequency 常数
;这是指针调节代码。将 Frequency 值加给正弦表指针以使指针在正弦表中前移。
;然后,为此指针加上相应的偏移值以得到相位 2 和相位 3 的指针。
```

```
                                        ;注意：如果需要不同的相位偏移，可以在这里使用其他常数值。
                                        ;加上 0x4000 将得到 90°偏移，加上 0x8000 将
                                        ;提供 180°偏移。在此将 0x4000 装入 W4 以提供 90°偏移。
        add W8,W1,W1                    ;将 Frequency 值加给正弦指针
        add W1,W4,W2                    ;加上 90°偏移值以得到相位 C 的指针
        add W2,W4,W3                    ;再加上 90°偏移以得到相位 B 的指针
                                        ;该正弦表有 64 个值，所以将指针右移
                                        ;以得到 1 个 6 位的指针值。
        lsr W1,#10,W9                   ;将相位 1 的指针右移以得到高 6 位
        sl W9,#1,W9                     ;左移 1 位转换为字节地址
        lsr W2,#10,W10                  ;将相位 2 的指针右移以得到高 6 位
        sl W10,#1,W10                   ;左移 1 位转换为字节地址
        lsr W3,#10,W11                  ;将相位 3 的指针右移以得到高 6 位
        sl W11,#1,W11                   ;左移 1 位转换为字节地址
                                        ;现在，将每个相位的指针与基表指针相加以获得查找值的绝对表地址。
                                        ;然后将查找值换算为正确的幅值和在有效的占空比范围之内。
                                        ;下面的指令块为相位 A 计算占空比。为相位 C 和相位 B 计算占空比的代码与此相同。
        add W0,W9,W9                    ;形成相位 A 的表地址
        tblrdl [W9],W5                  ;读相位 A 的查找值
        mpy W5*W6,A                     ;乘以幅值换算系数
        sac A,W5                        ;存储经过换算的结果
        mpy W5*W7,A                     ;乘以 PWM 换算系数
        sac A,W8                        ;存储经过换算的结果
        add W7,W8,W8                    ;加上 PWM 换算系数以产生 50% 的偏移
        mov W8,PDC1                     ;写 PWM 占空比
;下面的代码块为相位 C 计算占空比。
        add W0,W10,W10                  ;形成相位 C 的表地址
        tblrdl [W10],W5                 ;读相位 C 的查找值
        mpy W5*W6,A                     ;乘以幅值换算系数
        sac A,W5                        ;存储经过换算的结果
        mpy W5*W7,A                     ;乘以 PWM 换算系数
        sac A,W8                        ;存储经过换算的结果
        add W7,W8,W8                    ;加上 PWM 换算系数以产生 50% 的偏移
        mov W8,PDC2                     ;写 PWM 占空比
;下面的代码块为相位 B 计算占空比。
        add W0,W11,W11                  ;形成相位 B 的表地址
        tblrdl [W11],W5                 ;读相位 B 的查找值
        mpy W5*W6,A                     ;乘以幅值换算系数
        sac A,W5                        ;存储经过换算的结果
```

```
            mpy W5 * W7,A              ;乘以 PWM 换算系数
            sac A,W8                   ;存储经过换算的结果
            add W7,W8,W8               ;加上 PWM 换算系数以产生 50% 的偏移
            mov W8,PDC3                ;写 PWM 占空比
;现在,保存经过调节的正弦波表指针从而能
;在此代码的下1次迭代中使用它。
            mov W1,Phase
            pop.d W10                  ;恢复工作寄存器
            pop.d W8
            pop.d W6
            pop.d W4
            pop.d W2
            pop.d W0
            return                     ;从子程序返回
```

23.5.2 产生正弦波的查表方法

产生正弦波形最简便的方法就是使用查找表,也可以花费 CPU 时间来实时计算正弦值,但是这样做不划算,因此通常会使用一个包含正弦波所有点的查找表,每经过1个周期性的间隔从该表读出正弦值,将该值进行换算使之符合所允许的占空比范围,然后将它写入占空比寄存器。软件中的正弦指针变量用于定义表中的当前位置,必须以周期性的间隔(通常在每个 PWM 周期的开头)调节此指针。如果在每个间隔将固定的调节值加给该指针,则该软件指针将以固定的频率在表中前移。查找表的长度通常被设置为2的偶次幂,如64、128 或 256。因此每次改变指针的值后均无需软件检查该值。该指针计满返回并复位为0。

表中的数据是16位有符号整型格式的,其中 0x7FFF 表示+0.999,而 0x8000 表示 -1.0。如果需要,可以预先将该数据换算为最大 PWM 占空比以免去 Modulation 函数中的一步乘法运算。

在创建产生正弦波的数据表时表的大小是软件设计中要统筹考虑的。表中的点太少将导致电机电流波形中的"阶梯"效应,阶梯效应将引起电机电流失真,从而导致更高的发热;而表中的点太多则会导致表太大而用尽 MCU 宝贵的存储器空间。一个很好的经验方法是将 PWM 载波频率除以所需的最大调制频率所得的值作为查找表中的点数,通常选择刚超出音域的频率作为 PWM 载波频率。

假定为典型的 ACIM 选定了 16 kHz 的 PWM 载波信号,并且最大调制频率为 60 Hz:

$$表中值的个数 = f_{PWM}/f_{MOD,max} = 16000/60 = 267 \qquad (23-6)$$

对于此例,含有256个值的正弦表已经足够了。实际上,本例提供的代码使用的是含有64个值的表,而且能够提供良好的结果。

选定了正弦表的大小之后，就可以选择正弦表指针变量的大小了。假定使用了含有 256 个值的表来获取正弦值，乍一看，可能觉得 8 位指针值已经足够了，然而，您会希望指针值大一些，以便产生很低的调制频率。此应用笔记中的代码示例使用了 16 位的正弦表指针，该指针可表示完整的 360°角度，其中 0x0000 表示 0°，而 0xFFFF 表示 359.9°。每次需要从查找表中获取新值时，指针变量的高 8 位被用作指针索引，而低 8 位可被视作小数位。

您可能想知道调制频率的分辨率。要确定此分辨率，需要知道调节正弦表指针的频率。现在，假定每个 PWM 周期调节 1 次。假定 PWM 频率为 16 kHz，调制频率分辨率将是：

$$\text{调制频率分辨率} = f_{\text{PWM}}/2^{16} = 0.244 \text{ Hz/位} \tag{23-7}$$

因此，此角度分辨率和 PWM 载波频率允许每 1 步对调制频率调节 0.244 Hz。对于电机的变速应用，当调制频率为 60 Hz 时，电机全速运行。要确定提供 60 Hz 调制频率的表指针增量值，请使用以下公式：

$$f_{\text{MOD}}/0.244 = 60/0.244 = 246 \text{ 位} \tag{23-8}$$

如果每次 PWM 中断时，将正弦表指针加上该值 246，那么将会得到 60 Hz 的调制频率。

想要产生具有不同相位的多个输出来驱动交流感应电机。通过将指针变量加上固定的偏移值可以为某个特定的输出确定相位偏移。

二进制计数很适合在三相系统中使用。假定使用的指针大小为 16 位，那么 0x5555 提供 120°的偏移，而 0xAAAA 提供 240°的偏移。在每次 PWM 中断时将这 2 个偏移值加上正弦表指针，从而为第二和第三相提供 2 个另外的指针。由于使用了 16 位运算，因此若正弦表指针加上偏移后导致了溢出，将会使指针绕回到起始位置。

如果希望使用 H 桥逆变器驱动单相电机绕组，那么可以用 0°相位偏移调制桥的一边，用 180°偏移调制桥的另一边。如果使用 16 位正弦表指针，偏移值 0x8000 将提供 180°偏移，可能需要 90°偏移来驱动分相电机的副绕组。在这种情况下，可以使用正弦指针偏移值 0x4000。

为了获得索引值以从表中查找正弦数据，将 16 位正弦指针右移以丢弃在正弦表指针部分中描述的小数位。如果使用含有 256 个值的表，则只需将指针的高 8 位用作查找表的索引。

一旦从表获得查找值之后，就可将这些值乘以比例值以确定调制输出的实际幅值。

```
;--------------------------------------------------------------
;存储在程序空间中的常数
;--------------------------------------------------------------
    .section .sine_table, "x"
    .align256
        ;这是 1 个含有 64 个值的正弦波表，覆盖了正弦函数的 360°。
SineTable:
.hword 0,3212,6393,9512,12539,15446,18204,20787,23170,25329
.hword 27245,28898,30273,31356,32137,32609,32767,32609,32137,31356,30273,28898
.hword 27245,25329,23170,20787,18204,15446,12539,9512,6393,3212,0,-3212,-6393
```

```
.hword -9512, -12539, -15446, -18204, -20787, -23170, -25329, -27245, -28898, -30273
.hword -31356, -32137, -32609, -32767, -32609, -32137, -31356, -30273, -28898, -27245
.hword -25329, -23170, -20787, -18204, -15446, -12539, -9512, -6393, -3212
;----------------------------------------------------------------
;此应用程序中的常数
;----------------------------------------------------------------
        ;此常量用来将正弦查找值换算到 PWM 占空比的有效范围内。占空比的范围取决于写入 PTPER
        ;的值。
        ;对于此应用程序,将设置 PTPER = 230,使占空比介于 0~460 之间。正弦表数据是有符号的,
        ;用 230 乘以表中数据,然后将乘积加上固定的偏移值从而将查找数据换算为正值
        .equ PWM_Scaling, 230
        ;正弦波表的指针是 16 位的。把 0x4000 加给指针将提供 90°的偏移,而再加上 0x4000 将提供
        ;180°的偏移。这些偏移用来获取 PWM 输出的相位 C 和相位 B 的查找值。
        .equ Offset_90, 0x4000
;----------------------------------------------------------------
;程序存储器中的代码部分
;----------------------------------------------------------------
.text                                   ;代码部分的开始
__reset:
        MOV #__SP_init, W15             ;初始化堆栈指针
        MOV #__SPLIM_init, W0           ;初始化堆栈指针限制寄存器
        MOV W0, SPLIM
        NOP                             ;在初始化 SPLIM 之后,加 1 条 NOP
        CALL _wreg_init                 ;调用_wreg_init 子程序
                                        ;可以选用 RCALL 代替 CALL
        call Setup                      ;调用程序以设置 I/O 和 PWM
;----------------------------------------------------------------
;初始化变量
;----------------------------------------------------------------
        clr Frequency
        clr Amplitude
;----------------------------------------------------------------
;主循环代码
;在主循环中查询 PWM 中断标志
;----------------------------------------------------------------
Loop:   btss IFS2, #PWMIF               ;查询 PWM 中断标志
        bra CheckADC                    ;如果置 1,则继续
        call Modulation                 ;调用正弦波调制程序
        bclr IFS2, #PWMIF               ;清零 PWM 中断标志
```

```
CheckADC:
        btss IFS0,#ADIF
        bra Loop
        call ReadADC
        bra Loop
```

23.5.3 ADC 采样和 PWM 输出设置

电机运行频率由 VN3 的模拟采样值给定，V/F 比参数由 AN4 的模拟采样值设定。ADC 对 AN3 和 AN4 2 路输入进行扫描，每隔 16 个 PWM 周期由 PWM 模块触发 1 次 ADC 转换，并且在 2 次采样/转换过程之后由 ADC 中断 CPU。在每次 ADC 中断时调用 ReadADC 子程序以读取转换值并计算 VF 曲线上各点的值。

与 AN3 连接的电位计设置驱动频率。将 10 位 ADC 结果右移 2 位，然后写入 Frequency 变量。频率分辨率为 0.244 Hz/位，因此电位计最高可将驱动频率调节到 62 Hz。

与 AN4 连接的电位计用来设置电压-频率比，它决定 VF 曲线的斜率。当电位计设置为满值时，VF 曲线的斜率最大。将 AN3 和 AN4 的 ADC 结果左移，以将它们转换为小数值，从而简化数学运算。在小数运算中，0x7FFF=0.999。使用小数 MPY 指令让这 2 个小数值相乘。此次相乘的结果仍是 1 个小数值，该值可用来调节调制电压，调节范围为 0~100%。该乘积存储在 Amplitude 变量中。

Frequency 和 Amplitude 变量决定了产生正弦波的输入参数。Amplitude 的值是有限的，所以在运行 PWM 调制程序过程中将不会发生过调制。在此应用中，ADC 和 VF 运算在 500 Hz 的频率下进行，以产生新的电压和频率值。应该注意的是，仅当需要改变电机速度时，才需要进行 VF 运算。这将取决于具体的应用。

设置#1、#2 和#3 3 对 PWM 互补模式输出，并设定 PWM 时基为中心对齐模式。

```
;----------------------------------------------------------------
; ADC 处理子程序
;----------------------------------------------------------------
ReadADC:
        push.d W0
        push.d W4
        mov ADCBUF0,W0          ;将 ADC 结果读入 W0
        mov ADCBUF1,W1          ;和 W1。
        asr W0,#2,W4            ;右移 2 位以得到
        mov W4,Frequency        ;调制频率
        sl W1,#5,W4             ;将 AN3 和 AN4 的值左移以得到
        sl W0,#5,W5             ;1.15 格式的小数数据
```

```asm
            mpy W4*W5,A                  ;将频率与 V/Hz 的商相乘得到
            sac A,W0                     ;调制幅值。将结果存储在 W0 中
            mov #28000,W1                ;限制调制幅值以避免
            cp W1,W0                     ;在 PWM 调制中由死区引起的
            bra GE,NoLimit               ;失真
            mov W1,W0
NoLimit:
            mov W0,Amplitude
            pop.d W4
            pop.d W0
            return
;-------------------------------------------------------------------
;PWM 和 ADC 的设置代码
;-------------------------------------------------------------------
Setup:
            ; 设置 ADC
            mov #0x0404,W0               ;扫描输入
            mov W0,ADCON2                ;每次中断进行 2 次采样/转换
            mov #0x0003,W0;
            mov W0,ADCON3                ;$T_{AD}$ 是 2 个 $T_{CY}$
            clr ADCHS ;
            clr ADPCFG                   ;将所有 A/D 引脚设置为模拟模式
            clr ADCSSL ;
            bset ADCSSL,#3               ;使能对 AN3 的扫描
            bset ADCSSL,#4               ;使能对 AN4 的扫描
            mov #0x8066,W0               ;使能 A/D、PWM 触发和自动采样
            mov W0,ADCON1 ;
            bclr IFS0,#ADIF              ;清零 A/D 中断标志位
            ; 现在设置 PWM 寄存器
            mov #0x0077,W0               ;互补模式,使能#1、#2 和#3
            mov W0,PWMCON1               ;3 对 PWM 输出
            mov #0x001E,W0               ;器件运行速度为 7.38 MIPS 时,将产生 4 μs 的死区
            mov W0,DTCON1
            mov #PWM_Scaling,W0          ;器件运行速度为 7.38 MIPS 时,为 16 kHz PWM 设置周期
            mov W0,PTPER
            mov #0x0001,W0 ;
            mov W0,SEVTCMP               ;将 ADC 设置为以特殊事件触发启动
            mov #0x0F00,W0               ;将特殊事件后分频比设置为 1:16
            mov W0,PWMCON2 ;
```

```
            mov  #0x8002,W0              ;使能 PWM 时基,中心对齐模式
            mov  W0,PTCON
            return                        ;从 Setup 子程序返回
            ;----------------------------------------------------------------
            ;子程序:将 W 寄存器初始化为 0x0000
            ;----------------------------------------------------------------
_wreg_init:
            CLR  W0
            MOV  W0, W14
            REPEAT #12
            MOV  W0, [++W14]
            CLR  W14
            RETURN
            ;-------- 所有代码部分结束 ----------------------------------------
    .end                                  ;此文件中程序代码的结尾
```

第 24 章

dsPIC30F 用于交流电机矢量控制

矢量控制是交流异步电机的一种高性能变频调速控制方式。它是在异步电动机的数学模型基础上将电机定子绕组中耦合在一起的磁通电流和力矩电流通过坐标变换分解出来,以实现分别对磁通和力矩进行控制的目的,使异步电动机达到直流电动机特性。与第 23 章中介绍的恒压频比(V/F)控制相比,它既对电机驱动电压的频率和幅值进行控制,又同时控制电机驱动电压的相位,因此控制精度高,低频特性好,转矩动态响应速度快。

图 24-1 是矢量控制原理框图。

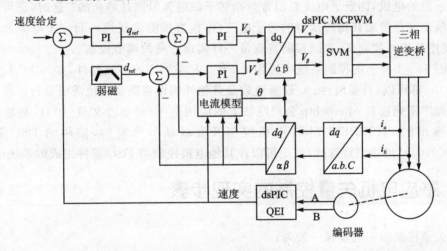

图 24-1 矢量控制原理框图

系统采用双闭环控制,外环是速度环,内环是电流环。速度给定经 PI 调节器输出转矩给定电流 q_{ref},与实时检测的电机电流中通过旋转变换得到的转矩分量比较后,经 PI 调节器输出变量 V_q;磁链函数发生器输出的磁链电流给定 d_{ref},与实时检测的电机电流中通过旋转变换得到的磁链分量比较后,经 PI 调节器输出变量 V_d。磁场定向变量 V_q、V_d 再经过旋转变换得到静止坐标下的分量 V_α 和 V_β,作为三相逆变器 SVPWM 的电压矢量参考值,经处理后得出三相交流电压输出。

矢量控制的基本思想是仿照直流电动机中的解耦控制,将输入的三相交流电压所产生的定子电流矢量分解成 2 个互相垂直的磁链分量 V_d 和转矩分量 V_q。V_d 用来产生磁通，V_q 用来产生电磁转矩。关键是变量在静止坐标与旋转坐标之间的变换，这些变换是通过 DSC 控制程序的一系列运算而实现的。因为转子是鼠笼结构且不存在直接电气连接，因此无法测量转子电流。由于转子电流不能直接测量，应用程序中使用可直接测量的参数来间接计算这些参数。使用以下数据可实现转子电流的间接矢量控制：

> 瞬时定子相电流，i_a、i_b 和 i_c。
> 转子机械速度。
> 转子电气时间常数。

电机需配置用以检测三相定子电流的传感器以及转子速度反馈装置。

理解矢量控制如何工作的关键是要在头脑中设想参考坐标变换过程。当考虑交流电机如何工作时，您可能从定子的角度来设想其运行过程。从这一角度来看，定子绕组上施加了正弦输入电流，该时变信号产生了旋转的磁通。转子的速度将是旋转磁通矢量的函数。从定子静止坐标系的角度来看，定子电流和旋转磁通矢量是交流量。如果不再采用前面的观察角度，而是设想您自己以相同的速度随着定子电流产生的旋转磁通矢量进行同步旋转，从这一角度来观察稳态运行的电机，则定子电流看似常量而转子磁通矢量则是静止的！这时，您可以控制定子电流的幅值和位置来获得所期望的转子电流（不能直接测量获得），而定子电流通过坐标变换后，可使用标准的控制环，如同控制直流量一样实现方便的调节控制。

组成图 24-1 所示的控制系统可选用 dsPIC30F 系列中的多款器件，如 3011、4011、5015、5016 和 6010 都可以，只要内存、A/D 通道数及其他外围设备满足系统需要就行。本章下面列举的控制程序示例选自 Microchip 公司网站上的应用范例（见参考文献[10]），是基于 Microchip 公司推出的 dsPICDEM MC1 电机控制开发板试验开发的，使用的 DSC 器件是用 dsPIC30F6010，经过适当地修改，完全可以在其他电机控制类 DSC 器件组成的系统中运行。

24.1 感应电机矢量控制的实现步骤

间接矢量控制的实现步骤一般为：

① 测量三相定子电流，可分别获得 i_a、i_b 和 i_c，同时测量转子速度。

② 将三相电流变换至 2 轴系统。该变换将三相电流测量值 i_a、i_b 和 i_c 变换为变量 i_α 和 i_β。从定子的角度来看，i_α 和 i_β 是互为正交的时变电流值。

③ 按照控制环上 1 次迭代计算出的变换角，旋转 2 轴坐标系，使之与转子磁通对齐。i_α 和 i_β 变量经过该变换可获得 I_d 和 I_q 变量。I_d 和 I_q 变量为变换到旋转坐标系下的正交电流。在稳态条件下，I_d 和 I_q 是常量。

④ 比较 I_d、I_q 的实际值与给定值就得到各自的误差信号。I_d 给定值用以控制转子磁通，I_q 给定值则用以控制电机的转矩输出。误差信号作为 PI 控制器的输入。控制器的输出为 V_d 和

V_q,也就是加到电机上的电压矢量。

⑤ 计算新的坐标变换角。该计算子程序的输入参数包括电机转速、转子电气时间常数、I_d 和 I_q。新的角度将告知算法下 1 个电压矢量在何处以获得当前运行条件下所需的转差率。

⑥ 通过使用新的坐标变换角可将 PI 控制器的输出变量 V_d 和 V_q 变换至静止参考坐标系。该计算将产生正交电压值 V_α 和 V_β。

⑦ V_α 和 V_β 值经过反变换得到三相电压值 V_a、V_b 和 V_c。该三相电压值用来计算新的 PWM 占空比以生成所期望的电压矢量。

24.2 坐标变换的实现

经过一系列的坐标变换,可以间接地确定不随时间变化的转矩和磁通值,并可采用经典的 PI 控制环对其进行控制。控制过程起始于三相电流的测量。实际上,三相无中线系统的三相电流瞬时值的和总是为零。利用这一约束条件,通过测量两相电流即可知道第三相电流。由于只需 2 个电流传感器,因此可以降低硬件成本。

24.2.1 CLARKE 变换

首先是将基于 3 轴、2 维的定子静止坐标系的各物理量变换到 2 轴的定子静止坐标系中。该过程称为 Clarke 变换,如图 24-2 所示。

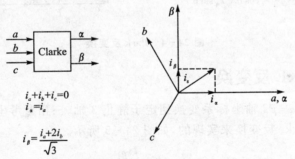

图 24-2 Clarke 变换

24.2.2 PARK 变换

此刻,已获得基于 $\alpha-\beta$ 2 轴正交坐标系的定子电流矢量。下一步是将其变换至随转子磁通同步旋转的 2 轴系统中,该变换称为 Park 变换,如图 24-3 所示。该 2 轴旋转坐标系称为 $d-q$ 轴坐标系。从这一角度来看,基于 $d-q$ 坐标系电流矢量的 $d-q$ 轴分量是不随时间变化的。在稳态条件下,它们是直流量。定子电流的 d 轴分量与磁通成正比,而其 q 轴分量则与转矩成正比。此时这些分量皆可用直流量的形式来表示,因此可采用经典 PI 控制环方法对其分别进行控制。

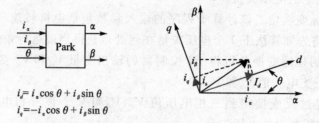

图 24-3 Park 变换

24.2.3 PARK 反变换

经过 PI 迭代后,可获得旋转 $d-q$ 坐标系中电压矢量的 2 个分量。此时需经过反变换将其重新变换到三相电机电压。首先,需从 2 轴旋转 $d-q$ 坐标系变换至 2 轴静止 $\alpha-\beta$ 坐标系。该变换为 Park 反变换,如图 24-4 所示。

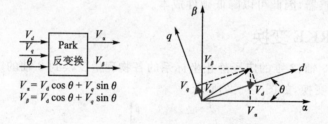

图 24-4 Park 反变换

24.2.4 CLARKE 反变换

下一步是将静止 $\alpha-\beta$ 2 轴坐标系变换到定子静止 3 轴、三相参考坐标系。从数学角度来看,该变换是通过 Clarke 反变换来实现的,如图 24-5 所示。

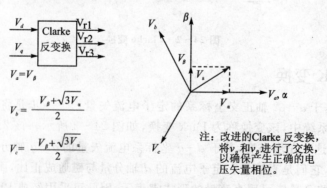

注:改进的 Clarke 反变换,将 v_α 和 v_β 进行了交换,以确保产生正确的电压矢量相位。

图 24-5 Clarke 反变换

24.3 磁通观察器

在鼠笼式异步电机中,转子机械转速略小于旋转磁场的转速。两者之间角速度的差异称作转差率,并以旋转磁通速度的百分比来表示。例如,如果转子转速和磁通旋转速度相同,则转差率为 0;而当转子转速为 0 时,转差率则为 1。

Park 变换和 Park 反变换均需要 1 个输入角 θ。变量 θ 表征转子磁通矢量的角位置,转子磁通矢量正确的角位置应通过已知值和电机参数来估算,该估算过程中应用了电机等效电路模型。电机运行所需的转差率在磁通观察器方程中得到反映,并包含在角度计算中。磁通估计器根据定子电流、转子转速以及转子电气时间常数来计算新的磁通位置。磁通估算的实现是基于电机电流模型,特别是以下 3 个计算公式:

① 计算励磁电流

$$I_{mr} = I_{mr} + \frac{T}{T_r}(I_d - I_{mr}) \tag{24-1}$$

② 计算磁通转速

$$f_s = (P_{pr} \times n) + \left(\frac{1}{T_r \omega_b} \times \frac{I_q}{I_{mr}}\right) \tag{24-2}$$

③ 计算磁通角

$$\theta = \theta + \omega_b \times f_s \times T \tag{24-3}$$

其中:

I_{mr} 励磁电流(通过测量值来计算);

f_s 磁通转速(通过测量值来计算);

T 采样(循环)时间(程序中的参数);

n 转子转速(通过轴编码器测量获得);

T_r Lr/Rr=转子时间常数(必须通过电机制造商获得);

θ 转子磁通位置(该模块的输出变量);

ω_b 电气标称磁通转速(从电机铭牌获得);

P_{pr} 极对数(从电机铭牌获得)。

在稳态条件下,I_d 电流分量用于产生转子磁通。在瞬态变化时,I_d 测量值和转子磁通之间存在 1 个低通滤波关系。励磁电流 I_{mr} 是 I_d 的分量,用以产生转子磁通。在稳态条件下,I_d 等于 I_{mr}。公式(24-1)给出了 I_d 和 I_{mr} 之间的关系,该方程的准确性取决于转子电气时间常数是否准确。本质上,公式(24-1)在瞬态变化过程中对 I_d 的磁通产生分量进行校正。

I_{mr} 的计算值随后被用来计算转差频率,如公式(24-2)所示。转差频率是转子电气时间常数、I_q、I_{mr} 以及当前转子转速的函数。

公式(24-3)是磁通观察器的最后 1 个方程。其根据公式 24-2 得出的转差频率以及前次磁通角计算值来计算新的磁通角。

由于公式(24-1)和公式(24-2)给出了转差频率和定子电流的关系,因此电机磁通和转矩就已经是确定的。此外,这 2 个方程确保定子电流按照转子磁通进行正确地定向。如果可保持定子电流和转子磁通的正确定向,那么就可单独控制磁通和转矩。I_d 电流分量控制转子磁通,而 I_q 电流分量控制电机转矩。这就是间接矢量控制的主要原理。

24.4 PI 控制

使用 3 个 PI 环分别控制相互影响的 3 个变量。转子转速、转子磁通以及转子转矩皆通过单独的 PI 模块来控制。PI 控制实现采用常规方法,并包含了 1 个(Kc * Excess)项以抑制积分饱和,如图 24-6 所示。本节只对 PID 的基本工作原理进行简单介绍。

PID 控制器对闭环控制环中的误差信号进行响应,并对控制量进行调节,以获得期望的系统响应。被控参数可为任何可测系统量,比如转速、转矩或磁通。PID 控制器的优点在于,可通过对 1 个或多个增益值进行调节以及观测系统响应变化的方法,以实验为根据进行调节。数字 PID 控制器周期性地执行控制操作。假定控制器的执行频率足够高,以使系统得到正确控制。误差信号是通过将被控参数的期望设定值减去该参数的实际测量值来获得的。误差的符号表明控制输入所需的变化方向。控制器的比例(P)项由误差信号乘以 1 个 P 增益因子形成,使 PID 控制器产生的控制响应为

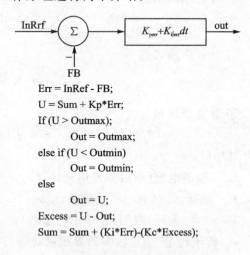

```
Err = InRef - FB;
U = Sum + Kp*Err;
If (U > Outmax);
        Out = Outmax;
else if (U < Outmin)
        Out = Outmin;
else
        Out = U;
Excess = U - Out;
Sum = Sum + (Ki*Err)-(Kc*Excess);
```

图 24-6 PI 控制

误差幅值的函数。当误差信号增大时,控制器的 P 项将变大以提供更大的校正量。

随着时间的消逝,P 项有利于减小系统总误差,然而,P 项的影响将随着误差接近于零而减小。在大多数系统中,被控参数的误差会非常接近于零,但并不会收敛;因此总会存在一个微小的静态误差。

PID 控制器的积分项(I)用来消除小的静态误差,I 项对全部误差信号进行连续积分,因此,小的静态误差随时间累计为 1 个较大的误差值。该累计误差信号乘以 1 个 I 增益因子,即成为 PID 控制器的 I 输出项。PID 控制器的微分(D)项用来增强控制器的速度以及对误差信号变化率的响应速度。D 项输入是通过计算前次误差值与当前误差值的差来获得的,该差值乘以 1 个 D 增益因子即成为 PID 控制器的 D 输出项。系统误差变化得越快,控制器的 D 项将

产生更大的控制输出。并非所有的 PID 控制器都实现 D 或 I 项(不常用),例如,本示例的应用中没有使用 D 项,这是因为电机速度变化的响应时间相对较慢。如果使用了 D 项,则它可能导致 PWM 占空比的过度变化,影响算法的运行并产生过电流。

24.5 空间矢量调制

矢量控制过程的最后 1 步是产生三相电机电压的脉宽调制信号。通过使用空间矢量调制(SVM)技术,每相脉冲宽度的产生过程可简化为几个方程。本应用的 SVM 子程序中包含了 Clarke 反变换,进一步简化了计算。三相逆变器的每相输出可为 2 种状态之一,即上管导通逆变器输出连接到直流电源正极性端,或下管导通逆变器输出连接到直流电源负极性端,这样使得三相逆变器输出共存在 $2^3=8$ 种可能的状态(见表 24-1)。其中,三相输出全部连接到正极性端或负极性端的 2 种状态被视为零矢量,因为此时电机任一相绕组 2 端不存在线电压。这 2 种状态在 SVM 星型图中被绘作原点,剩余的 6 种状态表征为每一状态间旋转间隔为 60° 电角度的基本矢量,如图 24-7 所示。

表 24-1 空间矢量调制逆变器状态

C	B	A	V_{ab}	V_{bc}	V_{ca}	V_{ds}	V_{qs}	矢量
0	0	0	0	0	0	0	0	$U(000)$
0	0	1	V_{DC}	0	$-V_{DC}$	$2/3V_{DC}$	0	U_0
0	1	1	0	V_{DC}	$-V_{DC}$	$V_{DC}/3$	$V_{DC}/3$	U_{60}
0	1	0	$-V_{DC}$	V_{DC}	0	$-V_{DC}/3$	$V_{DC}/3$	U_{120}
1	1	0	$-V_{DC}$	0	V_{DC}	$-2V_{DC}/3$	0	U_{180}
1	0	0	0	$-V_{DC}$	V_{DC}	$-V_{DC}/3$	$-V_{DC}/3$	U_{240}
1	0	1	V_{DC}	$-V_{DC}$	0	$V_{DC}/3$	$-V_{DC}/3$	U_{300}

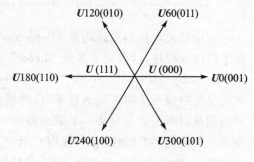

图 24-7 逆变器空间矢量图

在空间矢量调制过程中允许采用相邻的 2 个基本矢量的组合来表征任意的空间电压矢量。在图 24-8 中,U_{OUT} 为期望的空间电压矢量,该矢量位于 $U_{60} \sim U_0$ 之间的区间内。如果在给定的 PWM 周期 T 内,基本矢量 U_0 的输出时间为 T_1/T 而 U_{60} 的输出时间为 T_2/T,则整个周期内的平均电压矢量将为 U_{OUT}。通过使用改进后的 Clarke 反变换,无需多余计算即可获得 T_1 和 T_2 的具体数值。通过将 V_α 和 V_β 进行颠倒,可以产生 1 个参考轴,该轴相对于 SVM 星型偏移了 30°。因此在 6 个区间的每个区间中,1 个轴与该区间正好反向,其他 2 个轴相互对称,作为该区间的边界。沿着这两个边界轴的矢量分量分别等于 T_1 和 T_2。计算的具体细节请参见本章 24.6 节中的 CalcRef.s 和 SVGen.s 文件。

从图 24-9 中可见,在 PWM 周期 T 内,矢量 T_1 的输出时间为 T_1/T,而矢量 T_2 的输出

时间为 T_2/T；在调制周期的剩余时间中则输出零矢量。dsPIC® 器件配置为中心对齐 PWM，使 PWM 以周期的中心对称。该配置将在每 1 个周期内产生 2 个线-线脉冲。有效开关频率加倍，纹波电流减小，同时并未增加功率器件的开关损耗。

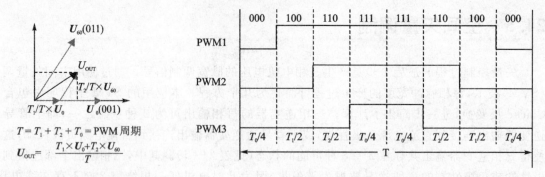

图 24-8 平均空间矢量调制　　　　图 24-9 T 周期内的 PWM

24.6 源程序说明

本示例矢量控制源代码是 Microchip 公司网站提供的在 dsPICDEM MC1 电机控制开发板上的试验程序，读者可直接到 Microchip 公司网站下载。该原代码是在 MPLAB® 环境中使用 Microchip MPLAB C30 软件工具套件开发的。主应用程序采用 C 语言编写，而所有主要的矢量控制函数采用汇编语言编写，并优化了执行速度。

函数说明包含在与每一个源文件的头文件中。函数的等效 C 代码也包含在头文件中供参考。在优化的汇编代码中，使用 C 代码行作为注释，这样有助于理解程序流程。在每个函数的开头，相关变量被传送到 DSP 和数学指令使用的工作寄存器（W）中。在函数结尾，这些变量被传送回各自的寄存器地址中。大多数变量被归组到相关参数的结构中以使 C 或汇编代码对这些变量的访问效率更高。

汇编模块中的每一个 W 寄存器都已赋予一个说明性的名称以表明在计算过程中寄存器保存的是什么值。对 W 寄存器进行重命名可增强代码的可读性，并能避免寄存器使用冲突。

24.6.1 变量定义和定标

大多数变量采用 1.15 小数格式进行存储，这种方式为 dsPIC 器件固有数学模式的一种。有符号定点整数表示如下：
- MSB 为符号位。
- 范围为 $-1 \sim +0.9999$。
- 0x8000 = -1。

- 0000＝0。
- 0x7FFF＝0.9999。

使用标幺制(PU)对所有数值进行归一化处理。

$V_{PU} = V_{ACT}/V_B$

然后定标，使基值＝0.125，因此取值范围可为基值的8倍。

$V_B = 230\ V$，$V_{ACT} = 120\ V$，$V_{PU} = 120/230 = 0.5PU$

定标为→$V_B = 0.125 = $0x0FFF(1.15)

$120V = 0.5 \times 0.125 = $0x07FF(1.15)

24.6.2　UserParms.h

如果读者基于 Microchip 公司的 dsPICDEM MC1 电机控制开发板运行这个试验程序，那么就需要用此段程序对 MC1 开发板进行初始设置。

所有用户可定义的参数都包含在 UserParms.h 文件中。这些参数包括电机数据和控制环调节参数值。

诊断模式可使用户使用空余的输出比较(OC)通道 OC7 和 OC8 来观察内部程序变量。在诊断模式下，这些通道用作 PWM 输出，然后使用简单的 RC 滤波电路对其进行处理，用作简单的 DAC 输出功能，在示波器上显示内部变量随时间的变化历史。

dsPIC30F6010 器件的 OC7 和 OC8 通道位于引脚 RD6 和 RD7。这2个引脚的外接线位于 dsPICDEM MC1 电机控制开发板的插头 J7。

使能诊断模式只需去除 UserParms.h 文件中 #define DIAGNOSTICS 语句两端的注释并重新编译应用程序，即可使能诊断输出功能。

为使用诊断功能，用户需在开发板中接入2个RC低通滤波电路(参见图 24-10)，RC 滤波器应接至器件的 RD6 和 RD7 引脚。在大多数情况下，使用1个 10 kΩ 电阻和1个 1 μF 电容即可。如果没有上述取值的元件，亦可选择数值相近的元件。

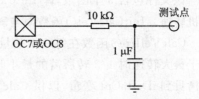

图 24-10　低通滤波器

24.6.3　ACIM.c

ACIM.c 文件为本应用的主要源代码文件。该文件包括主程序循环以及所有中断服务程序调用，该文件调用所有硬件和变量初始化子程序。

为实现高性能闭环控制，必须在每个 PWM 周期内执行整个矢量控制环，这在 AD 转换器的中断服务程序中进行。PWM 时基用来触发 AD 转换，当 AD 转换结束时，将产生中断。当不在中断服务程序中时，将运行主程序循环处理用户界面。中断服务程序中利用一个计数变量进行计数，以周期性运行用户界面代码。根据设定，用户界面代码每 50 ms 执行1次，可通过修改 UserParms.h 文件更改该参数。

通过去除 UserParms.h 文件中 #defineDIAGNOSTICS 语句的注释符以使能软件诊断模式。诊断模式将使能输出比较通道 OC7 和 OC8 作为 PWM 输出。这些输出可采用简单的 RC 滤波器进行滤波,并用作 D/A 转换器来观测软件变量随时间的变化。诊断输出简化了 PI 控制环的调节。

24.6.4 InitCurModel.c

该文件包含 InitCurModScaling() 函数,该函数被 ACIM.c 文件中的 setup 函数调用。该函数用来计算定点换算因子,该因子数用于采用浮点数表示的电流模型方程中。电流模型换算因子是转子时间常数、矢量计算循环周期、电机极数以及最大电机转速(单位是 r/s)的函数。

24.6.5 CalcRef.s

该文件包含了 CalcRefVec() 函数,该函数根据 V_α 和 V_β 来计算换算后的三相电压输出矢量(V_{r1}、V_{r2}、V_{r3})。该函数实现了 Clarke 反变换功能,即将 2 轴静止坐标系中的电压矢量变换到三相 PWM 可以使用的 3 轴坐标系中。该方法是经过改进的 Clarke 反变换,与常规的 Clarke 反变换相比,将 V_α 和 V_β 进行了交换。必须使用这个改进的方法来确保产生正确的电压矢量相位。

24.6.6 CalcVel.s

该文件包含 3 个函数,即 InitCalcVel()、CalcVelIrp() 和 CalcVel()。这些函数用来确定电机转速。InitCalcVel() 函数对与转速计算相关的关键变量进行初始化。

CalcVelIrp() 函数在每一个矢量控制中断周期内被调用。中断间隔时间 VelPeriod,必须小于最大转速时 1/2 转所需的最小时间。该函数对指定中断周期数的变化进行累计,将累计值拷贝到 iDeltaCnt 变量,以供 CalcVel() 使用来计算转速,然后累计值被置为 0,并开始新的累计操作。

CalcVel() 函数仅在获得新的转速信息时才被调用。若采用缺省的程序设定值,CalcVel() 函数每隔 30 个中断周期调用 1 次。对于中断周期为 50 μs 的情况,则每隔 1.5 ms 获得 1 次新的转速信息。每次获得新的转速信息后,将运行转速控制环。

24.6.7 ClarkePark.s

该文件包含 ClarkePark() 函数并计算 Clarke 和 Park 变换。该函数使用磁通位置角的正弦和余弦值来计算 I_d 和 I_q 电流值。该函数同时适用于整数定标以及 1.15 定标的数据格式。

24.6.8 CurModel.s

该文件包含 CurModel() 和 InitCurModel() 函数。CurModel() 函数将计算转子电流模型方程以确定新的转子磁通角,转子磁通角是转子转速和变换后定子电流分量的函数。InitCurModel() 函数用来对与 CurModel() 子程序相关的变量清零。

24.6.9 FdWeak.s

FdWeak.s 文件包含用于弱磁控制的函数。本应用笔记中提供的代码没有实现弱磁功能。采用弱磁控制可使电机运行速度高于额定转速。当电机以高于额定转速的高速运行时,施加在电机绕组上的电压保持不变,而频率增加。

UserParms.h 文件中定义了一个弱磁控制常数,该值是由电机的 V/Hz 常数得来的。该应用中使用的电机的工作电压为 230 VAC 且设计为输入频率 60 Hz。根据这些参数,可确定 V/Hz 常数为 $230/60=3.83$。根据电机的 V/Hz 常数以及本应用中 A/D 反馈值的绝对换算方式,UserParms.h 文件中定义经验值 3750 作为弱磁控制常数。

当电机运行在额定转速和电压范围内时,I_d 控制环中的给定值保持恒定。UserParms.h 文件中定义的弱磁控制常数作为控制环的给定值。在电机正常运行范围内,转子磁通保持恒定。

如果采用弱磁控制,则当电机运行于额定参数以外时,电机的 V/Hz 比不再能保持常数关系,I_d 控制环的给定应被线性减小。例如,假定以 115 VAC 电源来驱动 1 台 230 VAC 电机。由于该电机设计为运行在 230 VAC 和 60 Hz;因此若采用 115 VAC 电源进行供电,则电机在 30 Hz 时将不再能保持 V/Hz 比为常数,在高于 30 Hz 的情况时,I_d 控制环的给定值应作为频率的函数被线性减小。

通过监视逆变器的直流母线电压,可确定 ACIM 应用中电机 V/Hz 比不再能保持常数关系时的驱动频率。

当工作在需要弱磁运行的区域内,I_d 和 I_q 控制环将出现饱和,也就有效限制了电机磁通。采用弱磁控制允许矢量控制算法限制其输出,而不会使控制环出现饱和。这是弱磁控制的主要优点之一。只要保持闭环控制有效,电机运行范围就能被扩展。在本应用中,用户可通过更改 UserParms.h 文件中定义的给定值来进行弱磁运行实验。通过降低该值,可限制施加在电机绕组上的电压。

24.6.10 InvPark.s

该文件包含 InvPark() 函数,该函数对由内部 PI 电流控制环产生的电压矢量值 V_d 和 V_q 进行处理。InvPark() 函数将同步旋转的电压矢量变换到静止的参考坐标系中。该函数输出 V_α 和 V_β 值。使用前次根据转子电流模型方程计算的新转子磁通角的正弦和余弦值可实现旋转功能。

该函数同时适用于整数定标以及 1.15 定标的数据格式。

24.6.11 MeasCur.s

该文件包含 2 个函数，即 MeasCompCurr() 和 InitMeasCompCurr()。MeasCompCurr() 函数负责读取 ADC 采样/保持通道 CH1 和 CH2 的数据，并使用 qKa、qKb 将其换算为有符号小数值，并将结果保存在 ParkParm 的 qIa 和 qIb 中。A/D 偏移量的滚动平均值将被保持并在换算前从 ADC 值中减去。InitMeasCompCurr() 函数用来在启动时对 A/D 偏移值进行初始化。与这些函数相关的换算和偏移变量存放在 MeasCurrParm 数据结构中，该数据结构在 MeasCurr.h 文件中声明。

24.6.12 OpenLoop.s

该文件包含 OpenLoop() 函数，该函数负责在整个程序开环运行时计算新的转子磁通角。该函数计算期望运行速度时的转子磁通角变化量，然后将转子磁通角变化量加上旧的磁通角以设定新的电压矢量角。

24.6.13 PI.s

该文件包含 CalcPI() 函数。该函数负责执行 PI 控制器。CalcPI() 函数输入参数为 1 个指向某个结构的指针，该结构中包含 PI 系数、输入和给定信号、输出极限值以及 PI 控制器输出值。

24.6.14 ReadADC0.s

该文件包含 ReadADC0() 和 ReadSignedADC0() 函数。这些函数负责读取从 ADC 的采样/保持通道 0 获取的数据，对其进行换算并存储结果。ReadSignedADC0() 函数目前用来读取演示板上电位器的速度给定值。如果速度给定通过其他方式获得，则应用中将不需要这些函数。

24.6.15 SVGen.s

该文件包含了 CalcSVGen() 函数。该函数负责计算最终的 PWM 值，该值是三相电压矢量的函数。

24.6.16 Trig.s

该文件包含 SinCos() 函数，该函数在 128 字查找表的基础上利用线性插值法计算指定角度的正弦和余弦值。为节省数据存储空间，128 字的正弦波查找表存放在程序存储器，并使用

dsPIC 结构的程序空间可视(PSV)特性对其进行访问。PSV 功能允许将程序存储器的一部分映射至数据存储空间,因此可如同在 RAM 中一样对常量数据进行访问。该子程序同时适用于整数定标以及 1.15 定标的数据格式。对于整数定标,角度经过定标后存在对应关系:$0 \leqslant$ 角度 $< 2\pi$ 对应于 $0 \leqslant$ 角度 $< 0\text{xFFFF}$。该子程序返回角度的正弦和余弦计算结果将作为函数的返回值,换算后的值为 $-32\,768 \sim +32\,767$(即 0x8000~7FFF)。对于 1.15 定标格式,角度经过换算后存在对应关系:$-\pi \leqslant$ 角度 $< \pi$ 对应于 $-1 \sim +0.999\,9$(即 $0\text{x8000} \leqslant$ 角度 $< 0\text{x7FFF}$)。该子程序返回角度的正弦和余弦计算结果,定标后的值为 $-1 \sim +0.999\,9$(即 0x8000~7FFF)。

第 25 章

dsPIC30F 在无刷直流电机控制方面的应用

本章介绍使用 dsPIC30F2010 实现直流无刷电机（BLDC）的控制。

BLDC 电机可以看成是一个内外倒置的直流电机。在一般直流电机中，定子是永磁体。转子上有绕组，对绕组通电，通过使用换向器和电刷将转子中的电流换向来产生旋转的电场。与之相反，在 BLDC 电机中绕组在定子上，而转子是永磁体。"内外倒置的直流电机"这一称谓由此得名。

无刷直流电机的运行，是通过逆变器功率器件随转子的不同位置相应改变其不同的触发组合状态，对绕组通电来实现的。要使转子转动，必须存在旋转电场。一般来说，三相 BLDC 电机具有三相定子，同一时刻为其中的两相通电，以产生旋转电场。此方法相当容易实现，但是为了防止永磁体转子被定子锁住，在知道转子磁体的精确位置的前提下，必须以特定的方式按顺序为定子通电。位置信息通常用霍尔传感器检测转子磁体位置获得，也可采用轴角编码器方式获得。对于典型的三相带传感器的 BLDC 电机，有 6 个不同的工作区间，每个区间中有特定的两相绕组通电，如图 25-1 所示。

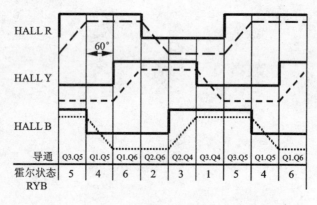

图 25-1 BLDC 电机换相图

通过检测霍尔传感器的输出，可以得到一个 3 位编码，编码值的范围为 1～6。每个编码值代表转子当前所处的区间，从而提供了需要对哪些绕组通电的信息；因此程序可以使用简单的查表操作来确定要对哪 2 对特定的绕组通电以使转子转动。

注意状态"0"和"7"对于霍尔效应传感器而言是无效状态,软件应该检查出这些值并相应地禁止 PWM。

25.1 电机的运行与 PWM 调速控制

将霍尔效应传感器连接到 dsPIC30F2010 的输入引脚,利用其电平变化通知(Change Notification,简称 CN)功能来检测霍尔传感器输出的编码状态。DSC 输入引脚电平变化通知的使用请参见第 9 章的 9.4 节。当这些引脚上的输入电平发生变化时,就会产生中断。在 CN 中断服务程序(Interrupt Service Routine,简称 ISR)中,由用户应用程序读取霍尔效应传感器的值,用以计算偏移量并查表,来正确地驱动 BLDC 电机的绕组。

使用上面的方法可以使 BLDC 电机全速旋转,但为了使 BLDC 电机速度可变,必须在两相绕组的 2 端加上可变电压,控制加在 BLDC 电机绕组上的 PWM 信号的不同占空比,即可以获得可变电压。

dsPIC30F2010 有 6 个由 PWM 信号驱动的 PWM 输出,如图 25-2 所示,通过使用 6 个功率开关,如 IGBT 或 MOSFET,可以将三相绕组驱动为高电平、低电平或根本不通电。例如,当绕组的 1 端连接到高端驱动器时,就可在低端驱动器上施加占空比可变的 PWM 信号。这与将 PWM 信号加在高端驱动器上,而将低端驱动器连接到 VSS 或 GND 的作用相同。一般常用的是对低端驱动器施加 PWM 信号。

PWM 信号由 dsPIC30F2010 的电机控制(MotorControl,简称 MC)专用 PWM 模块提供。

MCPWM 有一个专用的 16 位 PTMR 时基寄存器。此定时器每隔一个由用户定义的时间间隔进行 1 次递增计数,该时间间隔最短可以为 T_{CY}。通过选择一个值并将它装入 PTPER 寄存器,用户可以决定所需的 PWM 周期。对于每个 T_{CY},PTMR 与 PTPER 做一次比较,当两者匹配时,开始一个新的周期。

控制占空比的方法与此类似,只需在 3 个占空比寄存器中装入一个值即可。与周期比较不同,每隔 $T_{CY}/2$ 就将占空比寄存器中的值与 PTMR 进行一次比较(即比较的频率是周期比较的 2 倍)。如果 PTMR 的值与 PDCx 的值相匹配,那么对应的占空比输出引脚就会根据选定的 PWM 模式驱动为低电平或高电平。通过占空比比较产生的 3 个输出将被分别传输给 1 对互补的输出引脚,其中一个引脚输出为高电平,而另一个引脚输出为低电平,反之亦然。这 2 个输出引脚也可以被配置为独立输出模式。当驱动为互补输出时,可以在高电平变低与低电平变高之间插入一段死区。死区是由硬件配置的,最小值为 T_{CY}。插入死区可以防止输出驱动器发生意外的直通现象。

MCPWM 模块有多种输出模式。其中边沿对齐的输出模式可能是最常见的。图 25-3 描述了边沿对齐的 PWM 的工作原理。在周期开始时,所有输出均驱动为高电平。随着

PTMR 中值的递增,一旦该值与占空比寄存器中的值发生匹配,就会导致对应的占空比输出变为低电平,从而表示该占空比结束。PTMR 寄存器的值与 PTPER 寄存器的值匹配导致一个新的周期开始,以所有输出变为高电平开始一个全新的周期。

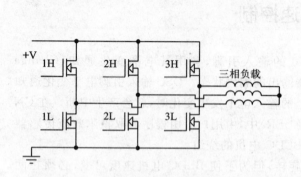

图 25-2 电机驱动电路与绕组连接示意图　　图 25-3 边沿对齐的 PWM

MCPWM 模块工作模式的设置及使用的更详细情况请参看第 14 章中的相关内容。

改写是本例应用中使用 MCPWM 模块的一个重要特征。改写控制是 MCPWM 模块的最后级,它允许用户直接写入 OVDCON 寄存器并控制输出引脚。OVDCON 寄存器中有 2 个 6 位字段,这 2 个字段中的每 1 位对应于 1 个输出引脚。OVDCON 寄存器的高字节部分确定对应的输出引脚是由 PWM 信号驱动(当置为 1 时),还是由 OVDCON 寄存器低字节部分中的相应位驱动为有效/无效(当置为 0 时)。此功能允许用户使用 PWM 信号,但是并不驱动所有输出引脚。对于 BLDC 电机,相同的值被写入所有 PDCx 寄存器。

根据 OVDCON 寄存器中的值,用户可以选择哪个引脚获得 PWM 信号以及哪个引脚被驱动为有效或无效。控制带传感器的 BLDC 时,必须根据由霍尔传感器的值所指定的转子位置对两相绕组通电。在 CN 中断服务程序中,首先读霍尔传感器,然后将霍尔传感器的值用作查找表中的偏移量,以找到对应的将要装入 OVDCON 寄存器的值。表 25-1 和图 25-4 说明了如何根据转子所处的区间将不同值装入 OVDCON 寄存器,从而确定需要对哪些绕组通电。

图 25-5 中的框图说明了如何使用 dsPIC30F2010 驱动 BLDC 电机。

6 个 MCPWM 输出连接到 3 对 MOSFET 驱动器,最终连接到 6 个 MOSFET 功率开关器件。这些 MOSFET 以三相桥式连接到 3 相 BLDC 电机绕组。

3 个霍尔效应传感器的输出信号连接到与变化通知电路相连的输入引脚(CN5、CN6、CN7),使能输入的同时也使能相应中断。若这 3 个引脚中的任何 1 个发生了电平变化,就会产生中断。为了提供速度给定,将一个电位计连接到 ADC 输入(AN2)。为了获得电机的电流反馈信息,在 DC 母线负电压与地或 V_{ss} 之间连接了一个低阻值的采样电阻(25 mΩ),电阻上根据电机运行电流所产生的压降,经外部运算放大器放大调理后由 ADC 输入(AN1)反馈到控制程序。

本章下面列举的控制程序示例选自 Microchip 公司网站上的应用范例(见参考文献[12])。

表 25 - 1 PWM 输出改写示例

状 态	OVDCON<15:8>	OVDCON<7:0>
1	00000011b	00000000b
2	00110000b	00000000b
3	00111100b	00000000b
4	00001111b	00000000b

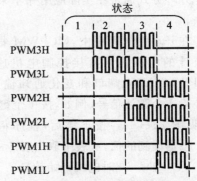

注：在状态1~4之间切换的时间由用户软件控制。通过向OVDCON写入新值控制状态切换。本例中PWM输出工作在独立模式。

图 25 - 4 PWM 输出改写示例

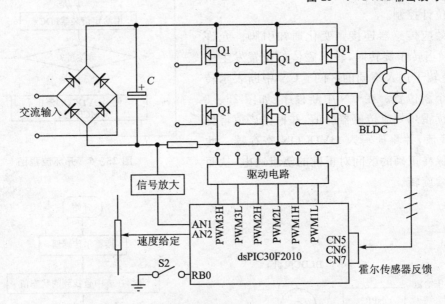

图 25 - 5 dsPIC30F2010 控制 BLDC 电机原理框图

25.2 开环控制

开环方式通常在实际应用并不采用。这里以它为例是为了阐明 BLDC 电机的基本驱动方法。

在开环控制程序中，MCPWM 根据来自速度电位计的电压输入直接控制电机速度。初始化 MCPWM、ADC、端口和变化通知输入之后，程序将等待 1 个激活信号（例如，按 1 个键）来表示开始（参见图 25-6）。按下键后，程序将读霍尔传感器。根据读到的值，从表中取出对应的值并将它写入 OVDCON。此时电机开始旋转。

最初占空比值保持在默认值 50%，但是，在主程序的第 1 个循环，将读电位计并将其值（即正确的给定值）作为占空比插入，该值决定电机的速度。占空比值越高，电机转得越快。图 25-7 所示电机速度由电位计控制。

霍尔效应传感器连接到变化通知引脚。允许 CN 中断。当转子旋转时，转子磁体的位置发生变化，从而使转子进入不同的区间。CN 中断表示转子进入每个新位置。在 CN 中断程序（如图 25-8 所示）中，读霍尔效应传感器的值，并根据该值得到 1 个表查找值，并将他写入 OVDCON 寄存器。此操作将确保在正确的区间对正确的绕组通电，从而使电机继续旋转。

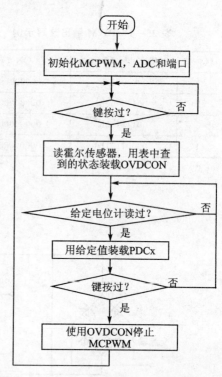

图 25-6 开环流程图

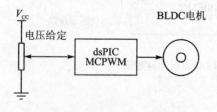

图 25-7 开环电压控制模式

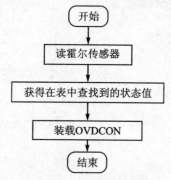

图 25-8 CN 中断流程图

开环控制试验源程序清单

```
//------------------------------------------------------------
//文件：ClosedLoopSenBLDC.c
//
//编写者：Stan D'Souza, Microchip Technology
//
//下列文件应该包含在 MPLAB 项目中：
//
//ClosedLoopSenBLDC.c——主源代码文件
//p30f2010.gld——链接描述文件
//
//
//------------------------------------------------------------
//
//版本历史
//
//10/01/04——第一版
//------------------------------------------------------------
/ ************************************************************
以下是低端驱动器表。在此 StateLoTable 中,
在低端驱动器施加 PWM 信号,而高端驱动器为"导通"或"截止"状态。
在本练习中使用此表。
/ ************************************************************ /
unsigned int StateLoTable[] = {0x0000, 0x0210, 0x2004, 0x0204,
                                0x0801, 0x0810, 0x2001, 0x0000};
/ ************************************************************
以下是变化通知引脚 CN5、CN6 和 CN7 的中断向量。
当霍尔传感器改变状态时,将引起中断,指令执行将转到下面的子程序。
然后用户必须读端口 B 的第 3 位、第 4 位和第 5 位,
对读到的值进行移位和调节以使之读作 1、2、…、6。
然后将调整后的值用作查找表 StateLoTable 中的偏移量以确定装入 OVDCON 寄存器的值。
************************************************************ /
void _ISR _CNInterrupt(void)
{
    IFS0bits.CNIF = 0;                  //清零标志
    HallValue = PORTB & 0x0038 ;        //屏蔽其他位,保留 RB3、RB4 和 RB5
    HallValue = HallValue >> 3;         //执行 3 次右移
```

```c
        OVDCON = StateLoTable[HallValue];
}
/*******************************************************************
ADC 中断用给定的电位计值装载 PDCx 寄存器。
仅在电机运行时执行此操作。
******************************************************************/
void _ISR _ADCInterrupt(void)
{
    IFS0bits.ADIF = 0;
    if (Flags.RunMotor)
    {
        PDC1 = ADCBUF0;                     //赋值……
        PDC2 = PDC1;                        //并装载所有的 3 个 PWM……
        PDC3 = PDC1;                        //占空比寄存器
    }
}
int main(void)
{
    LATE = 0x0000;
    TRISE = 0xFFC0;                         //设置为输出 PWM 信号
    CNEN1 = 0x00E0;                         //使能 CN5、CN6 和 CN7
    CNPU1 = 0x00E0;                         //使能内部上拉
    IFS0bits.CNIF = 0;                      //清零 CNIF
    IEC0bits.CNIE = 1;                      //允许 CN 中断
    InitMCPWM();
    InitADC10();
    while(1)
    { while (! S2);                         //等待按开始键
        while (S2)                          //等待直到释放按键
        DelayNmSec(10);
                                            //在 PORTB 上读霍尔位置传感器
        HallValue = PORTB & 0x0038;         //屏蔽其他位,保留 RB3、RB4 和 RB5
        HallValue = HallValue >> 3;         //右移以获得值 1、2、…、6
        OVDCON = StateLoTable[HallValue];   //装载改写控制寄存器
        PWMCON1 = 0x0777;                   //使能 PWM 输出
        Flags.RunMotor = 1;                 //将标志置 1
        while (Flags.RunMotor)              //当电机运行时
            if (S2)                         //如果按下 S2
            {
```

```c
            PWMCON1 = 0x0700;           //禁止 PWM 输出
            OVDCON = 0x0000;            //将 PWM 改写为低电平
            Flags.RunMotor = 0;         //复位运行标志
            while (S2)                  //等待释放按键
                DelayNmSec(10);
        }
    }                                   //while (1) 结束
}
```

/**

以下代码用于设置 ADC 寄存器,该代码可实现下列功能:
1. 1 个通道转换(本例中,该通道为 RB2/AN2)
2. PWM 触发信号启动转换
3. 电位计连接到 CH0 和 RB2
4. 手动停止采样和启动转换
5. 手动检查转换完成
**/

```c
void InitADC10(void)
{
    ADPCFG = 0xFFF9;                    //将端口 B 的 RB1 和 RB2 配置为模拟引脚;将其他
                                        //引脚配置为数字引脚
    ADCON1 = 0x0064;                    //PWM 启动转换
    ADCON2 = 0x0200;                    //同时采样 4 个通道
    ADCHS = 0x0002;                     //将 RB2/AN2 作为 CH0 连接到电位计……
    //ch1 连接母线电压、Ch2 连接电机,Ch3 连接电位计
    ADCON3 = 0x0080;                    //Tad 来源于内部 RC(4 us)
    IFS0bits.ADIF = 0;
    IEC0bits.ADIE = 1;
    ADCON1bits.ADON = 1;                //启动 ADC
}
```

/**

InitMCPWM,对 PWM 做以下初始化:
1. FPWM = 16 000 Hz
2. 独立的 PWM
3. 使用 OVDCON 控制输出
4. 用从电位计读取的 ADC 值设置占空比
5. 将 ADC 设置为由 PWM 特殊触发信号触发
**/

```c
void InitMCPWM(void)
{
```

```
    PTPER = FCY/FPWM - 1;
    PWMCON1 = 0x0700;              //禁止 PWM
    OVDCON = 0x0000;               //允许使用 OVD 控制
    PDC1 = 100;                    //将 PWM1、PWM2 和 PWM3 初始化为 100
    PDC2 = 100;
    PDC3 = 100;
    SEVTCMP = PTPER;
    PWMCON2 = 0x0F00;              //后分频比设为 1:16
    PTCON = 0x8000;                //启动 PWM
}
//-------------------------------------------------------------
//这是普通的 1 ms 延迟程序,用于提供 0.001~65.5 s 的延迟。
//如果 N=1,则延迟为 1 ms;如果 N=65535,则延迟为 65535 ms。
//注意 F_CY 用于计算。
//请根据上述定义语句做出必要的更改(PLLx4 或 PLLx8 等)
//以计算出正确的 F_CY。
void DelayNmSec(unsigned int N).
{
unsigned int j;
while(N - -)
    for(j=0;j<MILLISEC;j++);
}
```

25.3 闭环控制

在闭环控制程序中,主要的不同是使用电位计来设定速度给定。控制环提供了对速度的比例和积分(Proportional and Integral,简称 PI)控制。要测量实际速度,可以使用 TMR3 作为定时器来选通 1 个完整的电周期。由于使用的是 10 极电机,因此 1 个机械周期将由 5 个电周期构成。如果 T(秒)是 1 个电周期的时间,那么速度 $S=60/[(P/2)\times T]$ rpm,其中 P 是电机的极数。控制如图 25-9 所示,闭环控制流程图如图 25-10 所示。

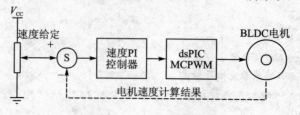

图 25-9 闭环电压控制模式

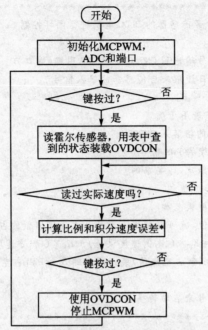

*PDCx=K_p(比例速度误差)+K_i(积分速度误差)

图 25-10 闭环控制流程图

闭环控制试验源程序清单

```
//----------------------------------------------------------
//文件：ClosedLoopSenBLDC.c
//
//编写者：Stan DSouza, Microchip Technology
//
//下列文件应该包含在 MPLAB 项目中：
//
//ClosedLoopSenBLDC.c——主源代码文件
//p30f2010.gld——链接描述文件
//
//----------------------------------------------------------
//版本历史
//
//10/01/04——第一版
//----------------------------------------------------------
```

```
// *******************************************************************
ClosedLoopSenBLDC.c 用于对带传感器的 BLDC 电机进行闭环控制。
它的任务包括：
将霍尔传感器的传感变化信号输出到 CN5、CN6 和 CN7 引脚(端口 B)
在 CN 中断期间,通过读端口 B 读取来自传感器的输入信号
分析并确定位置的状态 1、2、…、6。
使用查找表 StateLoTable,该表用于确定
OVDCON 的值。将在表中找到的值装入 OVDCON。
将 PWM 初始化为产生独立连续的 PWM 信号。
电位计参考电压值用来确定给定(即要求的)
电机速度,然后使用要求的速度值和
实际的速度值来确定比例速度误差和
积分速度误差。有了这 2 个值,就可以使用下面的公式计算出新的占空比:
NewDutyCycle(新的占空比) = K_p ×( 比例速度误差) + K_i ×( 积分速度误差)       (25-1)
然后将 10 位的 NewDutyCycle(新占空比值)装入所有的 3 个 PWM 占空比寄存器中。
FPWM = 16 000 Hz
设置 ADC,使通过 PWM 触发信号来启动转换。
******************************************************************* /
#define __dsPIC30F2010__
#include "c:\pic30_tools\support\h\p30F2010.h"
#define FCY 10000000//xtal = 5.0 MHz ; PLLx8
#define MILLISEC FCY/10000 //1 ms 延迟常数
#define FPWM 16000
#define Ksp1200
#define Ksi10
#define RPMConstant60 * (FCY/256)
#define S2! PORTCbits.RC14
void InitTMR3(void);
void InitADC10(void);
void AverageADC(void);
void DelayNmSec(unsigned int N);
void InitMCPWM(void);
void CalculateDC(void);
void GetSpeed(void);
struct {
        unsigned RunMotor : 1;
        unsigned Minus : 1;
        unsigned unused : 14;
     } Flags;
```

```c
unsigned int HallValue;
int Speed;
unsigned int Timer3;
unsigned char Count;
unsigned char SpeedCount;
int DesiredSpeed;
int ActualSpeed;
int SpeedError;
int DutyCycle;
int SpeedIntegral;
// ****************************************************************
```

以下是低端驱动器表。在此 StateLoTable 中,
在低端驱动器上施加 PWM 信号,而高端驱动器为"导通"或"截止"状态。
在本练习中使用此表。
** /

```c
unsigned int StateLoTable[] = {0x0000, 0x1002, 0x0420, 0x0402,
                               0x0108, 0x1008, 0x0120, 0x0000};
/ ****************************************************************
```

以下是变化通知引脚 CN5、CN6 和 CN7 的中断向量。
当霍尔传感器改变状态时,将引起中断,指令执行将转到下面的子程序。
然后用户必须读端口 B 的第 3 位、第 4 位和第 5 位,
对读到的值进行移位和调节以使之读作 1、2、…、6。
然后将调整后的值用作查找表 StateLoTable 中的偏移量
以确定装入 OVDCON 寄存器的值。
** /

```c
void _ISR _CNInterrupt(void)
{
    IFS0bits.CNIF = 0;                      //清零标志
    HallValue = PORTB & 0x0038;             //屏蔽其他位,保留 RB3、RB4 和 RB5
    HallValue = HallValue >> 3;             //执行 3 次右移
    OVDCON = StateLoTable[HallValue];       //装载改写控制寄存器
}
/ ****************************************************************
```

ADC 中断用给定的电位计值装载 DesiredSpeed 变量,
然后用该值来确定速度误差。当电机不运行时,
使用来自电位计的直接给定值作为 PDC 值。
** /

```c
void _ISR _ADCInterrupt(void)
{
```

```c
        IFS0bits.ADIF = 0;
        DesiredSpeed = ADCBUF0;
        if (! Flags.RunMotor)
            {
            PDC1 = ADCBUF0;                         //赋值……
            PDC2 = PDC1;                            //并装载所有的 3 个 PWM…
            PDC3 = PDC1;                            //占空比寄存器
            }
}
/********************************************************************
该主程序控制初始化,按键以起动和停止电机。
********************************************************************/
int main(void)
{
    LATE = 0x0000;
    TRISE = 0xFFC0;                                 //设置为输出 PWM 信号
    CNEN1 = 0x00E0;                                 //使能 CN5、CN6 和 CN7
    CNPU1 = 0x00E0;                                 //使能内部上拉
    IFS0bits.CNIF = 0;                              //清零 CNIF
    IEC0bits.CNIE = 1;                              //允许 CN 中断
    SpeedError = 0;
    SpeedIntegral = 0;
    InitTMR3();
    InitMCPWM();
    InitADC10();
    while(1)
    {
        while (! S2);                               //等待按开始键
        while (S2)                                  //等待直到释放按键
            DelayNmSec(10);
                                                    //通过端口 B 读来自霍尔位置传感器的信号
        HallValue = PORTB & 0x0038;                 //屏蔽其他位,保留 RB3、RB4 和 RB5
        HallValue = HallValue >> 3;                 //右移以获得值 1、2、…、6
        OVDCON = StateLoTable[HallValue];           //装载改写控制寄存器
        PWMCON1 = 0x0777;                           //使能 PWM 输出
        Flags.RunMotor = 1;                         //将标志置 1
        T3CON = 0x8030;                             //启动 TMR3
        while (Flags.RunMotor)                      //当电机运行时
            if (! S2)                               //如果未按下 S2
```

```c
            {
            if (HallValue = 1)              //如果位于区间 1
            {
            HallValue = 0xFF;               //强制 1 个新值作为区间值
            if ( ++ Count = 5)              //对于 10 极电机,将此代码段执行 5 个电周期
                                            //(即 1 个机械周期)
                {
                Timer3 = TMR3;              //读 tmr3 的最新值
                TMR3 = 0;
                Count = 0;
                GetSpeed();                 //确定速度
                }
            }
        }
        else //如果按下 S2,停止电机
        {
            PWMCON1 = 0x0700;               //禁止 PWM 输出
            OVDCON = 0x0000;                //将 PWM 改写为低电平
            Flags.RunMotor = 0;             //复位运行标志
            while (S2)                      //等待释放按键
            DelayNmSec(10);
        }
    }                                       //while(1)结束
}
/******************************************************************
以下代码用于设置 ADC 寄存器,该代码可实现下列功能:
1. 1 个通道转换( 本例中,该通道为 RB2/AN2)
2. PWM 触发信号启动转换
3. 电位计连接到 CH0 和 RB2
4. 手动停止采样和启动转换
5. 手动检查转换完成
******************************************************************/
void InitADC10(void)
{
    ADPCFG = 0xFFF8;                        //将端口 B 的 RB0~2 配置为模拟引脚;
                                            //将其他引脚配置为数字引脚
    ADCON1 = 0x0064;                        //PWM 启动转换
    ADCON2 = 0x0200;                        //采样 CH0 通道
    ADCHS = 0x0002;                         //将 RB2/AN2 作为 CH0 连接到电位计
```

```c
    ADCON3 = 0x0080;                        //T_AD 来源于内部 RC（4 μs）
    IFS0bits.ADIF = 0;                      //清零标志
    IEC0bits.ADIE = 1;                      //允许中断
    ADCON1bits.ADON = 1;                    //启动 ADC
}
/******************************************************************
InitMCPWM,对 PWM 做以下初始化：
1. FPWM = 16 000 Hz
2. 独立的 PWM
3. 使用 OVDCON 控制输出
4. 使用 PI 算法和速度误差设置占空比
5. 将 ADC 设置为由 PWM 特殊触发信号触发
******************************************************************/
void InitMCPWM(void)
{
    PTPER = FCY/FPWM - 1;
    PWMCON1 = 0x0700;                       //禁止 PWM
    OVDCON = 0x0000;                        //允许使用 OVD 控制
    PDC1 = 100;                             //将 PWM1、PWM2 和 PWM3 初始化为 100
    PDC2 = 100;
    PDC3 = 100;
    SEVTCMP = PTPER;                        //特殊触发值等于 16 个周期值
    PWMCON2 = 0x0F00;                       //后分频比设为 1:16
    PTCON = 0x8000;                         //启动 PWM
}
/******************************************************************
Tmr3 用于确定速度,因此它被设置为使用 $T_{CY}/256$ 作为时钟周期进行计数。
******************************************************************/
void InitTMR3(void)
{
    T3CON = 0x0030;                         //内部 $T_{CY}/256$ 时钟
    TMR3 = 0;
    PR3 = 0x8000;
}
/******************************************************************
GetSpeed,通过使用每个机械周期内 TMR3 中的值确定
电机的精确速度。
******************************************************************/
void GetSpeed(void)
```

```c
{
if (Timer3 > 23000)                     //如果 TMR3 值很大,则忽略此次读取
    return;
if (Timer3 > 0)
    Speed = RPMConstant/(long)Timer3;   //获得以 RPM 为单位的速度
ActualSpeed += Speed;
ActualSpeed = ActualSpeed >> 1;
if ( ++ SpeedCount == 1)
    {SpeedCount = 0;CalculateDC();}
}
/******************************************************************
CalculateDC,使用 PI 算法来计算新的 DutyCycle(占空比)值,
该值将被载入 PDCx 寄存器。
******************************************************************/
void CalculateDC(void)
    {
    DesiredSpeed = DesiredSpeed * 3;
    Flags.Minus = 0;
    if (ActualSpeed>DesiredSpeed)
    SpeedError = ActualSpeed - DesiredSpeed;
    else
        {
        SpeedError = DesiredSpeed - ActualSpeed;
        Flags.Minus = 1;
        }
    SpeedIntegral + = SpeedError;
    if (SpeedIntegral > 9000)
        SpeedIntegral = 0;
    DutyCycle = (((long)Ksp * (long)SpeedError + (long)Ksi * (long)SpeedIntegral) >> 12);
    DesiredSpeed = DesiredSpeed/3;
    if (Flags.Minus)
    DutyCycle = DesiredSpeed + DutyCycle;
    else DutyCycle = DesiredSpeed - DutyCycle;
    if (DutyCycle<100)
        DutyCycle = 100;
    if (DutyCycle > 1250)
        {DutyCycle = 1250;SpeedIntegral = 0;}
    PDC1 = DutyCycle;
    PDC2 = PDC1;
```

```
    PDC3 = PDC1;
}
//--------------------------------------------------------------
//这是通用的 1 ms 延迟程序,用于提供 1 ms~65.5 s 的延迟。
//如果 N = 1,则延迟为 1 ms;如果 N = 65535,则延迟为 65.535 s
//注意 F_CY 会用于计算。
//请根据上述定义语句作必要的更改(PLLx4 或 PLLx8 等)
//以计算出正确的 F_CY。
void DelayNmSec(unsigned int N)
    {
    unsigned int j;
    while(N--)
    for(j=0;j<MILLISEC;j++);
    }
```

第26章

dsPIC30F 在电源变换器中的应用

在当代电源变换技术中，高频化、数字化、模块化、绿色化是发展的趋势，数字信号控制（处理）技术在电源变换技术中的地位显得越来越重要。数字信号处理技术克服了以往模拟信号处理电路存在温飘时飘、易受干扰、畸变等缺点，能融入计算机通信、自诊断、容错、遥测遥控等技术，使电源完全智能化。数字信号处理技术用于电源装置，使电源的某些性能指标和用途适应性得到扩展，譬如可编程电源，针对不同的用电对象，可很方便地调整电源装置的输出频率、电压和电流。数字信号处理技术的应用还能实现电源装置的生产柔性化。以往基于模拟技术更改一种电源装置或系统的设计，一般必须从电路原理图设计、单元电路实验、印制电路版绘制、总体设计、装配调试及性能测试等一一做起，采用数字化控制技术后，硬件电路被设计成某些规格化的通用模块，更改产品设计往往只需通过修改控制软件即能达到目的，降低了产品开发成本，缩短了开发周期。

本章介绍的电源变换控制系统以 dsPIC30F 系列 DSC 为核心，在部分实时采样信号调理方面结合了模拟电路器件。

26.1 组合式三相/单相可编程数字逆变电源

组合式三相/单相可编程静止逆变电源采取 3 个相同的单相高频开关逆变器模块（见图 26-1）组合而成，体积小，重量轻，无需中点形成变压器就可得到三相四线，不但在不对称负载下运行时输出电压对称性几乎不受影响，还可通过 CAN 总线编程，将系统组合成 3 组并联运行的单相逆变器，以带动更大的单相负载，实现柔性供电。系统组合的简化原理图如图 26-2 所示。

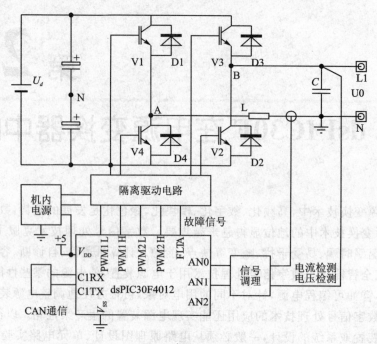

图 26-1 单相数字高频开关逆变电源模块框图

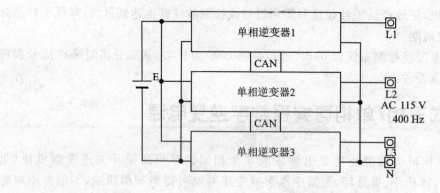

图 26-2 组合式三相/单相逆变电源

26.2 电流 SPWM 倍频调制方式及数字实现

如果逆变器的开关频率选得高,其输出端滤波就可以较小的电感电容达到要求,对缩小体积、减轻重量、实现高功率、密度模块化有利;但提高开关频率一方面会增加功率器件的开关损耗,一方面也给微处理器的运算速度带来压力。尽管 DSC 已有很快的处理速度,但在电源产品中实时性方面目前仍难于与模拟电路相比;其主要原因在于 CPU 的指令顺序执行的基本工作模式。这里采用的是一种电流 SPWM 倍频调制方式,在基本不增加 DSC 的计算负担和功率器件通断次数的基础上,可使逆变器的输出开关频率增加一倍。

由图 26-1 可以看出单相全桥逆变器等效于 2 个半桥电路。若采用 2 路互为反相的调制信号与载波比较,可得到 2 组互补的共 4 路控制信号,分别驱动 A、B 桥臂的功率开关器件。

请看图 26-3(a),正弦电流信号与三角形载波相交生成相应的开关点。i_e 与 u_s 的相交点产生驱动信号控制 A 桥臂的 V1,V4,$-i_e$ 与 u_s 的相交点则产生驱动信号控制 B 桥臂的 V2,V3。

$$\left.\begin{aligned} & i_e > u_s \text{ 时:V1 导通},U_{AN} = U_d(V) \\ & i_e < u_s \text{ 时:V4 导通},U_{AN} = -U_d(V) \\ & -i_e > u_s \text{ 时,V3 导通},U_{BN} = U_d(V) \\ & -i_e < u_s \text{ 时,V2 导通},U_{BN} = -U_d(V) \end{aligned}\right\} \tag{26-1}$$

A 桥臂相对于负直流桥 N 的输出电压 U_{AN} 见图 26-3(b),B 桥臂相对于负直流桥 N 的输出电压 U_{BN} 见图 26-3(c)。综合 A、B 2 个桥臂的开关状态,共有 4 种组合及与其对应的电平:

$$\left.\begin{aligned} & \text{V1、V2 导通},U_{AN} = U_d,U_{BN} = 0,u_0 = U_d \\ & \text{V4、V3 导通},U_{AN} = 0,U_{BN} = U_d,u_0 = -U_d \\ & \text{V1、V3 导通},U_{AN} = U_d,U_{BN} = U_d,u_0 = 0 \\ & \text{V4、V2 导通},U_{AN} = 0,U_{BN} = 0,u_0 = 0 \end{aligned}\right\} \tag{26-2}$$

逆变器的输出为桥臂 A 与桥臂 B 之间的电压,即 $u_0 = U_{AN} - U_{BN}$。由图 26-3(d)可见,当 A、B 两桥臂的上部(V1、V3)或下部(V4、V2)2 个开关同时导通时,输出电压为零。输出电流经过 V1 与 D3(V3 与 D1)或 V4 与 D2(V2 与 D4)组成的环路流过。在这种控制方法下,输出电压的正半周中,输出电压是 $+U_d$ 或 0,不会出现 $-U_d$ 的工作状态;在输出电压的负半周中,输出电压是 $-U_d$ 或 0,不会出现 $+U_d$ 的工作状态。因此,这种方法安制的逆变器,输出电压是单极性的,u_0 的开关频率较 $U_{AN}(U_{BN})$ 的频率提高了 1 倍。

这种 SPWM 工作模式的倍频效应,能在器件的开关频率为 ω_s 的情况下,使输出电压的脉动频率为 $2\omega_s$,且谐波中无 ω_s 的整数倍谐波,无信号波的偶次谐波,这对于设计输出滤波参数有利。倍频效应不但可以降低器件的开关频率,减小开关损耗,而且处理过程中只需采样及计算电流信号 i_e,在另一路电流信号 $-i_e$ 及其开关点的生成编程中按一定规律倒相即可得到,减小了 DSC 的计算量。

依据上述原理,用 DSC 按规则采样法实时计算出的功率器件的 PWM 开关点,请参见图 26-4。

因为是闭环控制,所以每一 t_s 周期都必须根据反馈电流值调整 PWM 调制系数 M,再与当前正弦波相位 $\sin \omega_1 t$ 的值相乘得到本次开关周期的采样值,然后依照公式:

$$t_2 = \frac{T_s}{2} + M \cdot \frac{T_s}{2} \sin \omega_1 t$$

$$t_1 = t_3 = \frac{1}{2}(T_s - t_2) \tag{26-3}$$

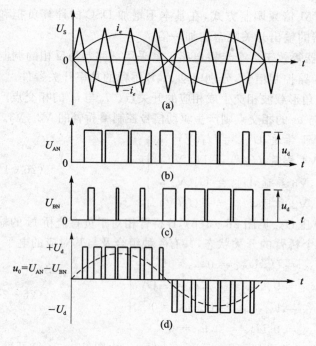

图 26-3 电流倍频 SPWM 调制方式

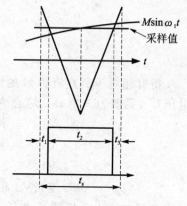

图 26-4 SPWM 规则采样法

实时计算得出 PWM 脉宽的开关点数据,送入 dsPIC30F4012 的 PWM 模块对逆变器桥臂进行控制。

26.3 电压/电流双环数字 PI 控制

逆变器采用了输出电压和电感电流的双环反馈控制。以芯片 dsPIC30F4012 为核心,外环采样输出电压的平均值。输出电压与参考电压的差值,通过 PID 校正后与正弦函数相乘,成为内环的参考电流的给定 i_e,使得输出电压跟随参考电压。内环采样电感电流瞬时值,在与正弦电流给定值 i_e 的比较下,同样通过 PID 校正,调整为 SPWM 规则采样中的 M 值,进入 SPWM 脉宽处理环节。瞬时值内环反馈使输出电压波形尽量接近正弦波,以减小输出电压的畸变。系统控制框图请看图 26-5。

$G_{CV}(S)$ 是外环的 PI 调节器,$G_{CI}(S)$ 是内环调节器,$H_i(S)$ 和 $H_V(S)$ 是 SPWM 系统的传递函数,它们可表示为:

$$\left. \begin{array}{l} H_i(S) = \dfrac{i_L}{V_M} \\[2mm] H_V(S) = \dfrac{u_0}{i_L} \end{array} \right\} \quad (26-4)$$

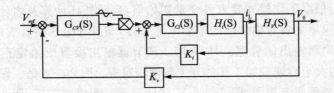

图 26-5 系统双环控制原理

其中 V_M 是 PWM 波。根据逆变器的具体参数指标(输入/输出电压、开关频率、滤波参数、负载范围等)设计调试好内环、外环的数字 PID 调节器,即能使逆变器的输出波形稳定在预设指标上,并具有良好的动态响应性能。

PID 因控制简单、参数易于整定而在各类控制工程实践中得到广泛应用。以前逆变电源的控制大多以运算放大器组成模拟 PID 控制器进行调节,组成双环控制需要用较多的集成电路芯片和大量的阻容元件,在电路板上占的面积较大,容易引入干扰,调试复杂,不易于整定,系统的可靠性和稳定性受到影响。这里采用的是增量式控制算法的数字 PID 结构:

$$\Delta u(k) = K_P[e(k)-e(k-1)] + K_I e(k) + K_D[e(k)-2e(k-1)+e(k-2)] =$$
$$K_P \Delta e(k) + K_I e(k) + K_D[\Delta e(k) - \Delta e(k-1)] \tag{26-5}$$

式中 $\Delta e(k) = e(k) - e(k-1)$。为方便编程,可将上式整理改写为:

$$\Delta u(k) = Ae(k) - Be(k-1) + Ce(k-2) \tag{26-6}$$

式中

$$A = K_P\left(1 + \frac{T}{T_I} + \frac{T_D}{T}\right)$$

$$B = K_P\left(1 + 2\frac{T_D}{T}\right)$$

$$C = K_P \frac{T_D}{T}$$

其中 K_P 是比例系数,T 是采样周期,T_I 是积分时间常数,T_D 是微分时间常数。结合逆变器电路的具体参数设计出合适的比例系数和时间常数值,通过实验调试修正,可使逆变电源的性能达到较好的水平。限于篇幅,对数字 PID 的原理及设计方法不多细述,请参考相关控制类专业书刊。

26.4 控制程序设计

系统的控制程序主要包括主程序,定时器中断、A/D 采样转换中断,PID 调节器及若干个子程序。主程序主要完成 DSC 的初始化,再根据人机界面(本例通过 B 相控制板的插件设置)指令决定工作模式。如果逆变器是三相输出,则按预定设置确定好本模块电路的波形相位,并通过 CAN 通信向其他模块发出相位定位信号;如果是单相并联输出,则通过 CAN 通信发出同步联络信号,然后根据工作模式置入各变量初始值,启动外环计算及内环采样和定时器中断等。定时器 1 中断程序主要对输出端的电感电流采样,与外环电压换算成的给定电流比较,实时计算出下个开关周期输出的脉宽。外环 PID 调节器输出换算成给定正弦电流需要建立 1 个正弦表格,表格的大小与逆变器工作的开关频率相对应。图 26-6 是主程序流程图,图 26-7 是定时器 1 中断服务程序流程图,图 26-8 是 PID 调节器程序流程图,图 26-9 是 PWM 开关点计算子程序。

有关产生正弦波的查表方法和 PWM 正弦波计算程序的示例,可参看本书第 23 章 23.5 节中的内容。

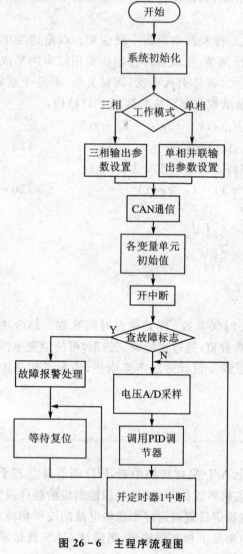

图 26-6 主程序流程图

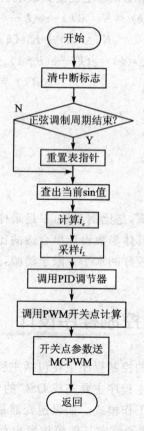

图 26-7 定时器 1 中断服务程序

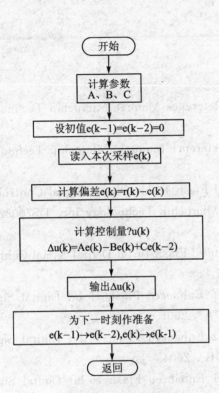

图 26-8　PID 调节器

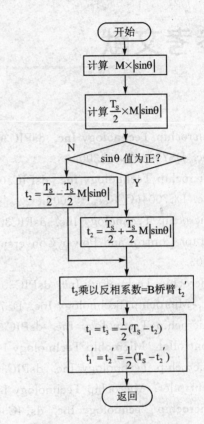

图 26-9　PWM 开关点计算

参考文献

[1] Microchip Technology Inc. dsPIC30F Family Reference Manual. Microchip Technology Inc. DS70046B, ©2003.

[2] Microchip Technology Inc. dsPIC30F Family Reference Manual. Microchip Technology Inc. DS70046C_CN, ©2005.

[3] Microchip Technology Inc. dsPIC30F, Enhanced Flash 16-bit Digital Signal Controllers Motor Control and Power Conversion Family. Microchip Technology Inc. DS70082D-, 2003.

[4] Microchip Technology Inc. dsPIC30F6010 Enhanced Flash 16-bit Digital Signal Controller. Microchip Technology Inc. DS70119C, 2004.

[5] Microchip Technology Inc. dsPIC30F5015/5016 Enhanced Flash 16-bit Digital Signal Controller. Microchip Technology Inc. DS70149A-, 2005.

[6] Microchip Technology Inc. dsPIC30F4011/4012 Enhanced Flash 16-bit Digital Signal Controller. Microchip Technology Inc. DS70135B-, 2004.

[7] Microchip Technology Inc. dsPIC30F3010/3011 Enhanced Flash 16-bit Digital Signal Controller. Microchip Technology Inc. DS70141B-, 2005.

[8] Microchip Technology Inc. 28-pin dsPIC30F2010 Enhanced Flash 16-bit Digital Signal Controller. Microchip Technology Inc. DS70118D-, 2004.

[9] Microchip Technology Inc. dsPIC30F Programmer's Reference Manual. Microchip Technology Inc. DS70030E-, 2003.

[10] Dave Ross, John Theys, Steve Bowling. Using the dsPIC30F for Vector Control of an ACIM. Microchip Technology Inc, Diversified Engineering Inc. DS00908A-, 2004.

[11] Charlie Elliott, Steve Bowling. Using the dsPIC30F for Sensorless BLDC Control. Microchip Technology Inc, Smart Power Solutions, LLP. DS00901A-, 2004.

[12] Stan D' Souza. Sensored BLDC Motor Control Using dsPIC30F2010. Microchip Technology Inc. DS00957A-, 2004.

[13] Steve Bowling. An Introduction to AC Induction Motor Control Using the dsPIC30F MCU. Microchip Technology Inc. DS00984A-, 2005.

[14] Hrushikesh (Rishi) Vasuki. In-Circuit Debugging Interface Options with dsPIC DSC. Microchip Technology Inc. DS93003A-, 2005.

[15] Microchip Technology Inc. dsPICDEM™ 2 DEVELOPMENT BOARD USER'S GUIDE. Microchip Technology Inc. DS51558A-, 2005.

[16] Microchip Technology Inc. MPLAB® ASM30, MPLAB® LINK30 AND UTILITIES USER'S GUIDE. Microchip Technology Inc. DS51317D-, 2004.

[17] Microchip Technology Inc. MPLAB® C30 USER'S GUIDE. Microchip Technology Inc. DS51284C_CN, 2005.

[18] 陆宏亮,戴国骏,钱照明. 一种新型两相感应电动机变频调速 SPWM 控制技术. 电工技术学报,2005,20(9):44~50.

[19] 赵可斌,陈国维. 电力电子变流技术. 上海：上海交通大学出版社,1993.

[20] 蒋平,李晓帆,鲁莉容. 开关电源数字控制器设计方法的比较. 通信电源技术,2001(3):13~17.

[21] 龚春英,李启明,顾建平,严仰光. 1 kVA 高频软开关三相变流器研制. 南京航空航天大学学报,2001,33(5):432~436.